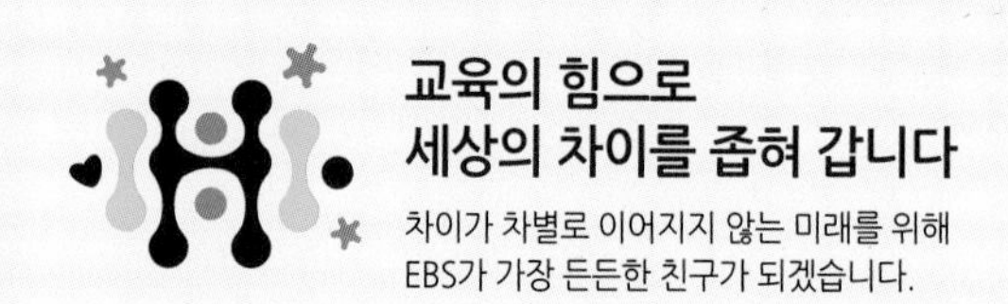

모든 교재 정보와 다양한 이벤트가 가득!
EBS 교재사이트 book.ebs.co.kr

본 교재는 EBS 교재사이트에서
eBook으로도 구입하실 수 있습니다.

수능특강

과학탐구영역 | 지구과학 I

기획 및 개발
강유진(EBS 교과위원)
권현지(EBS 교과위원)
심미연(EBS 교과위원)
조은정(개발총괄위원)

감수
한국교육과정평가원

책임 편집
이설아

본 교재의 강의는 TV와 모바일 APP, EBS*i* 사이트(www.ebs*i*.co.kr)에서 무료로 제공됩니다.

발행일 2025. 1. 31. **1쇄 인쇄일** 2025. 1. 24. **신고번호** 제2017-000193호 **펴낸곳** 한국교육방송공사 경기도 고양시 일산동구 한류월드로 281
표지디자인 디자인싹 **내지디자인** ㈜글사랑 **내지조판** 다우 **인쇄** ㈜테라북스 **사진** ㈜아이엠스톡, 이미지파트너스
인쇄 과정 중 잘못된 교재는 구입하신 곳에서 교환하여 드립니다. 신규 사업 및 교재 광고 문의 pub@ebs.co.kr

정답과 해설 PDF 파일은 EBS*i* 사이트(www.ebs*i*.co.kr)에서 내려받으실 수 있습니다.

교재 내용 문의 교재 및 강의 내용 문의는 EBS*i* 사이트 (www.ebs*i*.co.kr)의 학습 Q&A 서비스를 활용하시기 바랍니다.

교재 정오표 공지 발행 이후 발견된 정오 사항을 EBS*i* 사이트 정오표 코너에서 알려 드립니다. 교재 → 교재 자료실 → 교재 정오표

교재 정정 신청 공지된 정오 내용 외에 발견된 정오 사항이 있다면 EBS*i* 사이트를 통해 알려 주세요. 교재 → 교재 정정 신청

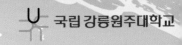

수능특강

과학탐구영역 | 지구과학Ⅰ

이 책의 **차례**

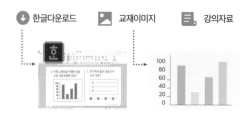

Contents

이 책의 구성과 특징

Structure

교육과정의 핵심 개념 학습과 문제 해결 능력 신장

[EBS 수능특강]은 고등학교 교육과정과 교과서를 분석·종합하여 개발한 교재입니다.
본 교재를 활용하여 대학수학능력시험이 요구하는 교육과정의 핵심 개념과 다양한 난이도의 수능형 문항을 학습함으로써 문제 해결 능력을 기를 수 있습니다. EBS가 심혈을 기울여 개발한 [EBS 수능특강]을 통해 다양한 출제 유형을 연습함으로써, 대학수학능력시험 준비에 도움이 되기를 바랍니다.

충실한 개념 설명과 보충 자료 제공

1. 핵심 개념 정리
   주요 개념을 요약·정리하고 탐구 상황에 적용하였으며, 보다 깊이 있는 이해를 돕기 위해 보충 설명과 관련 자료를 풍부하게 제공하였습니다.

과학 돋보기

개념의 통합적인 이해를 돕는 보충 설명 자료나 배경 지식, 과학사, 자료 해석 방법 등을 제시하였습니다.

탐구자료 살펴보기

주요 개념의 이해를 돕고 적용 능력을 기를 수 있도록 시험 문제에 자주 등장하는 탐구 상황을 소개하였습니다.

2. 개념 체크 및 날개 평가
   본문에 소개된 주요 개념을 요약·정리하고 간단한 퀴즈를 제시하여 학습한 내용을 갈무리하고 점검할 수 있도록 구성하였습니다.

단계별 평가를 통한 실력 향상

[EBS 수능특강]은 문제를 수능 시험과 유사하게 **수능 2점 테스트, 수능 3점 테스트**로 구분하여 제시하였습니다. 수능 2점 테스트는 필수적인 개념을 간략한 문제 상황으로 다루고 있으며, 수능 3점 테스트는 다양한 개념을 복잡한 문제 상황이나 탐구 활동에 적용하였습니다.

I 고체 지구

EBS 교재 연계 사례 ❶

2025학년도 대학수학능력시험 3번

3. 그림은 어느 지역의 깊이에 따른 지하 온도 분포와 암석의 용융 곡선을 나타낸 것이다.

이 자료에 대한 설명으로 옳은 것만을 <보기>에서 있는 대로 고른 것은?

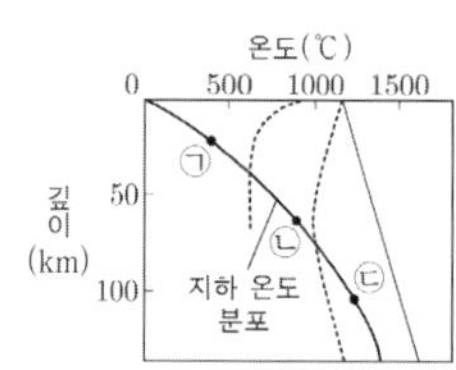

<보 기>

ㄱ. ㉠의 깊이에서 온도가 증가하면 유문암질 마그마가 생성될 수 있다.
ㄴ. ㉡ 깊이의 맨틀 물질은 온도 변화 없이 상승하면 현무암질 마그마로 용융될 수 있다.
ㄷ. ㉢의 깊이에서 맨틀 물질은 물이 공급되면 용융될 수 있다.

① ㄱ ② ㄴ ③ ㄷ ④ ㄱ, ㄷ ⑤ ㄴ, ㄷ

2025학년도 EBS 수능완성 18쪽 5번

05 ▸24069-0027

그림은 깊이에 따른 지하의 온도 분포와 암석의 용융 곡선 ㉠, ㉡, ㉢을 나타낸 것이다. ㉠, ㉡, ㉢은 화강암 또는 맨틀 물질의 용융 곡선이다.

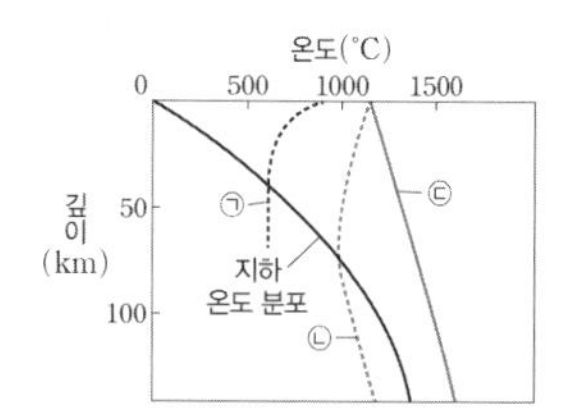

이 자료에 대한 설명으로 옳은 것만을 〈보기〉에서 있는 대로 고른 것은?

보기

ㄱ. 지표에서 화강암의 용융 온도는 1000 ℃보다 높다.
ㄴ. ㉠과 ㉡은 물이 포함된 암석의 용융 곡선이다.
ㄷ. 깊이 100 km에 있는 맨틀 물질이 온도 변화 없이 상승하면 깊이 약 20 km에서 용융된다.

① ㄱ ② ㄴ ③ ㄷ
④ ㄱ, ㄴ ⑤ ㄴ, ㄷ

연계 분석

수능 3번 문제는 수능완성 18쪽 5번 문제와 연계하여 출제되었다. 두 문제 모두 지하 온도 분포와 암석의 종류 및 물 포함 여부에 따른 암석의 용융 곡선을 자료로 제시하고 있다. 수능 문제의 그림에서 ㉠은 대륙 지각 하부, ㉡은 암석권의 최상부 맨틀, ㉢은 연약권을 나타낸다. ㉠ 깊이에서는 암석의 온도 상승으로 유문암질 마그마가 생성될 수 있으며, ㉢ 깊이에서는 물 공급에 의한 암석의 용융 온도 하강으로 현무암질 마그마가 생성될 수 있다. 한편 ㉡ 깊이의 암석은 상승에 의한 압력 감소가 일어나더라도 마그마가 생성될 수 없다. 수능완성 문제에서는 수능 문제와 달리 암석의 용융 곡선 ㉠, ㉡, ㉢에 대해 묻고 있다는 점에서 약간 차이가 있지만, 두 문제 모두 제시한 자료가 같고, 〈보기〉에서 묻고 있는 마그마 생성 과정이 동일하므로 유사성이 매우 높다고 할 수 있다.

학습 대책

수능 문제에서는 수능특강, 수능완성 등 EBS 연계 교재 문제의 자료를 활용하여 출제하는 경우도 있고, 동일한 문제 상황의 최신 자료를 활용하여 유사하게 출제하는 경우도 있다. 따라서 EBS 연계 교재를 학습할 때는 문제에서 제시된 자료에 대한 정확한 이해와 분석을 바탕으로 해당 단원에서 학습한 개념을 문제 상황에 적용하는 방향으로 학습해야 한다.

EBS 교재 연계 사례 ❷

2025학년도 대학수학능력시험 7번

7. 그림은 현생 누대 동안 생물 과의 멸종 비율과 대멸종이 일어난 시기 A, B, C를 나타낸 것이다.

이에 대한 설명으로 옳은 것만을 <보기>에서 있는 대로 고른 것은?

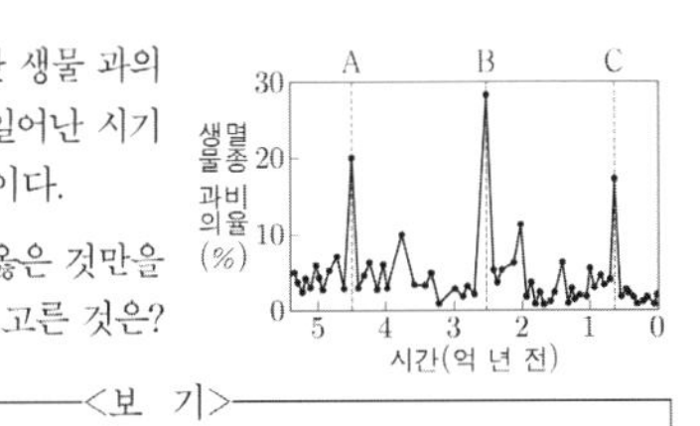

<보 기>

ㄱ. A에 방추충이 멸종하였다.
ㄴ. B와 C 사이에 판게아가 분리되기 시작하였다.
ㄷ. C는 팔레오기와 네오기의 지질 시대 경계이다.

① ㄱ ② ㄴ ③ ㄷ ④ ㄱ, ㄴ ⑤ ㄴ, ㄷ

2025학년도 EBS 수능완성 41쪽 6번

06 ▸24069-0077

그림은 현생 누대 동안 생물 과의 멸종 비율(%)과 생물 과의 수를 ㉠, ㉡으로 순서 없이 나타낸 것이다. A, B는 서로 다른 대멸종 시기이다.

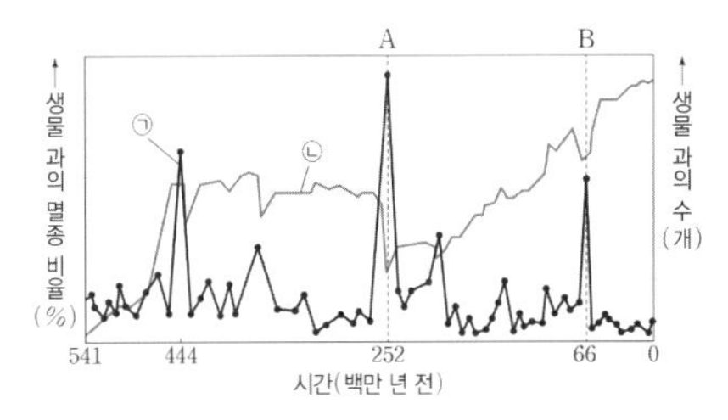

이에 대한 설명으로 옳은 것만을 〈보기〉에서 있는 대로 고른 것은?

보기

ㄱ. ㉠은 생물 과의 멸종 비율(%)이다.
ㄴ. B 시기에 화폐석이 멸종했다.
ㄷ. 생물 과의 수 감소 폭은 B 시기가 A 시기보다 크다.

① ㄱ ② ㄴ ③ ㄷ
④ ㄱ, ㄴ ⑤ ㄱ, ㄷ

연계 분석

수능 7번 문제는 수능완성 41쪽 6번 문제와 연계하여 출제되었다. 두 문제 모두 현생 누대 동안 일어난 생물 과의 멸종 비율을 제시하여 생물계의 급격한 변화 시기를 자료로 제시하고 있다. 수능 문제에서는 다섯 번의 생물 대멸종 시기 중 상대적으로 멸종 비율이 컸던 세 시기를 A, B, C로 제시하고 각 시기를 지질 시대의 경계, 지구 환경 변화와 관련지어 해석하도록 하고 있다. 수능완성 문제에서는 생물 과의 멸종 비율과 생물 과의 수 변화를 함께 제시하여 두 그래프를 비교 해석하는 내용이 추가되어 있다는 점에서 차이가 있지만, 생물계의 급격한 변화 시기를 경계로 한 지질학적 사건과 지질 시대의 구분에 대해 묻고 있다는 점에서 유사성이 매우 높다고 할 수 있다.

학습 대책

수능 문제에서는 수능특강, 수능완성 등 EBS 연계 교재 문제의 자료를 그대로 사용하는 경우는 비교적 드물고, 해당 문제의 상황에 맞게 연계 교재 문제의 자료를 약간 변형하거나 자료 추가 또는 일부 자료 제외 등을 통해 변형된 자료가 제시되는 경우가 많다. 따라서 EBS 연계 교재를 학습할 때는 해당 문제의 정답을 찾는 수준에 그치지 말고 제시된 자료를 분석하고 제시된 자료와 연관된 핵심 개념을 종합적으로 파악하는 방향으로 학습해야 한다. 특히 지구과학의 경우에는 개념 원리 또는 과학 법칙에 근거한 내용뿐만 아니라 과학적 사실에 대한 기본 지식에 근거한 학습 내용이 많으므로 자료 해석에 필요한 핵심 개념을 반드시 암기하고 있어야 한다는 점도 고려하여 학습해야 한다.

01 판 구조론과 대륙 분포의 변화

개념 체크

➲ 베게너의 대륙 이동설
베게너는 대륙이 이동하여 대륙의 분포가 변한다고 주장하였다.

➲ 판게아
고생대 말기~중생대 초기에 존재했던 초대륙이다.

➲ 베게너가 생각했던 판게아의 모습

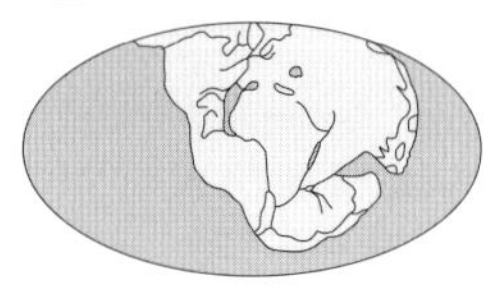

1. ( )는 고생대 말기~중생대 초기에 초대륙 판게아가 존재했다고 주장하였다.

2. 메소사우루스 화석이 남아메리카 대륙과 아프리카 대륙에서 발견되는 것은 ( ) 이동의 증거이다.

3. ( ) 말 빙하 퇴적층과 빙하의 이동 흔적이 여러 대륙에서 발견되는 것은 대륙 이동의 증거이다.

정답
1. 베게너
2. 대륙
3. 고생대

1 판 구조론의 정립

(1) 대륙 이동설

① **베게너의 대륙 이동설**: 베게너는 1915년 저서 『대륙과 해양의 기원』을 통해 여러 대륙들이 모여 만들어진 하나의 거대 대륙인 초대륙 판게아가 고생대 말기~중생대 초기에 존재하였으며, 판게아는 약 2억 년 전부터 분리되어 현재와 같은 대륙 분포가 되었다고 주장하였다.

② **베게너가 제시한 대륙 이동의 증거**

- 해안선 굴곡의 유사성: 대서양 양쪽에 위치한 남아메리카 대륙 동쪽 해안선과 아프리카 대륙 서쪽 해안선의 굴곡이 유사하다.
- 화석 분포: 육상 식물인 글로소프테리스 화석이 남아메리카, 아프리카, 인도, 남극 대륙 및 오스트레일리아 대륙에서 산출되며, 메소사우루스 화석이 남아메리카 대륙과 아프리카 대륙에서 산출되는 등 멀리 떨어진 대륙에서 같은 종의 화석이 산출된다.
- 빙하 퇴적층의 분포와 빙하 이동 흔적: 남아메리카, 아프리카, 인도, 오스트레일리아, 남극 대륙에서 고생대 말 빙하 퇴적층과 빙하의 이동 흔적이 발견된다.
- 지질 구조의 연속성: 북아메리카의 애팔래치아산맥과 유럽의 칼레도니아산맥의 분포가 연속성을 가지며, 대서양 양쪽 해안에서 발견되는 암석 분포와 지질 구조가 대륙들 간에 연속성을 갖는다.

화석 분포

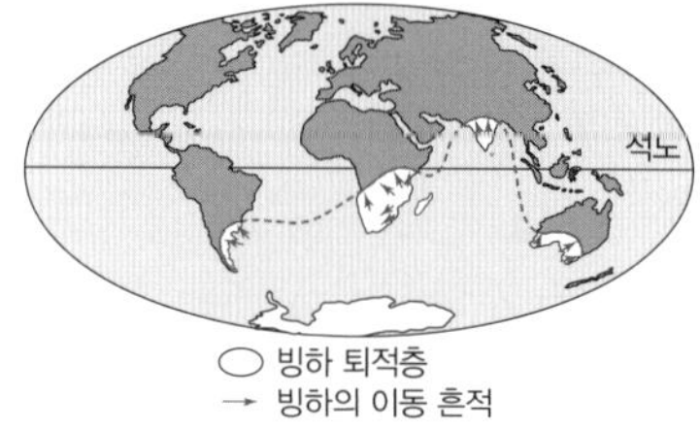

고생대 말 빙하 퇴적층의 분포

지질 구조의 연속성

③ **베게너의 대륙 이동설 쇠퇴**: 대륙 이동에 대해 제시한 여러 증거에도 불구하고 베게너는 대륙을 이동시키는 원동력을 설명하지 못해 대륙 이동설은 많은 과학자들에게 받아들여지지 않았다.

(2) 맨틀 대류설

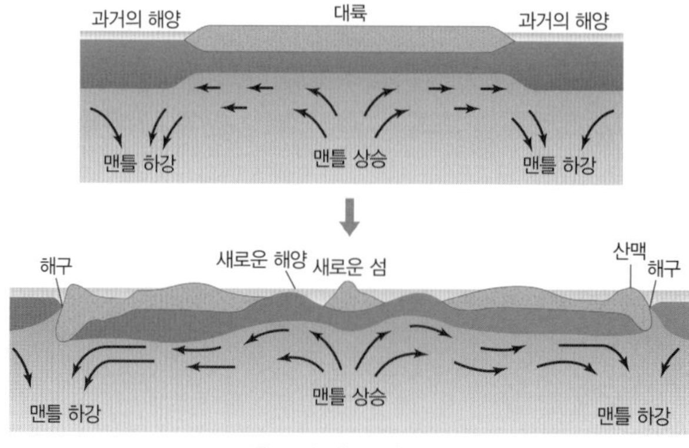

홈스의 맨틀 대류설

① **맨틀 대류설**: 1920년대 후반 베게너의 대륙 이동설에 동조했던 홈스는 맨틀 내의 방사성 원소의 붕괴열과 고온의 지구 중심부에서 맨틀로 공급되는 열에 의하여 맨틀이 열대류를 한다고 생각하고 맨틀 대류가 대륙 이동의 원동력이라고 주장하였다. 홈스의 맨틀 대류설은 1950년대에 대륙 이동설의 부활과 함께 해저 확장과 판 구조 운동의 원동력으로 주목받게 되었다.

② **홈스의 주장**: 홈스는 맨틀 대류의 상승부에서는 대륙 지각이 분리되면서 새로운 해양이 생성되고 맨틀 대류의 하강부에서는 산맥과 해구가 생성된다고 주장하였다.

(3) 해저 지형 탐사와 해양저 확장설: 음향 측심법을 이용한 해령, 해구 등의 해저 지형 발견은 해저가 확장된다는 해양저 확장설이 등장하는 데 중요한 역할을 하였다.

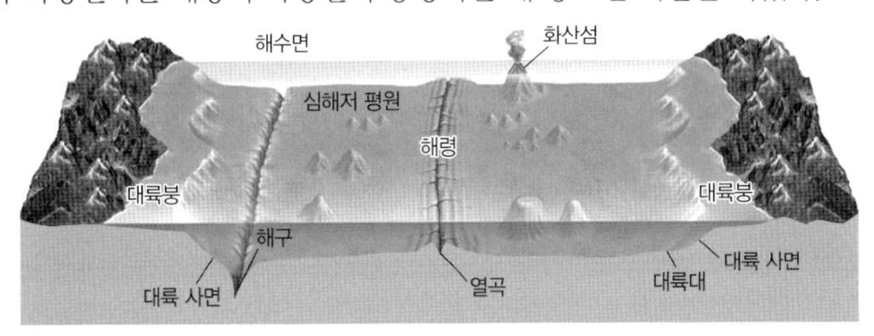

해저 지형 모식도

탐구자료 살펴보기 | 음향 측심 자료로부터 해저 지형 추정하기

탐구 과정

그림은 판의 경계가 위치한 태평양의 서로 다른 해역 A와 B를, 표는 해역 A와 B에서 동서 방향으로 일정한 거리 간격의 각 탐사 지점에서 초음파가 해저면에 반사되어 되돌아오는 데 걸린 시간을 나타낸 것이다. 해수에서 초음파의 속력은 1500 m/s이다.

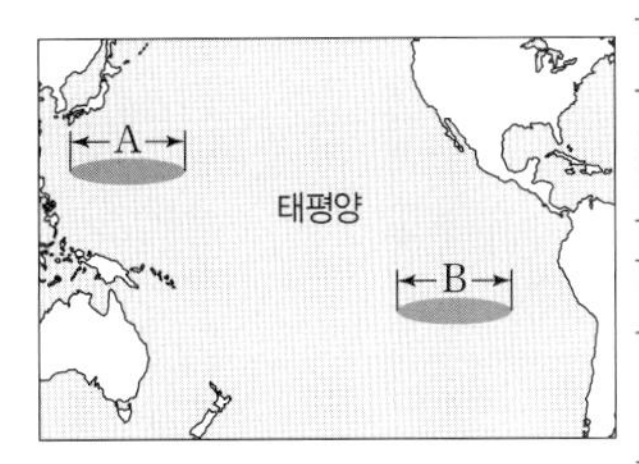

A의 탐사 지점	1	2	3	4	5	6	7	8	9
초음파가 되돌아오는 데 걸리는 시간(초)	8.0	6.8	6.4	5.1	10.0	6.1	7.6	7.8	7.1

B의 탐사 지점	1′	2′	3′	4′	5′	6′	7′	8′	9′
초음파가 되돌아오는 데 걸리는 시간(초)	5.6	5.0	4.8	4.7	4.3	4.5	5.1	5.4	5.5

해역 A와 B의 각 탐사 지점의 수심을 구하고, 그래프로 그려보자.

탐구 결과

A의 탐사 지점	1	2	3	4	5	6	7	8	9
수심(m)	6000	5100	4800	3825	7500	4575	5700	5850	5325

B의 탐사 지점	1′	2′	3′	4′	5′	6′	7′	8′	9′
수심(m)	4200	3750	3600	3525	3225	3375	3825	4050	4125

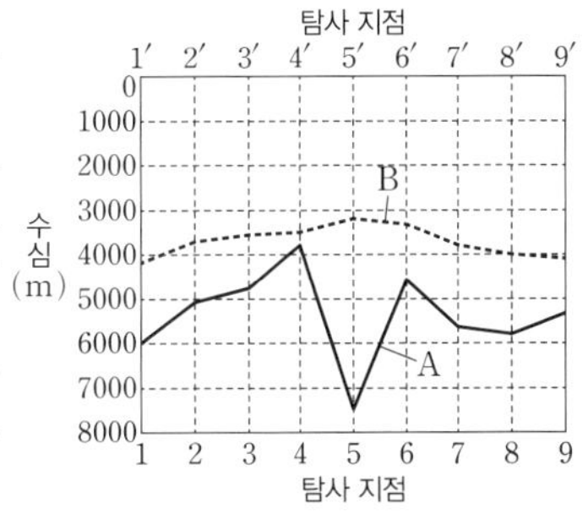

분석 point

음향 측심 자료를 통해 수심을 구한 결과 해역 A에는 판의 수렴형 경계가, 해역 B에는 판의 발산형 경계가 발달한다.
➡ 해역 A의 탐사 지점 5 부근에서 수심 7500 m인 골짜기가 나타나므로 해구가 발달한 것으로 볼 수 있다. 해역 B의 탐사 지점 5′ 부근에서 수심이 가장 얕고, 양쪽으로 갈수록 수심은 대체로 깊어지므로 해령이 발달한 것으로 볼 수 있다.

개념 체크

◉ 홈스의 맨틀 대류설
홈스는 맨틀 대류가 대륙 이동의 원동력이라고 주장하였다.

◉ 음향 측심법
해수면에서 해저면을 향하여 초음파를 발사하면 초음파는 해저면에 반사되어 되돌아온다. 이때 반사되어 되돌아오는 데 걸리는 시간을 이용하여 해저 지형의 높낮이를 측정할 수 있다. 초음파의 속력이 v, 해수면에서 발사한 초음파가 해저면에서 반사되어 되돌아오는 데 걸리는 시간이 t라면 수심 d는 다음과 같다.

$$수심(d)=\frac{1}{2}vt$$

1. (   )는 대륙을 이동시키는 원동력을 맨틀 대류라고 주장하였다.

2. (   )의 왕복 시간을 이용해 수심을 구하는 음향 측심법은 해령, 해구 등의 해저 지형을 발견하는 데 중요한 역할을 하였다.

3. (   )은 해양판의 발산형 경계에서 발달하는 해저 산맥이다.

정답
1. 홈스
2. (초)음파
3. 해령

개념 체크

➲ 해양저 확장설
해령에서 새로운 해양 지각이 생성되고 확장된다는 이론이다.

➲ 해저 고지자기 줄무늬
해저 고지자기 줄무늬는 해령과 거의 나란하고 해령을 축으로 대칭적인 분포를 보인다.

➲ 지구 자기장의 역전
지질 시대 동안 전 지구적으로 지구 자기장의 방향이 역전되는 현상이 반복되었다. 지구 자기장의 방향이 현재와 같은 시기를 정자극기(정상기), 현재와 반대인 시기를 역자극기(역전기)라고 한다.

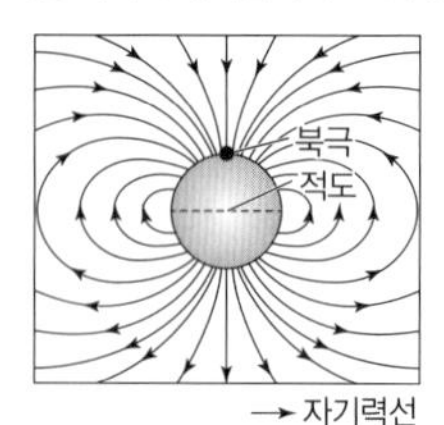

정자극기

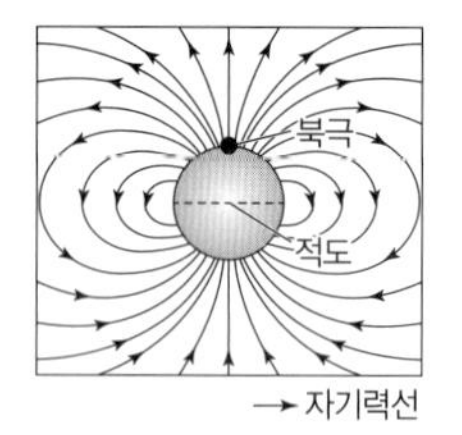

역자극기

1. 해령에서 멀어질수록 해양 지각의 연령과 심해 퇴적물의 두께는 (   )한다.

2. 해양판이 섭입하는 과정에서 섭입하는 해양판을 따라 발달하는 지진대를 (   )대라고 한다.

3. 해저 고지자기 줄무늬는 (   )을 축으로 대칭적인 분포를 보인다.

정답
1. 증가
2. 베니오프(섭입)
3. 해령

(4) 해양저 확장설: 1962년 헤스와 디츠는 해령과 같은 해저 지형의 특징을 설명하기 위해 해양저 확장설을 주장하였다.

① 해양저 확장설: 맨틀 대류의 상승부인 해령에서 새로운 해양 지각이 생성되고 해령을 중심으로 확장되며, 해구에서는 오래된 해양 지각이 맨틀 속으로 섭입하여 소멸된다.

② 해양저 확장설의 증거

- 해양 지각의 연령 분포: 해령에서 멀어질수록 해양 지각의 연령이 증가한다.
- 심해 퇴적물의 두께: 해령에서 멀어질수록 심해 퇴적물의 두께가 증가한다.

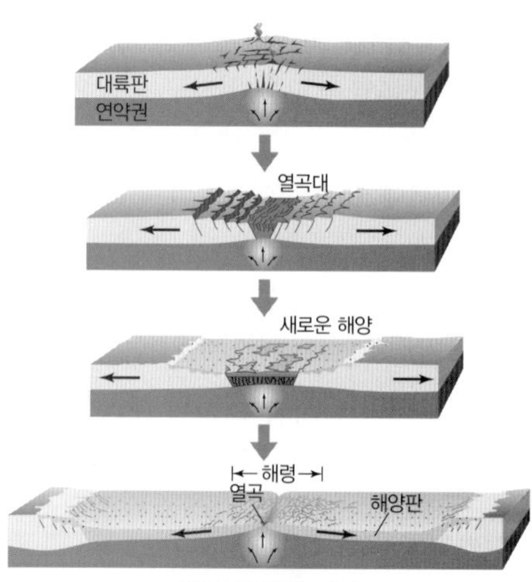

해저 확장의 과정

- 베니오프대의 발견: 지진학자 베니오프는 쿠릴 열도 일대에서 발생한 지진을 분석한 결과 해구에서 대륙 쪽으로 갈수록 진원의 깊이가 점차 깊어지는 것을 발견하였는데, 이러한 지진대를 베니오프대라고 한다. 베니오프대에서의 이와 같은 특징적인 지진 활동은 해구에서 오래된 해양 지각이 맨틀 속으로 섭입하여 소멸된다는 증거이다.
- 해저 고지자기 줄무늬와 해저 확장: 해양 지각에 기록된 해저 고지자기 줄무늬가 해령과 거의 나란하며 해령을 축으로 대칭적인 분포를 보인다. 이러한 해저 고지자기 줄무늬의 대칭적인 분포는 해령에서 새로운 해양 지각이 생성되면서 확장되고 지구 자기의 역전 현상이 반복되기 때문에 나타난다.

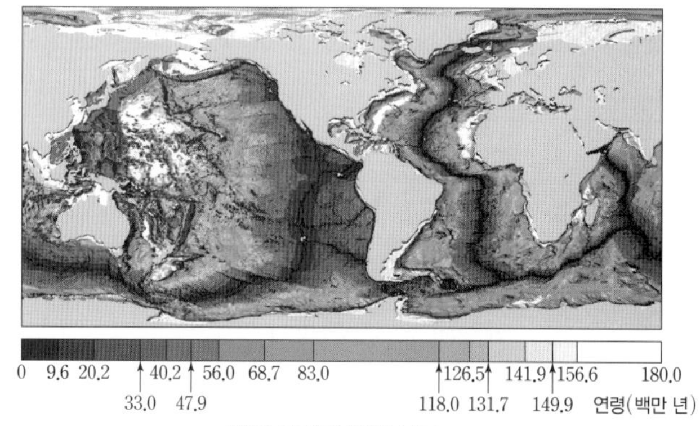

해양 지각의 연령 분포

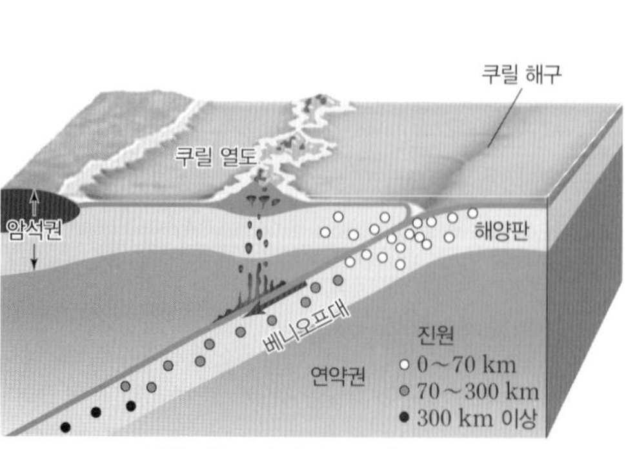

쿠릴 열도의 베니오프대

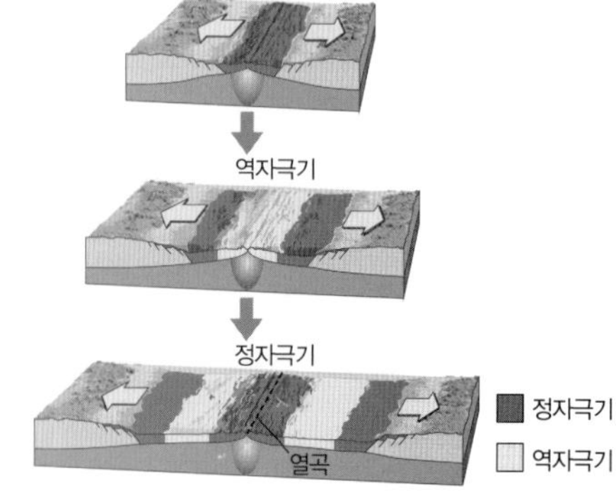

해저 고지자기 줄무늬

(5) 판 구조론의 정립

① **변환 단층의 발견**: 윌슨은 해양 지각의 이동 방향이 같은 단열대에서는 지진이 발생하지 않지만 열곡과 열곡이 어긋난 구간에서는 천발 지진이 활발하게 발생하는 것을 발견하고, 이 구간을 변환 단층이라고 하였다. 윌슨은 변환 단층에서 지진이 활발하게 발생하는 이유를 맨틀 대류의 상승부인 해령에서 생성된 해양 지각이 확장될 때, 변환 단층의 양쪽에 있는 해양 지각이 반대 방향으로 이동하기 때문이라고 설명하였다.

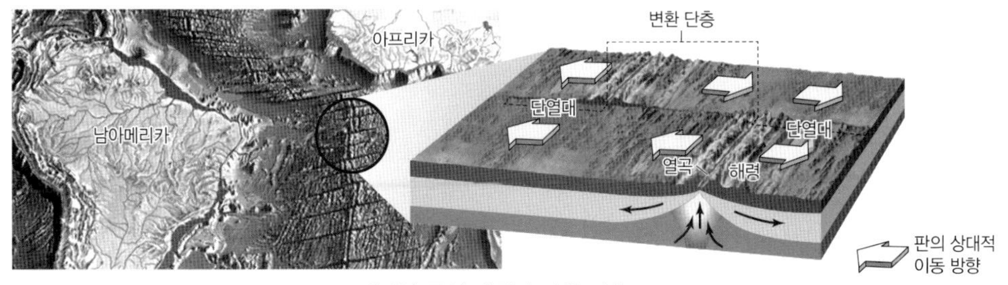

대서양 중앙 해령의 변환 단층

② **판 구조론의 정립**

- 판 구조론의 정립: 해양저 확장설이 발표된 이후 심해 퇴적물의 두께와 해양 지각의 연령 분포, 베니오프대, 해저 고지자기 줄무늬 분포, 변환 단층 등 여러 가지 현상을 통합적으로 설명하려는 연구가 이루어지면서 판 구조론이 출현하였다.
- 판 구조론: 지구의 표면이 크고 작은 여러 개의 판으로 구성되어 있으며, 이들의 상대적인 운동에 의해 화산 활동, 지진, 마그마의 생성, 습곡 산맥의 형성 등 여러 가지 지질 현상이 일어난다는 이론이다. 판 구조론은 1960년대 말에 공식화되었으며 현재는 거의 보편적인 사실로 받아들여지고 있다.

2 지질 시대의 대륙 분포 변화

(1) **지구 자기장**: 지구는 내부에 막대자석이 있는 것과 유사한 자기적 성질을 가지며, 지구가 가지고 있는 고유한 자기장을 지구 자기장이라고 한다. 나침반의 자침은 지구 자기장 방향으로 배열되며 나침반의 N극은 현재 북쪽을 향한다.

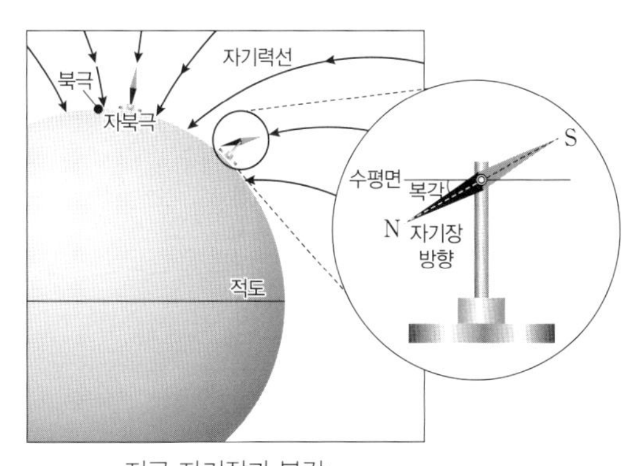

지구 자기장과 복각

① **복각**: 나침반의 자침(지구 자기장의 방향)이 수평면과 이루는 각을 복각이라고 한다. 복각이 0°인 지역을 자기 적도, +90°인 지점을 자북극, −90°인 지점을 자남극이라고 한다.

② **지자기 북극**: 지구의 자전축과 북반구의 지표면이 만나는 지점을 지리상 북극이라고 한다. 이에 비해 지자기 북극은 지구 자기장을 지구 중심에 놓인 거대한 막대자석이 만드는 자기장이라고 근사했을 때, 막대자석의 S극 방향의 축과 지표면이 만나는 지점을 말한다. 현재 지구 자기장 자기력선의 축은 지구 자전축에 대해 조금 기울어져 있다.

개념 체크

지구 자기장
지구가 가지고 있는 고유한 자기장이다.

복각
지구 자기장의 방향이 수평면과 이루는 각이다.

1. 해령의 열곡과 열곡이 어긋난 구간에서 지진이 활발하게 발생하는 단층을 (　　) 단층이라고 한다.
2. (　　)은 지구의 표면이 크고 작은 여러 개의 판으로 구성되어 있으며, 판들의 상대적인 운동에 의해 여러 가지 지질 현상이 일어난다는 이론이다.
3. 복각이 (　　)인 지점을 자기 적도, (　　)인 지점을 자북극이라고 한다.
4. 지구의 (　　)과 북반구의 지표면이 만나는 지점을 지리상 북극이라고 한다.

정답
1. 변환
2. 판 구조론
3. 0°, +90°
4. 자전축

개념 체크

➲ 고지자기극의 겉보기 이동 경로
지질 시대 동안 지리상 북극의 위치가 변하지 않았다고 가정하면 고지자기극의 겉보기 이동은 대륙 이동의 증거이다.

1. 화성암에 포함된 ( ) 광물에 의해 기록된 잔류 자기의 방향을 이용하면 화성암이 생성된 위치를 추정할 수 있다.

2. 오랜 시간 동안 평균한 ( ) 북극의 위치와 지리상 북극의 위치는 같다.

3. 지질 시대 동안 지리상 북극의 위치가 변하지 않았다고 가정하면 고지자기 복각의 크기는 ( )가 높을수록 크다.

정답
1. 자성
2. 지자기
3. 위도

(2) 고지자기와 대륙 이동

① 잔류 자기

- 마그마가 식어서 굳어질 때 자성 광물이 당시의 지구 자기장 방향으로 자화된다. 그 후 지구 자기장의 방향이 변해도 당시의 자성 광물의 자화 방향은 그대로 보존되는데, 이를 잔류 자기라고 한다.
- 자성 광물이 포함된 암석의 잔류 자기 방향을 측정하면 암석이 생성된 위도와 생성될 당시 지자기극의 위치를 추정할 수 있다.

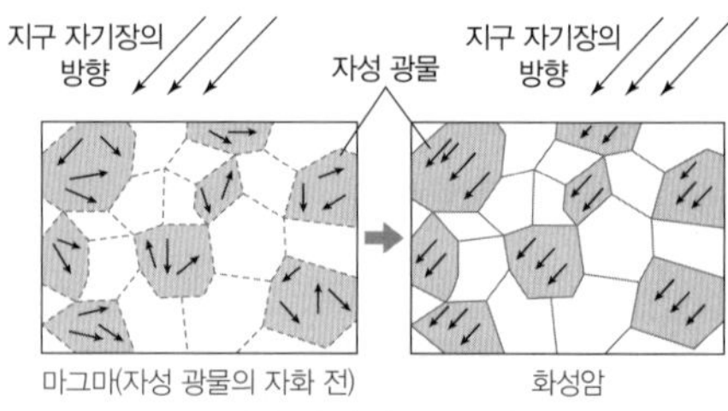

잔류 자기의 형성 과정

② **고지자기극**: 지구 자기장의 변화에 의해 지자기 북극은 지리상 북극 주변을 불규칙적으로 움직인다. 오랜 시간 동안 지구 자기장의 변화를 평균하면 지자기 북극은 지리상 북극과 일치하며 이를 고지자기극이라고 한다.

③ 고지자기극의 겉보기 이동 경로를 이용한 대륙 이동 복원

- 고지자기극의 겉보기 이동 경로: 1950년대에 유럽 대륙의 다양한 화성암에 기록된 고지자기를 측정하여 계산한 고지자기극의 위치는 과거 약 5억 년 동안 하와이 부근부터 시베리아를 지나 지리상 북극의 위치로 점차 변했다. 오랜 시간 동안 평균한 지자기 북극의 위치는 지리상 북극의 위치와 같으므로 지질 시대 동안 고지자기극이 실제로 이동한 것이 아니라 대륙의 이동에 의한 겉보기 이동이 나타난 것이다. 즉, 고지자기극의 겉보기 이동은 대륙의 이동에 의해 만들어진 것이다.
- 두 대륙에서 측정한 고지자기극의 겉보기 이동 경로 비교: 유럽 대륙과 북아메리카 대륙에서 각각 측정한 고지자기극의 겉보기 이동 경로가 서로 일치하지 않고 어긋나 있다. 지질 시대 동안 지자기 북극(지리상 북극)은 하나뿐이었으므로 두 대륙이 과거에도 현재와 같은 위치에 있었다면 이러한 현상을 설명할 수 없다. 이와 같은 모순을 해결하기 위해 두 대륙에서 측정한 고지자기극의 겉보기 이동 경로가 겹쳐지도록 대륙을 이동시키면 과거 어느 시기에 두 대륙이 서로 붙어 있었음을 알 수 있다.

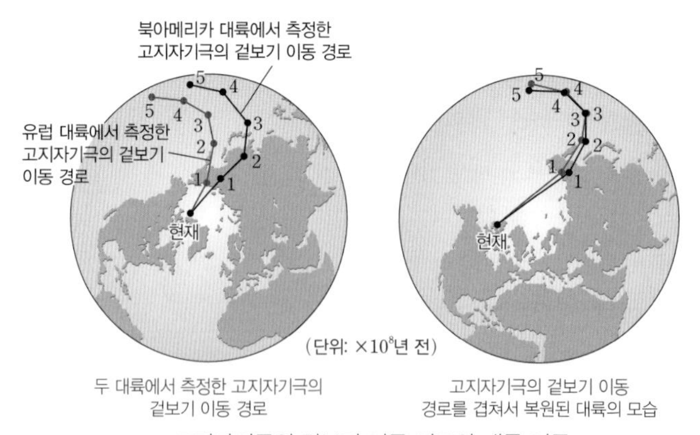

고지자기극의 겉보기 이동 경로와 대륙 이동

④ **고지자기 복각을 이용한 대륙 이동 복원**: 지질 시대 동안 지리상 북극의 위치가 변하지 않았다고 가정하면 고지자기 복각의 크기는 위도가 높을수록 크다. 따라서 고지자기 복각을 측정하면 대륙의 과거 위도를 알 수 있다.

탐구자료 살펴보기 지질 시대 동안 인도 대륙의 위치 변화

탐구 과정

그림 (가)는 고지자기 복각과 위도의 관계를, (나)는 7천 1백만 년 전부터 현재까지 인도 대륙의 위치 및 인도 대륙 중앙부에서 채취한 암석 시료의 절대 연령과 고지자기 복각을 나타낸 것이다.

(가)와 (나)를 이용하여 인도 대륙에서 채취한 각각의 암석이 생성된 위도를 구하여 표로 작성하고, 시기별 인도 대륙의 위도 변화를 그래프로 나타내 보자.

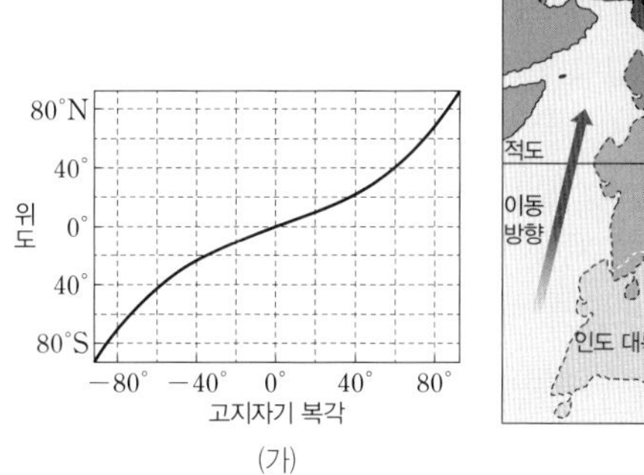

(가) (나)

탐구 결과

시간(백만 년 전)	고지자기 복각	위도
71	−49°	약 30°S
55	−21°	약 11°S
38	6°	약 3°N
10	30°	약 16°N
0	36°	약 20°N

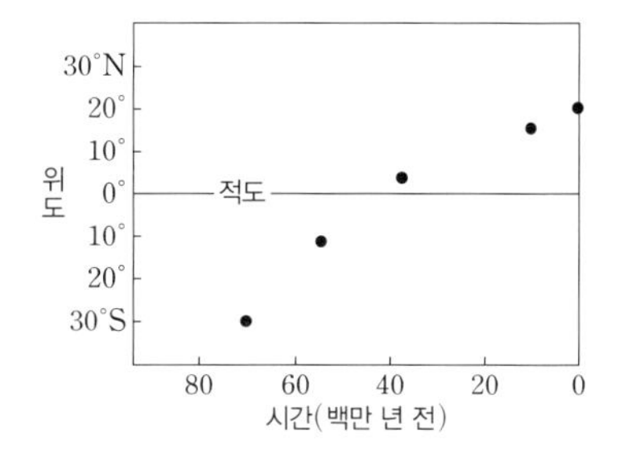

분석 point

- 지질 시대 동안 지리상 북극의 위치가 변하지 않았다고 가정하면 고지자기 복각의 크기는 위도가 높을수록 크다.
- 7천 1백만 년 전부터 현재까지 인도 대륙은 북상하였다.

(3) 대륙 분포의 변화: 지질 시대 동안 판의 운동에 의해 대륙의 분포는 변해왔다.

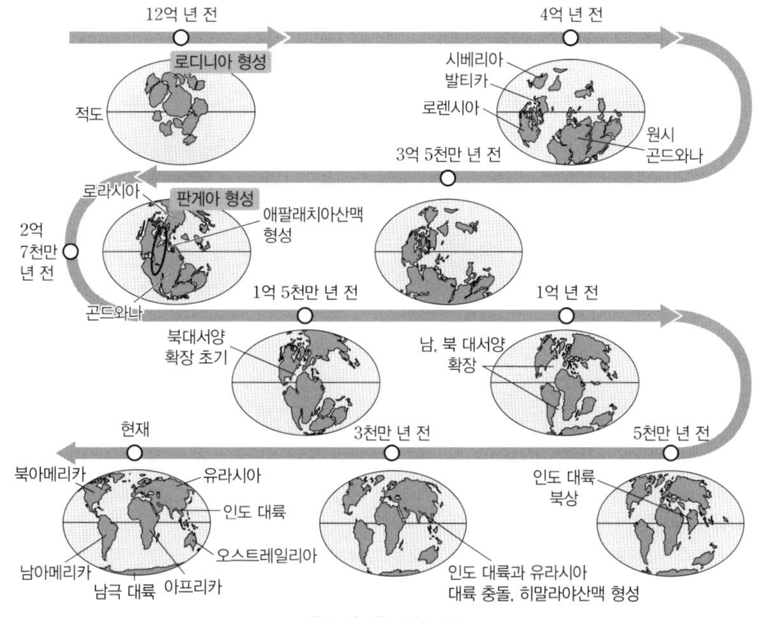

대륙의 이동과 분포

개념 체크

인도 대륙의 북상
약 7천 1백만 년 전에 남반구(약 30°S)에 위치했던 인도 대륙은 북상하여 현재 북반구(약 20°N)에 위치한다.

로디니아
약 12억 년 전에 형성되어 약 8억 년 전까지 존재했던 초대륙이다.

1. 북아메리카의 (　　)산맥은 초대륙 판게아가 만들어지는 과정에서 형성되었다.
2. (　　)가 분리되면서 대서양이 형성되었다.
3. (　　)는 약 12억 년 전에 형성된 초대륙이다.

정답
1. 애팔래치아
2. 판게아
3. 로디니아

개념 체크

➲ 로키산맥과 안데스산맥
해양판이 섭입하면서 형성되었다.

➲ 히말라야산맥
인도 대륙이 유라시아 대륙과 충돌하여 형성되었다.

1. 판게아는 ( )대 초에 분리되기 시작하였다.

2. 히말라야산맥은 인도 대륙과 ( ) 대륙이 충돌하여 형성되었다.

3. GPS를 통한 예측 모형에서 현재와 같은 판의 이동이 지속된다면 한동안 태평양의 면적은 ( )할 것이다.

정답
1. 중생
2. 유라시아
3. 감소

① **로디니아의 형성과 분리:** 약 12억 년 전에 형성된 초대륙인 로디니아는 약 8억 년 전부터 분리되기 시작하였다.

② **판게아의 형성과 분리:** 약 2억 7천만 년 전에 대륙이 다시 합쳐져 초대륙인 판게아가 형성되었다. 판게아가 형성되는 과정에서 북아메리카 대륙이 아프리카 대륙 및 유럽 대륙과 충돌하면서 애팔래치아산맥이 형성되었다. 이후 판게아가 분리되고 대서양이 형성되면서 애팔래치아산맥과 칼레도니아산맥으로 분리되었고, 해양판이 섭입하면서 로키산맥과 안데스산맥이 형성되기 시작하였다.

③ **히말라야산맥의 형성:** 약 1억 년 전에 인도 대륙이 오스트레일리아 대륙과 분리되었고, 이후 인도 대륙은 북쪽으로 이동하여 약 3천만 년 전에 유라시아 대륙과 충돌하여 히말라야산맥이 형성되었다.

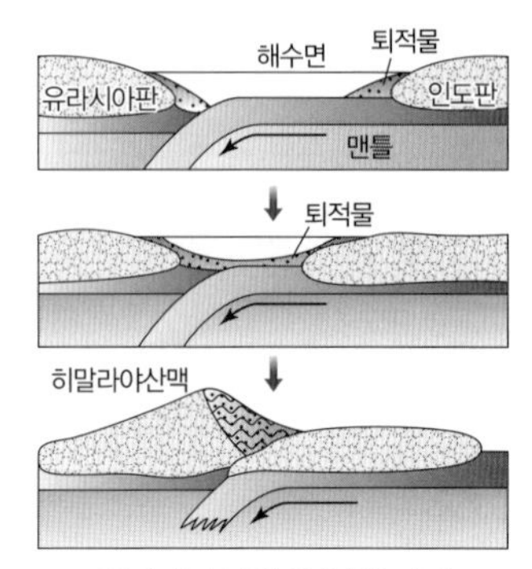

히말라야산맥의 형성 과정

탐구자료 살펴보기 대륙의 이동 속도를 이용하여 미래의 대륙 분포 구상하기

탐구 자료

그림 (가)는 위성 위치 확인 시스템(GPS)을 이용하여 측정한 주요 판의 이동 방향과 이동 속력을, (나)는 어느 예측 모형을 이용하여 추정한 미래의 대륙 분포를 나타낸 것이다.

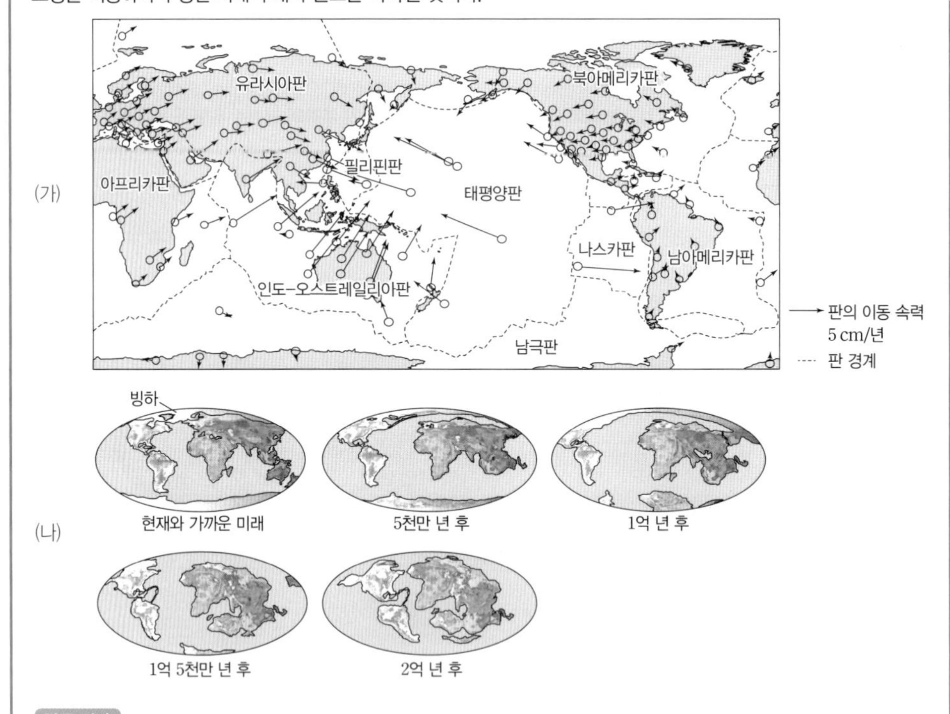

탐구 결과

1. 주요 판의 이동 방향과 이동 속력이 (가)에 나타난 것과 같이 지속된다면 한동안 대서양의 면적은 증가하고, 태평양의 면적은 감소할 것이다.
2. (나)에서 5천만 년 후에 대서양의 면적은 현재보다 더욱 넓어지고, 아프리카 대륙과 유라시아 대륙은 충돌하여 하나의 대륙이 될 것이다.
3. (나)에서 1억 년 후~2억 년 후에는 대서양에 해구가 생성되어 해양판이 섭입하고 대서양의 면적은 점차 감소할 것이다.

분석 point 대륙의 이동으로 대륙 분포는 지속적으로 변한다.

[25026-0001]

01 다음은 판 구조론이 정립되는 과정에서 제시된 어느 이론에 대한 설명이다.

> 과학자 (A)는 고생물학자들이 ㉠ 대서양을 사이에 둔 양쪽 지역의 화석 분포가 놀라울 정도로 비슷하다는 점을 설명하기 위해 대서양을 가로지르는 '육지 다리' 개념을 도입했다는 것을 알게 되었다. 이후 그는 방대한 문헌 조사를 토대로, 1915년에 '육지 다리' 개념을 대체하는 (㉡)을 제안하였다.

이에 대한 설명으로 옳은 것만을 〈보기〉에서 있는 대로 고른 것은?

〈보기〉
ㄱ. A는 베게너이다.
ㄴ. A는 ㉠의 이유를 '양쪽 지역이 과거에 서로 인접해 있었다.'라고 설명하였다.
ㄷ. ㉡은 해양저 확장설이다.

① ㄱ ② ㄷ ③ ㄱ, ㄴ ④ ㄴ, ㄷ ⑤ ㄱ, ㄴ, ㄷ

[25026-0002]

02 그림은 홈스가 주장한 어느 가설을 모형으로 나타낸 것이다.

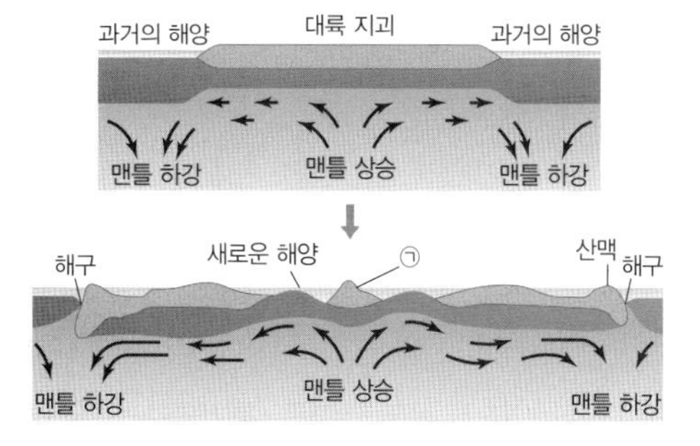

이 모형에 대한 설명으로 옳은 것만을 〈보기〉에서 있는 대로 고른 것은?

〈보기〉
ㄱ. 맨틀 대류설 모형이다.
ㄴ. ㉠은 맨틀 상승 과정에서 생성된 해령이다.
ㄷ. 이 모형을 이용하여 해저 지각의 고지자기 줄무늬 분포를 설명할 수 있다.

① ㄱ ② ㄴ ③ ㄱ, ㄷ ④ ㄴ, ㄷ ⑤ ㄱ, ㄴ, ㄷ

[25026-0003]

03 그림은 판의 경계가 존재하는 대서양 어느 해역에서 음향 측심으로 알아낸 해저 지형을 나타낸 것이다.

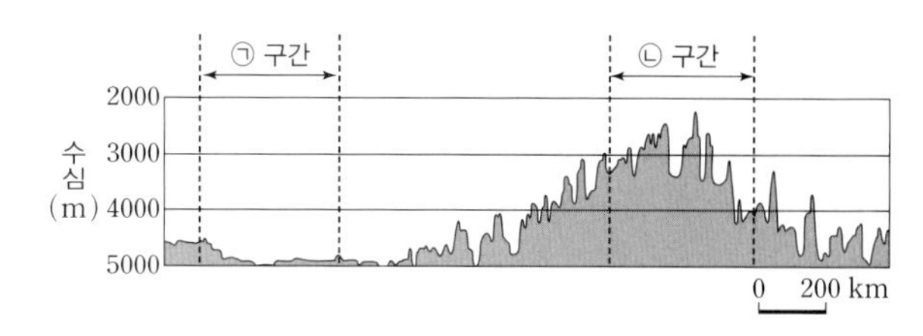

이에 대한 설명으로 옳은 것만을 〈보기〉에서 있는 대로 고른 것은? (단, 초음파의 속력은 1500 m/s이다.)

〈보기〉
ㄱ. ㉠ 구간에 대륙붕이 발달한다.
ㄴ. ㉡ 구간에 발산형 경계가 존재한다.
ㄷ. 탐사 해역에서 초음파 왕복 시간의 최댓값은 7초보다 길다.

① ㄱ ② ㄴ ③ ㄱ, ㄷ ④ ㄴ, ㄷ ⑤ ㄱ, ㄴ, ㄷ

[25026-0004]

04 그림은 어느 지질 시대 말기의 대륙 분포와 빙하 흔적을 나타낸 것이다.

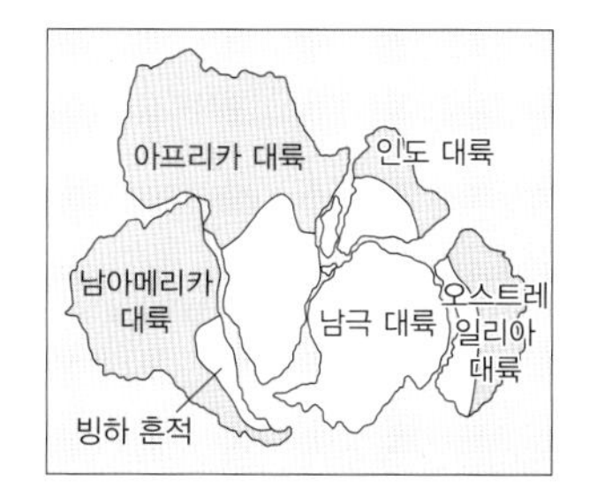

이에 대한 설명으로 옳은 것만을 〈보기〉에서 있는 대로 고른 것은?

〈보기〉
ㄱ. 중생대 말의 대륙 분포이다.
ㄴ. 이 시기의 빙하 흔적 일부가 현재 적도 부근에서 발견된다.
ㄷ. 이 시기에 번성했던 양치식물의 화석은 인도와 오스트레일리아 대륙에서 모두 산출될 수 있다.

① ㄱ ② ㄴ ③ ㄱ, ㄷ ④ ㄴ, ㄷ ⑤ ㄱ, ㄴ, ㄷ

[25026-0005]

05 그림은 해령 부근에서 나타나는 고지자기 줄무늬 분포를 나타낸 것이다.

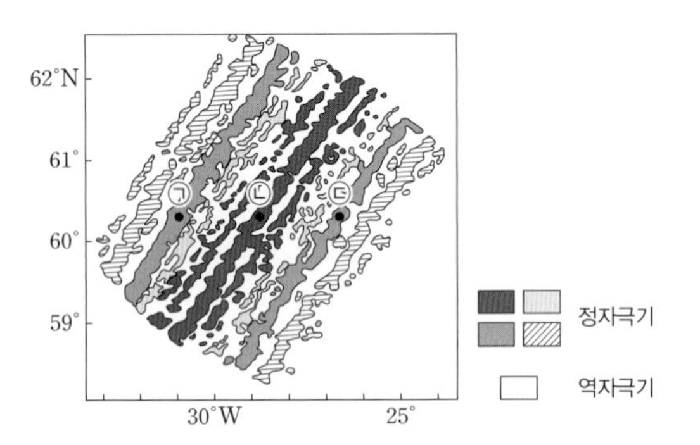

이에 대한 설명으로 옳은 것만을 〈보기〉에서 있는 대로 고른 것은?

〈보기〉
ㄱ. 해령의 중심축은 고지자기 줄무늬와 수직하게 나타난다.
ㄴ. 퇴적물의 두께는 ㉠이 ㉡보다 두껍다.
ㄷ. ㉠과 ㉢의 해양 지각에서 측정한 고지자기 복각은 같다.

① ㄱ ② ㄴ ③ ㄷ ④ ㄱ, ㄷ ⑤ ㄴ, ㄷ

[25026-0006]

06 그림 (가)와 (나)는 북반구 중위도의 두 해역에서 측정한 고지자기 분포를 나타낸 것이다. (가)와 (나)에서 해양판의 이동 속도는 각각 일정하다.

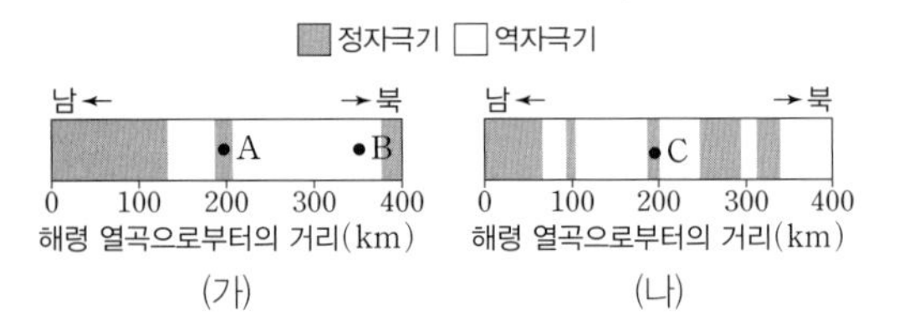

이 자료에 대한 설명으로 옳은 것만을 〈보기〉에서 있는 대로 고른 것은? (단, 고지자기극은 고지자기 방향으로 추정한 지리상 북극이며, 지리상 북극의 위치와 해령의 위치는 변하지 않았다.)

〈보기〉
ㄱ. 판의 이동 속도는 (가)가 (나)보다 빠르다.
ㄴ. 해양 지각에서 구한 고지자기극의 위도는 B가 A보다 높다.
ㄷ. 해양 지각의 나이는 B가 C보다 적다.

① ㄱ ② ㄴ ③ ㄷ ④ ㄱ, ㄷ ⑤ ㄴ, ㄷ

[25026-0007]

07 그림은 어느 해역에서 판 경계 주변의 모습을 나타낸 것이다.

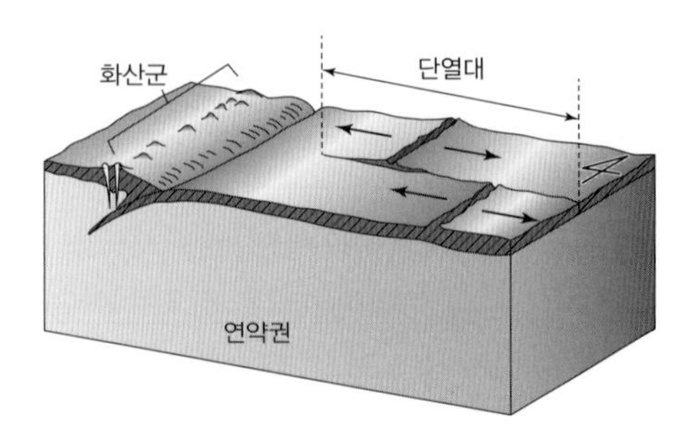

이 자료에 대한 설명으로 옳은 것만을 〈보기〉에서 있는 대로 고른 것은?

〈보기〉
ㄱ. 이 해역에는 세 개의 판이 존재한다.
ㄴ. 단열대를 따라 지진이 활발하게 일어난다.
ㄷ. 화산군에서 화산은 북쪽으로 갈수록 먼저 생성되었다.

① ㄱ ② ㄴ ③ ㄱ, ㄷ
④ ㄴ, ㄷ ⑤ ㄱ, ㄴ, ㄷ

[25026-0008]

08 그림은 과거 어느 시기의 지구 자기장 분포를 모식적으로 나타낸 것이다.

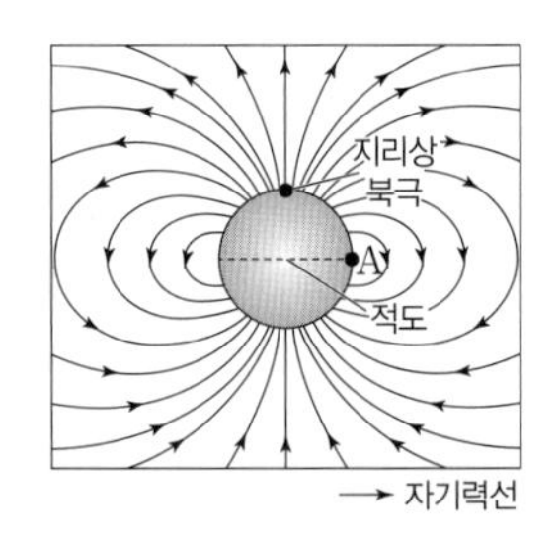

이 시기에 대한 설명으로 옳은 것만을 〈보기〉에서 있는 대로 고른 것은?

〈보기〉
ㄱ. 역자극기에 해당한다.
ㄴ. 지리상 남극에서 자침은 연직 아래 방향을 가리킨다.
ㄷ. 이 시기에 A에서 생성된 자성 광물의 자화 방향은 지리상 남극 방향을 가리킨다.

① ㄱ ② ㄴ ③ ㄱ, ㄷ
④ ㄴ, ㄷ ⑤ ㄱ, ㄴ, ㄷ

[25026-0009]

09 그림 (가)와 (나)는 어느 지괴에 기록된 고지자기로 추정한 2억 년 전과 3천만 년 전 지괴 주변의 자기력선 분포를 나타낸 것이다. 이 기간 동안 지괴는 계속 북쪽 방향으로 이동하였다.

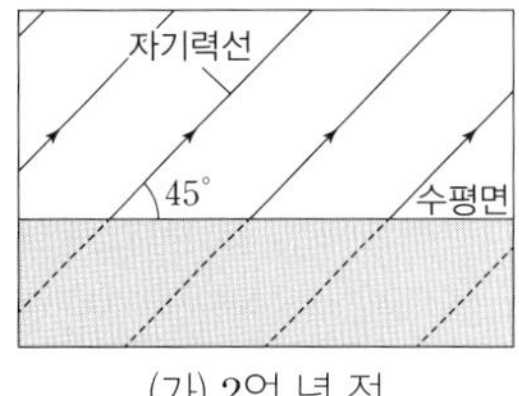

(가) 2억 년 전

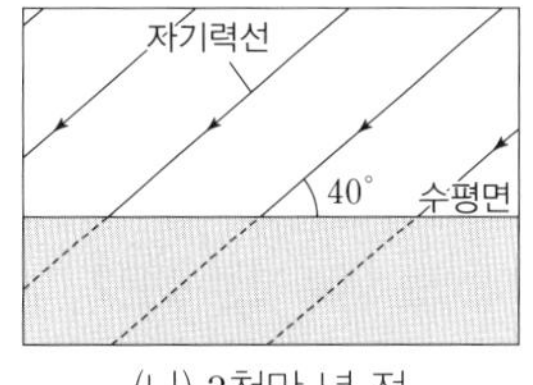

(나) 3천만 년 전

이 지괴에 대한 설명으로 옳은 것만을 〈보기〉에서 있는 대로 고른 것은? (단, 두 시기의 지자기 북극은 지리상 북극과 일치하며 지리상 북극의 위치는 변하지 않았다.)

〈보기〉
ㄱ. (가)일 때 남반구에 위치하였다.
ㄴ. (나)일 때 복각은 +50°이다.
ㄷ. 자기 적도로부터의 거리는 (가)일 때가 (나)일 때보다 가깝다.

① ㄱ ② ㄴ ③ ㄱ, ㄷ
④ ㄴ, ㄷ ⑤ ㄱ, ㄴ, ㄷ

[25026-0010]

10 그림은 어느 예측 모형을 이용하여 시간에 따른 수륙 분포 변화를 나타낸 것이다.

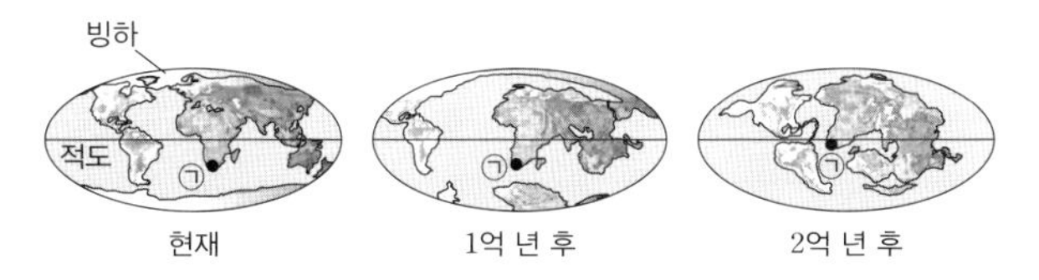

이에 대한 설명으로 옳은 것만을 〈보기〉에서 있는 대로 고른 것은?

〈보기〉
ㄱ. ㉠에서 복각의 크기는 현재보다 2억 년 후에 클 것이다.
ㄴ. 태평양의 면적은 현재보다 1억 년 후에 좁아질 것이다.
ㄷ. 1억 년 후~2억 년 후 사이에 대서양 연안에는 수렴형 경계가 발달할 것이다.

① ㄱ ② ㄴ ③ ㄱ, ㄷ
④ ㄴ, ㄷ ⑤ ㄱ, ㄴ, ㄷ

[25026-0011]

11 그림은 7000만 년 전부터 현재까지 인도 대륙의 위치 변화를 나타낸 것이다.
이에 대한 설명으로 옳은 것만을 〈보기〉에서 있는 대로 고른 것은?

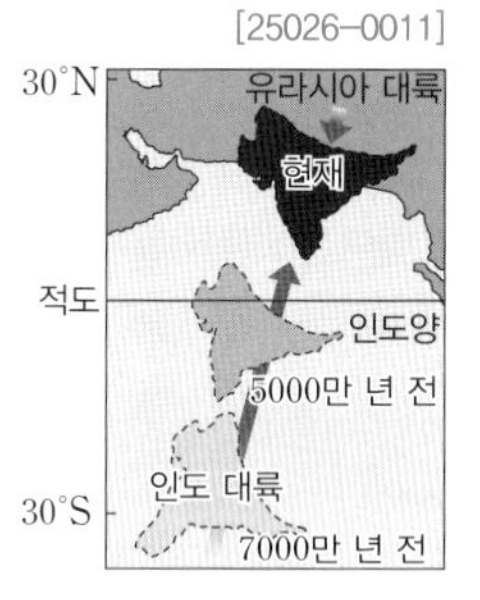

〈보기〉
ㄱ. 7000만 년 전~현재까지 인도 대륙에서 복각의 크기는 계속 증가하였다.
ㄴ. 5000만 년 전에 인도 대륙과 유라시아 대륙 사이에는 수렴형 경계가 존재하였다.
ㄷ. 인도 대륙의 평균 이동 속력은 7000만 년 전~5000만 년 전이 5000만 년 전~현재보다 빨랐다.

① ㄱ ② ㄴ ③ ㄱ, ㄷ
④ ㄴ, ㄷ ⑤ ㄱ, ㄴ, ㄷ

[25026-0012]

12 그림 (가)와 (나)는 서로 다른 지질 시대에 존재했던 초대륙의 모습을 나타낸 것이다. (가)와 (나)의 초대륙은 각각 판게아와 로디니아 중 하나이다.

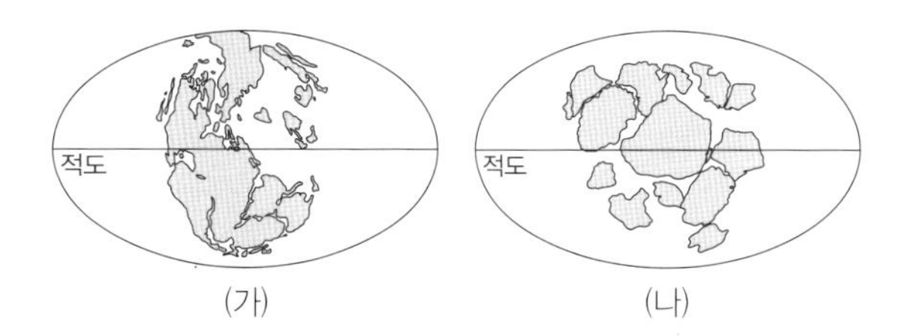

(가) (나)

이에 대한 설명으로 옳은 것만을 〈보기〉에서 있는 대로 고른 것은?

〈보기〉
ㄱ. 초대륙의 형성 시기는 (가)가 (나)보다 먼저이다.
ㄴ. (가)의 초대륙이 형성되는 과정에서 애팔래치아산맥이 만들어졌다.
ㄷ. (나)의 초대륙 분리 과정은 당시 번성했던 고생물의 분포를 이용하여 복원할 수 있다.

① ㄱ ② ㄴ ③ ㄱ, ㄷ
④ ㄴ, ㄷ ⑤ ㄱ, ㄴ, ㄷ

수능 3점 테스트

[25026-0013]

01 표는 판 구조론이 정립되기 이전에 제시된 이론과 주장한 과학자, 주요 내용을 나타낸 것이다.

베게너는 여러 대륙들이 모여 만들어진 초대륙 판게아가 존재했다고 주장하였고, 홈스는 방사성 원소의 붕괴열 등에 의해 맨틀이 대류한다고 주장하였다. 헤스와 디츠는 해령과 해구 등의 해저 지형을 설명하기 위해 해양저 확장설을 주장하였다.

이론	과학자	주요 내용
(가) 대륙 이동설	베게너	대륙이 이동하여 대륙의 분포가 변한다.
(나) 해양저 확장설	헤스, 디츠	(㉠)
(다) (㉡)	홈스	맨틀 대류는 대륙 이동의 원동력이다.

이에 대한 설명으로 옳은 것만을 〈보기〉에서 있는 대로 고른 것은?

〈 보기 〉

ㄱ. 이론이 제시된 순서는 (가) → (다) → (나)이다.
ㄴ. '해령에서 새로운 해양 지각이 생성되고 확장된다.'는 ㉠에 해당한다.
ㄷ. '변환 단층'은 홈스가 제시한 ㉡의 근거이다.

① ㄱ ② ㄷ ③ ㄱ, ㄴ ④ ㄴ, ㄷ ⑤ ㄱ, ㄴ, ㄷ

[25026-0014]

02 다음은 음향 측심 자료를 이용하여 해저 지형을 알아보기 위한 탐구이다.

해수면에서 해저면을 향하여 초음파를 발사하면 초음파는 해저면에 반사되어 되돌아온다. 이때 반사되어 되돌아오는 데 걸리는 시간을 이용하여 해저 지형을 알 수 있다.

[탐구 과정]

그림은 서로 다른 판의 경계가 존재하는 두 해역 A와 B의 위치를, 표는 A와 B에서 일정한 거리 간격의 각 탐사 지점에서 측정한 초음파 왕복 시간을 나타낸 것이다.

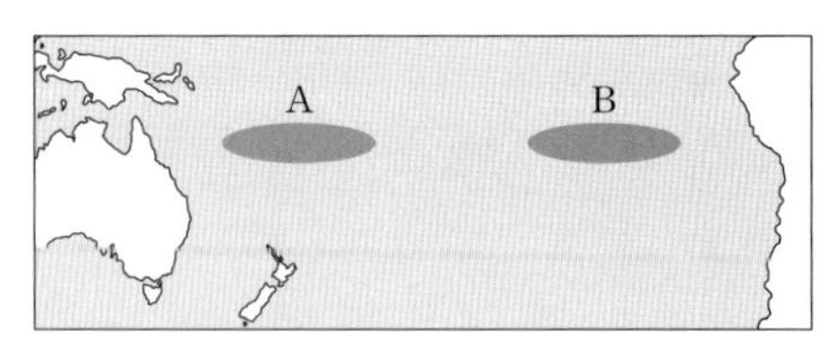

	탐사 지점	A1	A2	A3	A4	A5
A 해역	초음파 왕복 시간(초)	5.6	( )	6.2	5.9	5.7
	탐사 지점	B1	B2	B3	B4	B5
B 해역	초음파 왕복 시간(초)	5.5	5.2	4.8	4.2	4.7

(가) A와 B 해역의 음향 측심 자료를 바탕으로 각 지점의 수심을 구한다.
(나) 가로축은 탐사 지점으로, 세로축은 수심으로 그래프를 작성한다.

[탐구 결과]

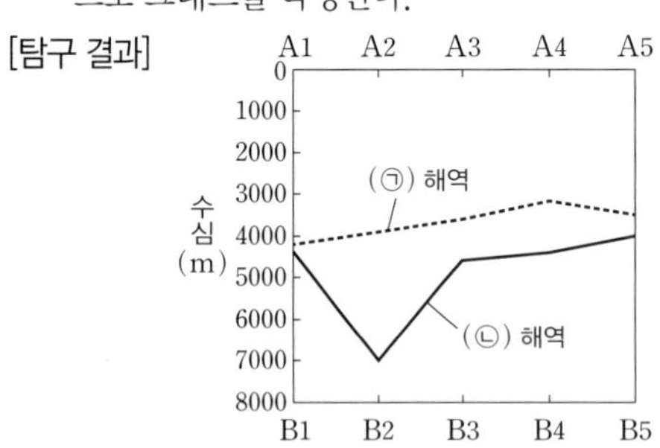

이에 대한 설명으로 옳은 것만을 〈보기〉에서 있는 대로 고른 것은? (단, 초음파의 속력은 1500 m/s이다.)

〈 보기 〉

ㄱ. ㉠은 A이다.
ㄴ. A2 지점에서 초음파의 왕복 시간은 9초보다 길다.
ㄷ. 해양 지각의 평균 연령은 A가 B보다 많다.

① ㄱ ② ㄷ ③ ㄱ, ㄴ ④ ㄴ, ㄷ ⑤ ㄱ, ㄴ, ㄷ

[25026-0015]

03 그림은 해령 부근의 세 해역 A, B, C에서 해령 중심축으로부터의 거리에 따른 해양 지각의 연령과 고지자기 분포를 나타낸 것이다. ㉠과 ㉡은 각각 정자극기와 역자극기 중 하나이다.

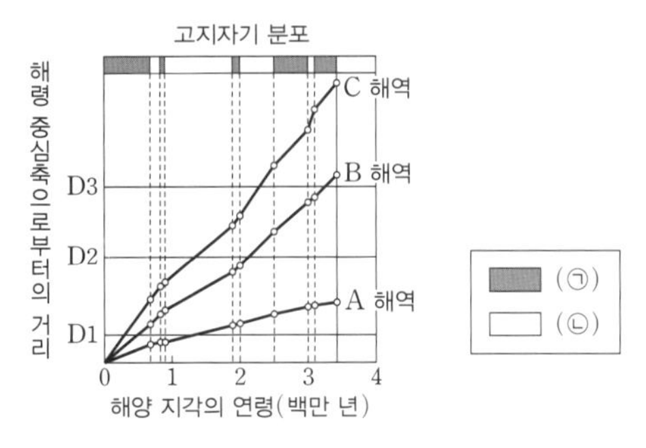

이 자료에 대한 설명으로 옳은 것만을 〈보기〉에서 있는 대로 고른 것은?

〈보기〉

ㄱ. A에서 해령 중심축으로부터의 거리가 D1인 지점의 암석은 정자극기일 때 생성되었다.
ㄴ. B에서 평균 수심은 D1~D2 구간이 D2~D3 구간보다 얕다.
ㄷ. 해령의 중심축 부근에서 해양저 확장 속도는 C가 A보다 빠르다.

① ㄱ ② ㄷ ③ ㄱ, ㄴ ④ ㄴ, ㄷ ⑤ ㄱ, ㄴ, ㄷ

해령을 축으로 고지자기 줄무늬는 대칭적인 분포가 나타나며, 고지자기 줄무늬의 폭은 판의 확장 속도에 따라 달라진다.

[25026-0016]

04 그림은 약 1억 8천만 년 동안 대서양 중앙부와 태평양 남동부의 해양저 확장 속도 변화를 나타낸 것이다. 해양저 확장 속도는 해양 지각의 고지자기 줄무늬를 이용하여 측정하였으며, A와 B는 각각 대서양 중앙부와 태평양 남동부 중 하나이다.

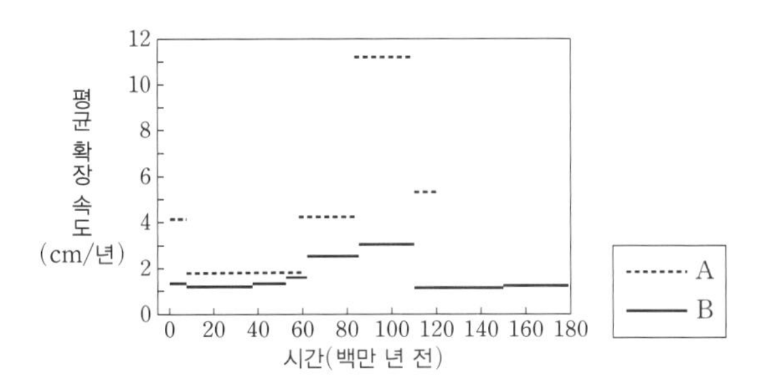

이 자료에 대한 설명으로 옳은 것만을 〈보기〉에서 있는 대로 고른 것은?

〈보기〉

ㄱ. A는 대서양 중앙부이다.
ㄴ. B에서 해양저 확장 속도는 백악기 말이 현재보다 빠르다.
ㄷ. 가장 오래된 해양 지각을 이용하면 고생대 기간의 해양저 확장 속도를 알아낼 수 있다.

① ㄱ ② ㄴ ③ ㄱ, ㄴ ④ ㄱ, ㄷ ⑤ ㄴ, ㄷ

해령에서 새로운 해양 지각이 생성되면서 확장되고, 해구에서 오래된 해양 지각이 맨틀 속으로 섭입하여 소멸된다. 따라서 대륙 지각과 달리 연령이 2억 년 이상인 해양 지각은 거의 존재하지 않는다.

해양판은 해령에서 멀어짐에 따라 점점 침강한다. 이때 해양판의 침강 속도는 판의 확장 속도와 관계없이 어느 대양에서나 거의 일정하게 나타난다.

[25026-0017]

05 그림은 두 판 A와 B에서 해양 지각의 나이에 따른 해령 정상으로부터의 깊이를, 표는 A와 B의 평균 확장 속도를 나타낸 것이다.

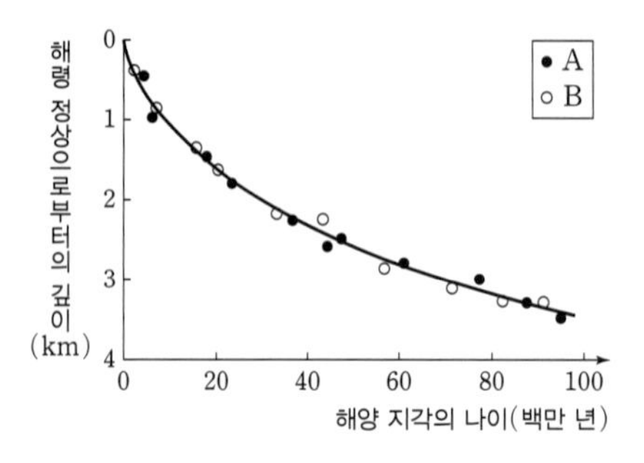

구분	평균 확장 속도 (cm/년)
A	2.5
B	10

이 자료에 대한 설명으로 옳은 것만을 〈보기〉에서 있는 대로 고른 것은?

〈 보기 〉

ㄱ. 해령 정상의 수심이 2 km인 경우, 수심이 4 km인 해역에서 해양 지각의 연령은 4천만 년보다 적다.

ㄴ. 해령 부근에서 해저면의 평균 경사각은 A가 B보다 작다.

ㄷ. B에서 해령 중심으로부터의 수평 거리가 약 2000 km인 지점은 해령 정상으로부터의 깊이가 2 km보다 깊다.

① ㄱ ② ㄷ ③ ㄱ, ㄴ ④ ㄴ, ㄷ ⑤ ㄱ, ㄴ, ㄷ

지질 시대 동안 지리상 북극의 위치가 변하지 않았다고 가정하면, 지괴에서 측정한 고지자기 복각의 크기는 그 당시 지괴가 위치한 위도가 높을수록 크다.

[25026-0018]

06 표는 어느 지괴에서 채취한 화성암 A∼D의 연령과 고지자기 복각을 나타낸 것이고, 그림은 고지자기 복각의 크기와 위도의 관계를 나타낸 것이다.

화성암	A	B	C	D
연령(만 년)	7100	5500	1000	0
고지자기 복각(°)	−49	−21	+30	+38

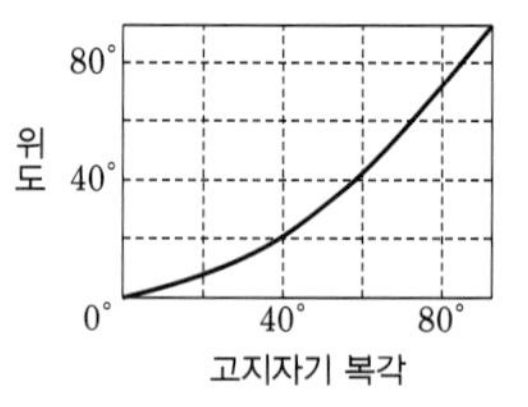

이 지괴에 대한 설명으로 옳은 것만을 〈보기〉에서 있는 대로 고른 것은? (단, 이 기간 동안 지괴는 경도선을 따라 이동하였고, 지리상 북극의 위치는 변하지 않았으며 지리상 북극은 지자기극과 일치한다.)

〈 보기 〉

ㄱ. 7100만 년 전∼5500만 년 전 사이에 지괴의 위도 변화량은 30°보다 작다.

ㄴ. 적도 부근에 위치했던 지질 시대는 중생대 말기이다.

ㄷ. B로 추정한 고지자기극의 위도는 50°N보다 높다.

① ㄱ ② ㄴ ③ ㄷ ④ ㄱ, ㄴ ⑤ ㄱ, ㄷ

[25026-0019]

07 그림은 나스카판과 남아메리카판의 해양 지각의 연령 분포와 그 주변의 판 경계를 나타낸 것이다.

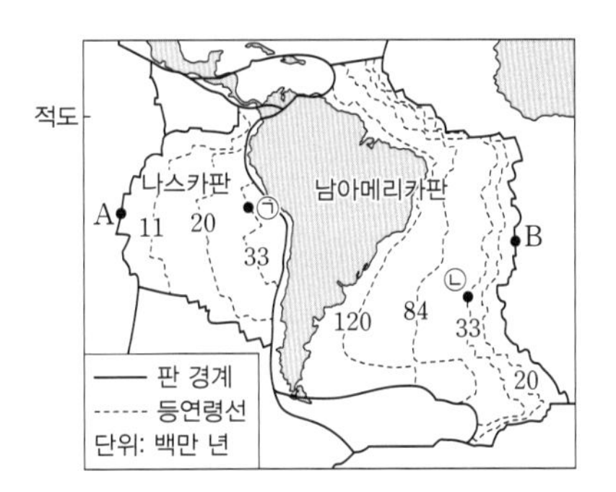

이 자료에 대한 설명으로 옳은 것만을 〈보기〉에서 있는 대로 고른 것은?

〈보기〉
ㄱ. 해양저 확장 속도는 A가 B보다 빠르다.
ㄴ. 해양 지각에 기록된 고지자기 복각의 크기는 ㉠이 ㉡보다 작다.
ㄷ. 남아메리카 대륙에서 화산 활동은 서쪽 해안이 동쪽 해안보다 활발하다.

① ㄱ ② ㄷ ③ ㄱ, ㄴ ④ ㄴ, ㄷ ⑤ ㄱ, ㄴ, ㄷ

해령에서 멀어질수록 해양 지각의 연령이 증가하며, 심해 퇴적물의 두께가 증가한다. 이는 해양저 확장설의 근거가 된다.

[25026-0020]

08 그림은 어느 해역에서 해양판 A, B, C와 화산의 분포, 판의 각 지점에서 측정한 이동 방향과 속력을 나타낸 것이다.

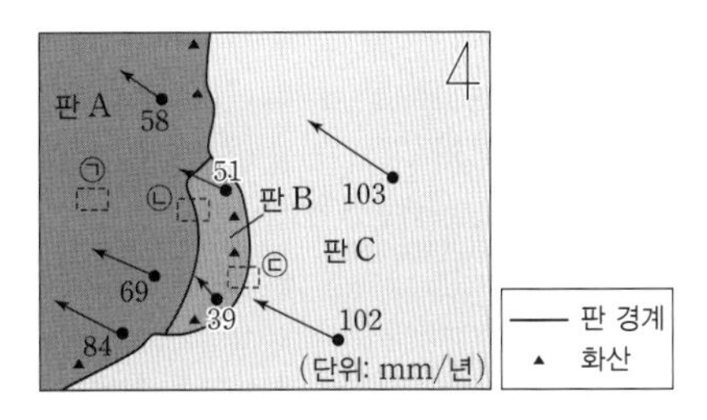

이에 대한 설명으로 옳은 것만을 〈보기〉에서 있는 대로 고른 것은?

〈보기〉
ㄱ. 판 A는 판 C 아래로 섭입한다.
ㄴ. 해양 지각의 나이는 ㉠이 ㉡보다 많다.
ㄷ. 지진이 일어나는 평균 깊이는 ㉡이 ㉢보다 깊다.

① ㄱ ② ㄴ ③ ㄱ, ㄷ ④ ㄴ, ㄷ ⑤ ㄱ, ㄴ, ㄷ

판 구조론은 지구의 표면이 크고 작은 여러 개의 판으로 구성되어 있으며, 이들의 상대적인 운동에 의해 화산 활동, 지진, 마그마의 생성, 습곡 산맥의 형성 등 여러 가지 지질 현상이 일어난다는 이론이다.

마그마가 식어서 굳어질 때 자성 광물이 당시의 지구 자기장 방향으로 자화된다. 이후 지구 자기장의 방향이 변해도 자화 방향은 그대로 보존되는데, 이를 이용하여 지괴의 과거 위치를 추정할 수 있다.

[25026-0021]

09 그림은 서로 다른 시기에 일어난 용암 분출로 형성된 어느 화산체의 단면을, 표는 화산암 ㉠, ㉡, ㉢의 연령과 잔류 자기에서 측정한 복각을 나타낸 것이다. ㉠의 잔류 자기는 정자극기일 때 형성되었다.

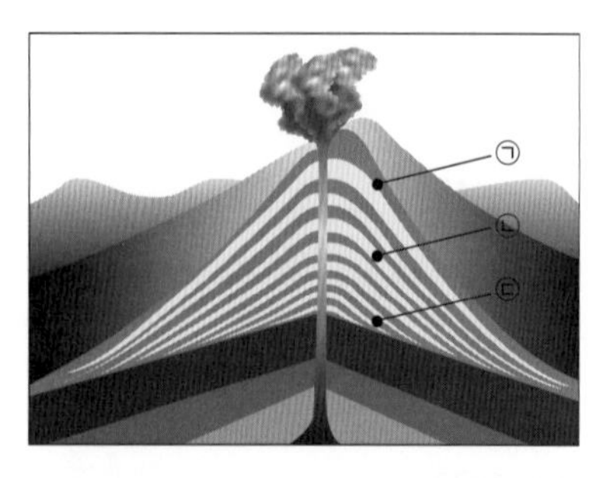

화산암	㉠	㉡	㉢
연령(만 년)	0.1	85	195
복각(°)	−24	+25	−26

이에 대한 설명으로 옳은 것만을 〈보기〉에서 있는 대로 고른 것은? (단, 지자기극과 지리상 극은 일치하며, 지리상 북극의 위치는 변하지 않았다.)

〈보기〉

ㄱ. 이 화산체는 북반구에 위치한다.

ㄴ. 화산암을 이루는 광물의 평균 크기는 ㉠ → ㉡ → ㉢으로 갈수록 커진다.

ㄷ. 이 화산체는 북쪽으로 이동하였다.

① ㄱ ② ㄷ ③ ㄱ, ㄴ ④ ㄴ, ㄷ ⑤ ㄱ, ㄴ, ㄷ

지구가 가지고 있는 고유한 자기장을 지구 자기장이라고 하는데, 지구는 내부에 막대자석이 있는 것과 유사한 자기적 성질을 갖는다. 나침반의 자침은 지구 자기장 방향으로 배열되며 정자극기일 때 나침반의 N극은 북쪽을 향한다.

[25026-0022]

10 그림 (가)는 어느 지괴의 현재 위치와 시기별 고지자기극의 위치를, (나)는 이 지괴에서 구한 고지자기 복각을 나침반 자침으로 나타낸 것이다.

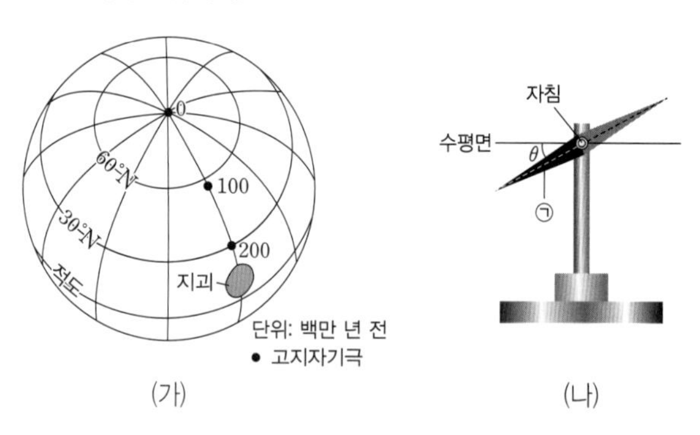

(가) (나)

이 자료에 대한 설명으로 옳은 것만을 〈보기〉에서 있는 대로 고른 것은? (단, 고지자기극은 이 지괴의 고지자기 방향으로 추정한 지리상 북극이고, 실제 지리상 북극의 위치는 변하지 않았다.)

〈보기〉

ㄱ. 이 기간 동안 지괴는 남쪽으로 이동하였다.

ㄴ. ㉠은 N극이다.

ㄷ. 지괴에서 측정되는 θ의 크기는 1억 년 전이 2억 년 전보다 크다.

① ㄱ ② ㄷ ③ ㄱ, ㄴ ④ ㄴ, ㄷ ⑤ ㄱ, ㄴ, ㄷ

[25026-0023]

11 그림은 초대륙의 분리 과정을 모식적으로 나타낸 것이다. ㉠과 ㉡은 각각 대륙 지각과 해양 지각 중 하나이다.

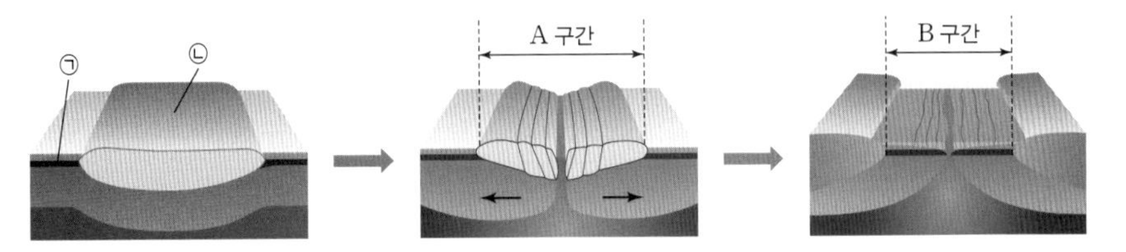

이 자료에 대한 설명으로 옳은 것만을 〈보기〉에서 있는 대로 고른 것은?

〈 보기 〉

ㄱ. 지각의 평균 밀도는 ㉠이 ㉡보다 크다.
ㄴ. A 구간에서 지각의 중앙부에는 주로 역단층이 발달한다.
ㄷ. B 구간에서 지각의 연령은 중앙부에서 가장 많다.

① ㄱ ② ㄷ ③ ㄱ, ㄴ ④ ㄴ, ㄷ ⑤ ㄱ, ㄴ, ㄷ

판의 운동과 함께 대륙들이 이동하면 분리되었던 대륙들이 합쳐져서 초대륙이 형성되기도 하고, 초대륙이 분리되었다가 다시 합쳐지면서 새로운 초대륙이 형성되기도 한다.

[25026-0024]

12 그림 (가), (나), (다)는 두 대륙이 서로 충돌하는 과정을 모식적으로 나타낸 것이다.

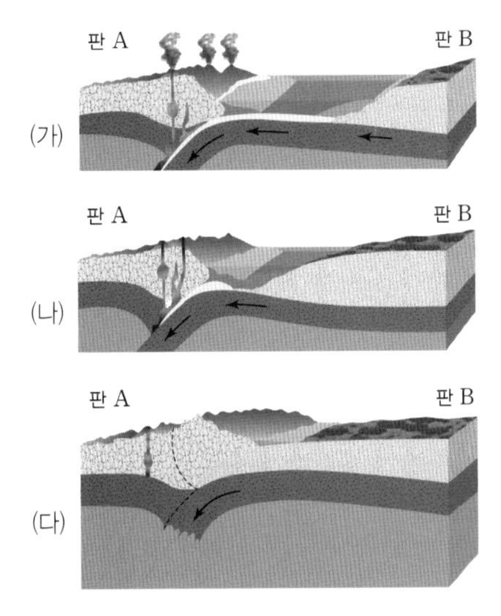

이 자료에 대한 설명으로 옳은 것만을 〈보기〉에서 있는 대로 고른 것은?

〈 보기 〉

ㄱ. (가)의 판 A에서 분출하는 마그마는 주로 압력 감소 과정을 거쳐 생성되었다.
ㄴ. (다)에서 판 A와 판 B의 경계부에 열곡대가 발달한다.
ㄷ. 판 A에 대한 판 B의 평균 이동 속력은 (나)가 (다)보다 빠를 것이다.

① ㄱ ② ㄷ ③ ㄱ, ㄴ ④ ㄴ, ㄷ ⑤ ㄱ, ㄴ, ㄷ

두 대륙판이 서로 충돌하면 습곡 산맥이 형성되며, 두 대륙 사이의 해양 지각은 지구 내부로 섭입하여 소멸한다.

02 판 이동의 원동력과 마그마 활동

개념 체크

➲ 물리적 상태에 따른 지구 내부의 층상 구조
암석권, 연약권, 하부 맨틀, 외핵, 내핵으로 구분된다.

➲ 암석권
지각과 상부 맨틀의 일부를 포함하는 암석으로 이루어진 층이다.

➲ 맨틀 대류
맨틀 대류는 판이 이동하는 원동력이다.

1. 판의 평균 두께는 ( ) 판이 ( )판보다 두껍다.

2. 판의 평균 밀도는 대륙판이 해양판보다 ( )다.

3. 연약권은 ( ) 상태이다.

4. 암석권은 여러 조각으로 나뉘어져 있는데, 각각의 암석권 조각을 ( )이라고 한다.

정답
1. 대륙, 해양
2. 작
3. 부분 용융
4. 판

1 판 이동의 원동력

(1) 맨틀 대류와 판의 운동

① **물리적 상태에 따른 지구 내부의 층상 구조:** 지구 내부는 물리적 상태에 따라 암석권, 연약권, 하부 맨틀, 외핵, 내핵으로 구분된다. 지각 하부에서부터 약 400 km 깊이까지의 맨틀을 상부 맨틀, 상부 맨틀 하부에서부터 약 2900 km 깊이까지의 맨틀을 하부 맨틀이라고 한다.

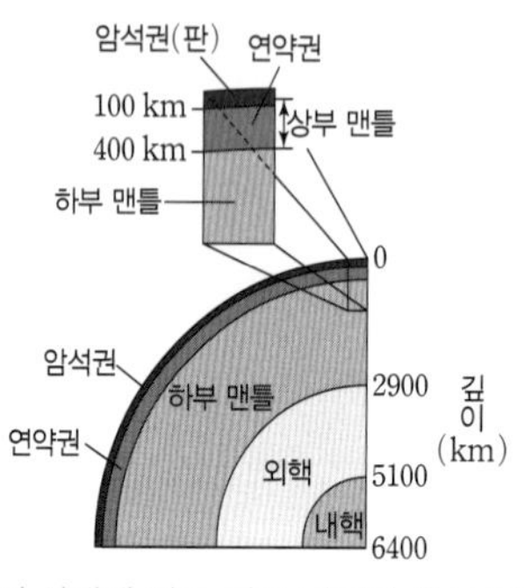

물리적 상태에 따른 지구 내부의 층상 구조

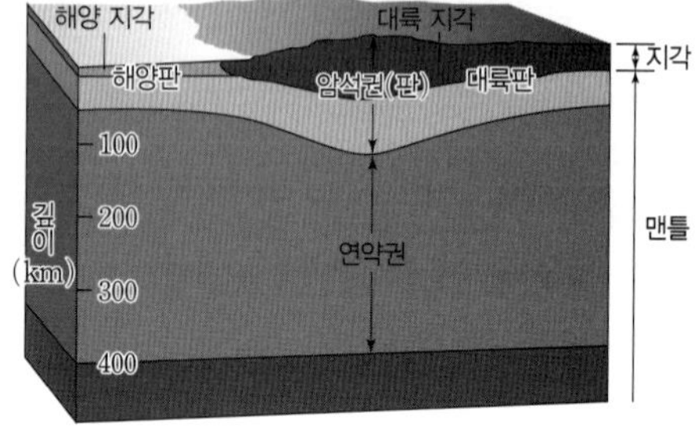

판의 구조

② **암석권과 판**

• 암석권과 판: 암석권은 지각과 상부 맨틀의 일부를 포함하는 두께 약 100 km의 암석으로 이루어진 층이다. 암석권은 여러 조각으로 나뉘어져 있는데, 각각의 암석권 조각을 판이라고 한다. 판은 특징에 따라 대륙판과 해양판으로 구분된다.

• 대륙판과 해양판: 대륙판은 지각의 대부분이 대륙 지각인 판이고, 해양판은 지각의 대부분이 해양 지각인 판이다. 대륙판은 해양판에 비해 평균 두께가 두껍고 평균 밀도가 작다.

③ **연약권:** 상부 맨틀 중 암석권의 하부에서부터 약 400 km 깊이까지는 연약권이며, 연약권은 부분 용융 상태이다.

④ **맨틀 대류와 판의 이동:** 맨틀은 고체 상태이지만 온도가 높으므로 유동성이 있고 매우 느리게 대류가 일어난다. 맨틀 대류가 상승하는 해령에서는 새로운 해양 지각이 만들어지고 양쪽으로 확장하며 오래된 해양 지각은 해구에서 섭입되어 소멸한다. 이와 같은 과정으로 판은 맨틀 대류를 따라 움직인다. 판은 판 자체에서 만들어지는 물리적인 힘에 의해서도 이동하는데, 이것은 섭입하는 판이 잡아당기는 힘과 해령에서 판을 밀어내는 힘이다.

• 섭입하는 판이 잡아당기는 힘: 섭입대에서 침강하는 판은 판을 섭입대 쪽으로 잡아당긴다.

• 해령에서 판을 밀어내는 힘: 해령에서 솟아오른 해양판이 중력에 의해 해령의 사면을 따라 미끄러지면서 판을 밀어낸다. 과학자들은 이 힘은 섭입하는 판이 잡아당기는 힘에 비해 판의 이동에 크게 영향을 미치지 못하는 것으로 보고 있다.

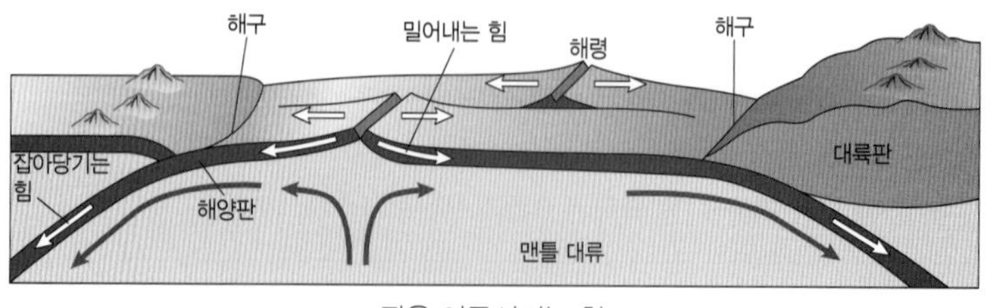

판을 이동시키는 힘

과학 돋보기 판의 섭입과 이동 속력

판의 이동 속력은 섭입대 분포 등과 관련이 있다. 남아메리카판은 대서양 중앙 해령에서 서쪽으로 약 3 cm/년의 속력으로 이동하지만 판의 서쪽 경계에서는 남아메리카판 자체의 섭입이 일어나지는 않는다. 한편 오스트레일리아판은 북쪽에 위치한 판과의 경계에서 북쪽에 위치한 판 아래로 섭입한다. 따라서 오스트레일리아판의 북쪽 경계에서는 해구에서 섭입하는 판이 잡아당기는 힘이 작용하기 때문에 오스트레일리아판이 남아메리카판보다 평균 이동 속력이 빠르다.

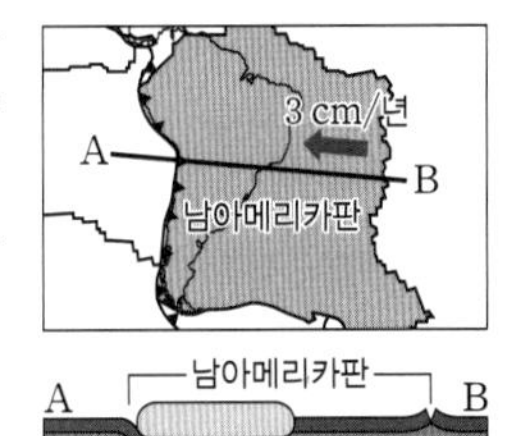

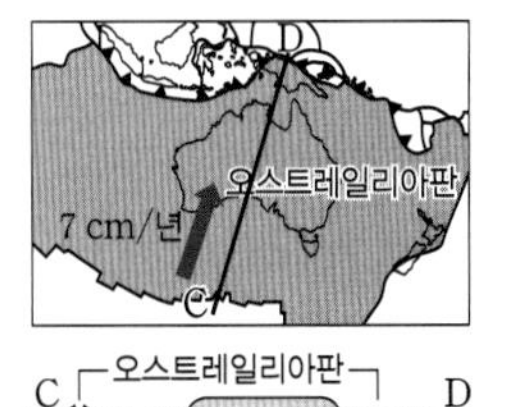

(2) **판 경계의 종류**: 판의 상대적 이동 방향에 따라 판의 경계를 발산형 경계, 수렴형 경계, 보존형 경계로 분류할 수 있다.

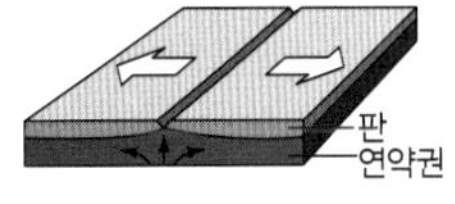

발산형 경계

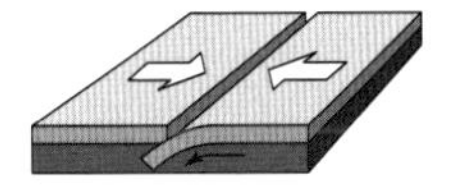
수렴형 경계

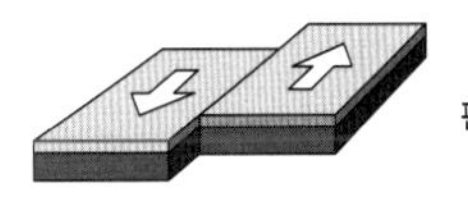
보존형 경계

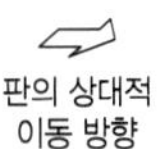

① **발산형 경계**: 새로운 해양 지각이 생성되면서 양쪽으로 확장되는 경계이다. 예 대서양 중앙 해령, 동태평양 해령

② **수렴형 경계**: 판과 판이 충돌하거나 섭입하는 경계이다. 판과 판이 가까워지면서 충돌하는 충돌형 수렴형 경계와 판이 섭입하면서 소멸되는 섭입형 수렴형 경계로 구분된다. 예 충돌형 수렴형 경계: 히말라야산맥, 섭입형 수렴형 경계: 마리아나 해구, 일본 해구

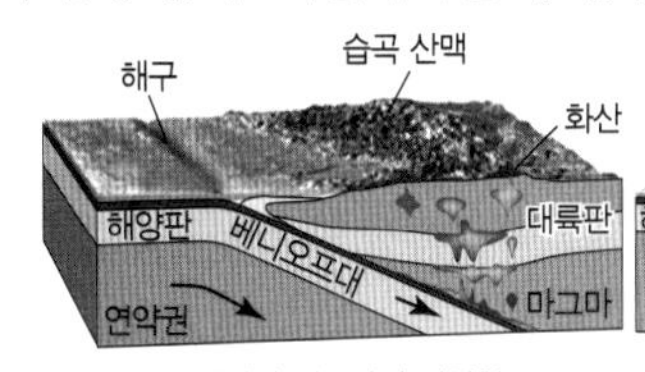

해양판과 대륙판의 섭입형
예 나스카판과 남아메리카판의 경계

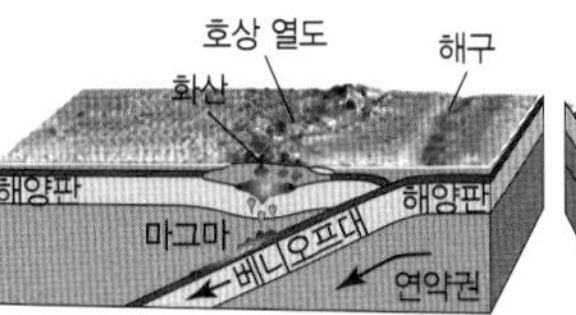

해양판과 해양판의 섭입형
예 필리핀판과 태평양판의 경계

대륙판과 대륙판의 충돌형
예 인도-오스트레일리아판과 유라시아판의 경계

수렴형 경계의 종류

③ **보존형 경계**: 판이 수평으로 미끄러지면서 어긋나는 경계로, 변환 단층 경계라고도 한다. 예 산안드레아스 단층

④ **판의 경계와 지각 변동**

판의 경계	경계부의 판	발달하는 지형	활발한 지각 변동	특징
발산형 경계	해양판과 해양판	해령, 열곡	지진, 화산 활동	지각의 생성
	대륙판과 대륙판	열곡대	지진, 화산 활동	지각의 생성
수렴형 경계	해양판과 대륙판(섭입형)	해구, 호상 열도	지진, 화산 활동	판의 섭입과 소멸
		해구, 습곡 산맥	지진, 화산 활동	판의 섭입과 소멸
	해양판과 해양판(섭입형)	해구, 호상 열도	지진, 화산 활동	판의 섭입과 소멸
	대륙판과 대륙판(충돌형)	습곡 산맥	지진	판의 충돌
보존형 경계	해양판과 해양판	변환 단층	지진	주향 이동 단층
	대륙판과 대륙판	변환 단층	지진	주향 이동 단층

개념 체크

- 발산형 경계: 판이 확장하는 경계이다.
- 수렴형 경계: 판과 판이 충돌하거나 섭입하는 경계이다.
- 보존형 경계: 판이 미끄러지면서 어긋나는 경계이다.

1. 대서양 중앙 해령은 판의 (   )형 경계에서 발달하는 지형이다.
2. 히말라야산맥과 마리아나 해구는 모두 판의 (   )형 경계에서 발달하는 지형이다.
3. 판의 (   )형 경계에서는 변환 단층이 발달한다.

정답
1. 발산
2. 수렴
3. 보존

개념 체크

➲ 플룸
맨틀에서 주위보다 온도가 낮거나 높은 영역이며, 대체로 맨틀 물질의 연직 방향 운동이 나타난다.

➲ 플룸 구조론
플룸의 상승이나 하강으로 지구 내부의 변동이 일어난다는 이론이다.

1. ( ) 구조론은 열점과 같이 판의 내부에서 일어나는 화산 활동을 설명할 수 있다.

2. 맨틀에서 뜨거운 플룸은 주위보다 밀도가 ( )고, 차가운 플룸은 주위보다 밀도가 ( )다.

3. 지진파 단층 촬영 영상에서 지진파의 전파 속도가 빠른 곳은 주위보다 온도가 ( )다.

정답
1. 플룸
2. 작, 크
3. 낮

탐구자료 살펴보기 **섭입형 수렴형 경계에서의 지각 변동**

탐구 자료 그림 (가)는 일본 부근에서 발생한 지진의 진앙 분포를, (나)는 (가)의 A－B 지역의 단면과 진원의 깊이를 모식적으로 나타낸 것이다.

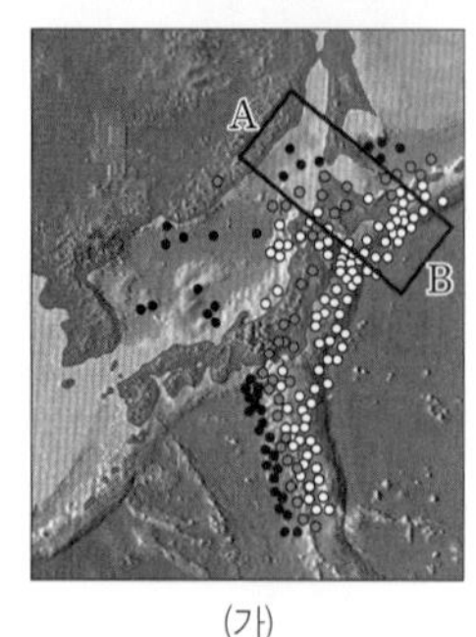

(가)

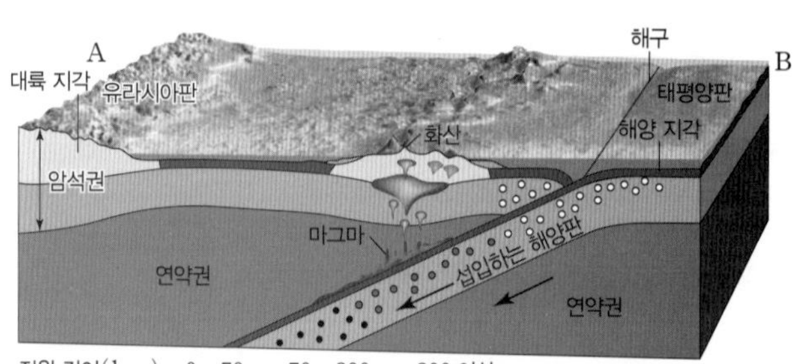

(나)

탐구 결과
1. 해구 부근에서는 주로 천발 지진이 발생한다.
2. 해구에서 유라시아판 쪽으로 갈수록 진원의 평균 깊이가 대체로 깊어진다.
3. 태평양판이 유라시아판 아래로 섭입할 때 섭입대는 밀도가 작은 유라시아판 아래에 형성된다.
4. 섭입하는 태평양판의 영향으로 생성된 마그마가 유라시아판에서 화산 활동을 일으켜 대체로 해구와 나란하게 화산이 분포한다.

분석 point 해양판과 대륙판의 섭입형 수렴형 경계에서는 해양판(태평양판)이 대륙판(유라시아판) 아래로 섭입하는 과정에서 섭입하는 해양판(태평양판)의 영향으로 마그마가 생성되고, 섭입대를 따라 지진이 발생하므로 화산과 진앙은 주로 대륙판(유라시아판)에 나타난다.

(3) 플룸 구조론

① 판 구조론과 플룸 구조론

- 판 구조론: 판 구조론은 판과 상부 맨틀의 상호 관계가 중심이며, 판의 경계에서의 지각 변동을 설명하기 위해 대두되었다.
- 플룸 구조론: 플룸 구조론은 판과 맨틀 전체의 상호 관계가 중심이며, 열점에서의 화산 활동과 같이 판의 내부에서 일어나는 화산 활동을 설명하기 위해 대두되었다.

하와이 열도의 생성 원리

② 플룸의 종류: 지각과 맨틀에서의 지진파 속도 분포를 나타내는 지진파 단층 촬영 영상에서 지진파의 속도가 빠른 곳은 주위보다 온도가 낮고, 지진파의 속도가 느린 곳은 주위보다 온도가 높다. ➡ 맨틀 내에서 주위보다 온도가 높거나 낮게 나타나는 넓은 영역에서는 각각 물질이 지표 쪽으로 상승하거나 지구 중심 쪽으로 하강하는데, 이를 플룸이라고 한다.

- 차가운 플룸: 주위보다 온도가 낮고, 밀도가 큰 맨틀 물질이 하강한다.
- 뜨거운 플룸: 주위보다 온도가 높고, 밀도가 작은 맨틀 물질이 기둥 형태로 상승한다.

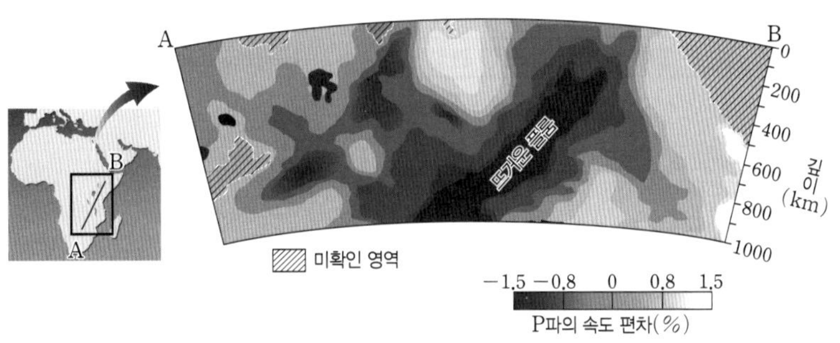

동아프리카의 지진파 단층 촬영 영상과 뜨거운 플룸

③ 플룸의 생성 원인

- 차가운 플룸: 차가운 플룸은 판의 섭입형 수렴형 경계에서 섭입한 판이 상부 맨틀과 하부 맨틀의 경계에 머물다가 일정량 이상이 되면 맨틀과 외핵의 경계 쪽으로 가라앉으면서 생성된다. 현재 아시아 대륙의 아래에서 거대한 차가운 플룸이 나타난다.
- 뜨거운 플룸: 차가운 플룸이 맨틀과 외핵의 경계 쪽으로 가라앉으면 그 영향으로 맨틀과 외핵의 경계에서 뜨거운 맨틀 물질이 상승하면서 생성된다. 현재 남태평양과 아프리카 대륙 아래에서 거대한 뜨거운 플룸이 나타난다.

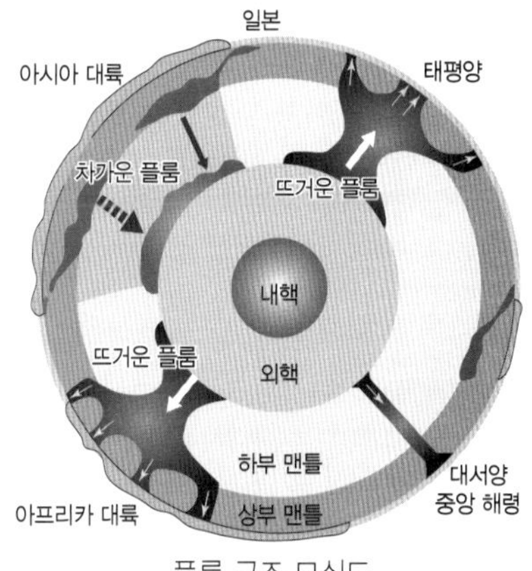

플룸 구조 모식도

④ 플룸과 지각 변동

- 열점: 열점에서는 뜨거운 플룸이 상승하여 생성된 마그마가 지각을 뚫고 분출하여 화산 활동이 일어난다. 뜨거운 플룸은 맨틀과 외핵의 경계에서 상승하므로 맨틀이 대류하여 판이 이동해도 열점의 위치는 변하지 않는다. 고정된 열점에서 오랫동안 많은 양의 마그마가 분출하면 해산, 화산섬 등이 형성될 수 있다. 예 하와이 열점

판의 경계와 열점의 분포

- 초대륙의 분리: 초대륙 아래에서 뜨거운 플룸이 상승하면 초대륙이 분리될 수 있다.

개념 체크

차가운 플룸
섭입한 판이 맨틀과 외핵의 경계로 가라앉으면서 생성된다.

뜨거운 플룸
맨틀과 외핵의 경계에서 뜨거운 맨틀 물질이 상승하면서 생성된다.

하와이 열도
하와이 열도는 열점의 화산 활동과 판의 운동에 의해 형성되었다.

1. 현재 아시아 대륙 아래에는 거대한 (   )운 플룸이 있다.

2. 하와이 열점에서는 (   )운 플룸이 상승하여 생성된 마그마가 지각을 뚫고 분출하는 화산 활동이 일어난다.

3. (   )은 맨틀에 고정된 마그마의 생성 장소로, 지속적으로 화산 활동을 일으킨다.

정답
1. 차가
2. 뜨거
3. 열점

개념 체크

마그마의 종류
화학 조성에 따라 현무암질 마그마, 안산암질 마그마, 유문암질 마그마로 구분된다.

1. 뜨거운 플룸이 상승하는 곳은 주위보다 물질의 밀도는 (   )지만 온도는 (   )다.

2. 마그마는 화학 조성에 따라 현무암질 마그마, 안산암질 마그마, (   )질 마그마로 구분한다.

3. 지구 내부의 온도가 암석의 용융 온도에 도달하면 암석이 녹아 (   )가 생성될 수 있다.

정답
1. 작, 높
2. 유문암
3. 마그마

탐구자료 살펴보기 플룸 상승류의 모양 관찰하기

탐구 과정

1. 그림 (가)와 같이 찬물을 담은 비커 바닥에 스포이트로 잉크를 조금씩 떨어뜨린다.
2. 그림 (나)와 같이 잉크가 가라앉은 비커의 바닥 부분을 촛불로 가열한다.
3. 비커 바닥에서 잉크가 상승하는 모양을 관찰한다.

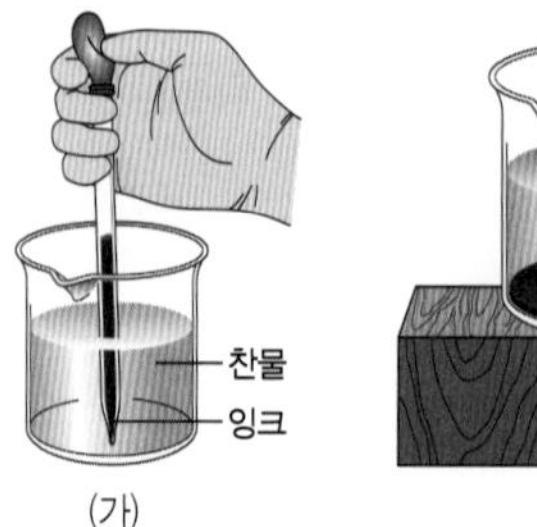

(가)

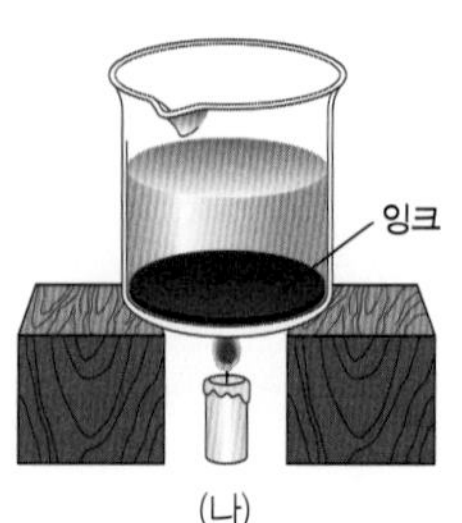

(나)

탐구 결과

1. 가열된 부분의 비커 바닥에서는 가라앉았던 잉크의 일부가 상승한다.
2. 가열되어 상승하는 잉크의 모습은 그림과 같이 버섯 모양으로 나타난다.

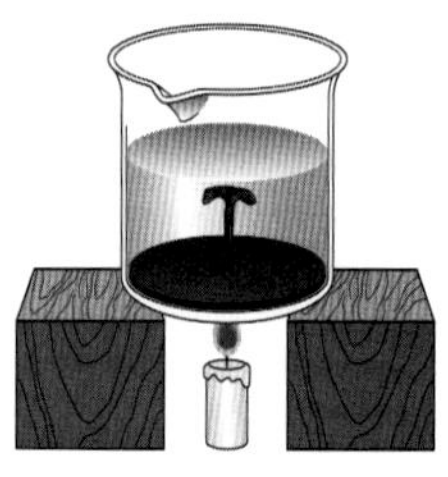

분석 point

- 맨틀과 외핵의 경계부에서 맨틀 물질의 온도가 주위보다 높아지면 부피가 커지고 밀도가 작아진다.
- 밀도가 작아진 뜨거운 맨틀 물질은 부력에 의해 상승하여 뜨거운 플룸을 형성한다.
- 뜨거운 플룸에 의해 열점이 만들어지며, 열점에서는 지속적으로 마그마가 생성된다.

2 변동대에서의 마그마 활동

(1) 마그마의 생성 조건

① **마그마와 화성암**: 지구 내부에서 지각 하부 물질이나 맨틀 물질이 녹아서 생성된 물질을 마그마라고 하며, 마그마가 굳어져서 만들어진 암석을 화성암이라고 한다.

② **마그마의 종류**: 마그마는 화학 조성(SiO_2 함량)에 따라 현무암질 마그마, 안산암질 마그마, 유문암질 마그마로 구분된다. 마그마의 SiO_2 함량(%)이 많을수록 대체로 마그마의 온도가 낮고 점성이 크다.

마그마의 종류	현무암질	안산암질	유문암질
SiO_2 함량	52 % 이하	52 %~63 %	63 % 이상
온도	높다	⟷	낮다
점성	작다	⟷	크다

③ **마그마의 생성**: 일반적으로 지구 내부의 온도는 암석의 용융 온도에 도달하지 못하므로 대부분의 지구 내부에서는 마그마가 생성될 수 없다. 하지만 지구 내부에서 환경 변화가 일어나 지구 내부의 온도가 암석의 용융 온도에 도달하면 암석이 녹아서 마그마가 생성될 수 있다.

- 압력 일정, 온도 상승: 그림의 A → A′과 같이 지구 내부의 온도가 높아지면 대륙 지각의 물질이 용융되어 마그마가 생성될 수 있다.
- 압력 하강, 온도 일정: 그림의 B → B′과 같이 맨틀 물질이 상승하여 압력이 감소하면 맨틀 물질이 용융되어 마그마가 생성될 수 있다.
- 용융 온도 하강: 그림의 C → C′과 같이 물이 맨틀에 공급되면 맨틀의 용융 온도가 낮아져 마그마가 생성될 수 있다.

지하의 온도 분포와 암석의 용융 곡선

(2) 마그마의 생성 과정

① **해령 하부에서의 마그마 생성**: 해령 하부에서는 맨틀 물질이 상승하여 압력이 감소하면 맨틀 물질이 부분 용융되어 주로 현무암질 마그마가 생성되고, 해령에서는 주로 현무암질 마그마가 분출된다.

② **베니오프대에서의 마그마 생성**: 해양판이 섭입하여 온도와 압력이 상승하면 해양 지각과 퇴적물의 함수 광물에 포함된 물이 빠져나오고, 이 물의 영향으로 연약권을 구성하는 광물의 용융 온도가 낮아져 주로 현무암질 마그마가 생성된다. 이 현무암질 마그마가 상승하여 대륙 지각 하부에 도달하면 대륙 지각을 이루고 있는 암석이 가열되어 유문암질 마그마가 생성될 수 있다. 또한 상승한 현무암질 마그마와 유문암질 마그마가 혼합되면 안산암질 마그마가 생성될 수 있다. 베니오프대가 발달하는 수렴형 경계에서는 주로 안산암질 마그마가 분출된다.

③ **열점에서의 마그마 생성**: 맨틀 물질이 상승하여 압력이 감소하면 맨틀 물질이 부분 용융되어 주로 현무암질 마그마가 생성된다.

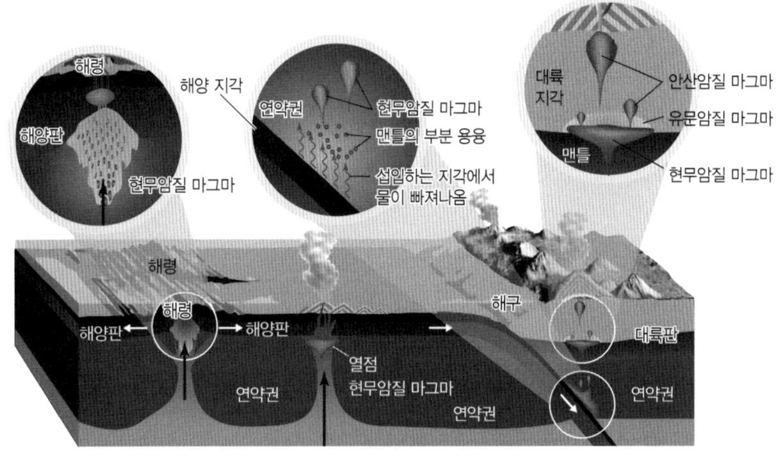

마그마의 생성 장소

(3) 마그마가 만든 암석

① **화성암**: 마그마가 굳어져서 만들어진 암석을 화성암이라고 한다.

② **화학 조성에 따른 화성암의 종류**: SiO_2 함량에 따라 염기성암, 중성암, 산성암으로 구분된다.

예 염기성암: 현무암과 반려암, 중성암: 안산암과 섬록암, 산성암: 유문암과 화강암

개념 체크

부분 용융 상태
마그마가 생성될 수 있는 조건이 되었을 때 암석을 구성하는 광물 중 용융 온도가 낮은 광물은 용융되고 용융 온도가 높은 광물은 용융되지 않는데, 용융된 액체 상태의 물질과 용융되지 않은 고체 상태의 물질이 섞여 있는 상태를 부분 용융 상태라고 한다.

해령 하부에서의 마그마 생성
맨틀 물질이 상승하여 압력이 감소하면 마그마가 생성된다.

베니오프대에서의 마그마 생성
연약권에 물이 공급되면 용융 온도가 낮아져 마그마가 생성된다.

1. 용융된 액체 상태의 물질과 용융되지 않은 고체 상태의 물질이 섞여 있는 상태를 (   ) 용융 상태라고 한다.

2. 해령 하부에서는 주로 (   )질 마그마가 생성된다.

3. 열점에서는 주로 (   ) 감소에 의해 현무암질 마그마가 생성된다.

4. 화성암은 SiO_2 함량에 따라 염기성암, 중성암, (   )암으로 구분한다.

정답
1. 부분
2. 현무암
3. 압력
4. 산성

③ **산출 상태와 조직에 따른 화성암의 종류**: 마그마가 어느 깊이에서 어떤 형태로 굳어지는가에 따라서 화성암의 조직과 종류가 달라진다.

- 심성암과 화산암: 마그마가 지하 깊은 곳에서 서서히 냉각되면 심성암(예 반려암, 섬록암, 화강암)이 되고, 지표 부근에서 빠르게 냉각되면 화산암(예 현무암, 안산암, 유문암)이 된다.
- 화성암의 조직: 심성암의 경우 마그마가 서서히 냉각되어 결정의 크기가 충분히 커서 육안으로 식별할 수 있을 정도인 조립질 조직이 발달한다. 화산암의 경우 마그마가 빠르게 냉각되어 결정의 크기가 작아서 육안으로 식별하기 불가능할 정도인 세립질 조직 또는 결정을 형성하지 못한 유리질 조직이 발달한다.

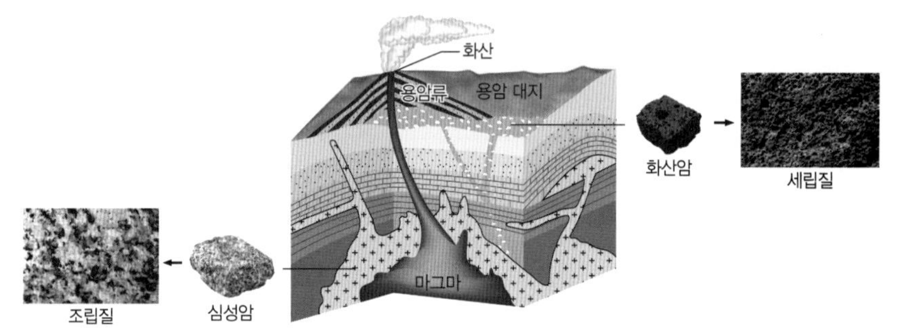

마그마의 산출 상태와 화성암의 조직

④ **화성암의 분류**: 화성암은 화학 조성과 광물의 조성에 따라 염기성암, 중성암, 산성암으로 분류하고, 암석의 조직에 따라 화산암과 심성암으로 분류한다.

화학 조성에 따른 분류 / 조직에 따른 분류	특징		염기성암	중성암	산성암
	SiO$_2$ 함량		적다 ← 52 %	— 63 % →	많다
	색		어둡다 ←	→	밝다
	밀도		크다 ←	→	작다
	조직	냉각 속도			
화산암	세립질	빠르다	현무암	안산암	유문암
심성암	조립질	느리다	반려암	섬록암	화강암
조암 광물의 함량 (□ 무색 광물, ■ 유색 광물)			감람석, 휘석	휘석, 각섬석, 사장석	석영, 정장석, 사장석, 흑운모

(4) 한반도의 화성암 지형

① **화산암 지형**: 제주도, 울릉도, 독도 등에는 현무암이 많이 분포한다. 화산암이 생성될 때 마그마가 지표 부근에서 급속히 냉각되면서 부피가 급격히 수축되어 기둥 모양으로 갈라진 주상 절리가 발달하기도 한다.

② **심성암 지형**: 북한산 인수봉, 설악산 울산바위는 지하 깊은 곳에서 마그마가 관입하여 생성된 화강암이 지표면에 노출되어 형성된 것이다. 화강암이 지표에 노출될 때 압력 감소로 인해 팽창하면서 판상으로 갈라진 판상 절리가 발달하기도 한다.

현무암과 주상 절리
(제주도 서귀포시)

화강암과 판상 절리
(북한산 인수봉)

개념 체크

심성암과 화산암
심성암은 마그마가 지하 깊은 곳에서 냉각되어 만들어진 화성암이고, 화산암은 마그마가 지표 부근에서 냉각되어 만들어진 화성암이다.

암석의 조직
암석을 이루는 입자 또는 결정의 크기, 모양, 배열 등을 말하며, 특히 화성암을 분류할 때 중요한 기준이 된다.

조립질 조직
결정의 크기가 큰 조직이다.

세립질 조직
결정의 크기가 작은 조직이다.

유리질 조직
결정을 형성하지 못한 조직이다.

1. 심성암에는 주로 (　　) 질 조직이 발달한다.
2. 화산암이면서 염기성암인 화성암은 (　　)암이다.
3. 화강암은 현무암보다 색이 (　　)다.
4. 화산암 지형에서 잘 나타나는 (　　) 절리는 마그마가 지표 부근에서 급격히 냉각되는 과정에서 형성된다.

정답
1. 조립
2. 현무
3. 밝
4. 주상

[25026-0025]

01 그림은 지구 내부의 층상 구조를 화학적 특성과 물리적 특성에 따라 구분하여 나타낸 것이다.

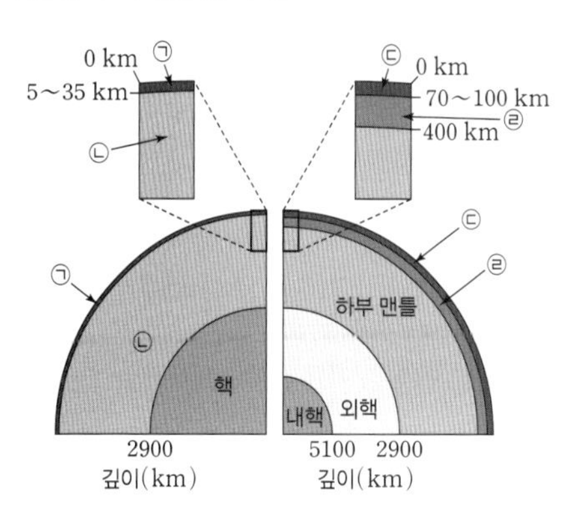

이 자료에 대한 설명으로 옳은 것만을 <보기>에서 있는 대로 고른 것은?

<보기>

ㄱ. 구성 물질의 평균 SiO_2 함량(%)은 ㉠이 ㉡보다 많다.
ㄴ. ㉢의 두께는 해양보다 대륙에서 두껍다.
ㄷ. ㉣은 부분 ~~용융~~ 상태이다.

① ㄱ ② ㄴ ③ ㄱ, ㄷ ④ ㄴ, ㄷ ⑤ ㄱ, ㄴ, ㄷ

[25026-0026]

02 그림은 판의 단면과 판을 이동시키는 힘 A와 B를 나타낸 것이다. A와 B는 각각 판이 미끄러지면서 판을 밀어내는 힘과 판을 잡아당기는 힘 중 하나이다.

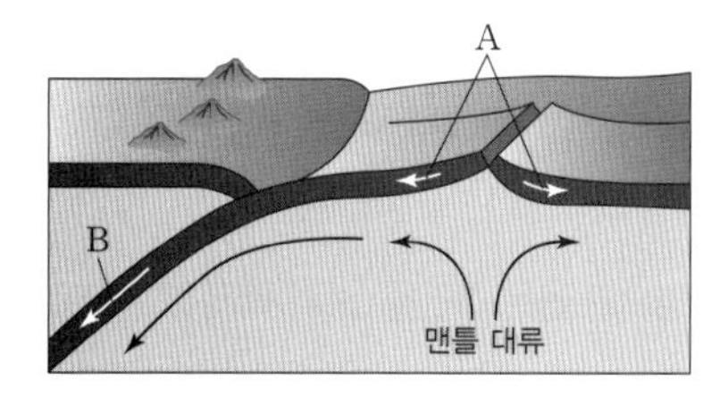

이에 대한 설명으로 옳은 것만을 <보기>에서 있는 대로 고른 것은?

<보기>

ㄱ. A는 판이 미끄러지면서 판을 밀어내는 힘이다.
ㄴ. B는 두 대륙판이 충돌할 때 우세하게 나타나는 힘이다.
ㄷ. 판의 이동에 미치는 영향은 A가 B보다 크다.

① ㄱ ② ㄷ ③ ㄱ, ㄴ ④ ㄴ, ㄷ ⑤ ㄱ, ㄴ, ㄷ

[25026-0027]

03 그림은 플룸 구조론을 나타낸 모식도이다.

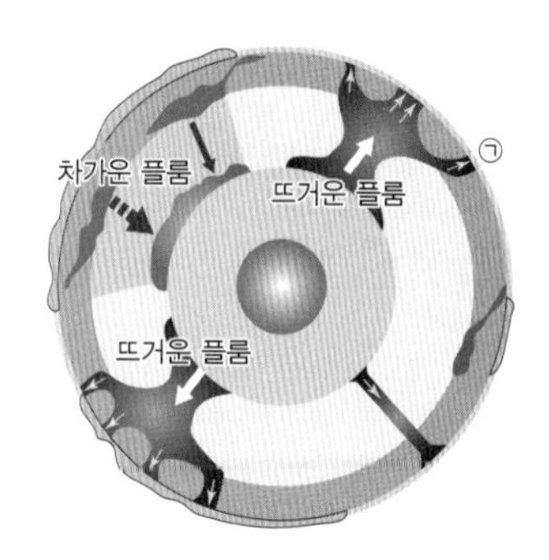

이에 대한 설명으로 옳은 것만을 <보기>에서 있는 대로 고른 것은?

<보기>

ㄱ. 차가운 플룸은 섭입하는 판에 의해 형성된다.
ㄴ. 뜨거운 플룸은 상부 맨틀과 하부 맨틀의 경계에서부터 상승한다.
ㄷ. ㉠에서는 열점에 의한 화산 활동이 일어날 수 있다.

① ㄱ ② ㄴ ③ ㄱ, ㄷ
④ ㄴ, ㄷ ⑤ ㄱ, ㄴ, ㄷ

[25026-0028]

04 그림은 태평양에 분포하는 주요 열점의 위치와 판의 경계를 나타낸 것이다.

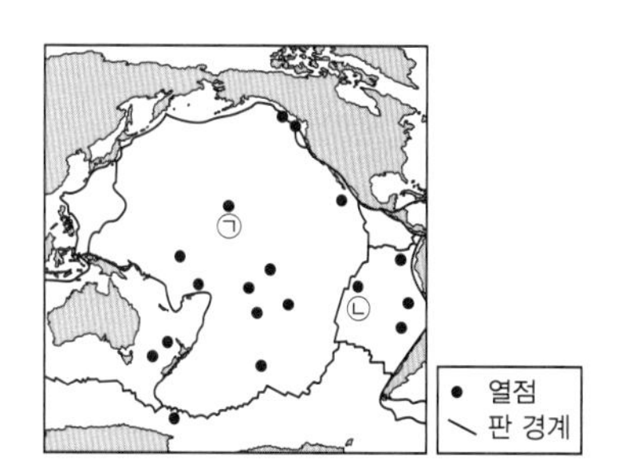

이에 대한 설명으로 옳은 것만을 <보기>에서 있는 대로 고른 것은?

<보기>

ㄱ. 열점은 대부분 판의 경계 부근에 분포한다.
ㄴ. 열점 하부에는 뜨거운 플룸이 나타난다.
ㄷ. 열점 ㉠과 ㉡ 사이의 거리는 멀어지고 있다.

① ㄱ ② ㄴ ③ ㄱ, ㄴ
④ ㄱ, ㄷ ⑤ ㄴ, ㄷ

[25026-0029]

05 그림은 어느 지역에서 최근에 발생한 지진의 진앙 분포와 진원 깊이를 나타낸 것이다.

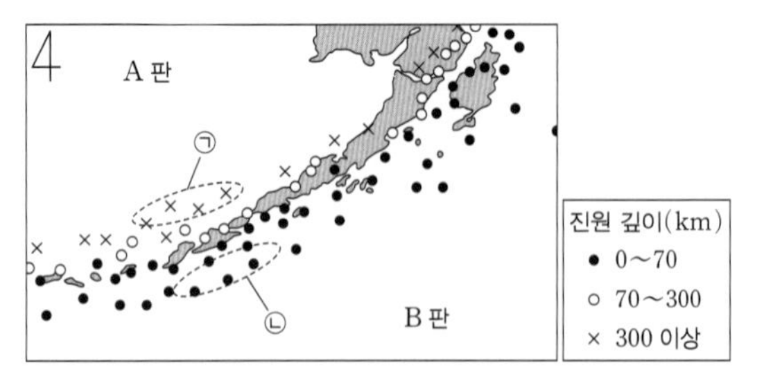

이 자료에 대한 설명으로 옳은 것만을 <보기>에서 있는 대로 고른 것은?

〈 보기 〉
ㄱ. ㉠과 ㉡ 중 해구에 더 가까운 곳은 ㉡이다.
ㄴ. B 판은 섭입하는 판이 잡아당기는 힘을 받고 있다.
ㄷ. 화산 활동은 A 판보다 B 판에서 활발하다.

① ㄱ ② ㄷ ③ ㄱ, ㄴ
④ ㄴ, ㄷ ⑤ ㄱ, ㄴ, ㄷ

[25026-0030]

06 그림은 뜨거운 플룸에 의해 열점과 용암 대지가 형성되는 과정을 모식적으로 나타낸 것이다.

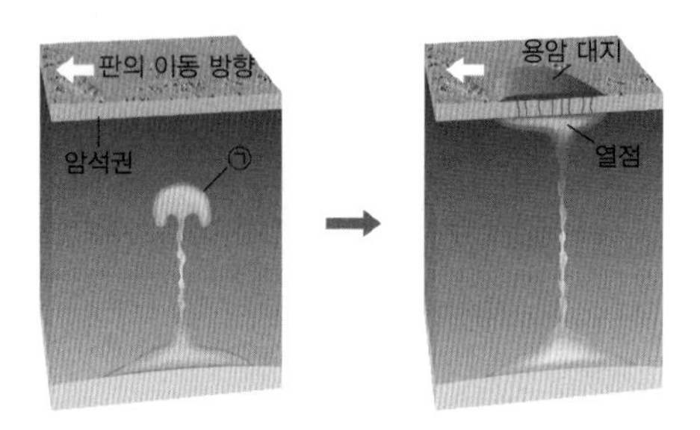

이 자료에 대한 설명으로 옳은 것만을 <보기>에서 있는 대로 고른 것은?

〈 보기 〉
ㄱ. 맨틀 물질의 상승이 시작되는 곳은 연약권이다.
ㄴ. ㉠은 같은 깊이의 주변 물질보다 밀도가 작다.
ㄷ. 판이 이동할 때 용암 대지와 열점은 같은 방향으로 이동한다.

① ㄱ ② ㄴ ③ ㄱ, ㄷ
④ ㄴ, ㄷ ⑤ ㄱ, ㄴ, ㄷ

[25026-0031]

07 그림은 하와이 열도를 이루는 화산섬들의 분포와 구성 암석의 절대 연령을 나타낸 것이다.

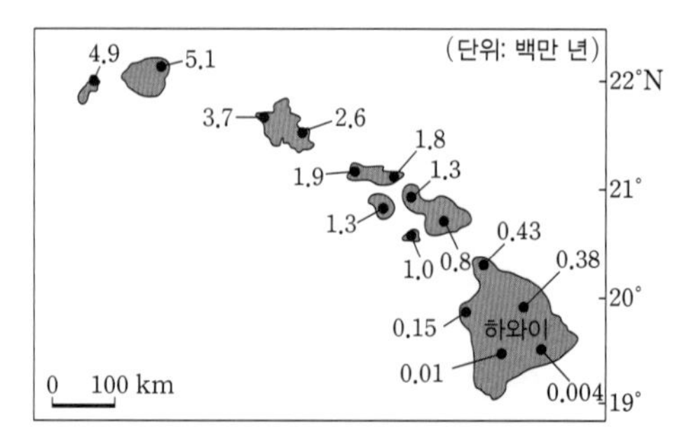

이에 대한 설명으로 옳은 것만을 <보기>에서 있는 대로 고른 것은?

〈 보기 〉
ㄱ. 하와이 열도를 포함한 판은 북서쪽으로 이동한다.
ㄴ. 화산섬을 이루는 주요 구성 암석은 안산암이다.
ㄷ. 화산섬의 암석에서 측정한 고지자기 복각의 크기는 절대 연령이 많을수록 대체로 크다.

① ㄱ ② ㄴ ③ ㄱ, ㄷ
④ ㄴ, ㄷ ⑤ ㄱ, ㄴ, ㄷ

[25026-0032]

08 그림은 어느 지역의 지진파 단층 촬영 영상을 나타낸 것이다.

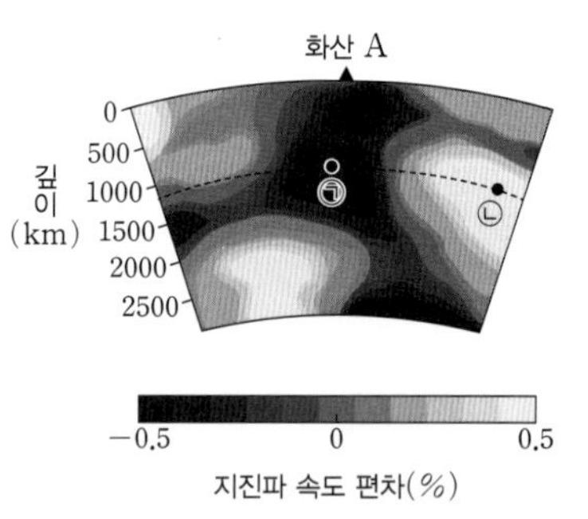

이에 대한 설명으로 옳은 것만을 <보기>에서 있는 대로 고른 것은?

〈 보기 〉
ㄱ. ㉠에는 뜨거운 플룸이 나타난다.
ㄴ. 밀도는 ㉠이 ㉡보다 크다.
ㄷ. 화산 A에서 분출하는 마그마는 주로 물 공급에 의한 용융 온도 하강으로 생성되었다.

① ㄱ ② ㄴ ③ ㄷ
④ ㄱ, ㄴ ⑤ ㄱ, ㄷ

[25026-0033]

09 그림은 판 경계와 그 부근에서 안산암이 분포하는 경계선을 나타낸 것이다.

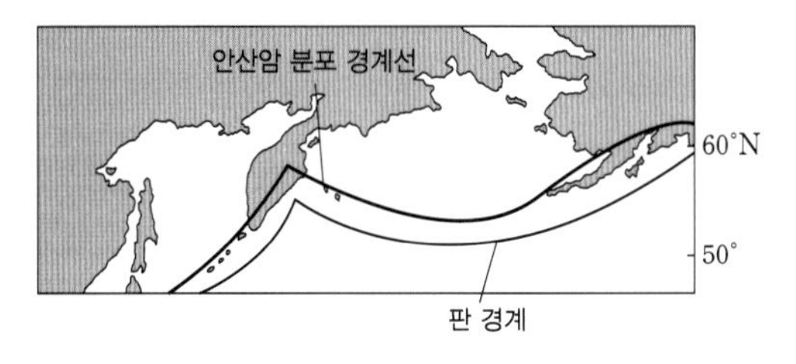

이에 대한 설명으로 옳은 것만을 〈보기〉에서 있는 대로 고른 것은?

〈보기〉
ㄱ. 판 경계에는 새로 생성된 해양 지각이 분포한다.
ㄴ. 안산암이 분포하는 판은 안산암이 분포하지 않는 판보다 밀도가 작다.
ㄷ. 이 지역의 안산암은 압력 감소에 의해 생성된 마그마가 분출하여 생성되었다.

① ㄱ ② ㄴ ③ ㄱ, ㄷ ④ ㄴ, ㄷ ⑤ ㄱ, ㄴ, ㄷ

[25026-0034]

10 그림은 지하 온도와 맨틀 물질의 용융 곡선을 나타낸 것이다. 점선은 부분 용융이 시작되는 경계를, ㉠, ㉡, ㉢은 지구 내부에 위치한 암석의 깊이와 온도를 나타낸다.

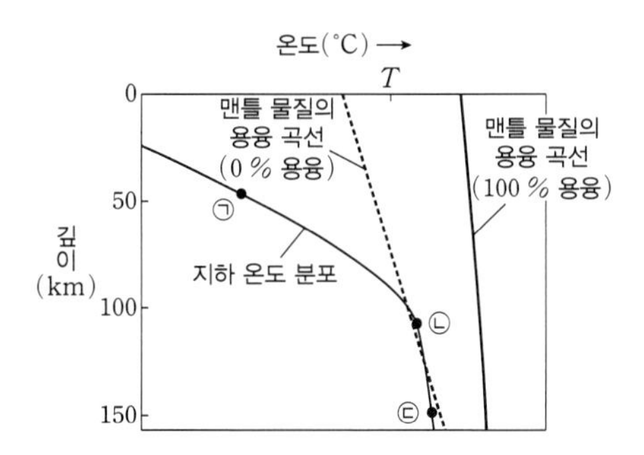

이에 대한 설명으로 옳은 것만을 〈보기〉에서 있는 대로 고른 것은?

〈보기〉
ㄱ. ㉠의 암석이 온도 T ℃의 마그마와 접촉하면 부분 용융이 일어날 수 있다.
ㄴ. ㉡의 암석은 연약권에 위치한다.
ㄷ. ㉢의 맨틀 물질이 상승하면 부분 용융이 일어날 수 있다.

① ㄱ ② ㄴ ③ ㄱ, ㄷ ④ ㄴ, ㄷ ⑤ ㄱ, ㄴ, ㄷ

[25026-0035]

11 그림은 산출 상태가 다른 화성암 ㉠, ㉡, ㉢을 나타낸 것이다.

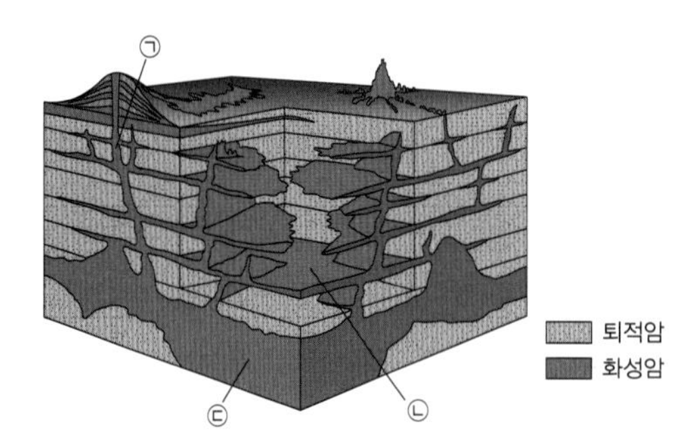

㉠, ㉡, ㉢에 대한 설명으로 옳은 것만을 〈보기〉에서 있는 대로 고른 것은?

〈보기〉
ㄱ. ㉠에는 퇴적암 조각이 포함될 수 있다.
ㄴ. ㉡은 층리와 나란하게 나타난다.
ㄷ. 광물 결정의 평균 크기는 ㉢이 가장 작다.

① ㄱ ② ㄷ ③ ㄱ, ㄴ
④ ㄴ, ㄷ ⑤ ㄱ, ㄴ, ㄷ

[25026-0036]

12 그림 (가)는 화성암 A, B의 모습을, (나)는 A, B의 특징을 나타낸 것이다. A와 B는 각각 유문암과 반려암 중 하나이다.

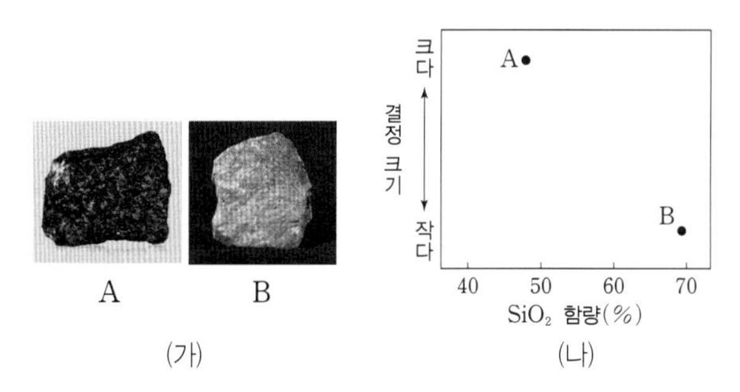

A와 B에 대한 설명으로 옳은 것만을 〈보기〉에서 있는 대로 고른 것은?

〈보기〉
ㄱ. A에서는 유리질 조직이 나타난다.
ㄴ. B는 유문암이다.
ㄷ. 화강암과 화학 조성이 유사한 암석은 A이다.

① ㄱ ② ㄴ ③ ㄱ, ㄷ
④ ㄴ, ㄷ ⑤ ㄱ, ㄴ, ㄷ

수능 3점 테스트

플룸 구조론은 판과 맨틀 전체의 상호 관계가 중심이며, 열점에서의 화산 활동과 같이 판의 내부에서 일어나는 화산 활동을 설명하기 위해 대두되었다.

[25026-0037]

01 그림 (가)는 최근 발생한 지진의 진앙 분포를, (나)는 주요 열점의 분포를 나타낸 것이다.

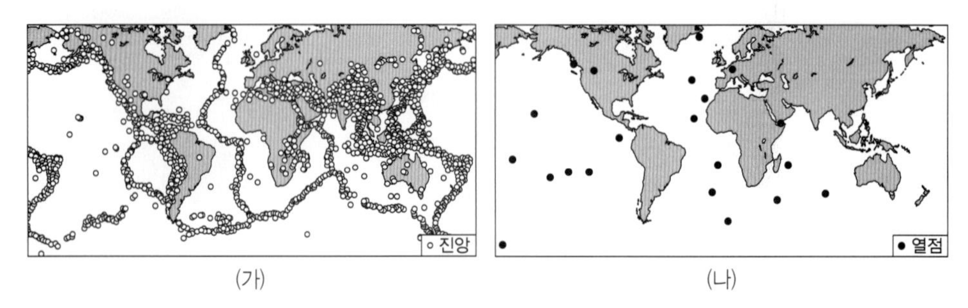

(가) (나)

이에 대한 설명으로 옳은 것만을 〈보기〉에서 있는 대로 고른 것은?

〈 보기 〉
ㄱ. (가)의 지진은 심발 지진보다 천발 지진이 많다.
ㄴ. (나)의 열점에서는 주로 안산암질 마그마가 분출한다.
ㄷ. 판의 경계를 파악하려면 (가)보다 (나)의 자료가 유용하다.

① ㄱ ② ㄴ ③ ㄱ, ㄷ ④ ㄴ, ㄷ ⑤ ㄱ, ㄴ, ㄷ

판을 움직이는 원동력에는 섭입하는 판이 잡아당기는 힘, 해령에서 판을 밀어내는 힘, 맨틀 대류에 의한 힘 등이 있다. 과학자들은 섭입하는 판이 잡아당기는 힘을 가장 주요한 요인으로 생각하고 있다.

[25026-0038]

02 그림은 판 ㉠~㉥의 분포를, 표는 ㉠~㉥의 평균 이동 속력과 판의 경계에서 해구가 차지하는 비율을 나타낸 것이다.

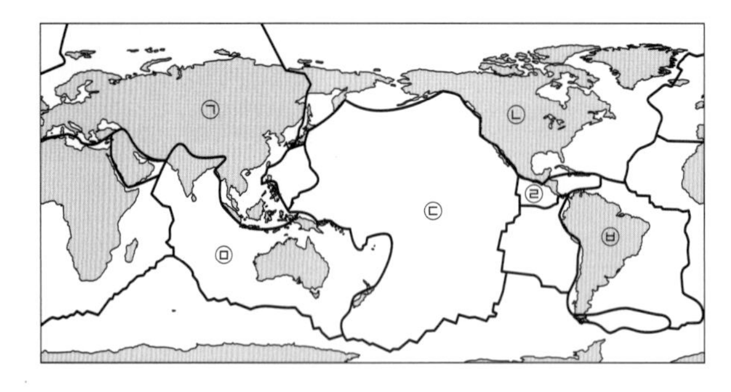

판	평균 이동 속력 (cm/년)	해구의 비율(%)
㉠	0.8	0.6
㉡	1.1	2.5
㉢	8.0	22.0
㉣	8.6	27.2
㉤	6.4	18.0
㉥	( )	1.3

이 자료에 대한 설명으로 옳은 것만을 〈보기〉에서 있는 대로 고른 것은?

〈 보기 〉
ㄱ. 판의 크기가 작을수록 이동 속력이 빠르다.
ㄴ. 판의 평균 이동 속력은 ㉥이 ㉤보다 느릴 것이다.
ㄷ. 섭입하는 판이 판 전체를 잡아당기는 힘은 ㉠이 ㉢보다 크다.

① ㄱ ② ㄴ ③ ㄷ ④ ㄱ, ㄴ ⑤ ㄱ, ㄷ

[25026-0039]

03 그림은 판의 경계와 해저 화산군 A, B, C의 연령 분포를 나타낸 것이다.

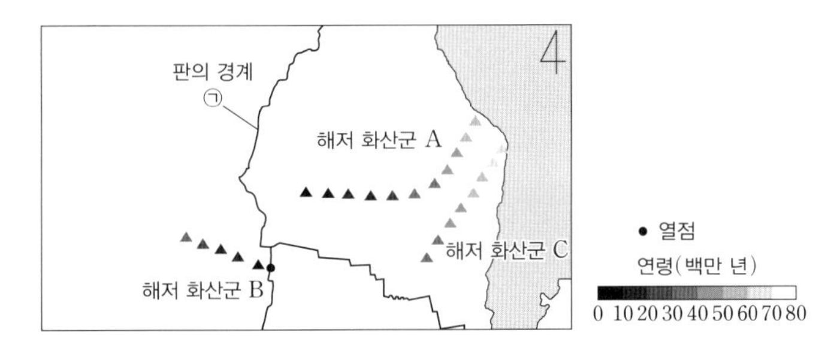

이 자료에 대한 설명으로 옳은 것만을 <보기>에서 있는 대로 고른 것은?

〈보기〉
ㄱ. 판의 경계 ㉠은 발산형 경계이다.
ㄴ. 화산군 B를 형성한 열점의 활동이 시작된 시점은 8천만 년 전 이전이다.
ㄷ. 화산군 C가 포함된 판은 현재 동쪽으로 이동하고 있다.

① ㄱ ② ㄴ ③ ㄱ, ㄷ ④ ㄴ, ㄷ ⑤ ㄱ, ㄴ, ㄷ

열점은 암석권보다 깊은 곳에 고정되어 있으며, 열점의 마그마가 분출하여 화산 활동이 일어나고 화산체가 만들어진다. 이때 화산체는 판의 이동 방향을 따라 배열된다.

[25026-0040]

04 그림 (가)와 (나)는 해구 부근의 두 지역에서 섭입하는 판의 깊이를 나타낸 것이다.

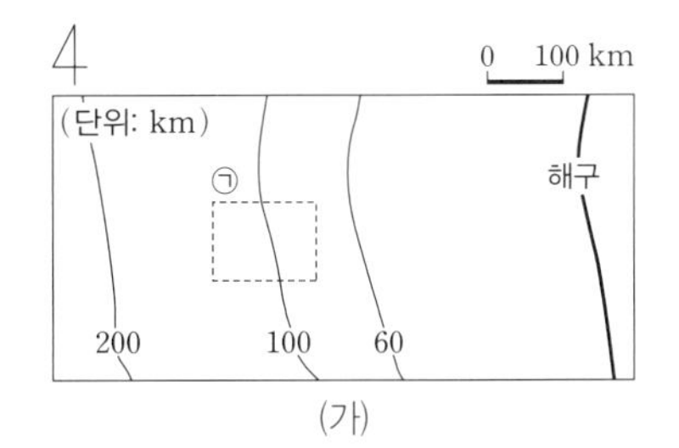

(가)

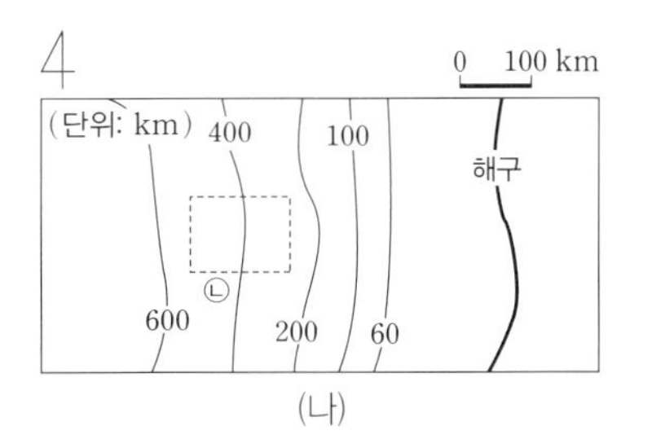

(나)

이 자료에 대한 설명으로 옳은 것만을 <보기>에서 있는 대로 고른 것은?

〈보기〉
ㄱ. 진원의 평균 깊이는 ㉠이 ㉡보다 얕다.
ㄴ. (나)에서 판의 밀도는 해구의 동쪽이 해구의 서쪽보다 크다.
ㄷ. 섭입하는 판의 평균 기울기는 (가)가 (나)보다 작다.

① ㄱ ② ㄴ ③ ㄱ, ㄷ ④ ㄴ, ㄷ ⑤ ㄱ, ㄴ, ㄷ

판이 지구 내부로 섭입함에 따라 지진이 일어나는 깊이가 점점 깊어진다. 따라서 지진이 일어나는 깊이 분포를 이용하여 섭입하는 판의 경사를 추정할 수 있다.

고정된 열점에서 분출된 마그마에 의해 형성된 화산섬은 판의 이동 방향을 따라 배열된다. 따라서 화산섬의 형성 시기는 열점에서 멀수록 오래되었다.

[25026-0041]

05 그림은 열점 활동으로 형성된 화산섬들의 분포를, 표는 화산섬을 이루는 화성암의 방사성 동위 원소 X의 남아 있는 양(%)을 나타낸 것이다.

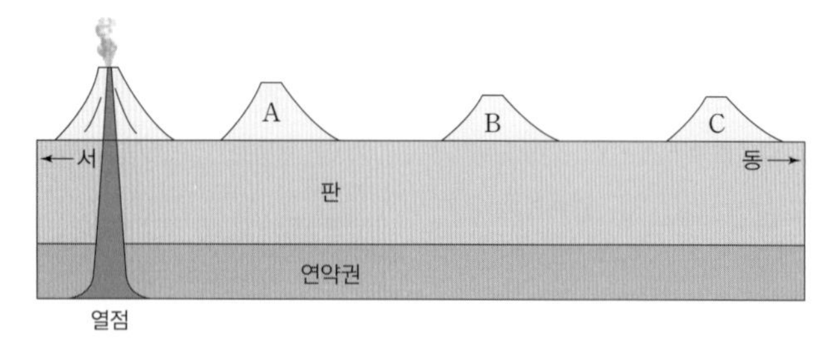

화산섬	X의 함량(%)
A	80
B	40
C	25

이 자료에 대한 설명으로 옳은 것만을 〈보기〉에서 있는 대로 고른 것은? (단, 판의 이동 속도는 일정하다.)

〈보기〉

ㄱ. 현재 열점은 서쪽으로 이동하고 있다.
ㄴ. A, B, C를 이루는 화성암의 SiO_2 함량은 52 % 이상이다.
ㄷ. A와 B 사이의 거리는 B와 C 사이의 거리보다 멀다.

① ㄱ ② ㄴ ③ ㄷ ④ ㄱ, ㄷ ⑤ ㄴ, ㄷ

섭입대 부근에는 판의 경계와 나란하게 화산이 분포하고, 열점 부근에는 판의 이동 방향과 나란하게 화산체가 분포한다.

[25026-0042]

06 그림은 북아메리카 서쪽 연안에 위치한 화산과 용암 대지의 분포를 나타낸 것이다.

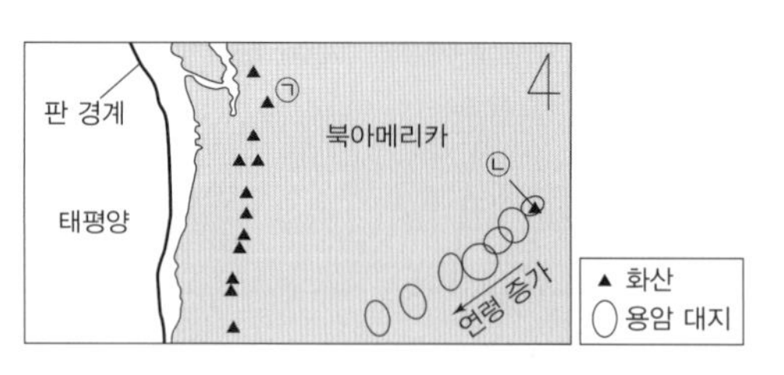

이에 대한 설명으로 옳은 것만을 〈보기〉에서 있는 대로 고른 것은?

〈보기〉

ㄱ. 이 지역의 판 경계에서는 새로운 해양 지각이 생성된다.
ㄴ. 화산과 용암 대지가 포함된 판은 현재 남서쪽으로 이동한다.
ㄷ. 화산에서 분출하는 마그마의 평균 SiO_2 함량(%)은 ㉠이 ㉡보다 많다.

① ㄱ ② ㄴ ③ ㄱ, ㄷ ④ ㄴ, ㄷ ⑤ ㄱ, ㄴ, ㄷ

[25026-0043]

07 그림은 지각과 맨틀 영역에서 지진파의 속도 편차(측정값－평균값)를 나타낸 것이다. A와 B에는 각각 차가운 플룸과 뜨거운 플룸 중 하나가 나타난다.

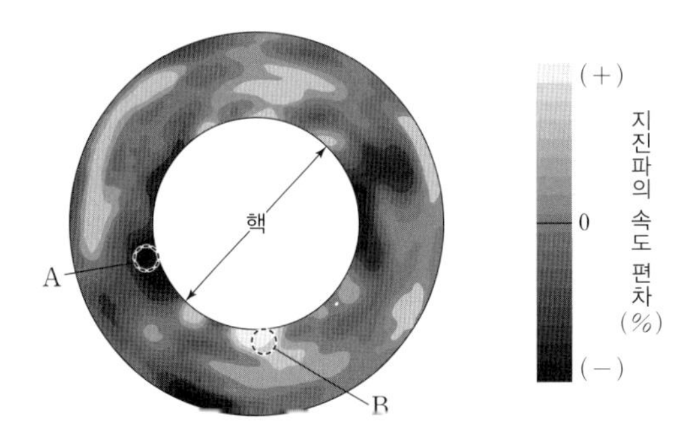

이에 대한 설명으로 옳은 것만을 〈보기〉에서 있는 대로 고른 것은?

〈 보기 〉
ㄱ. A에서 차가운 플룸이 나타난다.
ㄴ. 같은 깊이에서 맨틀 물질의 평균 밀도는 A가 B보다 작다.
ㄷ. A와 B에서 나타나는 맨틀 물질의 연직 운동은 판을 이동시키는 주요 힘이다.

① ㄱ ② ㄴ ③ ㄱ, ㄴ ④ ㄱ, ㄷ ⑤ ㄴ, ㄷ

지진파 단층 촬영 영상에서 지진파의 속도가 빠른 곳은 주위보다 온도가 낮고, 지진파의 속도가 느린 곳은 주위보다 온도가 높다.

[25026 0044]

08 그림 (가)는 지하 온도 분포와 마그마 생성 과정을, (나)는 섭입대 부근에서 생성된 마그마를 나타낸 것이다.

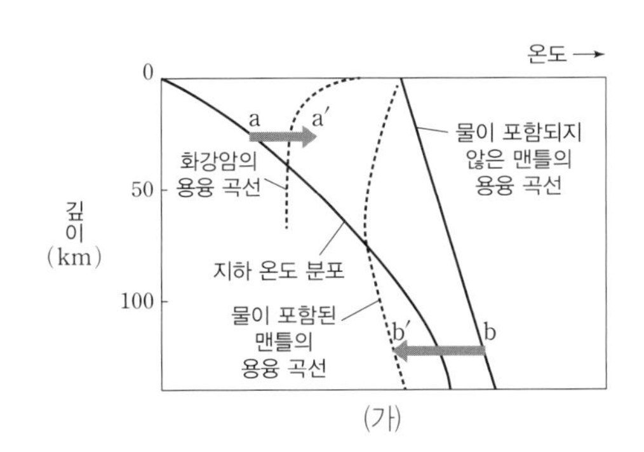

(가)

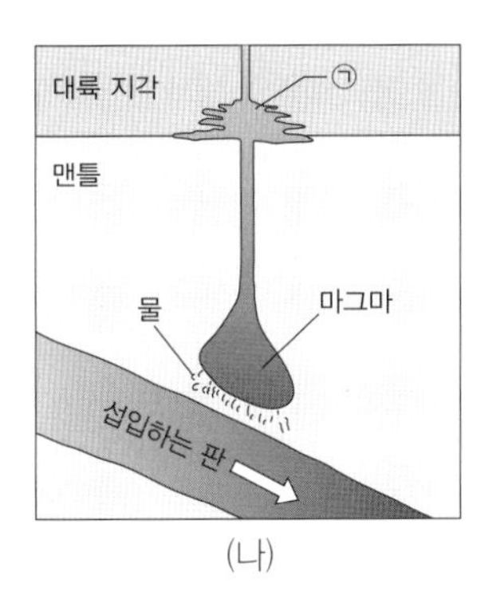

(나)

이에 대한 설명으로 옳은 것만을 〈보기〉에서 있는 대로 고른 것은?

〈 보기 〉
ㄱ. (나)에서 a → a′ 과정으로 생성된 마그마는 b → b′ 과정으로 생성된 마그마보다 SiO_2 함량(%)이 많다.
ㄴ. (나)에서 물은 연약권 물질의 용융 온도를 높이는 역할을 한다.
ㄷ. 마그마 ㉠은 a → a′과 b → b′ 과정으로 생성된 두 마그마가 혼합되어 생성될 수 있다.

① ㄱ ② ㄴ ③ ㄱ, ㄷ ④ ㄴ, ㄷ ⑤ ㄱ, ㄴ, ㄷ

수렴형 경계에서는 섭입하는 지각에서 빠져나온 물의 영향으로 연약권을 구성하는 광물의 용융 온도가 낮아져 현무암질 마그마가 생성된다. 이 현무암질 마그마가 상승하여 대륙 지각 하부에 도달하면 대륙 지각을 이루고 있는 암석이 부분 용융되어 유문암질 마그마가 생성된다.

마그마는 주로 맨틀 물질이 상승하는 발산형 경계인 해령과 뜨거운 플룸이 상승하여 형성된 열점, 해양판이 비스듬히 들어가는 섭입대 부근에서 잘 생성된다.

[25026-0045]

09 그림 (가)와 (나)는 마그마가 생성되는 장소 A, B, C를 나타낸 것이다.

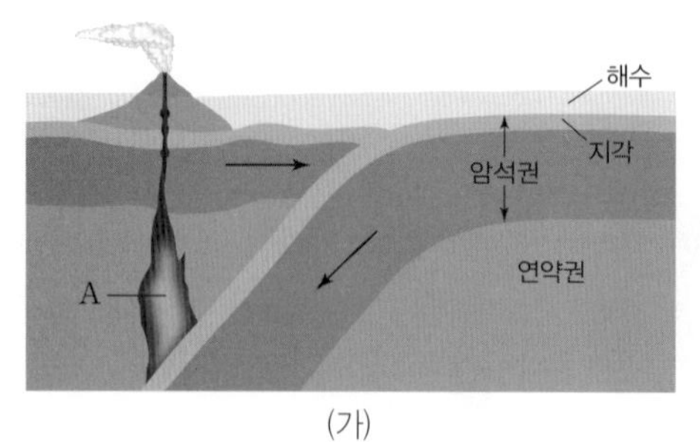

(가)

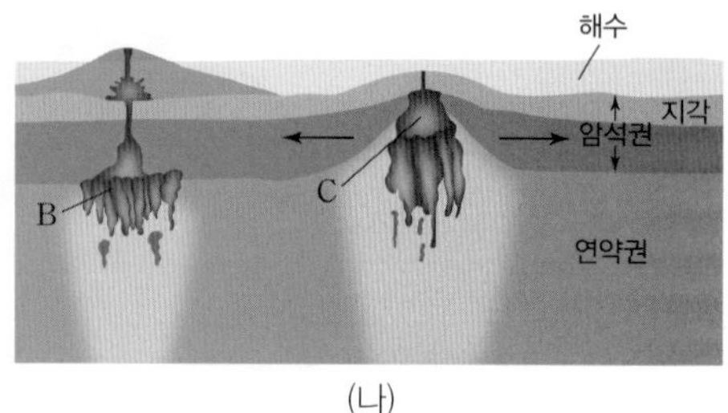

(나)

이에 대한 설명으로 옳은 것만을 <보기>에서 있는 대로 고른 것은?

< 보기 >

ㄱ. A의 마그마는 섭입하는 해양 지각이 용융되어 생성된다.
ㄴ. B와 C에서는 모두 압력 감소에 의해 마그마가 생성된다.
ㄷ. 지표로 분출하는 마그마의 SiO_2 함량(%)은 대체로 (가)가 (나)보다 적다.

① ㄱ ② ㄴ ③ ㄱ, ㄷ ④ ㄴ, ㄷ ⑤ ㄱ, ㄴ, ㄷ

심해저의 해양 지각은 해령의 열곡에서 현무암질 마그마가 분출하여 생성되었고, 이 암석 위에 퇴적물이 두껍게 쌓여 있다.

[25026-0046]

10 그림은 어느 해역의 해저 단면을 모식적으로 나타낸 것이다.

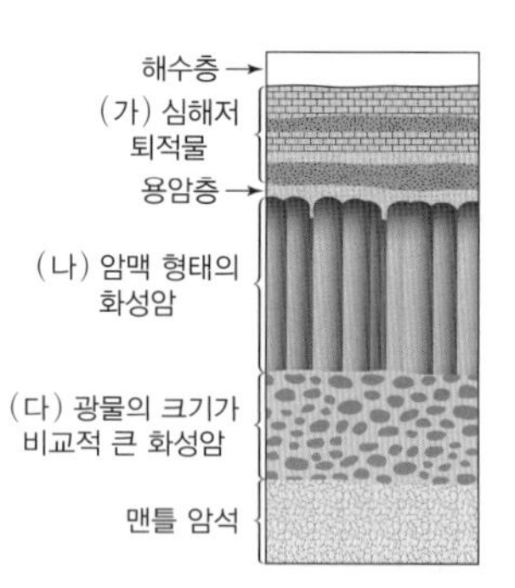

이에 대한 설명으로 옳은 것만을 <보기>에서 있는 대로 고른 것은?

< 보기 >

ㄱ. (가)는 육지 기원의 모래와 자갈로 이루어져 있다.
ㄴ. 마그마의 냉각 속도는 (나)가 (다)보다 빠르다.
ㄷ. (나)와 (다)는 모두 SiO_2 함량이 52 % 미만이다.

① ㄱ ② ㄴ ③ ㄱ, ㄷ ④ ㄴ, ㄷ ⑤ ㄱ, ㄴ, ㄷ

[25026-0047]

11 표는 화성암 A, B, C의 SiO_2 함량과 현미경으로 관찰한 암석의 조직을 나타낸 것이다. A, B, C는 각각 현무암, 유문암, 화강암 중 하나이다.

구분	A	B	C
SiO_2 함량(%)	67.25	70.25	49.06
조직	2 mm	2 mm	2 mm

A, B, C에 대한 설명으로 옳은 것만을 〈보기〉에서 있는 대로 고른 것은?

〈 보기 〉
ㄱ. A는 유문암이다.
ㄴ. B는 주로 화산 분출 과정에서 생성된다.
ㄷ. 암석의 밀도는 C가 가장 크다.

① ㄱ ② ㄴ ③ ㄱ, ㄷ ④ ㄴ, ㄷ ⑤ ㄱ, ㄴ, ㄷ

유리질 조직은 마그마가 지표 부근에서 빠르게 냉각될 때, 조립질 조직은 마그마가 지하 깊은 곳에서 서서히 냉각될 때 생성된다.

[25026-0048]

12 표는 한탄강 주변 암석과 북한산 인수봉의 모습과 특징을 나타낸 것이다.

구분	(가) 한탄강 주변 암석	(나) 북한산 인수봉
모습		
특징	• 어두운색의 암석으로 이루어져 있다. • (㉠)이/가 발달한다.	• 구성 광물의 종류를 맨눈으로 구별할 수 있다. • 암석의 생성 시기는 중생대이다.

이 자료에 대한 설명으로 옳은 것만을 〈보기〉에서 있는 대로 고른 것은?

〈 보기 〉
ㄱ. '주상 절리'는 ㉠에 해당한다.
ㄴ. 암석이 생성된 깊이는 (가)가 (나)보다 깊다.
ㄷ. 암석에 포함된 SiO_2 함량(%)은 (가)가 (나)보다 적다.

① ㄱ ② ㄴ ③ ㄱ, ㄷ ④ ㄴ, ㄷ ⑤ ㄱ, ㄴ, ㄷ

마그마가 급속히 냉각될 때 주상 절리가 형성될 수 있고, 심성암이 융기하여 지표에 노출될 때 판상 절리가 형성될 수 있다.

03 퇴적암과 지질 구조

개념 체크

➲ 풍화
지표 부근의 암석이 공기, 물, 생물 등의 작용으로 오랜 시간에 걸쳐 성분이 변하거나 잘게 부서지는 현상을 풍화라 하고, 풍화를 일으키는 모든 작용을 풍화 작용이라고 한다.

➲ 공극
퇴적 입자 사이의 빈틈을 공극이라고 한다. 퇴적물이 속성 작용을 받으면 입자 사이의 간격이 좁아지고 공극의 크기와 총 부피가 감소한다.

1. 퇴적물은 다짐 작용과 교결 작용을 통해 (　　)이 된다.

2. 퇴적물 입자 사이의 간격인 공극은 퇴적암이 생성되는 과정에서 (　　)한다.

3. 물에 녹아 있던 물질이 화학적으로 침전되어 만들어진 암석은 (　　) 퇴적암이다.

4. 응회암은 화산 분출물 중 (　　)가 퇴적되어 만들어진다.

5. 석회질 생물체가 퇴적되어 생성된 석회암은 (　　) 퇴적암으로 분류된다.

정답
1. 퇴적암
2. 감소
3. 화학적
4. 화산재
5. 유기적

1 퇴적암과 퇴적 환경

(1) **퇴적암**: 지표의 암석이 풍화·침식 작용을 받아 생성된 쇄설물, 물에 녹아 있는 물질, 생물의 유해 등이 쌓인 퇴적물이 다져지고 굳어져 퇴적암이 생성된다.

① **속성 작용**: 퇴적물이 쌓여 퇴적암이 되기까지의 전체 과정으로, 다짐 작용과 교결 작용이 있다.

- 다짐 작용: 퇴적물이 쌓이면서 아랫부분의 퇴적물이 윗부분에 쌓인 퇴적물의 무게에 의해 치밀하게 다져지는 작용이다. ➡ 퇴적 입자 사이의 공극의 크기와 부피가 감소하고 퇴적물의 밀도가 증가한다.
- 교결 작용: 퇴적물 속의 수분이나 지하수에 녹아 있던 석회질 물질, 규질 물질, 산화 철 등이 퇴적 입자 사이에 침전되어 퇴적물 알갱이들을 단단히 붙게 하여 굳어지게 하는 작용이다.

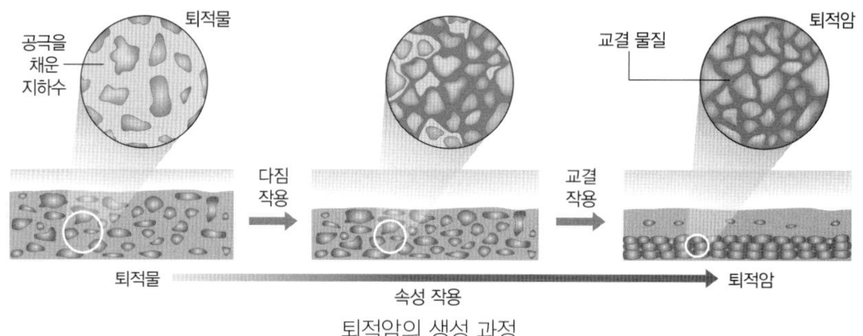

퇴적암의 생성 과정

② **퇴적암의 종류**: 퇴적물의 기원에 따라 쇄설성 퇴적암, 화학적 퇴적암, 유기적 퇴적암으로 구분한다.

- 쇄설성 퇴적암: 지표 부근의 암석이 풍화·침식 작용을 받아 생성된 쇄설성 퇴적물이나 화산재와 같은 화산 쇄설물이 쌓여서 생성된 퇴적암이다.
- 화학적 퇴적암: 호수나 바다 등에서 물에 녹아 있던 물질이 화학적으로 침전되거나 물이 증발함에 따라 잔류하여 만들어진 퇴적암이다.
- 유기적 퇴적암: 생물의 유해나 골격의 일부가 쌓여서 만들어진 퇴적암이다.

구분		주요 퇴적물	퇴적암
쇄설성 퇴적암	풍화·침식 작용	자갈(2 mm 이상)	역암
		모래($\frac{1}{16}$ mm~2 mm)	사암
		실트, 점토($\frac{1}{16}$ mm 이하)	이암, 셰일
	화산 분출	화산탄, 화산암괴(64 mm 이상)	집괴암(화산 각력암)
		화산력(2 mm~64 mm)	라필리 응회암
		화산재(2 mm 이하)	응회암
화학적 퇴적암	침전 작용	$CaCO_3$	석회암
		SiO_2	처트
		NaCl	암염
유기적 퇴적암	생물의 유해나 골격 퇴적	석회질 생물체(산호, 유공충 등)	석회암
		규질 생물체(방산충 등)	처트, 규조토
		식물체	석탄

퇴적암의 종류

(2) **퇴적 구조**: 퇴적이 일어나는 장소와 퇴적 당시의 환경에 따라 특징적인 퇴적 구조가 형성된다. ➡ 퇴적 당시의 자연환경을 연구하는 데 중요한 단서를 제공하며, 지층의 역전 여부를 판단하는 데 도움을 준다.

① **사층리**: 층리가 나란하지 않고 비스듬히 기울어지거나 엇갈려 나타나는 퇴적 구조로, 주로 수심이 얕은 물밑이나 바람의 방향이 자주 바뀌는 곳에서 물이 흘러가거나 바람이 불어가는 방향의 비탈면에 퇴적물이 쌓여 형성된다. ➡ 과거에 물이 흘렀던 방향이나 바람이 불었던 방향을 알 수 있다.

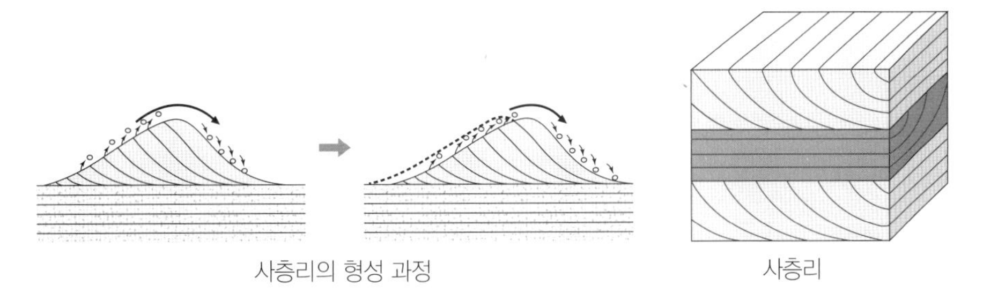
사층리의 형성 과정 　　사층리

② **점이 층리**: 한 지층 내에서 위로 갈수록 입자의 크기가 점점 작아지는 퇴적 구조로, 다양한 크기의 퇴적물이 한꺼번에 퇴적될 때 큰 입자가 밑바닥에 먼저 가라앉고 작은 입자는 천천히 가라앉아 형성된다. ➡ 대륙 주변부의 해저에 쌓여 있던 퇴적물이 빠르게 이동하여 수심이 깊은 바다에 쌓일 때나 홍수가 일어나 퇴적물이 수심이 깊은 호수로 유입될 때 잘 형성된다.

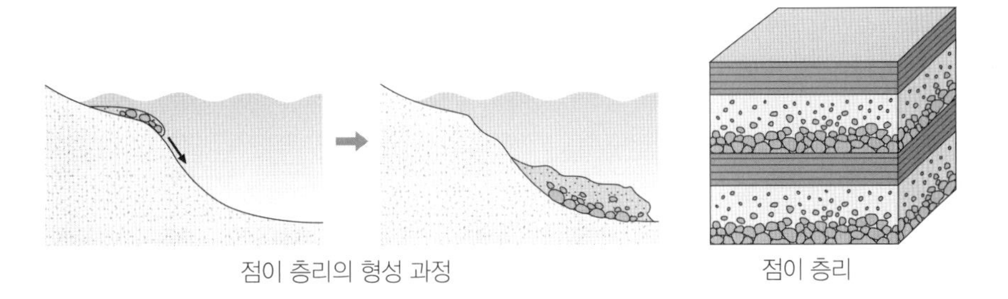
점이 층리의 형성 과정 　　점이 층리

개념 체크

➲ 층리
층리는 크기, 모양, 색깔 등이 서로 다른 퇴적물들이 겹겹이 쌓여 만들어진 층상 구조로, 보통 수평으로 나란하게 형성된다.

➲ 저탁류
대륙 주변부의 해저에 불안정하게 쌓여 있던 퇴적물이 해저 지진 등에 의해 대륙 사면 아래로 빠르게 이동하는 퇴적물의 흐름을 저탁류라고 한다. 저탁류와 같이 다양한 크기의 쇄설성 입자들로 구성된 흙탕물에서 퇴적물들이 가라앉아 생성된 쇄설성 퇴적암에는 점이 층리가 잘 나타난다.

1. 퇴적암에서 퇴적물이 층층이 쌓여 만들어진 줄무늬를 (　　)라고 한다.

2. (　　)는 기울어진 층리로 퇴적물이 공급되는 방향을 알 수 있는 퇴적 구조이다.

3. 점이 층리는 퇴적물 입자의 크기가 아래에서 위로 가면서 (　　)한다.

4. 점이 층리는 퇴적물이 빠르게 이동하여 수심이 (　　) 곳에 퇴적될 때 잘 형성된다.

5. 어느 지층 내에서 위로 갈수록 입자의 크기가 점점 커지는 점이 층리가 관찰된다면 이 지층은 (　　)된 것이다.

정답
1. 층리
2. 사층리
3. 감소
4. 깊은
5. 역전

개념 체크

➲ 연흔의 형태
파도와 같이 물의 운동이 양쪽 방향으로 반복적으로 나타나는 경우에는 대칭 형태를 보이고, 유수와 같이 한쪽 방향으로 나타나는 경우에는 비대칭 형태를 보인다.

1. (　　)은 수심이 얕은 물밑에서 물의 흐름이나 파도에 의해서 생긴 물결 모양의 퇴적 구조이다.

2. 건열은 점토질 물질이 퇴적된 후 퇴적물의 표면이 (　　) 중으로 노출되어 형성된다.

3. 연흔은 점이 층리보다 수심이 (　　)은 곳에서 형성된다.

4. 건열은 퇴적물의 입자가 모래보다 (　　)을 때 잘 형성된다.

정답
1. 연흔
2. 대기(공기)
3. 얕
4. 작

③ **연흔**: 물결 모양의 흔적이 지층에 남아 있는 퇴적 구조이다. 수심이 얕은 물밑에서 퇴적물이 퇴적될 때에는 물결의 영향을 받아 연흔이 잘 형성된다.

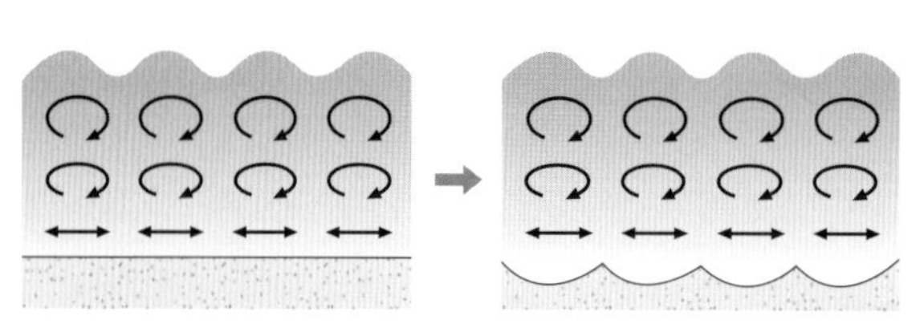
파도에 의한 연흔의 형성 과정

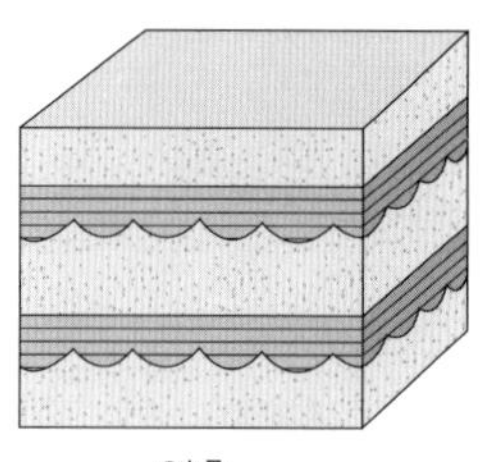
연흔

④ **건열**: 퇴적층의 표면이 갈라져서 쐐기 모양의 틈이 생긴 퇴적 구조이다. 수심이 얕은 물밑에 점토질 물질이 쌓인 후 퇴적물의 표면이 대기에 노출되어 건조해지면서 갈라지면 건열이 형성된다.

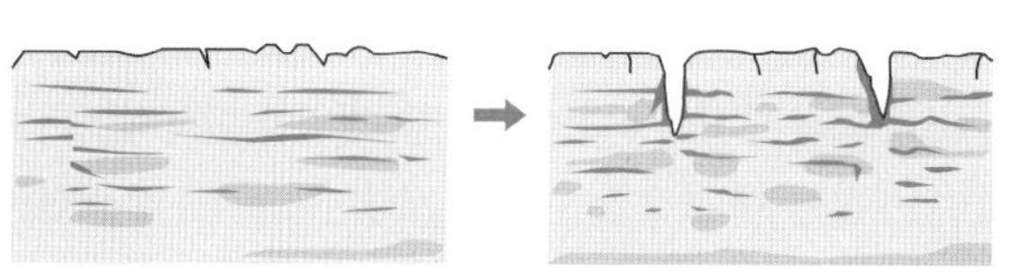
건열의 형성 과정

건열

탐구자료 살펴보기 / 퇴적 구조

탐구 자료

그림 (가)~(라)는 퇴적암에서 볼 수 있는 여러 가지 퇴적 구조를 나타낸 것이다.

(가) 사층리

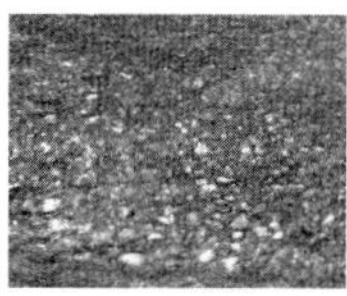
(나) 점이 층리

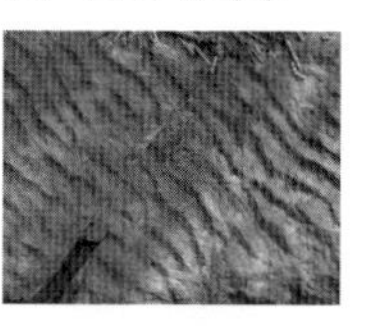
(다) 연흔

(라) 건열

탐구 결과

1. 사층리는 층리가 기울어지거나 엇갈린 형태를 나타내며, 일반적으로 하부에서 상부로 갈수록 층리의 폭이 넓어진다. 점이 층리는 상부로 갈수록 입자의 크기가 작아진다. 연흔은 층리면에 물결 모양의 자국이 남아 있고, 뾰족한 부분이 상부를 향하고 있다. 건열은 가뭄에 의해 논바닥이 갈라진 것과 같은 형태를 나타내고, 쐐기 모양으로 갈라진 부분은 하부로 갈수록 점점 좁아지는 경향을 보인다.
2. 사층리는 수심이 얕은 해안이나 사막에서, 점이 층리는 대륙대나 수심이 깊은 호수에서, 연흔은 수심이 얕은 물밑에서 잘 형성된다. 건열은 물밑에 있던 점토질 퇴적물이 대기에 노출되면서 건조될 때 잘 형성된다.

분석 point

구분	사층리	점이 층리	연흔	건열
형성 원인	바람, 흐르는 물	퇴적물이 가라앉는 속도 차이	흐르는 물, 파도, 바람	건조한 환경에 노출
퇴적 환경	사막, 삼각주	대륙대, 수심이 깊은 호수	수심이 얕은 물밑	건조한 환경

(3) **퇴적 환경**: 퇴적암이 생성되는 퇴적 환경은 크게 육상 환경, 연안 환경, 해양 환경으로 구분할 수 있으며, 육상 환경과 해양 환경 사이에 연안 환경이 있다.

① **육상 환경**: 육지에서 퇴적암이 만들어지는 환경으로 선상지, 하천, 호수, 사막, 빙하 등이 있다. ➡ 육지에서는 주로 침식이 일어나지만, 지대가 낮은 일부 지역에서는 퇴적이 일어나 주로 쇄설성 퇴적물이 퇴적된다.

② **연안 환경**: 육상 환경과 해양 환경이 만나는 곳에서 퇴적암이 만들어지는 환경으로 삼각주, 조간대, 해빈, 사주, 석호 등이 있다.

③ **해양 환경**: 바다 밑에서 퇴적암이 만들어지는 환경으로 가장 넓은 면적을 차지하며, 대륙붕, 대륙 사면, 대륙대, 심해저 평원 등이 있다.

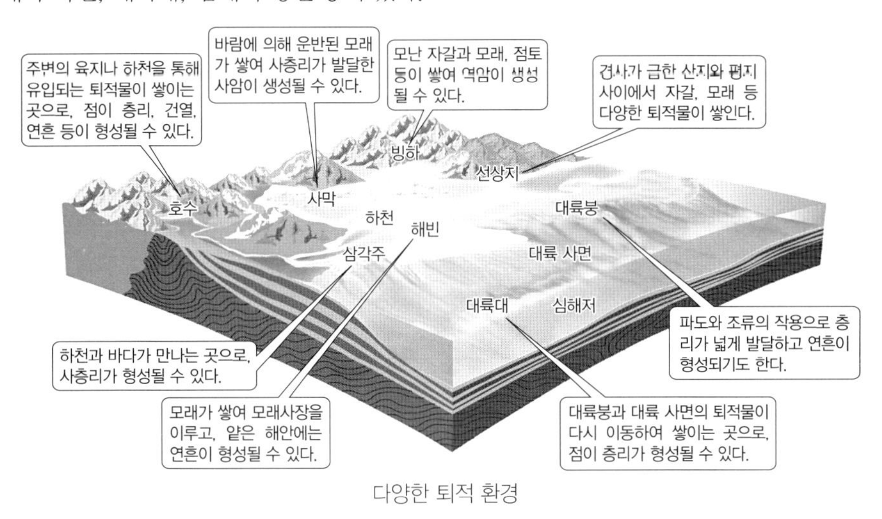

다양한 퇴적 환경

(4) **한반도의 퇴적 지형**

① **강원도 태백시 구문소**: 고생대 바다에서 퇴적된 석회암으로 주로 이루어져 있고, 삼엽충과 완족류 화석이 발견되며, 연흔과 건열 등의 퇴적 구조가 나타난다.

② **전라북도 부안군 채석강**: 중생대 호수에서 퇴적된 역암과 셰일 등으로 이루어져 있고, 층리가 잘 발달해 있으며, 연흔과 건열 등의 퇴적 구조가 나타난다.

③ **경상남도 고성군 덕명리**: 중생대 호수에서 퇴적된 셰일층으로 이루어져 있고, 다양한 공룡 발자국 화석과 새 발자국 화석이 발견되며, 연흔과 건열 등의 퇴적 구조가 나타난다.

④ **제주도 한경면 수월봉**: 신생대 화산 활동으로 분출된 화산재가 두껍게 쌓인 황갈색의 응회암으로 이루어져 있으며, 층리가 잘 발달해 있다.

⑤ **전라북도 진안군 마이산**: 중생대 호수에서 퇴적된 역암, 사암, 셰일 등으로 이루어져 있고, 민물조개나 고둥 같은 생물의 화석이 발견된다.

⑥ **경기도 화성시 시화호**: 중생대에 형성된 역암, 사암 등의 퇴적암 지층에서 다량의 공룡알 화석과 공룡 뼈 화석이 발견된다.

강원도 태백시 구문소

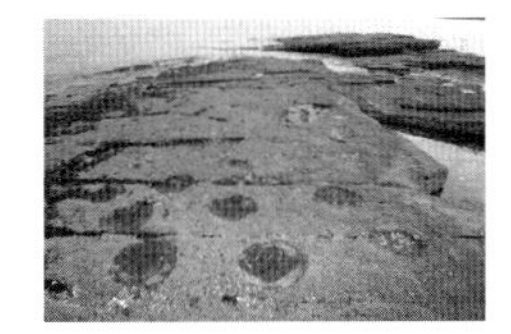
경상남도 고성군 덕명리

제주도 한경면 수월봉

개념 체크

➲ **선상지**
경사가 급한 골짜기에서 흘러내리는 유수가 경사가 완만한 평야에 이르면 유속이 느려지므로 유수에 의해 운반되어 오던 퇴적물이 쌓여 부채를 펼친 모양의 지형이 형성되는데, 이를 선상지라고 한다.

➲ **삼각주**
강물이 바다나 호수로 유입될 때 유속이 느려지므로 운반되던 퇴적물들이 퇴적되어 삼각형 모양의 지형이 형성되는데, 이를 삼각주라고 한다. 삼각주가 점점 바다 쪽으로 확장되면 삼각주에서는 연직 상방으로 갈수록 퇴적 입자의 크기가 커지는 경향을 보인다.

1. 선상지, 하천, 호수, 사막 등은 (　　) 환경에 해당한다.

2. 대륙붕, 대륙대, 대륙 사면은 (　　) 환경에 해당한다.

3. (　　)는 하천과 바다가 만나는 곳에서 유속이 느려져 퇴적물들이 퇴적되어 삼각형 모양으로 형성된 지형이다.

4. 점이 층리는 대륙붕과 대륙대 중 (　　)에서 잘 형성된다.

5. 강원도 태백시 구문소에서 삼엽충 화석이 발견되는 석회암은 (　　)에서 형성되었다.

6. 경기도 화성시 시화호에서 다량의 공룡알 화석이 발견되는 지층은 (　　)대에 형성되었다.

정답
1. 육상
2. 해양
3. 삼각주
4. 대륙대
5. 바다
6. 중생

개념 체크

➲ 지질 구조
지층이나 암석이 지각 변동을 받아 여러 모양으로 변형된 구조를 통틀어 지질 구조라고 한다.

➲ 암석의 변형
지표 부근에서 압력을 받으면 파쇄되는 암석도 지하 깊은 곳의 고온·고압 환경에서는 휘어지는 성질이 나타난다.

1. 습곡 구조에서 위로 볼록하게 휘어진 부분을 (   )라고 한다.

2. (   )습곡은 습곡축면이 수평면에 대하여 거의 수직이다.

3. 단층면이 경사져 있을 때 단층면의 윗부분은 (   )이다.

4. 역단층은 주로 (   )력을 받아 형성된다.

5. 판의 발산형 경계에서는 주로 장력에 의한 (   ) 단층이 형성된다.

정답
1. 배사
2. 정
3. 상반
4. 횡압
5. 정

2 지질 구조

(1) **습곡:** 암석이 비교적 온도가 높은 지하 깊은 곳에서 횡압력을 받아 휘어진 지질 구조이다.

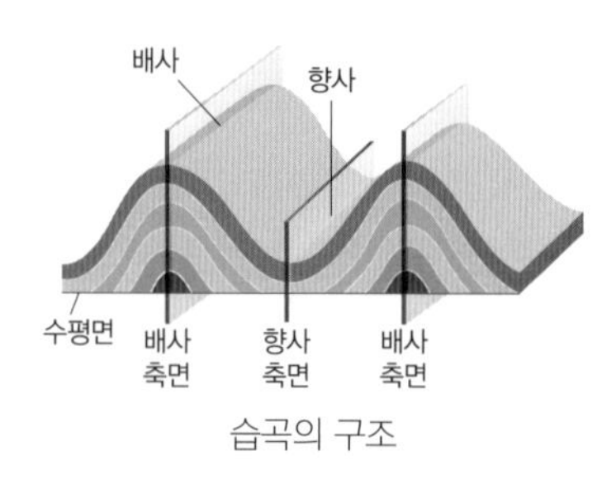

습곡의 구조

① **습곡의 구조:** 가장 많이 휘어진 부분을 지나는 축을 습곡축, 습곡축 양쪽의 경사면을 날개, 위로 볼록하게 휘어진 부분을 배사, 아래로 오목하게 휘어진 부분을 향사라고 한다. 고도가 일정한 지역에서 지표면에 노출된 지층의 연령은 배사축으로 접근할수록 증가하고, 향사축으로 접근할수록 감소한다.

② **습곡의 종류:** 습곡축면이 수평면에 대하여 거의 수직인 정습곡, 기울어진 경사 습곡, 거의 수평으로 누운 횡와 습곡 등이 있다.

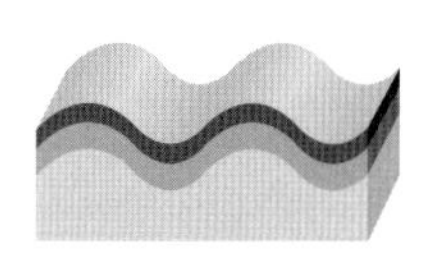
정습곡

경사 습곡

횡와 습곡

(2) **단층:** 암석이 깨져 생긴 면을 경계로 양쪽의 암석이 상대적으로 이동하여 서로 어긋나 있는 지질 구조이다. 단층은 대체로 습곡 작용이 일어나는 깊이보다 얕은 지표 부근에서 형성된다.

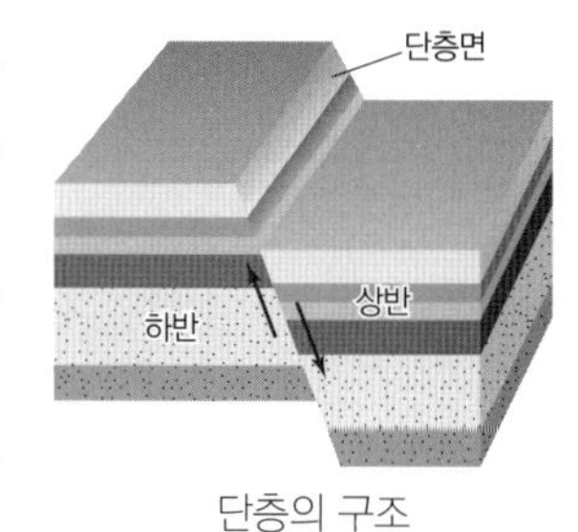

단층의 구조

① **단층의 구조:** 단층면이 경사져 있을 때 그 윗부분을 상반, 아랫부분을 하반이라고 한다.

② **단층의 종류:** 장력을 받아 상반이 하반에 대해 아래로 이동한 정단층, 횡압력을 받아 상반이 하반에 대해 위로 이동한 역단층, 수평 방향으로 어긋나게 작용하는 힘을 받아 지괴가 수평 방향으로 이동한 주향 이동 단층 등이 있다.

하반 상반
정단층

상반 하반
역단층

주향 이동 단층

과학 돋보기 지구대와 동아프리카 열곡대

- 지구대: 여러 개의 단층이 발달한 지역에서 지면이 주변에 비해 상대적으로 함몰된 낮은 부분을 지구라 하고, 지구가 길게 연속적으로 나타나는 지형을 지구대라고 한다.
- 동아프리카 열곡대: 판의 발산형 경계로 주로 정단층에 의한 지형이 발달하는데, 동아프리카 열곡대를 따라 지구대가 발달하며 동아프리카 열곡대에는 빅토리아호, 탕가니카호, 니아사호 등의 대규모 단층호가 다수 분포한다.

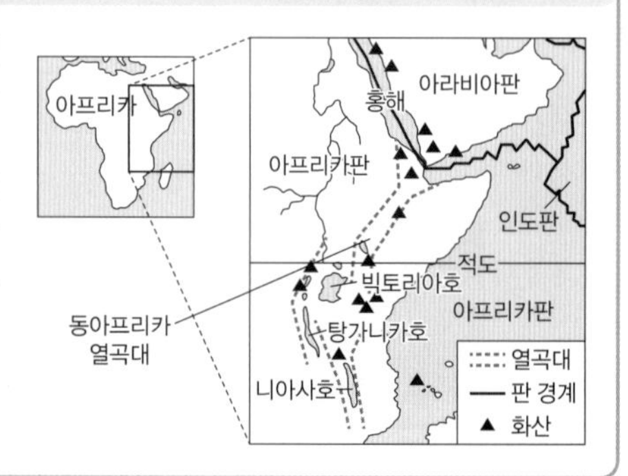

(3) 절리: 암석에 생긴 틈이나 균열로, 단층과는 달리 절리면을 기준으로 양쪽 암석의 상대적인 이동이 없는 지질 구조이다.

① **절리의 형성**: 마그마나 용암이 식어 굳으면서 수축할 때, 지하 깊은 곳에 있던 암석이 융기하거나 암석이 힘을 받을 때 형성된다.

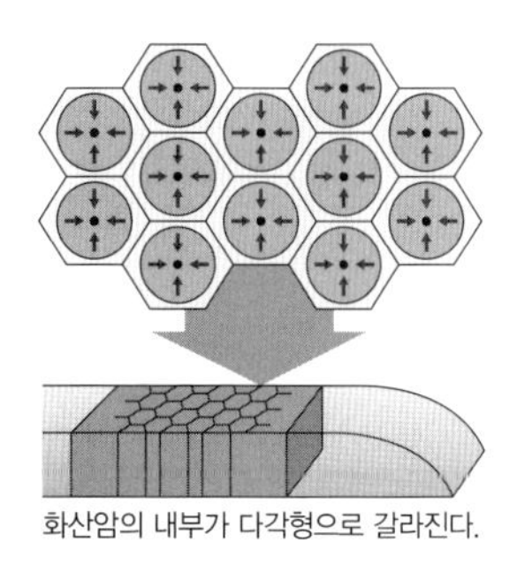

화산암의 내부가 다각형으로 갈라진다.

주상 절리의 형성 과정

심성암의 내부 압력이 지하의 압력과 평형을 이룬다.

심성암이 지표로 드러나면 외부의 압력이 감소하여 평형이 깨지면서 심성암이 쪼개진다.

판상 절리의 형성 과정

② **절리의 종류**: 주로 지표로 분출한 용암이 식을 때 부피가 수축하여 단면이 오각형이나 육각형인 긴 기둥 모양으로 갈라진 주상 절리, 지하 깊은 곳에 있던 암석이 융기할 때 압력이 감소하면서 부피가 팽창하여 판 모양으로 갈라진 판상 절리 등이 있다. ➡ 주상 절리는 화산암에서 잘 나타나고, 판상 절리는 심성암에서 잘 나타난다.

주상 절리

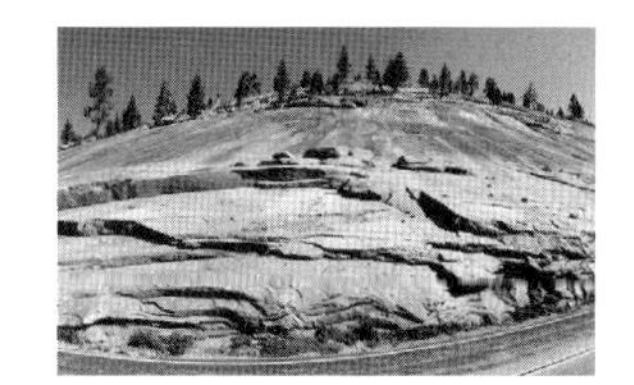
판상 절리

(4) 부정합: 퇴적이 연속으로 일어난 경우 상하 지층의 관계를 정합이라고 한다. 그러나 퇴적이 오랫동안 중단된 후 다시 퇴적이 일어나면 지층 사이에 퇴적 시간의 공백이 생기는데, 이러한 상하 지층 관계를 부정합이라 하고, 그 경계면을 부정합면이라고 한다.

① **부정합의 형성 과정**: 퇴적 → 융기 → 풍화·침식 → 침강 → 퇴적

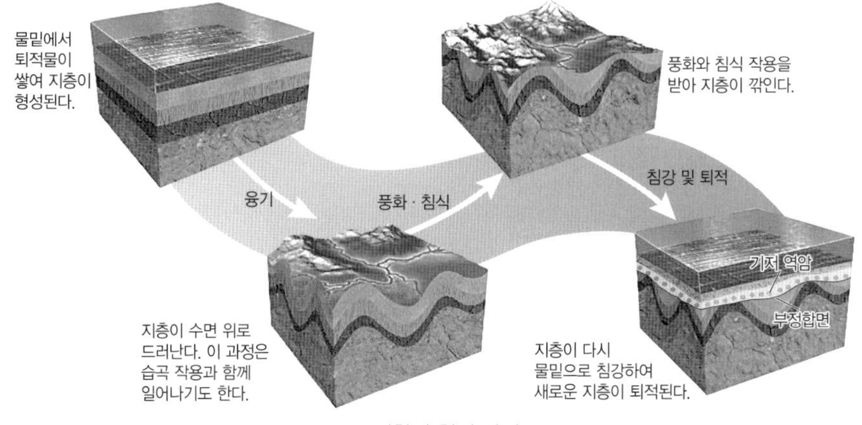

부정합의 형성 과정

개념 체크

➲ 단층과 절리의 차이점
단층과 절리 모두는 암석이 깨어졌다는 공통점이 있다. 깨진 면(단층면)을 기준으로 양쪽 암석의 상대적인 이동이 있으면 단층이고, 깨진 면(절리면)을 기준으로 양쪽 암석의 상대적인 이동이 거의 없으면 절리이다.

풍화와 침식 작용을 받아 지층이 깎인다.
➲ 기저 역암
지층이 수면 위로 드러난다. 이 과정은 습곡 작용과 함께 일어나기도 한다.
지층이 다시 물밑으로 침강하여 새로운 지층이 퇴적된다.
부정합면 바로 위에 놓인 역암을 말하며, 부정합면 아래에 놓인 암석의 침식물이 포함된다.

1. (　　)는 암석이 깨진 면을 기준으로 양쪽 암석의 상대적인 이동이 거의 없는 지질 구조이다.

2. (　　) 절리는 지표로 분출한 용암이 식어서 단면이 다각형인 긴 기둥 모양으로 형성된다.

3. (　　) 절리는 주로 화산암에서, (　　) 절리는 주로 심성암에서 나타난다.

4. 퇴적이 연속으로 일어나 퇴적 시간의 공백이 없는 상하 지층의 관계를 (　　)이라고 한다.

5. (　　) 역암은 부정합면 아래에 놓인 암석의 침식물을 포함한다.

정답
1. 절리
2. 주상
3. 주상, 판상
4. 정합
5. 기저

개념 체크

➲ 조륙 운동과 조산 운동
넓은 범위에 걸쳐 지각이 서서히 융기하거나 침강하는 운동을 조륙 운동, 거대한 습곡 산맥을 형성하는 지각 변동을 조산 운동이라고 한다. 조륙 운동이나 조산 운동에 의해 지층이 융기하여 침식을 받은 후, 다시 침강하여 그 위에 새로운 지층이 쌓이면 부정합이 형성된다.

1. (   ) 부정합은 지층이 쌓이고 지각 변동을 받아 뒤틀린 후 침식이 일어나고 다시 퇴적물이 쌓여 형성된다.

2. 부정합면 하부에 심성암이나 변성암이 있는 부정합을 (   )이라고 한다.

3. 마그마가 (   )하는 과정에서 주변 암석의 일부가 마그마 내부로 들어가는 포획이 일어날 수 있다.

4. 관입하는 과정에서 마그마의 열 때문에 주변 암석이 (   )작용을 받기도 한다.

정답
1. 경사
2. 난정합
3. 관입
4. 변성

② **부정합의 종류**: 부정합면을 경계로 상하 지층이 나란한 평행 부정합, 상하 지층의 경사가 서로 다른 경사 부정합, 부정합면의 하부에 심성암이나 변성암이 분포하는 난정합 등이 있다. ➡ 평행 부정합은 조륙 운동, 경사 부정합은 조산 운동을 받은 지층에서 잘 나타나고, 난정합은 다른 부정합에 비해 만들어질 때 더 오랜 시간이 걸리는 경향이 있으며 상하 지층 사이의 시간 간격이 매우 큰 경향이 있다.

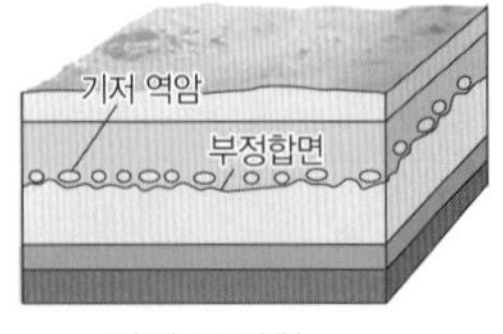

평행 부정합

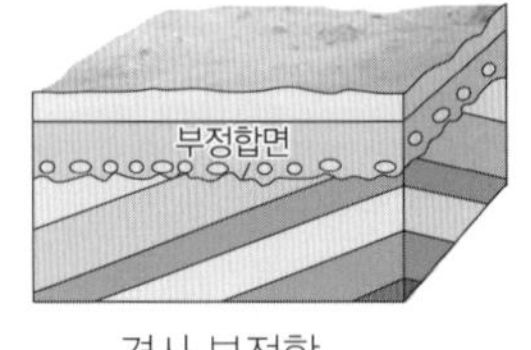

경사 부정합

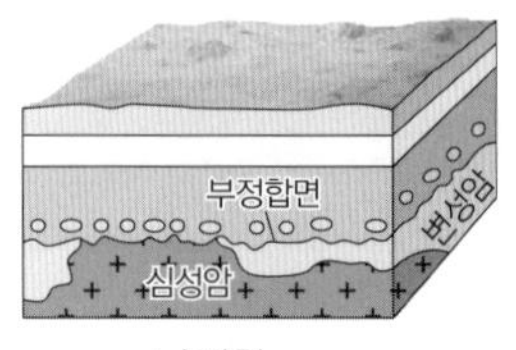

난정합

(5) 관입과 포획

① **관입**: 마그마가 기존 암석의 약한 부분을 뚫고 들어가는 과정을 관입이라 하고, 관입한 마그마가 식어서 굳어진 암석을 관입암이라고 한다. ➡ 마그마는 주변의 암석에 비해 온도가 높으므로 주변의 암석은 열에 의한 변성 작용을 받을 수 있다.

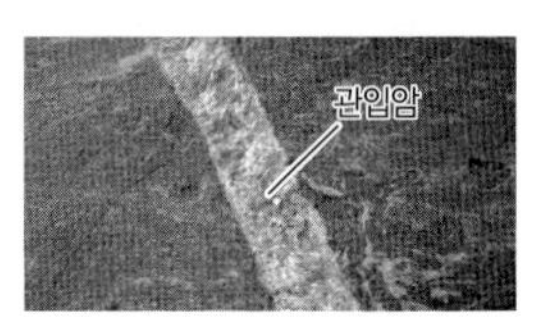

관입

② **포획**: 마그마가 관입할 때 주변 암석의 일부가 떨어져 나와 마그마 속으로 유입되는 것을 포획이라 하고, 포획된 암석을 포획암이라고 한다. ➡ 포획암을 관찰하면 화성암과 주변 암석의 생성 순서를 알 수 있다.

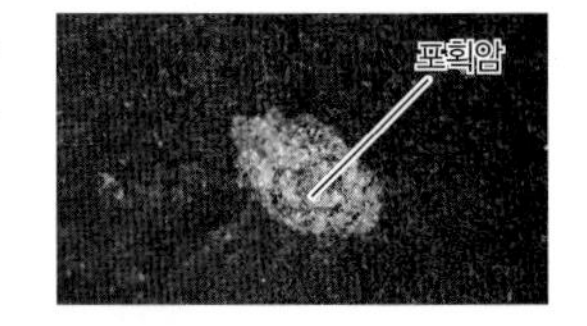

포획

탐구자료 살펴보기 | 판의 운동과 지질 구조

탐구 자료
그림은 판의 운동과 판의 경계에 작용하는 힘의 방향을 나타낸 것이다.

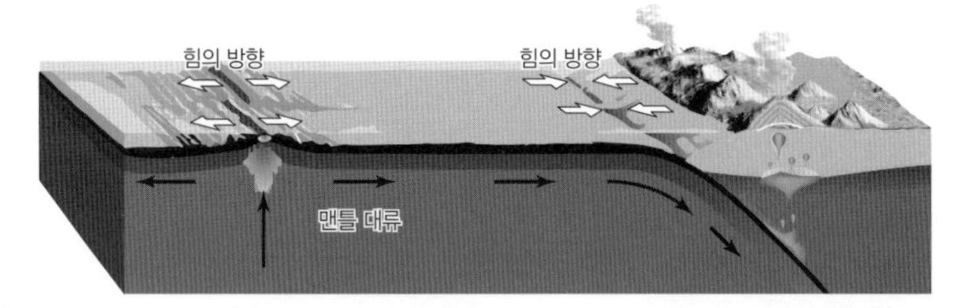

탐구 결과
1. 발산형 경계: 두 판이 서로 멀어지는 해령이나 대륙의 열곡대에서는 양쪽에서 잡아당기는 장력이 작용하여 정단층이 형성된다. 예 동아프리카 열곡대
2. 수렴형 경계: 두 판이 서로 가까워지는 습곡 산맥이나 해구 부근에서는 양쪽에서 미는 횡압력이 작용하여 습곡과 역단층이 형성된다. 예 히말라야산맥, 안데스산맥
3. 보존형 경계: 두 판이 접하면서 서로 반대 방향으로 평행하게 어긋나는 경계에서는 수평 방향으로 어긋나게 작용하는 힘에 의해 주향 이동 단층의 일종인 변환 단층이 형성된다. 예 산안드레아스 단층

분석 point

구분	발산형 경계	수렴형 경계	보존형 경계
작용하는 힘	장력	횡압력	수평 방향으로 어긋나게 작용하는 힘
지질 구조	정단층	습곡, 역단층	주향 이동 단층

[25026-0049]

01 그림 (가)와 (나)는 각각 서로 다른 환경에서 퇴적된 퇴적물의 모습을 나타낸 것이다.

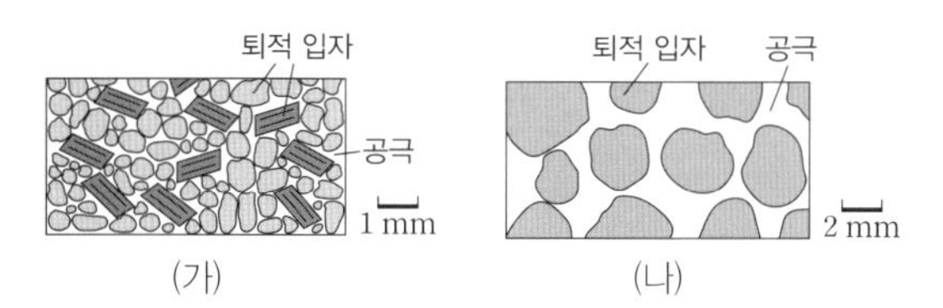

(가) (나)

이에 대한 설명으로 옳은 것만을 〈보기〉에서 있는 대로 고른 것은?

〈보기〉
ㄱ. (가)는 속성 작용을 받으면 역암이 된다.
ㄴ. (나)는 다짐 작용을 받으면 공극의 부피가 작아진다.
ㄷ. 단위 부피당 퇴적 입자의 개수는 (가)가 (나)보다 많다.

① ㄱ ② ㄴ ③ ㄱ, ㄷ
④ ㄴ, ㄷ ⑤ ㄱ, ㄴ, ㄷ

[25026-0050]

02 표는 퇴적암들의 실트와 점토의 구성 비율에 대한 모래, 자갈의 구성 비율을 나타낸 것이다. A, B, C는 각각 역암, 사암, 셰일 중 하나이다.

퇴적암	$\frac{\text{모래의 구성 비율}}{\text{(실트+점토)의 구성 비율}}$	$\frac{\text{자갈의 구성 비율}}{\text{(실트+점토)의 구성 비율}}$
A	0.04	0.09
B	2	9
C	9	2

A, B, C에 대한 설명으로 옳은 것만을 〈보기〉에서 있는 대로 고른 것은?

〈보기〉
ㄱ. A는 역암이다.
ㄴ. 연흔은 주로 B에 나타난다.
ㄷ. A, B, C는 쇄설성 퇴적암이다.

① ㄱ ② ㄷ ③ ㄱ, ㄴ
④ ㄴ, ㄷ ⑤ ㄱ, ㄴ, ㄷ

[25026-0051]

03 그림 (가)는 규질 생물체를, (나)는 석회암을 나타낸 것이다.

(가) (나)

이에 대한 설명으로 옳은 것만을 〈보기〉에서 있는 대로 고른 것은?

〈보기〉
ㄱ. 처트는 (가)가 퇴적되어 생성될 수 있다.
ㄴ. (나)에서는 석회질 생물체의 유해나 골격이 발견될 수 있다.
ㄷ. (나)는 쇄설성 퇴적암이다.

① ㄱ ② ㄷ ③ ㄱ, ㄴ
④ ㄴ, ㄷ ⑤ ㄱ, ㄴ, ㄷ

[25026-0052]

04 그림은 어느 지역의 지층 단면을 나타낸 것이다. 이 지역에는 부정합이 없으며, B 구간은 퇴적물이 한꺼번에 유입되어 퇴적된 것이다.

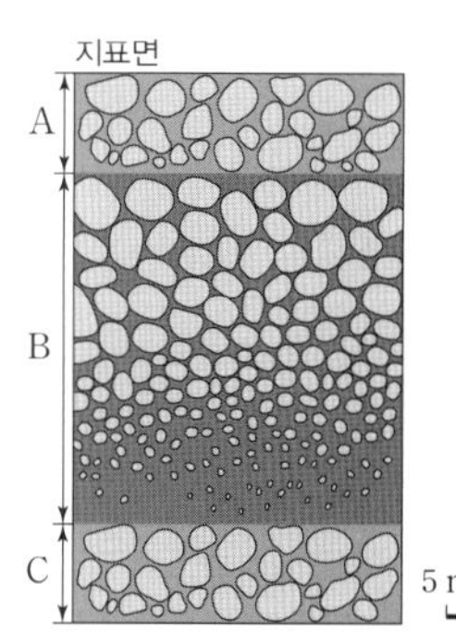

이에 대한 설명으로 옳은 것만을 〈보기〉에서 있는 대로 고른 것은?

〈보기〉
ㄱ. A는 사암층이다.
ㄴ. A는 C보다 먼저 생성되었다.
ㄷ. B의 지층은 역전되었다.

① ㄱ ② ㄷ ③ ㄱ, ㄴ
④ ㄴ, ㄷ ⑤ ㄱ, ㄴ, ㄷ

[25026-0053]

05 그림 (가)와 (나)는 서로 다른 암석에서 각각 관찰된 주상 절리 또는 건열의 모습을 순서 없이 나타낸 것이다.

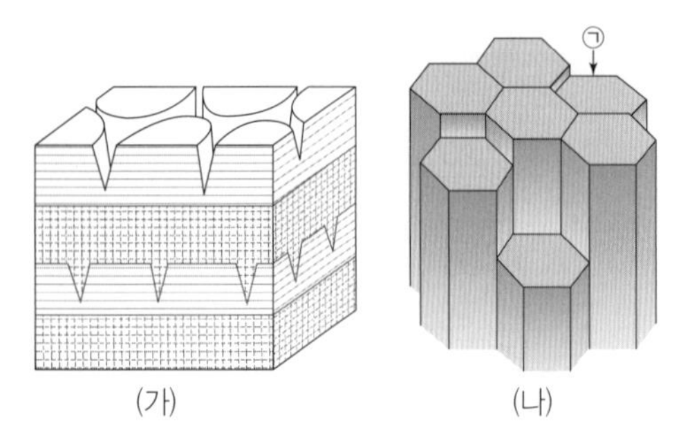

이에 대한 설명으로 옳은 것만을 <보기>에서 있는 대로 고른 것은?

(보기)

ㄱ. (가)는 화산암에서 잘 나타난다.
ㄴ. (나)에서 ㉠ 방향의 수직으로 자른 단면 모양은 다각형이다.
ㄷ. (가)와 (나)의 균열은 모두 부피가 수축하여 형성된다.

① ㄱ ② ㄴ ③ ㄱ, ㄷ
④ ㄴ, ㄷ ⑤ ㄱ, ㄴ, ㄷ

[25026-0054]

06 그림은 어느 퇴적 구조가 형성되는 과정을 나타낸 것이다.

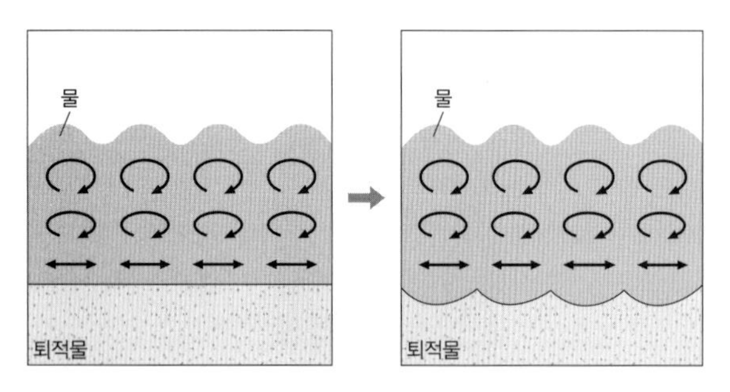

이에 대한 설명으로 옳은 것만을 <보기>에서 있는 대로 고른 것은?

(보기)

ㄱ. 이 과정을 통해 퇴적층에 연흔이 만들어진다.
ㄴ. 퇴적 환경 중 육상 환경에서는 형성될 수 없다.
ㄷ. 이 퇴적 구조가 형성된 지층의 층리면에서는 물결 모양의 자국이 관찰된다.

① ㄱ ② ㄴ ③ ㄱ, ㄷ
④ ㄴ, ㄷ ⑤ ㄱ, ㄴ, ㄷ

[25026-0055]

07 그림은 대륙 지각이 분리되는 과정을 모식적으로 나타낸 것이다. ㉠은 단층이 관찰되는 지점이다.

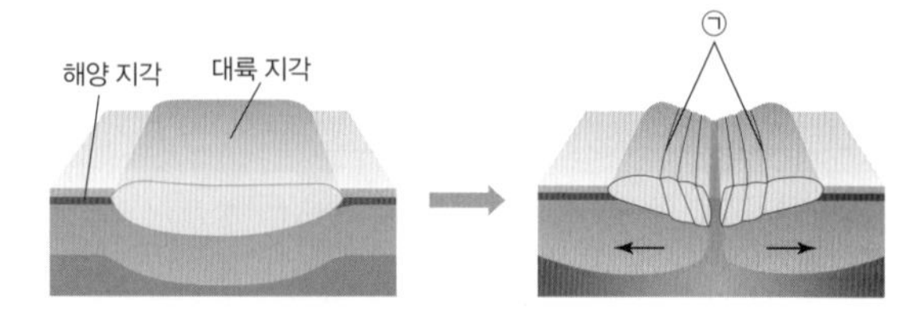

㉠에 대한 설명으로 옳은 것만을 <보기>에서 있는 대로 고른 것은?

(보기)

ㄱ. 주로 장력이 작용한다.
ㄴ. 단층의 상반은 하반에 대해 중력의 반대 방향으로 이동한다.
ㄷ. 습곡이 발달한다.

① ㄱ ② ㄷ ③ ㄱ, ㄴ
④ ㄴ, ㄷ ⑤ ㄱ, ㄴ, ㄷ

[25026-0056]

08 그림 (가)와 (나)는 서로 다른 종류의 단층을 나타낸 것이다.

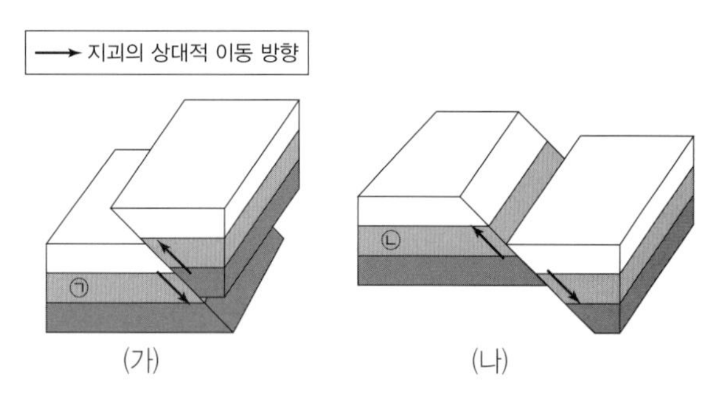

이에 대한 설명으로 옳은 것만을 <보기>에서 있는 대로 고른 것은?

(보기)

ㄱ. ㉠과 ㉡은 모두 하반이다.
ㄴ. ㉠과 ㉡에 작용하는 힘은 모두 단층면을 향한다.
ㄷ. (가)를 형성한 힘에 의해 습곡이 형성될 수 있다.

① ㄱ ② ㄴ ③ ㄷ
④ ㄱ, ㄷ ⑤ ㄱ, ㄴ, ㄷ

[25026-0057]

09 그림 (가)와 (나)는 제주 서귀포의 해안과 북한산 인수봉을 나타낸 것이다. (가)와 (나)에서는 서로 다른 종류의 절리가 관찰된다.

(가)

(나)

이에 대한 설명으로 옳은 것만을 <보기>에서 있는 대로 고른 것은?

<보기>

ㄱ. (나)는 퇴적암 지형이다.
ㄴ. 절리가 나타난 암석의 생성 깊이는 (가)가 (나)보다 얕다.
ㄷ. 암석과 절리의 생성 시기 차이는 (가)가 (나)보다 크다.

① ㄱ ② ㄴ ③ ㄱ, ㄷ
④ ㄴ, ㄷ ⑤ ㄱ, ㄴ, ㄷ

[25026-0058]

10 그림은 세 개의 부정합면이 관찰되는 어느 지역의 지질 단면을 나타낸 것이다.

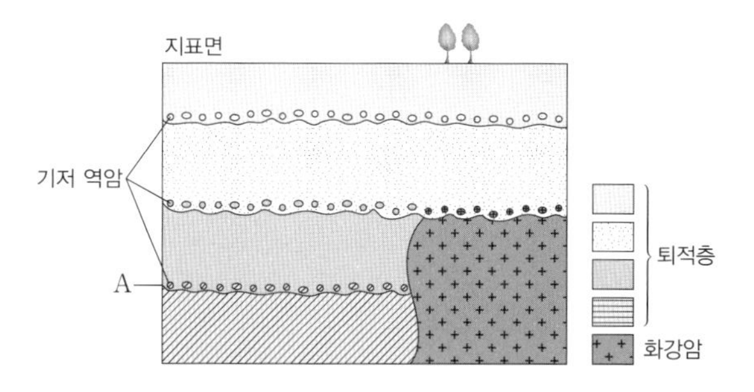

이에 대한 설명으로 옳은 것만을 <보기>에서 있는 대로 고른 것은?

<보기>

ㄱ. A를 경계로 상하 지층은 경사 부정합 관계이다.
ㄴ. 첫 번째 부정합이 형성된 이후에 관입이 일어났다.
ㄷ. 이 지역은 최소 4회 융기했다.

① ㄱ ② ㄴ ③ ㄱ, ㄷ
④ ㄴ, ㄷ ⑤ ㄱ, ㄴ, ㄷ

[25026-0059]

11 그림은 습곡, 단층, 부정합이 나타나는 어느 지역의 지질 단면을 나타낸 것이다.

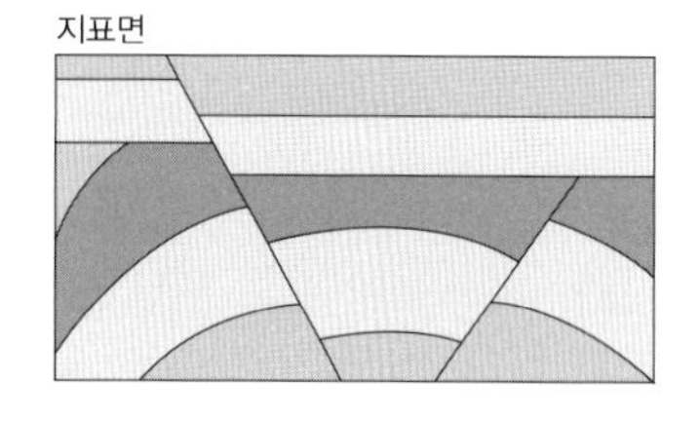

이에 대한 설명으로 옳은 것만을 <보기>에서 있는 대로 고른 것은?

<보기>

ㄱ. 습곡의 배사 구조가 나타난다.
ㄴ. 단층은 모두 역단층이다.
ㄷ. 습곡, 단층, 부정합 중 부정합이 가장 나중에 형성되었다.

① ㄱ ② ㄴ ③ ㄱ, ㄷ
④ ㄴ, ㄷ ⑤ ㄱ, ㄴ, ㄷ

[25026-0060]

12 그림은 관입암 A와 이를 둘러싼 암석 B의 모습을 나타낸 것이다.

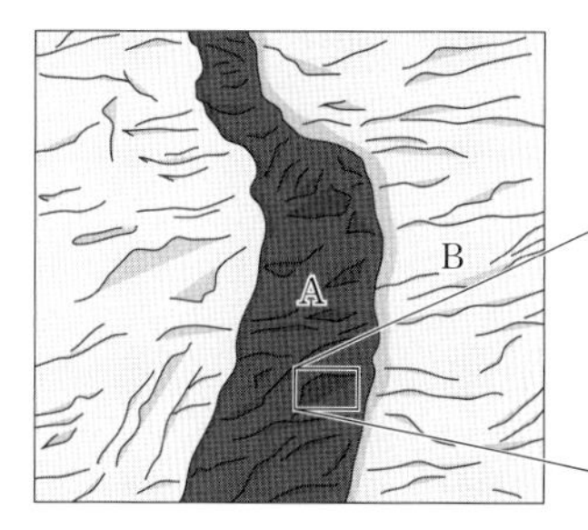

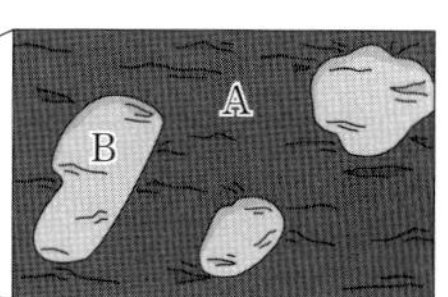

이에 대한 설명으로 옳은 것만을 <보기>에서 있는 대로 고른 것은?

<보기>

ㄱ. A와 B의 경계 부근에서는 변성 작용을 받은 B가 관찰될 수 있다.
ㄴ. A에 B의 조각이 포획되었다.
ㄷ. A는 B보다 나이가 적다.

① ㄱ ② ㄴ ③ ㄱ, ㄷ
④ ㄴ, ㄷ ⑤ ㄱ, ㄴ, ㄷ

수능 3점 테스트

퇴적물이 속성 작용을 받아 퇴적암이 될 때 공극의 평균 크기가 작아지고 교결 물질이 증가한다.

[25026-0061]

01 그림은 어느 퇴적물이 속성 작용을 받아 퇴적암이 되는 과정에서 서로 다른 시기 ㉠, ㉡, ㉢일 때의 퇴적물, 공극, 교결 물질의 부피비를 나타낸 것이다.

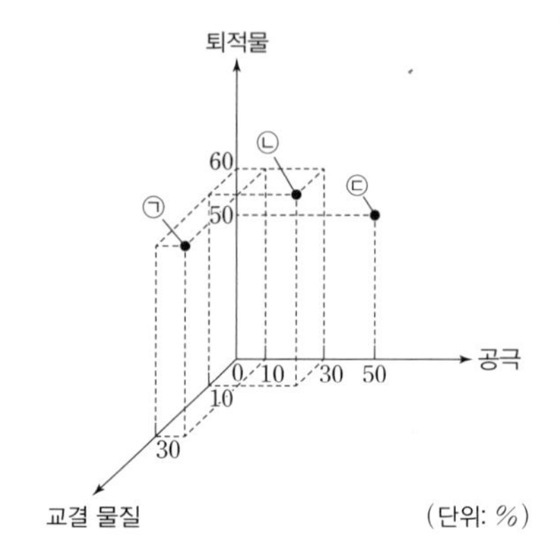

이에 대한 설명으로 옳은 것만을 〈보기〉에서 있는 대로 고른 것은?

〈보기〉
ㄱ. ㉠은 ㉡보다 교결 작용을 많이 받았다.
ㄴ. ㉡은 ㉢보다 퇴적 입자 사이의 평균 거리가 짧다.
ㄷ. ㉠ → ㉡ → ㉢ 순으로 변하였다.

① ㄱ ② ㄷ ③ ㄱ, ㄴ ④ ㄴ, ㄷ ⑤ ㄱ, ㄴ, ㄷ

퇴적암은 퇴적물의 기원에 따라 쇄설성 퇴적암, 화학적 퇴적암, 유기적 퇴적암으로 구분한다.

[25026-0062]

02 그림은 퇴적암이 만들어지는 과정의 일부를 나타낸 것이다.

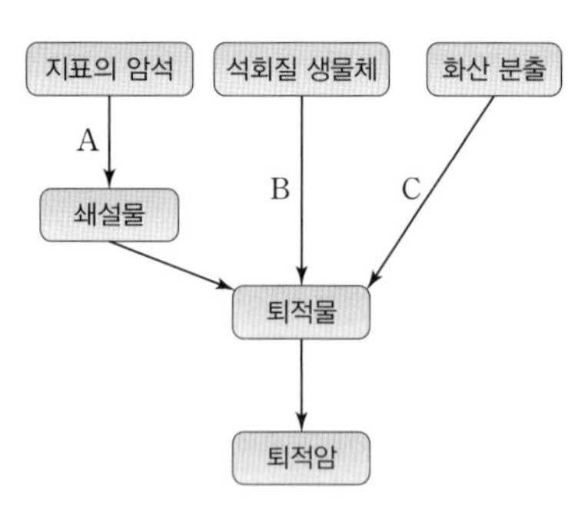

이에 대한 설명으로 옳은 것만을 〈보기〉에서 있는 대로 고른 것은?

〈보기〉
ㄱ. 풍화·침식 작용은 A 과정에 해당한다.
ㄴ. 석회암은 B 과정을 거쳐 생성될 수 있다.
ㄷ. C 과정을 거쳐 생성된 퇴적암은 육상 환경과 해양 환경에서 모두 생성될 수 있다.

① ㄱ ② ㄷ ③ ㄱ, ㄴ ④ ㄴ, ㄷ ⑤ ㄱ, ㄴ, ㄷ

[25026-0063]

03 그림은 어느 지역의 지질 단면과 지층에서 발견되는 퇴적 구조를 나타낸 것이다.

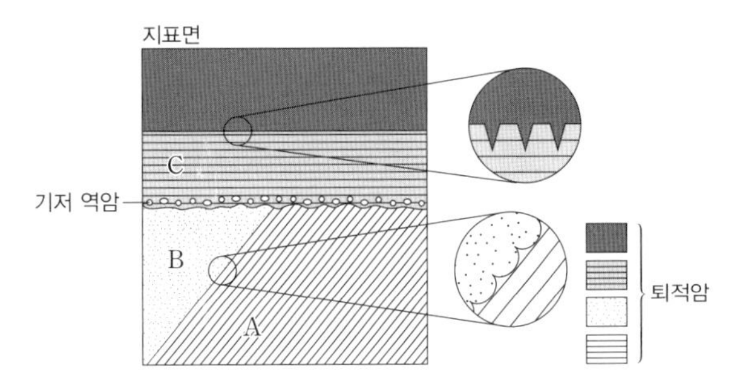

이에 대한 설명으로 옳은 것만을 〈보기〉에서 있는 대로 고른 것은?

〈 보기 〉
ㄱ. A 지층은 B 지층보다 먼저 생성되었다.
ㄴ. A 지층과 B 지층 경계의 퇴적 구조는 수심이 얕은 곳에서 형성되었다.
ㄷ. C 지층은 건조한 환경에 노출된 적이 있다.

① ㄱ ② ㄴ ③ ㄱ, ㄷ ④ ㄴ, ㄷ ⑤ ㄱ, ㄴ, ㄷ

퇴적 구조를 통해 지층의 역전 여부를 판단할 수 있다.

[25026-0064]

04 그림 (가)는 수심이 얕아지는 동안 퇴적암이 만들어지는 과정을 나타낸 것이고, (나)는 (가)의 퇴적암에서 관찰된 사층리이다.

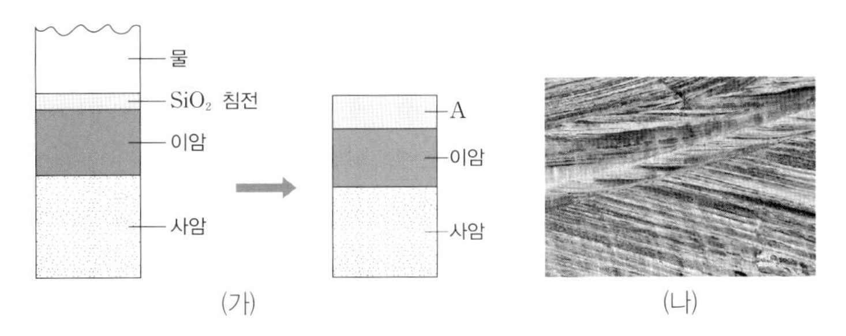

(가) (나)

이에 대한 설명으로 옳은 것만을 〈보기〉에서 있는 대로 고른 것은?

〈 보기 〉
ㄱ. A는 처트이다.
ㄴ. 수심이 얕아지는 동안 침전된 SiO_2의 양은 증가하였을 것이다.
ㄷ. (나)는 층리면에서 관찰된 모습이다.

① ㄱ ② ㄷ ③ ㄱ, ㄴ ④ ㄴ, ㄷ ⑤ ㄱ, ㄴ, ㄷ

침전 작용으로 화학적 퇴적암이 생성되며, 퇴적 구조는 연직 단면에서 관찰되는 모습과 층리면에서 관찰되는 모습이 다르다.

선상지, 사막, 호수는 육상 환경에 해당하고, 해빈과 삼각주는 연안 환경에 해당한다.

[25026-0065]

05 그림은 여러 퇴적 환경을 나타낸 것이고, 표는 그림의 서로 다른 세 퇴적 환경의 특징을 나타낸 것이다.

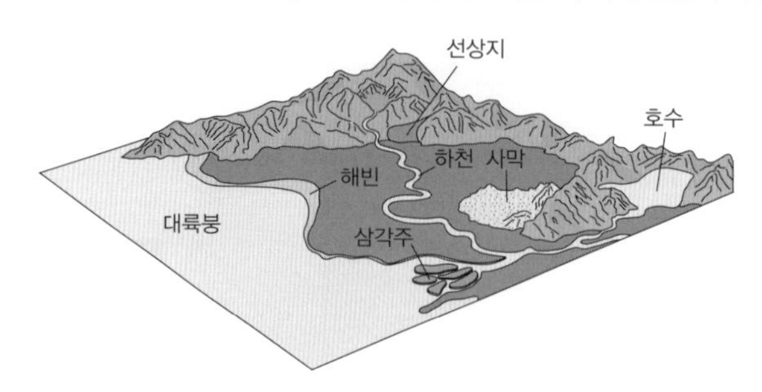

퇴적 환경	특징
㉠	하천과 바다가 만나는 곳으로, 사층리가 형성될 수 있다.
㉡	모래사장을 이루고 파도와 조류의 영향을 받으며, 연흔이 형성될 수 있다.
㉢	경사가 급한 산지와 평지 사이에서 자갈, 모래 등 다양한 퇴적물이 쌓인다.

이에 대한 설명으로 옳은 것만을 〈보기〉에서 있는 대로 고른 것은?

〈 보 기 〉

ㄱ. ㉠은 하천에서 바다 쪽으로 넓게 펼쳐진 삼각형 모양을 이룬다.
ㄴ. ㉡은 육상 환경, 연안 환경, 해양 환경 중 해양 환경에 해당한다.
ㄷ. 퇴적물에 포함된 자갈의 비율은 ㉠이 ㉢보다 높다.

① ㄱ ② ㄷ ③ ㄱ, ㄴ ④ ㄴ, ㄷ ⑤ ㄱ, ㄴ, ㄷ

바람에 의해 해빈의 모래가 이동하여 형성된 사구는 주요 퇴적물이 모래이다.

[25026-0066]

06 다음은 태안군 신두리 해안 사구에 대한 설명이다.

• 크기: 길이 약 3.4 km, 폭 약 0.5 km～1.3 km
• 형성 과정: 파도와 밀물의 영향으로 해저의 모래가 밀려 올라와 ㉠ 해빈을 만들었으며, 그 모래가 바람의 작용으로 해안에서 육지 쪽으로 운반 및 퇴적되어 ㉡ 사구를 형성하였다.

이에 대한 설명으로 옳은 것만을 〈보기〉에서 있는 대로 고른 것은?

〈 보 기 〉

ㄱ. ㉠은 퇴적 환경 중 연안 환경에 해당한다.
ㄴ. ㉡에서 사층리가 관찰될 수 있다.
ㄷ. 이 지역에서는 사암이 생성될 수 있다.

① ㄱ ② ㄷ ③ ㄱ, ㄴ ④ ㄴ, ㄷ ⑤ ㄱ, ㄴ, ㄷ

[25026-0067]

07 **다음은 다양한 지질 구조의 형성 과정을 알아보기 위한 탐구이다.**

[탐구 과정]
(가) 서로 다른 색깔의 고무찰흙을 이용하여 판 모양의 수평층 모형 10개를 만든다.
(나) 수평층 모형을 세 겹으로 쌓은 지층 모형 3개를 만든다.
(다) (나)의 지층 모형 중 1개의 양쪽 면에 두 손바닥을 대고 안쪽으로 힘을 주어 중심부가 위로 볼록하게 구부러지도록 변형시킨다.
(라) (나)의 지층 모형 중 1개의 중심부를 비스듬히 절단하여 절단면의 위쪽 덩어리를 절단면을 따라 아래 방향으로 이동시킨다.
(마) (나)의 ㉠ 지층 모형 중 1개를 수평 방향으로 절단하여 절단면의 위쪽 덩어리를 제거하고 새로운 수평층 모형을 절단면 위에 얹는다.

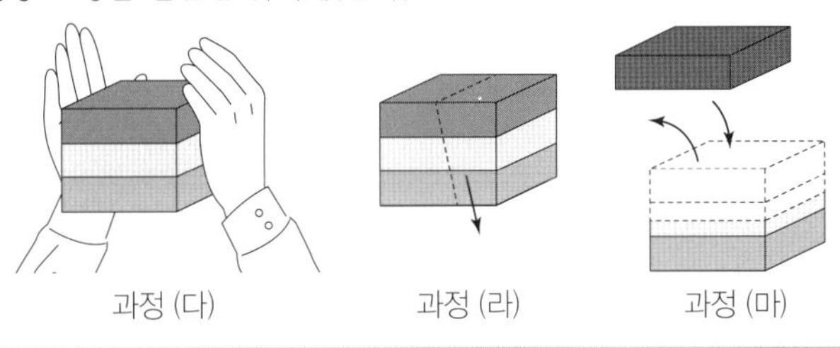

지층에 작용하는 힘의 종류와 방향에 따라 지층의 끊어짐 또는 휘어짐이 나타나 지질 구조의 모습이 달라진다.

이에 대한 설명으로 옳은 것만을 〈보기〉에서 있는 대로 고른 것은?

〈보기〉
ㄱ. ㉠은 지층의 침식 과정에 해당한다.
ㄴ. (다)와 (라) 과정에서 지층 모형에 작용하는 힘은 모두 횡압력이다.
ㄷ. (마)는 부정합의 형성 과정에 해당한다.

① ㄱ ② ㄴ ③ ㄷ ④ ㄱ, ㄷ ⑤ ㄴ, ㄷ

[25026-0068]

08 **그림은 어느 지역의 지질 단면을 나타낸 것이다.**
이에 대한 설명으로 옳은 것만을 〈보기〉에서 있는 대로 고른 것은?

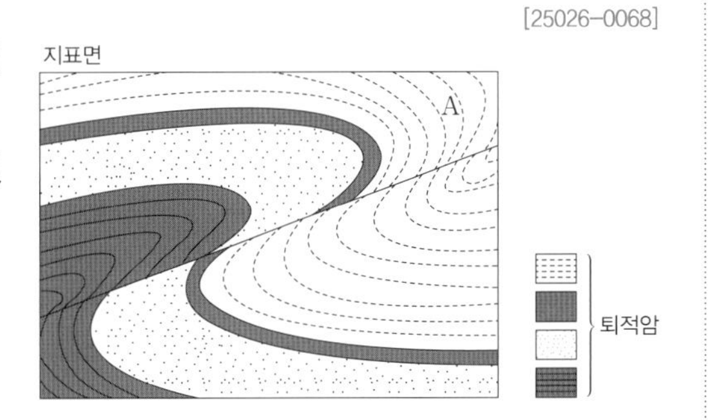

습곡축면이 거의 수평으로 누운 횡와 습곡에서는 먼저 생성된 지층이 나중에 생성된 지층보다 위쪽에 위치할 수 있다.

〈보기〉
ㄱ. 이 지역에서 지층 A는 가장 먼저 생성되었다.
ㄴ. 단층은 습곡보다 나중에 형성되었다.
ㄷ. 이 지역의 단층과 습곡은 주로 횡압력을 받아 형성되었다.

① ㄱ ② ㄷ ③ ㄱ, ㄴ ④ ㄴ, ㄷ ⑤ ㄱ, ㄴ, ㄷ

포획암을 포함한 암석은 마그마의 관입으로 생성된 화성암이다.

[25026-0069]

09 그림은 어느 지역의 지질 단면을 나타낸 것이다. 포획암은 심성암 내부에서 관찰되며, ㉠과 ㉡은 부정합면이고, ㉢은 단층면이다.

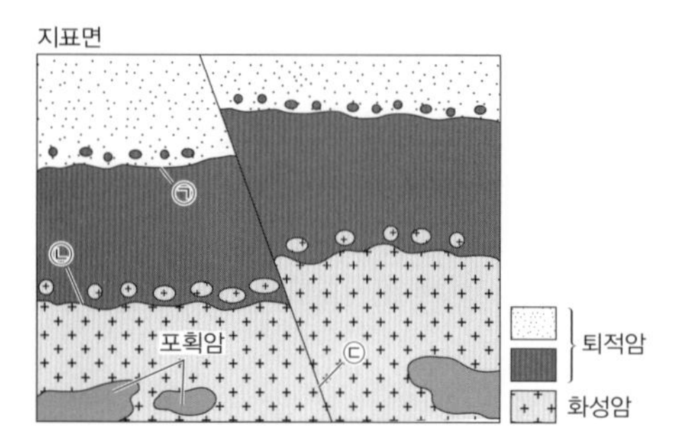

이에 대한 설명으로 옳은 것만을 <보기>에서 있는 대로 고른 것은?

< 보기 >

ㄱ. ㉡은 난정합면이다.
ㄴ. 지질 구조의 형성 과정은 ㉡ → ㉠ → ㉢이다.
ㄷ. 지질 단면에서 관찰할 수 있는 암석 중 포획암의 연령이 가장 많다.

① ㄱ ② ㄷ ③ ㄱ, ㄴ ④ ㄴ, ㄷ ⑤ ㄱ, ㄴ, ㄷ

주상 절리는 주로 마그마가 급격히 냉각되어 화산암이 생성될 때 만들어진다.

[25026-0070]

10 그림은 어느 지역의 지질 단면과 지표 부근에서 관찰된 화성암 A의 지질 구조를 일부 확대하여 나타낸 것이다.

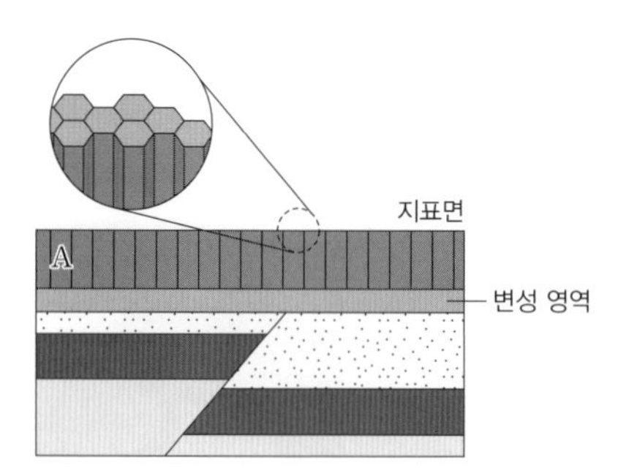

이에 대한 설명으로 옳은 것만을 <보기>에서 있는 대로 고른 것은?

< 보기 >

ㄱ. A가 생성된 후 단층이 형성되었다.
ㄴ. A는 마그마가 지표 부근에서 급격히 냉각되어 생성되었다.
ㄷ. 단층이 형성된 후 상반의 일부가 침식되었다.

① ㄱ ② ㄴ ③ ㄱ, ㄷ ④ ㄴ, ㄷ ⑤ ㄱ, ㄴ, ㄷ

[25026-0071]

11 그림 (가), (나), (다)는 어느 절리가 형성되는 과정을 위에서 내려다본 모습을 나타낸 것이다. 냉각핵은 마그마의 냉각 초기에 최초로 만들어지는 매우 작은 입자이며, 냉각핵을 중심으로 마그마가 굳어진 영역이 넓어진다.

주상 절리의 수평 방향 절단면은 다각형 모양이다.

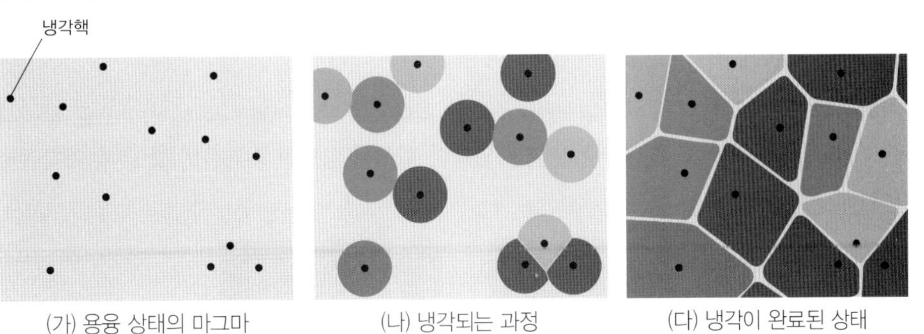

(가) 용융 상태의 마그마　　(나) 냉각되는 과정　　(다) 냉각이 완료된 상태

이에 대한 설명으로 옳은 것만을 〈보기〉에서 있는 대로 고른 것은?

〈보기〉
ㄱ. 주상 절리가 형성되는 과정이다.
ㄴ. (다)에서 다각형의 형태와 크기는 냉각핵의 분포에 따라 달라진다.
ㄷ. 이 절리가 형성되려면 암석이 생성된 후 융기해야 한다.

① ㄱ　② ㄷ　③ ㄱ, ㄴ　④ ㄴ, ㄷ　⑤ ㄱ, ㄴ, ㄷ

[25026-0072]

12 그림은 부정합과 퇴적 구조가 나타나는 어느 지역의 지질 단면을 나타낸 것이다. 이 지역의 지층은 모두 퇴적층이다.

퇴적 구조를 통해 지층의 역전 여부를 판단할 수 있으며, 부정합을 경계로 상부와 하부 지층의 시간 간격이 크다.

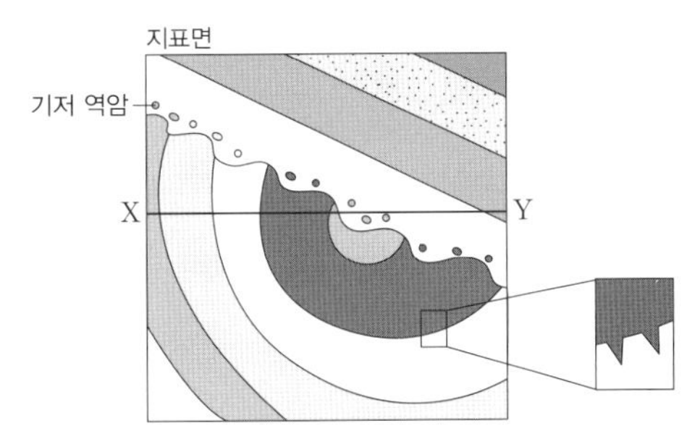

X－Y 구간에 해당하는 지층의 연령 분포로 가장 적절한 것은?

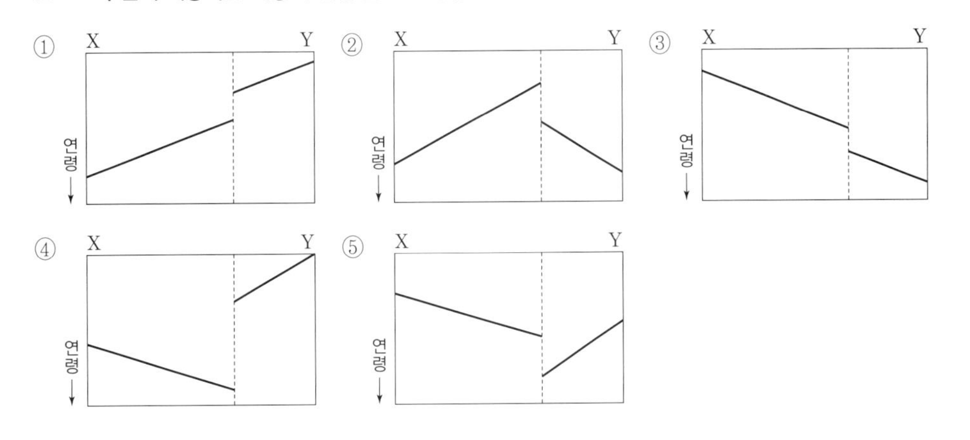

04 지구의 역사

개념 체크

➲ 동일 과정의 원리
현재 지구상에서 일어나고 있는 여러 가지 자연 현상은 조건이 동일하다면 과거에도 동일하게 일어났기 때문에 현재 일어나고 있는 자연 현상을 이해하면 과거 지구에서 일어났던 일을 알 수 있다는 것으로, 지사학의 기본 원리이다. 즉, '현재는 과거를 아는 열쇠'라는 것이다.

1. 현재 지각에서 발생하는 지질학적 사건들이 과거에도 동일하게 일어났다고 가정하는 것을 (　　) 의 원리라고 한다.

2. 지층의 역전이 없었다면, 위에 있는 지층은 아래에 있는 지층보다 (　　) 생성되었다.

3. 현재 지층이 경사져 있더라도 이 지층이 생성될 때에는 (　　)층이었다.

4. (　　)의 법칙을 이용하여 지층에서 발견되는 화석의 종류와 진화 정도에 따라 지층의 생성 순서를 파악할 수 있다.

정답
1. 동일 과정
2. 나중에
3. 수평
4. 동물군 천이

1 지층의 생성 순서

(1) **지사학의 법칙**: 지층의 선후 관계는 현재 지각에서 발생하는 지질학적 사건들이 조건이 동일하다면 과거에도 동일하게 일어났다는 동일 과정의 원리를 바탕으로 여러 가지 법칙을 이용하여 결정한다.

① **수평 퇴적의 법칙**: 퇴적물이 쌓일 때는 중력의 영향으로 수평면과 나란한 방향으로 쌓여 지층이 생성된다. ➡ 현재 지층이 기울어져 있거나 휘어져 있으면 퇴적물이 쌓인 후 지각 변동을 받았다는 것을 알 수 있다.

수평층

경사층

② **지층 누중의 법칙**: 퇴적물이 쌓일 때 새로운 퇴적물은 이전에 쌓인 퇴적물 위에 쌓이므로, 지층의 역전이 없었다면 아래에 있는 지층은 위에 있는 지층보다 먼저 퇴적되었다.

- 지층이 생성된 후 지각 변동을 받으면 역전되거나 변형될 수 있다.
- 지층의 역전 여부는 사층리, 점이 층리, 연흔, 건열 등의 퇴적 구조와 지층 속에 보존되어 있는 화석을 이용하여 판단할 수 있다.

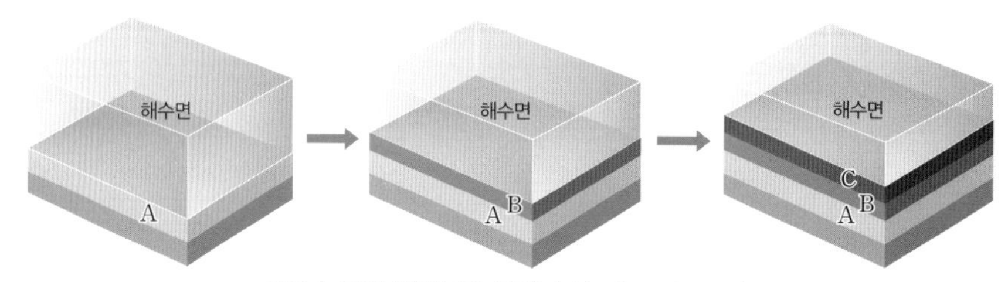

지층 누중의 법칙(지층 생성 순서: A → B → C)

③ **동물군 천이의 법칙**: 오래된 지층에서 새로운 지층으로 갈수록 더욱 진화된 생물의 화석이 산출된다.

- 지층에서 산출되는 화석군의 변화를 이용하여 지층의 선후 관계를 파악할 수 있다.
- 서로 멀리 떨어져 있는 지층들 사이의 선후 관계를 알 수 있다.

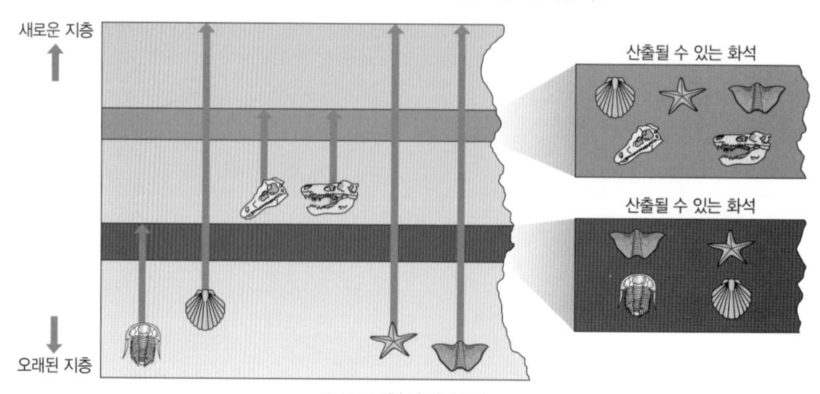

동물군 천이의 법칙

④ **부정합의 법칙**: 부정합면을 경계로 상부 지층과 하부 지층의 퇴적 시기 사이에는 큰 시간적 간격이 존재한다.
- 부정합은 퇴적이 중단되거나 먼저 퇴적된 지층이 없어진 상태에서 다시 퇴적이 일어날 때 만들어진다.
- 부정합면을 경계로 상하 지층을 이루는 암석의 조성이나 지질 구조, 발견되는 화석의 종류 등이 다른 경우가 많고, 부정합면 위에는 기존의 암석 파편 중 큰 것이 퇴적되어 기저 역암으로 나타나기도 한다.

⑤ **관입의 법칙**: 마그마가 주변의 암석을 뚫고 들어가 화성암이 생성되었을 때, 관입 당한 암석은 관입한 화성암보다 먼저 생성되었다.
- 마그마가 주변의 암석을 관입한 경우 주변의 암석은 화성암보다 먼저 생성되었으며, 주변의 암석이 변성 작용을 받을 수 있다.
- 마그마가 지표로 분출한 경우 화성암 위의 지층은 화성암보다 나중에 생성되었으며, 화성암 위의 지층에는 변성 작용을 받은 부분이 나타나지 않는다.

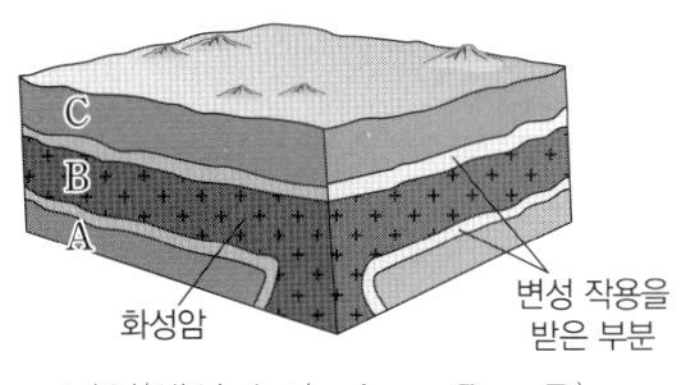

관입(생성 순서: A → C → B)

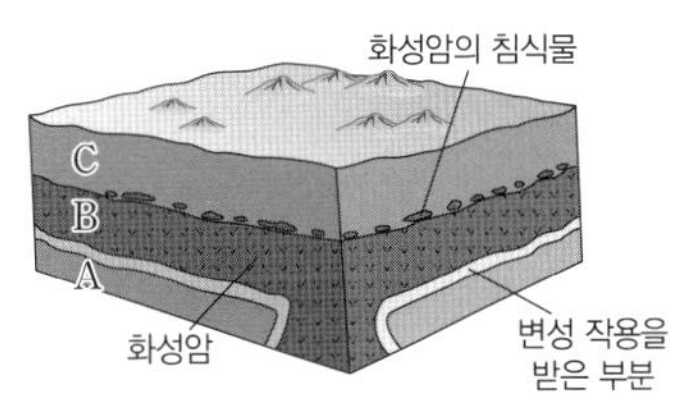

분출(생성 순서: A → B → C)

(2) **지층 대비**: 여러 지역에 분포하는 지층들을 서로 비교하여 퇴적 시기의 선후 관계를 밝히는 것을 지층 대비라고 한다.

① **암상에 의한 대비**: 비교적 가까운 지역의 지층을 구성하는 암석의 종류, 조직, 지질 구조 등의 특징을 대비하여 지층의 선후 관계를 판단한다. ➡ 지층을 대비할 때 기준이 되는 지층을 건층 또는 열쇠층이라고 한다. 건층으로는 비교적 짧은 시기 동안 퇴적되었으면서도 넓은 지역에 걸쳐 분포하는 응회암층이나 석탄층이 주로 이용된다.

② **화석에 의한 대비**: 같은 종류의 표준 화석이 산출되는 지층은 같은 시기에 생성된 지층이라고 할 수 있으므로, 같은 종류의 표준 화석이 산출되는 지층을 연결하여 지층의 선후 관계를 판단한다. ➡ 진화 계통이 잘 알려진 생물의 화석을 이용하여 대비하며, 가까운 거리뿐만 아니라 멀리 떨어져 있는 지층의 대비에도 이용된다.

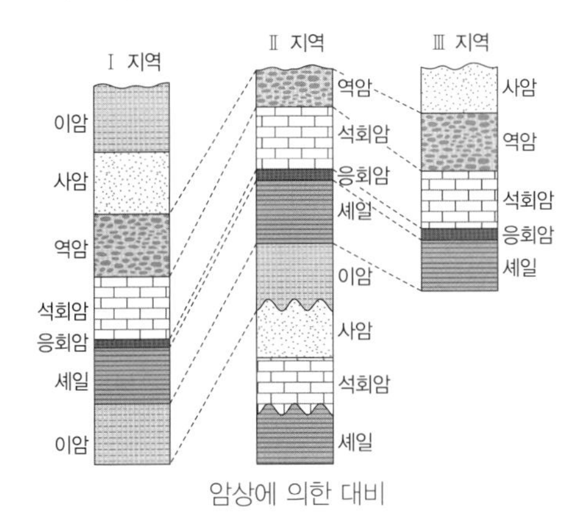

암상에 의한 대비

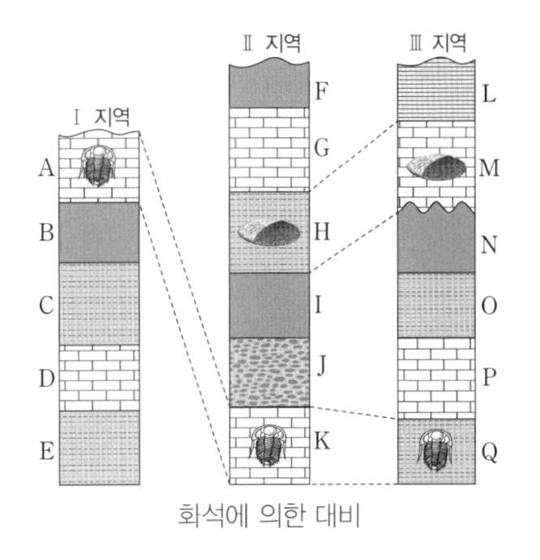

화석에 의한 대비

개념 체크

➲ 관입
마그마가 관입할 때 주변의 암석 조각이 포획될 수 있으며, 주변의 암석이 열에 의한 변성 작용을 받을 수 있다.

1. (   )면을 경계로 상부 지층과 하부 지층의 퇴적 시기 사이에는 큰 시간적 간격이 존재한다.

2. 관입한 화성암의 주변 암석은 그 화성암보다 (   ) 생성되었다.

3. 관입암 주변의 암석은 (   ) 작용을 받을 수 있다.

4. 암석의 종류, 조직, 지질 구조 등의 특징을 대비하여 지층의 선후 관계를 판단하는 것을 (   )에 의한 대비라고 한다.

5. 진화 계통이 잘 알려진 생물의 (   )을 이용하면 멀리 떨어져 있는 지층을 대비할 수 있다.

정답
1. 부정합
2. 먼저
3. 변성
4. 암상
5. 화석

2 상대 연령과 절대 연령

(1) **상대 연령**: 과거에 일어난 지질학적 사건의 발생 순서나 지층과 암석의 생성 시기를 상대적으로 나타낸 것을 상대 연령이라고 한다. ➡ 지사학의 여러 법칙을 적용하여 지질학적 사건의 발생 순서를 판단한다.

탐구자료 살펴보기 | 지층의 상대 연령 결정하기

탐구 자료

그림은 어느 지역의 지질 단면을 나타낸 것이다. 이 지역에서는 지층의 역전이 일어나지 않았으며, 화성암 I는 습곡이 형성된 이후에 관입하였다.

▨ 변성 부분

탐구 결과

1. 지층 A, B, C, D, E, F가 순서대로 퇴적된 후 습곡이 형성되었다. 화성암 H와 I 주변에서 변성 작용을 받은 부분이 나타나고 I에서 포획암이 발견되므로, H와 I는 기존의 암석을 관입하였다.
2. 지층 A~F, 화성암 H와 I는 단층에 의해 어긋나 있으므로 단층 작용은 지층 A~F, 화성암 H와 I가 생성된 후에 일어났고, 지층 G의 하부에 부정합면이 나타나는 것으로 보아 지층 A~F, 화성암 H와 I가 생성된 후 지각 변동에 의해 융기 → 풍화·침식 → 침강이 일어났다.
3. 지사학의 법칙을 적용하면 이 지역에서는 A → B → C → D → E → F → 습곡 → I → H → 정단층 → 부정합 → G 순으로 지질학적 사건이 일어났음을 알 수 있다.

분석 point

- 지층과 암석의 생성 순서: 지층 A~G는 지층 누중의 법칙과 부정합의 법칙, 화성암 H와 I는 관입의 법칙을 적용하여 생성 순서를 결정한다.
- 지질 구조의 종류

습곡	수평 퇴적의 법칙에 의해 퇴적물은 일반적으로 수평으로 쌓이는데, 현재 지층 A~F가 휘어져 있다.
단층	단층면을 경계로 상반이 하반에 대해 아래로 이동하였으므로 장력에 의해 형성된 정단층이다.
부정합	부정합면을 경계로 상부 지층과 하부 지층의 경사가 서로 다르다.

(2) **절대 연령**: 암석의 생성 또는 지질학적 사건의 발생 시기를 절대적인 수치로 나타낸 것을 절대 연령이라고 한다. ➡ 암석 속에 포함되어 있는 방사성 동위 원소의 반감기를 이용하여 알아낸다.

① **반감기**: 방사성 동위 원소가 붕괴하여 처음 함량의 반으로 줄어드는 데 걸리는 시간이다.

- 모원소와 자원소: 방사성 동위 원소는 시간이 지남에 따라 방사선을 방출하면서 붕괴하여 다른 원소로 변하는데, 붕괴하는 방사성 동위 원소를 모원소, 방사성 동위 원소가 붕괴하여 생성되는 원소를 자원소라고 한다.

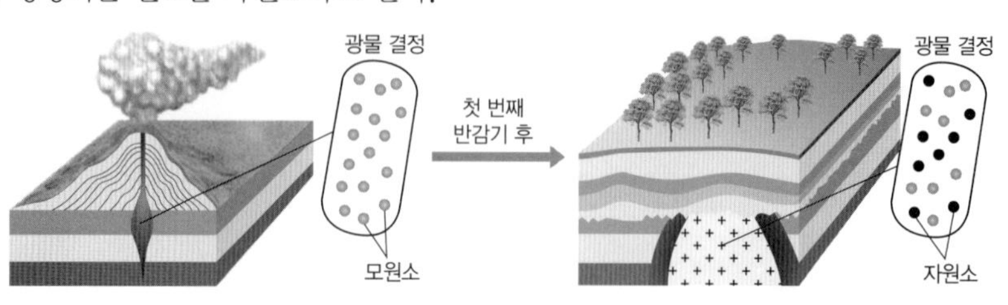

모원소와 자원소

개념 체크

➲ 방사성 동위 원소
원자핵 내의 양성자 수는 같지만 중성자 수가 달라 질량수가 다른 원소를 동위 원소라고 하며, 동위 원소 중 자연적으로 붕괴하여 방사선을 방출하면서 다른 원소로 변해가는 동위 원소를 방사성 동위 원소라고 한다.

1. 지질학적 사건의 발생 순서나 지층과 암석의 생성 시기를 상대적으로 나타낸 것을 (　　) 연령이라고 한다.
2. (　　) 연령을 결정하는 과정에서 지사학의 여러 법칙을 적용한다.
3. 암석의 생성 시기를 절대적인 수치로 나타낸 것을 (　　) 연령이라고 한다.
4. 붕괴하는 방사성 동위 원소를 (　　)원소, 붕괴하여 생성된 원소를 (　　) 원소라고 한다.

정답
1. 상대
2. 상대
3. 절대
4. 모, 자

② **반감기와 절대 연령의 관계**: 시간이 지남에 따라 모원소의 함량은 지속적으로 감소하고, 자원소의 함량은 지속적으로 증가한다. ➡ 암석이나 광물에 포함된 모원소와 자원소의 비율, 반감기를 알면 그 암석이나 광물이 생성된 시기를 알 수 있다.

$t = n \times T$ (t: 절대 연령, n: 반감기 경과 횟수, T: 반감기)

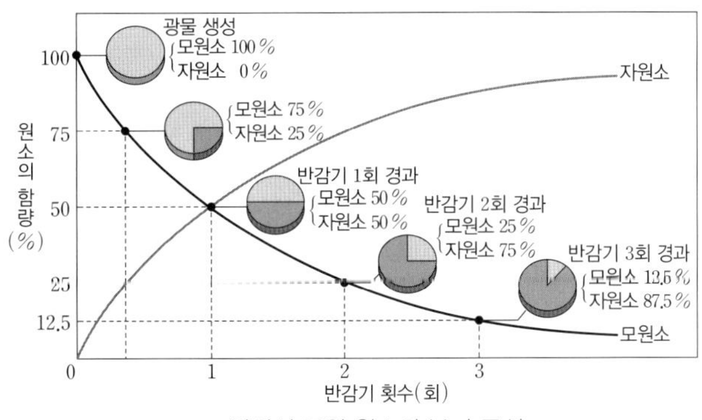

방사성 동위 원소의 붕괴 곡선

- 화성암에서 측정한 절대 연령은 암석이 생성된 시기를 나타내고, 퇴적암은 생성 시기가 다른 여러 광물 입자가 섞여 있으므로 퇴적암에서 측정한 절대 연령은 퇴적암의 퇴적 시기 상한선을 지시한다.
- 오래전에 생성된 암석의 절대 연령은 반감기가 긴 방사성 동위 원소를 이용하여 측정하고, 비교적 최근에 생성된 암석의 절대 연령은 반감기가 짧은 방사성 동위 원소를 이용하여 측정한다.

모원소	자원소	반감기	포함된 광물 및 물질
^{238}U	^{206}Pb	약 45억 년	지르콘, 우라니나이트, 피치블렌드
^{235}U	^{207}Pb	약 7억 년	지르콘, 우라니나이트, 피치블렌드
^{232}Th	^{208}Pb	약 141억 년	지르콘, 우라니나이트
^{87}Rb	^{87}Sr	약 492억 년	흑운모, 백운모, 정장석, 각섬석
^{40}K	^{40}Ar	약 13억 년	휘석, 흑운모, 백운모, 정장석
^{14}C	^{14}N	약 5730년	뼈, 나무 등 탄소를 포함한 유기물

과학 돋보기 **방사성 탄소(^{14}C)를 이용한 연대 측정**

- 대기 중의 탄소는 대부분 원자핵이 안정한 ^{12}C로 존재하지만 미량의 ^{14}C도 존재한다.
- 방사성 동위 원소인 ^{14}C가 붕괴하여 ^{14}N로 변하는 동안 대기 중의 ^{14}N도 중성자와 반응하여 ^{14}C로 변하기 때문에 대기 중의 $\frac{^{14}C}{^{12}C}$는 일정하다.
- 생물은 물질 대사를 통해 CO_2를 흡수하므로 살아 있는 생물체 내와 대기 중의 $\frac{^{14}C}{^{12}C}$는 같다.
- 생물이 죽으면 물질 대사가 멈추지만 ^{14}C는 계속 붕괴하므로, 죽은 생물체 내의 $\frac{^{14}C}{^{12}C}$는 감소한다.

중성자
^{14}N 보통 질소
양성자
^{14}C 방사성 탄소
식물의 광합성에 의해서 방사성 탄소(^{14}C)가 식물의 체내에 흡수된다.
보통 질소 ^{14}N
β 입자
^{14}C 붕괴
현재 5730년 후 11460년 후 17190년 후

- ^{14}C의 반감기가 약 5730년인 것을 이용하여 죽은 생물체 내의 $\frac{^{14}C}{^{12}C}$를 측정하면 그 생물의 사후 경과 시간을 알 수 있다.
- ^{14}C는 반감기가 짧기 때문에 비교적 최근에 생성된 지층 속에 들어 있는 화석과 고고학적 유물의 연대 측정에 많이 이용된다.

개념 체크

➲ 퇴적암의 절대 연령
퇴적암은 여러 시기의 퇴적물이 섞여 있으므로 절대 연령을 정확히 측정하기 어렵다. 따라서 화성암의 절대 연령을 측정한 후 이들과의 생성 순서를 비교하여 간접적으로 알아낸다.

1. (　　) 연령은 반감기와 반감기 경과 횟수를 곱하여 구한다.

2. 반감기가 (　　)회 지나면 모원소는 처음 양의 12.5 %가 된다.

3. 반감기가 4회 지나면 모원소 : 자원소 = 1 : (　　)가 된다.

4. 오래전에 생성된 암석의 절대 연령은 반감기가 (　　) 방사성 동위 원소를 이용하여 측정하는 것이 유리하다.

정답
1. 절대
2. 3
3. 15
4. 긴

3 지질 시대의 환경과 생물

(1) **화석의 생성과 보존**: 일반적으로 생물체에 뼈나 줄기와 같은 단단한 부분이 있으면 유리하고, 생물체가 분해되기 전에 빨리 묻혀야 하며, 퇴적암이 생성된 후 심한 지각 변동이나 변성 작용을 받지 않아야 한다.

(2) **표준 화석과 시상 화석**

표준 화석	시상 화석
• 지질 시대 중 일정 기간에만 번성했다가 멸종한 생물의 화석으로, 지질 시대 결정과 지층 대비에 이용된다. • 조건: 생존 기간이 짧고, 분포 면적이 넓으며, 개체 수가 많아야 한다. 예 삼엽충: 고생대, 공룡: 중생대, 매머드: 신생대	• 특정 자연환경에서만 서식하는 생물의 화석으로, 생물이 살았던 시기의 자연환경을 추정하는 데 이용된다. • 조건: 생존 기간이 길고, 분포 면적이 좁으며, 환경 변화에 민감해야 한다. 예 고사리: 따뜻하고 습한 육지

(3) **지질 시대의 구분**: 지구가 탄생한 약 46억 년 전부터 현재까지를 지질 시대라고 한다.

① **지질 시대의 구분 기준**: 생물계에서 일어난 급격한 변화나 지각 변동, 기후 변화 등을 기준으로 구분한다.

② **지질 시대의 구분 단위**: 누대(累代), 대(代), 기(紀) 등으로 구분한다. ➡ 시생 누대와 원생 누대는 화석이 거의 발견되지 않으며, 현생 누대는 화석이 비교적 풍부하여 많이 산출된다. 현생 누대는 생물의 출현과 진화 등 생물계에 큰 변화가 나타난 시기를 기준으로 구분한다.

지질 시대		절대 연대 (백만 년 전)
누대	대	
현생 누대	신생대	66.0
	중생대	252.2
	고생대	541.0
원생 누대	신원생대	1000
	중원생대	1600
	고원생대	2500
시생 누대	신시생대	2800
	중시생대	3200
	고시생대	3600
	초시생대	4000

지질 시대		절대 연대 (백만 년 전)
대	기	
신생대	제4기	2.58
	네오기	23.03
	팔레오기	66.0
중생대	백악기	145.0
	쥐라기	201.3
	트라이아스기	252.2
고생대	페름기	298.9
	석탄기	358.9
	데본기	419.2
	실루리아기	443.8
	오르도비스기	485.4
	캄브리아기	541.0

지질 시대의 구분

(4) **지질 시대의 기후**

① 고기후 연구 방법

• 화석 연구: 시상 화석의 종류와 분포로부터 과거의 기후를 추정할 수 있다.

• 지층의 퇴적물 연구: 퇴적물 속에 보존되어 있는 꽃가루 화석을 분석하면 과거 식물의 분포와 기후를 추정할 수 있다.

• 나무의 나이테 연구: 나이테 사이의 폭과 밀도를 측정하여 과거의 기온과 강수량 변화를 추정할 수 있다.

• 빙하 코어 연구: 빙하 속에 들어 있는 공기 방울을 분석하여 과거 대기 조성을 알 수 있고, 빙하를 구성하는 물 분자의 산소 안정 동위 원소 비율($^{18}O/^{16}O$)로부터 기온 변화를 추정할 수 있다.

개념 체크

지질 시계
지구의 역사 약 46억 년을 1일(24시간)로 환산하면 1시간은 약 1억 9200만 년에 해당하므로 고생대는 21시 11분경, 중생대는 22시 41분경, 신생대는 23시 39분경에 시작되었다.

산소 안정 동위 원소를 이용한 고기후 연구 방법
빙하를 구성하는 물 분자의 산소 안정 동위 원소 비율($^{18}O/^{16}O$)을 측정하여 과거의 기후를 알아내는 방법이다. 기온이 높을수록 빙하를 구성하는 물 분자의 산소 안정 동위 원소 비율($^{18}O/^{16}O$)이 커진다.

1. 생물의 화석 생성은 생물체에 단단한 부분이 있고, 박테리아에 의한 (　　)가 일어나기 전에 땅속에 묻혀야 유리하다.

2. (　　) 화석은 특정 자연환경에서만 서식하는 생물의 화석으로 당시의 자연환경을 추정하는 데 이용한다.

3. 어느 지층에서 발견된 공룡 화석은 그 지층이 (　　) 생대에 생성되었다는 것을 알려준다.

4. 지질 시대를 시생 누대부터 순서대로 나열하면 시생 누대, (　　) 누대, (　　) 누대이다.

5. 나무의 (　　) 사이의 폭과 밀도를 측정하여 과거의 기후를 추정할 수 있다.

정답
1. 분해
2. 시상
3. 중
4. 원생, 현생
5. 나이테

② **지질 시대의 기후**: 선캄브리아 시대와 고생대 및 신생대에는 빙하기가 있었으며, 중생대에는 빙하기 없이 대체로 온난하였다.

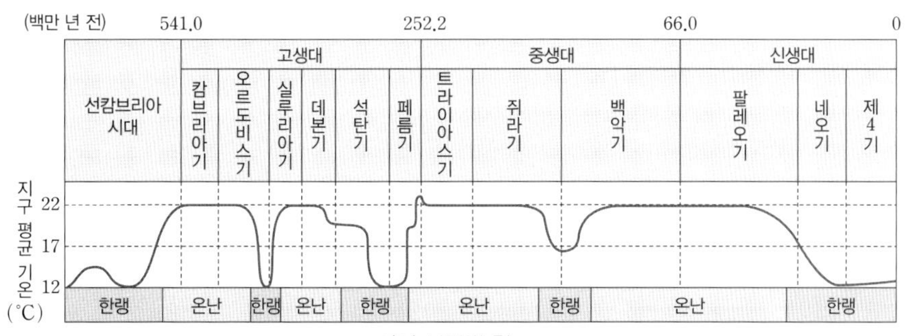

지질 시대의 기후

(5) 지질 시대의 환경과 생물

① **선캄브리아 시대의 환경과 생물**: 오랫동안 여러 차례의 지각 변동을 받으면서 대부분의 기록이 사라졌기 때문에 환경을 알기 어렵다.

- 시생 누대: 대기 중에 산소가 거의 없었고, 육지에는 강한 자외선이 도달하였으므로 바다에서 최초의 생명체가 출현하였다. 원핵생물인 남세균이 출현하여 얕은 바다에 스트로마톨라이트를 형성하였다.
- 원생 누대: 남세균의 광합성으로 대기 중에 산소의 양이 점차 증가하였고, 말기에는 최초의 다세포 동물이 출현하였으며, 그 일부가 에디아카라 동물군 화석으로 남아 있다.

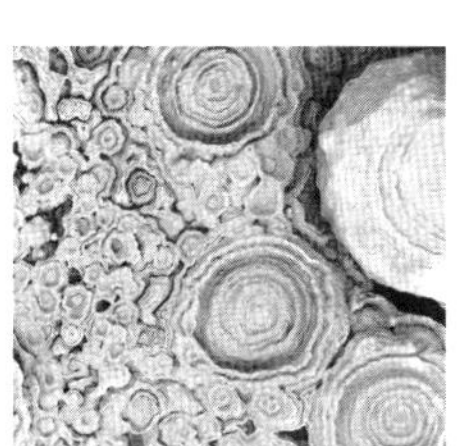
스트로마톨라이트

② **고생대의 환경과 생물**

환경	• 캄브리아기, 실루리아기, 데본기에는 대체로 온난했으며, 오르도비스기, 석탄기, 페름기에는 빙하기가 있었다. • 말기에 여러 대륙들이 하나로 모여 초대륙 판게아를 형성하면서 대규모 조산 운동이 일어났다.
생물	• 캄브리아기(삼엽충의 시대): 다양한 생물이 폭발적으로 증가하였고, 온난한 바다에서 삼엽충, 완족류 등의 해양 무척추동물이 번성하였다. • 오르도비스기(필석의 시대): 삼엽충, 필석류, 완족류가 크게 번성하였고, 최초의 척추동물인 어류가 출현하였다. • 실루리아기: 필석류, 산호, 갑주어, 바다전갈 등이 번성하였다. • 데본기(어류의 시대): 갑주어를 비롯한 어류가 번성하여 전성기를 이루었고, 최초의 양서류가 출현하였다. • 석탄기: 방추충(푸줄리나), 산호, 유공충이 번성하였고, 최초의 파충류가 출현하였다. 양서류가 전성기를 이루었으며, 양치식물이 거대한 삼림을 형성하였다. • 페름기: 은행나무, 소철 등의 겉씨식물이 출현하였고, 말기에는 삼엽충과 방추충을 비롯하여 많은 해양 생물이 멸종하였다. 삼엽충 / 필석 / 방추충

개념 체크

➲ 선캄브리아 시대
고생대 최초의 시기가 캄브리아기이므로 이보다 앞선 시기를 일반적으로 선캄브리아 시대라고 한다. 선캄브리아 시대는 전체 지질 시대의 약 88 %를 차지한다.

➲ 스트로마톨라이트
남세균(사이아노박테리아)에 의해 형성된 것으로 '층상 바위'라는 의미를 가지고 있으며, 따뜻하고 수심이 얕아 햇빛이 잘 드는 적도 부근의 바다에서 잘 만들어진다. 우리나라에서는 소청도와 태백시 구문소 등에서 산출된다.

1. 중생대에는 (　　)기가 없이 대체로 온난했다.

2. 바다에서 최초의 생명체가 출현한 시기는 (　　) 누대이다.

3. 원생 누대에는 최초의 다세포 동물이 출현하였으며 그 일부가 (　　) 동물군 화석으로 남아 있다.

4. 고생대 중 삼엽충의 시대라고 불리는 기는 (　　)기이다.

5. (　　)기에는 삼엽충과 방추충을 비롯하여 많은 해양 생물이 멸종하였다.

정답
1. 빙하
2. 시생
3. 에디아카라
4. 캄브리아
5. 페름

개념 체크

중생대의 지각 변동과 기후
중생대에는 판게아가 분리되면서 화산 활동이 활발하게 일어났다. 그 결과 대기 중 이산화 탄소의 농도가 증가하였고, 이로 인한 온실 효과에 의해 전반적으로 온난한 기후가 지속되었을 것으로 추정된다.

1. 트라이아스기 말에 (　　) 가 분리되기 시작하였고 대서양과 인도양이 형성되기 시작하였다.

2. (　　)기에는 속씨식물이 출현하여 겉씨식물을 대체하기 시작하였다.

3. 시조새는 (　　)기에 출현하였다.

4. 신생대 (　　)기와 (　　) 기에는 대체로 온난하였다.

정답
1. 판게아
2. 백악
3. 쥐라
4. 팔레오, 네오

③ 중생대의 환경과 생물

<table>
<tr><td>환경</td><td>• 전반적으로 온난한 기후가 지속되었으며, 빙하기가 없었다.
• 트라이아스기 말에 초대륙 판게아가 분리되기 시작하였고, 초대륙 판게아가 분리되면서 대서양과 인도양이 형성되기 시작하였으며 해양판이 섭입하면서 로키산맥, 안데스산맥과 같은 습곡 산맥이 형성되기 시작하였다.</td></tr>
<tr><td>생물</td><td>• 트라이아스기: 바다에서는 암모나이트가 번성하였으며, 육지에서는 공룡과 원시 포유류가 출현하였다. 은행류, 소철류 등의 겉씨식물이 번성하였다.
• 쥐라기: 공룡을 비롯한 파충류와 암모나이트, 겉씨식물이 크게 번성하였고, 파충류와 조류의 특징을 모두 가진 시조새가 출현하였다.
• 백악기: 말기에 공룡과 암모나이트가 멸종하였으며, 속씨식물이 출현하여 겉씨식물을 대체하기 시작하였다.

암모나이트
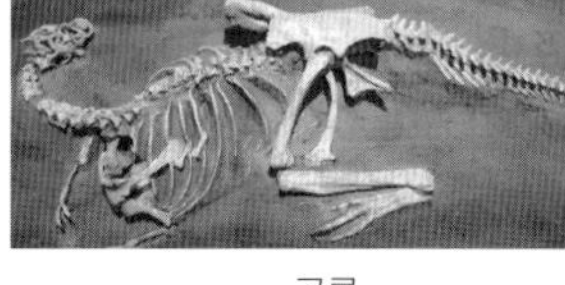
공룡
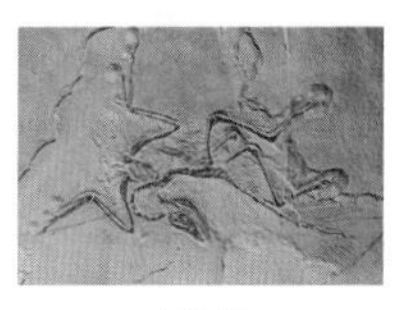
시조새</td></tr>
</table>

④ 신생대의 환경과 생물

<table>
<tr><td>환경</td><td>• 팔레오기와 네오기는 대체로 온난하였으나 제4기에 접어들면서 점차 한랭해져 여러 번의 빙하기와 간빙기가 있었다.
• 인도 대륙과 아프리카 대륙이 유라시아 대륙과 충돌하여 히말라야산맥과 알프스산맥이 형성되었고, 태평양이 좁아지면서 오늘날과 비슷한 수륙 분포를 이루었다.</td></tr>
<tr><td>생물</td><td>• 팔레오기, 네오기: 대형 유공충인 화폐석이 번성하였고, 겉씨식물이 쇠퇴하였으며, 속씨식물이 번성하였고 넓은 초원이 형성되었다.
• 제4기: 매머드 등의 대형 포유류가 번성하였고, 인류의 조상이 출현하였으며, 단풍나무, 참나무 등의 속씨식물이 번성하였다.

화폐석

매머드
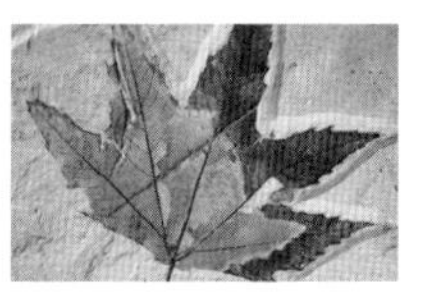
단풍나무</td></tr>
</table>

과학 돋보기 생물의 주요 멸종 시기

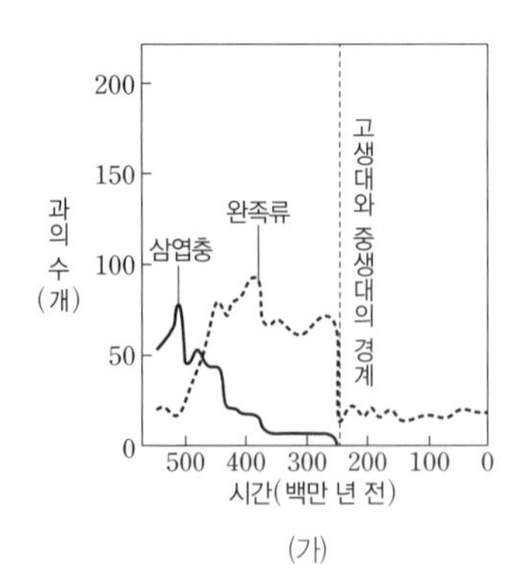

(가)

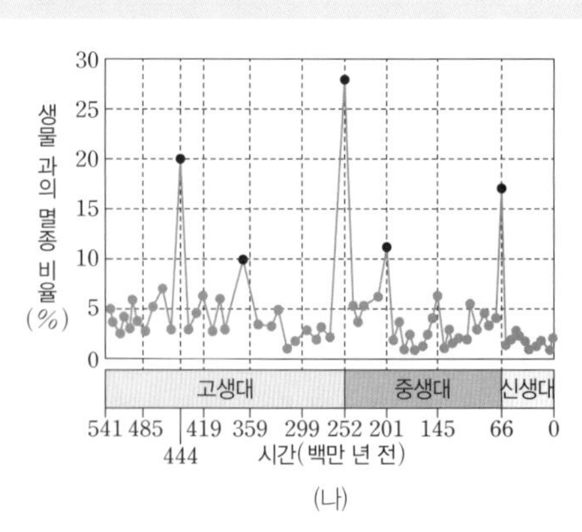

(나)

- (가)는 현생 누대 동안 삼엽충과 완족류의 과(科)의 수 변화를 나타낸 것이다. 고생대 페름기 말에 삼엽충이 멸종하였고, 완족류 과의 수는 급격히 감소하였다.
- (나)는 현생 누대 동안 생물 과(科)의 멸종 비율을 나타낸 것이다. 고생대 오르도비스기 말, 데본기 후기, 페름기 말, 중생대 트라이아스기 말, 백악기 말에 생물의 대량 멸종이 있었다.

[25026-0073]

01 그림은 어느 지역의 지질 단면을 나타낸 것이다.

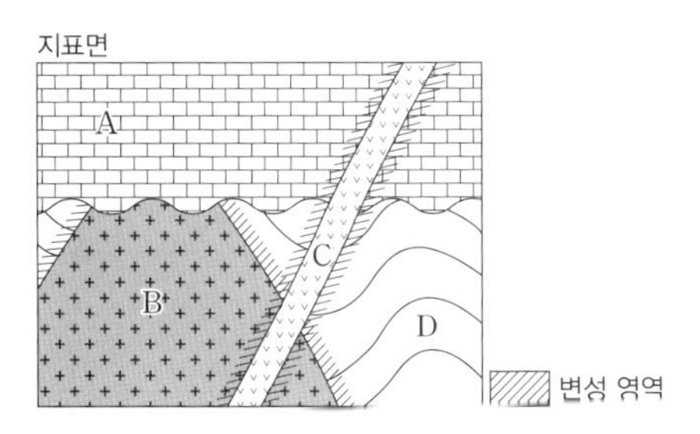

이에 대한 설명으로 옳은 것만을 〈보기〉에서 있는 대로 고른 것은?

〈 보기 〉
ㄱ. 생성 순서는 D → B → C → A이다.
ㄴ. B와 D의 생성 순서를 결정할 때 관입의 법칙을 이용한다.
ㄷ. A와 C의 생성 순서를 결정할 때 지층 누중의 법칙을 이용한다.

① ㄱ ② ㄴ ③ ㄱ, ㄷ
④ ㄴ, ㄷ ⑤ ㄱ, ㄴ, ㄷ

[25026-0074]

02 그림은 어느 지역의 지질 단면을 나타낸 것이다. A와 B는 각각 포획암과 관입암 중 하나이다.

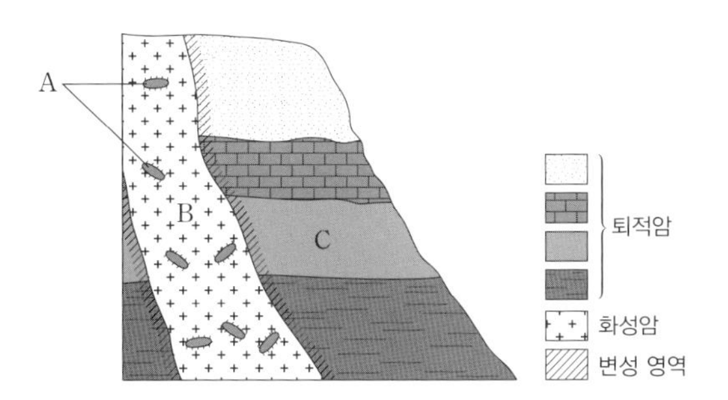

이에 대한 설명으로 옳은 것만을 〈보기〉에서 있는 대로 고른 것은?

〈 보기 〉
ㄱ. A의 가장자리 부분은 변성 작용을 받았다.
ㄴ. B는 C보다 나중에 생성된 암석이다.
ㄷ. B에는 C의 조각이 포획될 수 있다.

① ㄱ ② ㄴ ③ ㄱ, ㄷ
④ ㄴ, ㄷ ⑤ ㄱ, ㄴ, ㄷ

[25026-0075]

03 그림은 인접한 세 지역의 지층을 대비한 것이다. Ⅲ 지역에서 응회암층은 ㉠, ㉡, ㉢ 중 한 곳에 위치한다.

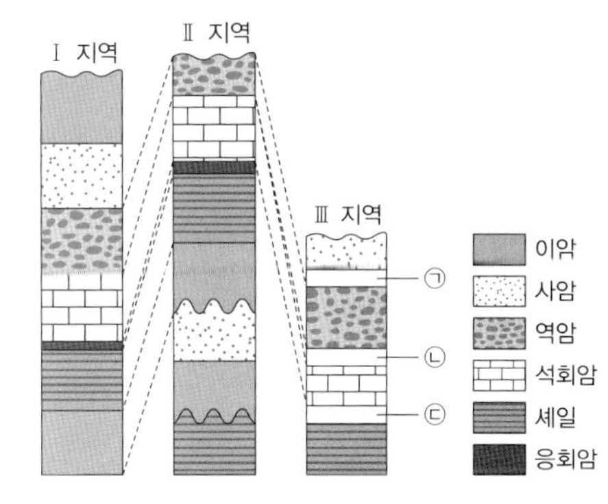

이에 대한 설명으로 옳은 것만을 〈보기〉에서 있는 대로 고른 것은?

〈 보기 〉
ㄱ. 지층을 대비할 때 응회암층은 건층으로 이용할 수 있다.
ㄴ. 암상에 의한 대비를 따른다면, Ⅲ 지역에서 응회암층은 ㉢에 위치한다.
ㄷ. 세 지역의 지층 중 가장 최근에 생성된 지층은 Ⅰ 지역에 존재한다.

① ㄱ ② ㄴ ③ ㄱ, ㄷ
④ ㄴ, ㄷ ⑤ ㄱ, ㄴ, ㄷ

[25026-0076]

04 화석에 의한 지층 대비에 대한 설명으로 옳은 것은?

① 공룡 발자국 화석은 이용할 수 없다.
② 응회암층과 같은 뚜렷한 특징이 있는 지층을 이용한다.
③ 생존 기간이 길고 특정한 환경에 제한적으로 분포하는 화석을 주로 이용한다.
④ 서로 다른 대륙에 있는 지층 대비에 적합하지 않다.
⑤ 삼엽충 화석으로 화석에 의한 지층 대비를 할 수 있다.

[25026-0077]

05 그림은 어느 지역의 지질 단면을 나타낸 것이다.

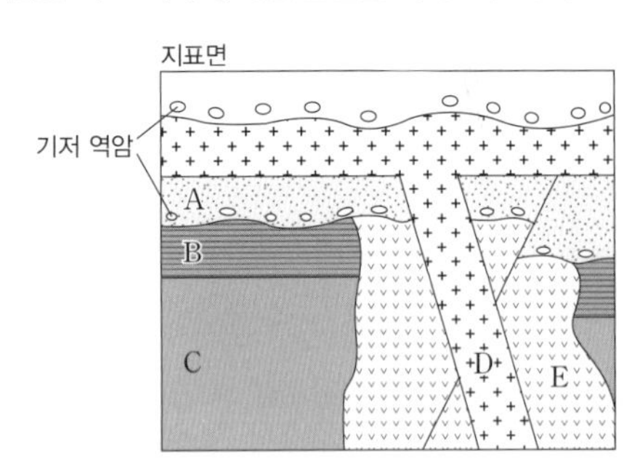

이에 대한 설명으로 옳은 것만을 〈보기〉에서 있는 대로 고른 것은?

〈 보기 〉
ㄱ. 정단층이 관찰된다.
ㄴ. A는 B와 E의 침식물을 포함할 수 있다.
ㄷ. 생성 순서는 C → B → E → A → D이다.

① ㄱ ② ㄴ ③ ㄱ, ㄷ
④ ㄴ, ㄷ ⑤ ㄱ, ㄴ, ㄷ

[25026-0078]

06 그림은 어느 지역의 지질 단면을 나타낸 것이다. A와 B는 화성암이며, $f-f'$은 단층이다.

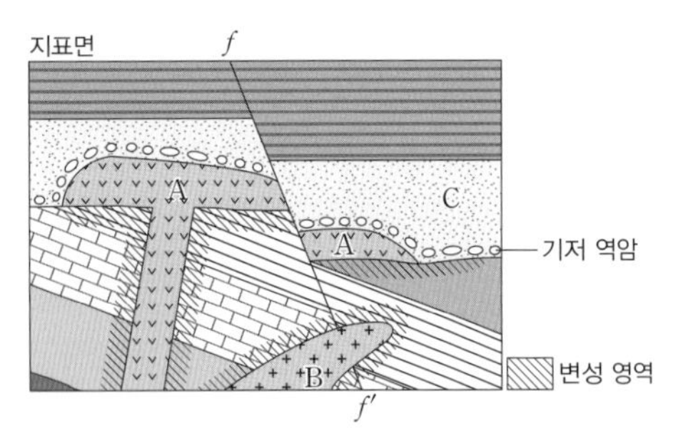

이에 대한 설명으로 옳은 것만을 〈보기〉에서 있는 대로 고른 것은?

〈 보기 〉
ㄱ. A는 현재 관찰된 영역보다 더 넓게 분포했다.
ㄴ. A는 B보다 먼저 생성되었다.
ㄷ. C의 기저 역암은 단층 $f-f'$보다 먼저 생성되었다.

① ㄱ ② ㄴ ③ ㄱ, ㄷ
④ ㄴ, ㄷ ⑤ ㄱ, ㄴ, ㄷ

[25026-0079]

07 그림은 어느 화성암을 구성하는 광물에 포함된 방사성 동위 원소 X가 붕괴하여 자원소 Y가 생성되는 과정을 나타낸 것이다. ㉠과 ㉡은 각각 X와 Y 중 하나이다.

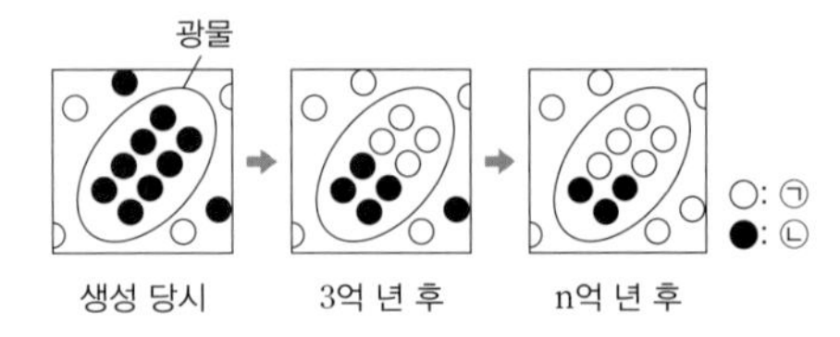

이에 대한 설명으로 옳은 것만을 〈보기〉에서 있는 대로 고른 것은?

〈 보기 〉
ㄱ. ㉠은 Y에, ㉡은 X에 해당한다.
ㄴ. X의 반감기는 3억 년이다.
ㄷ. n은 4.5보다 작다.

① ㄱ ② ㄴ ③ ㄱ, ㄷ
④ ㄴ, ㄷ ⑤ ㄱ, ㄴ, ㄷ

[25026-0080]

08 그림은 어느 화성암에 포함된 원소 Y의 시간에 따른 함량 변화를 나타낸 것이다. Y는 방사성 동위 원소 X가 붕괴하여 생성되며, Y의 함량(%)은 이 화성암의 생성 당시 X의 양을 100 % 라고 할 때를 기준으로 한다. 이 화성암의 생성 당시 Y의 함량은 12.5 %이고, 현재 이 화성암의 Y 함량은 75 %이다.

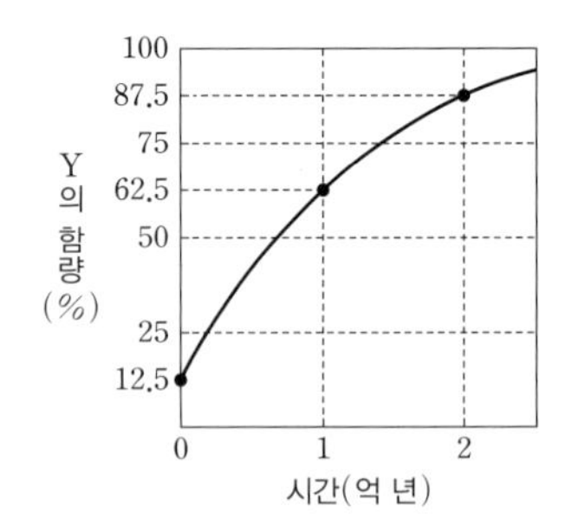

이에 대한 설명으로 옳은 것만을 〈보기〉에서 있는 대로 고른 것은?

〈 보기 〉
ㄱ. X의 반감기는 1억 년이다.
ㄴ. 이 화성암에 포함된 X는 두 번의 반감기를 거쳤다.
ㄷ. X가 모두 붕괴하면 Y의 함량은 100 %가 넘는다.

① ㄱ ② ㄴ ③ ㄱ, ㄷ
④ ㄴ, ㄷ ⑤ ㄱ, ㄴ, ㄷ

[25026-0081]

09 그림은 어느 지역의 지질 단면을, 표는 화성암 P와 Q에 포함되어 있는 방사성 동위 원소 X의 처음 양에 대한 현재의 양(%)을 나타낸다.

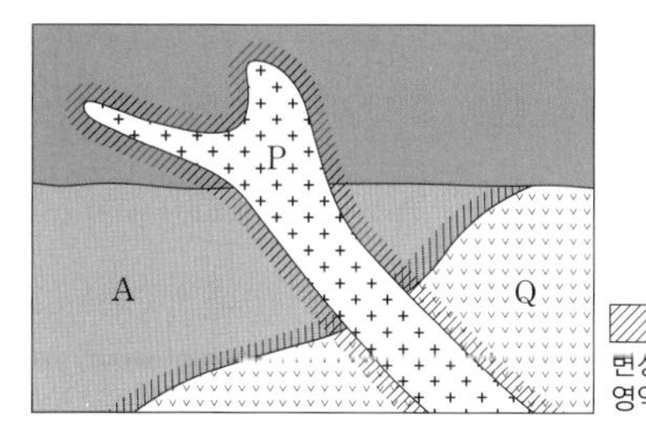

화성암	X의 양
P	75 %
Q	25 %

이에 대한 설명으로 옳은 것만을 <보기>에서 있는 대로 고른 것은?

< 보기 >
ㄱ. A → Q → P 순서로 생성되었다.
ㄴ. X의 양이 100 %에서 75 %가 되는 데 걸리는 시간은 50 %에서 25 %가 되는 데 걸리는 시간보다 짧다.
ㄷ. 절대 연령은 Q가 P의 3배 이상이다.

① ㄱ ② ㄴ ③ ㄱ, ㄷ
④ ㄴ, ㄷ ⑤ ㄱ, ㄴ, ㄷ

[25026-0082]

10 그림 (가)와 (나)는 각각 선캄브리아 시대의 화석을 나타낸 것이다.

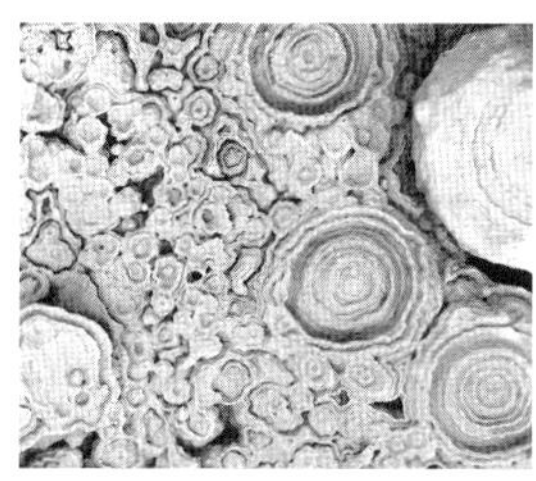
(가) 스트로마톨라이트

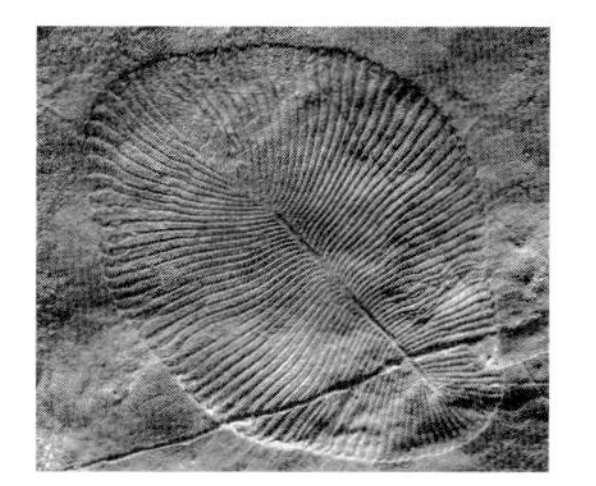
(나) 에디아카라 동물군 화석

이에 대한 설명으로 옳은 것만을 <보기>에서 있는 대로 고른 것은?

< 보기 >
ㄱ. (가)의 생물은 대기 중에 산소가 거의 없던 시기에 출현하였다.
ㄴ. (나)는 표준 화석이다.
ㄷ. 화석을 형성한 생물의 출현 시기는 (가)가 (나)보다 먼저이다.

① ㄱ ② ㄷ ③ ㄱ, ㄴ
④ ㄴ, ㄷ ⑤ ㄱ, ㄴ, ㄷ

[25026-0083]

11 표는 서로 다른 지역의 지층 A와 B를 조사한 내용이다.

지층	내용
A	• 호수에서 퇴적된 셰일층이다. • 다양한 속씨식물 화석이 발견된다.
B	• 석회암층으로 이루어져 있다. • 삼엽충과 완족류 화석이 발견된다.

이에 대한 설명으로 옳은 것만을 <보기>에서 있는 대로 고른 것은?

< 보기 >
ㄱ. A는 B보다 나중에 생성되었다.
ㄴ. B에서 발견된 삼엽충 화석은 표준 화석이다.
ㄷ. A와 B는 모두 육상 환경에서 생성되었다.

① ㄱ ② ㄷ ③ ㄱ, ㄴ
④ ㄴ, ㄷ ⑤ ㄱ, ㄴ, ㄷ

[25026-0084]

12 그림은 지질 시대 동안 일어난 주요 사건을 나타낸 것이다.

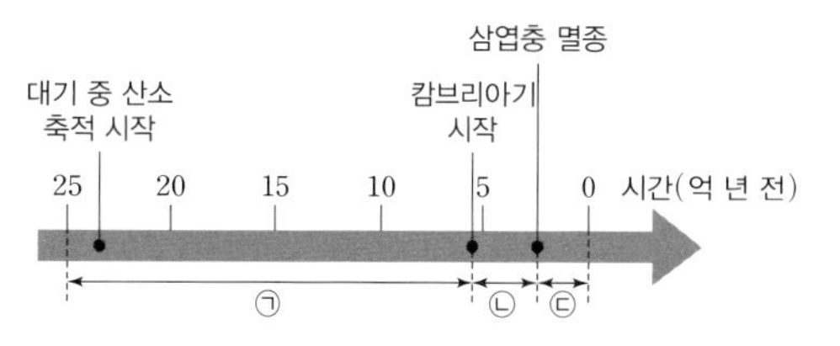

지질 시대 ㉠, ㉡, ㉢에 대한 설명으로 옳은 것은?

① 최초의 생물이 출현한 지질 시대는 ㉠이다.
② 공룡이 출현한 지질 시대는 ㉡이다.
③ ㉢ 기간 중에 양치식물이 대규모로 퇴적되어 두꺼운 퇴적층이 생성되었다.
④ ㉡ 기간에는 빙하기가 없었다.
⑤ 양치식물, 겉씨식물, 속씨식물이 공존한 지질 시대는 ㉢이다.

[25026-0085]

13 그림 (가), (나), (다)는 서로 다른 지층에서 산출된 화석들을 나타낸 것이다.

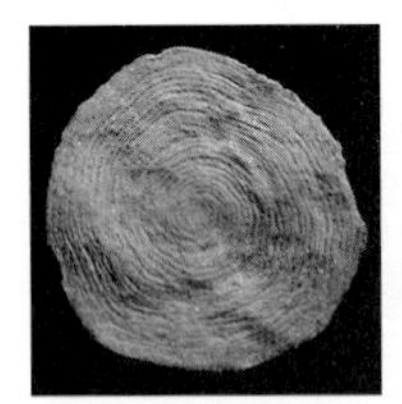
(가) 화폐석 화석

(나) 삼엽충 화석

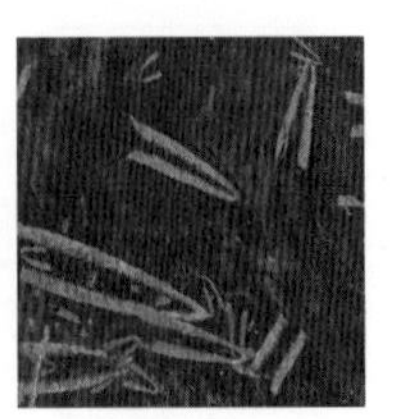
(다) 필석 화석

이에 대한 설명으로 옳은 것만을 ⟨보기⟩에서 있는 대로 고른 것은?

보기

ㄱ. (가)의 생물이 번성한 시기에 속씨식물이 번성하였다.
ㄴ. (나)와 (다)의 생물은 고생대에만 살았다.
ㄷ. (가), (나), (다)는 모두 화석에 의한 지층 대비에 이용될 수 있다.

① ㄱ ② ㄷ ③ ㄱ, ㄴ
④ ㄴ, ㄷ ⑤ ㄱ, ㄴ, ㄷ

[25026-0086]

14 그림은 서로 다른 시기의 수륙 분포를 나타낸 것이다. (가)와 (나)는 각각 고생대 페름기 또는 신생대 팔레오기 중 하나이다.

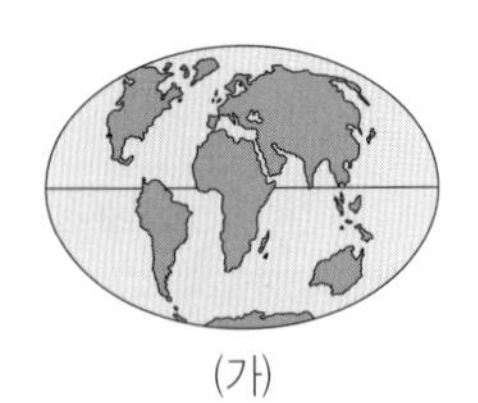
(가)

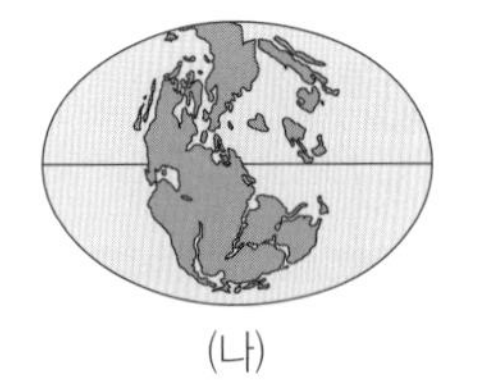
(나)

이에 대한 설명으로 옳은 것만을 ⟨보기⟩에서 있는 대로 고른 것은?

보기

ㄱ. (가) 시기에는 속씨식물이 출현하였다.
ㄴ. (나) 시기에는 대서양이 존재했다.
ㄷ. (가)는 (나)보다 현재의 수륙 분포와 유사하다.

① ㄱ ② ㄷ ③ ㄱ, ㄴ
④ ㄴ, ㄷ ⑤ ㄱ, ㄴ, ㄷ

[25026-0087]

15 그림은 지질 시대 동안 생물 A～E의 생존 기간을 나타낸 것이다.

절대 연대 (백만 년 전)	기	생존 기간
	제4기	
2.58	네오기	
23.03	팔레오기	
66.0	백악기	
145.0	쥐라기	
201.3	트라이아스기	
252.2	페름기	
298.9	석탄기	
358.9	데본기	
419.2	실루리아기	
443.8	오르도비스기	
485.4	캄브리아기	
541.0		

이에 대한 설명으로 옳은 것만을 ⟨보기⟩에서 있는 대로 고른 것은?

보기

ㄱ. A의 화석은 중생대 지층에서만 발견될 것이다.
ㄴ. B는 C보다 생존 기간이 짧다.
ㄷ. D는 E보다 먼저 출현하였다.

① ㄱ ② ㄷ ③ ㄱ, ㄴ
④ ㄴ, ㄷ ⑤ ㄱ, ㄴ, ㄷ

[25026-0088]

16 그림은 현생 누대 동안 대멸종 시기 ㉠, ㉡, ㉢을 나타낸 것이다.

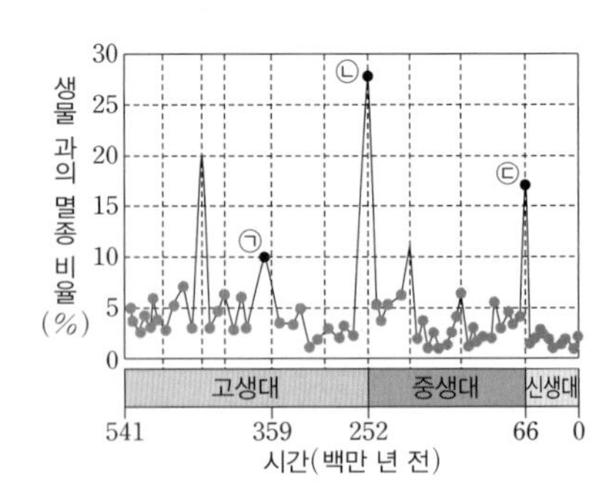

이에 대한 설명으로 옳은 것만을 ⟨보기⟩에서 있는 대로 고른 것은?

보기

ㄱ. 속씨식물이 출현한 시기는 ㉠ 이전이다.
ㄴ. 삼엽충은 ㉡에 멸종하였다.
ㄷ. 매머드는 ㉢에 멸종하였다.

① ㄱ ② ㄴ ③ ㄱ, ㄷ
④ ㄴ, ㄷ ⑤ ㄱ, ㄴ, ㄷ

정답과 해설 16쪽

[25026-0089]

01 그림은 어느 지역의 지층 단면을 나타낸 것이다. ㉠과 ㉡은 각각 지층 A 또는 B에서 산출된 화석군이다.

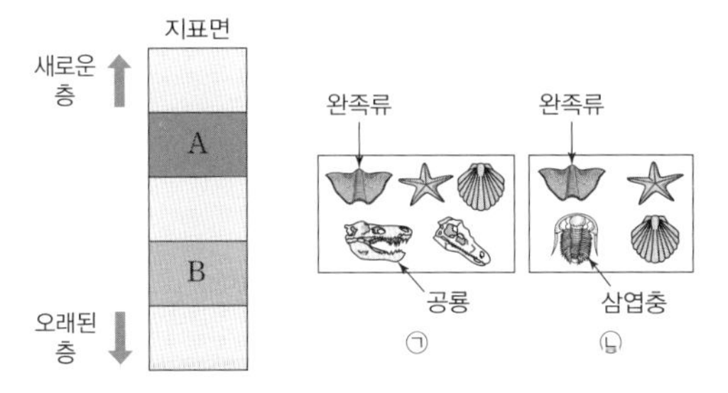

오래된 지층에서 새로운 지층으로 갈수록 더욱 진화된 동물 화석이 산출된다.

이에 대한 설명으로 옳은 것만을 〈보기〉에서 있는 대로 고른 것은?

〈 보기 〉

ㄱ. ㉠은 A에서 산출되었다.

ㄴ. B는 고생대에 생성되었다.

ㄷ. 동물군 천이의 법칙을 이용하여 이 지역의 지층이 역전되지 않았음을 알 수 있다.

① ㄱ ② ㄷ ③ ㄱ, ㄴ ④ ㄴ, ㄷ ⑤ ㄱ, ㄴ, ㄷ

[25026-0090]

02 그림은 어느 지역의 지층 모습을 나타낸 것이다.

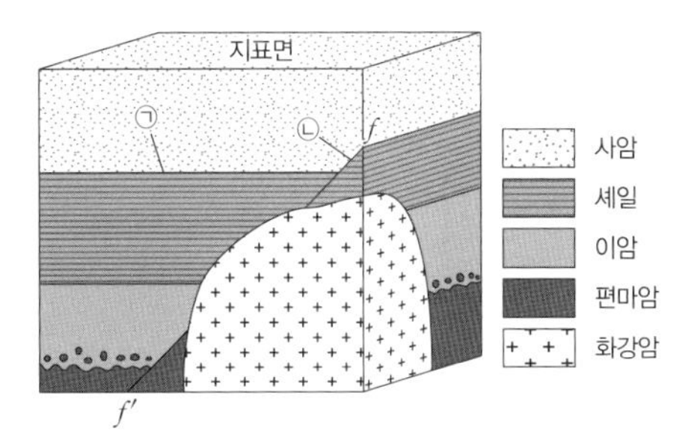

정합으로 퇴적된 지층이 단층에 의해 어긋나면 단층을 경계로 상부와 하부 지층의 퇴적 시기 간격이 커진다.

이에 대한 설명으로 옳은 것만을 〈보기〉에서 있는 대로 고른 것은?

〈 보기 〉

ㄱ. 단층 $f-f'$은 장력을 받아 형성되었다.

ㄴ. 사암은 화강암보다 먼저 생성되었다.

ㄷ. 사암과 셰일의 지층 경계에 접촉한 상부와 하부의 암석 연령 차는 ㉠ 지점이 ㉡ 지점보다 크다.

① ㄱ ② ㄴ ③ ㄷ ④ ㄱ, ㄴ ⑤ ㄱ, ㄴ, ㄷ

기존의 단층이 다른 단층에 의해 갈라질 수 있다.

[25026-0091]

03 그림은 단층 (A−A′), (B−B′), (C−C′)이 나타난 어느 지역의 지질 단면을 나타낸 것이다. 이 지역의 지층은 모두 퇴적층이며 수평층이다.

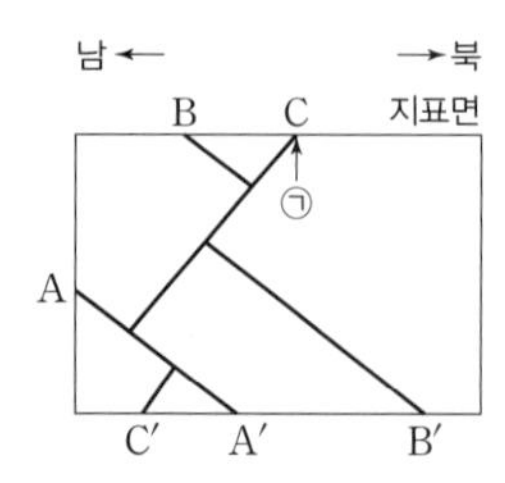

이에 대한 설명으로 옳은 것만을 <보기>에서 있는 대로 고른 것은?

보기

ㄱ. (A−A′)은 역단층이다.
ㄴ. 단층의 형성 시기는 (C−C′) → (B−B′) → (A−A′) 순이다.
ㄷ. 지표면에서의 지층의 퇴적 시기는 ㉠에서 북쪽으로 갈수록 오래되었다.

① ㄱ ② ㄷ ③ ㄱ, ㄴ ④ ㄴ, ㄷ ⑤ ㄱ, ㄴ, ㄷ

점이 층리는 수심이 깊은 곳에서 형성되고, 건열은 수면 밑에 있던 퇴적물이 건조한 환경에 노출될 때 형성된다.

[25026-0092]

04 그림 (가)와 (나)는 서로 다른 두 지역의 지질 단면과 지층에서 관찰된 퇴적 구조를 나타낸 것이다. 두 지역의 화강암의 절대 연령은 같다.

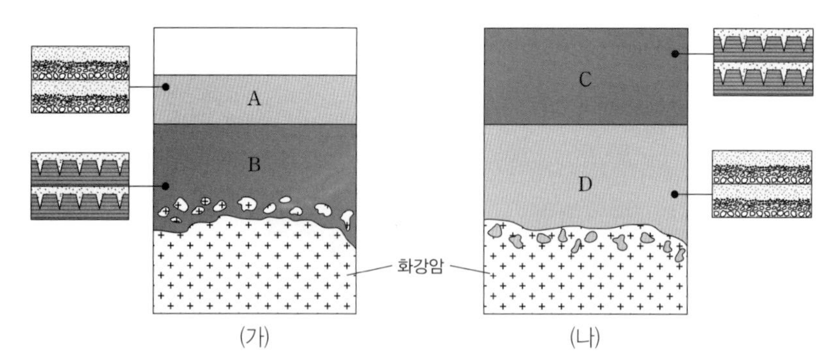

이에 대한 설명으로 옳은 것만을 <보기>에서 있는 대로 고른 것은?

보기

ㄱ. B는 D보다 먼저 퇴적되었다.
ㄴ. A는 C보다 평균 수심이 깊은 곳에서 생성되었다.
ㄷ. D에서 변성 작용을 받은 부분이 발견될 수 있다.

① ㄱ ② ㄴ ③ ㄱ, ㄷ ④ ㄴ, ㄷ ⑤ ㄱ, ㄴ, ㄷ

[25026-0093]

05 표는 현재 화성암 A와 B에 포함된 방사성 동위 원소 X와 X의 자원소 Y의 양을, 그림은 시간에 따른 $\frac{\text{Y의 양}}{\text{X의 처음 양}}$을 나타낸 것이다. 암석 내의 Y는 모두 X가 붕괴하여 생성되었으며, X의 처음 양은 (X의 양+Y의 양)이다.

화성암	X의 양 (ppm)	Y의 양 (ppm)
A	1125	375
B	1.3	5.2

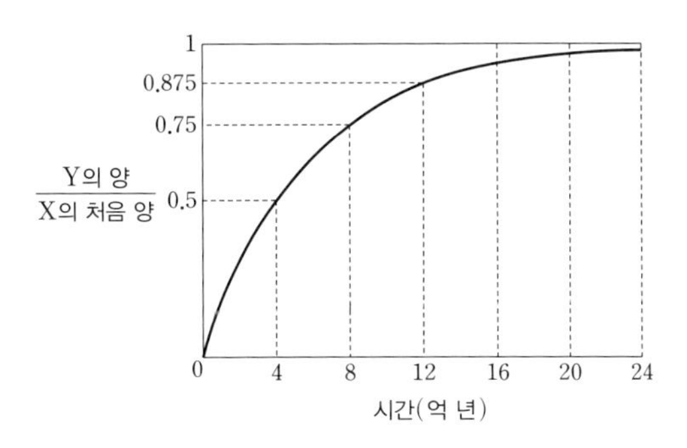

이에 대한 설명으로 옳은 것만을 〈보기〉에서 있는 대로 고른 것은?

〈 보기 〉
ㄱ. X의 반감기는 4억 년이다.
ㄴ. A에 포함된 X의 처음 양은 1500 ppm이다.
ㄷ. 현재 B에 포함된 X는 반감기를 3회 거쳤다.

① ㄱ ② ㄷ ③ ㄱ, ㄴ ④ ㄴ, ㄷ ⑤ ㄱ, ㄴ, ㄷ

방사성 동위 원소(모원소)가 붕괴하여 감소한 양과 같은 양의 자원소가 생성된다.

[25026-0094]

06 다음은 어느 지역의 지질 단면과 화성암 P, Q, R의 특징을 나타낸 것이다.

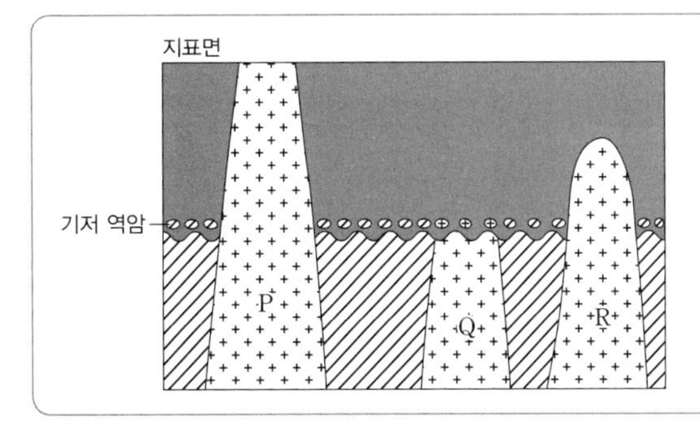

- 화성암 P, Q, R 중 P가 가장 마지막으로 관입하였다.
- Q와 R에 남아 있는 방사성 동위 원소 X의 함량은 각각 처음 양의 37.5 %, 75 %이다.
- Q는 R보다 절대 연령이 2억 년 많다.

이에 대한 설명으로 옳은 것만을 〈보기〉에서 있는 대로 고른 것은?

〈 보기 〉
ㄱ. X의 반감기는 2억 년이다.
ㄴ. P의 절대 연령은 1억 년보다 적다.
ㄷ. 부정합이 형성된 시기는 3억 년 전보다 오래되었다.

① ㄱ ② ㄷ ③ ㄱ, ㄴ ④ ㄴ, ㄷ ⑤ ㄱ, ㄴ, ㄷ

방사성 동위 원소의 양이 처음 양의 절반이 되는 데 걸리는 시간을 반감기라고 한다.

광물 내부의 모원소와 자원소의 비율을 통해 그 광물이 생성된 시기를 알 수 있다.

[25026-0095]

07 그림 (가)는 마그마 내부에 포함된 원소 X와 Y를, (나)는 마그마 내부에 광물이 생성되고 있는 모습을, (다)는 마그마가 모두 굳어 화성암이 된 이후 어느 시점의 모습을 나타낸 것이다. Y는 X가 방사성 붕괴하여 생성될 수 있다.

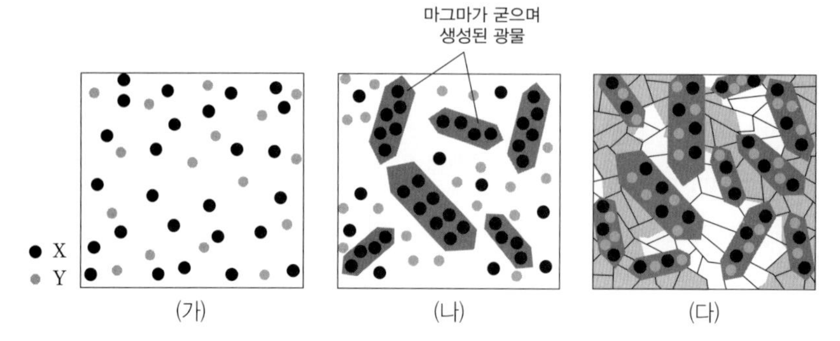

이에 대한 설명으로 옳은 것만을 〈보기〉에서 있는 대로 고른 것은?

〈보기〉

ㄱ. 광물에 포함된 Y는 X의 자원소이다.

ㄴ. (다)의 광물에 포함된 X는 반감기가 1회 경과하였다.

ㄷ. 특정 시점에 광물 내부에 포함된 $\frac{\text{Y의 수}}{\text{X의 수}}$는 크기가 큰 광물이 작은 광물보다 크다.

① ㄱ ② ㄷ ③ ㄱ, ㄴ ④ ㄴ, ㄷ ⑤ ㄱ, ㄴ, ㄷ

삼엽충은 여러 하위 종류로 구분되며, 종류에 따라 출현 시기와 생존 기간은 다양하다.

[25026-0096]

08 그림은 어느 지역의 캄브리아기 지층에서 산출된 서로 다른 종류의 삼엽충 A, B, C의 화석을 각각의 삼엽충이 생존했던 기간과 함께 나타낸 것이다.

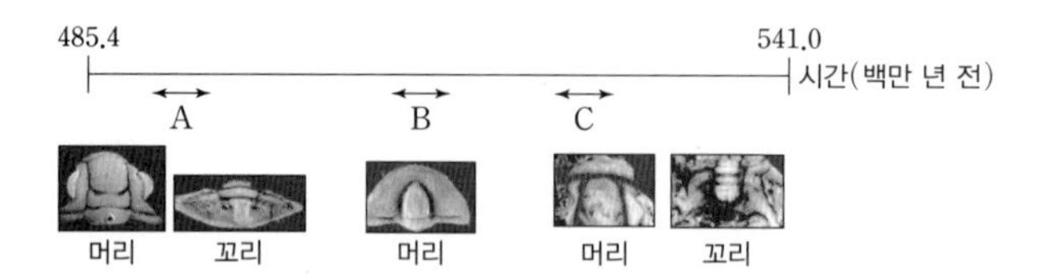

삼엽충 A, B, C에 대한 설명으로 옳은 것만을 〈보기〉에서 있는 대로 고른 것은?

〈보기〉

ㄱ. 삼엽충 화석의 머리 조각으로 종류를 구분할 수 있다.

ㄴ. A는 B보다 나중에 출현하였다.

ㄷ. C의 화석이 산출된 지층에서 어류 화석이 산출될 가능성은 없다.

① ㄱ ② ㄷ ③ ㄱ, ㄴ ④ ㄴ, ㄷ ⑤ ㄱ, ㄴ, ㄷ

[25026-0097]

09 그림은 현생 누대 동안 생물 속의 수와 지구 평균 기온 변화를 나타낸 것이다.

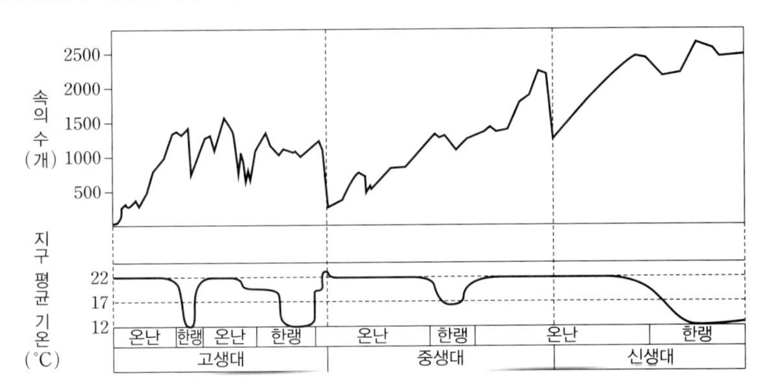

이에 대한 설명으로 옳은 것만을 〈보기〉에서 있는 대로 고른 것은?

〈 보기 〉
ㄱ. 신생대 동안에는 속의 수가 지속적으로 증가하였다.
ㄴ. 온난한 시기에 속의 수가 급감한 경우가 있다.
ㄷ. 지질 시대의 대와 대가 구분되는 경계에는 속의 수가 급감하는 현상이 있다.

① ㄱ ② ㄷ ③ ㄱ, ㄴ ④ ㄴ, ㄷ ⑤ ㄱ, ㄴ, ㄷ

생물은 서식 환경의 변화에 영향을 받으므로 지구 평균 기온 변화에 영향을 받는다.

[25026-0098]

10 그림은 지질 시대 동안 대기 중 산소 비율을 나타낸 것이다. ㉠과 ㉡은 산소 비율이 크게 변한 특정 기간을 의미한다.

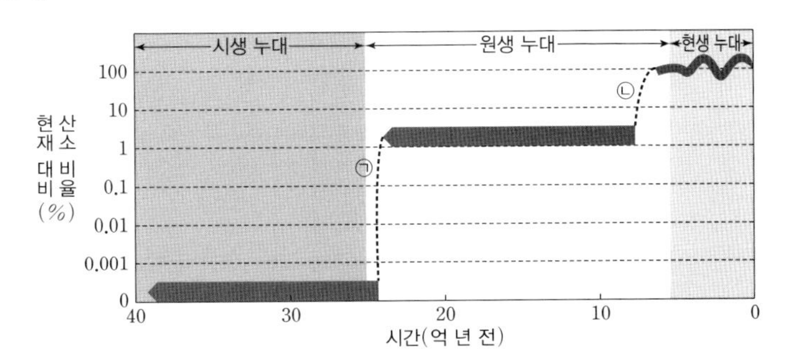

이에 대한 설명으로 옳은 것만을 〈보기〉에서 있는 대로 고른 것은?

〈 보기 〉
ㄱ. 지질 시대 동안 산소는 지속적으로 증가하였다.
ㄴ. 산소 비율의 증가량은 ㉠일 때가 ㉡일 때보다 크다.
ㄷ. '남세균의 광합성에 의한 대기 중 산소 증가'는 ㉠의 산소 비율 변화에 기여하였다.

① ㄱ ② ㄷ ③ ㄱ, ㄴ ④ ㄴ, ㄷ ⑤ ㄱ, ㄴ, ㄷ

초기 지구 대기에는 산소가 거의 존재하지 않았으나 광합성 생물의 출현 등에 의해 대기 중 산소 농도가 높아졌다.

특정 지질 시대를 알려주는 지표 역할을 하는 화석을 표준 화석이라고 한다.

[25026-0099]

11 다음은 화석이 산출되는 세 지역의 지층 단면과 특징을 나타낸 것이다.

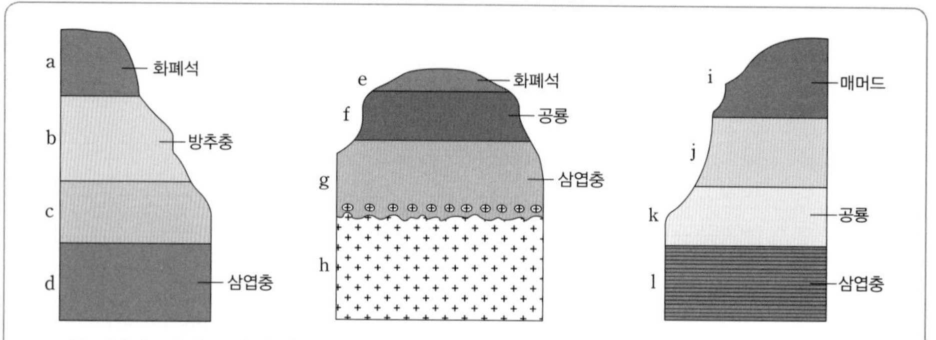

- 모든 지층은 현생 누대에 생성되었다.
- 세 지역에서 h를 제외한 모든 지층은 퇴적층이다.
- h는 화성암이며 반감기가 1억 년인 방사성 동위 원소 X가 포함되어 있다.

이에 대한 설명으로 옳은 것만을 〈보기〉에서 있는 대로 고른 것은?

〈보기〉

ㄱ. c는 고생대에 생성되었다.
ㄴ. h에 포함된 X는 반감기를 1회 거쳤다.
ㄷ. 동물군 천이의 법칙을 이용하여 세 지역의 지층이 모두 역전되지 않았음을 알 수 있다.

① ㄱ ② ㄴ ③ ㄱ, ㄷ ④ ㄴ, ㄷ ⑤ ㄱ, ㄴ, ㄷ

스트로마톨라이트는 현재도 생성되고 있어서 살아 있는 화석이라고도 한다.

[25026-0100]

12 그림은 어느 지역의 지질 단면과 지층에서 발견된 화석의 산출 범위를 나타낸 것이다.

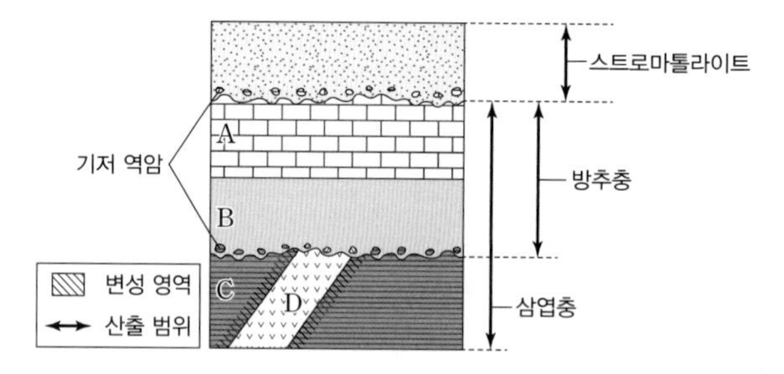

이에 대한 설명으로 옳은 것만을 〈보기〉에서 있는 대로 고른 것은?

〈보기〉

ㄱ. 이 지역의 지층은 역전되었다.
ㄴ. A, B, C는 해양에서 퇴적된 지층이다.
ㄷ. D가 관입한 시기에 겉씨식물이 번성하였다.

① ㄱ ② ㄴ ③ ㄱ, ㄷ ④ ㄴ, ㄷ ⑤ ㄱ, ㄴ, ㄷ

[25026-0101]

13 그림은 초대륙의 형성과 분리가 반복되는 단계를 나타낸 것이다.

초대륙은 판의 운동에 의해 형성과 분리 과정이 반복된다.

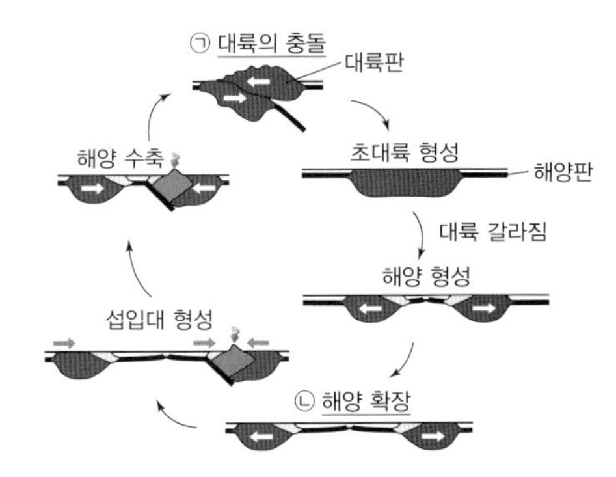

이에 대한 설명으로 옳은 것만을 <보기>에서 있는 대로 고른 것은?

<보기>

ㄱ. 판게아가 형성되는 과정에서 ㉠과 같은 단계는 트라이아스기 초기에 일어났다.
ㄴ. 현재의 대서양은 ㉡과 같은 단계에 해당한다.
ㄷ. 판게아 이전에 초대륙이 존재했음을 추정할 수 있다.

① ㄱ ② ㄷ ③ ㄱ, ㄴ ④ ㄴ, ㄷ ⑤ ㄱ, ㄴ, ㄷ

[25026-0102]

14 그림은 고생대 캄브리아기 동안의 생물 속의 수 변화를 나타낸 것이다.

생물의 개체 수가 많았던 시기에 화석이 생성될 가능성이 높다.

5.4 5.2 5.0 시간(억 년 전)
고생대 캄브리아기
0
400
800
1200
생물 속의 수(개)
삼엽충 출현

이에 대한 설명으로 옳은 것만을 <보기>에서 있는 대로 고른 것은?

<보기>

ㄱ. 캄브리아기에 생물 속의 수는 지속적으로 증가하였다.
ㄴ. 척추동물은 5억 년 전 생물 속에 포함된다.
ㄷ. 5.2억 년이 된 외골격 생물의 화석이 존재할 수 있다.

① ㄱ ② ㄷ ③ ㄱ, ㄴ ④ ㄴ, ㄷ ⑤ ㄱ, ㄴ, ㄷ

Ⅱ 대기와 해양

EBS 교재 연계 사례 ①

2025학년도 대학수학능력시험 6번

6. 그림 (가)는 어느 날 21시의 지상 일기도를, (나)는 다음 날 09시의 가시 영상을 나타낸 것이다. 이 기간 동안 온난 전선과 한랭 전선 중 하나가 관측소 A를 통과하였다.

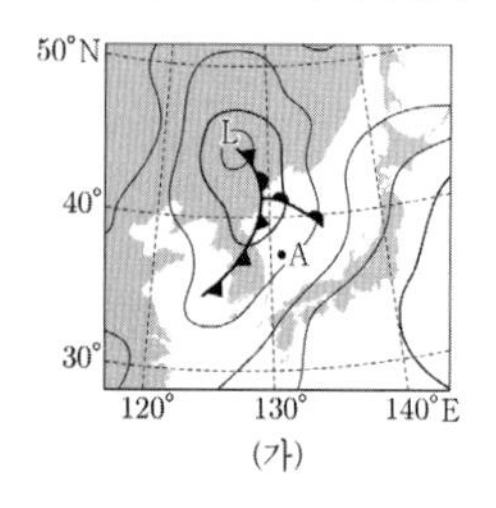

(가)

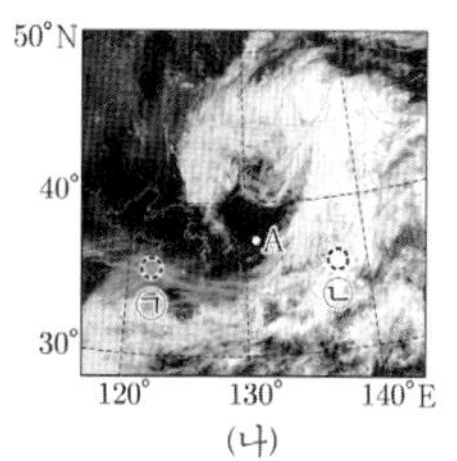

(나)

이에 대한 설명으로 옳은 것만을 <보기>에서 있는 대로 고른 것은?

<보 기>

ㄱ. (가)에서 A의 상공에는 온난 전선면이 나타난다.
ㄴ. 전선이 통과하는 동안 A의 풍향은 시계 방향으로 변한다.
ㄷ. (나)에서 구름이 반사하는 태양 복사 에너지의 세기는 영역 ㉠이 영역 ㉡보다 강하다.

① ㄱ ② ㄴ ③ ㄷ ④ ㄱ, ㄷ ⑤ ㄴ, ㄷ

2025학년도 EBS 수능완성 48쪽 1번, 48쪽 2번

01 ▸24069-0093

그림은 어느 해 5월 우리나라 주변의 기상 위성 영상을 나타낸 것이다. (가)와 (나)는 각각 5월 11일 13시와 5월 12일 13시의 기상 위성 영상 중 하나이다.

(가) (나)

이에 대한 설명으로 옳은 것만을 〈보기〉에서 있는 대로 고른 것은?

보기

ㄱ. (가)는 (나)보다 앞선 시기의 위성 영상이다.
ㄴ. (가) 시기의 A 지역에서는 동풍 계열의 바람이 우세하다.
ㄷ. 이 기간 동안 A 지역에서는 풍향이 시계 방향으로 변한다.

① ㄱ ② ㄴ ③ ㄷ ④ ㄱ, ㄴ ⑤ ㄱ, ㄷ

02 ▸24069-0094

그림 (가)와 (나)는 어느 온대 저기압이 우리나라를 지나갈 때 12시간 간격으로 작성한 지상 일기도를 순서 없이 나타낸 것이다. 일기 기호는 A 지점에서 관측한 기상 요소를 표시한 것이다.

1016 1012 1008 1004 1000 996 992 7 4 A
1012 1008 1016 1020 1024 20 4 A

(가) (나)

이에 대한 설명으로 옳은 것만을 〈보기〉에서 있는 대로 고른 것은?

보기

ㄱ. (가)는 (나)보다 12시간 전의 일기도이다.
ㄴ. 한랭 전선이 통과한 후에 A 지점에서의 기온은 20 ℃보다 낮을 것이다.
ㄷ. A 지점 상공에는 (가)와 (나)에서 모두 전선면이 나타난다.

① ㄱ ② ㄴ ③ ㄷ ④ ㄱ, ㄴ ⑤ ㄱ, ㄷ

연계 분석

수능 6번 문제는 수능완성 48쪽 1번, 48쪽 2번 문제와 연계하여 출제되었다. 수능 문제에서는 서로 다른 시기의 지상 일기도와 가시 영상을 제시한 후 지상 일기도에서 온난 전선면이 나타나는 위치, 전선 통과 과정에서의 풍향 변화, 기상 위성 영상 해석 방법 등에 대해 묻고 있다. 수능완성 48쪽 1번 문제에서는 서로 다른 시기의 기상 위성 영상을 제시한 후 기상 위성 영상에서 전선의 위치, 온대 저기압의 이동 방향, 온대 저기압 주변에서의 풍향 등을 묻고 있고, 수능완성 48쪽 2번 문제에서는 서로 다른 시기의 지상 일기도를 제시한 후 온대 저기압의 이동 방향, 전선 통과 과정에서의 일기 변화, 전선면이 나타나는 위치 등에 대해 묻고 있다. 수능 문제와 수능완성 48쪽 1번, 48쪽 2번 문제에서 지상 일기도에서 전선면이 나타나는 위치를 묻고 있다는 점, 기상 위성 영상에서 전선의 위치를 파악하고 전선 통과 과정에서의 일기 변화를 묻고 있다는 점에서 높은 유사성을 보인다.

학습 대책

수능 문제에서는 본 사례와 같이 EBS 연계 교재에서 내용의 연관성이 있는 두 문제와 동시에 연계하여 출제되는 경우가 있다. 따라서 EBS 연계 교재를 학습할 때는 내용의 연관성이 있는 문제를 서로 관련지어 종합적으로 파악하는 방향으로 학습해야 한다.

EBS 교재 연계 사례 ❷

2025학년도 대학수학능력시험 8번

8. 그림은 지구의 공전 궤도 이심률과 자전축 경사각의 변화를 나타낸 것이다.

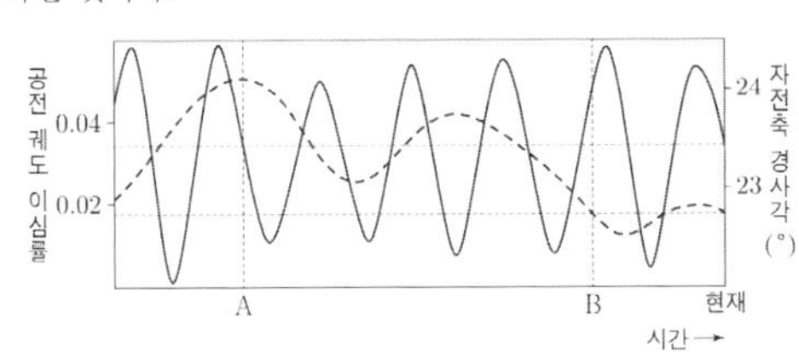

이 자료에 대한 설명으로 옳은 것만을 <보기>에서 있는 대로 고른 것은? (단, 지구의 공전 궤도 이심률과 자전축 경사각 이외의 요인은 변하지 않는다고 가정한다.)

<보 기>

ㄱ. 30°N에서 기온의 연교차는 A 시기가 현재보다 작다.
ㄴ. 근일점과 원일점에서 지구에 도달하는 태양 복사 에너지양의 차는 B 시기가 현재보다 크다.
ㄷ. 30°S에서 겨울철 평균 기온은 B 시기가 현재보다 낮다.

① ㄱ ② ㄴ ③ ㄱ, ㄷ ④ ㄴ, ㄷ ⑤ ㄱ, ㄴ, ㄷ

2025학년도 EBS 수능특강 136쪽 9번

[24026-0199]

09 그림은 60만 년 전부터 현재까지 지구 공전 궤도 이심률과 지구 자전축 기울기 변화를 나타낸 것이다. A와 B는 각각 지구 공전 궤도 이심률과 지구 자전축 기울기 중 하나이다.

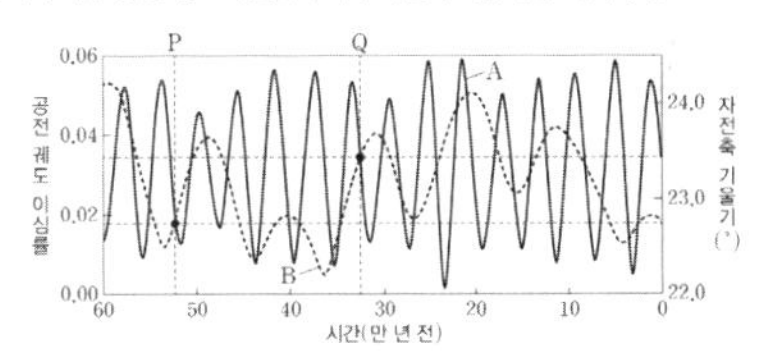

이에 대한 설명으로 옳은 것만을 〈보기〉에서 있는 대로 고른 것은? (단, 지구 공전 궤도 이심률과 자전축 기울기 이외의 요인은 고려하지 않는다.)

보기

ㄱ. P 시기에 우리나라에서 기온의 연교차는 현재보다 작다
ㄴ. 근일점에서 원일점까지의 거리는 P 시기가 Q 시기보다 짧다.
ㄷ. 지구가 근일점에 위치할 때 지구가 받는 태양 복사 에너지 총량은 P 시기가 Q 시기보다 많다.

① ㄱ ② ㄴ ③ ㄷ ④ ㄱ, ㄴ ⑤ ㄴ, ㄷ

연계 분석

수능 8번 문제는 수능특강 136쪽 9번 문제와 연계하여 출제되었다. 수능 문제에서는 지구 공전 궤도 이심률과 자전축 경사각의 변화를 그림으로 제시한 후 그림에서 지구 공전 궤도 이심률과 자전축 경사각을 구분하고, 지구 공전 궤도 이심률 변화가 기후 변화에 미치는 영향, 지구 공전 궤도 이심률 변화에 따른 근일점 거리와 원일점 거리의 변화 및 근일점과 원일점에서 지구에 도달하는 태양 복사 에너지양 변화, 지구 자전축 경사각 변화가 기후 변화에 미치는 영향을 묻고 있다. 수능특강 문제에서는 지구 공전 궤도 이심률과 자전축 기울기 변화를 그림으로 제시한 후 그림에서 지구 공전 궤도 이심률과 자전축 기울기를 구분하고, 지구 자전축 기울기 변화가 기후 변화에 미치는 영향, 지구 공전 궤도 이심률 변화에 따른 근일점에서 원일점까지의 거리 변화, 지구 공전 궤도 이심률 변화에 따른 근일점 거리 변화 및 근일점에 위치한 지구가 받는 태양 복사 에너지 총량 변화를 묻고 있다. 수능 문제와 수능특강 문제 모두에서 지구 공전 궤도 이심률과 자전축 경사각의 변화를 그림으로 제시한 후 그림에서 지구 공전 궤도 이심률과 자전축 경사각을 구분하고 지구 자전축 경사각 변화가 기후 변화에 미치는 영향을 묻고 있다는 점, 지구 공전 궤도 이심률 변화에 따른 근일점 거리와 원일점 거리 변화 및 근일점과 원일점에서 지구에 도달하는 태양 복사 에너지양 변화를 묻고 있다는 점에서 매우 높은 유사성을 보인다.

학습 대책

수능 문제에서는 본 사례와 같이 EBS 연계 교재 문제의 자료와 상황을 매우 유사하게 제시하고 〈보기〉에서도 매우 유사한 내용을 묻는 경우도 있지만, 자료와 상황을 변형하여 제시하고 〈보기〉에서도 다른 내용을 묻는 경우도 있다. 따라서 EBS 연계 교재를 학습할 때는 제시된 자료에서 추가적으로 물을 수 있는 내용까지 종합적으로 파악하는 방향으로 학습해야 한다.

05 대기의 변화

1 기압과 날씨 변화

(1) 고기압과 저기압

고기압	저기압
주변보다 기압이 높은 곳	주변보다 기압이 낮은 곳
하강 기류 고 발산	상승 기류 저 수렴
바람이 시계 방향으로 불어 나감(북반구), 하강 기류 발달, 날씨 맑음	바람이 시계 반대 방향으로 불어 들어감(북반구), 상승 기류 발달, 구름 형성, 날씨 흐림

(2) 정체성 고기압과 이동성 고기압

① **정체성 고기압**: 고기압의 중심부가 거의 이동하지 않고 한곳에 머무르는 고기압이다.

예 시베리아 고기압, 북태평양 고기압

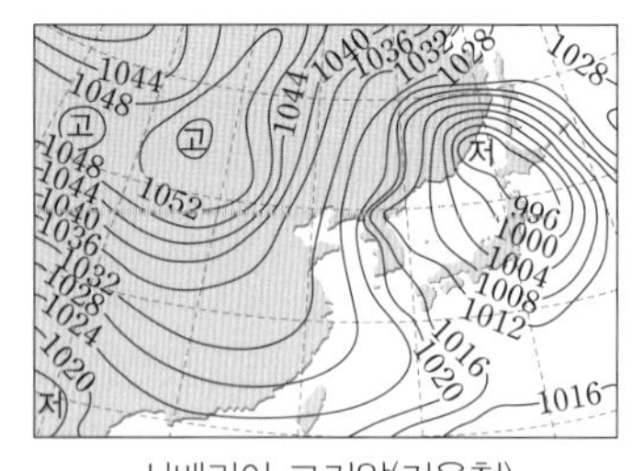
시베리아 고기압(겨울철)

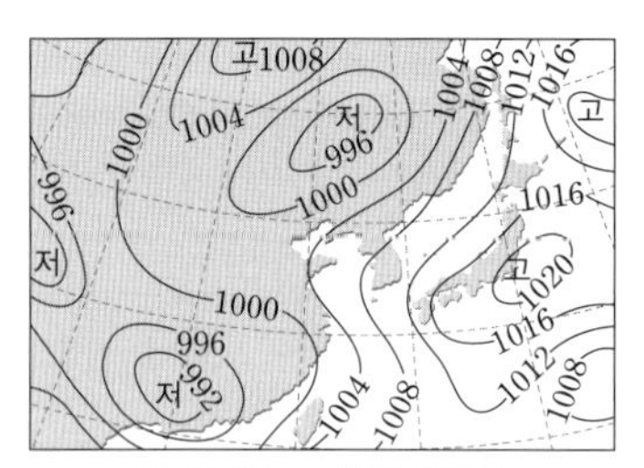
북태평양 고기압(여름철)

② 이동성 고기압

- 시베리아 기단에서 일부가 떨어져 나오거나 양쯔강 기단에서 발달하여 이동하는 비교적 규모가 작은 고기압을 이동성 고기압이라고 한다.
- 우리나라가 이동성 고기압의 영향을 받을 때는 2일~3일 정도 맑은 날씨가 이어지다가, 뒤를 이어 다가오는 저기압의 영향을 받아 흐리거나 비가 내리기도 한다.

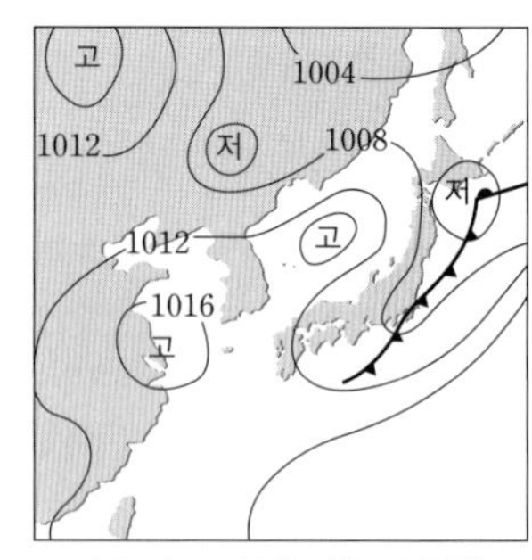

이동성 고기압(봄철, 가을철)

(3) 온대 저기압

① 온대 저기압의 발생

- 온대 저기압은 찬 기단과 따뜻한 기단이 만나는 중위도의 정체 전선상의 파동으로부터 발생하며, 온대 저기압은 북반구에서 찬 공기가 남하하여 대체로 남서쪽으로 한랭 전선을, 따뜻한 공기가 북상하여 대체로 남동쪽으로 온난 전선을 동반한다.
- 온대 저기압은 편서풍의 영향으로 대체로 서쪽에서 동쪽으로 이동하며, 중위도 지방의 날씨 변화에 큰 영향을 미친다.

개념 체크

기압
공기의 무게에 의해 생기는 대기의 압력을 기압이라고 한다. 기압의 단위로는 hPa, mmHg, atm 등을 사용하는데, 1 atm(기압)은 약 1013 hPa, 760 mmHg에 해당한다.

편서풍
위도 30°~60° 부근의 중위도 지역에서 일 년 내내 서쪽에서 동쪽으로 부는 바람이다.

1. (　　)기압 중심에는 하강 기류가 발달하여 날씨가 (　　).

2. 북반구의 고기압에서는 바람이 (　　) 방향으로 불어 나간다.

3. 고기압의 중심부가 거의 이동하지 않고 한곳에 머무르는 고기압을 (　　) 고기압이라고 한다.

4. 시베리아 고기압은 우리나라의 (　　)철에 영향을 미치는 정체성 고기압이다.

5. 우리나라 주변에서 이동성 고기압은 대체로 (　　)쪽에서 (　　)쪽으로 이동한다.

정답
1. 고, 맑다
2. 시계
3. 정체성
4. 겨울
5. 서, 동

과학 돋보기 온난 고기압과 한랭 고기압

그림은 정체성 고기압을 연직 기압 분포에 따라 분류한 것이다. 고기압권 내의 기온이 주위보다 높은 고기압을 온난 고기압(warm high), 고기압권 내의 기온이 주위보다 낮은 고기압을 한랭 고기압(cold high)이라고 한다.

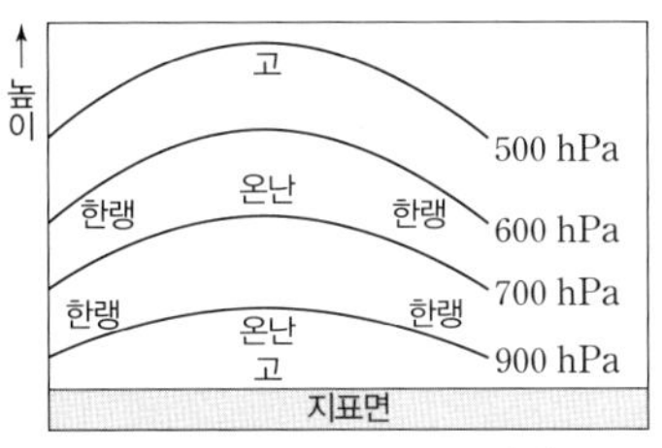

온난 고기압의 연직 구조(예)

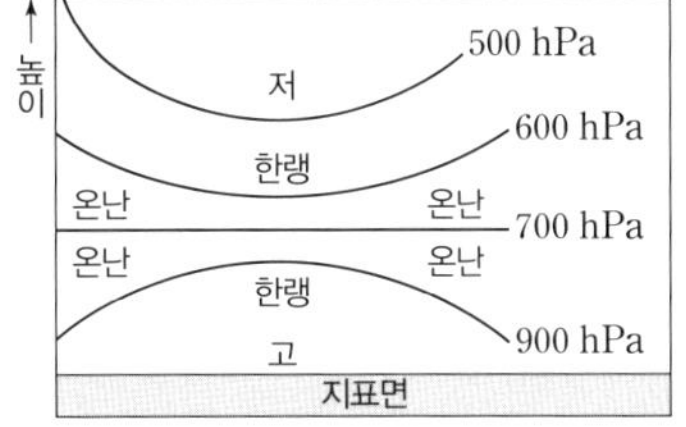

한랭 고기압의 연직 구조(예)

온난 고기압은 '키 큰 고기압', 한랭 고기압은 '키 작은 고기압'이라고도 불린다. 우리나라의 여름철에 영향을 미치는 북태평양 고기압은 온난 고기압, 겨울철에 영향을 미치는 시베리아 고기압은 한랭 고기압에 해당한다.

② 온대 저기압의 일생

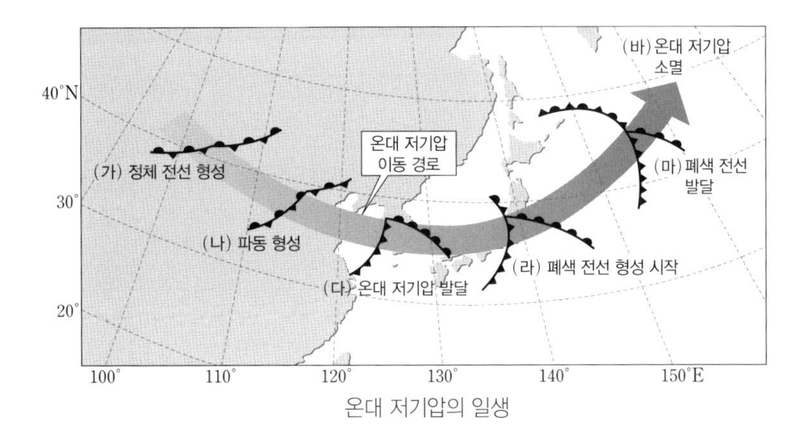

온대 저기압의 일생

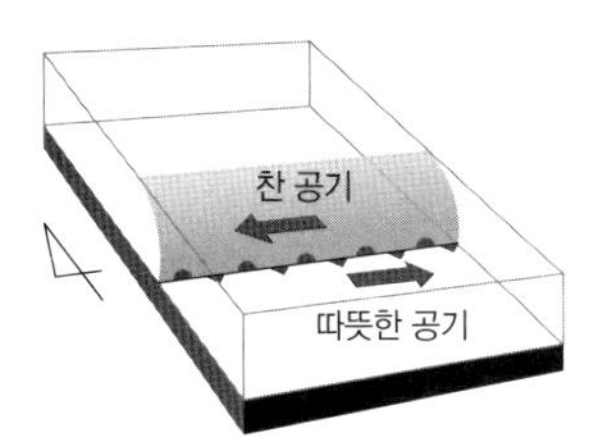

(가) 정체 전선 형성
남쪽의 따뜻한 기단과 북쪽의 찬 기단 사이에 정체 전선이 형성된다.

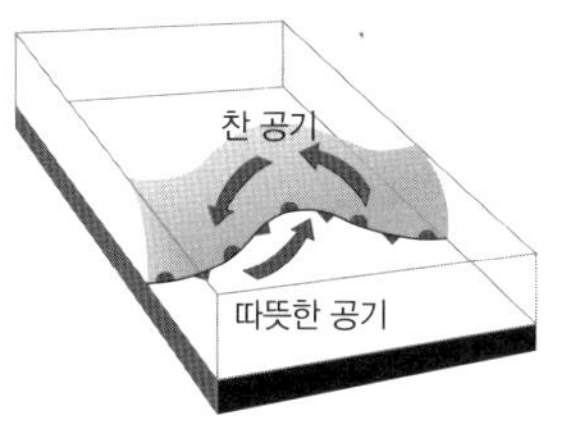

(나) 파동 형성
정체 전선을 사이에 두고 파동이 형성되면서 남하하려는 공기와 북상하려는 공기 사이에 한랭 전선과 온난 전선이 형성된다.

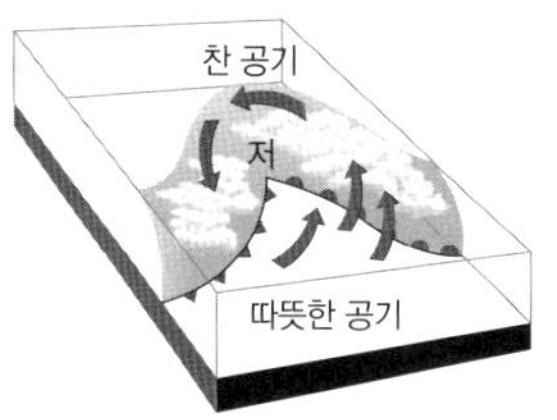

(다) 온대 저기압 발달
온난 전선과 한랭 전선이 발달하면서 중심부에 저기압이 형성된다.

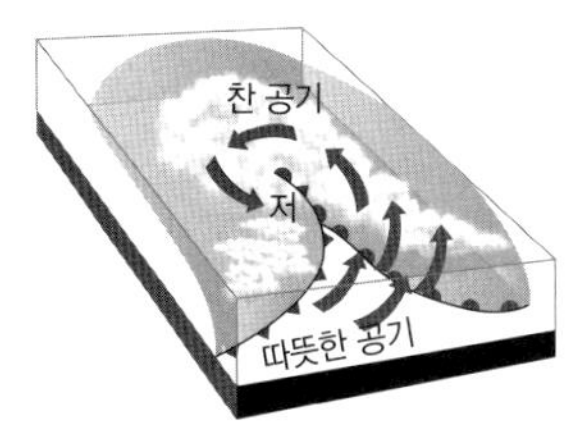

(라) 폐색 전선 형성 시작
이동 속도가 빠른 한랭 전선이 온난 전선 쪽으로 이동하여 폐색 전선이 형성되기 시작한다.

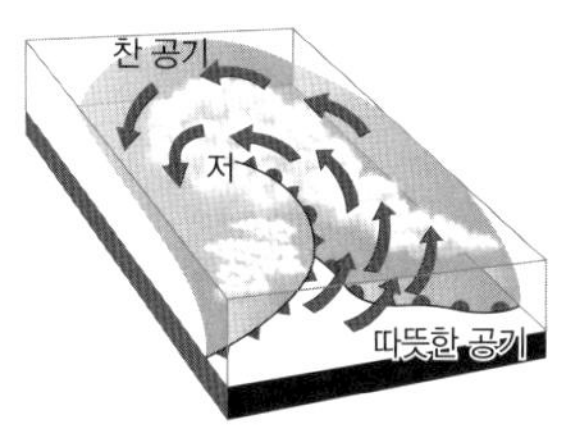

(마) 폐색 전선 발달
폐색 전선의 양쪽에 찬 공기가 위치하게 되면 온대 저기압의 세기는 점차 약해진다.

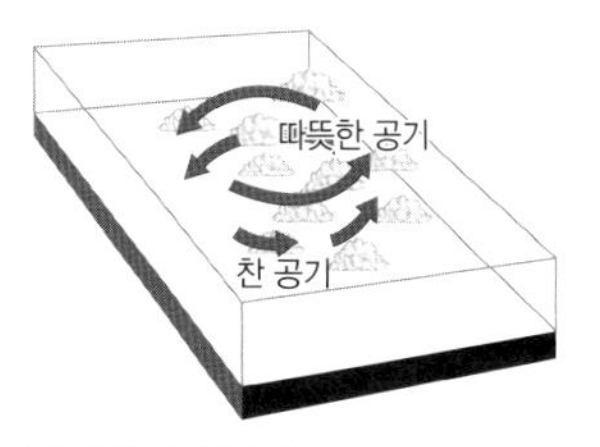

(바) 온대 저기압 소멸
따뜻한 공기는 위로 올라가고, 찬 공기는 아래에 위치하면서 온대 저기압은 소멸된다.

개념 체크

기단
지표면의 영향을 받아 넓은 지역에 걸쳐 성질(기온, 습도 등)이 비슷해진 거대한 공기 덩어리이다. 차가운 대륙에서 발생한 기단은 한랭 건조하고, 따뜻한 해양에서 발생한 기단은 고온 다습하다.

우리나라 주변의 기단

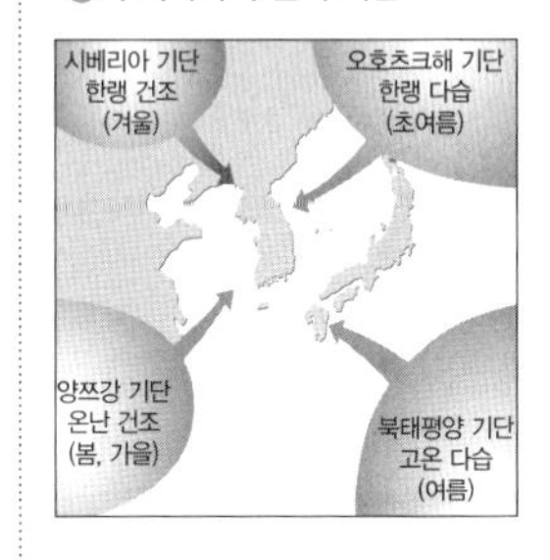

1. 온대 저기압은 찬 기단과 따뜻한 기단이 만나는 ( ) 위도 지방에서 잘 발생한다.

2. 정체 전선에 파동이 형성되면서 동쪽에는 ( ) 전선이 서쪽에는 ( ) 전선이 발달하면서 온대 저기압이 형성된다.

3. 한랭 전선이 온난 전선을 따라잡아 겹쳐지면 ( ) 전선이 형성된다.

4. 우리나라 주변에서 온대 저기압은 ( )의 영향으로 대체로 서쪽에서 동쪽으로 이동한다.

5. 온대 저기압의 일생에서 폐색 전선이 발달한 후 온대 저기압의 세력은 점차 ( )진다.

정답
1. 중
2. 온난, 한랭
3. 폐색
4. 편서풍
5. 약해

개념 체크

전선과 전선면
성질이 크게 다른 두 기단의 경계면을 전선면이라 하고, 전선면과 지표면이 만나는 선을 전선이라고 한다.

1. ( ) 전선을 형성한 두 기단은 비교적 긴 시간 동안 이동하지 않은 채 정체해 있다.

2. 온난 전선의 전면에는 ( )형 구름이 발달하고, 한랭 전선 후면에는 ( )형 구름이 발달한다.

3. 온난 전선은 한랭 전선보다 이동 속도가 ( ).

4. 온난 전선이 통과하는 과정에서 강수 현상은 주로 전선 통과 ( )에 나타난다.

5. 온대 저기압이 통과하는 과정에서 온난 전선이 한랭 전선보다 ( ) 통과한다.

정답
1. 정체
2. 층운, 적운
3. 느리다
4. 전
5. 먼저

③ 온대 저기압과 전선

- 정체 전선: 찬 기단과 따뜻한 기단의 세력이 비슷하여 전선이 거의 이동하지 않고 한곳에 오랫동안 머무르는 전선이다. 예 장마 전선
- 한랭 전선과 온난 전선: 한랭 전선은 찬 공기가 따뜻한 공기 쪽으로 이동하여 따뜻한 공기 밑으로 파고들 때 형성되고, 온난 전선은 따뜻한 공기가 찬 공기 쪽으로 이동하여 찬 공기 위로 올라갈 때 형성된다.

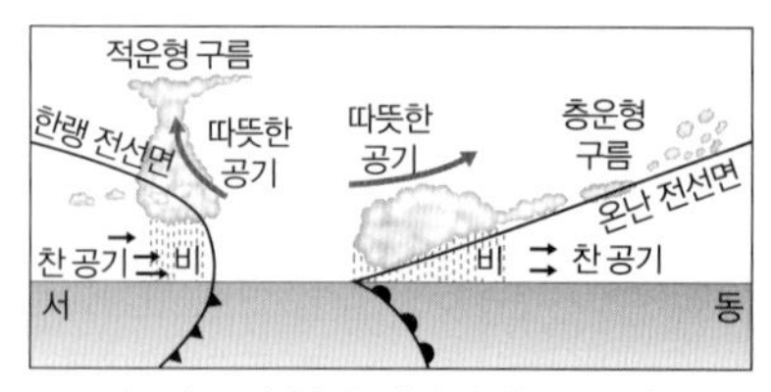

북반구의 한랭 전선과 온난 전선

구분		한랭 전선	온난 전선
전선면의 기울기		급하다	완만하다
구름과 강수 형태		적운형, 소나기	층운형, 지속적인 비
구름과 강수 구역		주로 전선 후면의 좁은 구역	주로 전선 전면의 넓은 구역
전선의 이동 속도		빠르다	느리다
통과 전후의 변화	기온	하강	상승
	기압	상승	하강
	풍향(북반구)	남서풍 → 북서풍	남동풍 → 남서풍

- 폐색 전선: 이동 속도가 상대적으로 빠른 한랭 전선이 이동 속도가 상대적으로 느린 온난 전선을 따라잡아 두 전선이 겹쳐질 때 형성된다.

탐구자료 살펴보기 온대 저기압과 날씨 변화

탐구 자료

그림 (가), (나), (다)는 온대 저기압이 우리나라를 통과한 어느 날의 일기도를 시간 순서대로 나타낸 것이다.

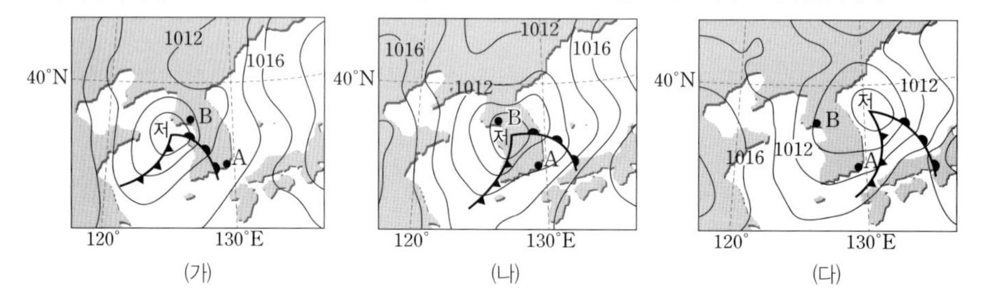

(가) (나) (다)

탐구 결과

1. 온대 저기압은 대체로 서쪽에서 동쪽으로 이동하였다.
2. A 지역은 (가)에서 온난 전선의 전면에 위치하므로 층운형 구름이 형성되어 약한 비가 내렸을 가능성이 있다. (나)에서는 온난 전선이 통과한 후이므로 (가)보다 기온이 상승하고, 날씨는 맑아졌을 것이다. (다)에서는 한랭 전선의 강수 구역에 위치하므로 적운형 구름이 형성되어 소나기가 내렸을 가능성이 크다.
3. A 지역은 온대 저기압이 통과하는 동안 풍향이 시계 방향(동풍 계열 → 남풍 계열 → 서풍 계열)으로 바뀌었을 것이다.
4. B 지역은 온대 저기압이 통과하는 동안 풍향이 시계 반대 방향(동풍 계열 → 북풍 계열 → 서풍 계열)으로 바뀌었을 것이다.

분석 point

- 중위도 지역에 위치하는 우리나라에서 온대 저기압은 편서풍의 영향으로 대체로 서쪽에서 동쪽으로 이동한다.
- 우리나라에 온대 저기압이 통과할 때는 온난 전선이 먼저 통과하고, 이어서 한랭 전선이 통과한다. 또한 편서풍의 영향으로 강수 지역도 대체로 우리나라의 서쪽에서 먼저 나타나고 동쪽에서 나중에 나타나는 경향을 보인다.

④ 온대 저기압 주변의 날씨

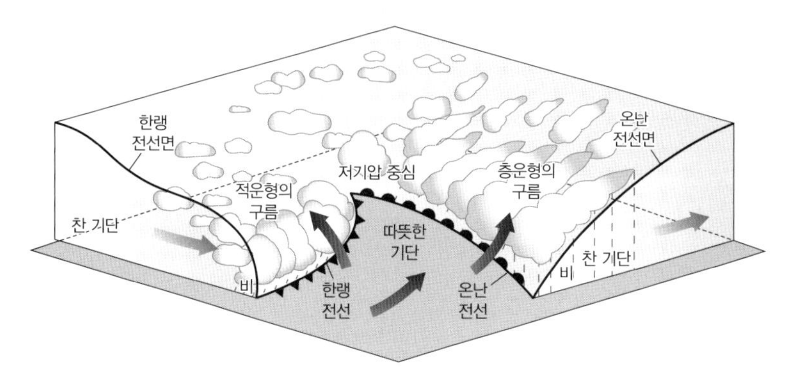

(4) 일기 기호

일기	● 비	* 눈	뇌우	≡ 안개	가랑비	소나기
운량	0, 1, 2, 3, 4, 5, 6, 7, 8, 9					
풍속 (m/s)	0, 2, 5, 7, 12, 25, 27			풍속, 풍향, 기온 18, 현재 일기 ≡, 이슬점 12, 운량, 280—기압, +10—기압 변화량		
전선과 기압	온난 전선, 폐색 전선	한랭 전선, 정체 전선	Ⓗ 고기압, Ⓛ 저기압, 태풍			

과학 돋보기 기상 위성 영상 해석

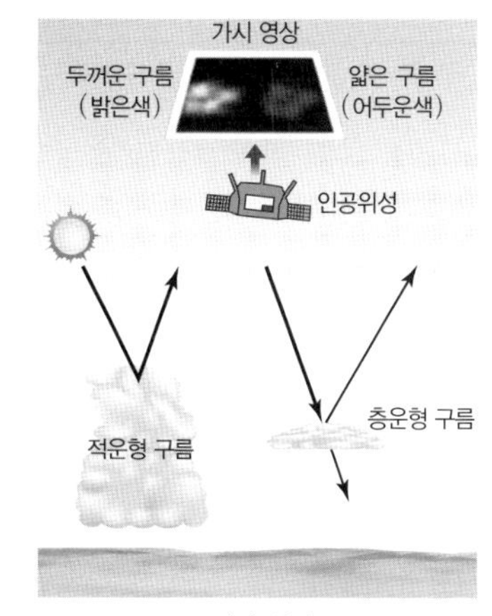

가시 영상

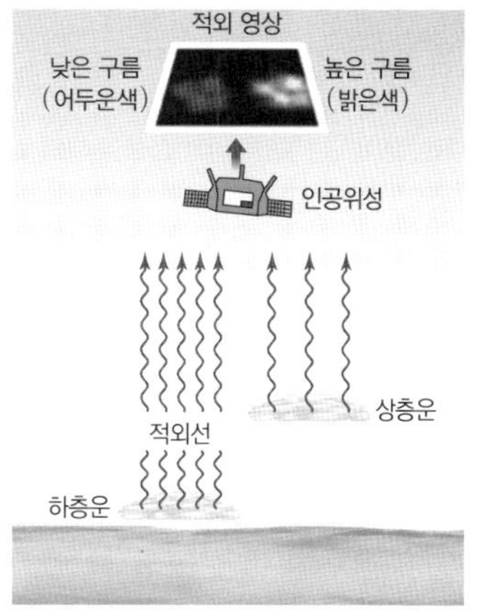

적외 영상

- 가시 영상은 구름과 지표면에서 반사된 태양 빛의 반사 강도를 나타내는 것으로, 반사 강도가 큰 부분은 밝게 나타나고 반사 강도가 작은 부분은 어둡게 나타난다. 일반적으로 육지는 약간 밝게, 구름은 매우 밝게, 바다는 어둡게 보인다. 구름이 두꺼울수록 햇빛을 많이 반사하므로 층운형 구름보다 적운형 구름이 더 밝게 보이며, 야간에는 태양 빛이 없으므로 가시 영상을 이용할 수 없다.
- 적외 영상은 물체가 온도에 따라 방출하는 적외선 에너지양의 차이를 이용하는 것으로, 온도가 높을수록 어둡게, 온도가 낮을수록 밝게 나타나며, 적외 영상은 태양 빛이 없는 야간에도 관측이 가능하다. 물체의 표면에서 방출하는 적외선 에너지양을 탐지하는 것이므로 구름의 최상부 높이가 높을수록 밝게 나타난다.

개념 체크

➲ 적운형 구름
상승 기류가 강할 때 형성되는 치솟는 형태의 구름을 적운형 구름이라고 한다.

➲ 난층운
약하고 지속적인 비나 눈을 만들어 내는 층운형 구름이다.

1. 온난 전선이 다가올 때 구름 하층의 높이는 점차 (　　)지는 경향을 보인다.

2. 온난 전선과 한랭 전선 사이의 지역은 대체로 날씨가 (　　).

3. 북반구의 경우 온난 전선의 전면에서는 (　　)풍 계열의 바람이 분다.

4. 가시 영상에서 적운형 구름은 층운형 구름보다 더 (　　)게 보인다.

5. 적외 영상에서 구름 최상부의 높이가 높은 구름은 낮은 구름보다 더 (　　)게 보인다.

정답
1. 낮아
2. 맑다
3. 동
4. 밝
5. 밝

개념 체크

숨은열
물질의 상태가 변하는 과정에서 방출하거나 흡수하는 열로, 잠열이라고도 한다. 수증기가 응결하면 숨은열이 방출된다.

1. 태풍의 에너지원은 수증기가 응결하면서 방출하는 (　　)이다.
2. 태풍은 중심 부근의 최대 풍속이 17 m/s 이상으로 성장한 (　　) 저기압이다.
3. 태풍은 주로 위도 (　　)의 해상에서 발생한다.
4. 적도 부근 해역에서는 (　　)력이 약해 태풍이 발생하기 어렵다.
5. 태평양에서 열대 저기압은 표층 수온이 (　　)은 서태평양이 표층 수온이 (　　)은 동태평양보다 자주 발생한다.

정답
1. 숨은열(잠열, 응결열)
2. 열대
3. 5°N～25°N
4. 전향
5. 높, 낮

2 태풍과 날씨

(1) **태풍**: 강한 바람과 비를 동반하는 기상 현상으로, 수온이 약 27 ℃ 이상인 열대 해상에서 발생하여 중심 부근 최대 풍속이 17 m/s 이상으로 성장한 열대 저기압을 말한다.

저위도의 따뜻한 열대 해상에서 열과 수증기를 공급받은 공기가 상승을 시작한다.
따뜻하고 습윤한 공기의 상승과 상층 공기의 발산으로 해상에 약한 저기압이 형성된다. 하층에서 주변의 공기가 회전하면서 중심 방향으로 수렴함에 따라 수증기의 숨은열에 의해 상승 기류와 저기압이 더욱 강화된다.
더욱 많은 양의 수증기가 응결하여 적란운들이 발달하고, 주변에서 더 많은 양의 공기가 모여들어 풍속이 빠른 태풍이 된다.

태풍의 발생 과정(북반구)

(2) **열대 저기압(태풍)의 발생 지역**: 태풍은 북태평양 서쪽의 위도 5°N～25°N의 열대 해상에서 주로 발생한다. 열대 저기압은 위도 25° 이상인 해역에서는 표층 수온이 낮아서 발생하기 어렵고, 적도 부근 해역에서는 전향력이 약해 열대 저기압이 회전하는 데 필요한 힘을 얻지 못하므로 발생하기 어렵다. 또한 열대 저기압은 남반구 해역보다 북반구 해역에서 더 많이 발생하며, 무역풍의 영향으로 표층 수온이 높은 서태평양이 동태평양보다 발생 빈도가 높다.

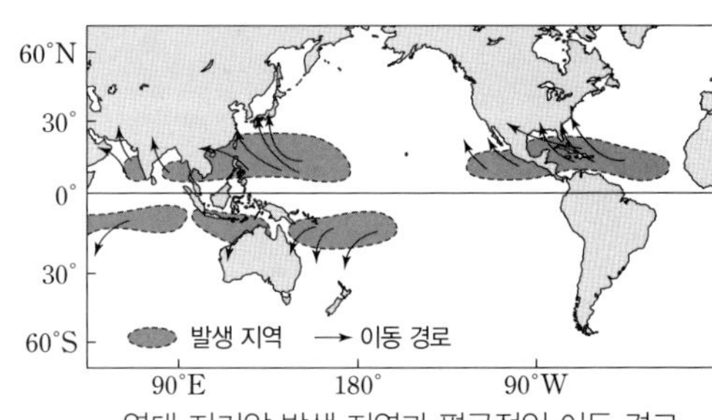

열대 저기압 발생 지역과 평균적인 이동 경로

탐구자료 살펴보기 태풍의 이동

탐구 자료

그림 (가)와 (나)는 2016년 태풍 차바가 접근할 때의 일기도와 태풍 중심의 이동 경로와 예상 위치를 나타낸 것이다.

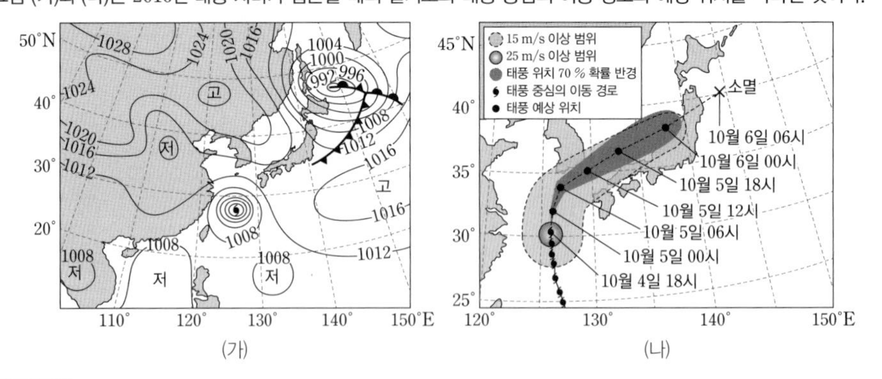

탐구 결과

1. (가): 태풍은 전선을 동반하지 않으며, 등압선은 거의 원형인 동심원 모양으로 나타난다.
2. (나): 태풍은 일반적으로 발생 초기에는 무역풍과 주변 기압 배치의 영향으로 북서쪽으로 진행하다가 북위 25°～30° 부근에서 편서풍의 영향으로 진로를 바꾸어 북동쪽으로 진행한다.

분석 point

태풍은 일반적으로 무역풍, 편서풍 및 주변 기압 배치의 영향으로 포물선 궤도를 그리며 이동한다.

(3) 태풍의 이동과 피해

① **태풍의 진로:** 태풍의 진로는 대기 대순환의 바람과 주변 기압 배치의 영향을 받는다. 태풍은 발생 초기에는 무역풍과 북태평양 고기압의 영향을 받아 대체로 북서쪽으로 진행하다가 북위 25°~30° 부근에서는 편서풍의 영향으로 진로를 바꾸어 북동쪽으로 진행하는 포물선 궤도를 그린다. 따라서 태풍의 진로는 북태평양 고기압의 가장자리를 따라 진행하는 경향이 있다. 태풍의 진로가 급격히 변하는 위치를 전향점이라고 하는데, 전향점을 지난 후에는 태풍의 진행 방향과 편서풍의 방향이 일치하는 부분이 있어서 이동 속도가 대체로 빨라진다.

② **태풍의 피해**

- 위험 반원과 안전 반원(가항 반원): 북반구에서 태풍 진행 방향의 오른쪽 지역은 태풍의 이동 방향이 태풍 내 바람 방향과 같아 풍속이 상대적으로 강하므로 위험 반원이라고 하며, 태풍 진행 방향의 왼쪽 지역은 태풍의 이동 방향이 태풍 내 바람 방향과 반대여서 풍속이 상대적으로 약하므로 안전 반원이라고 한다.

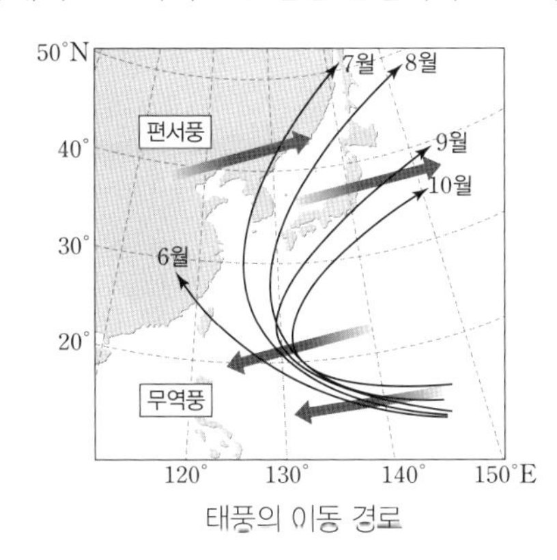

태풍의 이동 경로

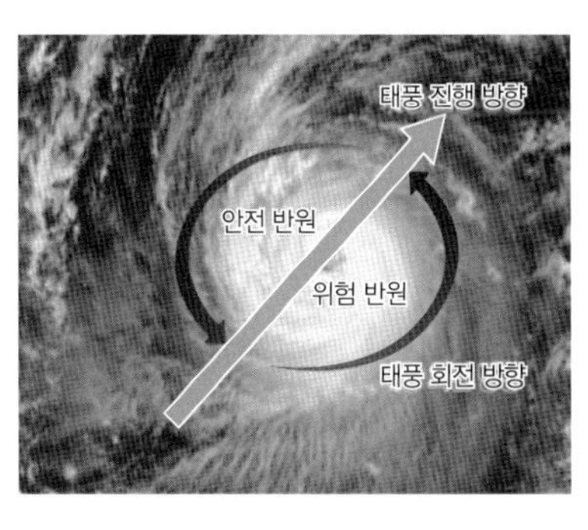

위험 반원과 안전 반원

- 태풍에 의해 강풍, 호우, 홍수, 침수 등의 피해가 발생할 수 있으며, 태풍에 의해 발생한 해일이 조석의 만조와 겹치면 해안 지역의 침수 피해가 커질 수 있다.

개념 체크

➲ 대기 대순환
위도에 따른 태양 복사 에너지양과 지구 복사 에너지양의 위도별 불균형을 해소하기 위해 일어나는 지구 규모의 대기 순환을 말한다.

➲ 무역풍
위도 0°~30° 부근의 저위도에서 부는 동풍 계열의 바람이다.

➲ 편서풍
위도 30°~60° 부근의 중위도에서 부는 서풍 계열의 바람이다.

1. 태풍의 진로가 급격히 변하는 위치를 (　　)이라고 한다.

2. 태풍은 무역풍대에서는 대체로 (　　)쪽으로 진행하고 편서풍대에서는 대체로 (　　)쪽으로 진행한다.

3. 태풍에서 이동 방향의 오른쪽 반원을 (　　) 반원이라 하고, 왼쪽 반원을 (　　) 반원이라고 한다.

4. 태풍에서 평균 풍속은 (　　) 반원이 (　　) 반원보다 빠르다.

과학 돋보기 **태풍에 의한 해일의 발생**

강한 저기압인 태풍이 해상에 위치하면 주변보다 해수를 누르는 압력이 약하므로 해수면이 주변보다 높아진다. 태풍의 중심 기압이 주위보다 50 hPa 낮으면 태풍 중심 부근의 해수면은 약 50 cm 높아진다. 이와 같은 과정에 의해 높아진 해수면은 일종의 해파와 같아서 수심이 얕아지는 해안으로 접근하게 되면 그 높이가 더 높아지고, 해안을 덮쳐 해일의 피해가 발생할 수 있다. 또한 해일의 발생 시기가 만조와 겹치면 더욱 피해가 커진다.

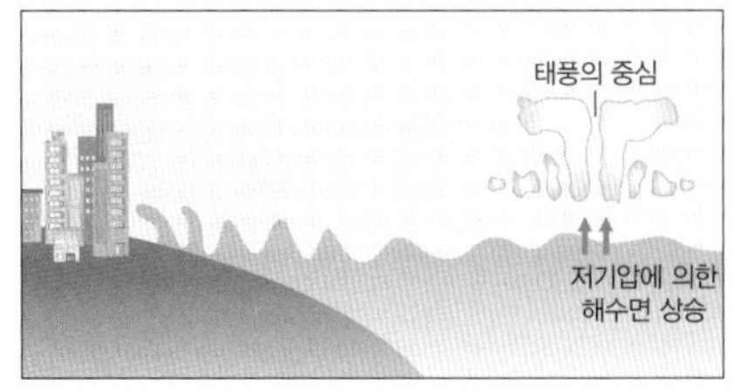

기압 하강에 의한 해수면 상승

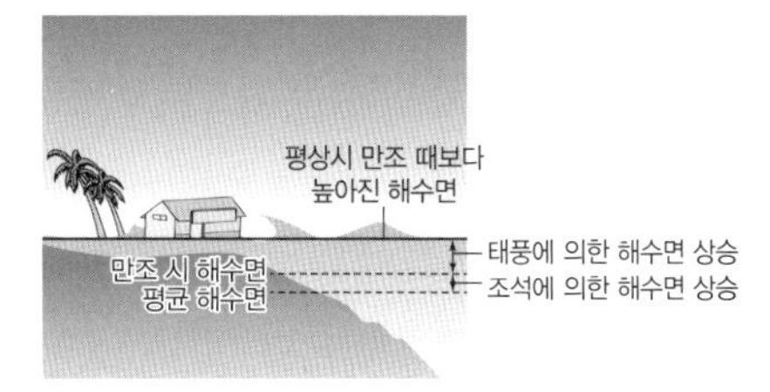

태풍과 만조가 겹쳤을 때

정답
1. 전향점
2. 북서, 북동
3. 위험, 안전(가항)
4. 위험, 안전(가항)

개념 체크

➲ 태풍의 눈
태풍의 눈에서는 약한 하강 기류가 나타나지만, 하층에서 중심 기압은 주변보다 낮다.

➲ 지구 시스템 구성 권역의 상호 작용으로서의 태풍
태풍의 발생과 성장에 관여하는 에너지원은 수증기의 잠열이므로, 태풍의 발생은 기권과 수권의 상호 작용에 해당한다. 태풍이 이동하면서 강한 바람이 표층 해수를 혼합시키고 용승을 활발하게 하여 표층 해수에 영양염을 공급하기도 하는 것은 기권과 수권 및 생물권의 상호 작용으로 설명할 수 있다. 또한 태풍이 육지에 상륙하면 기권과 지권의 상호 작용을 통해 태풍의 세력이 약해지거나 소멸한다.

1. 태풍의 중심으로 갈수록 기압은 (   )지는 경향을 보인다.

2. (   )은 발달한 태풍의 중심에서 약한 하강 기류가 나타나 날씨가 맑은 영역이다.

3. 상승한 공기 중의 수증기가 응결하면 숨은열이 (   ) 된다.

4. 태풍의 세력이 약해지면 중심 기압이 (   )진다.

5. 태풍 진행 경로의 왼쪽 지역은 시간이 지남에 따라 풍향이 (   ) 방향으로 변하고 오른쪽 지역은 시간이 지남에 따라 풍향이 (   ) 방향으로 변한다.

정답
1. 낮아
2. 태풍의 눈
3. 방출
4. 높아
5. 시계 반대, 시계

(4) 태풍의 구조와 날씨

① **태풍의 구조:** 태풍은 반지름이 수백 km에 이르고, 전체적으로 상승 기류가 발달하여 중심부로 갈수록 두꺼운 적운형 구름이 형성된다. 중심부로 갈수록 바람이 강해지다가 태풍의 눈에서 약해지며, 중심으로 갈수록 기압은 계속 낮아진다.

② **태풍의 눈:** 발달한 태풍에서 나타나며, 태풍 중심으로부터 약 15 km～30 km에 이르는 지역으로 약한 하강 기류가 나타나 날씨가 맑고 바람이 약하다.

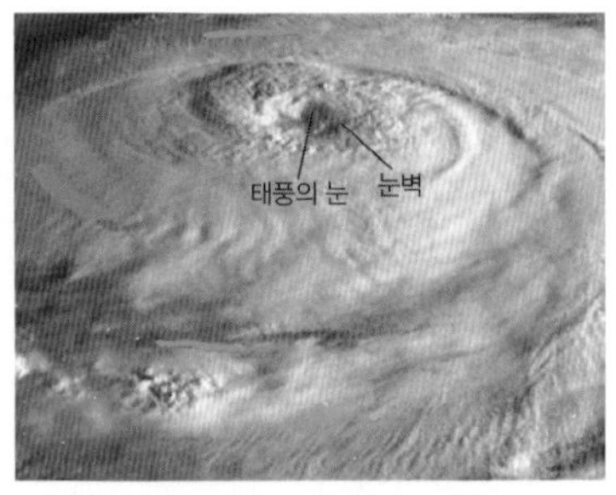

위에서 본 태풍의 모습

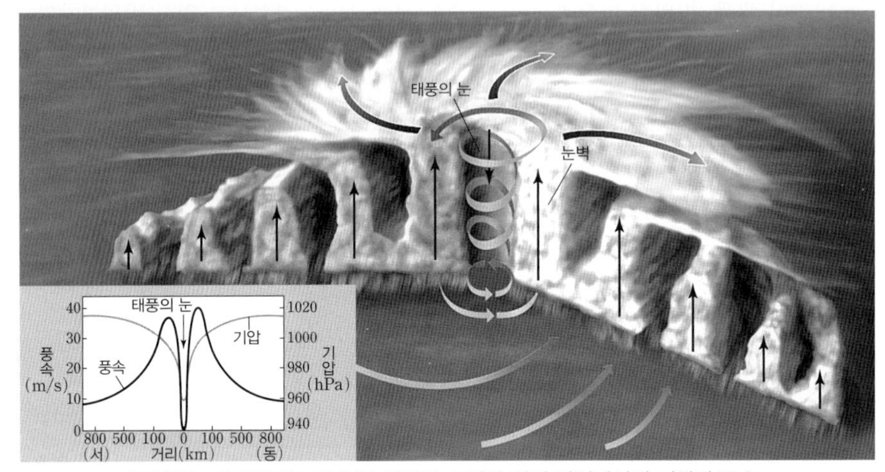

북상하는 태풍의 구조와 이동 방향에 수직인 연직 단면에서의 기압과 풍속

(5) 태풍의 에너지원과 소멸

① **태풍의 에너지원:** 열대 해상에서 상승한 공기 중의 수증기가 응결하면 이때 방출되는 많은 양의 숨은열이 에너지원이 되어 강한 상승 기류를 갖는 열대 저기압으로 발달하여 태풍을 발생시킨다. 따라서 태풍이 크게 성장하려면 지속적인 수증기 공급이 필요하다.

② **태풍의 소멸:** 태풍의 세력이 유지되거나 더 강하게 발달하려면 지속적인 에너지(수증기) 공급이 필요한데 태풍이 차가운 바다 위를 지나거나 육지에 상륙하면 열과 수증기의 공급이 줄어들어 세력이 약해진다. 또한 태풍이 육지에 상륙하면 지표면과의 마찰이 증가하여 세력이 급격히 약해진다.

(6) 태풍의 진행 경로에 따른 풍향 변화:

태풍 주변에서는 공기가 저기압성 회전을 하면서 바람이 불게 되므로, 북반구에서는 기압이 낮은 중심부를 향해서 시계 반대 방향으로 바람이 불어 들어간다. 따라서 태풍 진행 경로의 오른쪽(위험 반원, Q 지점)에 위치하면 태풍 통과 시 풍향이 시계 방향으로 변하고, 태풍 진행 경로의 왼쪽(안전 반원, P 지점)에 위치하면 태풍 통과 시 풍향이 시계 반대 방향으로 변한다.

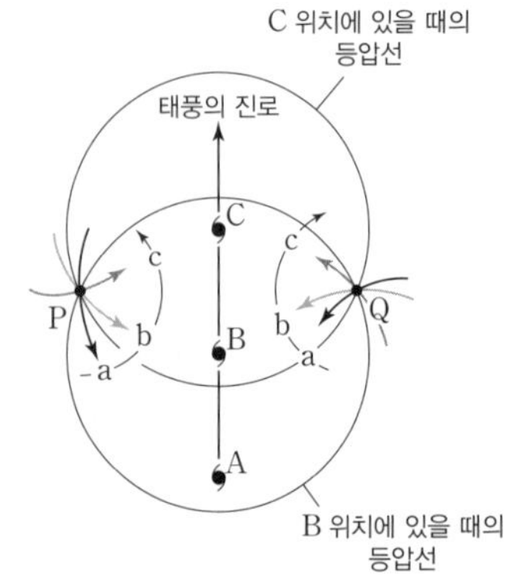

태풍의 진행 경로에 따른 풍향 변화

(7) 온대 저기압과 열대 저기압(태풍)

① 우리나라에 영향을 주는 저기압에는 온대 저기압과 열대 저기압이 있는데, 온대 저기압은 주로 봄철과 가을철에 영향을 미치고 열대 저기압은 주로 여름철에 영향을 미친다. 온대 저기압과 열대 저기압은 모두 저기압이므로 북반구에서는 하층의 공기가 시계 반대 방향으로 회전하면서 수렴한다.

② 온대 저기압과 열대 저기압의 비교

구분	온대 저기압	열대 저기압
발생 지역	한대 전선대	위도 5°~25°의 열대 해상
전선의 유무	전선을 동반한다.	전선을 동반하지 않는다.
등압선의 형태	등압선 간격이 열대 저기압보다 넓은 편이며 일그러진 타원형이다.	등압선 간격이 온대 저기압보다 좁고 원형에 가깝다.
풍속	풍속이 열대 저기압보다 느리다. 중심부와 주변부의 풍속이 대체로 비슷하다.	풍속이 온대 저기압보다 대체로 빠르다. 중심 부근의 풍속이 주변부보다 빠르다.
강수 지역	온대 저기압의 중심 부근과 전선 부근에서 강수 현상이 있다.	눈벽과 나선형의 구름대를 따라 강수 현상이 있다.
이동 경로	주로 편서풍의 영향을 받아 대체로 동쪽으로 이동한다.	북반구에서는 주로 북진하는데, 무역풍과 편서풍의 영향을 받아 대체로 북서쪽으로 이동하다가 전향하여 북동쪽으로 이동한다.
주요 에너지원	찬 공기와 따뜻한 공기가 섞이는 과정에서 감소하는 기단의 위치 에너지	따뜻한 해양에서 공급된 수증기가 응결되면서 방출되는 숨은열(잠열)
위성 영상		

과학 돋보기 열대 저기압의 지역별 명칭

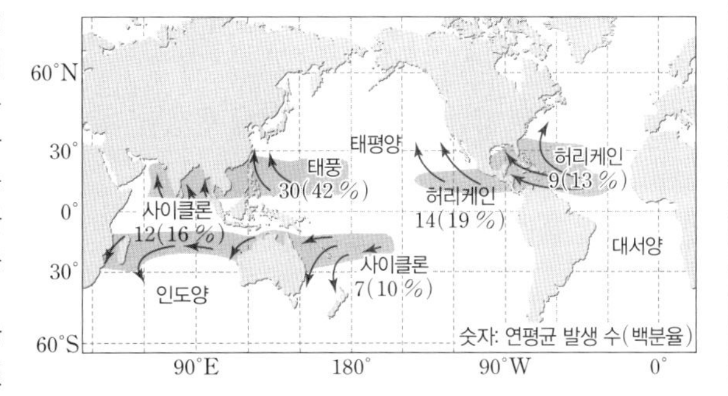

• 열대 저기압은 발생 지역에 따라 다르게 불리는데, 북태평양 서쪽에서 발생하여 우리나라, 일본, 중국, 필리핀 등을 통과하는 것을 태풍(typhoon), 중앙 아메리카 대륙 주변 해역에서 발생하는 것을 허리케인(hurricane), 인도양과 남태평양에서 발생하는 것을 사이클론(cyclone)이라고 한다.

• 태풍에 대한 관심을 높이고 경계를 강화하기 위해 태풍에 이름을 붙이고 있다. 2000년부터 아시아 태풍 위원회에서 아시아-태평양 지역 14개국에서 각각 10개씩 태풍의 이름을 제출받아 순차적으로 사용하고 있는데, '매미'처럼 큰 피해를 입힌 태풍의 이름은 더 이상 사용하지 않고 새로운 이름을 추가하여 사용하고 있다. '개미', '나리', '미리내' 등은 우리나라가 제출한 이름이고, '기러기', '도라지', '갈매기' 등은 북한이 제출한 이름이다.

개념 체크

➲ 한대 전선대
대기 대순환에서 극동풍과 편서풍이 만나는 경계로 대략 위도 60° 부근에 형성되는 전선대를 한대 전선대라고 한다.

➲ 등압선과 풍속
등압선의 간격이 조밀할수록 기압 차가 크므로 풍속이 빠르다.

1. 북반구에서 온대 저기압과 열대 저기압은 모두 하층의 공기가 (   ) 방향으로 회전하면서 수렴한다.

2. 온대 저기압과 열대 저기압 중 (   ) 저기압은 전선을 동반하지 않는다.

3. 발생하는 지역의 평균 위도는 온대 저기압이 열대 저기압보다 (   )다.

4. 지상 일기도에서 등압선의 평균 간격은 열대 저기압이 온대 저기압보다 (   )다.

5. 열대 저기압의 주요 에너지원은 수증기가 응결되면서 방출되는 (   )이다.

정답
1. 시계 반대
2. 열대
3. 높
4. 좁
5. 숨은열(잠열, 응결열)

개념 체크

➲ 번개와 천둥
적란운 내에서 양(+)전하와 음(−)전하가 분리되어 구름 속에 쌓였다가 방전이 일어나 번개가 발생하고, 이때 주변 공기의 부피 팽창으로 천둥이 치게 된다.

➲ 낙뢰
구름으로부터 지면으로 방전 현상이 일어나는 것을 의미한다.

1. 강한 ( ) 기류에 의해 적란운이 발달하면서 천둥, 번개와 함께 소나기가 내리는 현상을 뇌우라고 한다.

2. 뇌우의 발달 과정에서 천둥, 번개, 소나기, 우박은 ( ) 단계에서 가장 잘 나타난다.

3. ( ) 호우는 국지적으로 단시간 내에 많은 양의 비가 집중하여 내리는 현상이다.

4. 뇌우와 집중 호우 모두는 ( )형 구름보다 ( ) 형 구름에서 잘 발생한다.

5. 겨울철 우리나라 서해안의 폭설은 ( ) 기단이 황해상에서 변질되어 기층이 불안정해져서 상승 기류가 발달할 때 잘 발생한다.

정답
1. 상승
2. 성숙
3. 국지성(집중)
4. 층운, 적운
5. 시베리아

3 우리나라의 주요 악기상

(1) 악기상: 일상생활에 큰 불편함과 위험을 동반하는 기상 현상을 말하며, 우리나라에서 발생하는 주요 악기상에는 뇌우, 호우, 폭설, 강풍, 우박, 황사 등이 있다.

(2) 뇌우: 강한 상승 기류에 의해 적란운이 발달하면서 천둥, 번개와 함께 소나기가 내리는 현상이다.

① **발생 조건:** 여름철 강한 햇빛을 받은 지표 부근의 공기가 국지적으로 가열되어 활발하게 상승할 때, 한랭 전선에서 찬 공기가 따뜻한 공기를 파고들어 따뜻한 공기가 빠르게 상승할 때, 온대 저기압이나 태풍에 의해 대기가 불안정하여 강한 상승 기류가 발달할 때 잘 발생한다.

② **발달 단계:** 적운 단계 → 성숙 단계 → 소멸 단계를 거치면서 변한다. 적운 단계에서는 강한 상승 기류에 의해 적운이 발달하고, 성숙 단계에서는 상승 기류와 하강 기류가 함께 나타나며, 천둥, 번개, 소나기, 우박 등이 동반된다. 소멸 단계에서는 전체적으로 하강 기류가 우세하고 비가 약해진다.

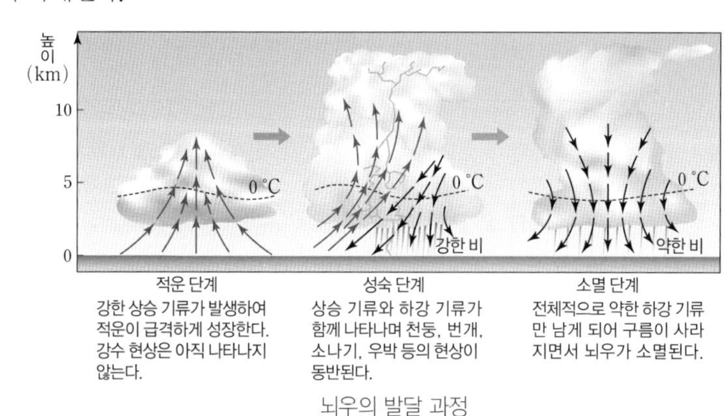

높이 (km)
10
5
0
0 °C
0 °C
0 °C
강한 비
약한 비
적운 단계
강한 상승 기류가 발생하여 적운이 급격하게 성장한다. 강수 현상은 아직 나타나지 않는다.
성숙 단계
상승 기류와 하강 기류가 함께 나타나며 천둥, 번개, 소나기, 우박 등의 현상이 동반된다.
소멸 단계
전체적으로 약한 하강 기류만 남게 되어 구름이 사라지면서 뇌우가 소멸된다.

뇌우의 발달 과정

③ **피해:** 뇌우는 집중 호우, 우박, 돌풍, 낙뢰 등을 동반하기 때문에 인명 피해나 농작물 파손, 가옥 파괴 등의 큰 재산 피해를 가져온다. 특히 낙뢰는 직접적인 인명 피해나 감전을 일으키기도 하고, 정전, 전기 설비나 기구의 고장을 초래하며, 항공기 운항에 지장을 주기도 한다.

(3) 호우: 시간과 공간 규모에 제한 없이 많은 비가 연속적으로 내리는 현상을 호우라고 한다.

① **국지성 호우(집중 호우):** 국지적으로 단시간 내에 많은 양의 비가 집중하여 내리는 현상을 말한다. 한 시간에 30 mm 이상이나 하루에 80 mm 이상의 비가 내릴 때, 또는 연 강수량의 10 % 정도의 비가 하루에 내리는 것을 말하며, 비교적 좁은 지역(반지름 10~20 km 정도)에 집중적으로 내린다.

② **발생 조건:** 주로 강한 상승 기류에 의해 형성된 적란운이 한곳에 정체하여 계속 비가 내릴 때 집중 호우가 된다.

③ **피해:** 집중 호우는 홍수, 산사태 등을 일으킬 수 있어서 많은 인명과 재산 피해를 가져온다.

(4) 폭설: 짧은 시간에 많은 양의 눈이 내리는 기상 현상이다.

① **발생 조건:** 겨울철에 발달한 저기압이 통과할 때나 시베리아 기단의 찬 공기가 남하하면서 황해상에서 변질되어 기층이 불안정해져 상승 기류가 발달할 때 잘 발생한다.

② **피해:** 폭설이 내리면 교통의 마비, 교통사고, 시설물 붕괴 등 인명과 재산에 많은 피해가 발생할 수 있다.

폭설에 의한 피해

과학 돋보기 기단의 변질

넓은 대륙이나 해양 위에 공기가 오랫동안 머무르면서 지표면이나 해수면과 열, 수증기를 교환하여 그 성질이 지표면 또는 해수면과 비슷해져서 형성된 대규모의 공기 덩어리를 기단이라고 한다. 기단이 발원지를 떠나 다른 곳으로 이동하면 이동한 지역의 지표면이나 해수면의 영향을 받아 성질이 변하게 되는데, 이를 기단의 변질이라고 한다.

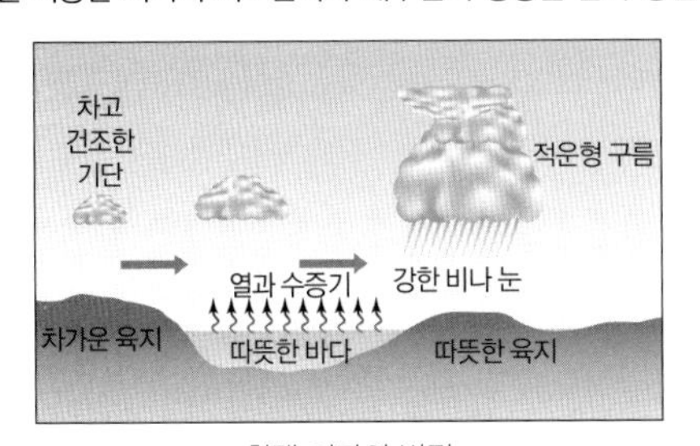

한랭 기단의 변질

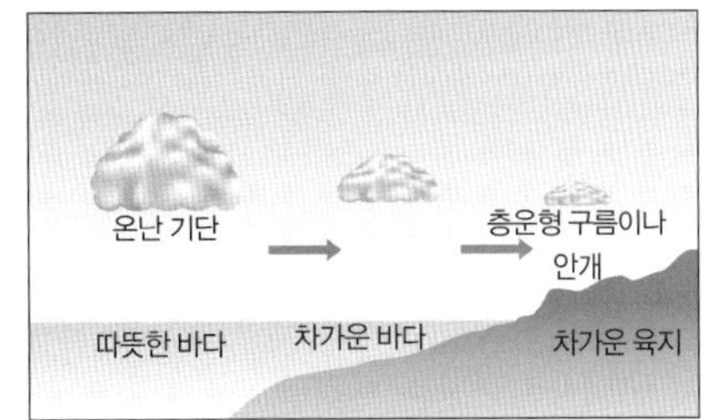

온난 기단의 변질

- 한랭 기단의 변질: 한랭한 대륙에서 형성된 기단이 따뜻한 바다 위를 지나가면 기단의 하부가 가열되어 불안정해지므로 적운이나 적란운이 형성될 수 있다.
- 온난 기단의 변질: 따뜻한 해양에서 형성된 온난한 기단이 차가운 바다나 육지 쪽으로 이동하면 기단의 하부가 냉각되어 안정해지므로 층운형 구름이나 안개가 형성될 수 있다.
- 겨울철에 한랭 건조한 시베리아 기단이 따뜻한 황해상을 지나면서 열과 수증기를 공급받아 기온과 습도가 높아지고, 기층이 불안정해져 우리나라의 서해안에는 폭설이 내리기도 한다.

(5) **강풍**: 10분 동안의 평균 풍속이 14 m/s 이상인 바람을 말한다.

① **발생 조건**: 겨울철에 발달한 시베리아 기단의 영향을 받을 때, 여름철에 태풍의 영향을 받을 때 주로 발생한다.

② **피해**: 강풍은 가로수 등의 나무나 여러 가지 시설물을 파손시키고, 바다에서는 높은 파도를 일으켜 선박 사고나 해안 양식장에 피해를 입힐 수 있다.

강풍에 쓰러진 나무

(6) **우박**: 얼음의 결정 주위에 차가운 물방울이 얼어붙어 땅 위로 떨어지는 얼음덩어리를 우박이라고 한다.

① **발생 조건**: 주로 적란운에서 강한 상승 기류를 타고 발생한다. 우박은 겨울과 한여름에는 거의 발생하지 않는데, 날씨가 매우 추울 때는 강한 상승 기류가 잘 발달하지 않으며, 매우 더울 때는 우박이 떨어지는 동안에 녹아서 없어지기 때문이다.

② **구조와 크기**: 우박은 적란운 내에서 강한 상승 기류를 타고 상승과 하강을 반복하며 성장하므로 핵을 중심으로 투명한 얼음층과 불투명한 얼음층이 번갈아 싸고 있는 층상 구조를 하고 있다. 보통 지름이 1 cm 미만이지만 2∼3 cm 정도인 것도 있고, 그보다 훨씬 큰 것도 있다.

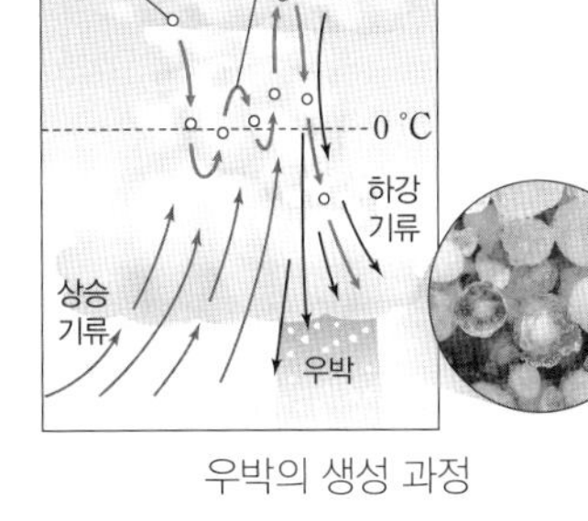

우박의 생성 과정

③ **피해**: 우박은 농작물이나 과실, 가축에 피해를 주기도 하고, 자동차, 항공기의 동체나 건물에도 손상을 입힐 수 있다.

개념 체크

➲ **시베리아 기단**
시베리아의 한랭한 대륙에서 형성되어 성질이 한랭하고 건조한 기단으로, 주로 우리나라의 겨울철에 영향을 미친다.

1. 기단이 발원지를 떠나 다른 곳으로 이동하여 성질이 변하는 것을 기단의 (　　)이라고 한다.

2. 한랭한 기단이 따뜻한 바다 위로 이동하면 기층이 (　　)해지므로 적운형 구름이 형성될 수 있다.

3. 온난한 기단이 차가운 바다나 육지 쪽으로 이동하면 기층이 (　　)해지므로 층운형 구름이나 안개가 형성될 수 있다.

4. 강풍은 주로 여름철에 태풍의 영향을 받을 때, 겨울철에 발달한 (　　) 기단의 영향을 받을 때 발생할 수 있다.

5. 구름 내에서 상승과 하강을 반복하며 우박이 성장하면 우박의 내부에는 일반적으로 (　　) 구조가 나타난다.

정답
1. 변질
2. 불안정
3. 안정
4. 시베리아
5. 층상

개념 체크

➲ 황사와 사막화
기후 변화와 과도한 개발로 인해 사막화가 진행될수록 황사의 발생 빈도와 피해는 대체로 증가한다.

1. 황사 발원지에서 상공으로 올라간 다량의 모래 먼지는 상층의 ( )을 타고 대체로 ( )쪽으로 이동한다.

2. 발원지 지표면의 토양이 ( )할수록 황사가 잘 발생한다.

3. 우리나라에서 황사는 주로 ( )철에 발생한다.

4. 황사 발원지의 삼림이 파괴되고 사막화가 진행되면 황사의 발생 빈도는 대체로 ( )한다.

5. 우리나라의 연간 황사 발생 일수와 발생 빈도는 대체로 ( )하는 추세이다.

정답
1. 편서풍, 동
2. 건조
3. 봄
4. 증가
5. 증가

(7) 황사: 발원지에서 강한 바람이 불어 상공으로 올라간 다량의 모래 먼지가 상층의 편서풍을 타고 멀리까지 날아가 서서히 내려오는 현상을 말한다.

① **발원지:** 우리나라에 영향을 미치는 황사의 주요 발원지는 중국 북부나 몽골의 사막 또는 건조한 황토 지대이다.

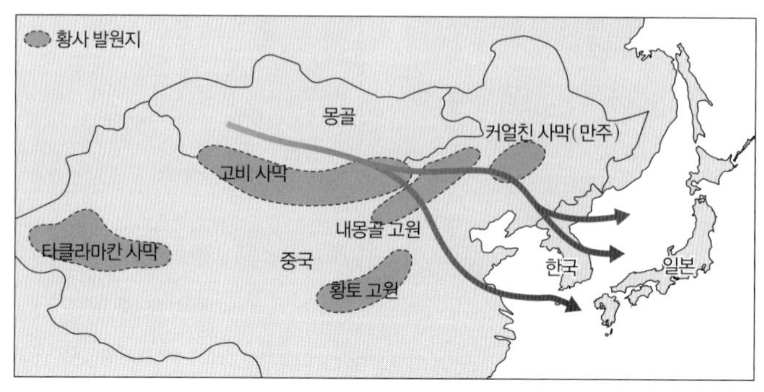

황사의 발원지와 이동 경로

② **발생 조건:** 지표면의 토양은 건조해야 하며, 토양의 구성 입자는 미세할수록 잘 발생한다. 또한 지표면에 식물 군락이 적고, 강한 바람과 함께 상승 기류가 나타나 토양의 일부가 쉽게 공중으로 떠오를 수 있어야 한다.

③ **발생 시기:** 건조한 겨울철이 지나고 얼었던 토양이 녹기 시작하는 봄철에 주로 발생한다.

④ **우리나라의 황사 발생 추세:** 황사는 상층의 강한 편서풍을 타고 우리나라와 일본을 지나 태평양, 북아메리카 대륙까지 날아가기도 한다. 중국 내륙 지역의 삼림 파괴와 사막화가 가속화되고, 이 지역의 온난 건조한 상태가 지속되고 있어 우리나라의 연간 황사 발생 일수와 발생 빈도는 증가하는 추세이다.

탐구자료 살펴보기 | 황사의 발생 추이 분석

탐구 자료

그림 (가)는 1959년부터 2015년까지 서울 지역의 연도별 황사 관측 일수를, (나)는 같은 기간 동안 서울 지역의 월별 평균 황사 관측 일수를 나타낸 것이다.

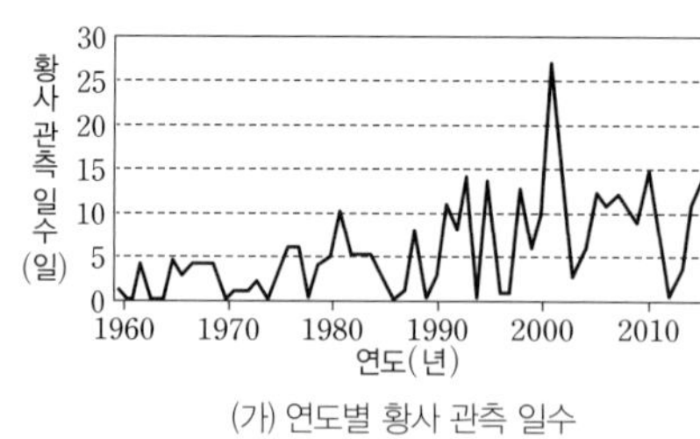

(가) 연도별 황사 관측 일수

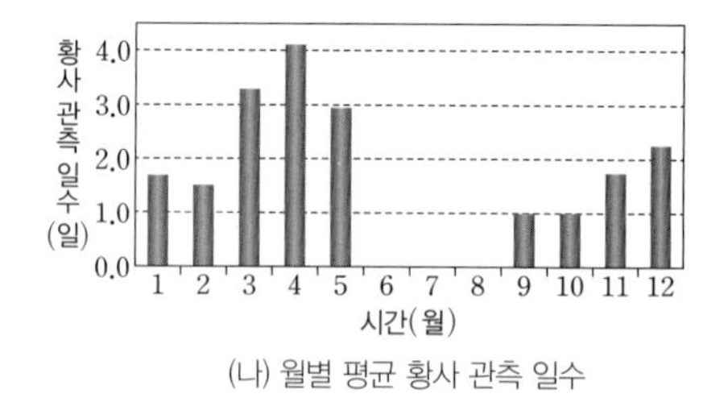

(나) 월별 평균 황사 관측 일수

탐구 결과

1. 이 기간 동안 서울 지역의 연도별 황사 관측 일수는 대체로 증가하는 경향을 보인다.
2. 이 기간 동안 서울 지역에서 황사는 봄철인 3월~5월에 가장 많이 발생하였다.

분석 point

- 지구 온난화로 인해 황사 발원지의 기온이 상승하면 겨울철에도 토양이 얼지 않아 겨울철 황사 발생 횟수는 증가할 가능성이 있다.
- 우리나라에서 황사는 강수량이 많은 계절(여름철)에는 잘 발생하지 않는다.

[25026-0103]

01 그림은 북반구 어느 지역 지상 일기도의 등압선 분포를 나타낸 것이다.

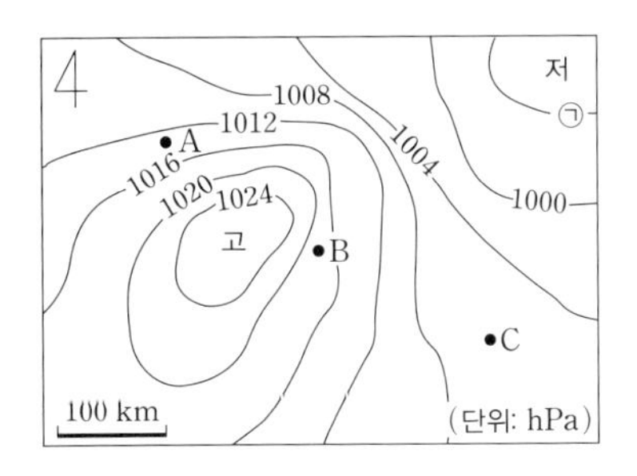

이에 대한 설명으로 옳은 것만을 〈보기〉에서 있는 대로 고른 것은?

〈보기〉

ㄱ. A 지점에서는 북풍 계열의 바람이 우세하게 분다.

ㄴ. 풍속은 B 지점이 C 지점보다 빠르다.

ㄷ. ㉠ 등압선의 기압값은 996이다.

① ㄱ ② ㄴ ③ ㄷ ④ ㄱ, ㄴ ⑤ ㄴ, ㄷ

[25026-0104]

02 그림은 북반구 어느 지역에서 동서 방향의 연직 기압 분포를 등압선으로 나타낸 것이다.

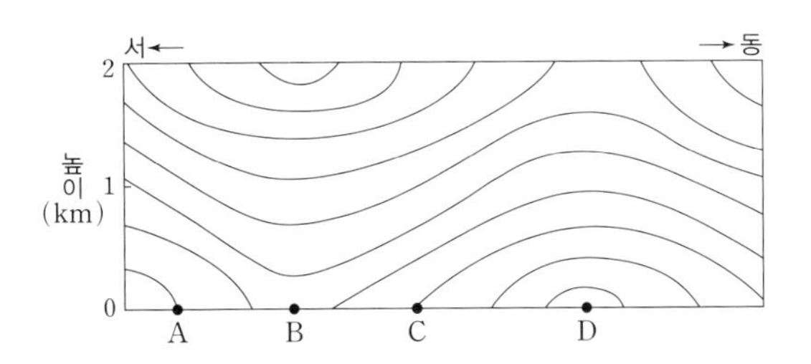

A～D 지점에 대한 설명으로 옳은 것만을 〈보기〉에서 있는 대로 고른 것은?

〈보기〉

ㄱ. A와 C 모두에서 서풍 계열의 바람이 우세하게 분다.

ㄴ. 기압은 B가 D보다 낮다.

ㄷ. 상승 기류는 B가 D보다 활발하다.

① ㄱ ② ㄴ ③ ㄱ, ㄷ ④ ㄴ, ㄷ ⑤ ㄱ, ㄴ, ㄷ

[25026-0105]

03 다음은 기단에 대한 설명이다.

공기가 넓은 지역에 오랫동안 머물게 되면 지면의 영향으로 수평 방향으로 기온과 습도가 거의 균질해지는데, 이처럼 넓은 지역에서 수평 방향으로 거의 같은 성질을 가진 큰 공기 덩어리를 기단이라고 한다. 기단은 기온에 따라 ㉠ 한대 기단과 ㉡ 열대 기단 등으로 구분되고 습도에 따라 ㉢ 해양성 기단과 ㉣ 대륙성 기단으로 구분된다.

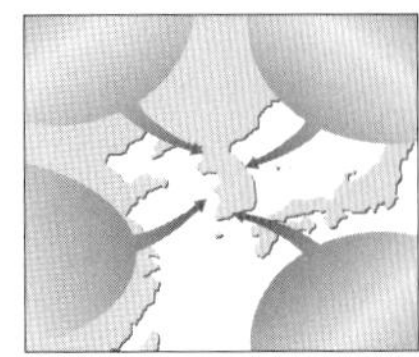
우리나라에 영향을 주는 대표적인 기단

우리나라에 영향을 주는 대표적인 기단에 대한 설명으로 옳은 것만을 〈보기〉에서 있는 대로 고른 것은?

〈보기〉

ㄱ. 기단이 분포하는 평균 위도는 ㉠이 ㉡보다 높다.

ㄴ. 시베리아 기단은 ㉠이면서 ㉣이다.

ㄷ. ㉡이면서 ㉢인 기단이 우리나라에 영향을 주는 계절은 주로 겨울철이다.

① ㄱ ② ㄴ ③ ㄷ ④ ㄱ, ㄴ ⑤ ㄴ, ㄷ

[25026-0106]

04 그림 (가)와 (나)는 북반구 온대 저기압에 동반되는 서로 다른 전선의 연직 단면을 나타낸 것이다.

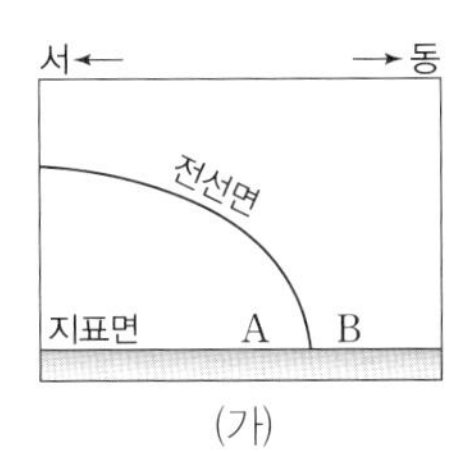

(가)

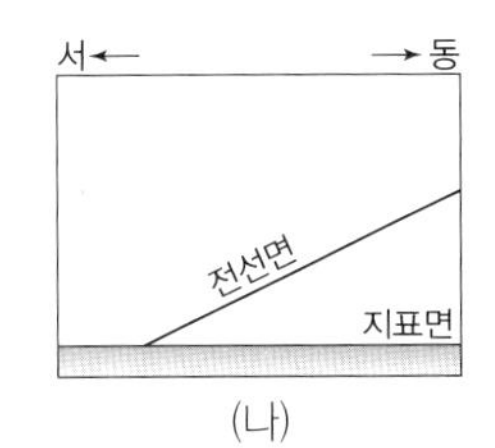

(나)

이에 대한 설명으로 옳은 것만을 〈보기〉에서 있는 대로 고른 것은?

〈보기〉

ㄱ. (가)에서 강수를 형성하는 수증기는 A 기단보다 B 기단에서 주로 공급된다.

ㄴ. 전선의 평균 이동 속도는 (나)보다 (가)가 빠르다.

ㄷ. 전선 부근에서 형성되는 구름의 평균 두께는 (나)보다 (가)가 두껍다.

① ㄱ ② ㄴ ③ ㄱ, ㄷ ④ ㄴ, ㄷ ⑤ ㄱ, ㄴ, ㄷ

[25026-0107]

05 그림은 온대 저기압에 동반된 어느 전선이 우리나라에 위치할 때의 기상 레이더 영상을 나타낸 것이다. 이 전선은 온난 전선과 한랭 전선 중 하나이다.

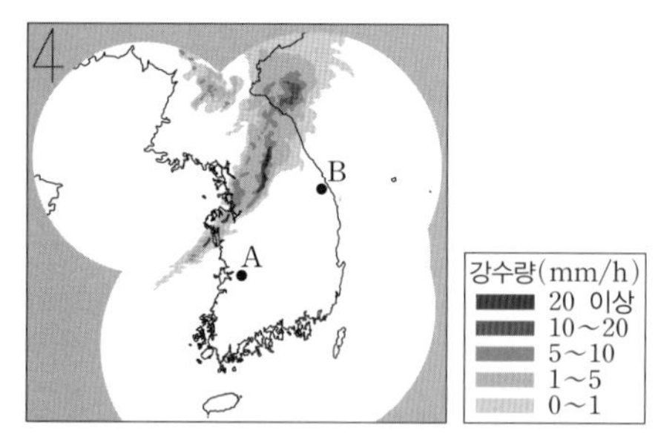

이에 대한 설명으로 옳은 것만을 〈보기〉에서 있는 대로 고른 것은?

〈보기〉

ㄱ. A 지역과 B 지역은 모두 이 전선의 전면에 위치한다.

ㄴ. A 지역에서는 남풍 계열의 바람이 우세하게 불고 B 지역에서는 북풍 계열의 바람이 우세하게 분다.

ㄷ. 해면 기압은 A 지역이 B 지역보다 높다.

① ㄱ ② ㄴ ③ ㄱ, ㄷ ④ ㄴ, ㄷ ⑤ ㄱ, ㄴ, ㄷ

[25026-0108]

06 다음은 서울에서 어느 날 오전과 오후에 관측한 날씨에 대한 설명이다.

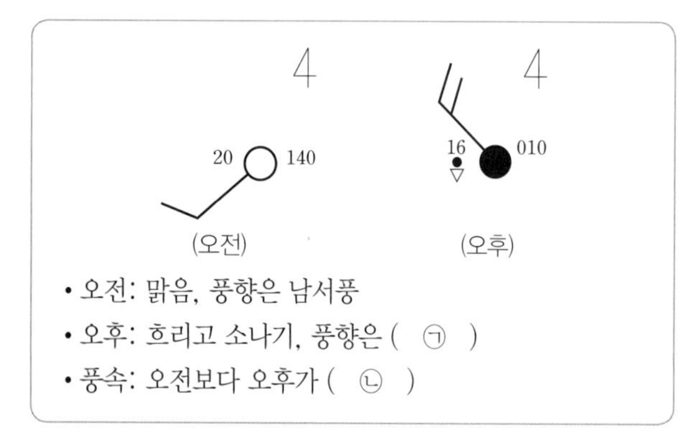

• 오전: 맑음, 풍향은 남서풍

• 오후: 흐리고 소나기, 풍향은 (㉠)

• 풍속: 오전보다 오후가 (㉡)

이 자료에 대한 설명으로 옳은 것만을 〈보기〉에서 있는 대로 고른 것은?

〈보기〉

ㄱ. ㉠은 북서풍이다.

ㄴ. '빠름'은 ㉡에 해당한다.

ㄷ. 이날 기온은 오전이 오후보다 높았다.

① ㄱ ② ㄷ ③ ㄱ, ㄴ ④ ㄴ, ㄷ ⑤ ㄱ, ㄴ, ㄷ

[25026-0109]

07 그림 (가)와 (나)는 24시간 간격의 지상 일기도를 순서 없이 나타낸 것이다.

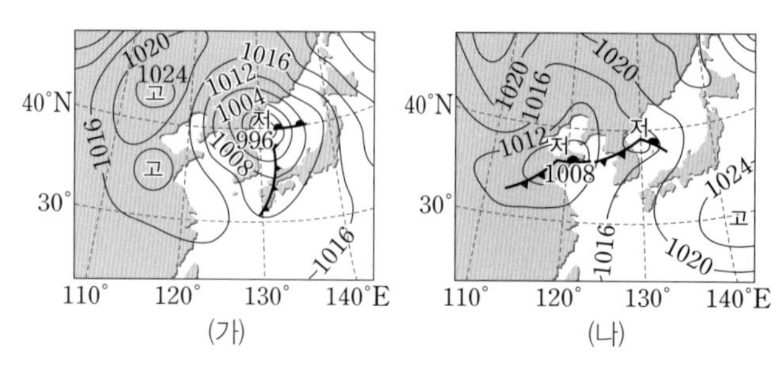

(가) (나)

이에 대한 설명으로 옳은 것만을 〈보기〉에서 있는 대로 고른 것은?

〈보기〉

ㄱ. (가)에 이동성 고기압이 나타난다.

ㄴ. (가)는 (나)보다 앞선 시기의 지상 일기도이다.

ㄷ. 24시간 동안 동일한 온대 저기압의 중심 기압이 높아졌다.

① ㄱ ② ㄴ ③ ㄷ

④ ㄱ, ㄴ ⑤ ㄴ, ㄷ

[25026-0110]

08 그림 (가)는 북반구의 온대 저기압을, (나)는 A, B, C 지역의 기상 요소를 일기 기호로 순서 없이 나타낸 것이다. A, B, C 지역의 일기 기호는 각각 ㉠, ㉡, ㉢ 중 하나이다.

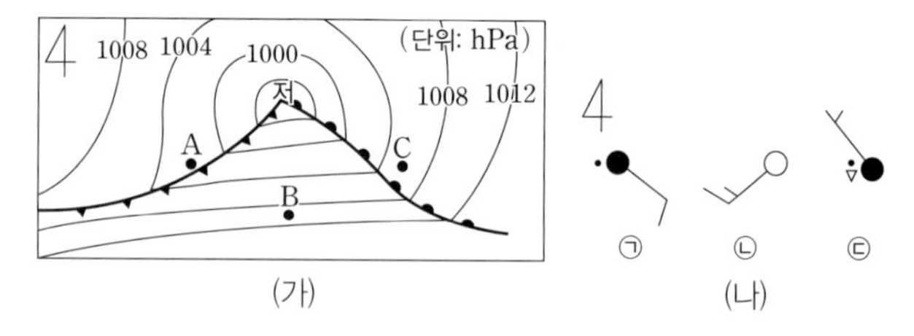

(가) (나)

A, B, C 지역의 일기 기호를 ㉠, ㉡, ㉢에서 찾아 옳게 짝지은 것은?

	A	B	C
①	㉠	㉡	㉢
②	㉠	㉢	㉡
③	㉡	㉠	㉢
④	㉢	㉠	㉡
⑤	㉢	㉡	㉠

[25026-0111]

09 그림은 남반구 어느 지역의 지상 일기도를 나타낸 것이다.

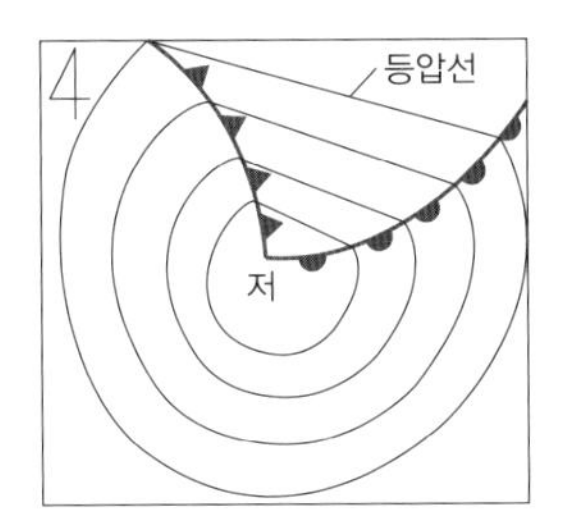

이 지역에서의 풍향(→)으로 가장 적절한 것은?

① 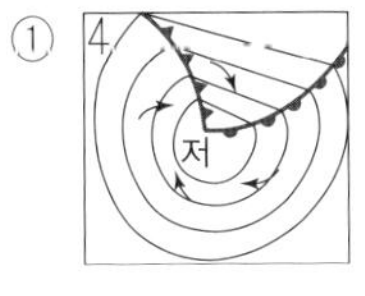
② 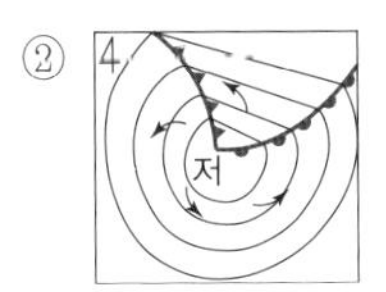
③ 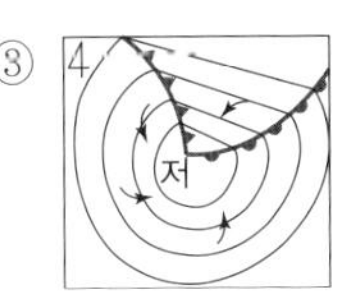
④ 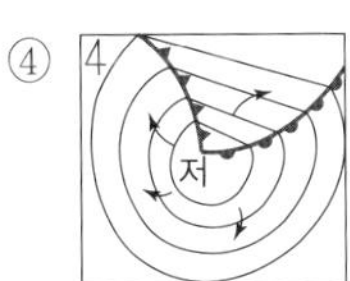
⑤ 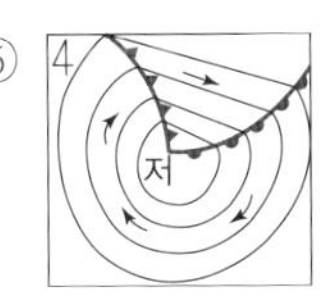

[25026-0112]

10 그림은 1981년~2010년 동안 ㉠ 북서 태평양에서 발생한 태풍의 월별 평균 개수와 ㉡ 우리나라에 영향을 준 태풍의 월별 평균 개수를 나타낸 것이다. A, B, C는 각각 6월, 7월, 8월 중 하나이다.

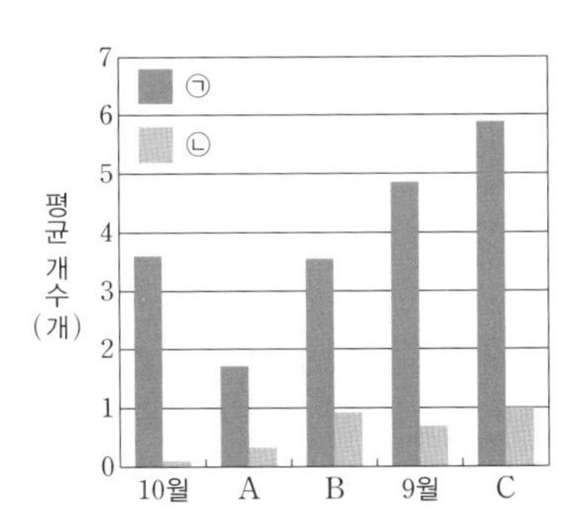

이 자료에 대한 설명으로 옳은 것만을 〈보기〉에서 있는 대로 고른 것은?

〈보기〉
ㄱ. C는 8월이다.
ㄴ. ㉠이 많을수록 ㉡도 많다.
ㄷ. 태풍이 소멸하는 지점의 평균 위도는 A 시기가 B 시기보다 높을 것이다.

① ㄱ ② ㄴ ③ ㄷ ④ ㄱ, ㄴ ⑤ ㄱ, ㄷ

[25026-0113]

11 그림은 태풍이 나타나는 어느 날 T시의 지상 일기도를 나타낸 것이다. 이 태풍은 $(T+12)$시에 전향점을 통과하였다.

A~E 중에서 T시~$(T+24)$시 동안 태풍의 이동 경로로 가장 적절한 것은?

① A ② B ③ C
④ D ⑤ E

[25026-0114]

12 그림은 북상하고 있는 어느 태풍에서 중심으로부터의 거리에 따른 풍속과 해면 기압을 나타낸 것이다.

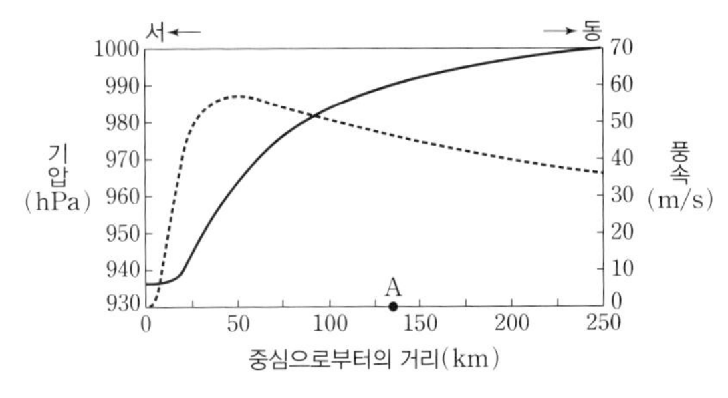

이 태풍에 대한 설명으로 옳은 것만을 〈보기〉에서 있는 대로 고른 것은?

〈보기〉
ㄱ. 눈이 존재한다.
ㄴ. A 지점은 안전 반원에 위치한다.
ㄷ. 중심으로부터의 거리에 따른 해면 기압 변화는 50 km~125 km 구간이 125 km~200 km 구간보다 크다.

① ㄱ ② ㄴ ③ ㄷ
④ ㄱ, ㄷ ⑤ ㄴ, ㄷ

[25026-0115]

13 그림은 태풍이 통과하는 동안 태풍의 영향을 받는 우리나라의 어느 관측소에서 측정한 해면 기압, 풍속, 풍향을 나타낸 것이다. 태풍이 통과하는 동안 이 지역은 안전 반원에 위치했다.

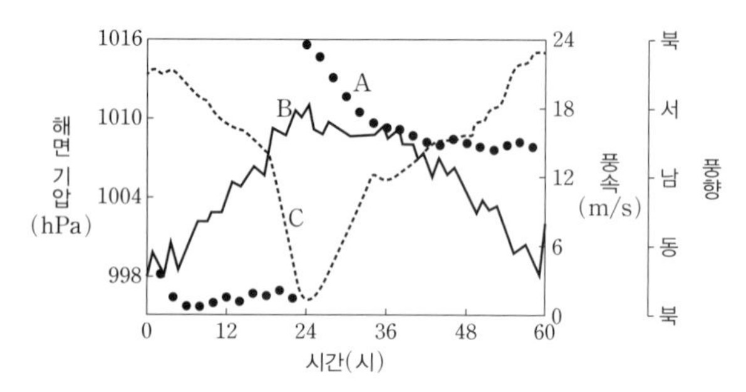

해면 기압, 풍속, 풍향과 A, B, C를 옳게 짝지은 것은?

	해면 기압	풍속	풍향
①	A	B	C
②	B	A	C
③	B	C	A
④	C	A	B
⑤	C	B	A

[25026-0116]

14 그림은 어느 날 18시의 적외 영상에 같은 시각의 태풍 위치와 이 태풍의 이동 경로를 나타낸 것이다.

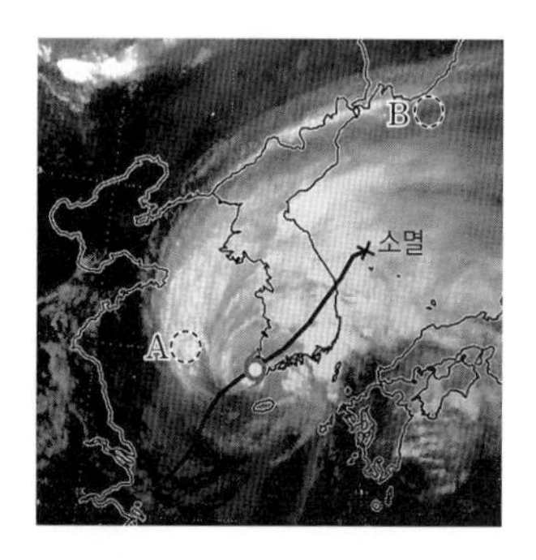

이에 대한 설명으로 옳은 것만을 ⟨보기⟩에서 있는 대로 고른 것은?

⟨보기⟩

ㄱ. 태풍의 영향을 받는 동안 서울은 안전 반원에 위치했다.
ㄴ. 태풍의 중심 기압은 이날 18시가 소멸할 때보다 낮았다.
ㄷ. 구름 최상부의 온도는 A 지역이 B 지역보다 높다.

① ㄱ ② ㄷ ③ ㄱ, ㄴ ④ ㄴ, ㄷ ⑤ ㄱ, ㄴ, ㄷ

[25026-0117]

15 그림은 우리나라에 영향을 준 태풍 A와 B의 이동 경로를 6시간 간격으로 나타낸 것이다.

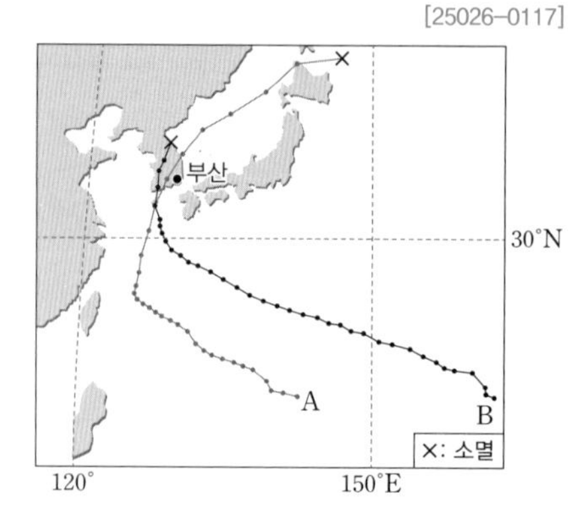

이에 대한 설명으로 옳은 것만을 ⟨보기⟩에서 있는 대로 고른 것은?

⟨보기⟩

ㄱ. 전향점의 위도는 A가 B보다 낮았다.
ㄴ. 각 태풍의 영향을 받는 동안 부산은 A와 B 모두의 위험 반원에 위치했다.
ㄷ. 소멸하기 이전 12시간 동안 태풍의 평균 이동 속력은 A가 B보다 빨랐다.

① ㄱ ② ㄷ ③ ㄱ, ㄴ ④ ㄴ, ㄷ ⑤ ㄱ, ㄴ, ㄷ

[25026-0118]

16 그림은 북반구에서 북상하던 열대 저기압 A, B, C가 육지에 상륙한 이후 48시간 동안 시간에 따른 A, B, C의 최대 풍속을 나타낸 것이다.

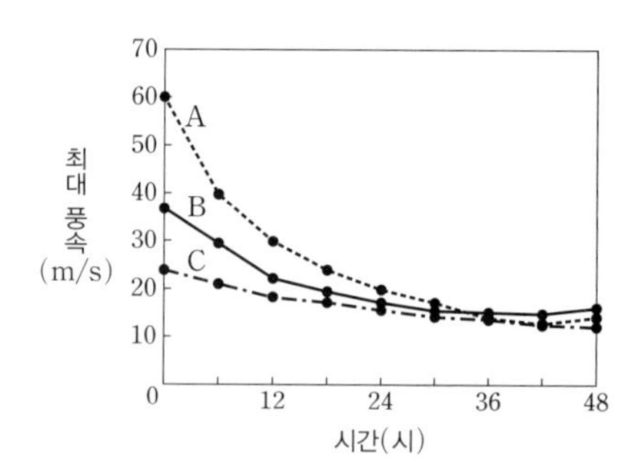

이에 대한 설명으로 옳은 것만을 ⟨보기⟩에서 있는 대로 고른 것은?

⟨보기⟩

ㄱ. 육지에 상륙할 때 중심 기압은 A가 B보다 높다.
ㄴ. 이 기간 동안 최대 풍속 변화는 A가 C보다 크다.
ㄷ. 육지에 상륙한 후 B에 공급되는 수증기량은 지속적으로 증가하였을 것이다.

① ㄱ ② ㄴ ③ ㄷ ④ ㄱ, ㄴ ⑤ ㄴ, ㄷ

[25026-0119]

17 그림 (가)와 (나)는 우리나라에 영향을 주는 온대 저기압과 열대 저기압의 기상 위성 사진을 순서 없이 나타낸 것이다.

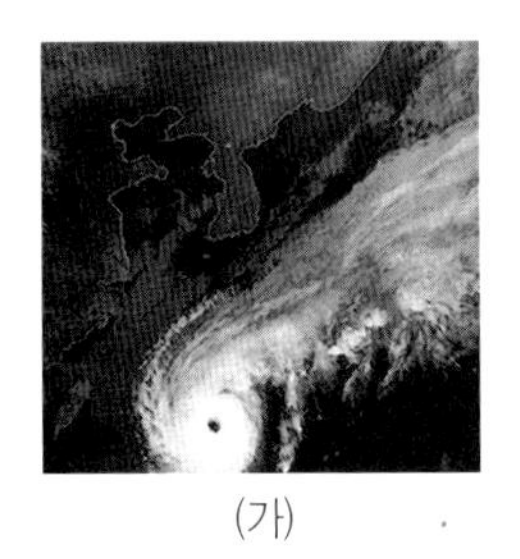
(가)

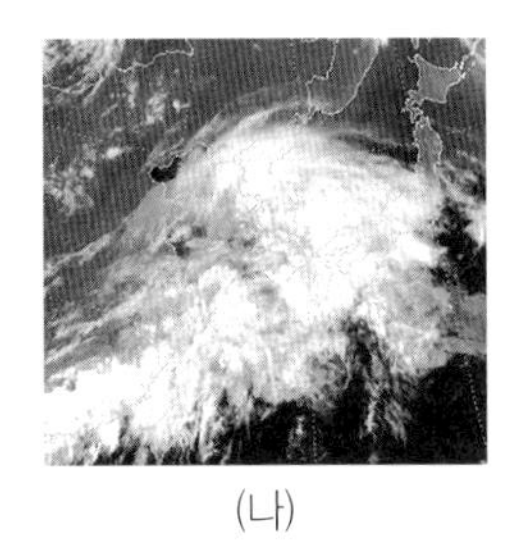
(나)

(가)와 (나)의 저기압에 대한 설명으로 옳은 것만을 〈보기〉에서 있는 대로 고른 것은?

〈보기〉
ㄱ. 이동 과정에서 (가)는 (나)보다 무역풍의 영향을 더 크게 받는다.
ㄴ. 발생하는 지점의 평균 위도는 (가)가 (나)보다 낮다.
ㄷ. (나)는 전선을 동반한다.

① ㄱ ② ㄴ ③ ㄱ, ㄷ
④ ㄴ, ㄷ ⑤ ㄱ, ㄴ, ㄷ

[25026-0120]

18 그림 (가), (나), (다)는 어느 뇌우의 생성과 소멸 과정에서 나타나는 여러 단계를 순서 없이 나타낸 것이다. (가) 단계에서 우박이 내렸다.

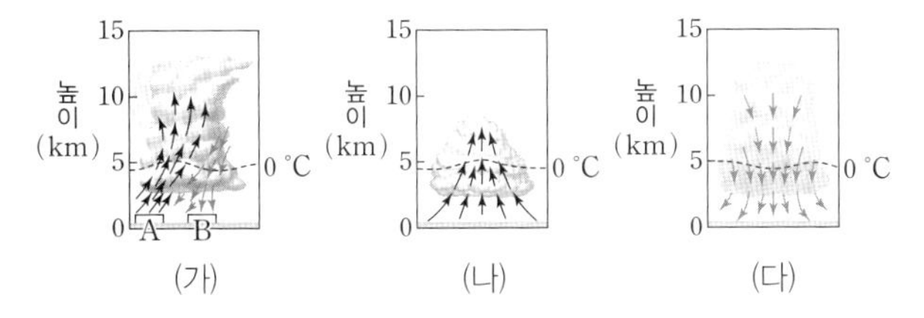

이에 대한 설명으로 옳은 것만을 〈보기〉에서 있는 대로 고른 것은?

〈보기〉
ㄱ. (가)에서 단위 시간당 강수량은 A 지역이 B 지역보다 많을 것이다.
ㄴ. (가)의 구름에는 빙정이 존재한다.
ㄷ. (나)가 (다)보다 먼저 나타난다.

① ㄱ ② ㄴ ③ ㄱ, ㄷ
④ ㄴ, ㄷ ⑤ ㄱ, ㄴ, ㄷ

[25026-0121]

19 그림은 1981년~2010년까지 우리나라의 월평균 호우 발생 일수를 나타낸 것이다. A와 B는 각각 일강수량 80 mm 이상 월평균 발생 일수와 일강수량 150 mm 이상 월평균 발생 일수 중 하나이다.

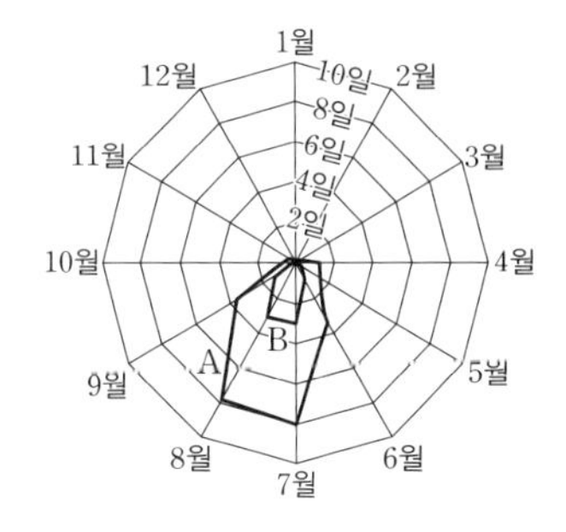

이에 대한 설명으로 옳은 것만을 〈보기〉에서 있는 대로 고른 것은?

〈보기〉
ㄱ. 일강수량 80 mm 이상 월평균 발생 일수는 B이다.
ㄴ. 7월에 호우를 발생시킨 기단은 주로 대륙성 기단이다.
ㄷ. 8월에 발생하는 호우는 태풍과 관련이 있다.

① ㄱ ② ㄴ ③ ㄷ ④ ㄱ, ㄷ ⑤ ㄴ, ㄷ

[25026-0122]

20 그림은 우리나라에 기상 특보가 발령된 어느 날의 지상 일기도를 나타낸 것이다. 이날 발령된 기상 특보는 한파 특보와 폭염 특보 중 하나이다.

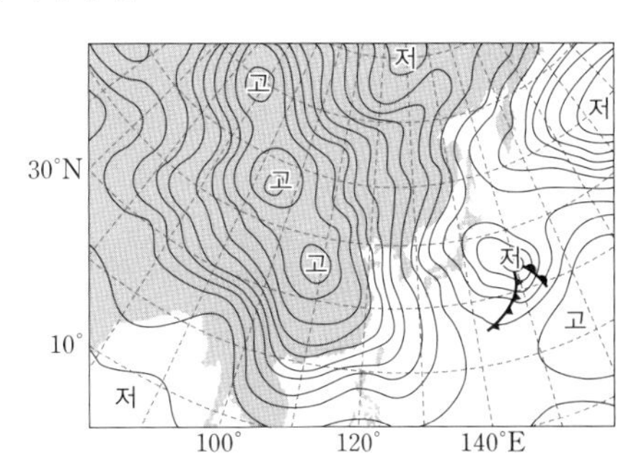

이날 우리나라에 대한 설명으로 옳은 것만을 〈보기〉에서 있는 대로 고른 것은?

〈보기〉
ㄱ. 발령된 기상 특보는 폭염 특보이다.
ㄴ. 대륙성 기단의 가장자리에 위치한다.
ㄷ. 북풍 계열의 바람이 남풍 계열의 바람보다 우세하게 분다.

① ㄱ ② ㄴ ③ ㄷ ④ ㄱ, ㄴ ⑤ ㄴ, ㄷ

등압선은 기압이 같은 지점을 연결한 선이다. 지상 일기도에서 고기압은 주변보다 기압이 높은 곳이고 저기압은 주변보다 기압이 낮은 곳이다.

[25026-0123]

01 **다음은 지상 일기도를 작성하는 탐구 과정의 일부이다.**

[탐구 과정]

(가) 우리나라 주변 여러 지점에 같은 시각의 해면 기압이 표시된 지도를 인터넷에서 수집한다.

(나) 해면 기압을 이용하여 1020 hPa, 1016 hPa, 1012 hPa, 1008 hPa, 1004 hPa, 1000 hPa 등압선을 그린다.

(다) 고기압 중심부에 '고', 저기압 중심부에 '저'를 표시한다.

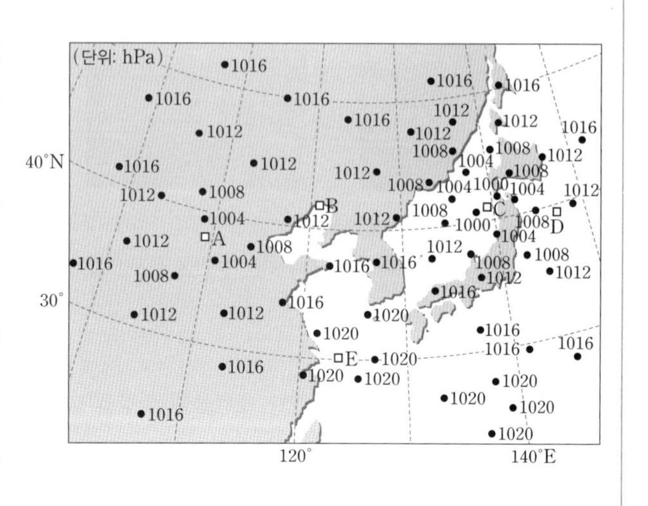

작성한 지상 일기도에 대한 해석으로 옳지 않은 것은?

① A 지점은 저기압 중심부에 위치한다.
② 풍속은 B 지점이 D 지점보다 느리다.
③ C 지점에서는 상승 기류가 발달한다.
④ D 지점에서는 동풍 계열의 바람이 분다.
⑤ E 지점은 정체성 고기압 중심부에 위치한다.

이동성 고기압은 고기압 중심의 위치가 정체하지 않고 이동하는 고기압이다. 이동성 고기압은 정체성 고기압에 비해 규모가 작은 고기압이다.

[25026-0124]

02 **그림은 어느 날 우리나라 주변의 지상 일기도를 나타낸 것이다. A, B, C는 각각 고기압 또는 저기압이다.**

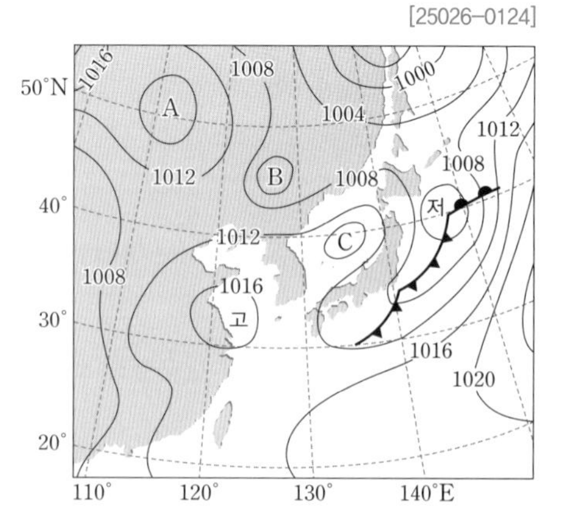

A, B, C에 대한 설명으로 옳은 것만을 〈보기〉에서 있는 대로 고른 것은?

〈보기〉
ㄱ. A와 B는 모두 고기압이다.
ㄴ. A와 C는 모두 편서풍의 영향으로 대체로 동쪽으로 이동한다.
ㄷ. B와 C 모두의 중심부에서는 하강 기류가 발달한다.

① ㄱ ② ㄴ ③ ㄷ ④ ㄱ, ㄴ ⑤ ㄱ, ㄷ

[25026-0125]

03 그림은 시베리아 기단이 우리나라 쪽으로 확장하는 경로를 나타낸 것이고, 표는 이 확장 경로상에 위치한 A~I 지점에서 관측한 시베리아 기단 하층의 기온과 단위 부피당 수증기량을 나타낸 것이다. A와 I 지점은 각각 확장 경로의 양쪽 끝에 위치한다.

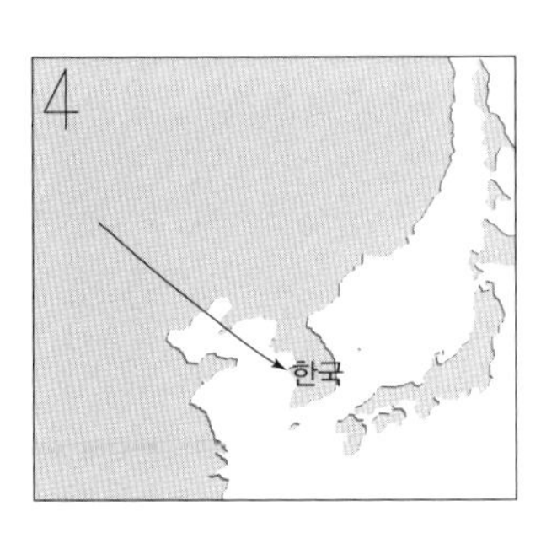

지점	기온(℃)	단위 부피당 수증기량(I=1)
A	12	10
B	9	8.3
C	6	6.3
D	3	4.7
E	0	1.7
F	6	1.7
G	1	1.5
H	−10	1.3
I	−12	1

A~I 지점에 대한 설명으로 옳은 것만을 〈보기〉에서 있는 대로 고른 것은?

〈 보기 〉

ㄱ. 시베리아 기단 하층은 A가 I보다 불안정할 것이다.

ㄴ. 황해와의 거리는 E가 H보다 멀다.

ㄷ. B와 G에서 시베리아 기단 상층의 기온 차는 8 ℃보다 클 것이다.

① ㄱ ② ㄴ ③ ㄱ, ㄷ ④ ㄴ, ㄷ ⑤ ㄱ, ㄴ, ㄷ

시베리아 기단이 우리나라 쪽으로 확장하는 과정에서 시베리아 기단 하층의 기온이 상승하는 경향을 보인다.

[25026-0126]

04 그림 (가)는 북반구에 위치하는 어느 온대 저기압에 동반된 온난 전선과 한랭 전선의 물리량을, (나)는 두 전선 중 한 전선 부근의 지상 기온 분포를 등온선으로 나타낸 것이다. A와 B는 각각 온난 전선과 한랭 전선 중 하나이다.

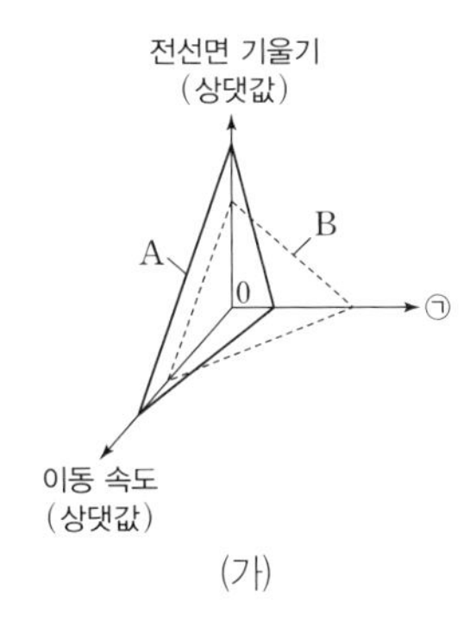

(가)

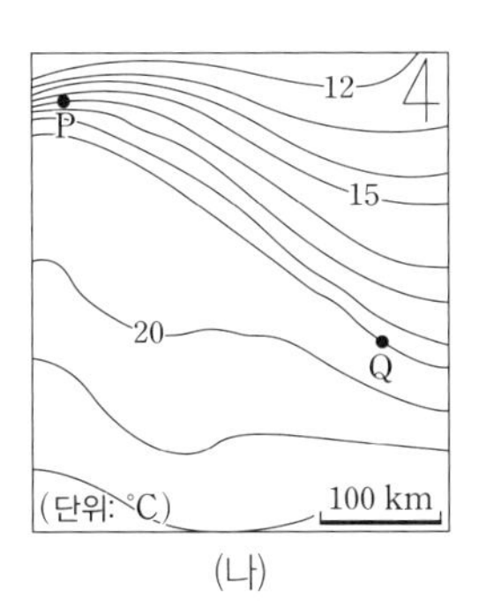

(나)

이에 대한 설명으로 옳은 것만을 〈보기〉에서 있는 대로 고른 것은?

〈 보기 〉

ㄱ. '전선 주변에서 형성된 구름의 평균 두께'는 ㉠에 해당한다.

ㄴ. 온대 저기압 중심과의 거리는 P 지점이 Q 지점보다 가깝다.

ㄷ. (나)의 전선은 B이다.

① ㄱ ② ㄷ ③ ㄱ, ㄴ ④ ㄴ, ㄷ ⑤ ㄱ, ㄴ, ㄷ

한랭 전선은 온난 전선보다 전선면 기울기가 크고 이동 속도가 빠르다.

온대 저기압의 일생은 정체 전선 형성 → 파동 형성 → 온대 저기압 발달 → 폐색 전선 형성 시작 → 폐색 전선 발달 → 온대 저기압 소멸 순이다.

[25026-0127]

05 그림 (가)와 (나)는 북반구에서 어느 온대 저기압의 발생에서 소멸까지의 과정 중 서로 다른 단계에서의 지상 일기도를 순서 없이 나타낸 것이다. (가)와 (나)는 각각 정체 전선 형성 단계와 온대 저기압 발달 단계 중 하나이다.

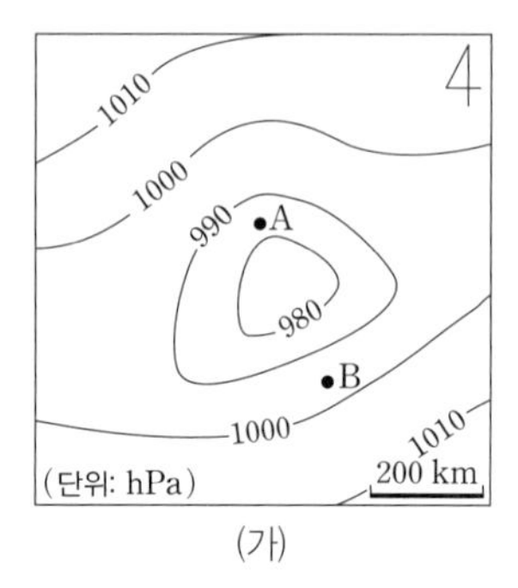

(가)

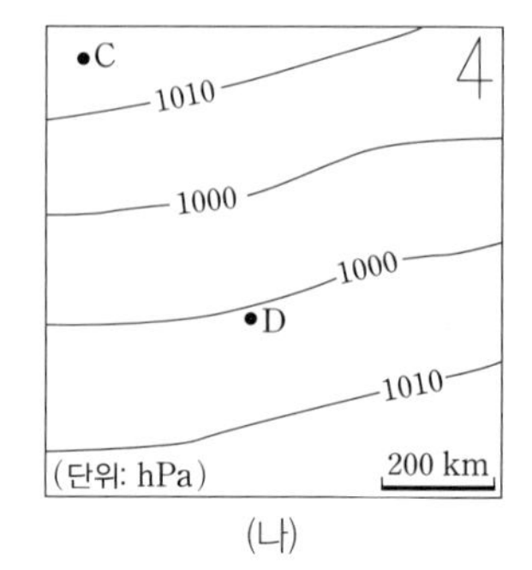

(나)

이에 대한 설명으로 옳지 않은 것은?

① (가)는 (나)보다 나중에 나타난다.
② 해면 기압은 A 지역이 B 지역보다 낮다.
③ 지상에서의 기온은 C 지역이 D 지역보다 낮다.
④ 전선과의 거리는 C 지역이 D 지역보다 가깝다.
⑤ D 지역에서는 남풍 계열의 바람이 북풍 계열의 바람보다 우세하게 분다.

전선을 경계로 양쪽 공기의 기온이 크게 다르다. 전선은 전선면과 지표면이 만나는 선이다.

[25026-0128]

06 그림은 우리나라 부근에 발달한 온대 저기압에 동반된 어느 전선 부근에서 동서 방향의 연직 기온 분포를 나타낸 것이다. 이 전선은 온난 전선과 한랭 전선 중 하나이다.

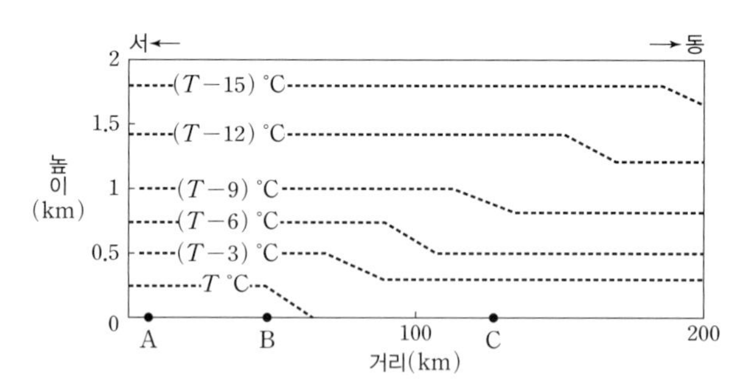

A, B, C 지역에 대한 설명으로 옳은 것만을 〈보기〉에서 있는 대로 고른 것은?

〈 보기 〉

ㄱ. 높이 0.5 km에서 기온은 A가 C보다 높다.
ㄴ. 전선과의 거리는 A가 B보다 가깝다.
ㄷ. 이 전선이 통과하는 과정에서 C의 풍향은 시계 방향으로 변할 것이다.

① ㄱ ② ㄴ ③ ㄱ, ㄷ ④ ㄴ, ㄷ ⑤ ㄱ, ㄴ, ㄷ

[25026-0129]

07 그림 (가)와 (나)는 각각 북반구 중위도에서 서로 다른 온대 저기압에 동반되는 전선이 형성되기 전과 형성된 후의 모습을 연직 단면으로 나타낸 것이다. (가)와 (나)에서 형성된 전선은 모두 남북 방향으로 분포한다.

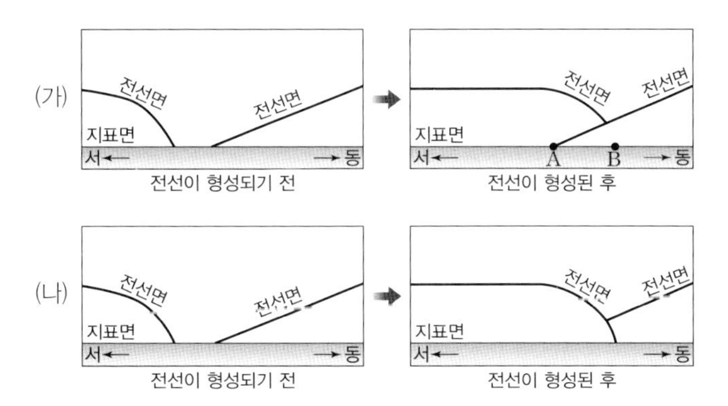

이에 대한 설명으로 옳은 것만을 〈보기〉에서 있는 대로 고른 것은?

〈보기〉

ㄱ. (가)에서 형성된 전선은 B 지점보다 A 지점에 가깝다.
ㄴ. (가)와 (나) 모두에서 형성된 전선은 폐색 전선이다.
ㄷ. (나)에서 전선이 형성된 후 온대 저기압 중심은 연직 단면보다 남쪽에 위치할 것이다.

① ㄱ ② ㄷ ③ ㄱ, ㄴ ④ ㄴ, ㄷ ⑤ ㄱ, ㄴ, ㄷ

폐색 전선은 이동 속도가 상대적으로 빠른 한랭 전선이 이동 속도가 상대적으로 느린 온난 전선을 따라잡아 두 전선이 겹쳐질 때 형성된다.

[25026-0130]

08 그림은 우리나라 주변에 위치한 온대 저기압에 동반된 어느 전선 부근의 A, B, C 지점을 나타낸 것이고, 표는 A, B, C 지점에서의 기상 요소를 나타낸 것이다. 이 전선은 온난 전선과 한랭 전선 중 하나이고, ㉠, ㉡, ㉢은 각각 A, B, C 지점 중 하나이다.

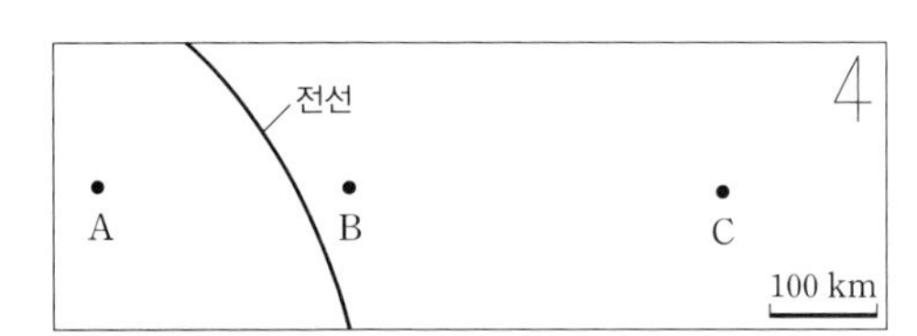

지점	기온(℃)	운량 및 일기	풍향
㉠	19	흐림	동남동풍
㉡	24	맑음	남서풍
㉢	21	흐리고 비	남동풍

이에 대한 설명으로 옳은 것만을 〈보기〉에서 있는 대로 고른 것은?

〈보기〉

ㄱ. 구름 밑면의 높이는 ㉠보다 ㉢이 낮다.
ㄴ. ㉢의 강수를 형성하는 수증기는 A가 위치하는 기단보다 C가 위치하는 기단에서 주로 공급되었다.
ㄷ. B의 상공에는 전선면이 존재한다.

① ㄱ ② ㄴ ③ ㄱ, ㄷ ④ ㄴ, ㄷ ⑤ ㄱ, ㄴ, ㄷ

전선을 경계로 기온, 풍향 등 기상 요소가 크게 다르다. 온난 전선의 전면에는 층운형 구름이 발달하며 온난 전선에 가까울수록 구름 밑면의 높이는 낮아지는 경향을 보인다.

온난 전선과 한랭 전선 각각 이 통과하는 과정에서 풍향, 기압, 기온 등의 기상 요소가 크게 변한다.

[25026-0131]

09 그림은 온대 저기압이 북반구 어느 관측소를 통과하는 동안 이 관측소에서 T_0 시각부터 5시간 간격으로 측정한 기상 요소를 일기 기호로 나타낸 것이다. 이 기간 동안 온난 전선과 한랭 전선이 모두 이 관측소를 통과하였다.

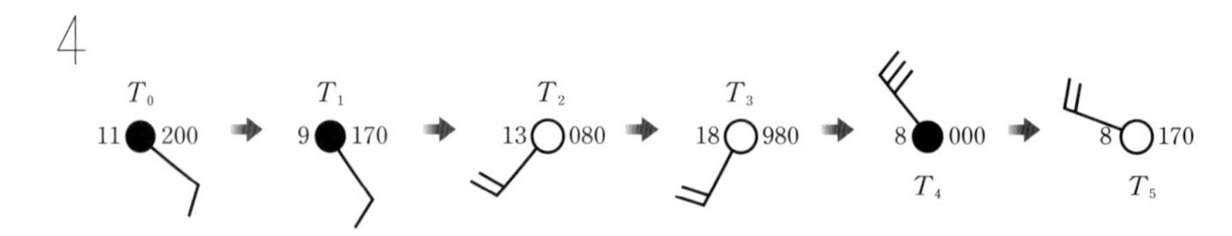

이 자료에 대한 설명으로 옳은 것만을 〈보기〉에서 있는 대로 고른 것은?

〈보기〉

ㄱ. T_0~T_5 동안 관측소에서 측정한 (최고 기압−최저 기압)은 900 hPa보다 크다.
ㄴ. T_2~T_3 동안 관측소의 상공에는 전선면이 나타난다.
ㄷ. 전선이 통과하기 직전과 직후에 관측소에서 측정한 기온 변화는 온난 전선이 한랭 전선보다 작다.

① ㄱ ② ㄴ ③ ㄷ ④ ㄱ, ㄴ ⑤ ㄴ, ㄷ

폐색 전선은 온난 전선과 한랭 전선이 겹쳐질 때 형성되며, 북반구에서 폐색 전선의 북쪽 끝부분에 온대 저기압 중심이 위치한다.

[25026-0132]

10 그림 (가)는 북반구 중위도 어느 지역의 지상 일기도를, (나)는 A−A′, B−B′, C−C′ 구간 중 어느 구간에서 전선 부근의 연직 단면을 모식적으로 나타낸 것이다.

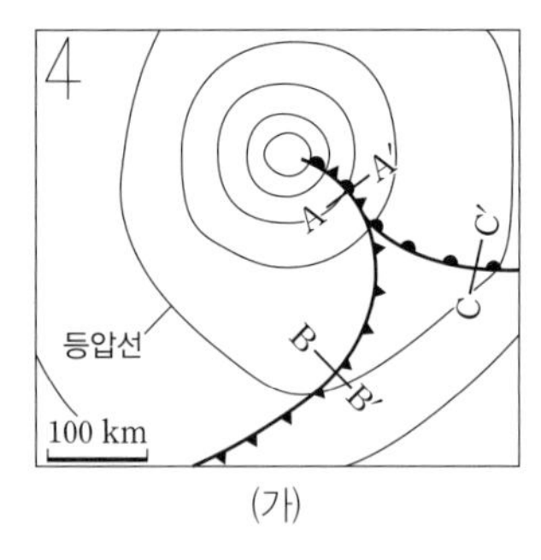

(가)

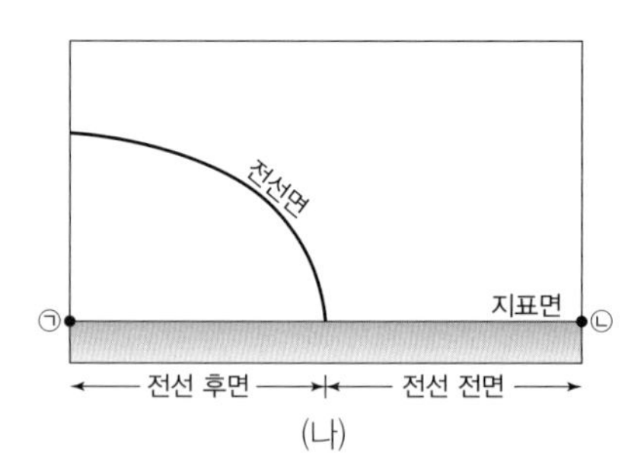

(나)

이에 대한 설명으로 옳은 것만을 〈보기〉에서 있는 대로 고른 것은?

〈보기〉

ㄱ. 해면 기압은 ㉠ 지점이 ㉡ 지점보다 낮다.
ㄴ. ㉡ 지점에서는 북풍 계열의 바람이 남풍 계열의 바람보다 우세하게 분다.
ㄷ. 온대 저기압 중심과의 평균 거리는 A−A′ 구간이 C−C′ 구간보다 가깝다.

① ㄱ ② ㄴ ③ ㄷ ④ ㄱ, ㄷ ⑤ ㄴ, ㄷ

[25026-0133]

11 그림은 어느 날 21시 우리나라 주변의 기상 위성 영상에 같은 시각에 발달한 온대 저기압 중심과 어느 전선 위치를 나타낸 것이다. 이 전선은 온난 전선과 한랭 전선 중 하나이고, 기상 위성 영상은 가시 영상과 적외 영상 중 하나이다.

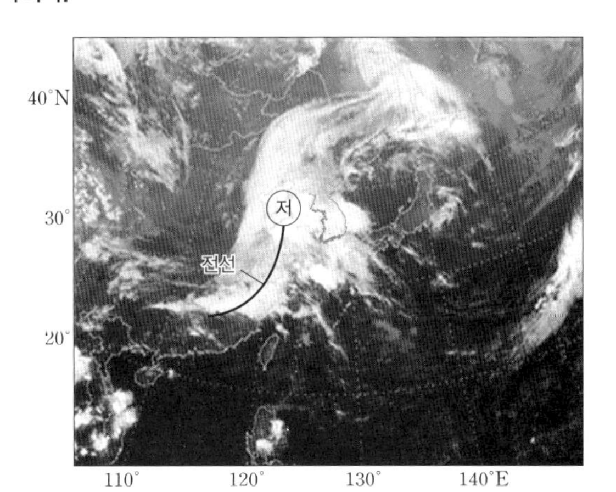

이에 대한 설명으로 옳은 것만을 <보기>에서 있는 대로 고른 것은?

보기

ㄱ. 이 전선은 한랭 전선이다.
ㄴ. 기상 위성 영상은 적외 영상이다.
ㄷ. 황해 전체에서의 구름 최상부 평균 높이는 동해 전체보다 높다.

① ㄱ ② ㄴ ③ ㄱ, ㄷ ④ ㄴ, ㄷ ⑤ ㄱ, ㄴ, ㄷ

야간에는 태양 빛이 없으므로 가시 영상을 이용할 수 없다. 적외 영상은 태양 빛이 없는 야간에도 이용할 수 있다.

[25026-0134]

12 그림 (가)는 어느 날 T시에 중위도 어느 지역의 지상 일기도를, (나)는 A, B 지점의 기상 요소를 일기 기호로 순서 없이 나타낸 것이다. A, B 지점의 일기 기호는 각각 ㉠, ㉡ 중 하나이고, 온대 저기압은 동서 방향으로만 이동한다.

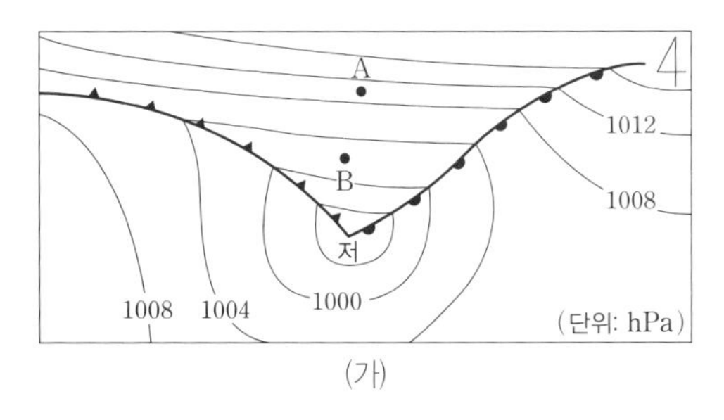

(가)

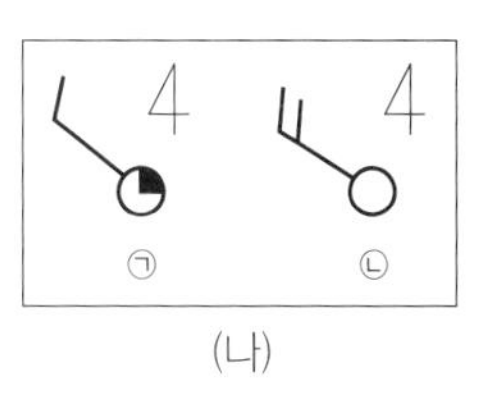

(나)

이에 대한 설명으로 옳은 것만을 <보기>에서 있는 대로 고른 것은?

보기

ㄱ. 이 지역은 남반구에 위치한다.
ㄴ. A의 기상 요소를 일기 기호로 나타낸 것은 ㉡이다.
ㄷ. 이날 T시 이후에 전선이 통과하는 과정에서 B의 풍향은 시계 방향으로 변할 것이다.

① ㄱ ② ㄷ ③ ㄱ, ㄴ ④ ㄴ, ㄷ ⑤ ㄱ, ㄴ, ㄷ

북반구와 남반구 모두에서 온대 저기압은 편서풍의 영향으로 대체로 동쪽으로 이동한다. 남반구 저기압에서 바람은 시계 방향으로 불어 들어간다.

태풍은 해수면 수온이 약 27 ℃ 이상인 열대 해상에서 발생한다.

[25026-0135]

13 그림 (가)와 (나)는 북서 태평양에서 겨울철과 여름철 평균 해수면 수온 분포를 순서 없이 나타낸 것이다. 겨울철은 12월~2월이고 여름철은 6월~8월이다.

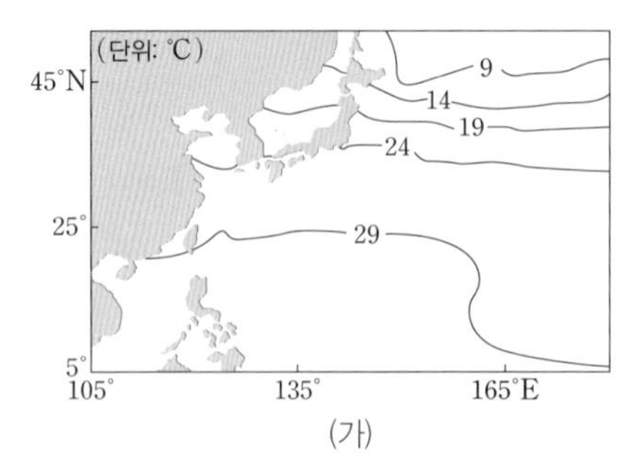

(가)

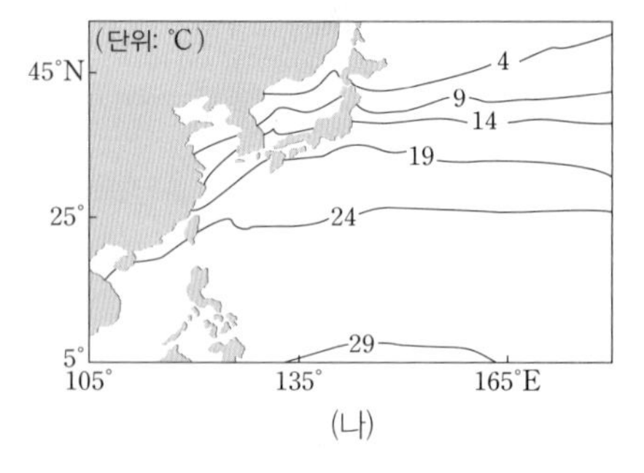

(나)

이에 대한 설명으로 옳은 것만을 <보기>에서 있는 대로 고른 것은?

보기

ㄱ. 태풍 발생 수는 (가) 시기가 (나) 시기보다 많다.

ㄴ. 태풍이 발생하는 지점의 평균 위도는 (가) 시기가 (나) 시기보다 높다.

ㄷ. $\frac{\text{우리나라에 영향을 준 태풍의 총 수}}{\text{발생한 태풍의 총 수}}$는 (가) 시기가 (나) 시기보다 크다.

① ㄱ ② ㄴ ③ ㄱ, ㄷ ④ ㄴ, ㄷ ⑤ ㄱ, ㄴ, ㄷ

북반구 열대 저기압의 경우 이동 방향의 오른쪽에 위험 반원이 나타나고, 남반구 열대 저기압의 경우 이동 방향의 왼쪽에 위험 반원이 나타난다.

[25026-0136]

14 그림은 어느 지역에 위치한 열대 저기압의 이동 방향과 지상에서의 풍속을 나타낸 것이다.

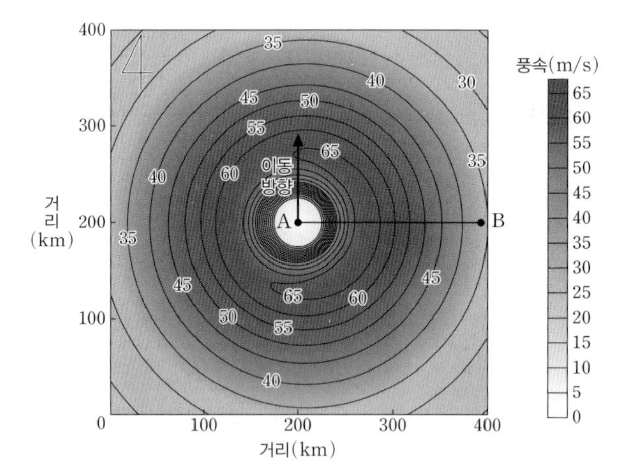

이에 대한 설명으로 옳은 것만을 <보기>에서 있는 대로 고른 것은?

보기

ㄱ. 이 열대 저기압에는 눈이 존재한다.

ㄴ. 이 지역은 북반구에 위치한다.

ㄷ. B에서 A로 갈수록 해면 기압은 지속적으로 낮아지는 경향을 보인다.

① ㄱ ② ㄴ ③ ㄱ, ㄷ ④ ㄴ, ㄷ ⑤ ㄱ, ㄴ, ㄷ

[25026-0137]

15 그림 (가)는 어느 날 태풍의 이동 경로를, (나)는 이날 A, B, C 지점에서 관측한 해면 기압 변화를 나타낸 것이다. ㉠, ㉡, ㉢은 각각 A, B, C 지점에서 관측한 해면 기압 중 하나이며, 태풍이 이동한 거리는 A → B 구간과 B → C 구간이 같다.

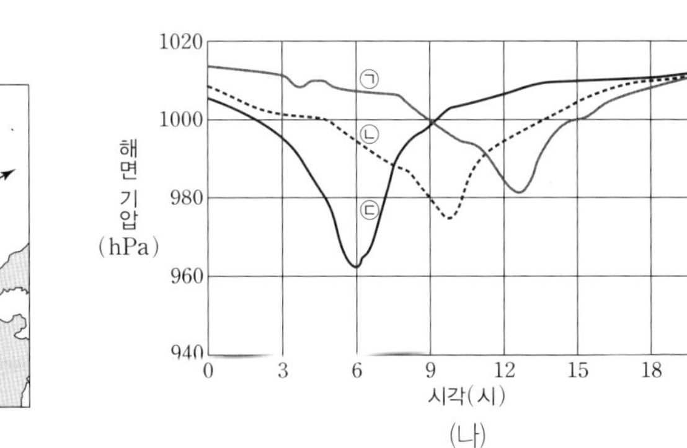

(가) (나)

이에 대한 설명으로 옳은 것만을 〈보기〉에서 있는 대로 고른 것은?

〈 보기 〉

ㄱ. 태풍의 최대 풍속은 태풍이 A에 위치할 때가 B에 위치할 때보다 빠르다.
ㄴ. 태풍이 B에 위치할 때 C에서는 서풍 계열의 바람이 동풍 계열의 바람보다 우세하게 분다.
ㄷ. 태풍의 평균 이동 속력은 A → B 구간이 B → C 구간보다 느리다.

① ㄱ ② ㄴ ③ ㄷ ④ ㄱ, ㄷ ⑤ ㄴ, ㄷ

태풍이 우리나라를 통과하는 동안 어느 관측소에서 관측한 해면 기압은 일반적으로 낮아지다가 높아지는 경향을 보인다.

[25026-0138]

16 그림은 온대 저기압과 열대 저기압의 발생 지점과 이동 경로를 나타낸 것이다. A와 B는 각각 온대 저기압과 열대 저기압 중 하나이다.

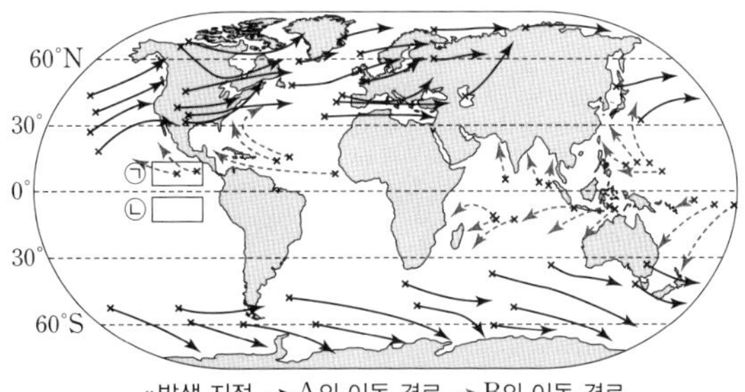

이에 대한 설명으로 옳은 것만을 〈보기〉에서 있는 대로 고른 것은?

〈 보기 〉

ㄱ. $\frac{\text{육지에서 발생한 저기압의 수}}{\text{바다에서 발생한 저기압의 수}}$는 A가 B보다 크다.
ㄴ. A와 B 모두는 저위도의 과잉 에너지를 고위도로 수송한다.
ㄷ. 해수면 연평균 수온은 ㉠ 해역이 ㉡ 해역보다 낮다.

① ㄱ ② ㄴ ③ ㄷ ④ ㄱ, ㄴ ⑤ ㄴ, ㄷ

일반적으로 온대 저기압은 중위도에서 발생하고 열대 저기압은 열대 해상에서 발생한다.

열대 저기압의 하층에서는 공기가 주로 수렴하고 상층에서는 공기가 주로 발산한다.

[25026-0139]

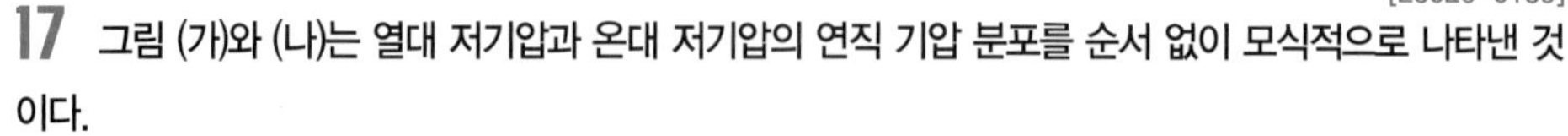

17 그림 (가)와 (나)는 열대 저기압과 온대 저기압의 연직 기압 분포를 순서 없이 모식적으로 나타낸 것이다.

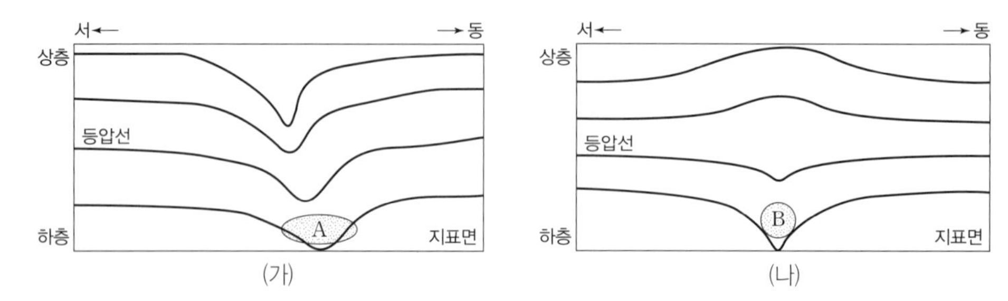

(가) (나)

이에 대한 설명으로 옳은 것만을 〈보기〉에서 있는 대로 고른 것은?

〈보기〉

ㄱ. 열대 저기압의 연직 기압 분포는 (가)이다.
ㄴ. A에서 공기는 주로 발산한다.
ㄷ. B에서 평균 기온은 주변보다 높다.

① ㄱ ② ㄷ ③ ㄱ, ㄴ ④ ㄴ, ㄷ ⑤ ㄱ, ㄴ, ㄷ

정서쪽, 서북서쪽에서 접근해 온 온대 저기압의 비율과 강도는 황사가 발생한 시기가 발생하지 않은 시기보다 높고 강하다.

[25026-0140]

18 그림 (가)와 (나)는 각각 서로 다른 시기에 온대 저기압이 한반도에 접근하기 48시간 전부터 한반도 접근 당일까지 온대 저기압이 접근해 온 방향, 비율(%), 강도를 나타낸 것이다. (가)와 (나)는 각각 봄철에 우리나라에서 황사가 발생한 시기와 발생하지 않은 시기 중 하나이다.

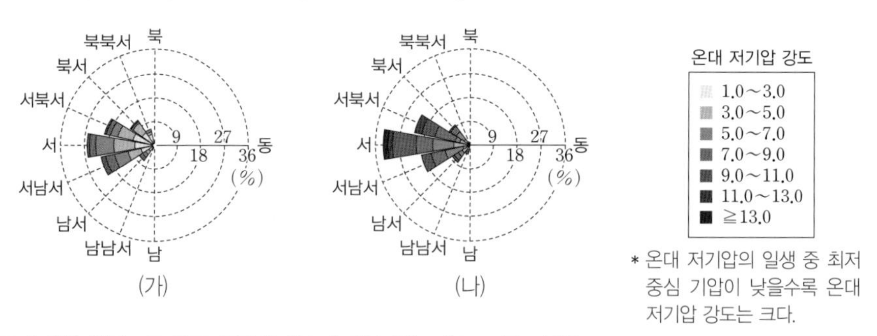

(가) (나)

* 온대 저기압의 일생 중 최저 중심 기압이 낮을수록 온대 저기압 강도는 크다.

이 자료에 대한 설명으로 옳은 것만을 〈보기〉에서 있는 대로 고른 것은?

〈보기〉

ㄱ. 황사가 발생한 시기는 (나)이다.
ㄴ. 서북서쪽에서 접근해 온 온대 저기압의 평균 강도는 황사가 발생한 시기가 발생하지 않은 시기보다 강하다.
ㄷ. 정서쪽에서 접근해 온 온대 저기압의 비율은 황사가 발생한 시기가 발생하지 않은 시기보다 높다.

① ㄱ ② ㄴ ③ ㄱ, ㄷ ④ ㄴ, ㄷ ⑤ ㄱ, ㄴ, ㄷ

[25026-0141]

19 그림 (가)와 (나)는 제주도의 4개 관측소에서 서로 다른 한 달 동안 관측한 풍향별 관측 횟수의 비율과 풍향별 최대 풍속을 나타낸 것이다. (가)와 (나)는 각각 1월과 7월 중 하나이다.

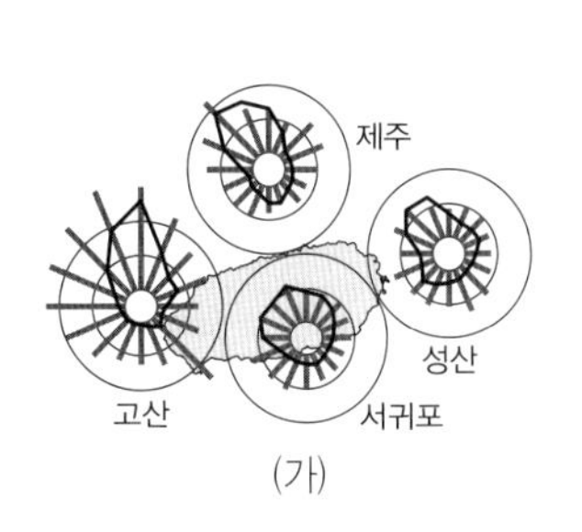

(가)

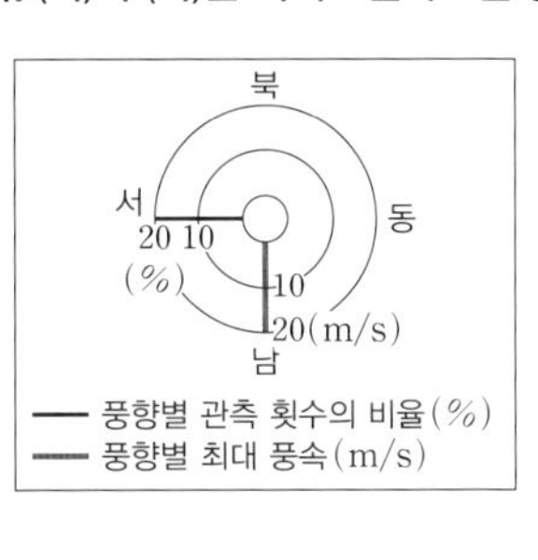

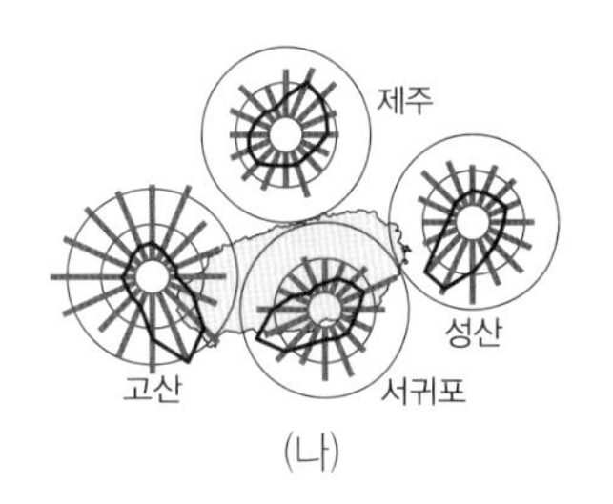

(나)

이에 대한 설명으로 옳은 것만을 〈보기〉에서 있는 대로 고른 것은?

〈 보기 〉
ㄱ. (가) 시기에 4개 관측소 모두에서 풍향별 관측 횟수의 비율은 북풍 계열 바람이 남풍 계열 바람보다 높다.
ㄴ. 제주도의 월평균 기온은 (가) 시기가 (나) 시기보다 높다.
ㄷ. 우리나라는 (나) 시기가 (가) 시기보다 해양성 기단의 영향을 더 크게 받는다.

① ㄱ ② ㄴ ③ ㄷ ④ ㄱ, ㄷ ⑤ ㄴ, ㄷ

1월에 제주도에서는 북풍 계열의 계절풍이 우세하게 분다.

[25026-0142]

20 그림 (가)와 (나)는 권역별 연평균 폭염 특보 발령 횟수와 권역별 연평균 한파 특보 발령 횟수를 순서 없이 나타낸 것이다. 폭염 특보에는 폭염 경보와 폭염 주의보가 포함되며, 한파 특보에는 한파 경보와 한파 주의보가 포함된다.

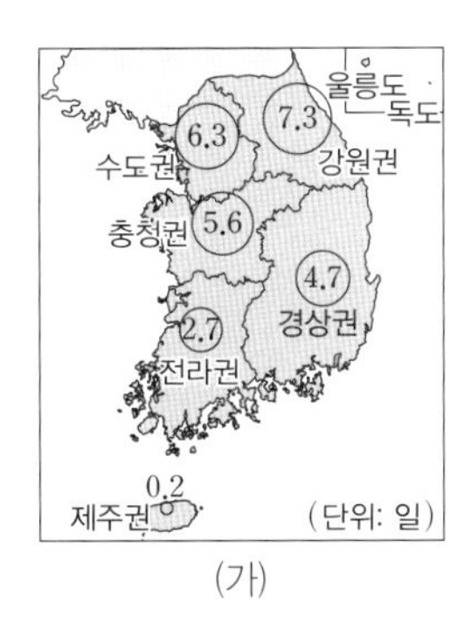

(가)

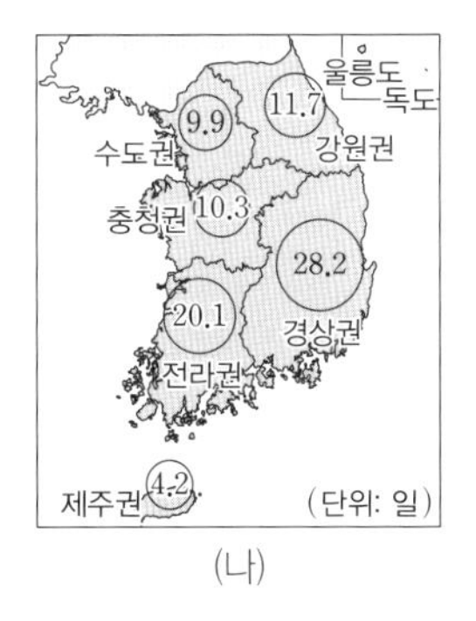

(나)

이에 대한 설명으로 옳은 것만을 〈보기〉에서 있는 대로 고른 것은?

〈 보기 〉
ㄱ. 권역별 연평균 폭염 특보 발령 횟수가 가장 많은 권역은 경상권이다.
ㄴ. (가)의 특보가 발령될 때, 우리나라는 주로 한대 기단의 영향을 받는다.
ㄷ. 우리나라에서 대기 중 수증기량은 (가)의 시기가 (나)의 시기보다 많다.

① ㄱ ② ㄷ ③ ㄱ, ㄴ ④ ㄴ, ㄷ ⑤ ㄱ, ㄴ, ㄷ

한파는 기온이 갑자기 낮아지는 현상이고, 폭염은 비정상적인 무더위가 여러 날 동안 지속되는 현상이다.

06 해양의 변화

개념 체크

표층 해수의 온도
- 표층 수온은 저위도에서 고위도로 갈수록 대체로 낮아진다. 계절에 따른 표층 수온의 변화는 연안보다 대양의 중심부에서 작다.
- 등수온선은 대체로 위도와 나란하게 나타난다. 아열대 해양에서는 한류가 흐르는 대양의 동안보다 난류가 흐르는 대양의 서안에서 표층 수온이 대체로 높다.

염류
해수 중에 녹아 있는 여러 가지 무기물로, 해저 화산 활동 등에 의해 공급되거나 암석을 구성하는 광물들이 풍화되어 물에 녹아 공급된다.

psu(실용염분단위)
psu(practical salinity unit)는 전기 전도도로 측정한 염분 단위이다.

1. 해수의 표층 수온은 저위도에서 고위도로 갈수록 대체로 (   )진다.

2. 아열대 해양에서는 대양의 동안보다 서안에서 해수의 표층 수온이 대체로 (   )다.

3. 해수의 연직 수온 분포에서 (   )은 깊이가 깊어질수록 수온이 급격히 낮아지는 층이다.

정답
1. 낮아
2. 높
3. 수온 약층

1 해수의 성질

(1) 해수의 온도

① **표층 해수의 온도**: 표층 해수의 온도 분포에 가장 큰 영향을 미치는 요인은 태양 복사 에너지이다. 따라서 표층 수온은 위도와 계절에 따라 달라진다.

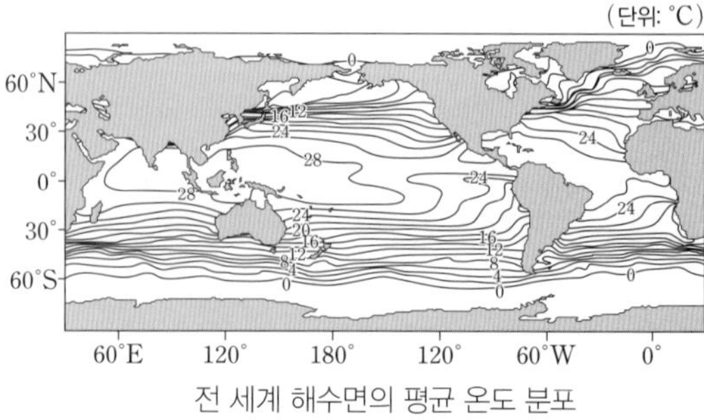

전 세계 해수면의 평균 온도 분포

② **해수의 연직 수온 분포**: 저위도와 중위도 지방의 해수는 수온의 연직 분포에 따라 구분한다.

- 혼합층: 태양 복사 에너지에 의한 가열로 수온이 높고, 주로 바람의 혼합 작용으로 인해 깊이에 따라 수온이 거의 일정한 층이다. 혼합층의 두께(깊이)는 대체로 바람이 강한 지역에서 두껍다(깊다).
- 수온 약층: 혼합층 아래에서 깊이에 따라 수온이 급격히 낮아지는 층이다. 수온 약층은 수심이 깊어질수록 해수의 밀도가 급격히 커지므로 매우 안정하며, 대류가 제한되므로 혼합층과 심해층의 물질 교환 및 에너지 이동이 억제된다.
- 심해층: 수온이 낮고 태양 복사 에너지가 도달하지 않으므로, 계절이나 깊이에 따른 수온의 변화가 거의 없다.

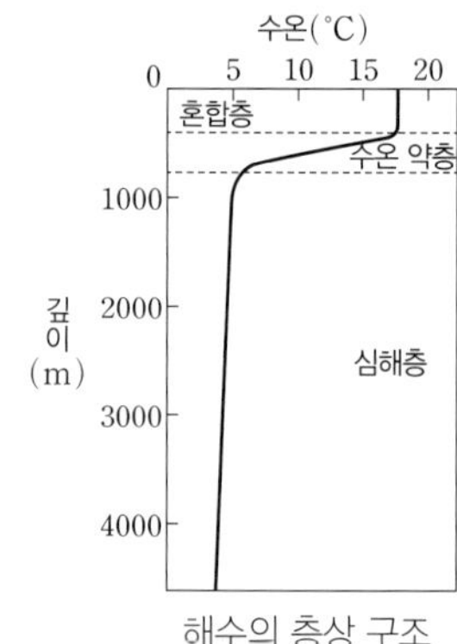

해수의 층상 구조

③ **위도별 해양의 연직 수온 분포**: 혼합층의 두께(깊이)는 저위도 지방보다 중위도 지방에서 두껍다(깊다). 또한 고위도 지역의 표층수는 흡수하는 태양 복사 에너지가 매우 적어 심해층과 수온 차가 거의 없기 때문에 수온 약층이 발달하지 못한다.

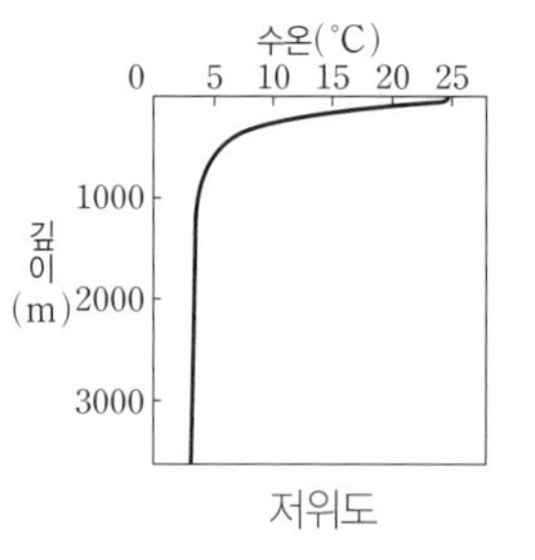

저위도

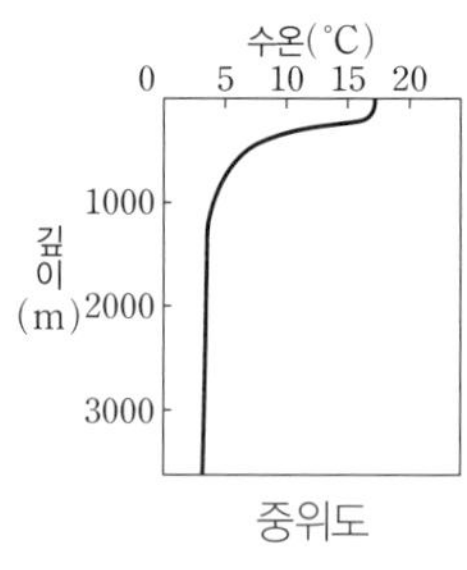

중위도

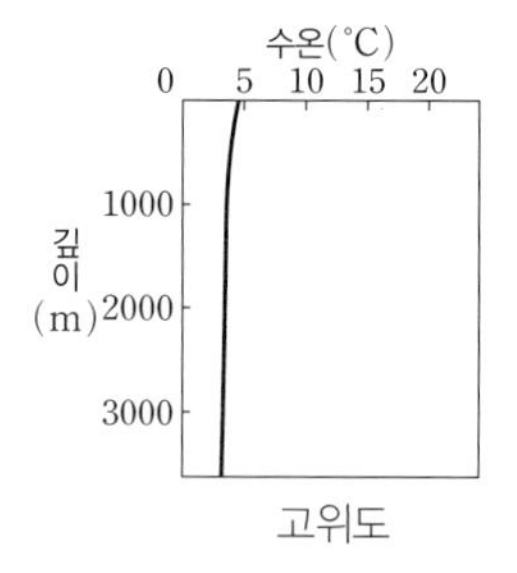

고위도

위도별 해양의 연직 수온 분포

(2) 해수의 염분

① **염분**: 해수 1 kg 속에 녹아 있는 염류의 총량을 g 수로 나타낸 값이다. 단위는 psu(실용염분단위)를 쓴다. 전 세계 해수의 평균 염분은 약 35 psu이다.

② **표층 염분의 변화**: 표층 염분에 가장 큰 영향을 주는 요인은 증발량과 강수량이다. 표층 염분은 대체로 (증발량−강수량) 값이 클수록 높다.

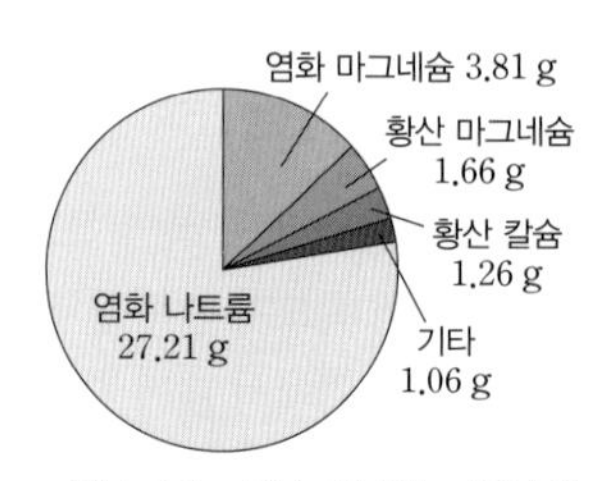

해수 1 kg에 녹아 있는 염류의 양이 35 g일 때 염류 구성

- 염분의 증가 요인: 증발, 해수의 결빙
- 염분의 감소 요인: 강수, 육지로부터의 담수 유입, 빙하의 융해

③ **표층 염분의 분포**: 증발량이 강수량보다 많은 중위도 고압대의 해양에서는 표층 염분이 높게 나타난다.

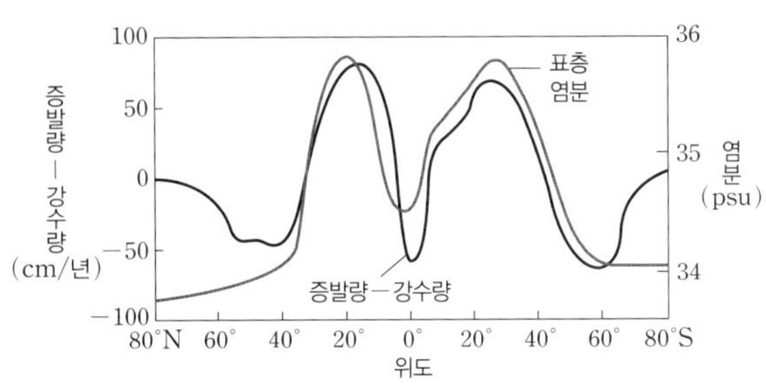

(증발량−강수량)과 표층 염분 분포

- 적도 지방은 저압대가 위치하므로 증발량보다 강수량이 많아 표층 염분이 중위도 지방보다 낮다.
- 극지방은 증발량이 적고 빙하가 융해되어 표층 염분이 낮다. 하지만 얼음이 어는 해역에서는 표층 염분이 높게 나타난다.

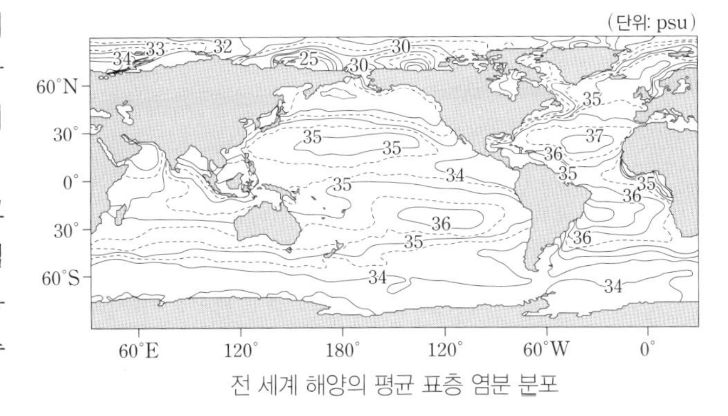

전 세계 해양의 평균 표층 염분 분포

- 육지로부터 담수가 흘러들어오는 연안은 대양의 중심부보다 표층 염분이 낮다.

탐구자료 살펴보기 | 우리나라 주변 해수의 표층 수온, 표층 염분 분포

탐구 자료

그림 (가)와 (나)는 우리나라 주변 해역에서 계절에 따른 표층 수온과 표층 염분 분포를 나타낸 것이다.

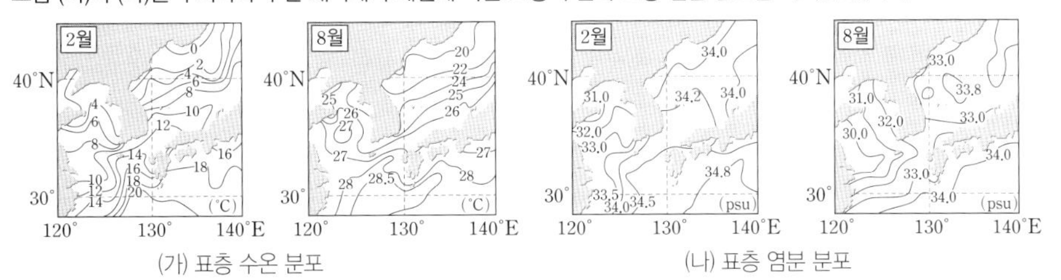

(가) 표층 수온 분포 (나) 표층 염분 분포

탐구 결과

1. 표층 수온: 2월보다 8월에 높고, 남북 간의 표층 수온 차는 8월보다 2월에 크다.
2. 표층 염분: 8월보다 2월에 높고, 연안보다 외해에서 대체로 높다.

분석 point

- 남해: 연중 난류가 흐르고 표층 수온이 높다.
- 황해: 대륙의 영향을 많이 받아 표층 수온의 연교차가 크다.
- 동해: 난류와 한류가 만나고 남북 간의 표층 수온 차가 크다.
- 표층 염분은 강수량이 많은 여름철에 대체로 낮고, 강물이 유입되는 연안에서 낮게 나타난다.

개념 체크

➲ 해수의 결빙과 표층 염분 변화
해수의 결빙이 일어날 때 염류가 빠져나가기 때문에 주변 해수의 표층 염분이 높아진다.

➲ 염분비 일정 법칙
19세기에 세계 주요 해양의 해수를 분석한 결과, 각 해양에서 염분은 서로 다르지만 해수에 녹아 있는 주요 염류들 사이의 상대적 비율은 모든 해양에서 거의 일정하다는 것을 확인하였다. 이를 염분비 일정 법칙이라고 한다.

1. 중위도 해역에서는 증발량이 강수량보다 많기 때문에 표층 염분은 중위도 해역이 적도 해역보다 (　　)게 나타난다.
2. 극지방에서 해수의 결빙이 일어나면 주변 해수의 표층 염분이 (　　)아진다.
3. 육지로부터 담수가 유입되면 해수의 표층 염분이 (　　)아진다.
4. 우리나라 주변 해수의 표층 염분은 강수량이 많은 여름철이 겨울철보다 대체로 (　　)다.

정답
1. 높
2. 높
3. 낮
4. 낮

개념 체크

◐ 밀도 약층
수심이 깊어질수록 밀도가 급격하게 커지는 층으로, 수온 약층이 나타나는 깊이와 대체로 일치한다.

◐ 수온 염분도
일반적으로 밀도가 다른 두 수괴가 만나면 쉽게 섞이지 않기 때문에 오랜 기간 동안 그 특성을 유지한다. 따라서 수온 염분도를 이용하면 수괴의 특성뿐만 아니라 이동까지 추정할 수 있다.

◐ 해수의 기체 용해도
해수의 기체 용해도는 해수에 녹을 수 있는 기체의 양을 의미하며, 일반적으로 해수의 수온이 낮을수록 증가하고 기체의 압력이 클수록 증가한다.

1. 해수의 밀도는 수온이 (　　)을수록, 염분이 (　　)을수록 커진다.

2. 수심이 깊어질수록 밀도가 급격하게 커지는 층을 (　　)이라고 한다.

3. 해수의 용존 산소량은 식물성 플랑크톤의 (　　)과 대기로부터의 산소 공급에 의해 해수 표층에서 가장 많다.

정답
1. 낮, 높
2. 밀도 약층
3. 광합성

(3) 해수의 밀도

① **해수의 밀도에 영향을 주는 요인:** 해수의 밀도는 주로 수온, 염분, 수압에 의해 결정된다. ➡ 해수의 밀도는 수온이 낮을수록, 염분이 높을수록, 수압이 클수록 커진다.

② **해수의 밀도 분포**

- 깊이에 따른 압력의 효과를 무시할 때 해수의 밀도는 약 1.021~1.027 g/cm^3로 순수한 물보다 크다.
- 해수의 연직 밀도 분포: 북반구의 경우 저위도와 중위도 해역에서 해수의 밀도는 수심이 깊어질수록 커지다가 심해에서는 거의 일정하다.

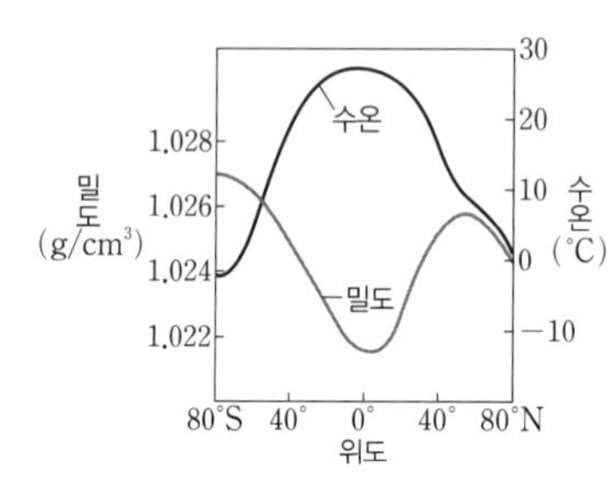

위도별 표층 해수의 수온과 밀도 분포

해수의 연직 밀도와 수온 분포

③ **수온 염분도(T−S도):** 해수의 특성을 나타내는 그래프로, 수온(Temperature)과 염분(Salinity)의 첫 글자를 따서 수온 염분도(T−S도)라고 한다.

- 오른쪽 그림에서 해수의 수온은 A<B<C이고, 염분은 A<B=C이며, 해수의 밀도는 C<B=A이다.
- 수온 염분도(T−S도)를 이용하면 해수의 밀도를 알아낼 수 있으며, 해수의 특성과 이동을 추정할 수 있다.

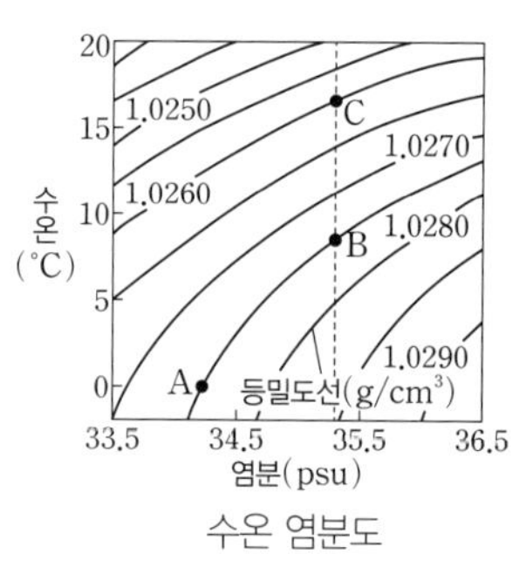

수온 염분도

(4) 해수의 용존 기체

해수의 용존 기체: 해수의 용존 기체량은 일차적으로 기체의 용해도에 영향을 미치는 수온, 염분, 수압 등에 의해 결정된다. 용존 기체의 분포는 해수 중에 존재하는 생물 활동의 영향을 크게 받는다.

① **용존 산소:** 용존 산소량은 식물성 플랑크톤의 광합성과 대기로부터의 산소 공급에 의해 해수 표층에서 가장 많다. 심해에서는 극지방의 표층에서 침강한 찬 해수에 의해 용존 산소량이 약간 많다.

② **용존 이산화 탄소:** 이산화 탄소는 산소보다 기체의 용해도가 크므로 용존 이산화 탄소량은 용존 산소량보다 전체적으로 많다. 표층에서는 광합성 때문에 용존 이산화 탄소량이 적지만 수심이 깊어질수록 증가한다.

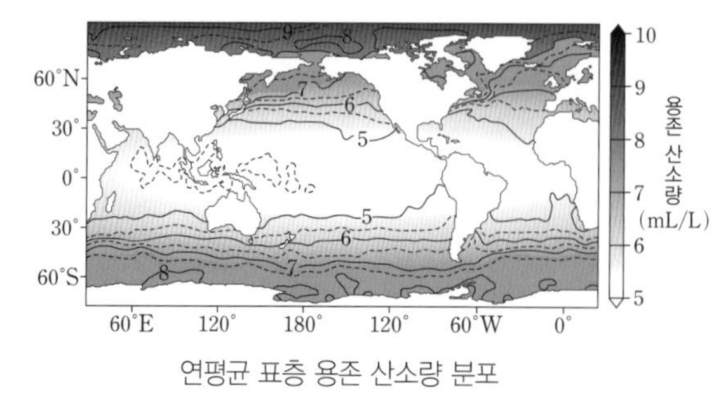

연평균 표층 용존 산소량 분포

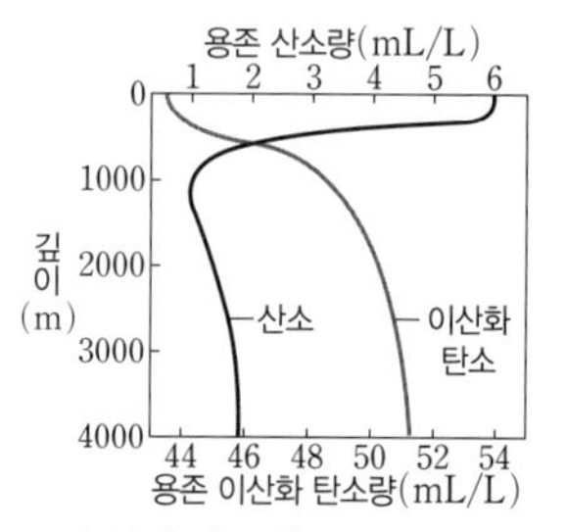

수심에 따른 용존 기체량의 변화

2 해수의 표층 순환

(1) 대기 대순환

① **지구의 복사 평형**: 지구는 흡수한 태양 복사 에너지와 같은 양의 지구 복사 에너지를 우주 공간으로 방출하므로 지구의 평균 기온은 거의 일정하게 유지된다.

② **위도에 따른 열수지**: 위도에 따라 태양 복사 에너지의 흡수량과 지구 복사 에너지의 방출량이 차이가 난다.

- 저위도 지방(적도~위도 약 38°)에서는 에너지가 남고, 고위도 지방(위도 약 38°~극)에서는 에너지가 부족하다.
  ➡ 복사 평형 상태일 때 에너지 과잉량과 부족량의 크기는 같다.
- 대기와 해수의 순환: 저위도의 남는 에너지를 에너지가 부족한 고위도로 운반한다.

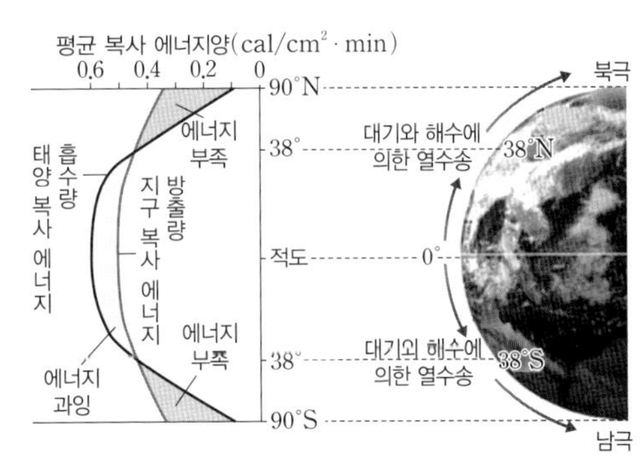

위도에 따른 열수지

③ **대기 대순환의 원인**: 지구 규모의 열에너지 이동을 일으키는 가장 큰 규모의 대기 순환으로, 위도에 따른 태양 복사 에너지의 양과 지구 복사 에너지의 양 차이에서 비롯된 에너지 불균형이 대기 대순환의 원인이다.

(2) 대기 대순환 모형

① **단일 세포 순환 모형(지표면이 균일하고 자전하지 않는 지구)**: 적도 지방에는 상승 기류가, 극지방에는 하강 기류가 발달하여 북반구 지표 부근에는 북풍 계열의 바람만, 남반구 지표 부근에는 남풍 계열의 바람만 분다.

찬 공기
북풍
0°
따뜻한 공기
남풍
찬 공기

지구가 자전하지 않을 때 대기 대순환 모형

② **대기 대순환 모형(자전하는 지구)**: 지구 자전에 의한 전향력의 영향으로 각 반구에 3개의 순환 세포가 형성된다.

- 해들리 순환: 적도 지방에서 공기가 상승하여 고위도로 이동한 다음 위도 30° 부근에서 하강하여 다시 적도 지방으로 되돌아온다. 이때 적도 지방에서는 열대 수렴대(적도 저압대)를 형성하고, 위도 30° 부근에서는 아열대 고압대(중위도 고압대)를 형성한다.
- 페렐 순환: 위도 30° 부근에서 공기가 하강하여 고위도로 이동한 다음 위도 60° 부근에서 상승한다.
- 극순환: 극지방에서 공기가 하강하여 저위도로 이동한 다음 위도 60° 부근에서 상승한다. 페렐 순환과 극순환이 만나는 위도 60° 부근에서는 한대 전선대를 형성한다.

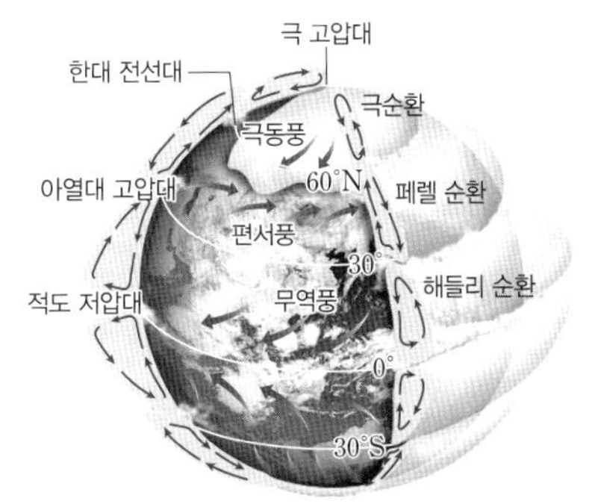

지구가 자전할 때 대기 대순환 모형

③ **직접 순환과 간접 순환**: 해들리 순환과 극순환은 가열된 공기가 상승하거나 냉각된 공기가 하강하면서 만들어진 열적 순환으로 직접 순환에 해당한다. 이에 비해 위도 약 30°~60° 사이의 페렐 순환은 해들리 순환과 극순환 사이에서 형성된 간접 순환이다.

개념 체크

전향력
자전하는 지구에서 운동하는 물체에 나타나는 가상의 힘으로 북반구에서는 물체가 운동하는 방향의 오른쪽으로, 남반구에서는 물체가 운동하는 방향의 왼쪽으로 작용한다.

대기 대순환
지구의 실제 대기 대순환은 지구 자전뿐만 아니라 대륙과 해양의 분포 등에 의해 이론적인 모형보다 훨씬 복잡하게 나타난다.

1. 대기와 해수의 순환은 (   )위도의 남는 에너지를 에너지가 부족한 (   )위도로 운반한다.

2. 지구 자전을 고려한 대기 대순환 모형에서는 각 반구에 (   )개의 순환 세포가 형성된다.

3. 해들리 순환, 페렐 순환, 극순환의 지표 부근에서는 각각 무역풍, (   ), 극동풍이 분다.

4. 북반구의 대기 대순환 모형에서 (   )풍과 극동풍은 동풍 계열의 바람이고, 편서풍은 (   )풍 계열의 바람이다.

5. 해들리 순환과 극순환은 (   ) 순환이고, 페렐 순환은 (   ) 순환이다.

정답
1. 저, 고
2. 3
3. 편서풍
4. 무역, 서
5. 직접, 간접

개념 체크

➲ 표층 순환
해양의 표층에서 수평 방향으로 일어나는 해수의 순환으로 아열대 순환, 아한대 순환 등이 있다.

1. 표층 해류는 (　　)의 영향으로 동서 방향으로 흐르는 해류와 대륙의 영향으로 남북 방향으로 흐르는 해류가 순환을 이룬다.

2. 북적도 해류와 남적도 해류 모두 대기 대순환의 (　　)풍에 의해 형성된다.

3. 북반구의 아열대 순환에서 해류는 (　　) 방향으로, 남반구의 아열대 순환에서 해류는 (　　) 방향으로 흐른다.

4. 남극 순환 해류는 (　　)에 의해 형성되어 남극 대륙 주위를 흐르는 해류이다.

5. 북태평양 아열대 순환은 (　　) 해류, 쿠로시오 해류, 북태평양 해류, 캘리포니아 해류로 이루어진다.

정답
1. 바람
2. 무역
3. 시계, 시계 반대
4. 편서풍
5. 북적도

(3) 해수의 표층 순환: 표층 해류는 육지로 가로막힌 대양 안에서 몇 개의 거대한 순환을 이루고 있으며, 적도 부근을 경계로 북반구와 남반구가 대체로 대칭적인 분포를 보인다.

① 해양은 대륙에 의해 가로막혀 있으므로 동서 방향으로 흐르던 해류가 대륙과 부딪혀 남북 방향으로 갈라져 흐르면서 순환을 이룬다.

② 표층 순환은 적도 부근을 경계로 북반구와 남반구가 거의 대칭을 이루면서 순환한다.

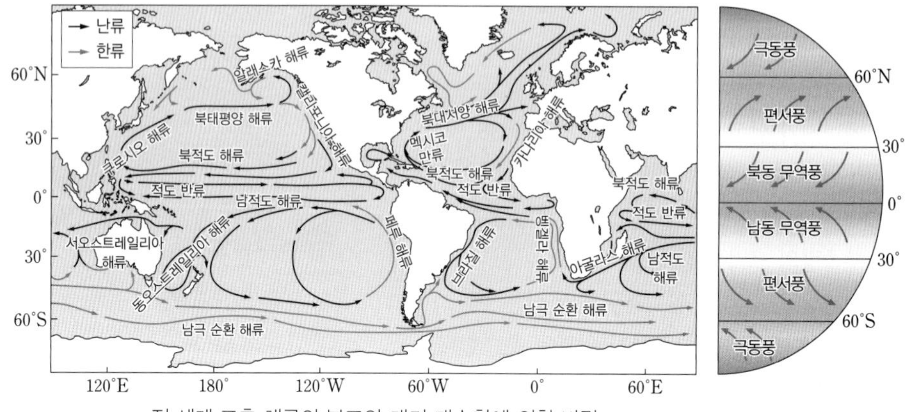

전 세계 표층 해류의 분포와 대기 대순환에 의한 바람

③ **아열대 순환**: 무역풍대의 해류와 편서풍대의 해류로 이루어진 순환을 말한다.
- 북태평양: 북적도 해류, 쿠로시오 해류, 북태평양 해류, 캘리포니아 해류로 이루어져 있으며, 시계 방향으로 순환한다.
- 남태평양: 남적도 해류, 동오스트레일리아 해류, 남극 순환 해류(남극 순환류), 페루 해류로 이루어져 있으며, 시계 반대 방향으로 순환한다.
- 북대서양: 북적도 해류, 멕시코 만류, 북대서양 해류, 카나리아 해류로 이루어져 있으며, 시계 방향으로 순환한다.
- 남대서양: 남적도 해류, 브라질 해류, 남극 순환 해류(남극 순환류), 벵겔라 해류로 이루어져 있으며, 시계 반대 방향으로 순환한다.

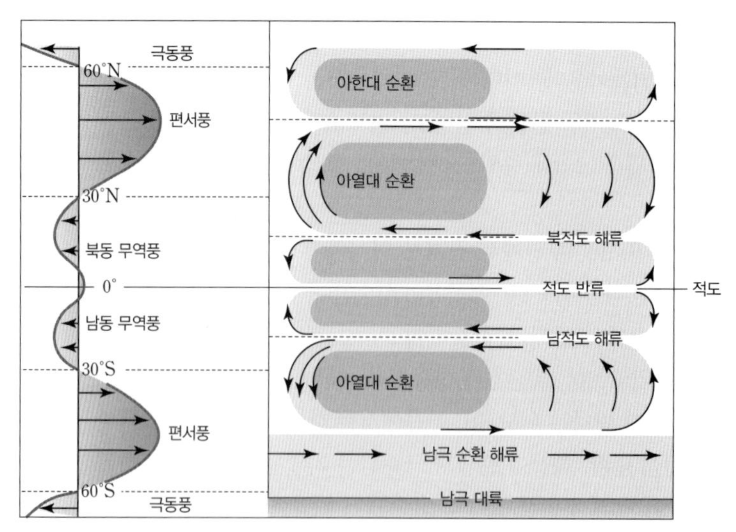

대기 대순환과 표층 순환의 관계를 나타낸 모식도

④ 대양의 서쪽 연안을 따라 흐르는 해류는 동쪽 연안을 따라 흐르는 해류에 비해 속도가 빠르다. ➡ 북태평양의 서쪽에서 흐르는 쿠로시오 해류는 동쪽에서 흐르는 캘리포니아 해류에 비해 유속이 훨씬 빠르다.

⑤ 해수의 표층 순환은 대기 대순환, 대륙의 분포 등의 영향을 받아 이론적인 모형보다 훨씬 복잡하게 나타난다.

시각화한 표층 해류의 모습

(4) 해류의 역할

① 해류는 저위도의 에너지를 고위도로 수송하는 역할을 하며, 전 세계의 기후와 해양 환경에 영향을 미친다.

② 난류가 흐르는 지역은 따뜻한 난류의 영향을 받아 겨울철 평균 기온이 동일 위도의 다른 지역에 비해 높은 편이다. 비슷한 위도에 있는 영국의 런던과 캐나다 퀘벡의 1월 평균 기온을 비교해 보면, 난류인 멕시코 만류의 연장인 북대서양 해류가 열을 공급하여 유럽의 서쪽 지역을 온난하게 하기 때문에 런던이 퀘벡보다 1월 평균 기온이 높다.

해류의 영향

(5) 우리나라 주변의 해류

① **난류**: 우리나라 주변 난류의 근원은 쿠로시오 해류이다. 쿠로시오 해류의 지류가 동중국해에서 갈라져 나와 북상하여 황해 난류, 대마 난류(쓰시마 난류), 동한 난류를 형성한다.

- 황해 난류: 쿠로시오 해류의 지류가 북상하다가 제주도 부근 해역에서 갈라져 황해의 중앙부 쪽으로 북상한다.
- 대마 난류(쓰시마 난류): 제주도 남동쪽에서 남해를 거쳐 대한 해협을 통과한 후 동해로 흘러 들어간다.
- 동한 난류: 대한 해협에서 대마 난류로부터 갈라져 나와 동해안을 따라 북상한다. 동해에서 북한 한류와 만난 후 동진하여 대마 난류와 다시 합류한다.

② **한류**: 우리나라 주변 한류의 근원은 연해주를 따라 남하하는 연해주 한류이다.

- 북한 한류는 연해주 한류와 연결되기도 하고, 끊어지기도 하면서 동해안을 따라 남하하다가 동한 난류와 만난다.

③ **난류와 한류의 특징**: 난류는 수온과 염분이 높고, 영양염과 용존 산소량이 적어 식물성 플랑크톤이 적다. 반면, 한류는 수온과 염분이 낮고, 영양염과 용존 산소량이 많아 식물성 플랑크톤이 많다.

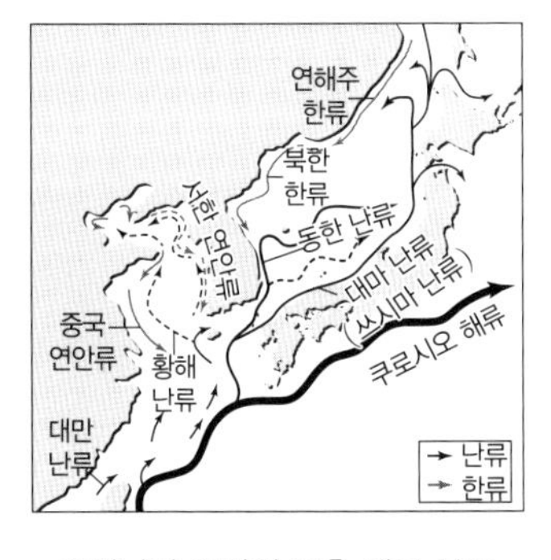

우리나라 주변의 표층 해류 분포

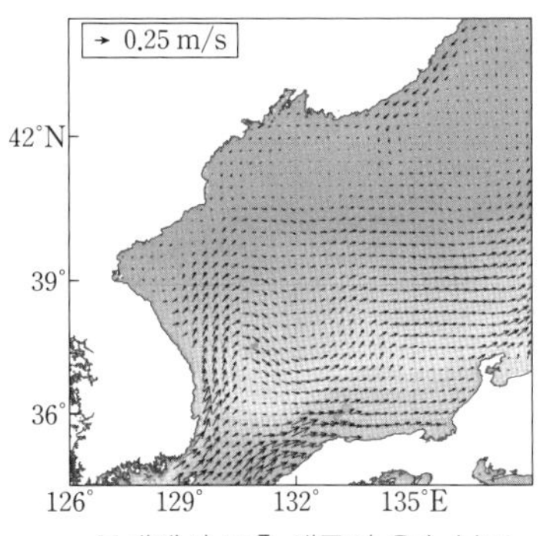

동해에서 표층 해류의 유속 분포

개념 체크

조경 수역
난류와 한류가 만나는 곳으로 영양염, 플랑크톤, 용존 산소량이 풍부하여 좋은 어장이 형성된다.

1. 난류가 흐르는 지역은 따뜻한 난류의 영향을 받아 겨울철 평균 기온이 동일 위도의 다른 지역에 비해 (   )은 편이다.

2. 우리나라 주변 난류의 근원은 (   ) 해류이다.

3. 동해에서는 (   ) 난류와 (   ) 한류가 만난다.

정답
1. 높
2. 쿠로시오
3. 동한, 북한

개념 체크

➲ 밀도류
심층 순환을 이루는 해류는 물의 밀도 차에 기인하기 때문에 심층 해류를 밀도류라고도 한다.

➲ 해수의 순환
해수가 표층에서 침강한 뒤 심층 순환을 거쳐 다시 표층으로 되돌아오는 데는 수백 년에서 천 년에 가까운 오랜 시간이 걸린다.

1. 해수의 심층 순환은 (　　) 이나 염분 변화에 따른 해수의 밀도 차에 의해 일어난다.

2. 해수의 심층 순환은 표층 순환에 비해 해수의 이동 속도가 매우 (　　).

3. 표층 해수의 수온이 낮아지거나 염분이 높아져 밀도가 (　　)지면 표층 해수는 서서히 침강한다.

4. 수온, 염분, 밀도 등 성질이 비슷한 해수 덩어리를 (　　)라고 한다.

정답
1. 수온
2. 느리다
3. 커
4. 수괴

3 해수의 심층 순환

(1) 심층 순환

① 해양에서는 표층뿐만 아니라 수심이 깊은 곳에도 해류가 존재한다. 표층에서 수온이 낮아지거나 염분이 높아지면 밀도가 커진 해수가 심해로 가라앉아 해수의 순환이 일어나는데, 이를 심층 순환이라고 한다.

② 심층 순환은 수온과 염분 변화에 따른 밀도 차로 형성되기 때문에 열염 순환이라고도 한다.

③ 극 해역의 좁은 면적에서 차갑게 냉각된 해수는 밀도가 커져 상대적으로 빨리 가라앉는다. 이후 가라앉은 해수는 저위도로 이동하여 온대나 열대 해역에 걸쳐 매우 천천히 상승하고 표층을 따라 극 쪽으로 이동한다.

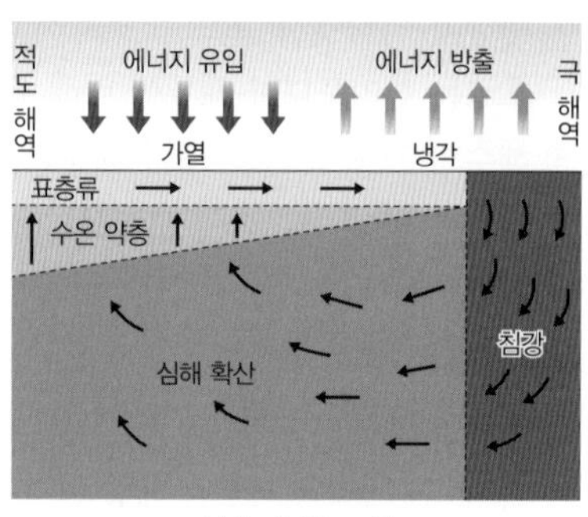

심층 순환 모형

탐구자료 살펴보기 심층 순환의 발생 원리

탐구 과정

1. 수조에 약 20 ℃의 물을 $\frac{2}{3}$ 정도 채우고, 수조 한쪽에 구멍 뚫린 종이컵의 아랫부분이 물에 잠길 정도로 놓고 접착테이프로 고정시킨다.
2. 색소를 탄 얼음물을 수조의 종이컵에 붓고 얼음물의 이동을 관찰한다.
3. 색소를 탄 약 20 ℃의 소금물을 이용하여 과정 1과 2를 반복한다.

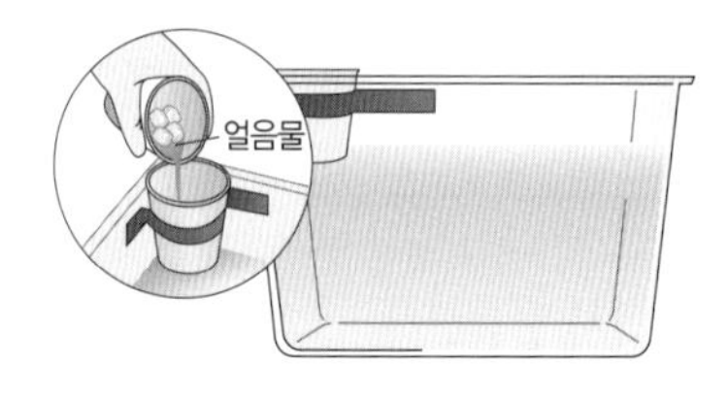

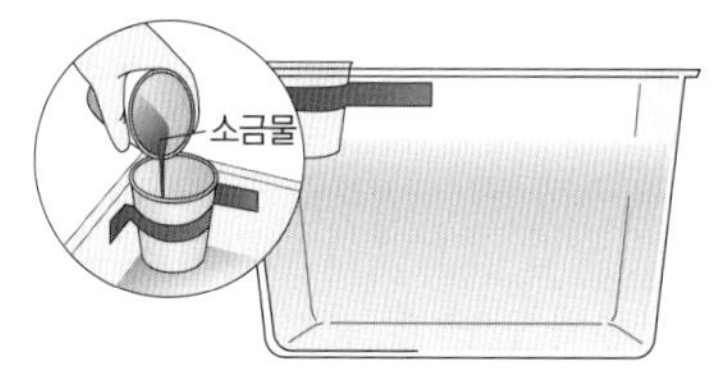

탐구 결과

얼음물과 소금물은 모두 수조의 물보다 밀도가 크므로 수조 바닥에 가라앉은 후 바닥을 따라 천천히 움직인다.

분석 point

- 얼음물과 소금물이 가라앉는 곳은 실제 해양에서 침강이 일어나는 해역에 해당하고, 얼음물과 소금물이 바닥을 따라 움직이는 것은 심층 해류에 해당한다.
- 실제 해양에서도 수온이 낮거나 염분이 높은 고밀도 해수가 가라앉아 심해에서 이동하는 심층 순환이 일어난다.

(2) 심층 순환의 특징

① 심층 순환은 수온과 염분 및 밀도를 조사하여 간접적으로 흐름을 알아낼 수 있다.

② **수괴:** 수온, 염분, 밀도 등 성질이 비슷한 해수 덩어리를 수괴라고 한다. 성질이 다른 수괴는 서로 잘 섞이지 않기 때문에 수괴의 수온과 염분은 잘 변하지 않는다.

③ **수괴 분석:** 수괴의 성질을 조사하여 수온 염분도에 나타내면 그 기원과 이동 경로를 추정할 수 있다.

과학 돋보기 수온 염분도를 이용한 수괴 분석

표는 대서양 중앙부에 위치한 28°N에서 조사한 수심에 따른 해수의 수온과 염분을, 그림은 주요 수괴들의 수온과 염분 범위를 수온 염분도에 나타낸 것이다.

수심(m)	수온(℃)	염분(psu)	수괴
100	15.0	36.0	북대서양 중앙 표층수
500	4.0	34.2	남극 중층수
1000	10.0	35.8	지중해 중층수
2000	4.0	34.9	북대서양 심층수
4000	0.0	34.7	남극 저층수

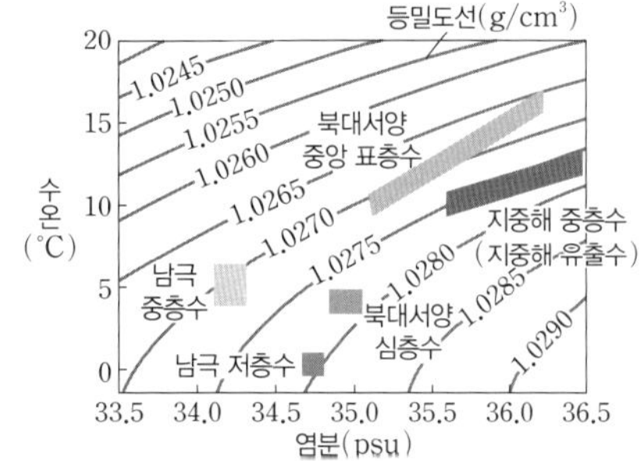

이 해역의 수심 100 m, 500 m, 1000 m, 2000 m, 4000 m 해수의 수온과 염분을 수온 염분도에 나타내면 각각 북대서양 중앙 표층수, 남극 중층수, 지중해 중층수, 북대서양 심층수, 남극 저층수 기원의 해수임을 알 수 있다. 해수의 심층 순환은 수온 약층 아래에서 표층 순환에 비해 매우 느리게 일어나기 때문에 그 흐름을 직접 관측하기 어려우므로 수괴의 성질을 측정하여 알 수 있다. 측정한 수괴의 수온과 염분을 수온 염분도에 나타내면 수괴의 기원과 이동 경로를 파악할 수 있다.

④ 대서양에서의 심층 순환

- 남극 저층수: 남극 대륙 주변의 웨델해에서 만들어진 남극 저층수는 해저를 따라 북쪽으로 이동하여 30°N 부근까지 흐른다.
- 북대서양 심층수: 그린란드 주변 해역에서 만들어진 북대서양 심층수는 수심 약 1500 m～4000 m 사이에서 60°S 부근까지 이동한다.
- 남극 중층수: 60°S 부근에서 형성된 남극 중층수는 수심 1000 m 부근에서 20°N 부근까지 이동한다.

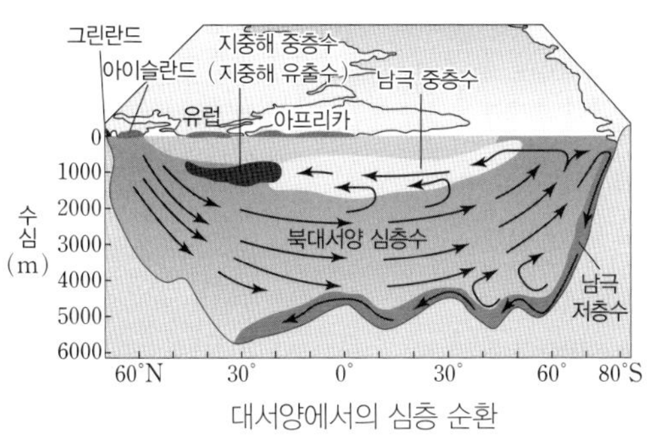

대서양에서의 심층 순환

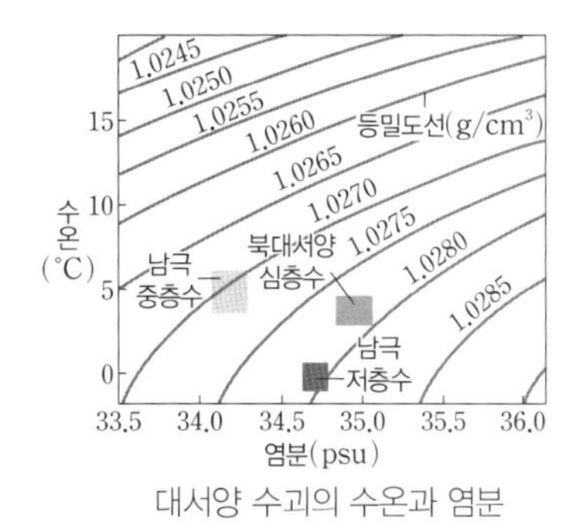

대서양 수괴의 수온과 염분

⑤ 심층 순환의 역할: 거의 전체 수심에 걸쳐 일어나면서 해수를 순환시키는 역할을 하며, 표층 순환과 연결되어 열에너지를 수송하여 위도 간의 열수지 불균형을 해소시킨다. 또한 용존 산소가 풍부한 표층 해수를 심해로 운반하여 심해에 산소를 공급한다.

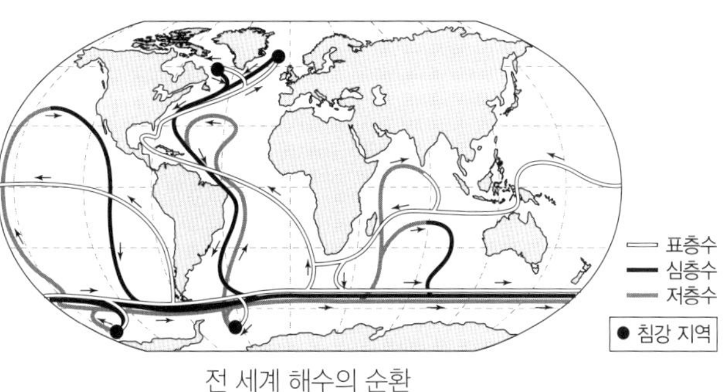

전 세계 해수의 순환

개념 체크

침강 해역
북대서양 심층수는 그린란드 주변 해역에서 형성되고, 남극 저층수는 남극 대륙 주변의 웨델해와 로스해에서 형성된다.

북대서양 심층수와 남극 저층수의 수온과 염분 비교

수괴	북대서양 심층수	남극 저층수
평균 수온	3 ℃	−0.5 ℃
평균 염분	34.9 psu	34.7 psu

1. (　　)는 남극 대륙 주변의 웨델해와 로스해에서 침강한다.

2. 북대서양 중앙 표층수, 남극 중층수, 북대서양 심층수, 남극 저층수를 평균 밀도가 큰 것부터 나열하면 (　　)>(　　)>(　　)>(　　)이다.

3. (　　) 순환은 용존 산소가 풍부한 표층 해수를 심해로 운반하는 역할을 한다.

정답
1. 남극 저층수
2. 남극 저층수, 북대서양 심층수, 남극 중층수, 북대서양 중앙 표층수
3. 심층

[25026-0143]

01 그림은 위도에 따른 연평균 표층 수온과 표층 염분을 나타낸 것이다.

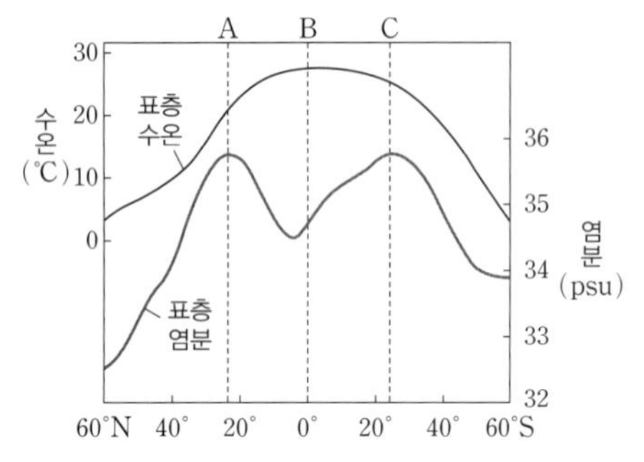

이 자료에 대한 설명으로 옳은 것만을 〈보기〉에서 있는 대로 고른 것은? (단, 강수량과 증발량 이외의 표층 염분 변화 요인은 고려하지 않는다.)

〈보기〉

ㄱ. 단위 시간에 단위 면적당 입사하는 연평균 태양 복사 에너지양은 A 해역이 B 해역보다 많다.
ㄴ. (증발량－강수량) 값은 B 해역이 C 해역보다 작다.
ㄷ. C 해역의 표층 염분이 높은 이유는 저압대에 위치하기 때문이다.

① ㄱ ② ㄴ ③ ㄱ, ㄷ
④ ㄴ, ㄷ ⑤ ㄱ, ㄴ, ㄷ

[25026-0144]

02 그림은 어느 해역의 표층 해수 1 kg 속에 녹아 있는 염류의 양을 나타낸 것이다.

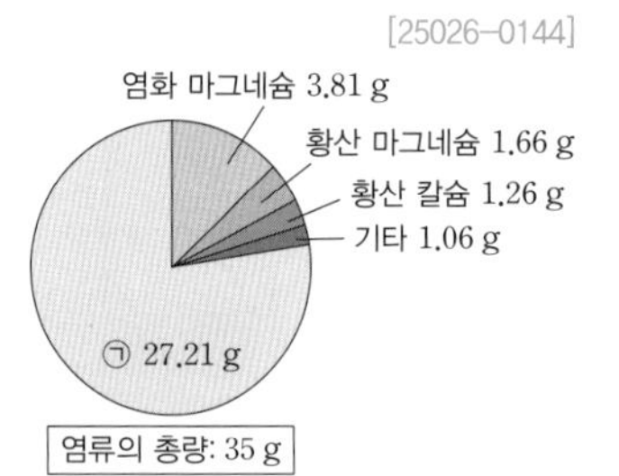

이에 대한 설명으로 옳은 것만을 〈보기〉에서 있는 대로 고른 것은?

〈보기〉

ㄱ. ㉠은 염화 나트륨이다.
ㄴ. 표층 해수의 염분은 35 psu이다.
ㄷ. 이 해역에 담수가 유입되면 표층 해수 1 kg 속에 녹아 있는 염류의 총량은 감소할 것이다.

① ㄱ ② ㄷ ③ ㄱ, ㄴ
④ ㄴ, ㄷ ⑤ ㄱ, ㄴ, ㄷ

[25026-0145]

03 그림은 위도에 따른 강수량과 증발량을 A와 B로 순서 없이 나타낸 것이다.

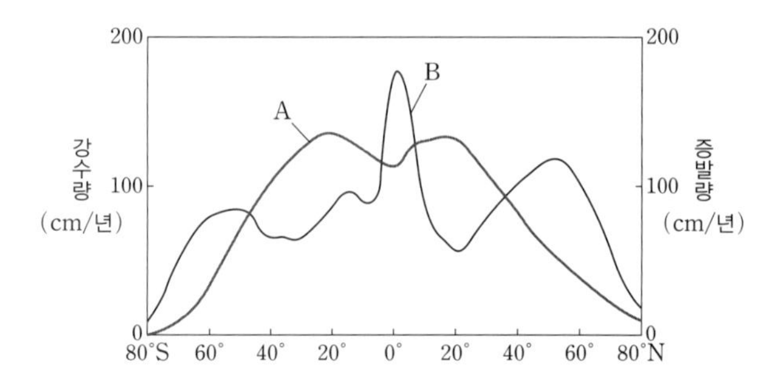

이에 대한 설명으로 옳은 것만을 〈보기〉에서 있는 대로 고른 것은?

〈보기〉

ㄱ. A는 증발량이다.
ㄴ. 적도 지방은 증발량이 강수량보다 많다.
ㄷ. 강수량과 증발량만을 고려할 때, 표층 염분은 30°N 해역이 적도 해역보다 높을 것이다.

① ㄱ ② ㄴ ③ ㄱ, ㄷ
④ ㄴ, ㄷ ⑤ ㄱ, ㄴ, ㄷ

[25026-0146]

04 그림은 어느 해역의 깊이에 따른 밀도, 염분, 수온 분포를 나타낸 것이다. A와 B는 각각 밀도와 염분 중 하나이다.

이에 대한 설명으로 옳은 것만을 〈보기〉에서 있는 대로 고른 것은?

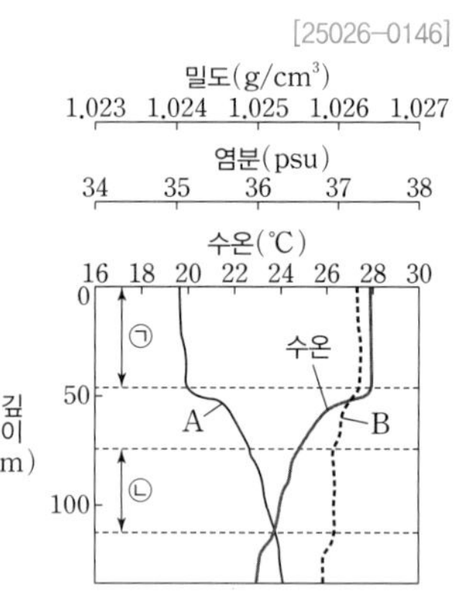

〈보기〉

ㄱ. ㉠ 구간은 혼합층에 해당한다.
ㄴ. 염분은 깊이 0 m가 깊이 100 m보다 높다.
ㄷ. ㉡ 구간에서 해수의 밀도 변화에는 수온이 염분보다 크게 영향을 준다.

① ㄱ ② ㄷ ③ ㄱ, ㄴ
④ ㄴ, ㄷ ⑤ ㄱ, ㄴ, ㄷ

[25026-0147]

05 그림은 해수에 녹아 있는 기체의 농도를 깊이에 따라 나타낸 것이다. A와 B는 각각 산소와 이산화 탄소 중 하나이다.

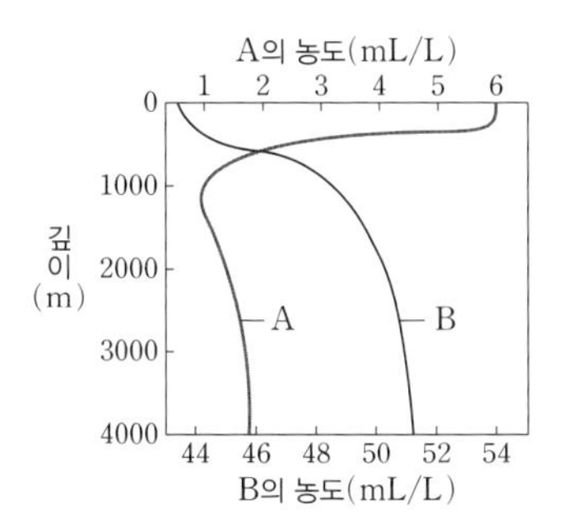

이에 대한 설명으로 옳은 것만을 〈보기〉에서 있는 대로 고른 것은?

〈보기〉

ㄱ. 표층 해수에 녹아 있는 기체의 농도는 A가 B보다 높다.
ㄴ. A는 산소이다.
ㄷ. 광합성은 표층에서 B의 농도를 낮게 하는 원인에 해당한다.

① ㄱ ② ㄷ ③ ㄱ, ㄴ ④ ㄴ, ㄷ ⑤ ㄱ, ㄴ, ㄷ

[25026-0148]

06 그림은 위도에 따른 태양 복사 에너지 흡수량과 지구 복사 에너지 방출량을 A와 B로 순서 없이 나타낸 것이다.

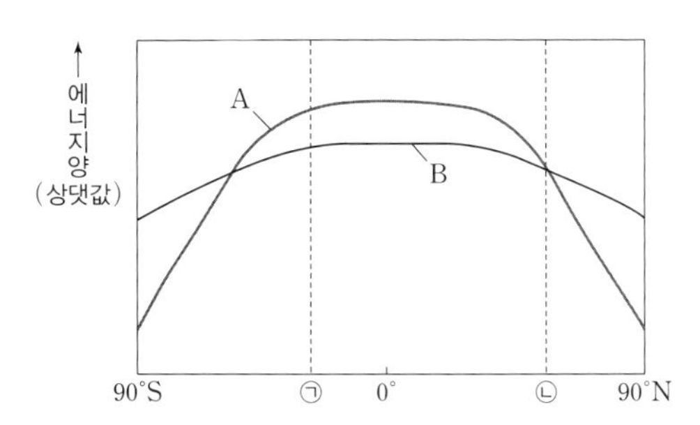

이에 대한 설명으로 옳은 것만을 〈보기〉에서 있는 대로 고른 것은?

〈보기〉

ㄱ. A는 태양 복사 에너지 흡수량이다.
ㄴ. ㉠ 지역은 에너지 부족 상태이다.
ㄷ. ㉡ 지역에서는 대기와 해수의 순환에 의한 에너지 이동이 일어나지 않는다.

① ㄱ ② ㄴ ③ ㄱ, ㄷ ④ ㄴ, ㄷ ⑤ ㄱ, ㄴ, ㄷ

[25026-0149]

07 그림 (가)와 (나)는 자전하지 않는 지구와 자전하는 지구의 대기 대순환 모형을 순서 없이 나타낸 것이다.

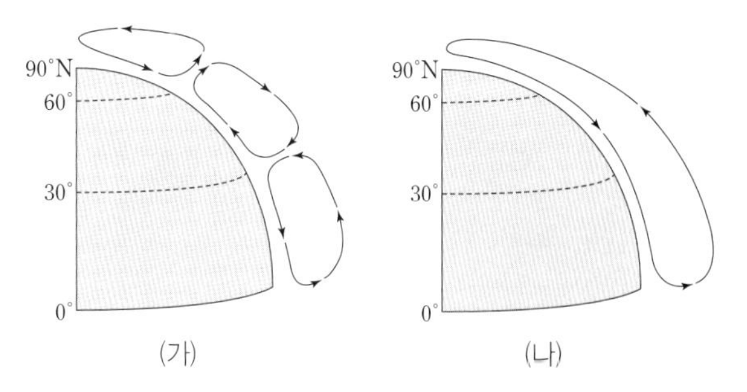

이에 대한 설명으로 옳은 것만을 〈보기〉에서 있는 대로 고른 것은?

〈보기〉

ㄱ. (가)는 자전하는 지구의 대기 대순환 모형이다.
ㄴ. (나)에서 30°N의 지표 부근에는 북풍 계열의 바람이 분다.
ㄷ. (가)와 (나) 모두 적도 지방에는 상승 기류가 발달한다.

① ㄱ ② ㄷ ③ ㄱ, ㄴ ④ ㄴ, ㄷ ⑤ ㄱ, ㄴ, ㄷ

[25026-0150]

08 그림은 대기 대순환의 순환 세포를 구분하는 과정을 나타낸 것이다.

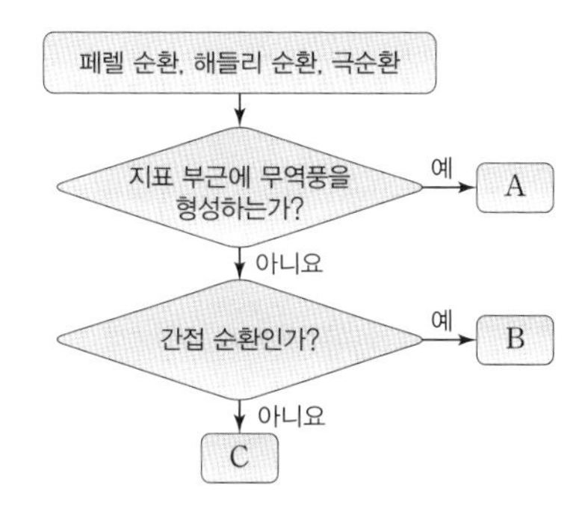

이에 대한 설명으로 옳은 것만을 〈보기〉에서 있는 대로 고른 것은?

〈보기〉

ㄱ. A는 해들리 순환이다.
ㄴ. B는 지표 부근에 편서풍을 형성한다.
ㄷ. B와 C가 경계를 이루는 지역에는 중위도 고압대가 발달한다.

① ㄱ ② ㄷ ③ ㄱ, ㄴ ④ ㄴ, ㄷ ⑤ ㄱ, ㄴ, ㄷ

[25026-0151]

09 그림은 북태평양의 아열대 순환을 이루는 주요 해류가 흐르는 해역 A, B, C를 나타낸 것이다.

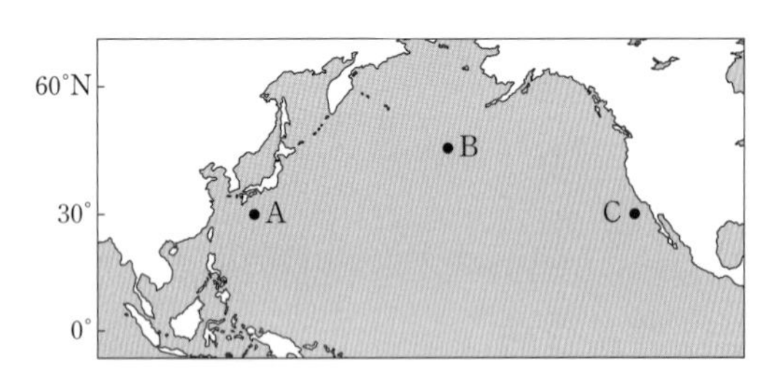

이에 대한 설명으로 옳은 것만을 〈보기〉에서 있는 대로 고른 것은?

〈보기〉

ㄱ. A에서는 고위도에서 저위도 방향으로 해류가 흐른다.
ㄴ. B는 편서풍의 영향을 받는다.
ㄷ. C에 흐르는 해류는 캘리포니아 해류이다.

① ㄱ ② ㄴ ③ ㄱ, ㄷ
④ ㄴ, ㄷ ⑤ ㄱ, ㄴ, ㄷ

[25026-0152]

10 그림은 남아메리카 대륙 주변의 주요 표층 해류 분포와 각 해류가 흐르는 해역 A, B, C를 나타낸 것이다. A와 B는 동일 위도에 위치한 해역이다.

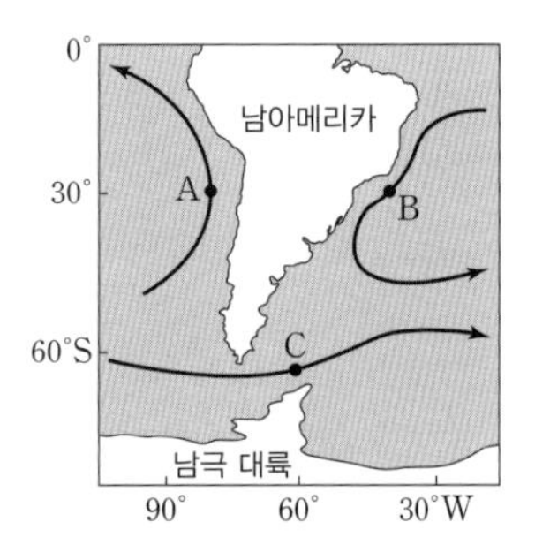

이에 대한 설명으로 옳은 것만을 〈보기〉에서 있는 대로 고른 것은?

〈보기〉

ㄱ. A에는 난류가 흐른다.
ㄴ. 표층 해수의 염분은 A가 B보다 높다.
ㄷ. C에는 남극 대륙 주변을 순환하는 해류가 흐른다.

① ㄱ ② ㄷ ③ ㄱ, ㄴ
④ ㄴ, ㄷ ⑤ ㄱ, ㄴ, ㄷ

[25026-0153]

11 그림은 북태평양의 아열대 순환과 아한대 순환을 모식적으로 나타낸 것이다. A와 B는 동일 위도에 위치한 해역이다.

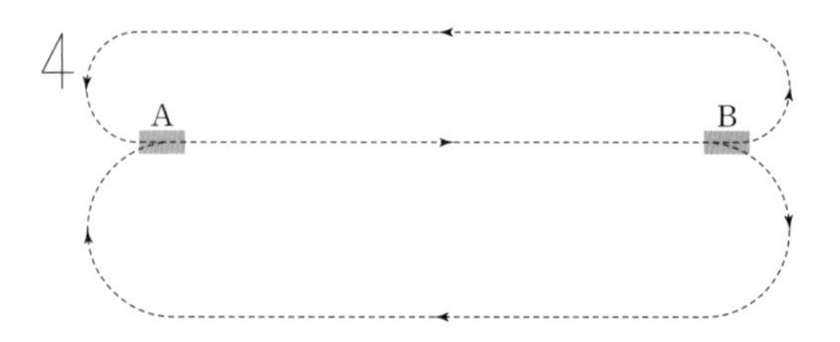

이에 대한 설명으로 옳은 것만을 〈보기〉에서 있는 대로 고른 것은?

〈보기〉

ㄱ. 아열대 순환의 방향은 시계 방향이다.
ㄴ. A와 B의 위도는 약 30°N이다.
ㄷ. 남북 간의 표층 수온 차는 A가 B보다 크다.

① ㄱ ② ㄴ ③ ㄱ, ㄷ
④ ㄴ, ㄷ ⑤ ㄱ, ㄴ, ㄷ

[25026-0154]

12 그림은 동해와 북서 태평양 주변의 표층 해류 분포를 나타낸 것이다. A～D는 표층 해류가 흐르는 해역으로, A와 B는 동일 위도에 위치한다.

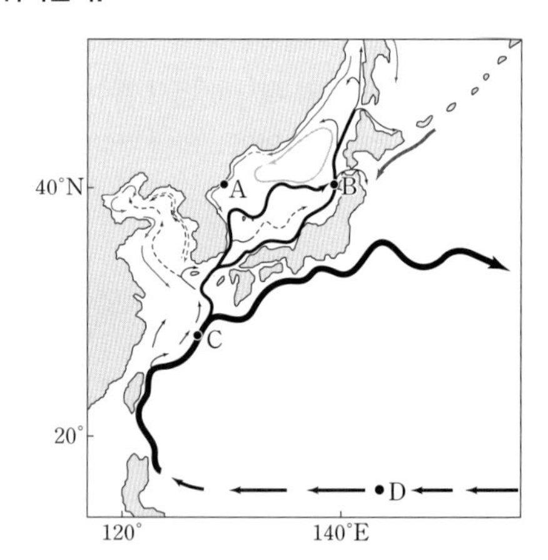

이에 대한 설명으로 옳은 것만을 〈보기〉에서 있는 대로 고른 것은?

〈보기〉

ㄱ. 표층 수온은 A가 B보다 높다.
ㄴ. C에 흐르는 해류는 동해에 영향을 주는 난류의 근원이다.
ㄷ. D에 흐르는 해류는 북적도 해류이다.

① ㄱ ② ㄴ ③ ㄱ, ㄷ
④ ㄴ, ㄷ ⑤ ㄱ, ㄴ, ㄷ

[25026-0155]
13 그림은 어느 표층 해수의 수온과 염분이 A에서 B와 C로 변하는 각각의 과정 ㉠과 ㉡을 수온 염분도에 나타낸 것이다.

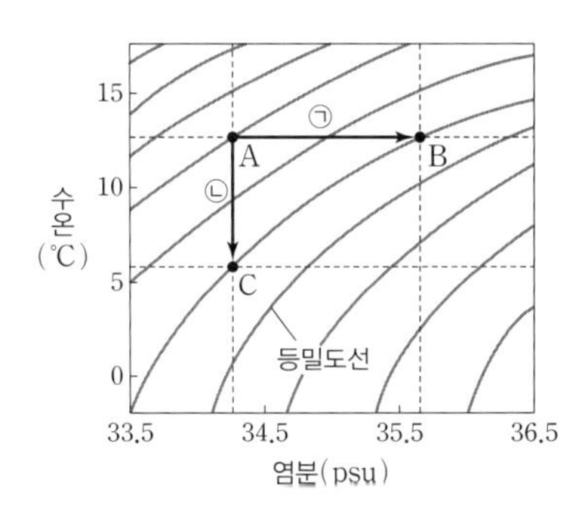

이에 대한 설명으로 옳은 것만을 〈보기〉에서 있는 대로 고른 것은?

〈 보기 〉
ㄱ. ㉠은 담수가 유입되는 과정이다.
ㄴ. 해수 표면에 입사하는 태양 복사 에너지양이 증가하면 ㉡이 일어난다.
ㄷ. 해수의 밀도는 B일 때와 C일 때가 같다.

① ㄱ ② ㄷ ③ ㄱ, ㄴ
④ ㄴ, ㄷ ⑤ ㄱ, ㄴ, ㄷ

[25026-0156]
14 다음은 심층 순환의 발생 원리를 알아보기 위한 실험이다.

[실험 과정]
㉠ 20 ℃의 물을 채운 수조의 한쪽에 색소를 탄 얼음물을 붓고, ㉡ 얼음물의 이동을 관찰한다.

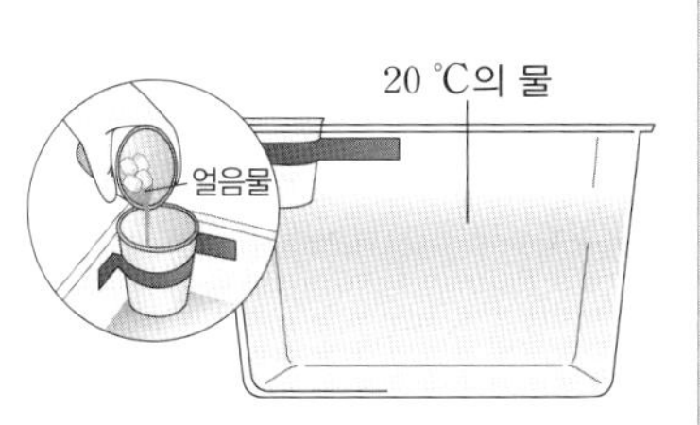

이에 대한 설명으로 옳은 것만을 〈보기〉에서 있는 대로 고른 것은?

〈 보기 〉
ㄱ. 밀도는 ㉠이 ㉡보다 작다.
ㄴ. ㉡은 수조 바닥에 가라앉아 이동한다.
ㄷ. ㉡은 극 해역에서 냉각되어 침강하는 해수를 의미한다.

① ㄱ ② ㄷ ③ ㄱ, ㄴ
④ ㄴ, ㄷ ⑤ ㄱ, ㄴ, ㄷ

[25026-0157]
15 그림은 해수의 표층 순환과 심층 순환을 나타낸 것이다. A와 B는 각각 표층 순환과 심층 순환 중 하나이다.

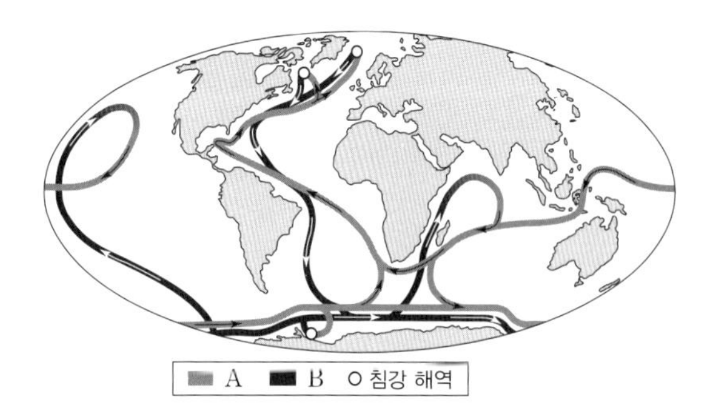

이에 대한 설명으로 옳은 것만을 〈보기〉에서 있는 대로 고른 것은?

〈 보기 〉
ㄱ. A는 심층 순환이다.
ㄴ. 유속은 A가 B보다 빠르다.
ㄷ. 침강 해역에 빙하가 녹은 물이 유입되면 해수의 침강이 강해진다.

① ㄱ ② ㄴ ③ ㄱ, ㄷ
④ ㄴ, ㄷ ⑤ ㄱ, ㄴ, ㄷ

[25026-0158]
16 그림은 대서양 심층 순환의 일부를 나타낸 것이다. A, B, C는 각각 북대서양 심층수, 남극 저층수, 남극 중층수 중 하나이다.

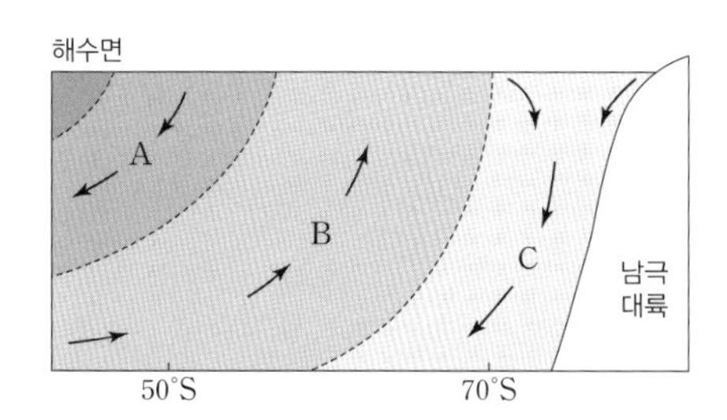

이에 대한 설명으로 옳은 것만을 〈보기〉에서 있는 대로 고른 것은?

〈 보기 〉
ㄱ. A는 남극 중층수이다.
ㄴ. B는 북반구에서 침강하여 이동한 것이다.
ㄷ. 밀도는 C가 A보다 크다.

① ㄱ ② ㄷ ③ ㄱ, ㄴ
④ ㄴ, ㄷ ⑤ ㄱ, ㄴ, ㄷ

수능 3점 테스트

혼합층은 주로 바람의 혼합 작용으로 인해 깊이에 따라 수온이 거의 일정하다.

[25026-0159]

01 그림은 우리나라 어느 해역의 1년 동안 수온 변화를 깊이에 따라 나타낸 것이다.

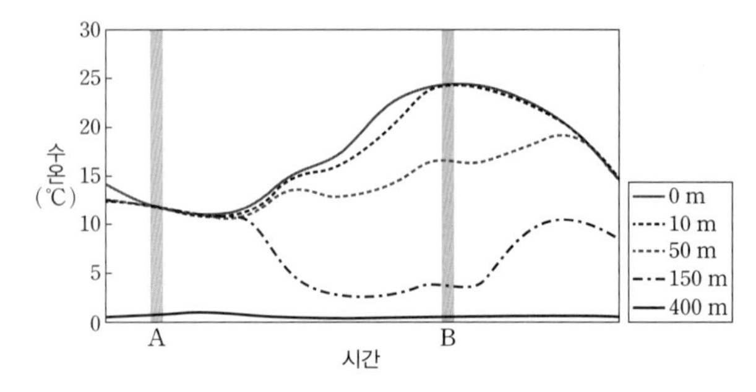

이에 대한 설명으로 옳은 것만을 〈보기〉에서 있는 대로 고른 것은?

〈보기〉

ㄱ. A 시기는 여름철이다.
ㄴ. 수온 10 ℃가 나타나는 깊이는 A 시기가 B 시기보다 깊다.
ㄷ. 혼합층의 두께는 A 시기가 B 시기보다 3배 이상 두껍다.

① ㄱ ② ㄴ ③ ㄱ, ㄷ ④ ㄴ, ㄷ ⑤ ㄱ, ㄴ, ㄷ

대체로 바람이 강한 지역은 혼합층이 두껍게 형성된다.

[25026-0160]

02 그림은 1월과 7월의 위도에 따른 혼합층의 평균 두께를 나타낸 것이다.

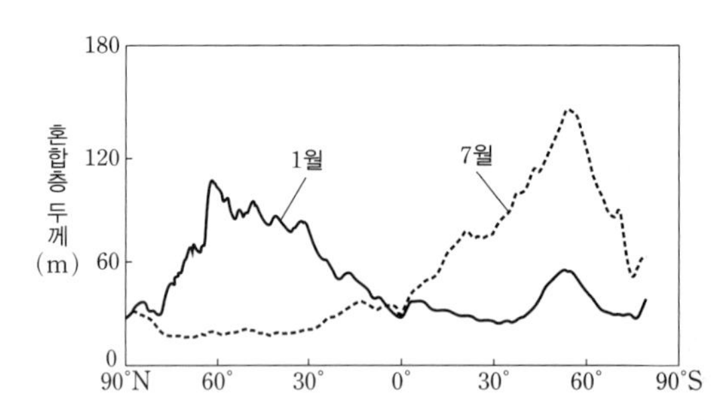

이에 대한 설명으로 옳은 것만을 〈보기〉에서 있는 대로 고른 것은? (단, 혼합층의 두께에는 바람에 의한 혼합 작용만 영향을 준다고 가정한다.)

〈보기〉

ㄱ. 1월과 7월의 혼합층 두께 차이는 60°N 해역이 적도 해역보다 크다.
ㄴ. 7월에 해수면과 수심 100 m의 수온 차는 60°S 해역이 60°N 해역보다 크다.
ㄷ. 60°S 해역에서 바람에 의한 해수의 혼합 작용은 7월이 1월보다 강하다.

① ㄱ ② ㄴ ③ ㄱ, ㄷ ④ ㄴ, ㄷ ⑤ ㄱ, ㄴ, ㄷ

[25026-0161]

03 다음은 우리나라 어느 해역의 연직 수온 분포를 알아보기 위한 탐구이다.

[탐구 과정]
(가) ARGO 프로그램에 접속한다.
(나) 동해에서 관측된 2월과 8월의 깊이에 따른 수온 자료를 수집하고 특징을 분석한다.
[탐구 결과]
• 깊이에 따른 수온 자료

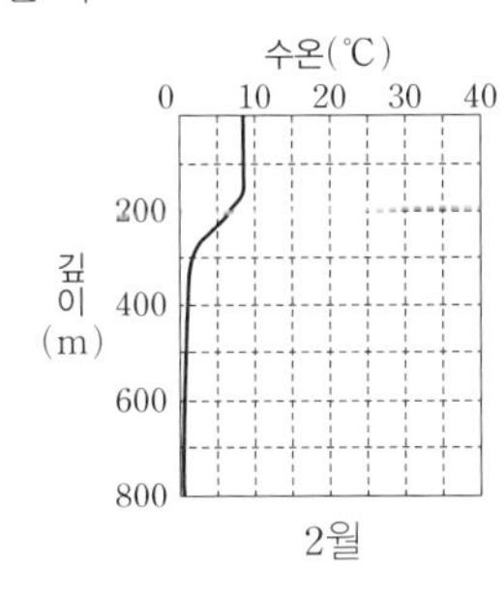

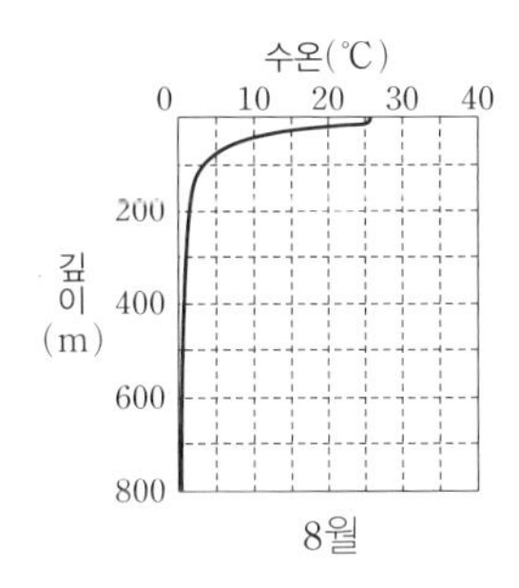

• (㉠)은/는 2월이 8월보다 깊다.

이에 대한 설명으로 옳은 것만을 〈보기〉에서 있는 대로 고른 것은?

〈보기〉
ㄱ. 2월에 해수의 연직 혼합은 깊이 0 m～100 m가 깊이 200 m～300 m보다 활발하게 일어난다.
ㄴ. 깊이 200 m와 300 m의 수온 차는 2월이 8월보다 크다.
ㄷ. '수온 약층이 나타나기 시작하는 깊이'는 ㉠에 해당한다.

① ㄱ ② ㄷ ③ ㄱ, ㄴ ④ ㄴ, ㄷ ⑤ ㄱ, ㄴ, ㄷ

해수의 연직 수온 분포에서 수온 약층은 깊이가 깊어질수록 수온이 급격히 낮아지는 층이다.

[25026-0162]

04 그림은 북대서양의 연평균 (증발량－강수량) 값 분포를 나타낸 것이다.

이 자료에 대한 설명으로 옳은 것만을 〈보기〉에서 있는 대로 고른 것은? (단, 증발량과 강수량 이외의 표층 염분 변화 요인은 고려하지 않는다.)

60°N, 30°, 0°, 60°W, 30°, 0°, A, B, C
−2 −1 0 1 2
(증발량－강수량)(m/년)

〈보기〉
ㄱ. 표층 염분은 A 지점이 B 지점보다 낮다.
ㄴ. B 지점에는 대기 대순환의 상승 기류가 발달한다.
ㄷ. 연평균 강수량은 C 지점이 B 지점보다 많다.

① ㄱ ② ㄴ ③ ㄱ, ㄷ ④ ㄴ, ㄷ ⑤ ㄱ, ㄴ, ㄷ

표층 염분은 대체로 (증발량－강수량) 값이 클수록 높다.

염분만을 고려할 때, 해수의 밀도는 염분이 높을수록 크다.

[25026-0163]

05 그림 (가)는 1년 동안 양쯔강의 담수가 바다에 유입되는 강도를 나타낸 것이고, (나)와 (다)는 6월과 12월에 측정한 우리나라 주변의 표층 염분 분포를 순서 없이 나타낸 것이다.

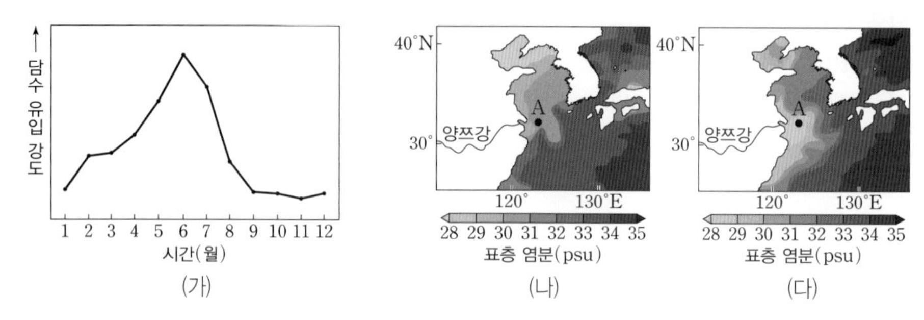

(가) (나) (다)

이에 대한 설명으로 옳은 것만을 〈보기〉에서 있는 대로 고른 것은?

〈 보기 〉

ㄱ. A 해역의 표층 해수 1 kg에 녹아 있는 염류의 양은 (나)가 (다)보다 많다.
ㄴ. (나)는 6월에 측정한 표층 염분 분포이다.
ㄷ. 염분만을 고려할 때, A 해역에서 표층 해수의 밀도는 6월이 12월보다 크다.

① ㄱ ② ㄴ ③ ㄱ, ㄷ ④ ㄴ, ㄷ ⑤ ㄱ, ㄴ, ㄷ

수온만을 고려할 때, 표층 해수의 용존 산소량은 수온이 낮을수록 많다.

[25026-0164]

06 그림 (가)는 우리나라의 서로 다른 두 해역 A와 B의 위치를, (나)는 A와 B에서 12월에 측정한 연직 수온 분포를 나타낸 것이다.

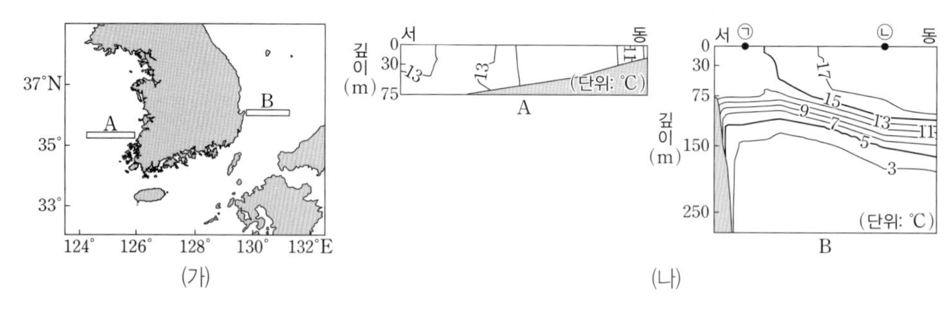

(가) (나)

이 자료에 대한 설명으로 옳은 것만을 〈보기〉에서 있는 대로 고른 것은?

〈 보기 〉

ㄱ. 수온 약층은 A가 B보다 뚜렷하다.
ㄴ. A는 B보다 난류의 영향을 강하게 받는다.
ㄷ. 수온만을 고려할 때, 표층 해수의 용존 산소량은 ㉠ 지점이 ㉡ 지점보다 많다.

① ㄱ ② ㄷ ③ ㄱ, ㄴ ④ ㄴ, ㄷ ⑤ ㄱ, ㄴ, ㄷ

[25026-0165]

07 그림은 북반구 중위도에 위치한 해역 A와 B에서 측정한 시기별 표층 수온과 표층 염분을 수온 염분도에 나타낸 것이다.

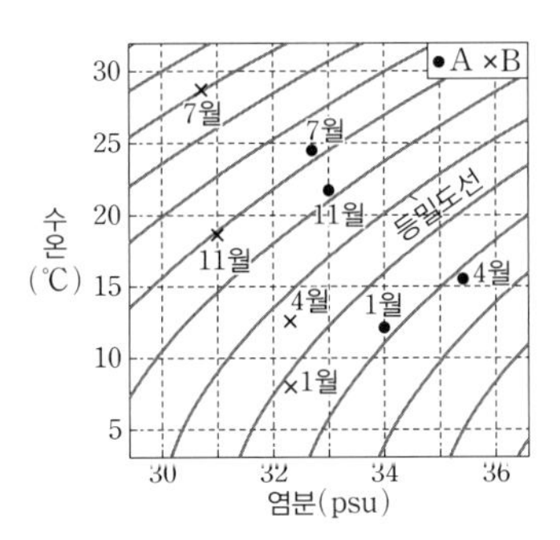

이에 대한 설명으로 옳은 것만을 〈보기〉에서 있는 대로 고른 것은? (단, 등밀도선 사이의 밀도 차는 같다.)

〈보기〉

ㄱ. 1월과 7월의 표층 해수 밀도 차는 A가 B보다 크다.
ㄴ. 4월에 A의 표층 해수 1 kg에 포함된 염류의 양은 33 g보다 많다.
ㄷ. 11월에 B의 표층 해수에 (수온 12 ℃, 염분 33 psu)인 해수가 유입되어 혼합된다면 밀도는 커질 것이다.

① ㄱ ② ㄴ ③ ㄱ, ㄷ ④ ㄴ, ㄷ ⑤ ㄱ, ㄴ, ㄷ

해수의 밀도는 수온이 낮을수록, 염분이 높을수록 커진다.

[25026-0166]

08 그림은 염분이 35 psu인 해수의 용존 산소량을 수온과 수압에 따라 나타낸 것이다.

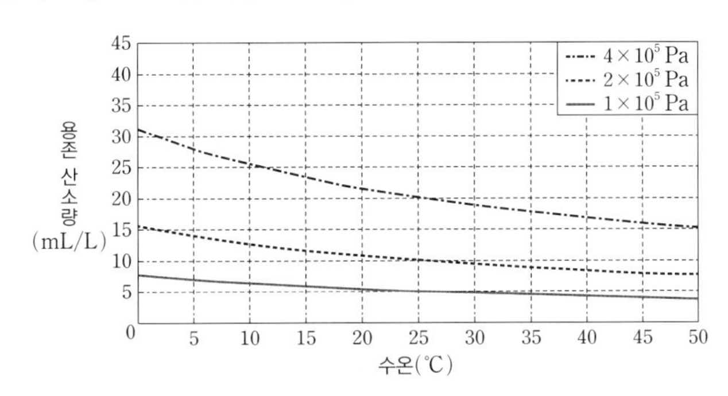

이 자료에 대한 설명으로 옳은 것만을 〈보기〉에서 있는 대로 고른 것은?

〈보기〉

ㄱ. 수온이 높아질수록 해수의 용존 산소량은 증가한다.
ㄴ. 수온이 일정할 때, 수심이 깊어질수록 해수의 용존 산소량은 감소한다.
ㄷ. 수압이 1×10^5 Pa인 해수에서 생존에 필요한 최소 용존 산소량이 5 mL/L인 물고기는 수온이 25 ℃보다 높을 경우 생존하기 어렵다.

① ㄱ ② ㄷ ③ ㄱ, ㄴ ④ ㄴ, ㄷ ⑤ ㄱ, ㄴ, ㄷ

해수의 용존 기체량은 일차적으로 기체의 용해도에 영향을 미치는 수온, 염분, 수압 등에 의해 결정된다.

지구가 자전하지 않는 경우에는 각 반구에 1개의 순환 세포가 형성되고, 자전하는 경우에는 각 반구에 3개의 순환 세포가 형성된다.

[25026-0167]

09 그림 (가)와 (나)는 지구가 자전하는 경우와 자전하지 않는 경우의 대기 대순환 모형을 나타낸 것이다. A와 D는 각각 북극과 적도 중 하나이다.

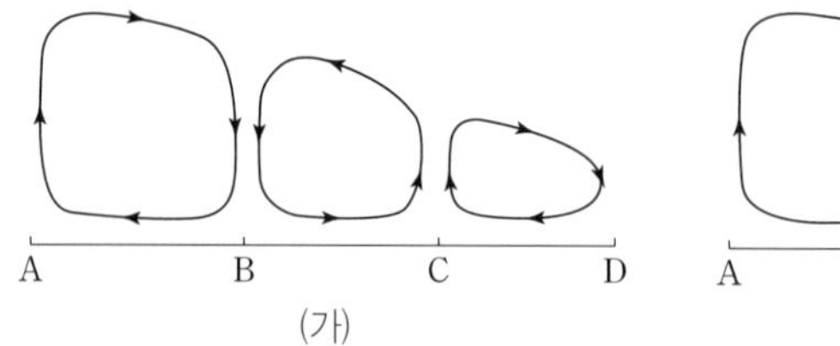

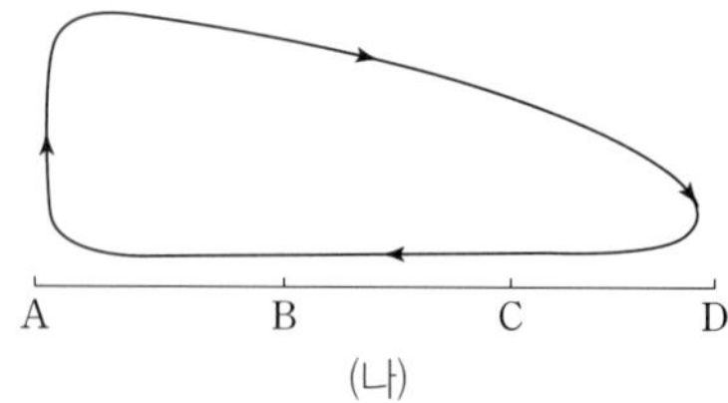

이에 대한 설명으로 옳은 것만을 〈보기〉에서 있는 대로 고른 것은?

〈보기〉

ㄱ. 단위 시간에 단위 면적당 입사하는 태양 복사 에너지양은 A가 D보다 많다.
ㄴ. (가)에서 평균 강수량은 B가 C보다 많다.
ㄷ. (나)에서 B와 C의 지표 부근에는 남풍 계열의 바람이 분다.

① ㄱ ② ㄴ ③ ㄱ, ㄷ ④ ㄴ, ㄷ ⑤ ㄱ, ㄴ, ㄷ

적도 반류는 동쪽으로 흐르고, 무역풍은 서쪽으로 분다.

[25026-0168]

10 그림은 태평양의 적도부터 60°N까지 동서 방향 평균 풍속을 해류의 평균적인 방향과 함께 나타낸 것이다. 동쪽을 향하는 바람은 양(+)의 값이고, 동쪽을 향하는 해류는 오른쪽을 향하는 화살표(⟶)이다.

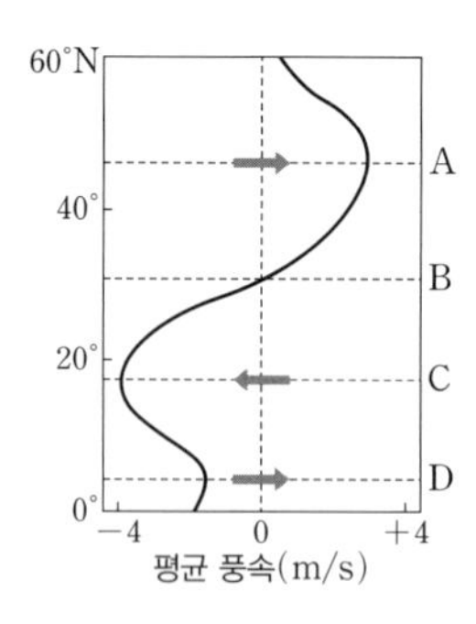

A～D 해역에 대한 설명으로 옳은 것만을 〈보기〉에서 있는 대로 고른 것은?

〈보기〉

ㄱ. A와 C에는 아열대 순환을 이루는 해류가 흐른다.
ㄴ. B에는 대기 대순환의 상승 기류가 발달한다.
ㄷ. D에서는 바람의 방향과 해류의 방향이 일치한다.

① ㄱ ② ㄴ ③ ㄱ, ㄷ ④ ㄴ, ㄷ ⑤ ㄱ, ㄴ, ㄷ

[25026-0169]

11 그림은 콜럼버스가 바람과 해류를 효율적으로 이용하여 북대서양을 이동한 경로 A, B와 해역 ㉠, ㉡의 위치를 나타낸 것이다.

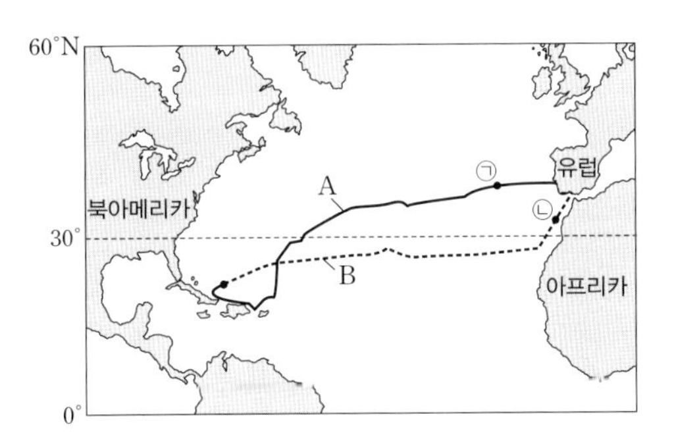

이에 대한 설명으로 옳은 것만을 〈보기〉에서 있는 대로 고른 것은?

〈 보기 〉
ㄱ. 유럽에서 북아메리카로 이동한 경로는 A이다.
ㄴ. ㉠에는 대기 대순환의 간접 순환에 의해 형성된 바람이 분다.
ㄷ. ㉡에는 난류가 흐른다.

① ㄱ ② ㄴ ③ ㄱ, ㄷ ④ ㄴ, ㄷ ⑤ ㄱ, ㄴ, ㄷ

페렐 순환은 해들리 순환과 극순환 사이에서 형성된 간접 순환으로, 지표 부근에는 편서풍이 분다.

[25026-0170]

12 그림 (가)는 북반구 일부 해역의 표층 해류를, (나)는 A와 B 지점의 월별 기온 분포를 나타낸 것이다.

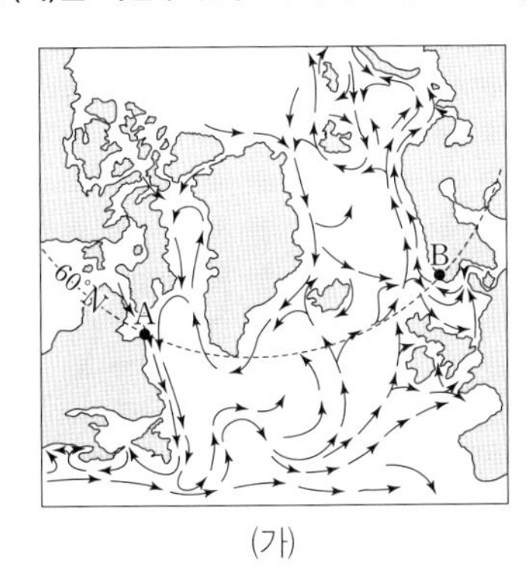

(가)

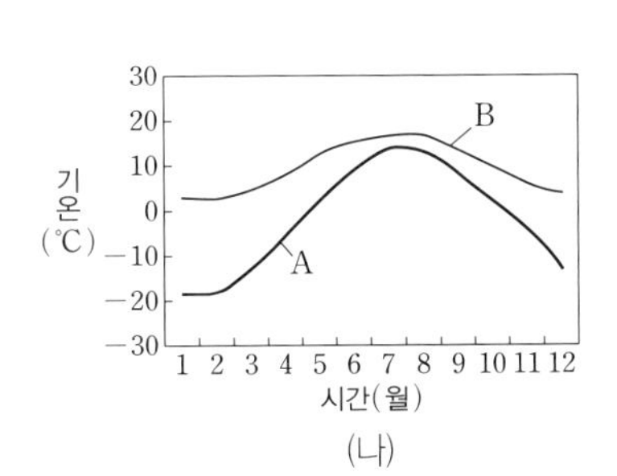

(나)

이에 대한 설명으로 옳은 것만을 〈보기〉에서 있는 대로 고른 것은?

〈 보기 〉
ㄱ. A와 B는 대기 대순환의 고압대에 위치한다.
ㄴ. 기온의 연교차는 A가 B보다 크다.
ㄷ. B의 겨울철 기온이 A의 겨울철 기온보다 높은 주된 원인은 난류의 영향이다.

① ㄱ ② ㄴ ③ ㄱ, ㄷ ④ ㄴ, ㄷ ⑤ ㄱ, ㄴ, ㄷ

같은 위도에 위치한 지역이라도 난류와 한류의 영향에 의해 기온이 다르게 나타날 수 있다.

한류는 수온이 낮고 용존 산소량이 많으며, 난류는 수온이 높고 용존 산소량이 적다.

[25026-0171]

13 그림 (가)와 (나)는 각각 어느 해 1월과 7월의 우리나라 주변 표층 해류의 방향과 유속을 나타낸 것이다.

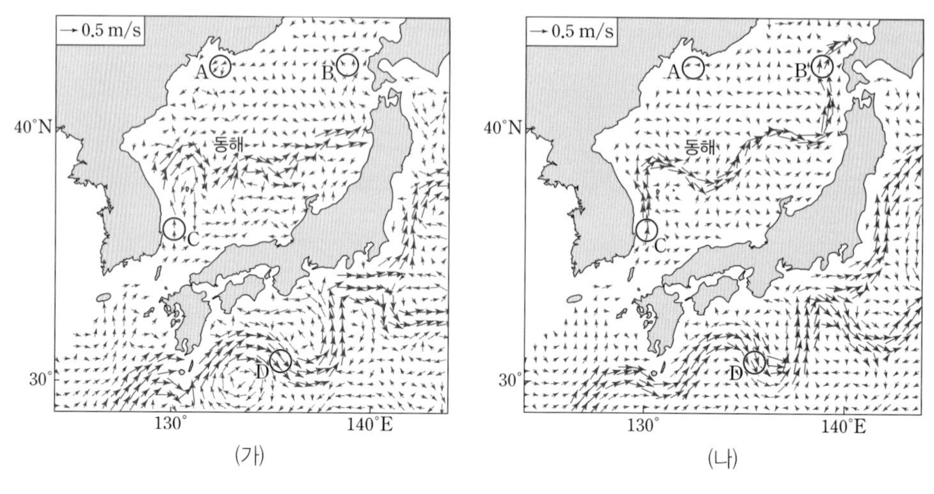

이에 대한 설명으로 옳은 것만을 <보기>에서 있는 대로 고른 것은?

〈 보기 〉

ㄱ. (가)에서 표층 해수의 용존 산소량은 A 해역이 B 해역보다 많다.
ㄴ. C 해역에서 난류의 흐름은 (가)가 (나)보다 강하다.
ㄷ. D 해역에는 쿠로시오 해류가 흐른다.

① ㄱ ② ㄴ ③ ㄱ, ㄷ ④ ㄴ, ㄷ ⑤ ㄱ, ㄴ, ㄷ

남극 순환 해류는 편서풍의 영향을 받으며, 남극 대륙 주위를 시계 방향으로 순환한다.

[25026-0172]

14 그림은 해수의 표층 순환과 심층 순환을 남극 대륙을 중심으로 나타낸 것이다. 대양 A와 B는 각각 태평양과 대서양 중 하나이다.

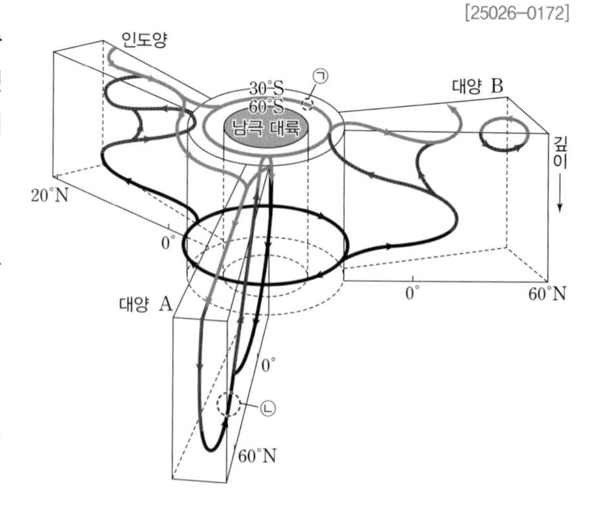

이에 대한 설명으로 옳지 않은 것은?

① 북반구에서 해수의 침강은 A가 B보다 활발하다.
② 해수의 흐름은 영역 ㉠이 영역 ㉡보다 빠르게 일어난다.
③ 영역 ㉠에 흐르는 해류는 남극 대륙 주위를 시계 반대 방향으로 순환한다.
④ 영역 ㉡에서는 북대서양 심층수가 나타난다.
⑤ 표층 순환과 심층 순환은 저위도와 고위도의 에너지 불균형을 줄이는 역할을 한다.

[25026-0173]

15 그림 (가)는 대서양의 심층 순환을, (나)는 수온 염분도에 수괴 A, B, C를 나타낸 것이다. A, B, C는 각각 남극 저층수, 남극 중층수, 북대서양 심층수 중 하나이다.

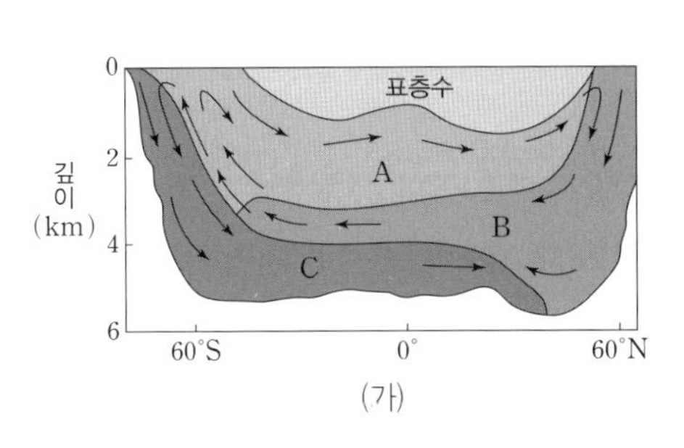

(가)

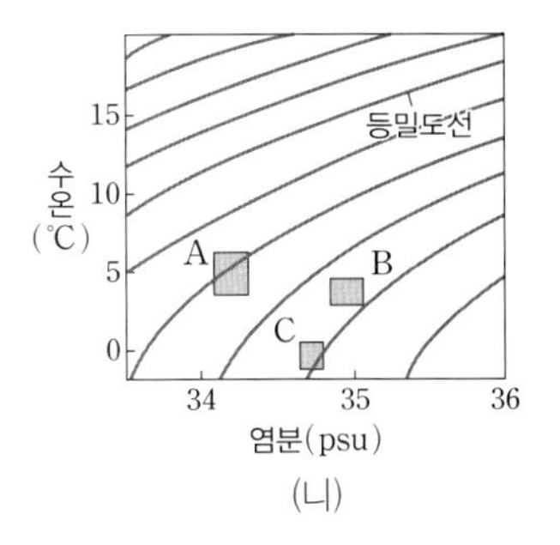

(나)

이에 대한 설명으로 옳은 것만을 〈보기〉에서 있는 대로 고른 것은?

〈보기〉

ㄱ. 남극 저층수는 C이다.
ㄴ. 평균 염분은 북대서양 심층수가 남극 중층수보다 높다.
ㄷ. (수온 12 ℃, 염분 36 psu)인 지중해 유출수가 유입된다면 북대서양 심층수보다 깊은 곳에 위치할 것이다.

① ㄱ ② ㄷ ③ ㄱ, ㄴ ④ ㄴ, ㄷ ⑤ ㄱ, ㄴ, ㄷ

남극 저층수, 남극 중층수, 북대서양 심층수의 밀도는 남극 저층수>북대서양 심층수>남극 중층수 순이다.

[25026-0174]

16 그림 (가)는 북대서양의 해수 순환 일부를, (나)는 북대서양 심층 순환의 세기 편차 변화를 나타낸 것이다. 편차는 [관측값(또는 예측값)−평균값]이다.

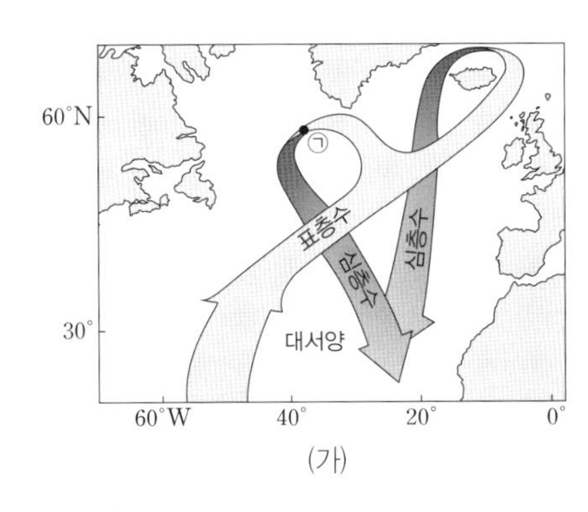

(가)

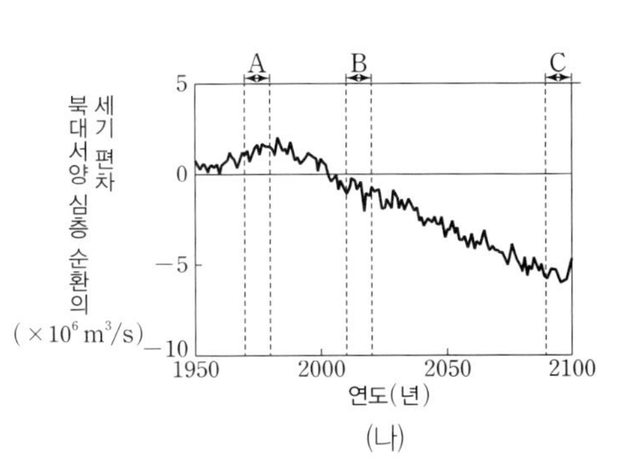

(나)

이에 대한 설명으로 옳은 것만을 〈보기〉에서 있는 대로 고른 것은?

〈보기〉

ㄱ. ㉠ 해역에서는 해수의 침강이 일어난다.
ㄴ. 북대서양 심층 순환의 세기는 A 시기가 B 시기보다 강하다.
ㄷ. 북대서양 심층 순환 세기 변화에 따른 수온 변화만을 고려할 때, 북대서양에서 30°N 해역과 60°N 해역의 평균 표층 수온 차는 C 시기가 B 시기보다 클 것이다.

① ㄱ ② ㄷ ③ ㄱ, ㄴ ④ ㄴ, ㄷ ⑤ ㄱ, ㄴ, ㄷ

심층 순환은 열에너지를 수송하여 위도 간의 열수지 불균형을 해소시킨다.

07 대기와 해양의 상호 작용

1 해양 변화와 기후 변화

(1) **용승과 침강**: 용승은 표층 해수의 발산에 의해 심층의 찬 해수가 표층으로 올라오는 현상이고, 침강은 표층 해수의 수렴 또는 냉각에 의해 표층의 해수가 심층으로 내려가는 현상이다.

① 용승의 종류

- 연안 용승: 대륙의 연안에서 바람 때문에 표층 해수가 먼 바다 쪽으로 이동하면 이를 채우기 위해 심층에서 찬 해수가 올라오는 현상이다. 예 여름철에 우리나라의 동해안에서 남풍 계열의 바람이 지속적으로 불 때
- 적도 용승: 적도 부근에서 북동 무역풍은 표층 해수를 북서쪽으로, 남동 무역풍은 표층 해수를 남서쪽으로 이동시키기 때문에 이를 채우기 위해 심층에서 찬 해수가 올라오는 현상이다.

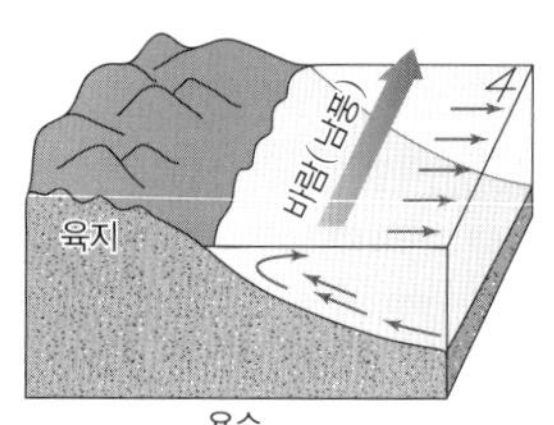

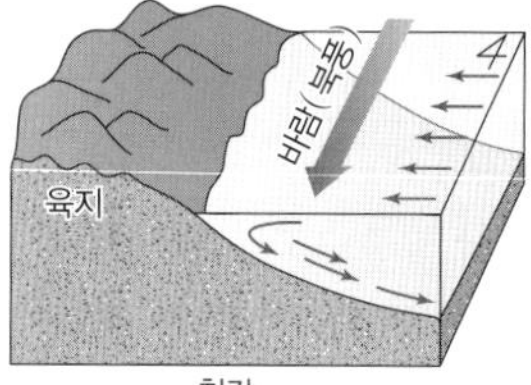

→ 해수의 이동 방향

북반구 연안에서 일어나는 용승과 침강

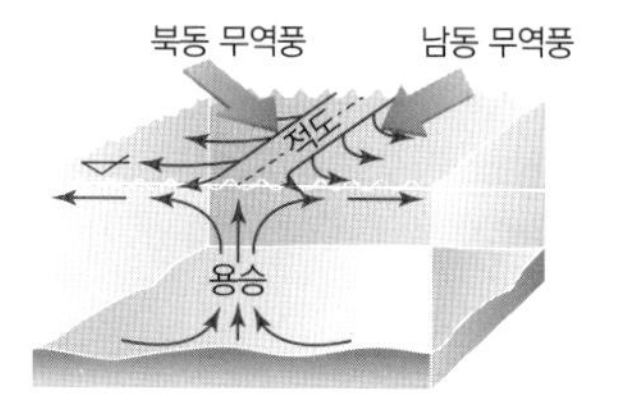

적도 부근 해역에서 일어나는 용승

- 저기압과 고기압에서의 용승과 침강: 북반구에서는 시계 방향으로 지속적으로 부는 고기압성 바람에 의해 고기압 중심부의 표층 해수가 수렴하여 침강이 일어나고, 시계 반대 방향으로 지속적으로 부는 저기압성 바람에 의해 저기압 중심부의 표층 해수가 발산하여 용승이 일어난다.

② **세계의 용승 해역**: 적도 부근 해역과 북아메리카의 캘리포니아 연안, 남아메리카의 페루 연안, 아프리카 서해안 등 주로 대륙의 서해안에서 잘 발달한다.

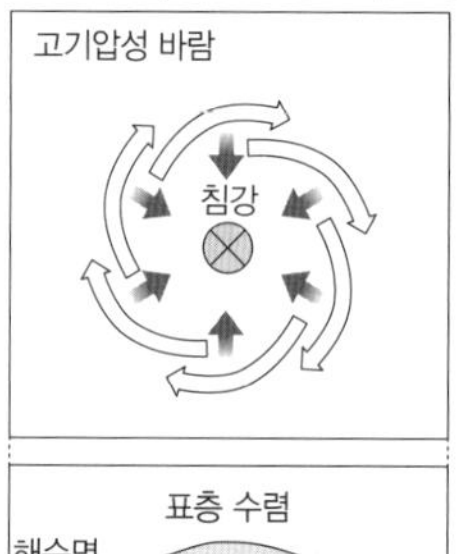

수렴으로 인한 침강(북반구)

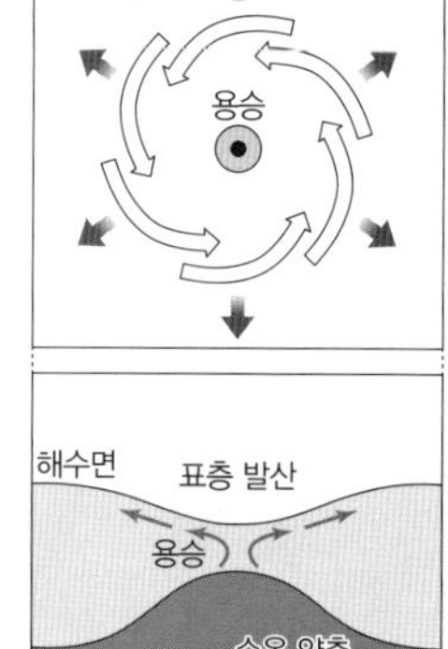

발산으로 인한 용승(북반구)

과학 돋보기 에크만 수송

- 에크만 나선: 해수면 위에서 바람이 일정한 방향으로 계속 불면 북반구에서 표면 해수는 전향력의 영향으로 바람 방향의 오른쪽으로 $45°$ 편향되어 흐른다. 또한 수심이 깊어짐에 따라 해수의 흐름은 오른쪽으로 더 편향되고 유속은 더 느려진다. 이를 바닥에 투영하면 나선이 그려지는데, 이를 에크만 나선이라고 한다.
- 에크만층: 에크만 나선에서 해수의 이동 방향이 표면 해수의 이동 방향과 정반대가 되는 깊이까지의 층을 에크만층(마찰층)이라고 한다.
- 에크만 수송: 에크만층 전체에서 일어나는 해수의 평균적인 이동으로, 북반구에서는 바람 방향의 오른쪽 $90°$ 방향으로 나타나고 남반구에서는 바람 방향의 왼쪽 $90°$ 방향으로 나타난다.

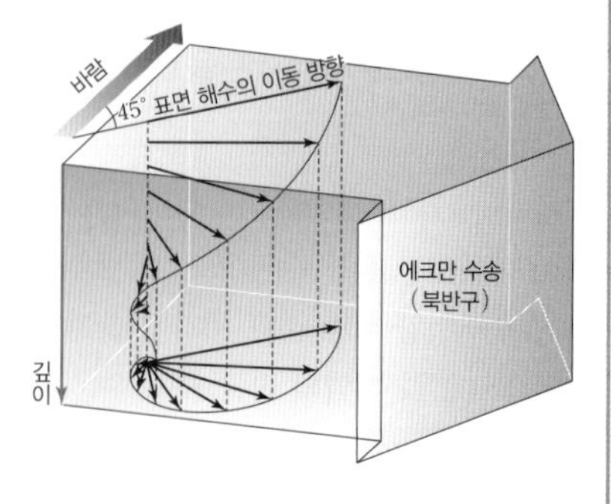

개념 체크

무역풍
대기 대순환에 의해 중위도 고압대에서 적도 저압대 쪽으로 부는 지표 부근의 바람이다. 북반구에서는 주로 북동풍, 남반구에서는 주로 남동풍의 풍향을 가진다.

용승의 영향
심층에서 올라온 찬 해수의 영향으로 용승이 일어나는 해역에서는 표층 수온이 낮아지고 안개가 자주 발생할 수 있다. 또한 용승이 일어나는 해역에서는 영양염이 표층으로 운반되어 플랑크톤이 번식하고 좋은 어장이 형성될 수 있다.

1. (   )은 심층의 찬 해수가 표층으로 올라오는 현상이다.

2. 북반구에서 대륙의 서해안에 (   )풍 계열의 바람이 지속적으로 불 때 연안 용승이 일어날 수 있다.

3. 적도 용승은 적도 부근 해역에서 무역풍에 의해 표층수가 (   )할 때 심층의 찬 해수가 올라오는 현상이다.

4. 저기압성 바람에 의해 표층수가 (   )할 때 심층의 찬 해수가 올라오는 용승이 일어날 수 있다.

5. 용승에 의해 심층에서 찬 해수가 올라오면, 용승이 일어나는 해역의 기온은 (   )아질 수 있다.

정답
1. 용승
2. 북
3. 발산
4. 발산
5. 낮

(2) 엘니뇨와 라니냐

① **열대 태평양의 수온 분포:** 평상시 열대 태평양을 따라 동쪽에서 서쪽으로 부는 무역풍으로 인해 동태평양 해역에서는 연안 용승이 활발하다. 해수면 수온은 서태평양보다 동태평양에서 낮게 나타난다.

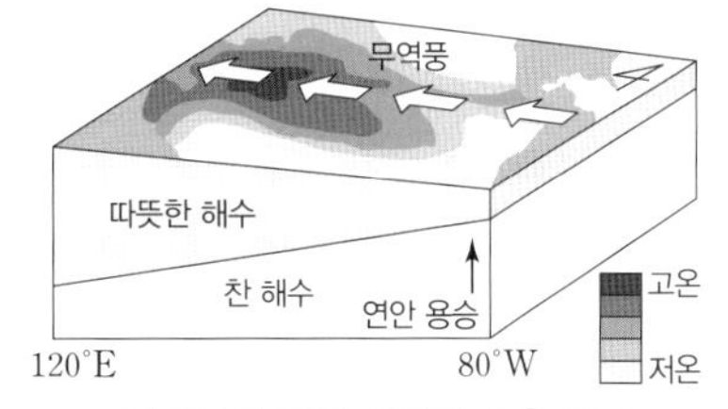

평상시의 열대 태평양 수온 구조

② **엘니뇨 시기:** 평상시에 비해 무역풍이 약해지면 동태평양 해역에서는 연안 용승이 약해지고, 서태평양에서 동쪽으로 따뜻한 해수가 이동하여 태평양 중앙부에서 페루 연안에 이르는 해역의 해수면 수온이 상승한다.

③ **라니냐 시기:** 평상시에 비해 무역풍이 강해지면 동태평양 해역에서는 연안 용승이 강해지고, 따뜻한 해수는 서태평양 쪽으로 더욱 집중되므로 페루 연안의 한랭 수역이 확대되어 해수면 수온의 동서 간 차이가 커진다.

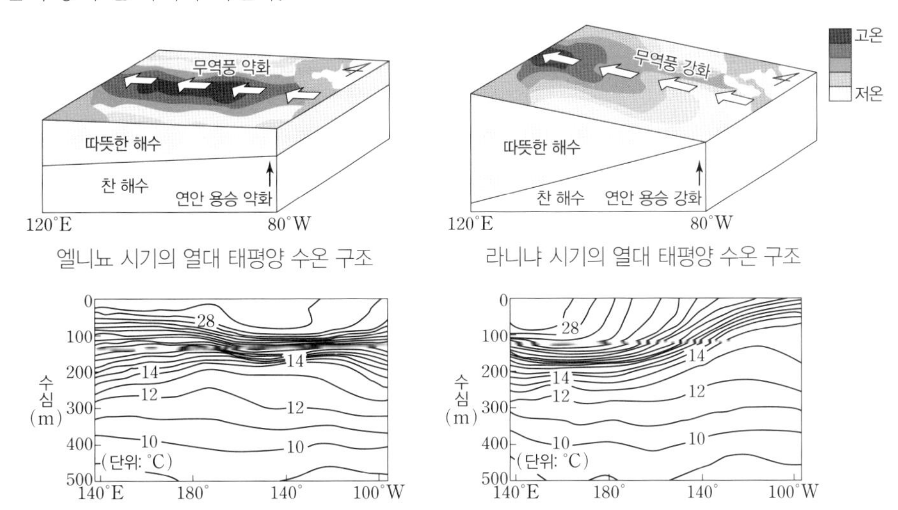

엘니뇨(왼쪽)와 라니냐(오른쪽) 발생 시 열대 태평양의 해수 온도의 연직 분포

(3) 엘니뇨와 남방 진동

① **워커 순환:** 평상시 무역풍으로 인해 열대 서태평양은 따뜻한 해수로부터 열과 수증기를 공급받은 공기가 상승하여 강수대가 형성되고, 상대적으로 온도가 낮은 동태평양은 공기가 하강한다. 이로 인해 열대 태평양 지역에서는 동서 방향의 거대한 순환이 형성되는데, 이를 워커 순환이라고 한다.

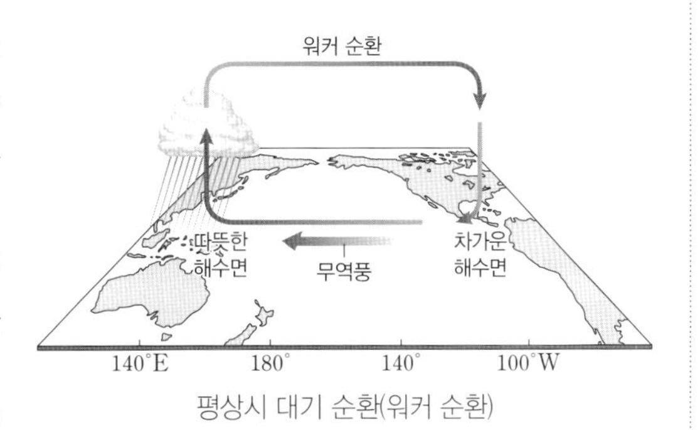

평상시 대기 순환(워커 순환)

② **엘니뇨 시기의 워커 순환:** 엘니뇨가 발생하면 열대 태평양 동쪽 해역에서 해수면 수온이 평년에 비해 상승하고 서태평양의 따뜻한 해수가 동쪽으로 이동한다. 이로 인해 워커 순환에서 공기가 상승하는 지역과 강수대가 동쪽으로 이동하고, 태평양 전체의 기압 분포가 변한다. 엘니뇨가 발생하면 열대 태평양 동쪽 해역에서는 기압이 낮아지고 강수량이 많아지며, 열대 태평양 서쪽 해역에서는 기압이 높아지고 강수량이 적어진다.

개념 체크

엘니뇨
열대 태평양 중앙부에서 페루 연안에 이르는 해역에서 해수면 수온이 평년보다 높은 상태가 수개월 이상 지속되는 현상이다.

라니냐
열대 태평양 중앙부에서 페루 연안에 이르는 해역에서 해수면 수온이 평년보다 낮은 상태가 수개월 이상 지속되는 현상이다.

1. 엘니뇨 시기에 무역풍은 평상시보다 (　　)하다.

2. 엘니뇨 시기에 열대 태평양 동쪽 해역에서 해수면 수온은 평상시보다 (　　)다.

3. 라니냐 시기에는 열대 동태평양 해역의 연안 용승이 평상시보다 (　　)해진다.

4. 엘니뇨 시기에 열대 태평양 서쪽 해역에서 해면 기압은 평상시보다 (　　)다.

정답
1. 약
2. 높
3. 강
4. 높

개념 체크

➲ 해면 기압 편차
각 지점에서 관측한 해면 기압에서 각 지점의 수십 년 동안의 평균 해면 기압을 뺀 값이다.

1. 엘니뇨 시기에는 워커 순환에서 공기가 상승하는 지역과 강수대가 평상시보다 (　　)쪽으로 이동한다.

2. 엘니뇨, 라니냐의 발생과 함께 나타나는 열대 태평양의 해면 기압 분포 변화를 (　　)이라고 한다.

3. 엘니뇨 시기에는 열대 태평양 동쪽 해역의 해면 기압이 평상시보다 (　　)아진다.

4. (　　) 시기에 남방 진동 지수는 큰 양(+)의 값이고, (　　) 시기에 남방 진동 지수는 큰 음(−)의 값이다.

5. 엘니뇨와 남방 진동을 합쳐서 (　　)이라고 한다.

정답
1. 동
2. 남방 진동
3. 낮
4. 라니냐, 엘니뇨
5. 엘니뇨 남방 진동(엔소, ENSO)

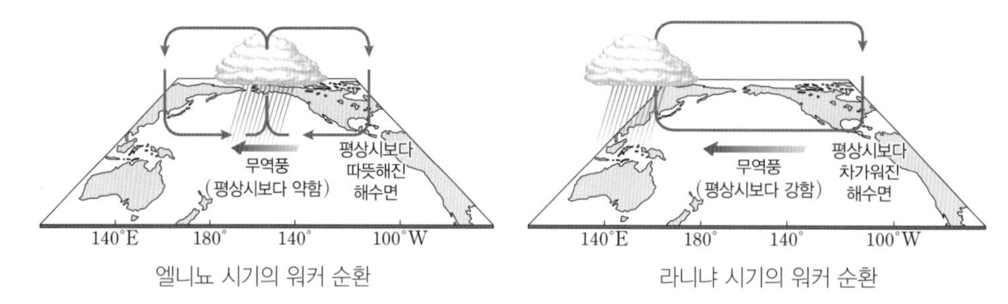

엘니뇨 시기의 워커 순환　　라니냐 시기의 워커 순환

③ **남방 진동**: 기상학자 워커가 호주 북부 다윈의 해면 기압과 남태평양 타히티의 해면 기압의 차이를 분석하여 발견한 사실로, 서태평양의 해면 기압이 평상시보다 높아지면 동태평양의 해면 기압은 평상시보다 낮아지고, 서태평양의 해면 기압이 평상시보다 낮아지면 동태평양의 해면 기압은 평상시보다 높아지는 해면 기압 분포의 시소 현상을 남방 진동이라고 한다.

탐구자료 살펴보기 | 엘니뇨와 남방 진동

탐구 자료

그림은 1950년~2020년까지의 남방 진동 지수를 나타낸 것이다.

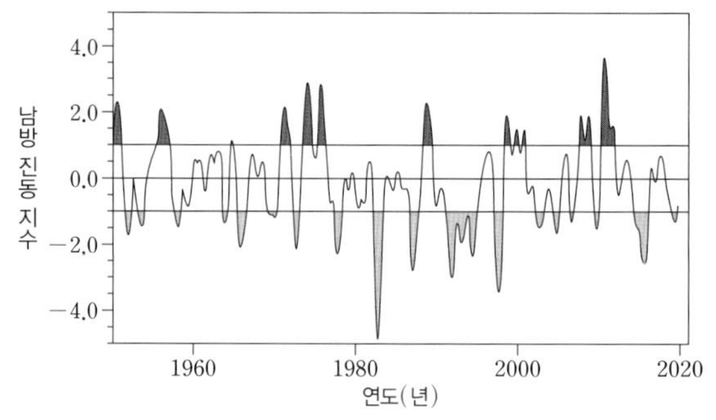

남방 진동 지수=(남태평양 타히티의 해면 기압 편차−호주 북부 다윈의 해면 기압 편차)/표준 편차

탐구 결과

1. 엘니뇨 시기에 타히티는 해수면 수온이 상승하여 해면 기압이 낮아지므로 해면 기압 편차(관측값−평년값)는 음(−)의 값이고, 다윈은 해수면 수온이 하강하여 해면 기압이 높아지므로 해면 기압 편차(관측값−평년값)는 양(+)의 값이다.
2. 1982년~1983년 사이에는 남방 진동 지수가 약 −4.9로 가장 작다. 남방 진동 지수가 큰 음(−)의 값인 시기에는 무역풍이 약하므로 열대 동태평양의 연안 용승이 약하다.

분석 point

- 남방 진동 지수가 큰 음(−)의 값일 때는 엘니뇨 시기이고, 큰 양(+)의 값일 때는 라니냐 시기이다.
- 남방 진동 지수가 큰 양(+)의 값인 시기에는 열대 동태평양의 연안 용승이 강하다.

(4) 엘니뇨 남방 진동(엔소, ENSO)

① **엔소(ENSO, El Niño−Southern Oscillation)**: 엘니뇨와 라니냐는 해양에서 발생하는 현상이고 남방 진동은 대기에서 나타나는 현상인데, 이 두 현상은 서로 독립된 것이 아니라 대기와 해양의 끊임없는 상호 작용의 결과로 나타난 것이다. 엘니뇨, 라니냐에 의한 표층 수온의 변화와 대기의 기압 분포가 변하는 현상이 서로 영향을 주고받아 나타나는 하나의 현상으로 생각하여 이 두 현상을 합쳐 엔소(ENSO)라고 한다.

② **엔소의 영향**: 열대 태평양의 수온 변화로 인한 대기 운동의 변화는 파동의 형태로 고위도까지 전파될 수 있으므로, 엔소의 영향은 단지 열대 태평양의 대기와 해양의 상태에만 국한된 것이 아니다.

2 기후 변화의 요인

(1) **고기후 연구**: 비교적 짧은 기간 동안 변화하는 대기의 상태를 일기 또는 기상이라고 하며, 기후는 오랜 기간의 기상 평균을 말한다. 지질 시대의 기후는 빙하 시추물, 나무의 나이테, 화석 등의 연구로부터 알아낸다.

빙하 시추물

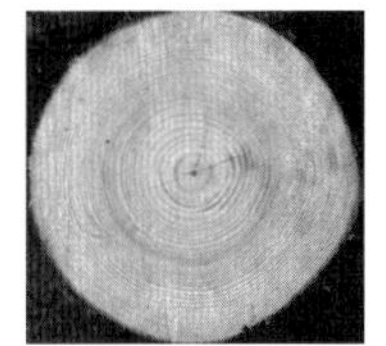
나무의 나이테

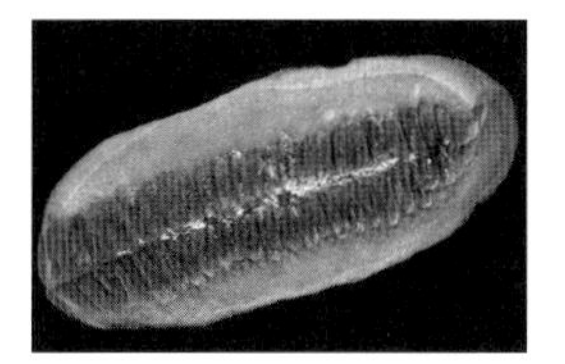
화석

(2) **기후 변화의 자연적 요인-지구 외적 요인**

① **지구 자전축의 방향 변화**: 지구의 자전축이 약 26000년을 주기로 회전하는데, 이를 세차 운동이라고 한다.

- 세차 운동에 의해 약 13000년 후에는 자전축의 경사 방향이 현재와 반대가 된다.
- 현재 북반구는 근일점에서 겨울이나, 하지만 지구의 세차 운동에 의해 약 13000년 후에 북반구는 근일점에서 여름이 된다. ➡ 다른 요인의 변화가 없다면 약 13000년 후 북반구에서 기온의 연교차는 현재보다 커진다.

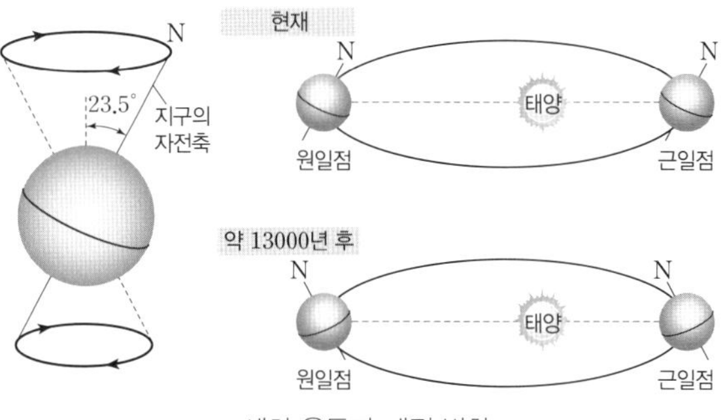

세차 운동과 계절 변화

② **지구 자전축의 기울기 변화**

- 현재 지구 자전축의 경사각은 약 23.5°이지만 약 41000년을 주기로 약 21.5°~24.5° 사이에서 변한다.
- 지구 자전축의 기울기가 변하면 각 위도에서 받는 일사량이 변하므로 기후 변화가 생긴다. ➡ 다른 요인의 변화가 없다면 자전축 경사각이 커질수록 기온의 연교차가 커진다.

24.5°
23.5°
21.5°
현재 자전축

지구 자전축의 기울기 변화

③ **지구 공전 궤도 이심률의 변화**

- 지구 공전 궤도 이심률이 약 10만 년을 주기로 변한다.
- 현재 근일점과 원일점에 위치할 때 일사량의 차이가 약 7 %이지만, 이심률이 최대로 커지면 근일점과 원일점에 위치할 때 일사량의 차이가 최대 23 %까지 증가한다.
- 공전 궤도가 현재보다 원에 더 가까워지면(이심률이 작아지면) 근일점 거리는 현재보다 멀어지고, 원일점 거리는 현재보다 가까워진다. ➡ 다른 요인의 변화가 없다면 북반구에서 겨울철은 더 추워지고 여름철은 더 더워지므로 기온의 연교차가 커진다.

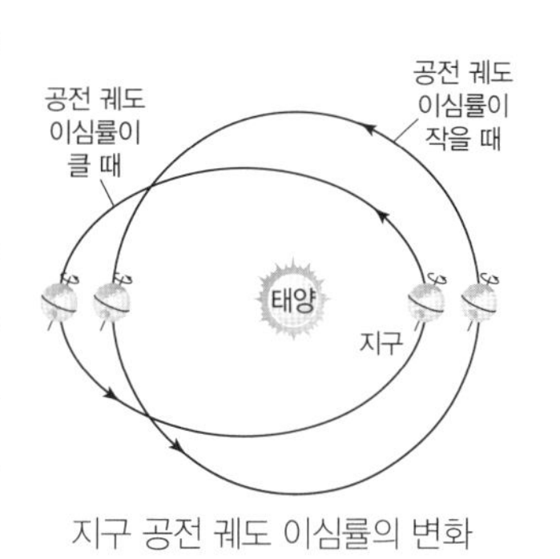

지구 공전 궤도 이심률의 변화

개념 체크

➲ 빙하 시추물 연구
빙하 얼음을 구성하는 산소 안정 동위 원소 비율($^{18}O/^{16}O$)을 분석하면 과거 지구의 기온을 알 수 있고, 빙하 얼음 속에 포함된 공기 방울을 분석하면 과거 지구 대기에 포함된 온실 기체의 농도를 알 수 있다.

➲ 공전 궤도 이심률과 공전 궤도 긴반지름(장반경)
지구의 공전 궤도 이심률이 변하더라도 공전 주기가 일정하면 공전 궤도 긴반지름(근일점에서부터 원일점까지 거리의 절반)은 변하지 않는다.

➲ 태양의 남중 고도와 계절
북반구 중위도에서 태양의 남중 고도는 태양이 정남쪽에 있을 때의 고도를 말하며, 이때 태양은 하루 중 고도가 가장 높은 위치에 있다. 태양 빛이 지표면과 이루는 각이 클 때 태양의 남중 고도가 높아 여름이 되고, 태양 빛이 지표면과 이루는 각이 작을 때 태양의 남중 고도가 낮아 겨울이 된다.

1. 지질 시대의 기후는 빙하 시추물, 나무의 ( ), 화석 등의 연구로부터 알아낸다.

2. 지구 자전축의 ( ) 운동에 의해 지구 자전축이 기울어진 방향이 변한다.

3. 지구의 공전 궤도상에서 태양과 가장 가까운 점을 ( )일점이라 하고 가장 먼 점을 ( )일점이라고 한다.

4. 현재 지구가 근일점에 위치할 때, 북반구는 ( )철이고 남반구는 ( )철이다.

정답
1. 나이테
2. 세차
3. 근, 원
4. 겨울, 여름

개념 체크

흑점 수의 증감 주기
태양 흑점 수는 약 11년을 주기로 증감하는데, 이 기간 중 흑점 수가 가장 많은 시기를 극대기, 가장 적은 시기를 극소기라고 한다.

지표면의 반사율

구분	반사율(%)
빙하	50~70
숲	8~15
토양	5~40
모래 사막	20~45
아스팔트	4~12

화산 활동과 기후 변화
화산 활동으로 방출된 이산화 탄소나 수증기 등은 지구 기온을 높이지만, 화산재나 이산화 황 등은 지구 반사율을 증가시켜 지구 기온을 낮춘다. 기후 변화의 자연적 요인에는 지구 온난화를 일으키는 요인도 있지만, 억제하는 요인도 있다.

1. 태양 활동은 흑점 수의 (　　)기가 (　　)기보다 활발하다.

2. 태양이 방출하는 에너지양은 흑점 수의 (　　)기가 (　　)기보다 많다.

3. 화산이 폭발할 때 분출된 화산재 등은 지구의 반사율을 (　　)시키는 역할을 한다.

정답
1. 극대, 극소
2. 극대, 극소
3. 증가

④ **태양 활동의 변화**: 태양 활동이 달라지면 지구에 도달하는 태양 복사 에너지의 양이 달라진다. 태양 활동의 변화는 흑점 수 변화로 알 수 있는데, 역사적으로 소빙하기로 알려진 시기에 태양 흑점 수가 매우 적었던 시기(마운더 극소기)가 존재한다.

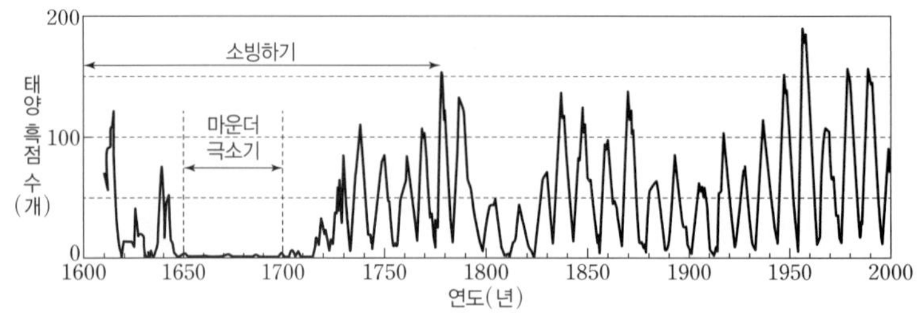

태양 흑점 수의 변화와 소빙하기

(3) **기후 변화의 자연적 요인-지구 내적 요인**: 지구의 기후 변화는 지구 외적 요인 이외에 지구 내적 요인에 의해서도 일어난다.

① **수륙 분포의 변화**: 육지와 해양은 비열과 반사율이 다르며, 판의 운동에 의한 수륙 분포의 변화는 기후를 변화시킨다. ➡ 고생대 말에 형성된 초대륙 판게아는 지구의 기후대를 크게 변화시켰고, 생물계의 큰 변화를 일으킨 주요 원인이 되었다. 수륙 분포의 변화는 해류의 변화를 일으켜 기후 변화의 원인이 된다.

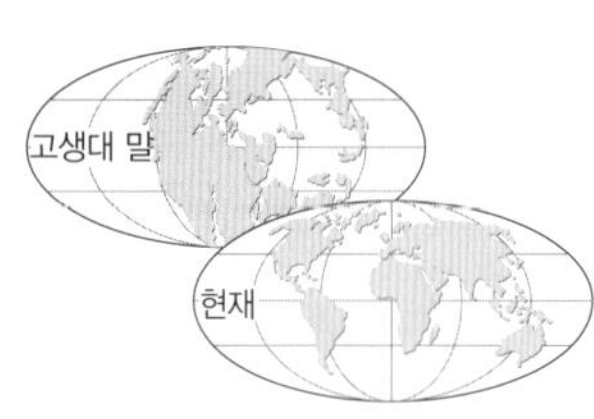

대륙과 해양의 지리적 위치 변화

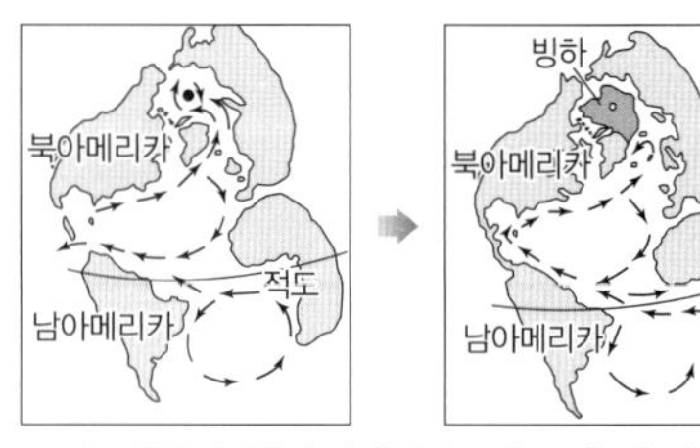

두 대륙이 연결된 후 북극해로 흘러드는 따뜻한 해류가 변하였다.

② **화산 활동**: 화산재 등이 성층권에 퍼질 정도로 화산 폭발이 크게 일어나면 태양 빛의 산란이 많이 일어나 지구의 반사율이 커지므로 지구의 평균 기온이 하강한다.

피나투보 화산의 분출 모습

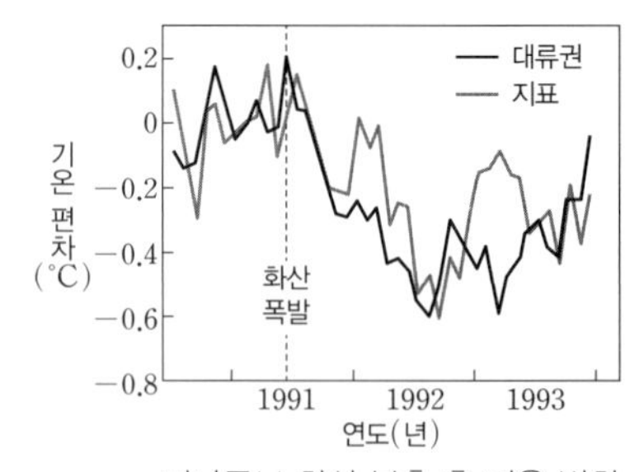

피나투보 화산 분출 후 기온 변화

③ **지표면 상태의 변화**: 극지방의 빙하 면적 변화는 지표면의 반사율을 변화시켜 지표에 흡수되는 태양 복사 에너지의 양을 달라지게 하므로 기후가 변한다.

(4) **기후 변화의 인위적 요인**

① **온실 기체의 증가**: 인간 활동에 의해 온실 기체가 증가한다. ➡ 대기 및 지표의 평균 온도가 상승하고 지구의 기후가 변한다.

② **에어로졸 배출**: 산업 활동이나 화석 연료 사용 과정에서 대기로 배출된 에어로졸은 지표면에 도달하는 태양 복사 에너지를 감소시켜 지구의 기온을 낮추는 역할을 할 수 있다.

③ **사막화**: 과잉 방목, 과잉 경작 등에 의한 사막화 현상은 대기 순환을 변화시켜 지구의 기후를 변화시키는 요인이 된다.

④ **도시화**: 도로, 건물 등을 건설하여 숲이 도시화되면 지표의 반사율을 변화시켜 기후 변화가 나타난다.

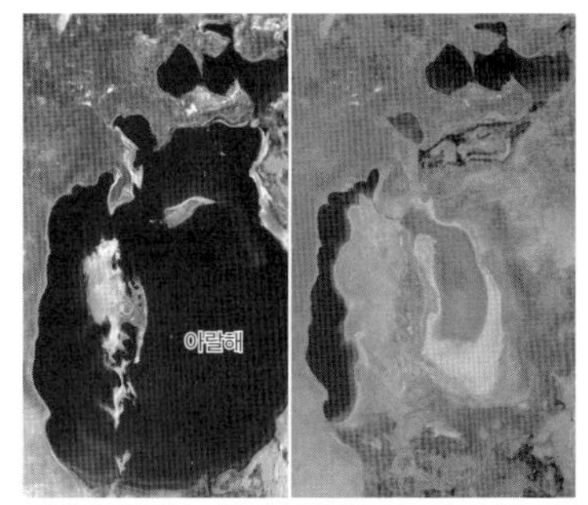

1989년(왼쪽)과 2008년(오른쪽)의 아랄해 면적 변화(과잉 경작으로 유입되는 물이 줄어들면서 한때 세계에서 네 번째로 컸던 호수의 면적이 크게 감소하였다.)

3 기후 변화의 영향

(1) 복사 평형: 흡수하는 만큼의 에너지를 방출하여 평균 온도가 일정하게 유지되는 상태이다.

(2) 온실 효과

① 지구 대기는 짧은 파장의 태양 복사 에너지(가시광선)는 잘 통과시키지만, 긴 파장의 지구 복사 에너지(적외선)는 대부분 흡수한 후 지표로 재복사하여 지표면의 온도를 높이는데, 이를 온실 효과라고 한다.

② 온실 효과를 일으키는 수증기, 이산화 탄소, 메테인, 오존 등의 기체를 온실 기체라고 한다. 온실 기체가 온실 효과에 기여하는 정도는 수증기 > 이산화 탄소 > 메테인 > 오존 순이다.

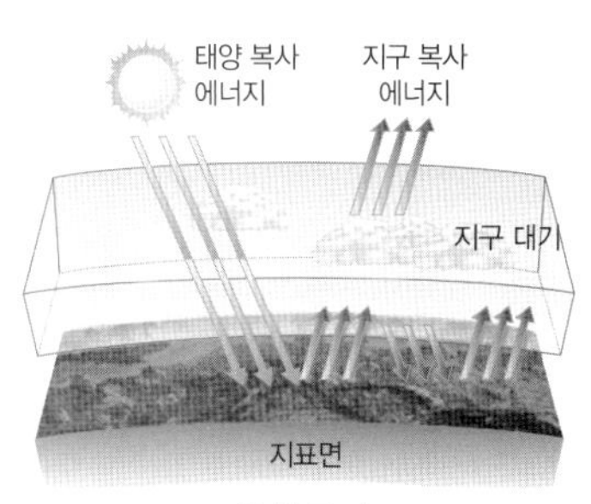

온실 효과

(3) 지구의 열수지 평형

① 지구에 입사하는 태양 복사 에너지 100 단위 중 25 단위는 대기에 흡수, 45 단위는 지표면에 흡수, 30 단위는 우주 공간으로 반사된다. 지구에서 방출하는 지구 복사 에너지 70 단위 중 66 단위는 대기 복사, 4 단위는 지표면 복사이다.

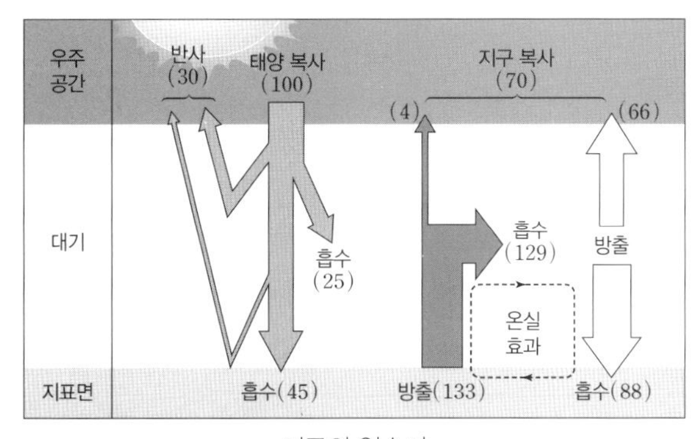

지구의 열수지

② 지구가 흡수하는 복사 에너지양과 지구가 방출하는 복사 에너지양이 같다. ➡ 지구는 복사 평형을 이루고 있어서 연평균 기온이 거의 일정하게 유지된다.

③ 대기 중 온실 기체가 증가하면 대기에서 흡수하는 지표 복사 에너지와 대기에서 지표로 재복사되는 에너지가 증가하여 지표의 온도가 상승한다.

개념 체크

➲ 에어로졸
대기 중에 떠 있는 1 nm ~ 100 μm의 작은 액체나 고체 입자를 말한다.

➲ 주요 온실 기체의 온실 효과 기여도

온실 기체	기여도(%)
수증기	30 ~ 70
이산화 탄소	9 ~ 26
메테인	4 ~ 9
오존	3 ~ 7

1. 흡수하는 만큼의 에너지를 방출하여 평균 온도가 일정하게 유지되는 상태를 (　　)이라고 한다.

2. 지구 대기는 (　　) 복사 에너지보다 (　　) 복사 에너지를 더 많이 흡수한다.

3. 온실 기체가 지구 복사 에너지를 흡수하였다가 지표로 재복사하기 때문에 지구의 평균 기온이 높게 유지되는데, 이를 (　　)라고 한다.

4. 대기 중 온실 기체가 증가하면 대기에서 흡수하는 지표 복사 에너지와 대기에서 지표로 재복사하는 에너지가 (　　)하여 지표의 온도가 (　　)한다.

정답
1. 복사 평형
2. 태양, 지구
3. 온실 효과
4. 증가, 상승

개념 체크

➲ 지구 온난화
19세기 중반부터 시작된 전 지구적인 지표면 부근의 기온 상승을 의미한다.

1. 인간 활동에 의한 온실 기체 증가가 지구 ( )의 주요 원인으로 여겨지고 있다.

2. ( ) 연료 사용량이 증가하면, 대기 중으로 배출되는 이산화 탄소의 양이 증가한다.

3. 지구 온난화로 인해 열대 해역의 해수면 온도가 상승하면, 태풍 등 열대 저기압의 강도가 ( )질 것이다.

4. 지구 온난화의 영향으로 해수의 온도가 상승하면 해수면이 ( )한다.

정답
1. 온난화
2. 화석
3. 커
4. 상승

(4) 지구 온난화: 최근 들어 지구의 온실 효과가 강화되어 지구의 평균 기온이 점점 높아지고 있는데, 이를 지구 온난화라고 한다. 대부분의 과학자들은 인간 활동에 의해 대기 중 온실 기체의 양이 증가하였기 때문에 지구 온난화가 나타난다고 생각한다.

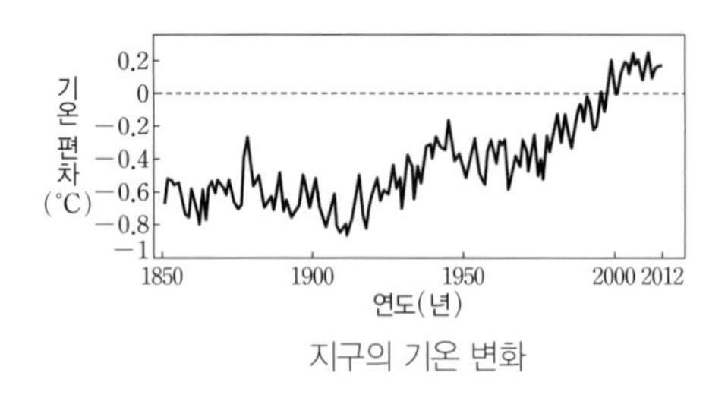

지구의 기온 변화

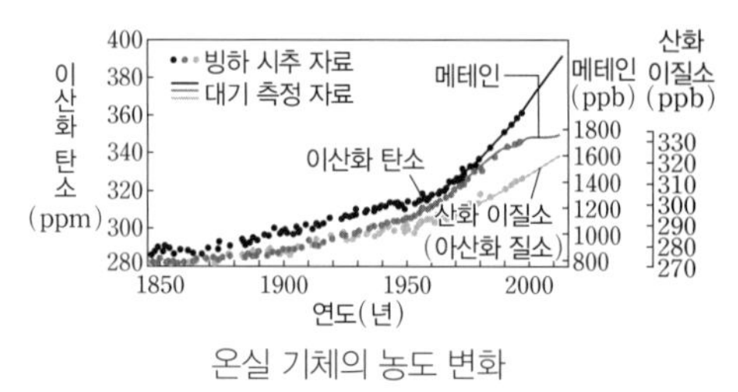

온실 기체의 농도 변화

과학 돋보기 지구의 기온 변화 경향성

그림은 기후 모형으로 모의실험한 지구의 기온 변화와 실제 관측한 기온을 나타낸 것이다.

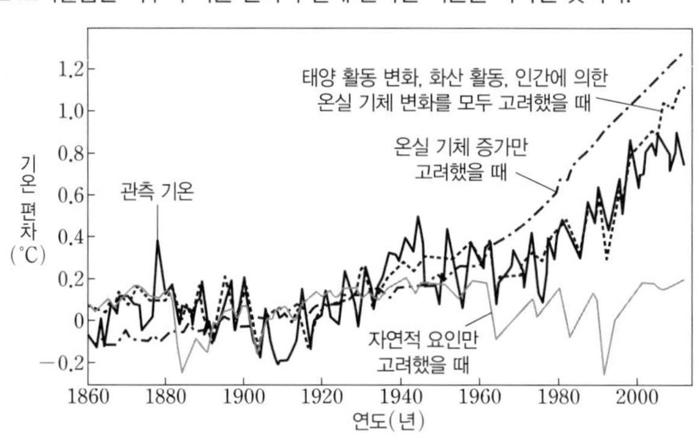

- 태양 활동 변화, 화산 활동 등 자연적 요인만을 고려했을 때 지구의 기온은 약간 낮아졌다가 다시 회복하는 경향이 있다.
- 자연적 요인과 인위적 요인을 함께 고려했을 때 기온 변화 모형은 관측된 기온 변화와 비슷한 경향을 나타낸다.
- 현재의 지구 온난화는 자연적 요인보다는 인위적 요인에 의해 나타난다.

(5) 지구 온난화의 영향

① **해수면 상승:** 해수의 온도가 상승하면 해수의 열팽창이 일어나 해수면이 상승한다. 또한 육지의 빙하가 녹아 바다로 흘러 들어가면 해수면이 상승한다.

② 기후대가 변하여 생태계 변화, 식량 생산 감소, 질병 증가 등이 예상된다.

③ 기상 이변의 발생 횟수와 강도가 증가하고 태풍, 홍수, 가뭄 등에 의한 피해가 커질 것이다.

④ 수자원 변화, 곡물 수확량 감소 등 사회적, 경제적인 측면에 미치는 영향이 커질 것이다.

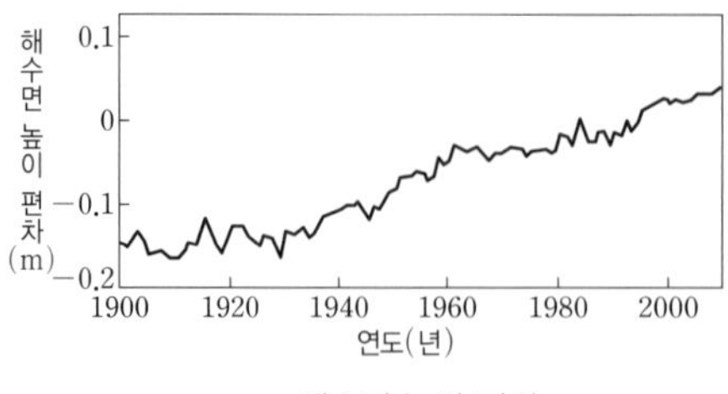

해수면 높이 변화

기상 이변으로 인한 홍수 피해

과학 돋보기 지구 온난화에 의한 미래의 지구 환경 변화

표는 기후 변화 시나리오의 종류별 의미를, 그림은 각 시나리오를 바탕으로 기후 모형이 예측한 1995년~2014년 평균 기온 대비 전 지구 평균 기온 변화를 나타낸 것이다.

기후 변화 시나리오	의미
SSP1-2.6	재생 에너지 기술 발달로 화석 연료 사용량이 최소화되고 친환경적으로 지속 가능한 경제 성장을 가정
SSP2-4.5	기후 변화 완화 및 사회 경제 발전 정도의 중간 단계를 가정
SSP3-7.0	기후 변화 완화 정책에 소극적이며 기술 개발이 늦어 기후 변화에 취약한 사회 구조를 가정
SSP5-8.5	산업 기술의 빠른 발전에 중심을 두어 화석 연료 사용량이 많고 도시 위주의 과도한 개발 확대를 가정

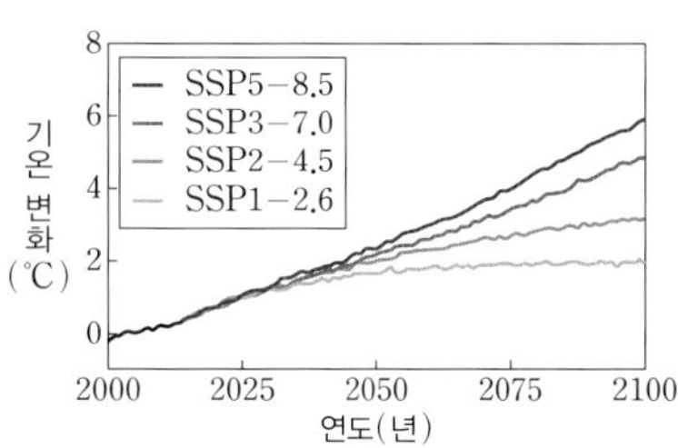

- SSP5-8.5는 화석 연료 사용량이 가장 많은 시나리오로, 전 지구 평균 기온은 10년에 약 0.6 ℃씩 상승할 것으로 예측된다.
- SSP1-2.6은 화석 연료 사용량이 최소화된 시나리오로, 21세기 전반에는 10년에 약 0.6 ℃씩의 기온 상승을 보이지만 21세기 중반 이후에는 기온 상승 폭이 감소할 것으로 예측된다.

(6) 지구 환경 보존을 위한 노력

① **온실 기체 배출량 감소**: 자원을 절약하고 대체 에너지를 개발한다.

② **지구 환경 보존을 위한 국제 협약**: 지구 차원의 환경 보호를 위해 세계 각국은 환경 협약을 체결하고 환경 보호에 대한 국가별 의무와 노력을 규정하고 있다.

- 기후 변화에 관한 국제 연합 기본 협약(1992년): 지구 온난화 방지를 위한 협약
- 교토 의정서(1997년): 온실 기체의 감축 목표치를 규정한 국제 협약
- 파리 협정(2015년): 전 세계 온실 기체 감축을 통해 지구의 평균 기온이 산업화 이전 대비 2 ℃ 이상 상승하지 않도록 하기 위한 국제 협약

탐구자료 살펴보기 한반도의 기후 변화 경향성

탐구 자료

그림 (가)와 (나)는 우리나라의 관측소 6곳(서울, 인천, 강릉, 대구, 목포, 부산)에서 1910년~2019년에 측정한 기온과 강수량을 10년 범위로 평균한 값을 나타낸 것이다.

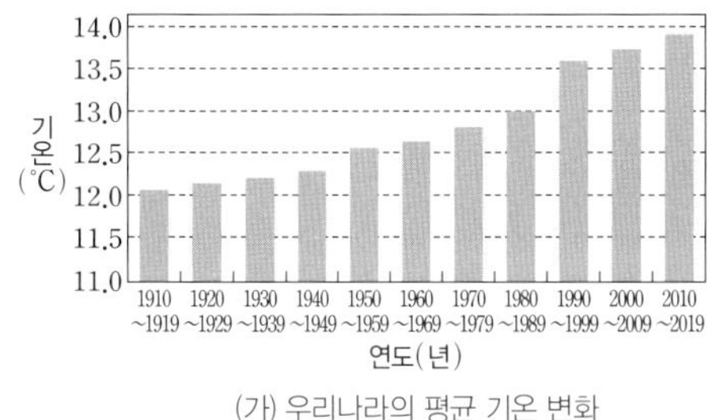

(가) 우리나라의 평균 기온 변화

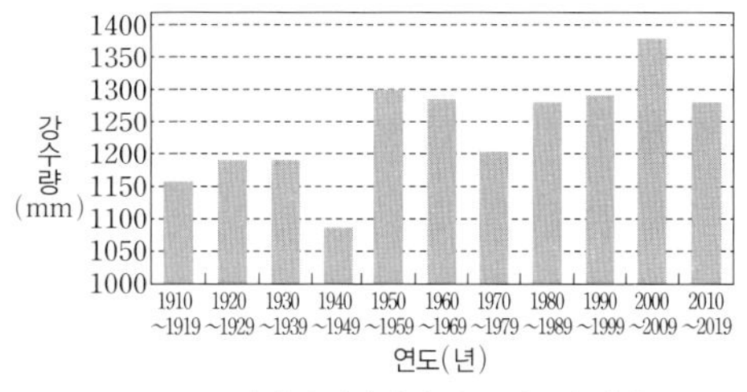

(나) 우리나라의 평균 강수량 변화

탐구 결과

최근 110년 동안 우리나라의 평균 기온은 지속적으로 상승하였고, 평균 강수량도 대체로 증가하였다.

분석 point

- 지구의 평균 기온은 최근 110년 동안 약 0.85 ℃ 상승하였으며, 우리나라는 이보다 약 2배 상승하였다.
- 우리나라의 주요 작물 재배지가 북상하고, 바다에서 잡히는 주요 어종이 바뀌는 등 다양한 변화가 일어나고 있다.

개념 체크

➲ SSP
공통 사회 경제 경로의 약자로, 기존 RCP(대표 농도 경로) 개념과 함께 미래 기후 변화 대비 수준에 따라 인구, 경제, 토지 이용, 에너지 사용 등의 미래 사회 경제 시스템 변화를 적용한 기후 변화 시나리오이다.

➲ 정부 간 기후 변화 협의체(IPCC)
세계 기상 기구(WMO)와 유엔 환경 계획(UNEP)에 의해 인간의 활동이 기후 변화에 미치는 영향을 평가하고, 국제적인 대책을 마련하기 위해 1988년에 설립되었다.

1. 세계 각국은 1997년에는 교토 의정서, 2015년에는 (　　)을 체결하는 등 기후 변화에 대처하기 위해 노력하고 있다.

2. 지구 온난화로 인해 우리나라의 평균 기온은 (　　)하고 있는 추세이다.

정답
1. 파리 협정
2. 상승

[25026-0175]

01 그림은 북반구 중위도 어느 연안에서 북풍 또는 남풍이 지속적으로 불 때 일어나는 해수의 이동을 나타낸 것이다.

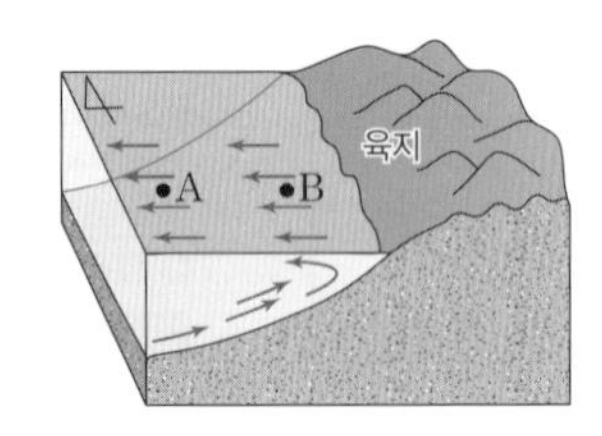

이 연안에 대한 설명으로 옳은 것만을 〈보기〉에서 있는 대로 고른 것은?

〈보기〉
ㄱ. 남풍이 불고 있다.
ㄴ. 지속적으로 부는 바람에 의해 용승이 일어나고 있다.
ㄷ. 표층 수온은 A 지점이 B 지점보다 낮다.

① ㄱ ② ㄴ ③ ㄱ, ㄷ
④ ㄴ, ㄷ ⑤ ㄱ, ㄴ, ㄷ

[25026-0176]

02 그림 (가)와 (나)는 북반구 어느 해역에서 저기압성 바람과 고기압성 바람에 의한 용승과 침강이 일어날 때 해수의 이동을 순서 없이 나타낸 것이다.

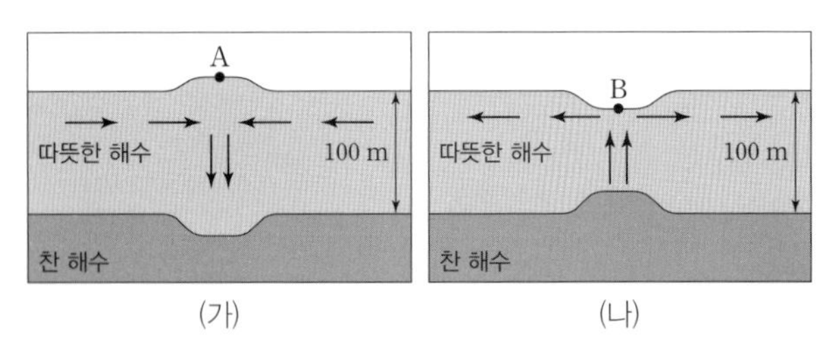

(가) (나)

지점 A와 B에 대한 설명으로 옳은 것만을 〈보기〉에서 있는 대로 고른 것은?

〈보기〉
ㄱ. A에서는 침강이 일어난다.
ㄴ. B 주변에서 바람은 B를 중심으로 시계 방향으로 분다.
ㄷ. 수온 약층이 나타나기 시작하는 깊이는 A가 B보다 깊다.

① ㄱ ② ㄴ ③ ㄱ, ㄷ
④ ㄴ, ㄷ ⑤ ㄱ, ㄴ, ㄷ

[25026-0177]

03 그림 (가)는 연안 A의 위치를, (나)는 6월 28일부터 7월 7일까지 A의 표층 수온 변화를 나타낸 것이다. 이 기간에 A에서는 북풍 또는 남풍에 의해 연안 용승이 일어났다.

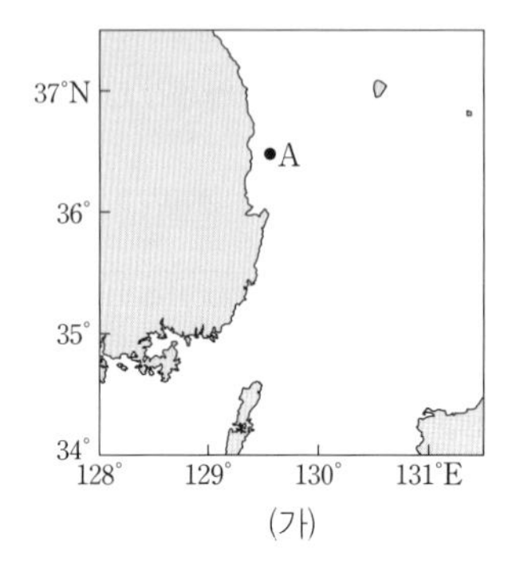

(가)

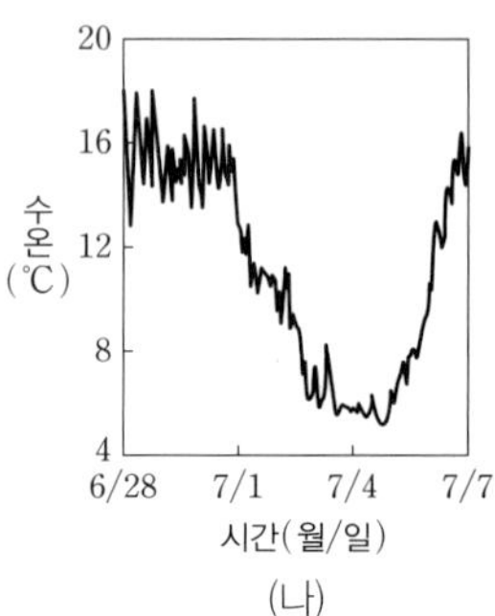

(나)

연안 A에 대한 설명으로 옳은 것만을 〈보기〉에서 있는 대로 고른 것은?

〈보기〉
ㄱ. 연안 용승은 남풍에 의해 일어났다.
ㄴ. 표층 해수는 서쪽으로 이동한다.
ㄷ. 표층 해수의 용존 산소량은 6월 28일이 7월 4일보다 많다.

① ㄱ ② ㄴ ③ ㄱ, ㄷ ④ ㄴ, ㄷ ⑤ ㄱ, ㄴ, ㄷ

[25026-0178]

04 그림은 평상시 태평양 적도 부근 해역의 동서 방향 연직 단면을 나타낸 것이다.

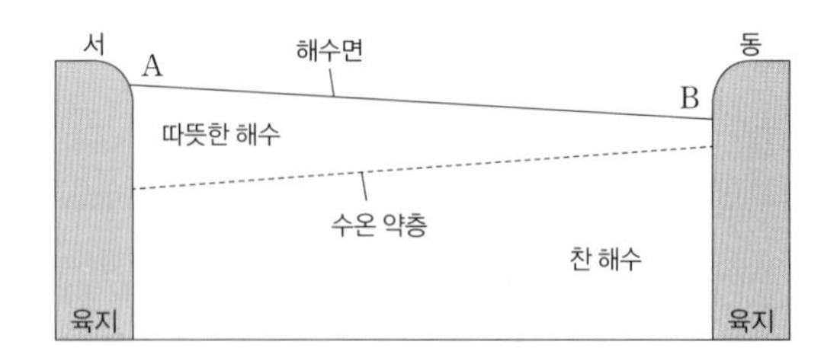

이에 대한 설명으로 옳은 것만을 〈보기〉에서 있는 대로 고른 것은?

〈보기〉
ㄱ. 무역풍은 A 해역에서 B 해역을 향한 방향으로 분다.
ㄴ. 표층 수온은 A 해역이 B 해역보다 높다.
ㄷ. 강수량은 A 해역이 B 해역보다 많다.

① ㄱ ② ㄴ ③ ㄱ, ㄷ ④ ㄴ, ㄷ ⑤ ㄱ, ㄴ, ㄷ

[25026-0179]

05 그림은 엘니뇨 또는 라니냐 시기 중 어느 한 시기에 태평양 해역의 표층 수온 편차(관측값－평년값)를 나타낸 것이다.

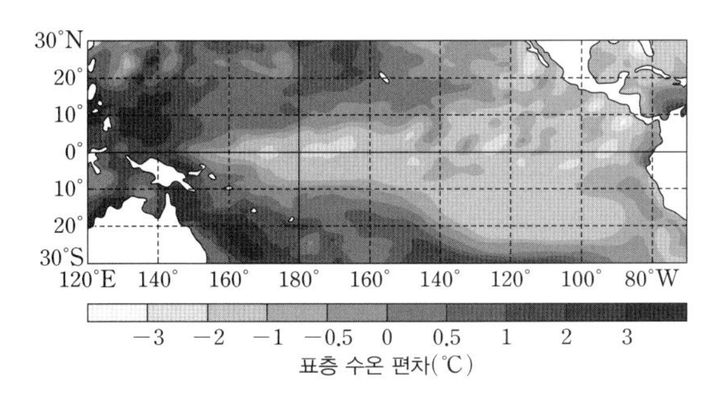

이 시기에 대한 설명으로 옳은 것만을 〈보기〉에서 있는 대로 고른 것은?

〈 보기 〉
ㄱ. 라니냐 시기이다.
ㄴ. 동태평양 적도 부근 해역에서의 용승이 평상시보다 약하다.
ㄷ. 태평양 적도 부근의 동서 방향 해수면 경사가 평상시보다 크다.

① ㄱ ② ㄴ ③ ㄱ, ㄷ ④ ㄴ, ㄷ ⑤ ㄱ, ㄴ, ㄷ

[25026-0180]

06 그림은 엘니뇨 또는 라니냐 시기 중 어느 한 시기에 태평양 적도 부근 해역의 대기 순환 모습을 나타낸 것이다.

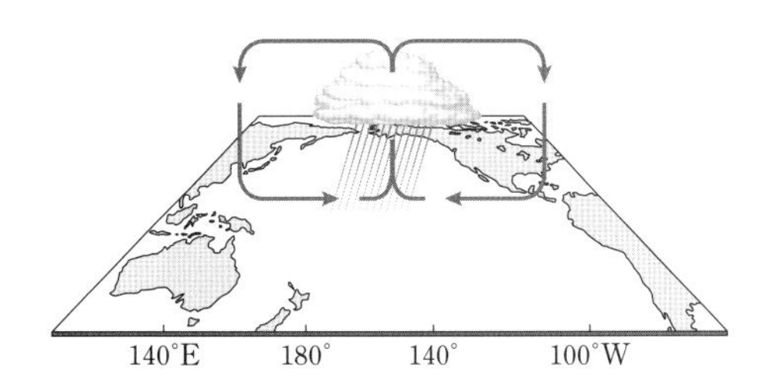

이 시기에 대한 설명으로 옳은 것만을 〈보기〉에서 있는 대로 고른 것은?

〈 보기 〉
ㄱ. 엘니뇨 시기이다.
ㄴ. 무역풍이 평상시보다 약하다.
ㄷ. 서태평양 적도 부근 해역의 해면 기압이 평상시보다 낮다.

① ㄱ ② ㄷ ③ ㄱ, ㄴ ④ ㄴ, ㄷ ⑤ ㄱ, ㄴ, ㄷ

[25026-0181]

07 그림은 어느 지역의 빙하 시추물에 포함된 공기 방울(A)과 화산재(B)를 나타낸 것이다.

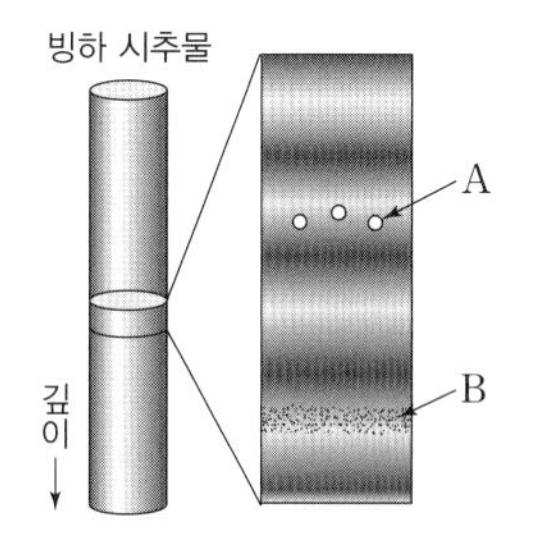

이에 대한 설명으로 옳은 것만을 〈보기〉에서 있는 대로 고른 것은?

〈 보기 〉
ㄱ. A는 B보다 나중에 포함되었다.
ㄴ. A를 분석하면 A가 빙하에 포함될 당시의 대기 성분을 알 수 있다.
ㄷ. 이 지역은 과거 화산 활동의 영향을 받았다.

① ㄱ ② ㄷ ③ ㄱ, ㄴ
④ ㄴ, ㄷ ⑤ ㄱ, ㄴ, ㄷ

[25026-0182]

08 다음은 기후 변화 요인을 구분하여 나타낸 것이다.

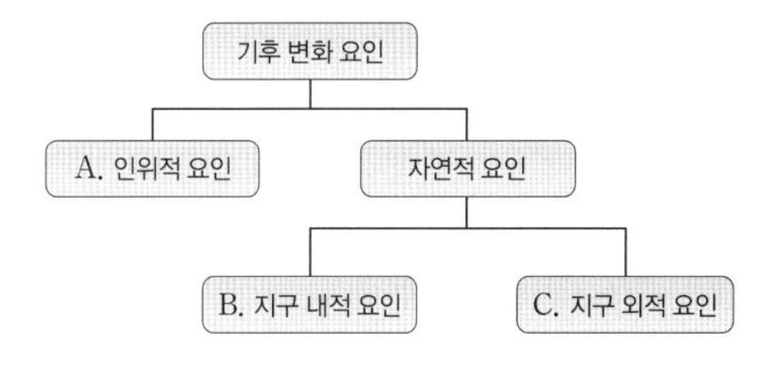

이에 대한 설명으로 옳은 것만을 〈보기〉에서 있는 대로 고른 것은?

〈 보기 〉
ㄱ. A는 인간 활동에 기인한다.
ㄴ. '세차 운동에 의한 지구 자전축의 경사 방향 변화'는 B에 해당한다.
ㄷ. 기후 협약을 통해 C에 의한 기후 변화를 최소화할 수 있다.

① ㄱ ② ㄴ ③ ㄱ, ㄷ
④ ㄴ, ㄷ ⑤ ㄱ, ㄴ, ㄷ

[25026-0183]

09 그림 (가)는 현재 지구의 공전 궤도와 자전축 경사 방향을, (나)는 현재와 A, B 시기 지구의 근일점 거리와 원일점 거리를 나타낸 것이다.

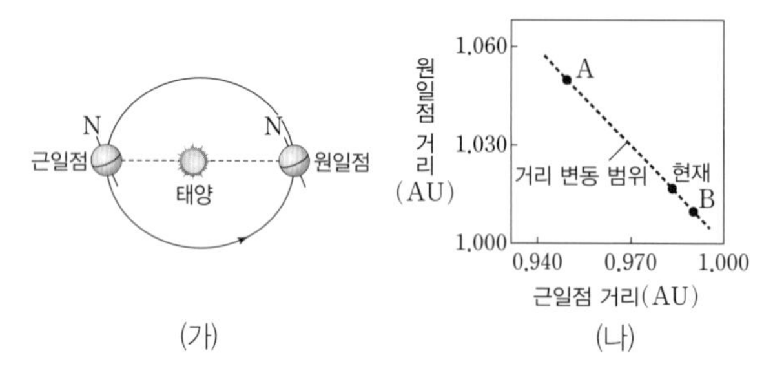

이에 대한 설명으로 옳은 것만을 ⟨보기⟩에서 있는 대로 고른 것은? (단, 지구 공전 궤도 이심률 이외의 요인은 변하지 않는다고 가정한다.)

⟨보기⟩

ㄱ. 현재 지구가 근일점에 위치할 때 북반구는 여름이다.
ㄴ. 지구 공전 궤도 이심률은 A 시기가 현재보다 크다.
ㄷ. 근일점과 원일점에서 단위 시간당 지구 전체에 도달하는 태양 복사 에너지양의 차이는 B 시기가 현재보다 크다.

① ㄱ ② ㄴ ③ ㄱ, ㄷ ④ ㄴ, ㄷ ⑤ ㄱ, ㄴ, ㄷ

[25026-0184]

10 그림 (가)와 (나)는 현재와 13000년 후 지구의 공전 궤도와 자전축 경사 방향을 순서 없이 나타낸 것이다.

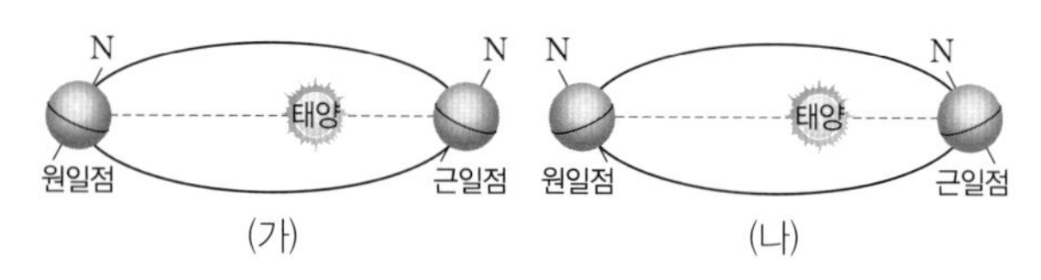

이에 대한 설명으로 옳은 것만을 ⟨보기⟩에서 있는 대로 고른 것은? (단, 세차 운동 이외의 요인은 변하지 않는다고 가정한다.)

⟨보기⟩

ㄱ. (가)는 현재 지구의 공전 궤도와 자전축 경사 방향이다.
ㄴ. 30°N에서 여름철 평균 기온은 (가)일 때가 (나)일 때보다 높다.
ㄷ. 30°S에서 기온의 연교차는 (가)일 때가 (나)일 때보다 크다.

① ㄱ ② ㄴ ③ ㄱ, ㄷ ④ ㄴ, ㄷ ⑤ ㄱ, ㄴ, ㄷ

[25026-0185]

11 그림은 태양의 연간 흑점 수 변화를 나타낸 것이다.

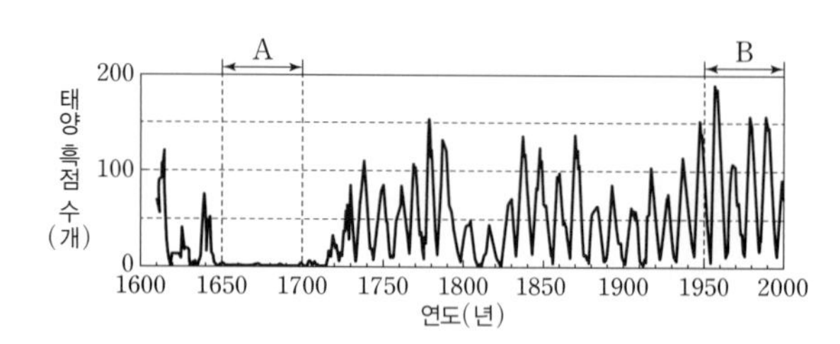

이에 대한 설명으로 옳은 것만을 ⟨보기⟩에서 있는 대로 고른 것은?

⟨보기⟩

ㄱ. 평균 흑점 수는 A 시기가 B 시기보다 적다.
ㄴ. 지구의 평균 기온은 A 시기가 B 시기보다 높다.
ㄷ. 태양의 흑점 수 변화는 기후 변화의 지구 외적 요인에 해당한다.

① ㄱ ② ㄴ ③ ㄱ, ㄷ
④ ㄴ, ㄷ ⑤ ㄱ, ㄴ, ㄷ

[25026-0186]

12 그림은 지구 대기에서 온실 효과가 일어나는 원리를 나타낸 것이다. A, B, C는 이동하는 에너지이다.

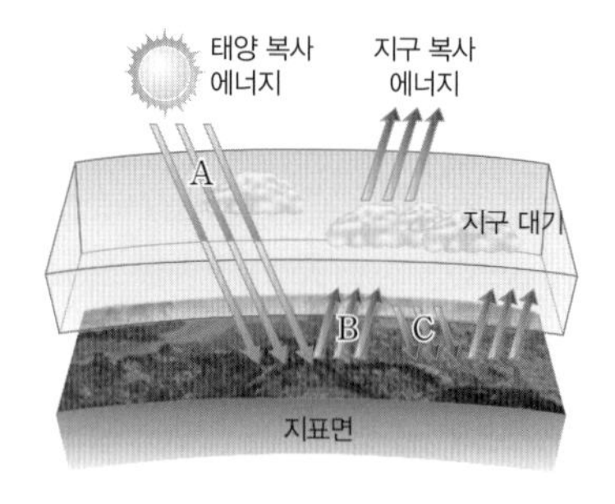

이에 대한 설명으로 옳은 것만을 ⟨보기⟩에서 있는 대로 고른 것은?

⟨보기⟩

ㄱ. A는 주로 적외선이다.
ㄴ. 지구 대기를 투과하는 비율은 A가 B보다 높다.
ㄷ. 지구 대기에 포함된 온실 기체의 양이 많아지면 C의 양은 증가할 것이다.

① ㄱ ② ㄴ ③ ㄱ, ㄷ
④ ㄴ, ㄷ ⑤ ㄱ, ㄴ, ㄷ

[25026-0187]

13 그림은 1850년부터 2019년까지 인간 활동에 의한 온실 기체의 배출량 변화를 배출 유형에 따라 A, B, C로 구분하여 나타낸 것이다.

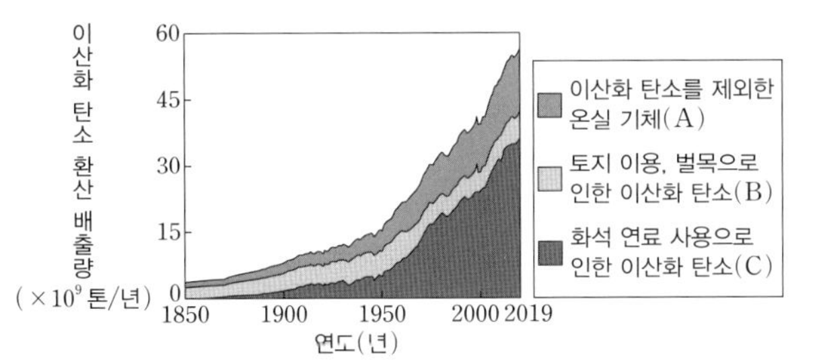

* 이산화 탄소 환산 배출량: 온실 기체의 배출량을 이산화 탄소로 환산한 배출량

이에 대한 설명으로 옳은 것만을 〈보기〉에서 있는 대로 고른 것은?

〈보기〉
ㄱ. 메테인은 A에 포함된다.
ㄴ. 1850년부터 2019년까지의 누적 배출량은 B가 C보다 많다.
ㄷ. 지구의 평균 기온은 1850년이 2019년보다 높을 것이다.

① ㄱ ② ㄴ ③ ㄱ, ㄷ ④ ㄴ, ㄷ ⑤ ㄱ, ㄴ, ㄷ

[25026-0188]

14 그림은 이산화 탄소 배출량이 많을 것을 가정한 기후 변화 시나리오에서 9월 북극 지방의 빙하 면적 변화를 예상하여 나타낸 것이다.

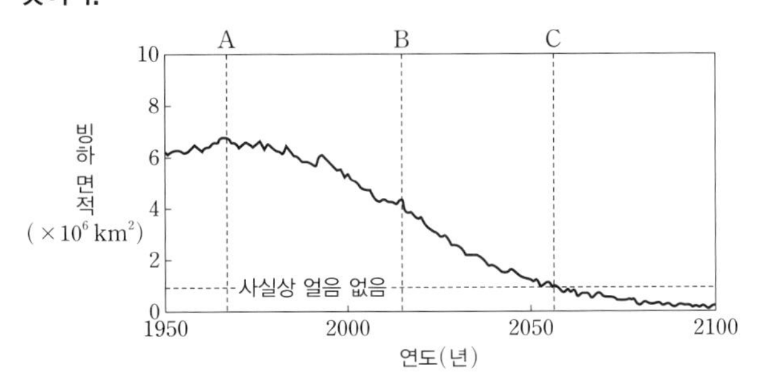

이에 대한 설명으로 옳은 것만을 〈보기〉에서 있는 대로 고른 것은?

〈보기〉
ㄱ. 9월 북극 지방의 빙하 면적은 A 시기가 B 시기보다 넓다.
ㄴ. 북극 지방의 태양 복사 에너지 반사율은 B 시기가 C 시기보다 높다.
ㄷ. C 시기 이후로는 9월에 북극 지방에는 사실상 빙하가 없을 것으로 예상된다.

① ㄱ ② ㄷ ③ ㄱ, ㄴ ④ ㄴ, ㄷ ⑤ ㄱ, ㄴ, ㄷ

[25026-0189]

15 그림은 서로 다른 이산화 탄소 배출량을 가정한 기후 변화 시나리오 A와 B에 따른 1995년~2014년 평균 대비 전 지구 평균 기온 변화를 나타낸 것이다.

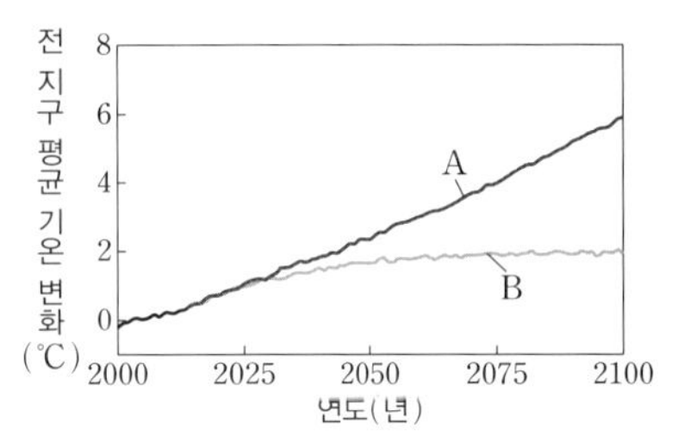

이에 대한 설명으로 옳은 것만을 〈보기〉에서 있는 대로 고른 것은?

〈보기〉
ㄱ. 전 지구 평균 기온은 2000년이 2014년보다 높다.
ㄴ. 이산화 탄소 배출량은 A일 때가 B일 때보다 많다.
ㄷ. A에 따르면 남극 대륙의 빙하 면적은 2025년이 2100년보다 넓을 것이다.

① ㄱ ② ㄴ ③ ㄱ, ㄷ ④ ㄴ, ㄷ ⑤ ㄱ, ㄴ, ㄷ

[25026-0190]

16 그림은 어느 기후 변화 시나리오에 따라 우리나라에서 봄꽃의 평균 개화일을 시기별로 나타낸 것이다.

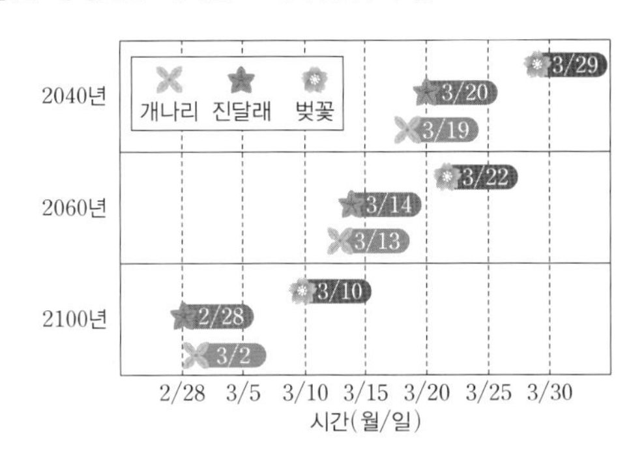

이에 대한 설명으로 옳은 것만을 〈보기〉에서 있는 대로 고른 것은?

〈보기〉
ㄱ. 2040년에 평균 개화일은 벚꽃이 가장 빠르다.
ㄴ. 우리나라의 봄철 평균 기온은 2040년이 2060년보다 높을 것이다.
ㄷ. 2100년에는 진달래가 개나리보다 평균적으로 먼저 개화한다.

① ㄱ ② ㄷ ③ ㄱ, ㄴ ④ ㄴ, ㄷ ⑤ ㄱ, ㄴ, ㄷ

수능 3점 테스트

북반구 해역에서 바람이 한 방향으로 지속적으로 불면 표층 해수는 주로 바람 방향의 오른쪽 직각 방향으로 이동한다.

[25026-0191]

01 그림 (가)는 1월과 7월의 우리나라 주변 평균 풍향과 상대적 풍속을, (나)는 해역 A의 1년 동안 용승 지수를 나타낸 것이다. ㉠ 시기와 ㉡ 시기는 각각 1월과 7월 중 하나이다.

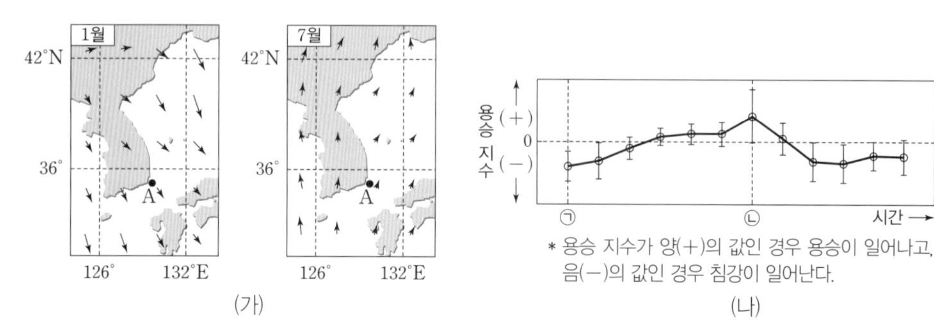

* 용승 지수가 양(+)의 값인 경우 용승이 일어나고, 음(−)의 값인 경우 침강이 일어난다.

(가) (나)

해역 A에 대한 설명으로 옳은 것만을 〈보기〉에서 있는 대로 고른 것은?

〈 보기 〉

ㄱ. ㉠ 시기에 북서풍이 우세하게 분다.

ㄴ. 동서 방향 표층 수온 차는 ㉠ 시기가 ㉡ 시기보다 작다.

ㄷ. 심층에서 표층으로 공급되는 영양염의 양은 ㉠ 시기가 ㉡ 시기보다 많다.

① ㄱ ② ㄷ ③ ㄱ, ㄴ ④ ㄴ, ㄷ ⑤ ㄱ, ㄴ, ㄷ

용승이 활발하면 심층에서 표층으로 공급되는 영양염의 양이 많아지며 식물성 플랑크톤을 이루는 엽록소 농도가 높아진다.

[25026-0192]

02 그림은 연안 용승이 발생한 북반구 중위도 해역의 엽록소 농도 분포를 나타낸 것이다.

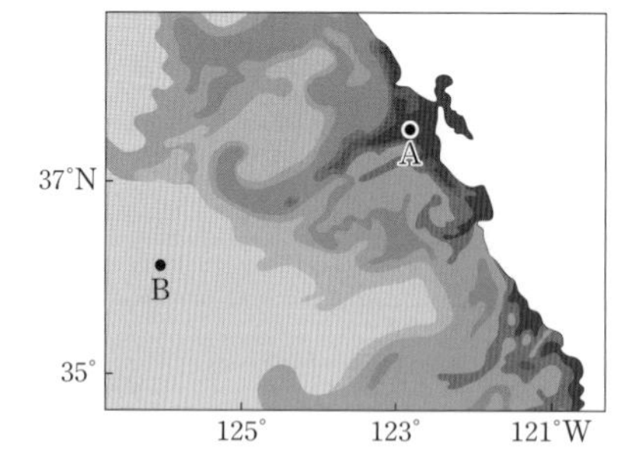

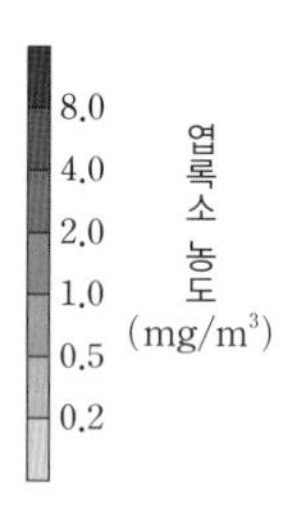

이 해역에 대한 설명으로 옳은 것만을 〈보기〉에서 있는 대로 고른 것은?

〈 보기 〉

ㄱ. 남동풍이 우세하게 분다.

ㄴ. 표층 해수는 A 지점에서 B 지점을 향한 방향으로 이동한다.

ㄷ. 표층 해수의 단위 부피당 식물성 플랑크톤의 양은 A 지점이 B 지점보다 많다.

① ㄱ ② ㄴ ③ ㄱ, ㄷ ④ ㄴ, ㄷ ⑤ ㄱ, ㄴ, ㄷ

[25026-0193]

03 그림 (가)는 북반구 해역에서 지속적으로 부는 바람에 의해 용승 또는 침강이 일어나는 A 지점 부근의 등압선 분포를, (나)는 (가)의 X－Y 구간에서 평균 해수면 하부의 연직 구조를 나타낸 것이다.

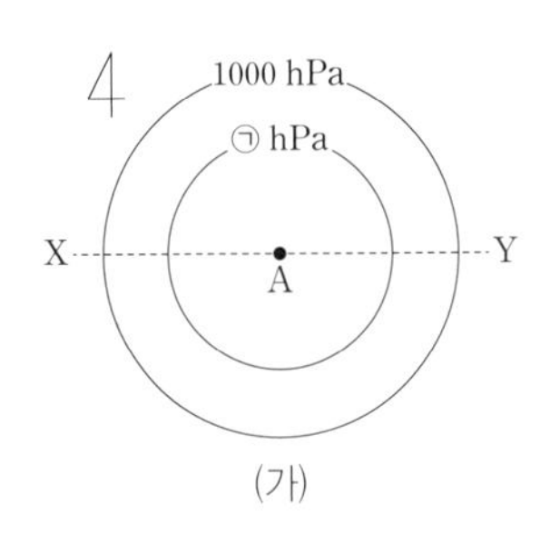

(가)

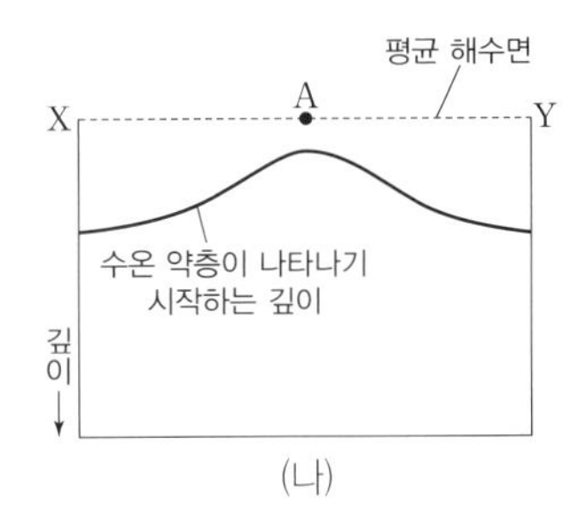

(나)

이 자료에 대한 설명으로 옳은 것만을 <보기>에서 있는 대로 고른 것은?

보기

ㄱ. A에서는 표층 해수의 침강이 일어난다.
ㄴ. ㉠은 1000보다 작다.
ㄷ. A는 주변보다 표층 수온이 높다.

① ㄱ ② ㄴ ③ ㄱ, ㄷ ④ ㄴ, ㄷ ⑤ ㄱ, ㄴ, ㄷ

북반구에서는 시계 반대 방향으로 지속적으로 부는 저기압성 바람에 의해 저기압 중심부의 표층 해수가 발산하여 용승이 일어난다.

[25026-0194]

04 그림 (가)는 엘니뇨 감시 해역 A와 엘니뇨와 라니냐의 판정 기준을, (나)는 어느 해 A 해역의 3개월 이동 평균 표층 수온 편차(관측값－평년값)를 나타낸 것이다.

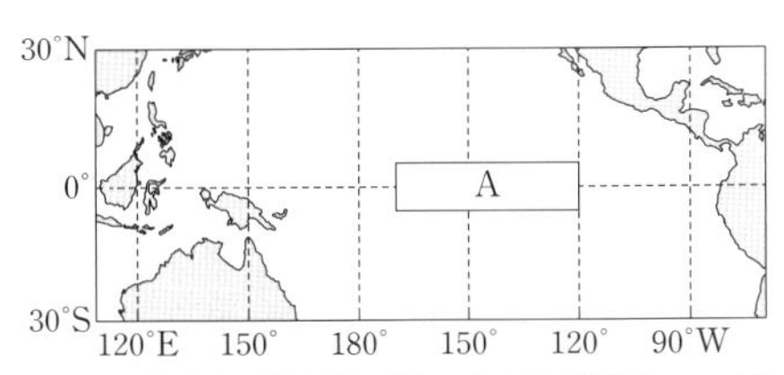

* A 해역의 3개월 이동 평균 표층 수온 편차가 ＋0.5 ℃ 이상으로 5개월 이상 지속되면 그 기간은 엘니뇨 시기이고, －0.5 ℃ 이하로 5개월 이상 지속되면 그 기간은 라니냐 시기이다. (3개월 이동 평균: 2월의 경우 1월～3월의 평균)

(가)

표층 수온 편차(℃)
2.5, 2, 1.5, 1, 0.5, 0, －0.5, －1
1월 2월 3월 4월 5월 6월 7월 8월 9월 10월 11월 12월

(나)

이 자료에 대한 설명으로 옳은 것만을 <보기>에서 있는 대로 고른 것은?

보기

ㄱ. 6월은 엘니뇨 시기에 해당한다.
ㄴ. 동태평양 적도 부근 해역의 표층 수온은 3월이 9월보다 높다.
ㄷ. 12월에 서태평양 적도 부근에는 주로 하강 기류가 발달한다.

① ㄱ ② ㄴ ③ ㄱ, ㄷ ④ ㄴ, ㄷ ⑤ ㄱ, ㄴ, ㄷ

엘니뇨 시기에는 평상시보다 동태평양 적도 부근 해역의 표층 수온이 높고, 라니냐 시기에는 서태평양 적도 부근에 상승 기류가 강하게 발달한다.

엘니뇨 시기에는 태평양 적도 부근 해역의 동서 방향 해수면 경사가 평상시보다 완만해지고, 라니냐 시기에는 태평양 적도 부근 해역의 동서 방향 해수면 경사가 평상시보다 급해진다.

[25026-0195]

05 그림은 서로 다른 시기 (가)와 (나)에 태평양 적도 부근 해역에서 관측된 깊이에 따른 수온 편차(관측값−평년값)를 나타낸 것이다. (가)와 (나)는 각각 엘니뇨 시기와 라니냐 시기 중 하나이다.

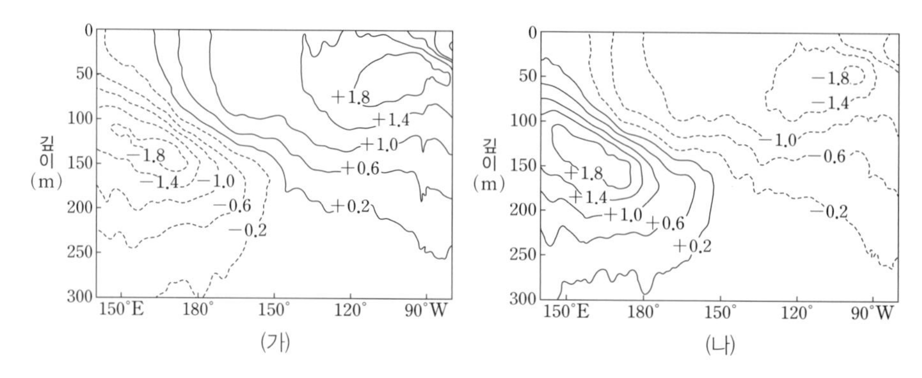

(가) 시기와 비교할 때, (나) 시기에 대한 설명으로 옳은 것만을 〈보기〉에서 있는 대로 고른 것은?

〈 보기 〉

ㄱ. 무역풍이 약하다.
ㄴ. 동태평양 적도 부근 해역에서 용승이 강하다.
ㄷ. (서태평양 해수면 높이−동태평양 해수면 높이) 값이 크다.

① ㄱ ② ㄴ ③ ㄱ, ㄷ ④ ㄴ, ㄷ ⑤ ㄱ, ㄴ, ㄷ

엘니뇨 시기에는 서태평양 적도 부근의 강수량이 적고, 라니냐 시기에는 서태평양 적도 부근의 강수량이 많다.

[25026-0196]

06 그림 (가)는 서태평양 적도 부근의 수증기량 편차를, (나)는 A와 B 중 한 시기에 태평양 적도 부근에서 기상 위성으로 관측한 적외선 방출 복사 에너지의 편차를 나타낸 것이다. A와 B는 각각 엘니뇨와 라니냐 시기 중 하나이고, 편차는 (관측값−평년값)이다.

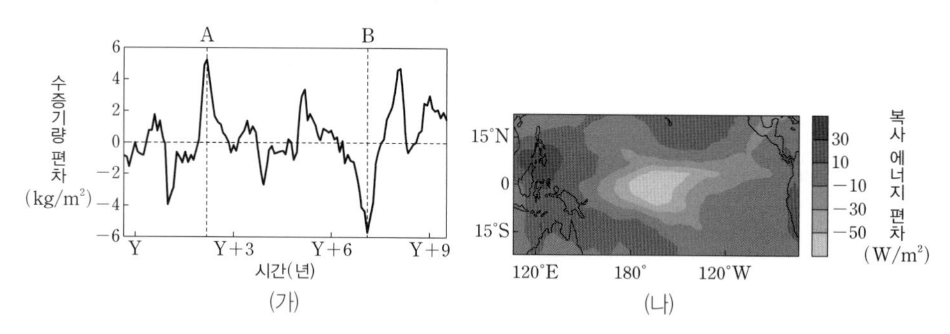

이에 대한 설명으로 옳은 것만을 〈보기〉에서 있는 대로 고른 것은?

〈 보기 〉

ㄱ. 서태평양 적도 부근의 수증기량은 A 시기가 평상시보다 많다.
ㄴ. (나)는 B 시기의 적외선 방출 복사 에너지 편차이다.
ㄷ. B 시기에 동태평양 적도 부근 해역에서 수온 약층이 나타나기 시작하는 깊이 편차는 양(+)의 값이다.

① ㄱ ② ㄷ ③ ㄱ, ㄴ ④ ㄴ, ㄷ ⑤ ㄱ, ㄴ, ㄷ

[25026-0197]

07 그림 (가)는 평상시 태평양 적도 부근 해역에서의 워커 순환을, (나)는 다윈과 타히티의 해면 기압 편차(관측값－평년값)를 나타낸 것이다. A와 B는 각각 엘니뇨와 라니냐 시기 중 하나이다.

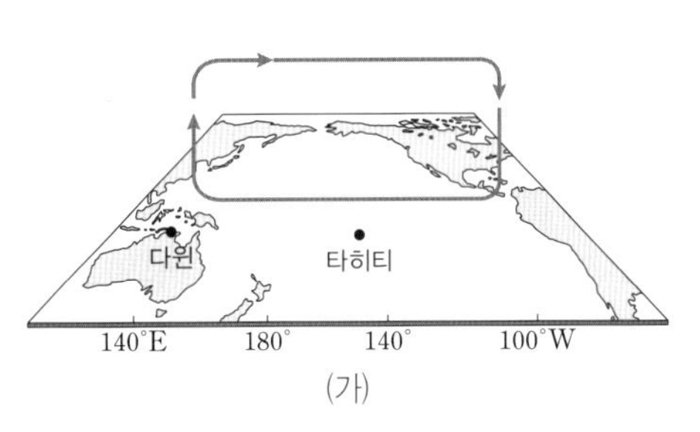

(가)

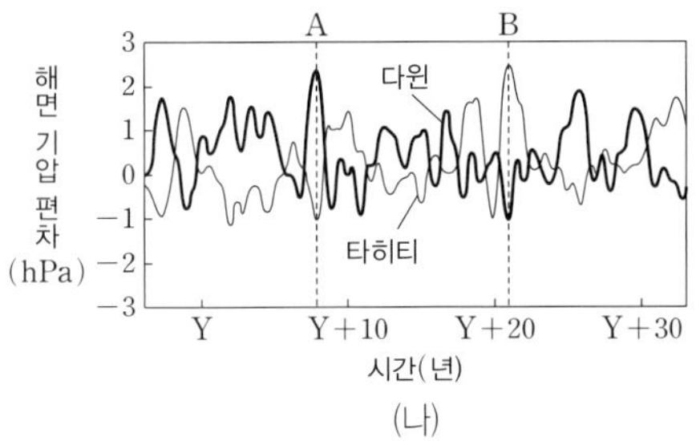

(나)

이에 대한 설명으로 옳은 것만을 〈보기〉에서 있는 대로 고른 것은?

〈 보기 〉
ㄱ. 평상시 해면 기압은 다윈이 타히티보다 높다.
ㄴ. 서태평양 적도 부근 해역에서 구름의 양은 A 시기가 평상시보다 적다.
ㄷ. 워커 순환은 A 시기가 B 시기보다 강하다.

① ㄱ ② ㄴ ③ ㄱ, ㄷ ④ ㄴ, ㄷ ⑤ ㄱ, ㄴ, ㄷ

워커 순환은 라니냐 시기가 엘니뇨 시기보다 강하다.

[25026-0198]

08 그림은 복사 평형 상태에 있는 지구의 열수지를, 표는 온실 기체의 지구 온난화 지수(GWP)를 나타낸 것이다.

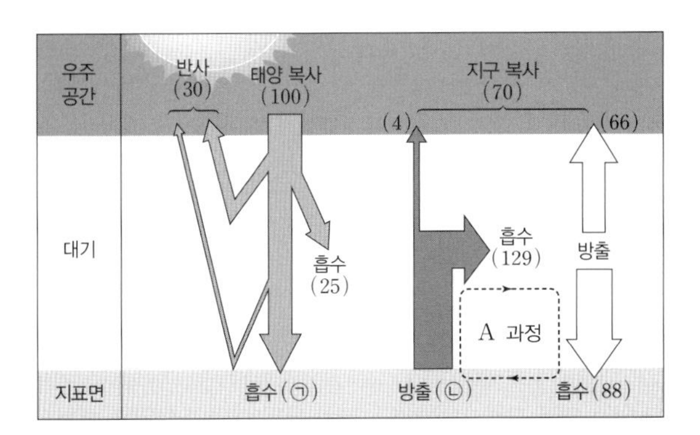

온실 기체	지구 온난화 지수
CO_2	1
기체 X	84
N_2O	264

* 지구 온난화 지수: 어느 화학 물질이 지구 온난화에 미치는 영향을 같은 양의 CO_2를 기준으로 환산한 수치

이에 대한 설명으로 옳은 것만을 〈보기〉에서 있는 대로 고른 것은?

〈 보기 〉
ㄱ. ㉠은 ㉡보다 작다.
ㄴ. 대기 중에 같은 양이 있을 때 지구 온난화에 미치는 영향은 CO_2가 N_2O보다 크다.
ㄷ. 대기 중 기체 X의 양이 증가하면 A 과정은 강해질 것이다.

① ㄱ ② ㄴ ③ ㄱ, ㄷ ④ ㄴ, ㄷ ⑤ ㄱ, ㄴ, ㄷ

대기 중 온실 기체의 양이 증가하면 온실 효과가 강화되어 지구의 평균 기온이 높아진다.

지구 자전축 경사각이 현재보다 작아지면 북반구 중위도에서 태양의 남중 고도가 여름철에는 낮아지고, 겨울철에는 높아진다.

[25026-0199]

09 그림은 지구의 공전 궤도 이심률과 자전축 경사각 변화를 나타낸 것이다.

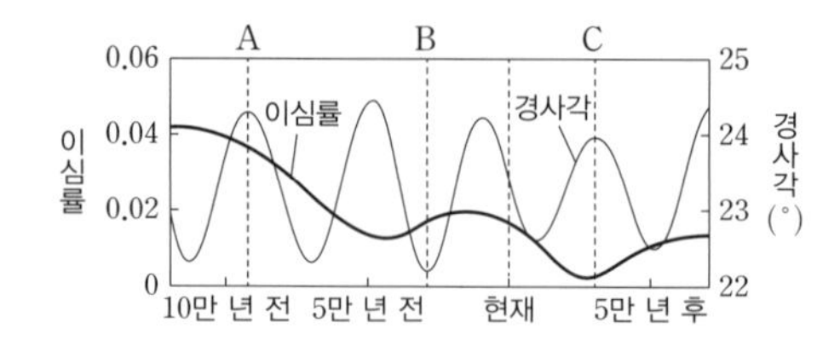

이에 대한 설명으로 옳은 것만을 〈보기〉에서 있는 대로 고른 것은? (단, 지구의 공전 궤도 이심률과 자전축 경사각 이외의 요인은 변하지 않는다고 가정한다.)

〈 보기 〉

ㄱ. 근일점 거리는 A 시기가 현재보다 짧다.
ㄴ. 30°N에서 여름철 낮의 길이는 B 시기가 현재보다 짧다.
ㄷ. 30°N에서 겨울철 평균 기온은 C 시기가 현재보다 높다.

① ㄱ ② ㄷ ③ ㄱ, ㄴ ④ ㄴ, ㄷ ⑤ ㄱ, ㄴ, ㄷ

북반구의 자전축이 태양 반대편으로 경사지면 북반구는 겨울이다.

[25026-0200]

10 그림은 지구가 공전 궤도상의 P 지점에 위치할 때 지구 중심을 지나는 공전 궤도면의 수직축에 대한 북극의 상대적인 위치를 현재와 ㉠, ㉡, ㉢ 시기로 구분하여 나타낸 것이다. P는 근일점과 원일점 중 하나이다.

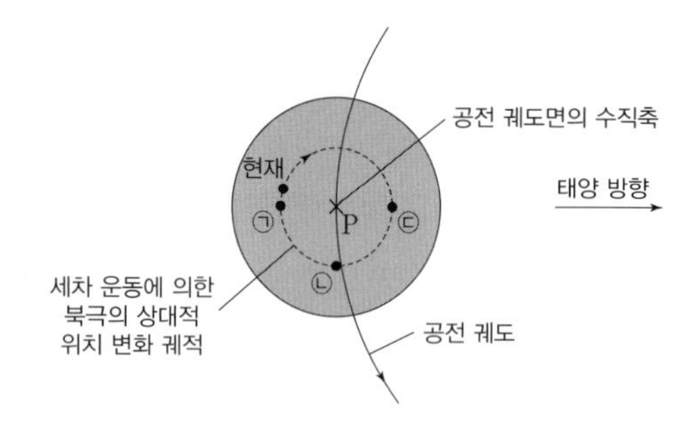

이에 대한 설명으로 옳은 것만을 〈보기〉에서 있는 대로 고른 것은? (단, 세차 운동 이외의 요인은 변하지 않는다고 가정한다.)

〈 보기 〉

ㄱ. P는 근일점이다.
ㄴ. ㉡ 시기에 지구가 공전 궤도상의 P에 위치하면 북반구는 봄이다.
ㄷ. 30°S에서 기온의 연교차는 ㉠ 시기가 ㉢ 시기보다 크다.

① ㄱ ② ㄴ ③ ㄷ ④ ㄱ, ㄴ ⑤ ㄱ, ㄷ

[25026-0201]

11 그림은 기후 변화 요인 ㉠과 ㉡을 고려하여 추정한 지구의 평균 기온 편차(추정값−기준값)와 관측 기온 편차(관측값−기준값)를 나타낸 것이다. ㉠과 ㉡은 각각 자연적 요인과 인위적 요인 중 하나이고, 기준값은 1901년~1950년의 평균 기온이다.

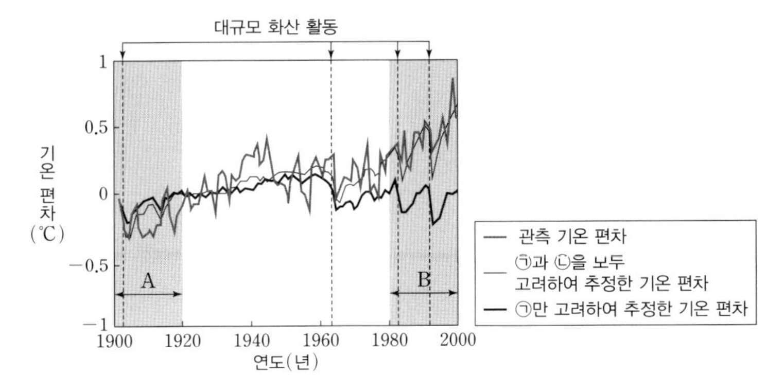

이 자료에 대한 설명으로 옳은 것만을 〈보기〉에서 있는 대로 고른 것은?

〈 보 기 〉

ㄱ. ㉠과 ㉡을 모두 고려하여 추정한 기온은 ㉠만 고려하여 추정한 기온보다 관측 기온과 더 비슷한 경향을 보인다.

ㄴ. ㉡에 의한 기온 변화는 A 시기가 B 시기보다 크다.

ㄷ. 대규모 화산 활동은 지구의 평균 기온을 낮추는 역할을 한다.

① ㄱ ② ㄴ ③ ㄱ, ㄷ ④ ㄴ, ㄷ ⑤ ㄱ, ㄴ, ㄷ

대규모 화산 활동이 일어나 화산재 등이 성층권에 퍼지면 지구의 반사율이 커져 평균 기온이 낮아진다.

[25026-0202]

12 그림은 1750년에 대한 2011년의 기후 변화 요인별 복사 강제력을 나타낸 것이다. ㉠과 ㉡은 각각 CO_2와 에어로졸 중 하나이다.

요인	세부 요인	복사 강제력(W/m^2) −1 0 +1 +2
인위적	㉠	
	CH_4	
	CFCs	
	N_2O	
	CO	
	NO_x	
	㉡	
	토지 이용에 의한 반사율	
자연적	태양 복사	

* 복사 강제력: 지구−대기 시스템에 출입하는 에너지의 평형을 변화시키는 영향력의 척도로, 양(+)의 값은 지표면 온도를 상승시키는 경향이, 음(−)의 값은 지표면 온도를 하강시키는 경향이 있다.

이 자료에 대한 설명으로 옳은 것만을 〈보기〉에서 있는 대로 고른 것은?

〈 보 기 〉

ㄱ. 인위적 요인에 의한 복사 강제력의 합은 양(+)의 값이다.

ㄴ. ㉠은 주로 화석 연료의 연소 과정에서 방출된다.

ㄷ. 대기 중 ㉡의 양이 증가하면 지표면 온도는 하강할 것이다.

① ㄱ ② ㄷ ③ ㄱ, ㄴ ④ ㄴ, ㄷ ⑤ ㄱ, ㄴ, ㄷ

기후 변화의 인위적 요인 중 CO_2는 지표면 온도를 상승시키는 경향이 있고, 에어로졸은 지표면 온도를 하강시키는 경향이 있다.

해빙(빙하)은 해수에 비해 반사율이 높으므로, 극지방의 해빙 면적이 감소하면 지표 반사율도 감소하게 된다.

[25026-0203]

13 그림 (가)와 (나)는 과거 10년(1979년~1988년)과 최근 10년(2010년~2019년) 동안 북극해 주변의 3월과 9월 평균 해빙 분포를 나타낸 것이다.

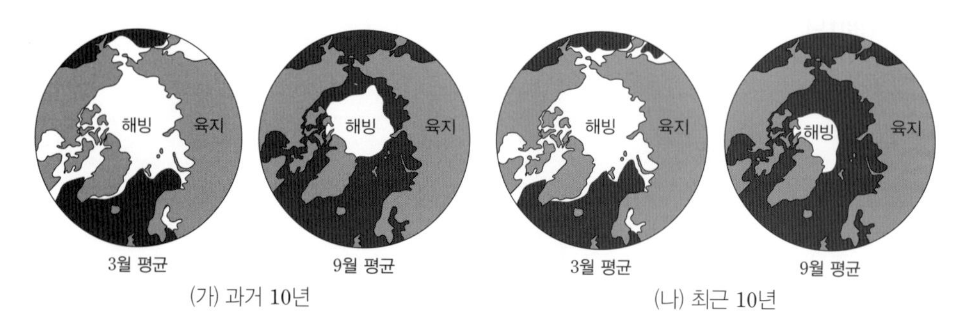

(가) 과거 10년　　(나) 최근 10년

이 자료에 대한 설명으로 옳은 것만을 〈보기〉에서 있는 대로 고른 것은?

〈보기〉

ㄱ. 3월과 9월의 북극해 주변 해빙 면적의 차이는 (가)가 (나)보다 크다.
ㄴ. 북극해 주변의 월평균 기온은 3월이 9월보다 낮다.
ㄷ. 9월의 북극해 주변 지표 반사율은 (가)가 (나)보다 높다.

① ㄱ　② ㄴ　③ ㄱ, ㄷ　④ ㄴ, ㄷ　⑤ ㄱ, ㄴ, ㄷ

많은 이산화 탄소 배출을 가정한 시나리오에서 기온 변화도 크게 나타난다.

[25026-0204]

14 그림 (가)는 2014년부터 2100년까지 기후 변화 시나리오 A와 B에 따른 이산화 탄소 배출량 변화를 나타낸 것이고, (나)와 (다)는 A와 B에 따른 전 지구의 기온 변화량(2100년 기온−2014년 기온)을 순서 없이 나타낸 것이다.

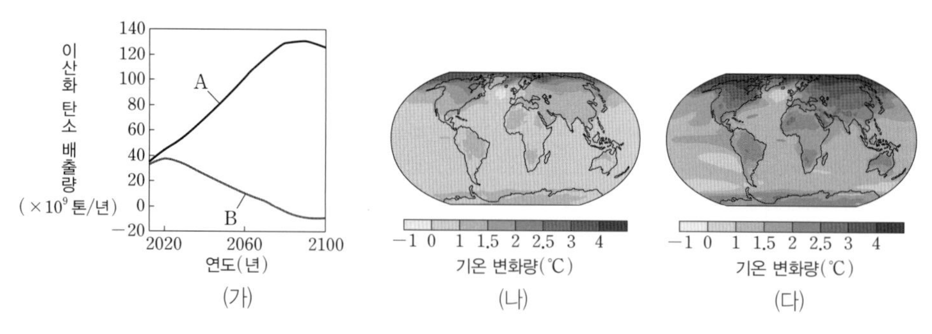

(가)　(나)　(다)

이에 대한 설명으로 옳은 것만을 〈보기〉에서 있는 대로 고른 것은?

〈보기〉

ㄱ. 2014년부터 2100년까지 누적 이산화 탄소 배출량은 A가 B보다 많다.
ㄴ. (나)에서 기온 변화량은 북극 지방이 적도 지방보다 크다.
ㄷ. (다)는 B에 따른 전 지구의 기온 변화량이다.

① ㄱ　② ㄷ　③ ㄱ, ㄴ　④ ㄴ, ㄷ　⑤ ㄱ, ㄴ, ㄷ

[25026-0205]

15 그림 (가)는 1981년부터 2020년까지 전 지구와 우리나라 주변 해역의 표층 수온 변화를, (나)는 전 지구의 표층 수온 변화량(1991년~2020년 평균값−1981년~2010년 평균값) 분포를 나타낸 것이다.

(가) (나)

이에 대한 설명으로 옳은 것만을 〈보기〉에서 있는 대로 고른 것은?

〈 보기 〉

ㄱ. 1981년부터 2020년까지 표층 수온의 평균 상승률은 우리나라 주변 해역이 전 지구 해역보다 높다.

ㄴ. (나)에서 표층 수온의 상승 경향은 북반구가 남반구보다 뚜렷하다.

ㄷ. 전 지구 해수면의 평균 높이는 2020년이 1981년보다 높을 것이다.

① ㄱ ② ㄷ ③ ㄱ, ㄴ ④ ㄴ, ㄷ ⑤ ㄱ, ㄴ, ㄷ

지구 온난화가 진행되어 해수의 온도가 상승하고, 육지의 빙하가 녹아 바다에 유입되면 해수면의 높이는 높아지게 된다.

[25026-0206]

16 그림 (가)는 1912년부터 2020년까지 전 지구와 우리나라의 연평균 기온 변화를, (나)는 A 기간과 B 기간의 우리나라 평균 계절 일수를 나타낸 것이다.

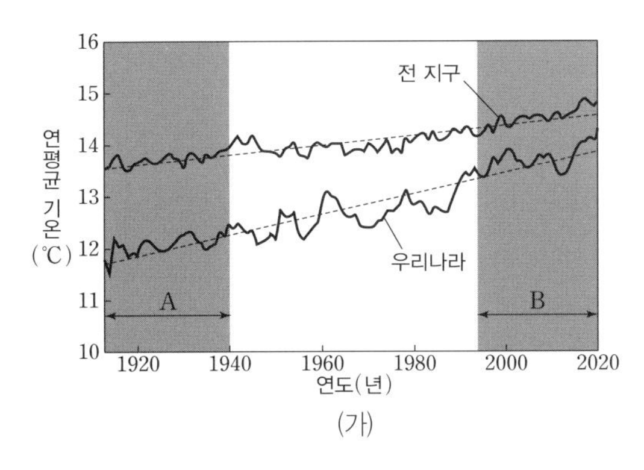

(가)

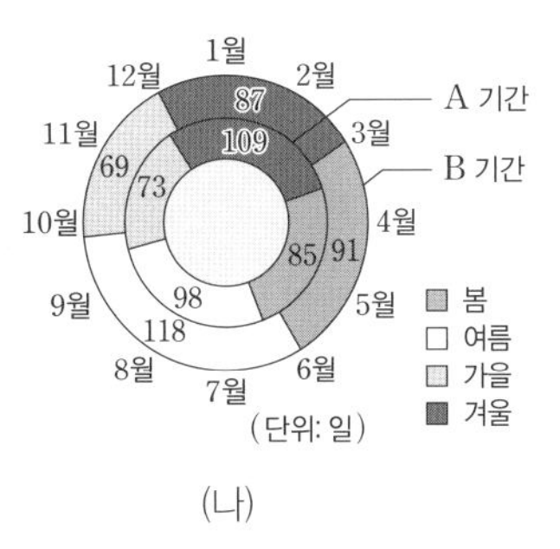

(나)

이에 대한 설명으로 옳은 것만을 〈보기〉에서 있는 대로 고른 것은?

〈 보기 〉

ㄱ. (B 기간 평균 기온−A 기간 평균 기온) 값은 우리나라가 전 지구 평균보다 크다.

ㄴ. 우리나라의 겨울 평균 일수는 A 기간이 B 기간보다 길다.

ㄷ. (가)와 같은 변화가 지속된다면 우리나라의 여름 일수는 증가할 것이다.

① ㄱ ② ㄷ ③ ㄱ, ㄴ ④ ㄴ, ㄷ ⑤ ㄱ, ㄴ, ㄷ

우리나라의 연평균 기온은 대체로 상승하는 경향을 보이며, 여름 길이는 길어지고, 겨울 길이는 짧아지고 있다.

III 우주

EBS 교재 연계 사례 ①

2025학년도 대학수학능력시험 18번

18. 그림 (가)는 t_0일 때 외계 행성의 위치를 공통 질량 중심에 대하여 공전하는 원 궤도에 나타낸 것이고, (나)는 중심별의 스펙트럼에서 기준 파장이 λ_0인 흡수선의 관측 결과를 t_0부터 일정한 시간 간격 T에 따라 순서대로 나타낸 것이다. $\Delta\lambda_{max}$은 파장의 최대 편이량이고, 이 기간 동안 식 현상은 1회 관측되었다.

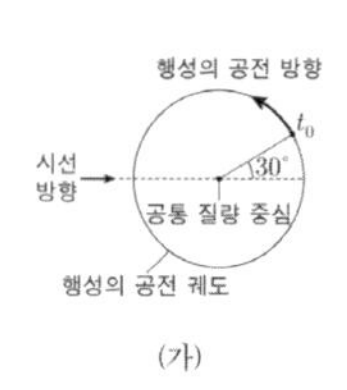

(가)

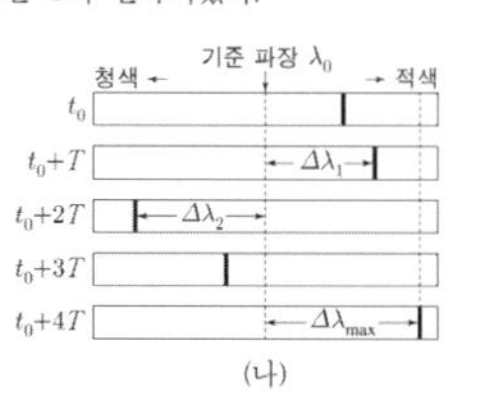

(나)

이에 대한 설명으로 옳은 것만을 <보기>에서 있는 대로 고른 것은? (단, 중심별의 시선 속도 변화는 행성과의 공통 질량 중심에 대한 공전에 의해서만 나타나며, 행성의 공전 궤도면은 관측자의 시선 방향과 나란하다.) [3점]

<보 기>

ㄱ. $t_0+2.5T \rightarrow t_0+3T$ 동안 중심별의 흡수선 파장은 점차 짧아진다.

ㄴ. $\frac{\Delta\lambda_2}{\Delta\lambda_1}$의 절댓값은 $\frac{\sqrt{6}}{2}$이다.

ㄷ. $t_0+0.5T \rightarrow t_0+T$ 사이에 기준 파장이 $2\lambda_0$인 중심별의 흡수선 파장이 $(2\lambda_0+\Delta\lambda_1)$로 관측되는 시기가 있다.

① ㄱ ② ㄴ ③ ㄷ ④ ㄱ, ㄷ ⑤ ㄴ, ㄷ

2025학년도 EBS 수능특강 182쪽 5번

[24026-0267]

05 그림 (가)는 공통 질량 중심 주위를 원 궤도로 회전하는 중심별과 행성의 공전 궤도를, (나)는 행성이 A 또는 C의 위치에 있을 때 중심별의 스펙트럼에 나타난 어느 흡수선의 파장 변화를 나타낸 것이다.

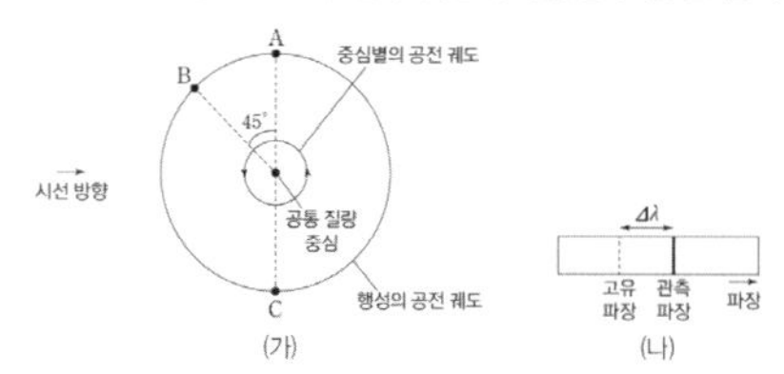

(가) (나)

이에 대한 설명으로 옳은 것만을 〈보기〉에서 있는 대로 고른 것은? (단, 행성의 공전 주기는 일정하다.)

보기

ㄱ. (나)가 관측될 때, 행성은 A 위치에 있다.

ㄴ. 행성의 질량이 커진다면, (나)에서 흡수선의 파장 변화량은 $\Delta\lambda$보다 크다.

ㄷ. 행성이 B에 있을 때, 중심별의 스펙트럼에서 (나)의 흡수선의 파장 변화량은 $\frac{\Delta\lambda}{2}$보다 크다.

① ㄱ ② ㄷ ③ ㄱ, ㄴ ④ ㄴ, ㄷ ⑤ ㄱ, ㄴ, ㄷ

연계 분석

수능 18번 문제는 수능특강 182쪽 5번 문제와 연계하여 출제되었다. 두 문제 모두 행성의 위치로부터 중심별의 위치를 파악하고, 중심별의 스펙트럼에 나타난 흡수선의 파장 변화를 이용해 시선 방향에 대한 중심별의 운동을 추론할 수 있는지 묻고 있다는 점에서 유사성이 높다. 한편 수능특강 문제에서는 행성의 질량과 중심별의 흡수선 파장 변화량을 연관 지어 묻고 있다면, 수능 문제에서는 중심별의 흡수선 파장 변화로부터 일정한 시간 간격 동안 중심별의 공전 각도를 유추하고, 그로부터 시간에 따른 중심별의 흡수선 파장 변화량을 비교할 수 있는지 묻고 있다는 점에서 차이가 있다.

학습 대책

외계 행성계 탐사와 관련하여 중심별의 흡수선 파장 변화, 시선 속도 변화, 관측자로부터의 거리 변화, 겉보기 밝기 변화, 공전 속도 등을 중심별과 행성의 운동과 연관 지어 정확하게 이해하고 해석할 수 있는지에 대해 다양한 문제가 출제되고 있다. 또한 외계 행성의 존재를 확인하기 위한 식 현상, 도플러 효과와 연관 지어 묻는 문제도 꾸준하게 출제되고 있다. 특히 수능 문제의 〈보기〉 ㄷ에서는 기준 파장에 대한 파장 변화량의 비와 중심별의 시선 속도의 관계를 이해하고 있는지 묻고 있다. 따라서 중심별의 운동과 여러 물리량 사이의 관계를 종합적으로 연관 지어 해석하고 파악하는 방향으로 학습해야 한다.

EBS 교재 연계 사례 ②

2025학년도 대학수학능력시험 5번

5. 그림은 은하 (가)와 (나)의 스펙트럼을 나타낸 것이다. (가)와 (나)는 각각 세이퍼트은하와 타원 은하 중 하나이다.

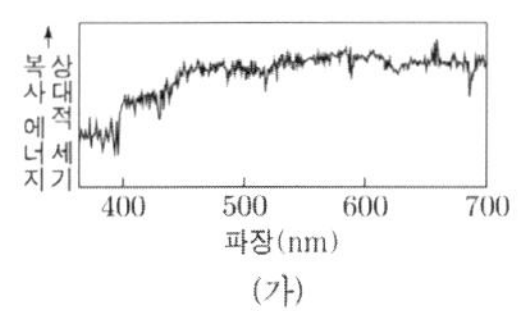

(가)

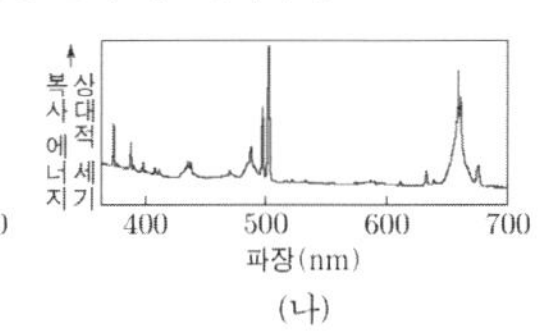

(나)

이에 대한 설명으로 옳은 것만을 <보기>에서 있는 대로 고른 것은?

<보 기>

ㄱ. (가)는 세이퍼트은하이다.
ㄴ. (나)의 스펙트럼에는 방출선이 나타난다.
ㄷ. 은하를 구성하는 주계열성의 평균 표면 온도는 (가)가 우리은하보다 낮다.

① ㄱ ② ㄴ ③ ㄱ, ㄷ ④ ㄴ, ㄷ ⑤ ㄱ, ㄴ, ㄷ

2025학년도 EBS 수능특강 201쪽 6번

[24026-0296]

06 그림 (가)와 (나)는 어느 세이퍼트은하와 타원 은하의 스펙트럼을 순서 없이 나타낸 것이다.

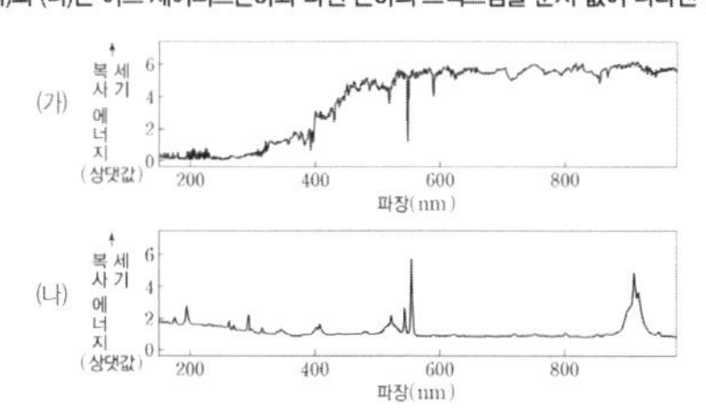

이에 대한 설명으로 옳은 것만을 〈보기〉에서 있는 대로 고른 것은?

● 보기 ●

ㄱ. 은하를 구성하는 별들의 평균 색지수는 (가)가 (나)보다 크다.
ㄴ. 새로운 별의 탄생은 (가)에서가 (나)에서보다 많다.
ㄷ. $\frac{\text{중심부 밝기}}{\text{은하 전체 밝기}}$는 (가)가 (나)보다 크다.

① ㄱ ② ㄴ ③ ㄱ, ㄷ ④ ㄴ, ㄷ ⑤ ㄱ, ㄴ, ㄷ

연계 분석

수능 5번 문제는 수능특강 201쪽 6번 문제와 연계하여 출제되었다. 두 문제 모두 스펙트럼에 나타난 특징으로 세이퍼트은하와 타원 은하를 구분할 수 있는지를 묻고 있다는 점에서 유사성이 높다. 한편 수능특강 문제에서 세이퍼트은하는 은하 전체 밝기에 비해 은하 중심부가 상대적으로 밝다는 것과 은하를 구성하는 별들의 색지수와 나이를 타원 은하와 비교할 수 있는지 묻고 있다면, 수능 문제에서는 은하를 구성하는 별들 중 주계열성의 평균 표면 온도에 대해 우리은하와 타원 은하를 비교할 수 있는지 묻고 있다는 점에서 차이가 있다.

학습 대책

세이퍼트은하, 전파 은하, 퀘이사 등의 특이 은하가 가지는 특징을 일반 은하와 비교하여 이해하고 있는지와 관측 자료를 통해 특이 은하를 구분할 수 있는지에 대해 묻는 문제가 다양하게 출제되고, 허블의 은하 분류와 관련하여 나선 은하와 타원 은하의 특징을 연관 짓는 문제가 출제되기도 한다. 특히 수능 문제의 〈보기〉 ㄷ에서는 타원 은하를 구성하는 주계열성의 평균 표면 온도를 우리은하와 비교할 수 있는지 묻고 있다. 즉, 허블의 은하 분류에 따라 우리은하를 나선 은하로 분류하고, 은하 종류에 따라 구성하는 별들의 평균 표면 온도를 연관 지어 이해하고 있는지 묻고 있다. 따라서 은하의 종류와 그 특징을 단순하게 암기하기보다는 보통 은하에 비해 특이 은하가 가지는 특징을 관측 자료와 연관 지어 이해하고, 은하의 특징을 구성하는 별의 나이, 표면 온도 등 별의 물리량과 관련해 비교할 수 있다는 점을 고려하여 은하의 특징을 다양한 각도에서 파악하는 방향으로 학습해야 한다.

08 별의 특성

개념 체크

분광 관측
분광기를 사용하여 전자기파를 파장별로 분산시켜서 나타난 스펙트럼을 관측하는 것을 분광 관측이라고 한다. 분광 관측은 별의 물리량 파악에 중요한 역할을 한다.

전자기파
전자기파는 파장에 따라 감마선, X선, 자외선, 가시광선, 적외선, 전파로 구분하며, 감마선에서 전파 쪽으로 갈수록 파장이 길어진다. 가시광선 중 파란색 빛은 붉은색 빛보다 파장이 짧다.

흑체 복사
- 구성 물질의 종류에 관계없이 온도에 의해서만 특성이 결정된다.
- 연속 스펙트럼을 방출한다.
- 파장에 따른 복사 에너지 세기의 변화는 플랑크 곡선을 따른다.

1. 분광 관측은 분광기를 이용하여 전자기파를 파장별로 분산시켜 나타난 ( )을 관측하는 것이다.

2. 스펙트럼은 연속 스펙트럼, ( ) 스펙트럼, 방출 스펙트럼으로 구분한다.

3. 흡수 스펙트럼은 별의 ( )에 있는 저온의 기체가 특정 파장의 빛을 흡수하여 나타난다.

4. 흑체가 복사 에너지를 최대로 방출하는 파장은 ( )에 반비례한다.

정답
1. 스펙트럼
2. 흡수
3. 대기
4. 표면 온도

1 별의 물리량

(1) 분광 관측

① 분광 관측의 역사

- 17세기에 뉴턴은 프리즘을 통과한 햇빛이 무지개처럼 여러 색으로 나누어지는 것을 발견하고, 이를 스펙트럼이라고 불렀다.
- 1814년 프라운호퍼는 태양의 스펙트럼에서 570개 이상의 검은 흡수선을 발견하였다.
- 19세기에 허긴스는 별의 스펙트럼을 분석한 결과 별이 나트륨, 칼슘, 철, 수소 등의 원소로 이루어져 있는 것을 발견하였으며, 1864년에는 성운의 스펙트럼을 분석하였다.
- 20세기 초 피커링과 캐넌은 별의 스펙트럼에 나타나는 수소 흡수선의 종류와 세기에 따라 별을 A, B, C, …, P형의 16가지로 구분하였다. 그 후 흡수선의 세기가 별의 표면 온도와 관련이 있음을 알고, 표면 온도에 따라 나타나는 흡수선의 종류와 세기를 기준으로 O, B, A, F, G, K, M형의 7가지로 분광형을 분류하였다.
- 1943년 모건과 키넌은 별의 스펙트럼에 나타난 흡수선의 선폭을 분석하여 분광형과 광도 계급을 고려한 별의 분류법인 M−K 분류법(여키스 분광 분류법)을 고안하였다.

② 스펙트럼의 종류

- 연속 스펙트럼: 넓은 파장 범위에 걸쳐 연속적으로 나타나는 색의 띠를 연속 스펙트럼이라고 한다. 백열등 빛을 프리즘에 통과시키면 무지개 색깔의 연속적인 색의 띠를 관찰할 수 있다.
- 흡수 스펙트럼: 연속 스펙트럼이 나타나는 빛을 온도가 낮은 기체에 통과시키면 연속 스펙트럼 위에 검은색 선(흡수선)들이 나타나는데, 이를 흡수 스펙트럼이라고 한다. 별의 대기에 존재하는 기체가 별이 방출하는 빛 중에서 특정 파장의 빛을 흡수할 때 흡수 스펙트럼이 나타난다.

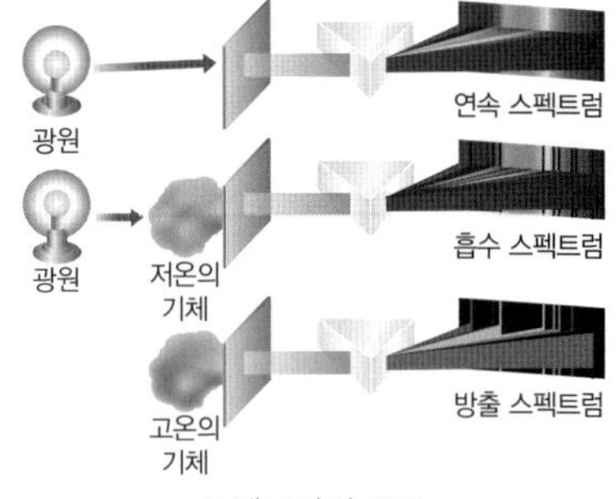

스펙트럼의 종류

- 방출 스펙트럼: 기체가 고온으로 가열될 때 불연속적인 파장의 빛이 방출되는데, 특정 파장에 해당하는 빛의 밝은 선(방출선)이 나타나는 스펙트럼을 방출 스펙트럼이라고 한다.

(2) 별의 표면 온도

① **흑체 복사**: 입사하는 모든 복사 에너지를 흡수하고, 흡수한 복사 에너지를 모두 방출하는 이상적인 물체를 흑체라고 한다.

- 플랑크 곡선: 흑체가 방출하는 파장에 따른 복사 에너지 세기를 나타낸 곡선이다.
- 빈의 변위 법칙: 흑체가 복사 에너지를 최대로 방출하는 파장(λ_{max})은 표면 온도(T)가 높을수록 짧아진다.

$$\lambda_{max} = \frac{a}{T} \ (a = 2.898 \times 10^{-3} \text{ m}\cdot\text{K})$$

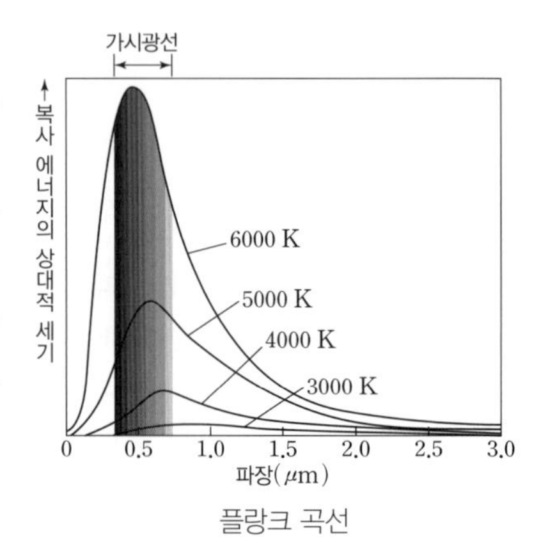

플랑크 곡선

- 별의 색과 표면 온도: 별은 흑체로 볼 수 있으므로, 별의 표면 온도가 높을수록 최대 복사 에너지를 방출하는 파장이 짧아 파란색을 띠고, 표면 온도가 낮을수록 최대 복사 에너지를 방출하는 파장이 길어 붉은색을 띤다.

② **색지수와 표면 온도**: 색지수는 별의 표면 온도를 나타내는 척도로 사용되며, 두 개의 필터에서 측정한 겉보기 등급의 차이다.

- U, B, V 필터: U(Ultraviolet), B(Blue), V(Visual) 필터는 별의 등급을 측정하기 위해 널리 사용되는 필터로, 중심 파장은 각각 0.36 μm, 0.44 μm, 0.54 μm이다. 이들 필터로 측정한 등급을 각각 U, B, V 등급이라고 하며, $(B-V)$는 별의 표면 온도와 밀접한 관련이 있어 자주 활용되는 색지수이다.
- 색지수와 표면 온도: 표면 온도가 높은 별은 파장이 짧은 자외선과 파란색 부근에서 에너지를 많이 방출하므로 B 등급이 작지만, 파장이 긴 붉은색 부근에서는 에너지를 적게 방출하므로 V 등급이 크다. 즉, 별의 표면 온도가 높을수록 색지수$(B-V)$는 작아지고, 별의 표면 온도가 낮을수록 색지수$(B-V)$는 커진다.

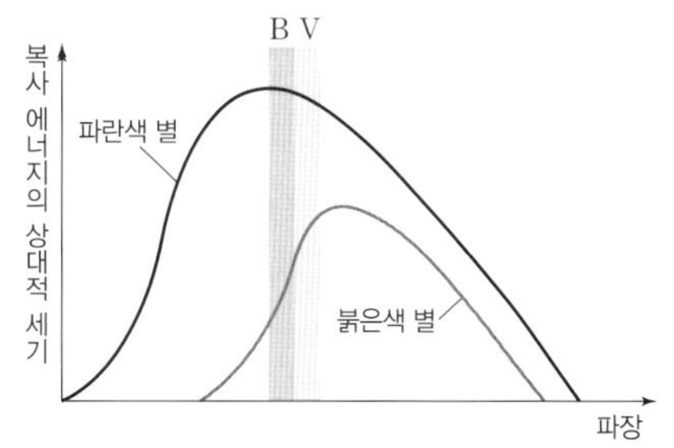

별의 색과 B, V 필터의 파장에 따른 빛의 투과 영역

- 붉은색 별: B 필터보다 V 필터를 통과한 별빛이 더 밝다.
  ➡ B 등급보다 V 등급이 작다.
  ➡ 색지수$(B-V)$가 (+) 값이다.
  ➡ 저온의 별이다.
- 파란색 별: V 필터보다 B 필터를 통과한 별빛이 더 밝다.
  ➡ B 등급보다 V 등급이 크다.
  ➡ 색지수$(B-V)$가 (−) 값이다.
  ➡ 고온의 별이다.

탐구자료 살펴보기 / 별의 색

탐구 자료

그림 (가)는 알비레오 쌍성을 이루는 두 별 A와 B의 모습을, (나)는 두 별이 방출하는 복사 에너지의 세기를 파장에 따라 나타낸 것이다. 표는 별 A와 B의 색깔이다.

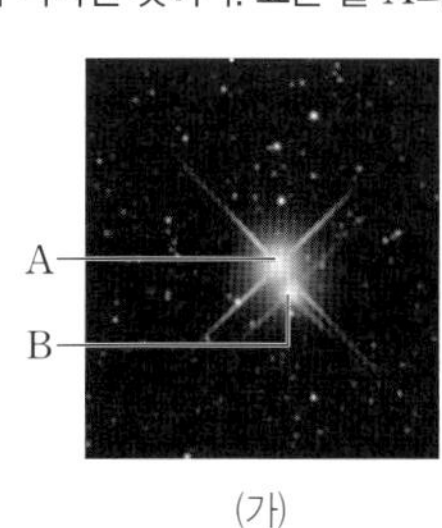

(가)

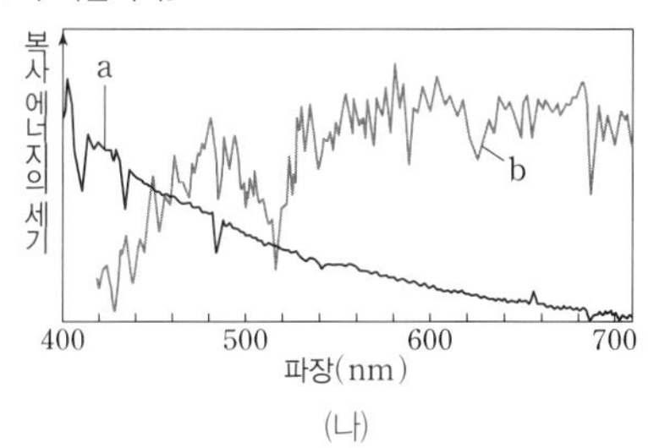

(나)

별	색깔
A	노란색
B	파란색

탐구 결과

1. 별 A는 별 B보다 표면 온도가 낮다.
2. (나)에서 최대 복사 에너지를 방출하는 파장(λ_{max})은 a가 b보다 짧으므로 a가 b보다 표면 온도가 높은 별이다. 즉, a는 별 B, b는 별 A에서 방출하는 복사 에너지의 파장에 따른 세기를 나타낸 것이다.

분석 point

- 별의 색은 표면 온도에 따라 다르다. 파란색 별은 분광형이 O형으로 표면 온도는 약 28000 K 이상이며, 노란색 별은 분광형이 G형으로 표면 온도는 약 5000 K ~ 6000 K이다.
- 빈의 변위 법칙$\left[\lambda_{max}=\frac{a}{T}\ (a=2.898\times10^{-3}\ \mathrm{m\cdot K})\right]$에 의하면, 고온의 흑체일수록 최대 복사 에너지를 방출하는 파장(λ_{max})이 짧아진다.

개념 체크

색지수

서로 다른 파장대의 필터로 관측한 별의 겉보기 등급 차이로, 짧은 파장대의 등급에서 긴 파장대의 등급을 뺀 값으로 정의한다. 표면 온도가 약 10000 K인 흰색의 별은 색지수가 0이다.

1. 별의 표면 온도가 높을수록 최대 복사 에너지를 방출하는 파장이 짧아 ( ) 색을 띠고, 별의 표면 온도가 낮을수록 최대 복사 에너지를 방출하는 파장이 길어 ( )색을 띤다.

2. 색지수$(B-V)$는 별의 표면 온도가 높을수록 ( ) 진다.

3. 표면 온도가 약 10000 K인 별은 ( )색이고, 색지수는 ( )이다.

정답
1. 파란, 붉은
2. 작아
3. 흰, 0

③ **분광형과 표면 온도:** 별의 대기에 존재하는 원소들은 별의 표면 온도에 따라 이온화되는 정도가 다르기 때문에 각각 가능한 이온화 단계에서 특정 흡수선을 형성하므로, 흡수 스펙트럼선의 종류와 세기는 별의 표면 온도에 따라 달라진다.

- 분광형: 별의 스펙트럼은 O, B, A, F, G, K, M형 등으로 분류하며, 각각의 분광형 안에서 0, 1, …, 9 등의 숫자를 추가해 세분할 수 있다. O형 별은 표면 온도가 가장 높고 파란색을 띠며, M형 별로 갈수록 표면 온도가 낮아지고 붉은색을 띤다. 각각의 분광형 내에서는 숫자가 커질수록 표면 온도가 낮아진다.
- 별의 표면 온도에 따라 원소가 이온화되는 정도가 다르고, 각각 가능한 이온화 단계에서 특정한 흡수선을 형성하기 때문에 별빛의 스펙트럼에는 별마다 다양한 흡수선이 나타난다.
- 표면 온도가 높은 O형, B형 별에서는 이온화된 헬륨(HeⅡ)이나 중성 헬륨(HeⅠ)에 의한 흡수선이, 표면 온도가 낮은 K형, M형 별에서는 금속 원소와 분자에 의한 흡수선이 강하게 나타나며, 표면 온도가 약 10000 K인 A형 별에서는 중성 수소(HⅠ)에 의한 흡수선이 강하게 나타난다.

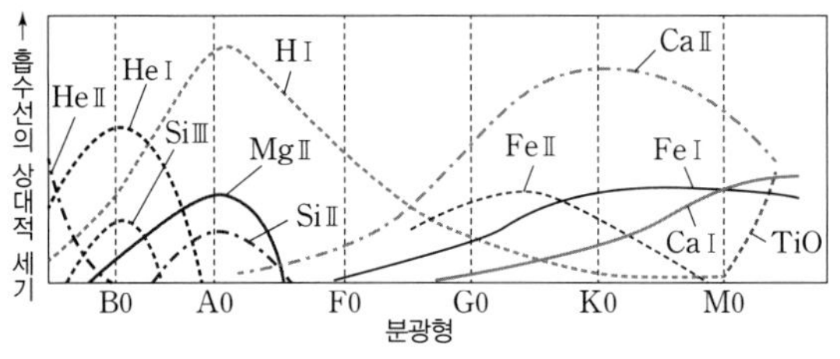

분광형과 흡수선의 상대적 세기

- 태양은 표면 온도가 약 5800 K인 노란색 별로, 이온화된 칼슘(CaⅡ) 흡수선이 가장 강하게 나타나며, 분광형은 G2형이다.

분광형	색깔	표면 온도(K)	스펙트럼의 모습
O	파란색	28000 이상	30000 K (H선, He선)
B	청백색	10000～28000	20000 K (He선, C선)
A	흰색	7500～10000	10000 K (Ca선, Fe선)
F	황백색	6000～7500	7000 K (Fe선, O선, Mg선, Na선)
G	노란색	5000～6000	6000 K (O선)
K	주황색	3500～5000	4000 K (여러 가지 분자선)
M	붉은색	3500 이하	3000 K (여러 가지 분자선)

(3) 별의 광도와 크기

① **슈테판·볼츠만 법칙:** 흑체가 단위 시간에 단위 면적당 방출하는 에너지양(E)은 표면 온도(T)의 네제곱에 비례한다.

$$E=\sigma T^4 \ (\sigma=5.670\times10^{-8}\ \mathrm{W\cdot m^{-2}\cdot K^{-4}})$$

② **별의 광도**

- 별이 단위 시간 동안 방출하는 에너지의 양을 광도(L)라고 한다.

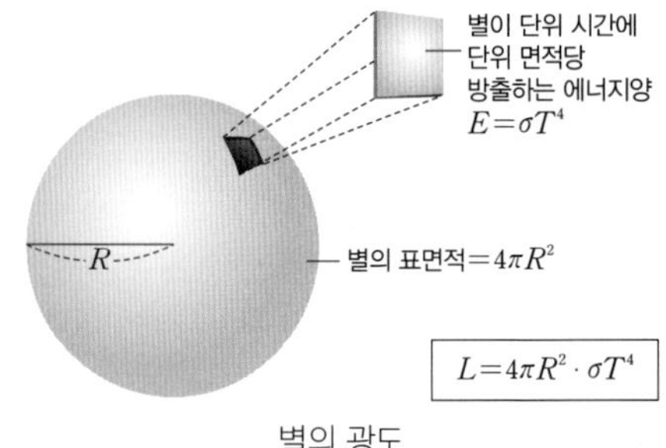

별의 광도

개념 체크

중성 원자와 이온의 표현
- 중성 원자: 이온화되지 않은 원자로, 기호 뒤에 로마자 Ⅰ을 붙여 표현한다.
  예 HⅠ(중성 수소), HeⅠ(중성 헬륨)
- 이온: 전자 1개가 떨어져 나가 +1가로 이온화된 원자는 Ⅱ, 전자 2개가 떨어져 나가 +2가로 이온화된 원자는 Ⅲ을 붙여 표현한다.
  예 CaⅡ(Ca^+), SiⅢ(Si^{2+})

1. 분광형이 B0형인 별은 F0형인 별보다 표면 온도가 (　　)고, 분광형이 G2형인 별은 G5형인 별보다 표면 온도가 (　　)다.

2. 분광형이 A형인 별에서는 (　　)에 의한 흡수선이 가장 강하게 나타난다.

3. 태양은 표면 온도가 약 5800 K으로 분광형은 (　　)형이고, (　　)색 별이다.

4. 흑체가 단위 시간에 단위 면적당 방출하는 에너지는 표면 온도의 (　　)제곱에 비례한다.

5. 별의 광도는 (　　)의 제곱과 (　　)의 네제곱을 곱한 값에 비례한다.

정답
1. 높, 높
2. HⅠ
3. G2, 노란
4. 네
5. 반지름, 표면 온도

• 반지름이 R인 별의 광도는 별의 표면적과 별이 단위 시간 동안 단위 면적에서 내보내는 에너지양을 곱하여 얻을 수 있다. ➡ $L=4\pi R^2 \cdot \sigma T^4$

과학 돋보기 **별의 절대 등급과 광도**

• 별의 밝기는 등급으로 나타내며, 1등급의 별은 6등급의 별보다 100배 밝다. 따라서 1등급 간의 밝기비는 $100^{\frac{1}{5}}=10^{\frac{2}{5}}$배, 즉 약 2.5배이다.
• 별의 절대 등급은 모든 별을 10 pc(약 32.6광년)의 거리에 옮겨 놓았다고 가정했을 때의 밝기를 등급으로 정한 것으로, 별의 실제 밝기, 즉 별의 광도를 비교할 때 이용될 수 있다.
• 광도가 L_1, L_2인 별의 절대 등급이 각각 M_1, M_2이면 $M_2-M_1=2.5\log\frac{L_1}{L_2}$의 관계를 만족한다.

③ **별의 반지름**: 별의 스펙트럼을 분석하여 표면 온도(T)를 알아내고, 별의 절대 등급을 이용하여 별의 광도(L)를 알아내면 별의 반지름(R)을 구할 수 있다.

$$L=4\pi R^2 \cdot \sigma T^4 \Rightarrow R \propto \frac{\sqrt{L}}{T^2}$$

(4) 별의 광도 계급

① 여키스 천문대의 모건과 키넌은 분광형이 같더라도 별의 광도에 따라 선폭 등과 같은 스펙트럼의 특징이 달라지는 것을 발견하고, 새로운 별의 분류법을 고안하였다.
② 같은 분광형을 가지는 거성과 주계열성의 스펙트럼에서 흡수선의 선폭이 다르게 나타나는데, 이를 비교하여 별의 크기 및 광도를 결정할 수 있다. 즉, 같은 분광형을 가진 별들이라도 별의 종류에 따라 광도가 다르게 나타난다는 사실로부터 고안된 별의 분류 체계를 광도 계급(luminosity class)이라고 한다.
③ 별의 광도는 표면 온도와 반지름에 의해 결정되므로, 분광형이 같더라도 별의 광도가 다를 수 있다. 별들의 분광형과 절대 등급을 다음 그림과 같이 2차원으로 나타내면 별의 표면 온도, 광도, 반지름을 동시에 비교할 수 있다.
④ 광도 계급은 별을 Ⅰ~Ⅵ(백색 왜성을 포함하면 Ⅰ~Ⅶ)으로 분류하며, 분광형이 같을 때 광도 계급의 숫자가 클수록 별의 반지름과 광도가 작아진다.
⑤ 태양은 표면 온도가 약 5800 K이고 주계열성에 해당하므로, 태양의 분광형과 광도 계급은 G2Ⅴ이다.

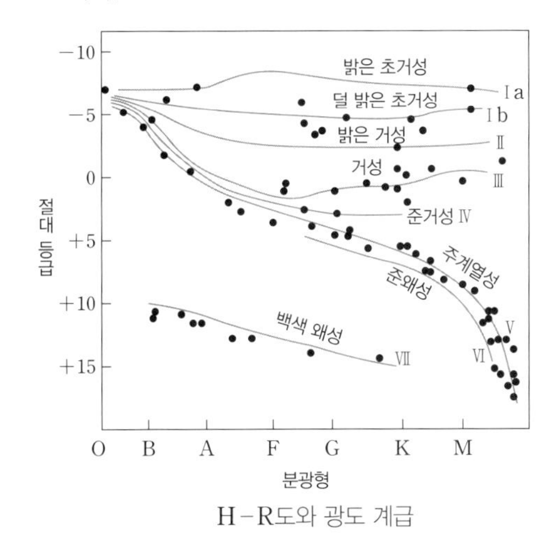

H-R도와 광도 계급

광도 계급	별의 종류
Ⅰa	밝은 초거성
Ⅰb	덜 밝은 초거성
Ⅱ	밝은 거성
Ⅲ	거성
Ⅳ	준거성
Ⅴ	주계열성(왜성)
Ⅵ	준왜성
Ⅶ	백색 왜성

개념 체크

➲ 광도 계급
별의 표면 온도와 광도를 고려하여 별을 분류한 것이다. 분광형이 같을 때 별의 크기와 광도는 광도 계급 Ⅰ이 가장 크고, 광도 계급의 숫자가 커질수록 작아진다.

1. 별의 표면 온도가 같을 때, 반지름이 클수록 광도가 (　　)다.

2. 광도 계급이 Ⅰ인 별은 (　　), Ⅴ인 별은 (　　)에 해당한다.

3. 별의 분광형이 같을 때, 반지름이 (　　)수록 광도 계급의 숫자가 작다.

정답
1. 크
2. 초거성, 주계열성
3. 클

2 H−R도와 별의 종류

(1) H−R도: 20세기 초 덴마크의 헤르츠스프룽은 별의 분광형과 절대 등급의 관계를 알아보기 위해 그래프를 만들었다. 비슷한 시기에 미국의 천문학자 러셀도 별의 표면 온도(분광형)와 광도(절대 등급) 사이의 관계를 그래프로 그려 분석하였다. 가로축을 별의 분광형(또는 표면 온도), 세로축을 별의 절대 등급(또는 광도)으로 하였으며, 별의 표면 온도, 광도, 반지름과 같은 물리적인 특성을 파악하기 쉽다. 이 그래프를 두 천문학자 이름의 첫 글자를 따서 H−R도라고 한다.

(2) 별의 종류

① **주계열성:** H−R도의 왼쪽 위에서 오른쪽 아래로 대각선을 따라 분포하는 별들로, 모든 별의 약 80 %∼90 %가 주계열성에 속한다. ➡ 왼쪽 위에 분포할수록 표면 온도가 높고 광도가 크며 반지름과 질량이 크고, 오른쪽 아래에 분포할수록 표면 온도가 낮고 광도가 작으며 반지름과 질량이 작다. 예 태양, 스피카, 시리우스 A

② **거성:** 주계열의 오른쪽 위에 분포하는 별들로 대체로 붉은색을 띤다. 표면 온도는 낮으나 반지름이 매우 커서 광도가 크다. 반지름은 태양의 약 10배∼100배이며, 광도는 태양의 약 10배∼1000배이다. 예 알데바란 A, 아르크투루스

③ **초거성:** H−R도에서 거성보다 더 위쪽에 분포하는 별들로, 반지름이 태양의 수백 배∼1000배 이상인 초대형 별이다. 광도는 태양의 수만 배∼수십만 배로 매우 크지만, 평균 밀도가 매우 작다. 예 베텔게우스, 안타레스

④ **백색 왜성:** H−R도의 왼쪽 아래에 분포하는 별들로, 표면 온도가 높지만 반지름이 매우 작아 어둡게 보이며, 평균 밀도는 태양의 100만 배 정도로 매우 크다. 예 프로키온 B

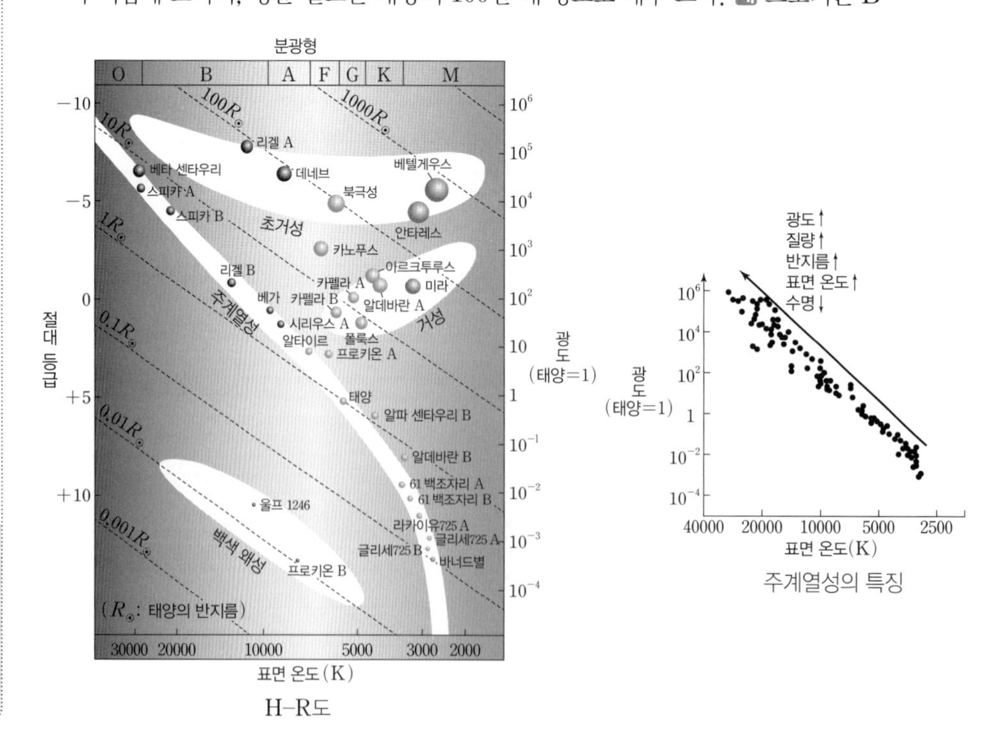

H−R도

주계열성의 특징

개념 체크

H−R도
가로축에 표면 온도나 분광형 또는 색지수를, 세로축에 절대 등급 또는 광도를 나타낸 그래프이다. H−R도에서 주계열성의 수가 다른 집단에 비해 많은 이유는 별이 진화 과정 중 주계열 단계에서 가장 오랫동안 머무르기 때문이다.

H−R도에서 별의 물리량 변화
가로축의 왼쪽으로 갈수록 별의 표면 온도가 높고, 세로축의 위로 갈수록 별의 광도가 크다. 또한 오른쪽 위로 갈수록 별의 반지름이 크다.

1. H−R도의 왼쪽 위에서 오른쪽 아래로 대각선을 따라 분포하는 별들을 (　　)이라고 한다.

2. 주계열에서 왼쪽 위에 있는 별일수록 질량이 (　　)고, 반지름이 (　　)며, 수명이 (　　)다.

3. 적색 초거성은 백색 왜성에 비해 표면 온도가 (　　), 평균 밀도가 (　　).

4. H−R도의 가로축에서 오른쪽으로 갈수록 표면 온도가 (　　)고, 세로축에서 위로 갈수록 광도가 (　　)다.

5. 분광형이 같을 때 거성이 주계열성보다 광도가 큰 이유는 (　　)이 크기 때문이다.

정답
1. 주계열성
2. 크, 크, 짧
3. 낮고, 작다
4. 낮, 크
5. 반지름

탐구자료 살펴보기 H−R도

탐구 자료

표는 여러 별의 절대 등급과 분광형을, 그림은 가로축을 분광형, 세로축을 절대 등급으로 하여 각 별들의 위치를 나타낸 것이다.

별 이름	절대 등급	분광형	별 이름	절대 등급	분광형	별 이름	절대 등급	분광형
태양	+4.8	G2	백조자리 B	+8.3	K7	에니프	−4.5	B1
시리우스 A	+1.5	A1	카프타인별	+10.8	M0	스피카	−3.6	B1
시리우스 B	+11.5	B1	루이텐별 A	+15.3	M6	아르크투루스	−0.3	K2
포말하우트	+2.1	A3	카노푸스	−4.6	F0	안타레스	−4.5	M1
바너드별	+13.2	M5	민타카	−6.0	O9	직녀(베가)	+0.5	A0
북극성	−4.5	G0	크뤼거 B	+11.9	M4	견우(알다이르)	+2.3	A7
센타우루스 A	+4.4	G2	카펠라	−0.7	G2	데네브	−6.9	A2
센타우루스 C	+15.0	M5	알데바란	−0.2	K2	황소자리17	−2.2	B6
프로키온 A	+2.7	F5	리겔	−6.8	B8	벨라트릭스	−3.6	B2
프로키온 B	+13.3	A6	베텔게우스	−5.5	M2	로스128	+13.5	M5
백조자리 A	+7.5	K5	레굴루스	−0.6	B7	−	−	−

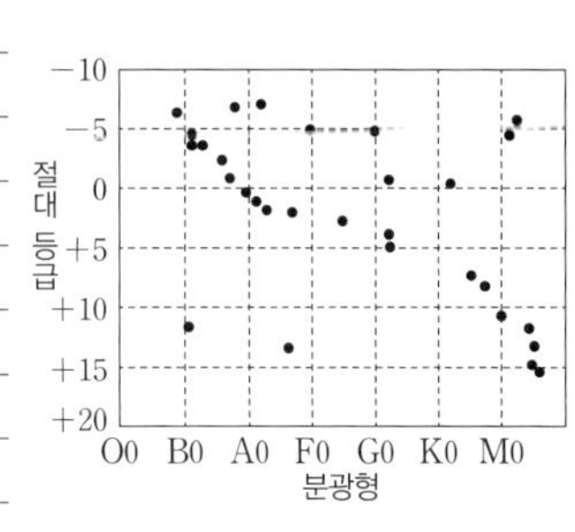

탐구 결과

1. 별들을 분광형과 절대 등급을 축으로 한 그래프에 나타내면 몇 개의 집단으로 분류된다.
2. 대부분의 별들은 그래프의 왼쪽 위에서 오른쪽 아래로 연결된 띠에 분포하며, 태양도 이 띠에 분포한다.

분석 point

- 그림에서 왼쪽 위에서 오른쪽 아래로 연결된 띠에 분포하는 별들은 주계열성으로, 왼쪽 위로 갈수록 광도가 크고 표면 온도가 높은 별이 분포한다. 가장 많은 별들이 분포하는 집단이다.
- 그림에서 주계열의 오른쪽 위에는 표면 온도는 낮지만 반지름이 매우 커서 광도가 큰 별들인 거성과 초거성이 분포하고, 주계열의 왼쪽 아래에는 표면 온도는 높지만 반지름이 매우 작아서 광도가 작은 백색 왜성이 분포한다.

3 별의 진화

(1) 원시별에서 주계열성 전까지

① 별은 밀도가 크고 온도가 낮은 성운에서 탄생한다. 거대한 성운이 회전하면서 수축하면 성운의 밀도가 점점 커지면서 원반이 형성되며, 성운의 중심부에서는 중력 수축에 의해 온도가 높아지고 밀도가 커져 원시별이 생성된다.

② 원시별이 중력 수축하여 내부 온도가 높아지고, 표면 온도가 약 1000 K에 이르면 가시광선을 방출하기 시작한다.

③ 원시별이 중력 수축을 계속하여 중심부 온도가 약 1000만 K이 되면, 중심부에서 수소 핵융합 반응이 일어나는 주계열성이 된다. ➡ 질량이 큰 원시별은 대체로 H−R도의 오른쪽에서 왼쪽으로 수평 방향으로 진화하여 주계열성이 되고, 질량이 작은 원시별은 대체로 H−R도의 위쪽에서 아래쪽으로 수직 방향으로 진화하여 주계열성이 된다.

④ 질량이 클수록 중력 수축이 빠르게 일어나 주계열성에 빨리 도달한다.

원시별의 진화

개념 체크

➲ 영년 주계열
별의 중심부에서 수소 핵융합 반응이 시작되고 중력 수축이 멈추면, 별은 H−R도에서 표준 주계열이라는 곡선 위에 위치한다. 이 위치를 영년 주계열(Zero Age Main Sequence; ZAMS)이라고도 한다. ZAMS는 별이 수소 핵융합 반응을 시작하는 지점을 의미한다.

1. 별은 밀도가 ( ), 온도가 ( ) 성운에서 탄생한다.

2. 원시별이 중력 수축을 하여 중심부의 온도가 약 ( )K이 되면 중심부에서 수소 핵융합 반응을 하는 ( )이 된다.

3. 원시별에서 주계열성이 되는 데 걸리는 시간은 질량이 큰 별일수록 ( ).

4. 원시별이 주계열성으로 진화할 때 질량이 큰 원시별은 H−R도에서 대체로 ( ) 방향으로 진화하므로 광도 변화율이 ( )고, 질량이 작은 원시별은 대체로 ( ) 방향으로 진화하므로 광도 변화율이 ( )다.

정답
1. 크고, 낮은
2. 1000만, 주계열성
3. 짧다
4. 수평, 작, 수직, 크

개념 체크

➲ 주계열 단계
별의 중심핵에서 수소 핵융합 반응이 일어나는 단계이다. 별의 일생 중 가장 길고 안정적인 단계이다.

1. 주계열성은 주로 중심핵에서 일어나는 (   ) 반응에 의해 에너지를 얻는다.

2. 주계열성은 별의 중심 쪽으로 향하는 (   )과 바깥쪽으로 향하는 (   )이 평형을 이룬다.

3. 질량이 큰 주계열성일수록 중심부의 온도가 (   )아 수소 핵융합 반응이 (   )게 일어나므로, 주계열 단계에 머무르는 시간이 (   )다.

4. 주계열성은 질량이 클수록 광도가 (   )고 반지름이 (   )며 수명이 (   )다.

5. 별의 중심핵에서 수소가 고갈되면 수소 핵융합 반응은 멈추고 중심부의 (   )핵은 (   )한다.

정답
1. 수소 핵융합
2. 중력, 기체 압력 차에 의한 힘
3. 높, 빠르, 짧
4. 크, 크, 짧
5. 헬륨, 수축

(2) 주계열 단계

① 원시별의 중심부 온도가 약 1000만 K에 이르면 별의 중심부에서 수소 핵융합 반응이 일어나 에너지를 생성한다.

② 수소 핵융합 반응에 의해 별의 내부 온도가 상승하여 기체 압력이 커지면 별의 중력과 기체 압력 차에 의한 힘이 평형을 이루는 정역학 평형 상태에 도달하고, 별의 반지름은 거의 일정하게 유지된다.

③ 별의 일생 중 약 90 %를 머무르는 가장 안정적인 단계로, 관측되는 별 중에서는 주계열성이 가장 많다. 질량이 큰 별일수록 중심부의 온도가 높아 수소 핵융합 반응이 빠르게 일어나 수소를 빨리 소비하기 때문에 별이 주계열 단계에 머무르는 기간이 짧아진다.

분광형	색지수 ($B-V$)	표면 온도 (K)	반지름 (태양 반지름=1)	질량 (태양 질량=1)	광도 (태양 광도=1)	주계열성 수명(년)
O5Ⅴ	−0.33	40000	12	40	500000	100만
B0Ⅴ	−0.30	28000	7	18	20000	1000만
A0Ⅴ	0.0	10000	2.5	3.2	80	5억
F0Ⅴ	+0.30	7400	1.3	1.7	6	27억
G0Ⅴ	+0.58	6000	1.05	1.1	1.2	90억
K0Ⅴ	+0.81	4900	0.85	0.8	0.4	140억
M0Ⅴ	+1.40	3500	0.6	0.5	0.06	2000억

분광형에 따른 주계열성의 물리량 비교

④ **주계열성의 질량-광도 관계**: 주계열성은 질량이 큰 별일수록 광도가 크다. ➡ 주계열성의 겉보기 등급을 관측하고 별까지의 거리를 이용하여 절대 등급을 구하면, 질량-광도 관계를 이용하여 별의 질량을 간접적으로 구할 수 있다.

⑤ **주계열성의 질량-반지름 관계**: 주계열성의 경우 질량이 큰 별일수록 반지름이 크다.

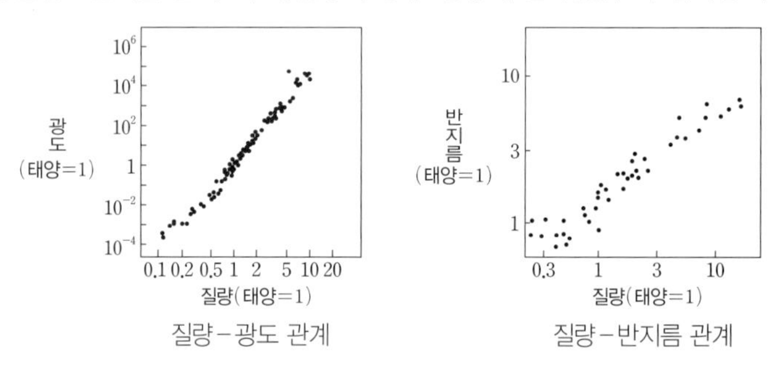

질량-광도 관계　　질량-반지름 관계

(3) 거성, 초거성 단계

① 별의 중심핵에서 핵융합 반응에 사용되는 수소가 고갈되면 별은 주계열 단계를 벗어난다. 중심부에서 수소 핵융합 반응이 멈추면 별의 중력과 평형을 이루던 기체 압력 차에 의한 힘이 감소하여 중심부는 수축한다.

② 중심부가 수축할 때 발생한 열에너지에 의해 중심부 바로 바깥쪽에서 수소 핵융합 반응이 일어나고, 이때 발생한 열에너지에 의해 별의 바깥층이 팽창하면서 별의 크기가 커진다.

③ 별의 크기가 커지면서 광도가 급격히 커지지만 표면 온도가 낮아져 붉은색으로 보이는데, 이러한 특징을 가진 별을 적색 거성, 적색 초거성이라고 한다.

④ 질량이 태양과 비슷한 별이 주계열 단계를 떠나면 적색 거성으로 진화하고, 질량이 태양보다 매우 큰 별이 주계열 단계를 떠나면 적색 거성보다 반지름과 광도가 크게 증가하여 반지름은 태양의 수백 배 이상, 광도는 태양의 수만 배~수십만 배인 적색 초거성이 되고, H-R도의 오른쪽 맨 위쪽으로 이동한다.

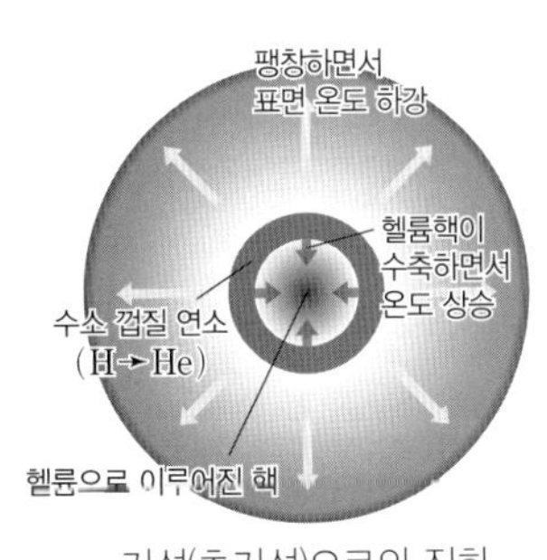

거성(초거성)으로의 진화

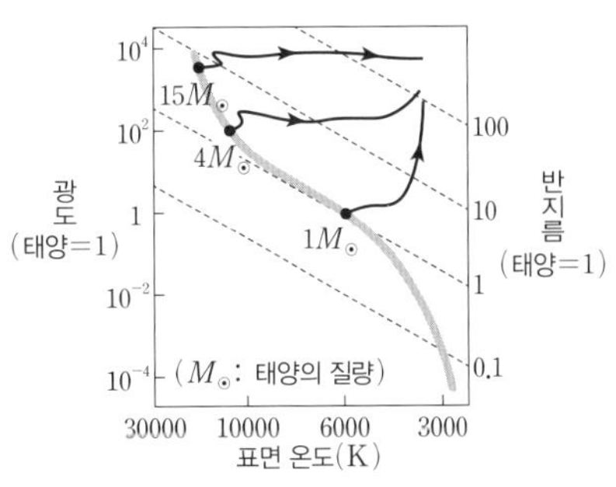

주계열 단계 이후의 진화 경로

개념 체크

➲ 별의 진화
주계열 단계 이후에는 별의 질량에 따라 진화 경로가 달라진다.

1. 주계열 단계 이후의 별의 진화 경로는 별의 (　　) 에 따라 달라진다.

2. 주계열 단계 이후 질량이 태양과 비슷한 별은 적색 (　　)으로 진화하고, 질량이 태양보다 매우 큰 별은 적색 (　　)으로 진화한다.

3. 태양 정도의 질량을 가지는 별의 최종 단계는 행성상 성운과 (　　)이다.

4. 질량이 매우 큰 별은 마지막 단계에서 중력 수축을 하다가 (　　) 폭발을 한다.

5. 초신성 폭발 이후 중심핵은 질량에 따라 (　　)이나 (　　)로 진화한다.

(4) 별의 종말

① 질량이 태양과 비슷한 별의 진화

- 거성 단계 이후 중심부는 계속 수축하고, 별의 바깥층은 정역학 평형 상태를 이루기 위해 수축과 팽창을 반복하여 반지름과 표면 온도, 광도가 주기적으로 변하는 맥동 변광성 단계를 거친다.
- 맥동 변광성 단계 이후, 별의 바깥층 물질이 우주 공간으로 방출되어 행성상 성운이 만들어지며, 별의 중심부는 더욱 수축하여 크기는 매우 작고 밀도가 큰 백색 왜성이 된다.

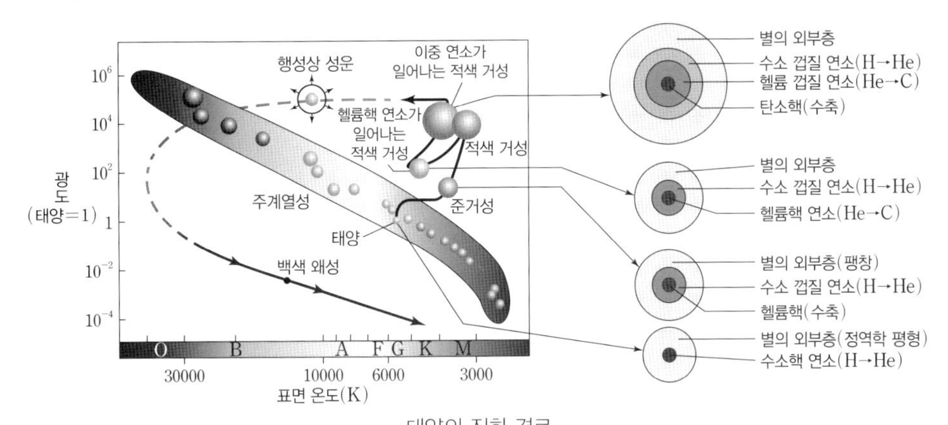

태양의 진화 경로

② 질량이 매우 큰 별의 진화

- 별 중심부에서 계속적인 핵융합 반응이 일어나 탄소, 규소, 철 등의 무거운 원소가 만들어진다. 중심부에서 핵융합 반응이 멈추면 별은 빠르게 중력 수축하고, 이로 인해 엄청난 에너지가 발생하여 에너지와 물질을 우주 공간으로 방출하는 초신성 폭발을 일으킨다. 이때 별에서 만들어진 무거운 원소도 성간 물질로 방출된다.
- 초신성 폭발 이후 중심부는 더욱 수축하여 밀도가 매우 큰 중성자별이 생성된다. 별의 중심부 질량이 더욱 큰 경우에는 빛조차 빠져나올 수 없는 블랙홀이 생성된다.

정답
1. 질량
2. 거성, 초거성
3. 백색 왜성
4. 초신성
5. 중성자별, 블랙홀

개념 체크

중력 수축 에너지
별의 구성 물질이 중력에 의해 수축할 때 위치 에너지의 감소로 생성되는 에너지로, 원시별의 에너지원에 해당한다.

1. 원시별에서는 중력이 기체 압력 차에 의한 힘보다 (　　)므로 별의 크기가 (　　)진다.

2. 중력 수축 에너지는 별이 중력에 의해 수축될 때 위치 에너지의 (　　)로 인해 생성되는 에너지이다.

3. 중력 수축 에너지는 별의 탄생이나 진화 과정에서 내부의 (　　)를 높이는 역할을 한다.

정답
1. 크, 작아
2. 감소
3. 온도

• 초신성 폭발이 일어날 때 금, 은, 우라늄 등 철보다 무거운 원소들이 생성되며, 초신성 폭발 당시 우주 공간으로 방출된 물질들은 초기의 성간 물질과 함께 성운의 일부가 되고, 이 성운에서 다시 새로운 별이 탄생한다.

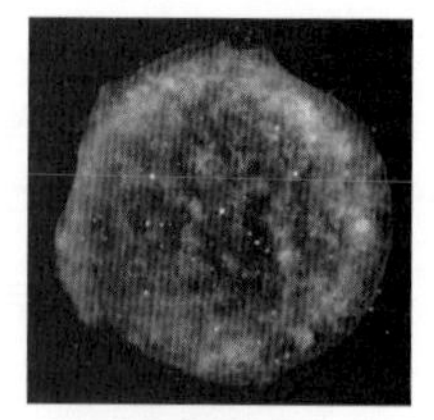
초신성(SN 1572)의 잔해

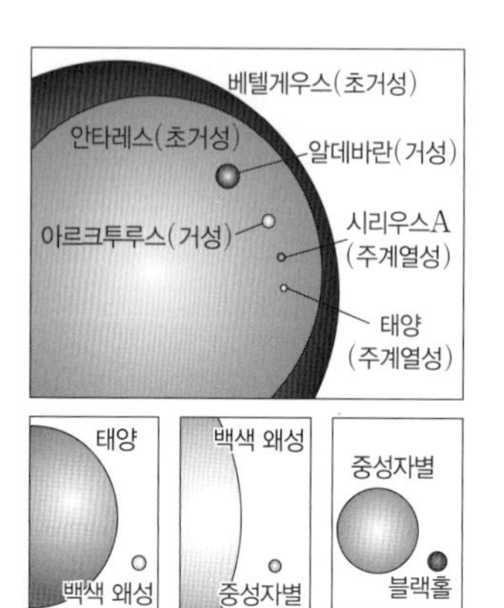

별의 상대적 크기 비교

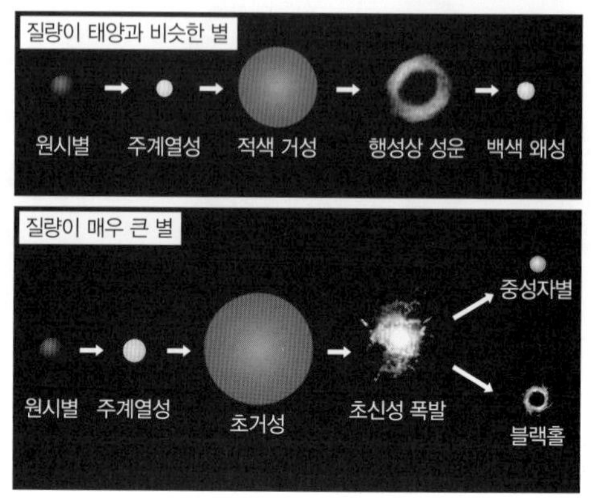

질량에 따른 별의 진화 과정

4 별의 에너지원과 내부 구조

(1) 원시별의 에너지원

① 원시별에서는 별의 중력이 기체 압력 차에 의한 힘보다 크므로 정역학 평형 상태를 이루지 못하고 중력 수축이 일어나 크기가 작아진다.

② **중력 수축 에너지:** 별의 구성 물질이 중력에 의해 수축될 때 위치 에너지의 감소로 생성되는 에너지이다.

③ **중력 수축 에너지의 역할:** 중력 수축 에너지는 별의 탄생이나 진화 과정에서 내부 온도를 높이는 역할을 한다. 반지름이 R_0인 원시 성운이 중력 수축하여 반지름이 R인 별이 될 때, 중력 수축에 의해 감소한 위치 에너지 중 일부가 복사 에너지로 전환된다.

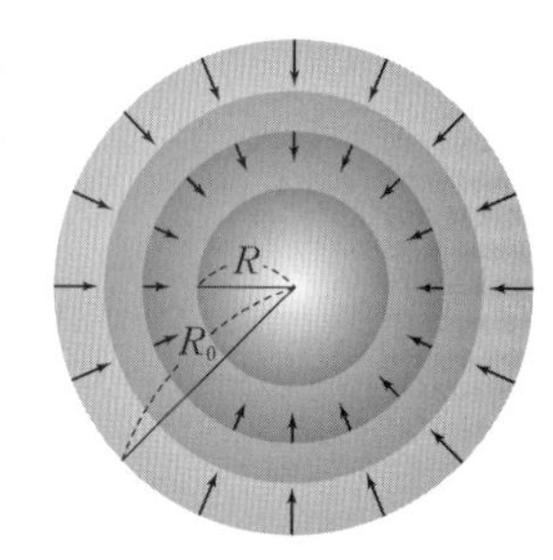

중력 수축 에너지 발생 과정

과학 돋보기 **태양의 중력 수축 에너지**

태양 질량 $M_{\odot}=2\times10^{30}$ kg, 태양 반지름 $R_{\odot}=7\times10^{8}$ m이므로, 태양에서 중력 수축 에너지(E)는 $E=\frac{1}{2}\cdot\frac{GM_{\odot}^{2}}{R_{\odot}}\fallingdotseq1.9\times10^{41}$ J(G: 만유인력 상수)이다. 태양 광도 $L_{\odot}$은 약 4×10^{26} J/s이므로 중력 수축 에너지를 모두 방출하는 데 소요되는 시간(t)은 $t=\frac{E}{L_{\odot}}\fallingdotseq1500$만 년이다. 즉, 태양이 만약 중력 수축으로만 현재의 광도를 유지한다면 태양의 수명은 약 1500만 년 밖에 되지 않을 것이다.

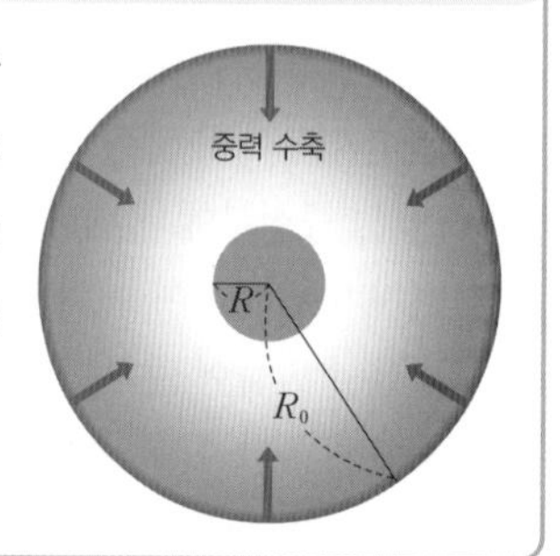

(2) 주계열성의 에너지원

① 태양이 원시 성운에서 중력 수축에 의해 현재의 크기로 작아질 때까지 방출하는 에너지양은 현재의 태양 광도와 비교했을 때 약 1500만 년 동안 방출할 수 있는 양에 해당한다. 따라서 중력 수축에 의한 에너지만으로는 나이가 약 46억 년인 태양이 방출하는 에너지의 양을 설명할 수 없다.

② **수소 핵융합 반응**: 온도가 1000만 K 이상인 주계열성의 중심부에서는 수소 핵융합 반응에 의해 에너지가 생성된다.

- 4개의 수소 원자핵이 융합하여 만들어진 헬륨 원자핵 1개의 질량은 4개의 수소 원자핵을 합한 질량에 비해 약 0.7 % 작으므로 수소 핵융합 과정에서 질량 결손이 발생한다. 이 질량 결손(Δm)은 아인슈타인의 질량 · 에너지 등가 원리에 따라 에너지(E)로 전환된다.

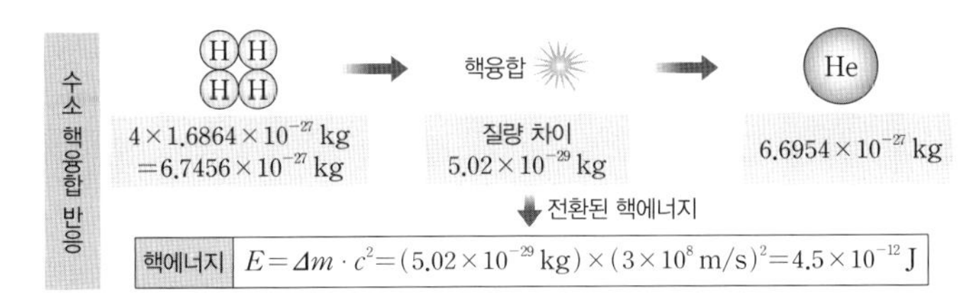

- 수소 핵융합 반응에는 양성자·양성자 연쇄 반응(p−p 반응)과 탄소·질소·산소 순환 반응(CNO 순환 반응)이 있다.
- 양성자·양성자 연쇄 반응(p−p 반응)은 수소 원자핵 6개가 여러 반응 단계를 거치는 동안 헬륨 원자핵 1개와 수소 원자핵 2개로 바뀌면서 에너지를 생성하는 과정이다.
- 탄소·질소·산소 순환 반응(CNO 순환 반응)은 4개의 수소 원자핵이 1개의 헬륨 원자핵으로 바뀌면서 에너지를 생성하는 과정에서 탄소, 질소, 산소가 촉매 역할을 한다.

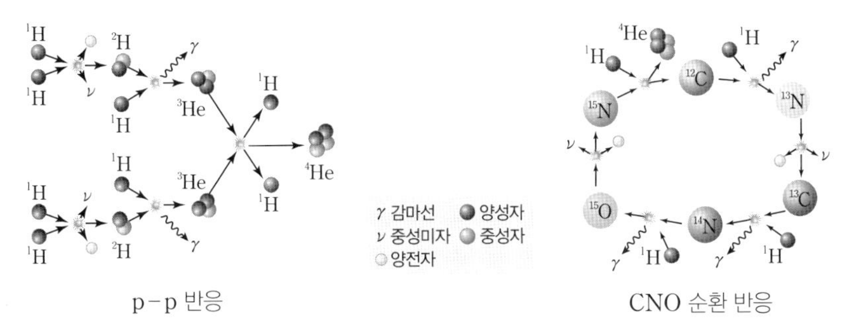

p−p 반응 CNO 순환 반응

- 중심부 온도가 1800만 K 이하인 주계열 하단부의 별은 양성자·양성자 연쇄 반응(p−p 반응)이 우세하고, 중심부 온도가 1800만 K 이상인 주계열 상단부의 별은 탄소·질소·산소 순환 반응(CNO 순환 반응)이 우세하게 일어난다. 태양의 경우 중심부 온도가 약 1500만 K이므로 양성자·양성자 연쇄 반응(p−p 반응)이 우세하게 일어난다.

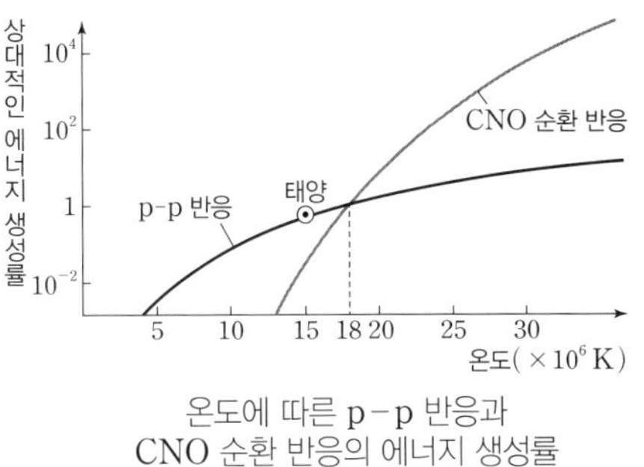

온도에 따른 p−p 반응과 CNO 순환 반응의 에너지 생성률

- 탄소·질소·산소 순환 반응(CNO 순환 반응)은 중심부 온도가 높을 때 양성자·양성자 연쇄 반응(p−p 반응)에 비해 시간당 많은 양의 에너지를 생성하므로, 탄소·질소·산소 순환 반응(CNO 순환 반응)이 우세하게 일어날수록 별은 밝고, 주계열 단계에 머무르는 시간이 짧다.

개념 체크

질량·에너지 등가 원리
질량과 에너지는 서로 전환될 수 있다는 것이다. 핵융합 반응에서 감소한 질량을 Δm이라 하고 빛의 속도를 c라고 할 때, 핵융합 반응에 의해 생성되는 에너지양(E)은 Δmc^2에 해당한다.

1. 태양은 현재 (　　) 핵융합 반응에 의해 에너지를 생성하는 (　　)성이다.

2. 수소 핵융합 반응에서는 (　　)개의 수소 원자핵이 융합하여 1개의 헬륨 원자핵을 생성한다.

3. 수소 원자핵 4개의 질량이 헬륨 원자핵 1개의 질량보다 (　　).

4. 태양과 질량이 비슷한 주계열성의 중심부에서는 (　　) 반응보다 (　　) 반응이 우세하게 일어난다.

정답
1. 수소, 주계열
2. 4
3. 크다
4. 탄소·질소·산소 순환(CNO 순환), 양성자·양성자 연쇄(p−p)

개념 체크

➲ 정역학 평형 상태
기체 압력 차에 의한 힘과 중력이 평형을 이루는 상태로, 정역학 평형 상태의 별은 크기가 거의 일정하게 유지된다.

1. 헬륨 핵융합 반응에서는 3개의 헬륨 원자핵이 융합하여 1개의 ( ) 원자핵을 생성한다.

2. 질량이 매우 큰 별은 중심부의 온도가 ( )기 때문에 헬륨보다 무거운 원소들의 핵융합 반응이 일어날 수 있다.

3. 질량이 태양보다 훨씬 큰 별의 내부에서 핵융합 반응으로 만들어지는 마지막 원소는 ( )이다.

4. 주계열성은 기체 압력 차에 의한 힘과 중력이 평형을 이루는 ( )에 있다.

5. 질량이 태양 정도인 주계열성의 내부 구조는 중심에서부터 중심핵, ( ), ( ) 순으로 되어 있다.

정답
1. 탄소
2. 높
3. 철
4. 정역학 평형 상태
5. 복사층, 대류층

과학 돋보기 태양이 주계열 단계에 머무르는 시간 계산

수소 핵융합 반응에서 수소의 질량 결손 비율은 약 0.7 %이고, 수소 핵융합 반응을 일으킬 수 있는 핵의 질량은 현재 태양 질량(2×10^{30} kg)의 약 10 %이므로 태양이 수소 핵융합 반응으로 방출할 수 있는 총 에너지는 $E=\Delta mc^2=2\times10^{30}\text{ kg}\times0.1\times0.007\times(3\times10^8\text{ m/s})^2=1.26\times10^{44}$ J이다. 이를 태양의 광도인 4×10^{26} J/s로 나누면 태양이 주계열 단계에 머무르는 시간은 약 100억 년이 된다.

(3) 적색 거성과 초거성의 에너지원

① **헬륨 핵융합 반응:** 온도가 1억 K 이상인 적색 거성의 중심부에서는 3개의 헬륨 원자핵이 융합하여 1개의 탄소 원자핵을 만드는 헬륨 핵융합 반응이 일어난다.

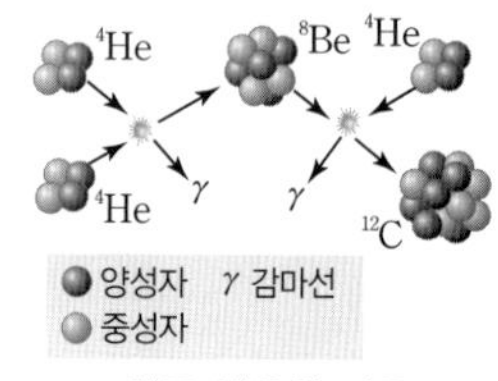

헬륨 핵융합 반응

② **더 무거운 원소의 핵융합 반응:** 질량이 큰 별은 중력 수축에 의해 중심부의 온도가 더 높아지기 때문에 헬륨보다 더 무거운 원소들의 핵융합 반응이 일어난다. ➡ 별은 질량에 따라 중심부의 온도가 달라지므로 핵융합 반응이 진행되는 정도는 별의 질량에 따라 결정된다. 별의 질량이 클수록 중심부에서는 헬륨 이후에 탄소, 산소, 네온, 마그네슘, 규소 등의 핵융합 반응이 순차적으로 일어날 수 있다. 핵융합 반응으로 만들어지는 마지막 원소는 철(Fe)이다.

핵융합 반응 순서: H → He → C → ··· → Fe

(4) 별의 내부 구조

① 주계열성

- 주계열성은 중력과 기체 압력 차에 의한 힘이 평형을 이루는 정역학 평형 상태에 있으므로 수축이나 팽창을 하지 않고 크기가 거의 일정하게 유지된다.

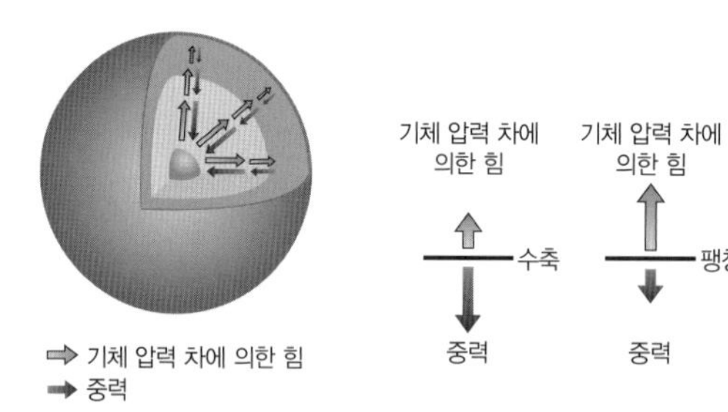

정역학 평형 상태 / 힘의 평형 관계와 별의 크기 변화

- 주계열성의 내부는 중심핵처럼 에너지를 생성하는 영역과 생성된 에너지를 표면으로 전달하는 부분으로 나눌 수 있다.
- 별의 중심핵에서 생성된 에너지는 주로 복사와 대류를 통해 별의 표면으로 전달된다. 이 중 대류는 온도 차가 클 때 에너지를 효과적으로 전달하는 방법이다. 복사를 통해 에너지를 전달하는 영역을 복사층, 대류를 통해 에너지를 전달하는 영역을 대류층이라고 한다.
- 질량이 태양 정도인 주계열성은 수소 핵융합 반응이 일어나는 중심핵을 복사층과 대류층이 차례로 둘러싸고 있다.

- 질량이 태양 질량의 약 2배보다 큰 주계열성은 중심부의 온도가 매우 높기 때문에 중심부에 대류가 일어나는 대류핵이 나타나고, 바깥쪽에 복사층이 나타난다.

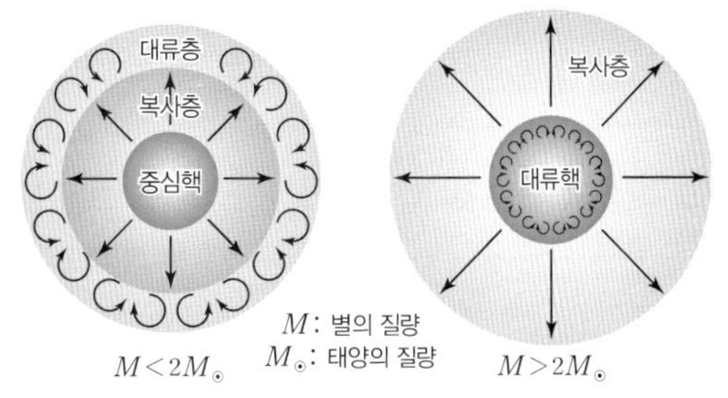

질량에 따른 주계열성의 내부 구조

② 주계열 단계 이후 별의 내부 구조

- 질량이 태양 정도인 별: 주계열성 내부에서 수소 핵융합 반응이 끝나면 중심에 헬륨핵이 생성되고, 헬륨핵의 중력 수축으로 발생한 에너지가 중심부 외곽에 공급되어 헬륨핵 외곽(수소 껍질)에서 수소 핵융합 반응이 일어난다. 또한 바깥층은 팽창하여 크기가 커지고 표면 온도는 낮아져 적색 거성이 된다. 중심부의 온도가 계속 상승하여 1억 K에 도달하면 헬륨 핵융합 반응이 일어나 탄소와 산소로 구성된 핵이 만들어진다. 질량이 태양 정도인 별은 중심에서 헬륨 핵융합 반응까지만 일어난다.

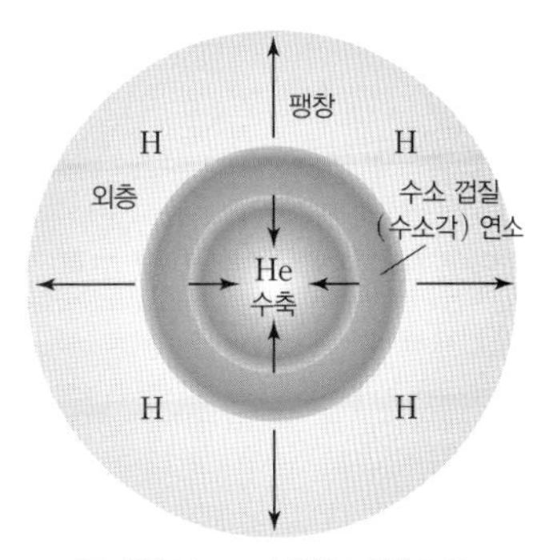

주계열성 → 거성(초거성)으로 진화할 때의 내부 구조

- 질량이 매우 큰 별: 질량이 매우 큰 별은 중심부의 온도가 매우 높기 때문에 더 높은 단계의 핵융합 반응이 일어나며, 최종적으로 철로 이루어진 중심핵이 만들어진다. 또한 별의 내부는 중심으로 갈수록 더 무거운 원소로 이루어진 양파 껍질 같은 구조를 이룬다. 별의 바깥층은 적색 거성보다 더 크게 팽창하여 적색 초거성이 된다.

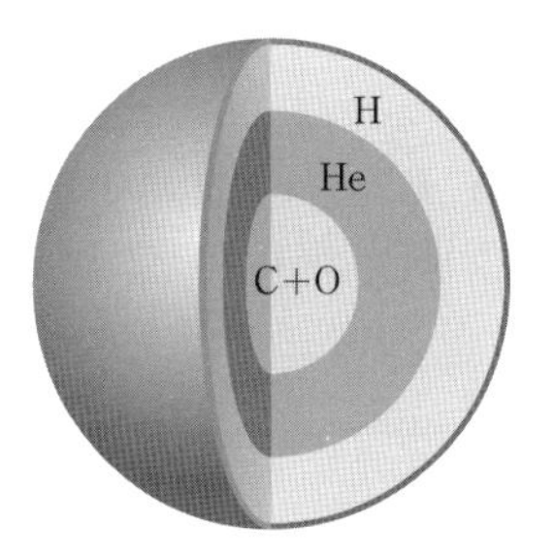

질량이 태양 정도인 별

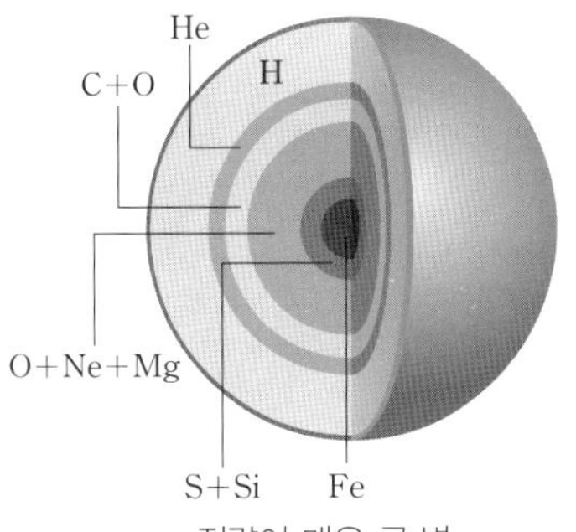

질량이 매우 큰 별

중심부에서 핵융합 반응이 끝난 별의 내부 구조

과학 돋보기 **핵융합과 핵분열**

- 핵반응에 의한 원자핵의 변환으로 더 안정한 상태의 다른 종류의 원자가 만들어진다. 핵반응에는 무거운 원자핵이 분열되어 가벼운 원자핵들이 되는 핵분열과 가벼운 원자핵들이 결합하여 무거운 원자핵이 되는 핵융합이 있다.
- 우라늄과 같이 무거운 원자핵은 핵분열을 하여 가벼운 원자핵으로 변환되고, 수소와 같이 가벼운 원자핵은 핵융합을 하여 무거운 원자핵으로 변환된다.
- 핵융합의 경우 철보다 무거운 원자핵이 만들어지면 불안정해지므로 철보다 무거운 원소는 핵융합으로 만들어질 수 없다. 철보다 무거운 원소는 초신성 폭발 때 만들어진다. 핵분열의 경우 철보다 가벼운 원자핵이 만들어지면 불안정해지므로, 핵융합 반응과 핵분열 반응의 마지막 단계에서 만들어지는 원소는 철이다.

개념 체크

초거성
질량이 매우 큰 별이 주계열 단계 이후 크기가 매우 커진 단계이다. 초거성의 내부에서 양파 껍질과 같은 구조를 이루고 있을 때, 각 껍질에서는 여러 가지 원소들이 핵융합 반응으로 에너지를 생성한다.

1. 질량이 태양 질량의 약 2배보다 큰 주계열성의 중심부에는 (   )핵이 있고, 핵의 바깥에는 (   )층이 있다.

2. 주계열 단계가 끝난 후, 중심핵은 (   )하여 중심부 온도가 (   )지고, 별의 바깥층은 (   )하여 표면 온도는 (   )진다.

3. 질량이 매우 큰 별은 주계열 단계 이후 핵융합 반응이 순차적으로 일어나 중심으로 갈수록 더 (   ) 원소로 이루어진 양파 껍질 같은 구조를 이룬다.

4. 별의 내부에서 핵융합 반응에 의해 (   )보다 무거운 원자핵은 만들어질 수 없다.

정답
1. 대류, 복사
2. 수축, 높아, 팽창, 낮아
3. 무거운
4. 철

[25026-0207]

01 그림은 흑체 A와 B의 플랑크 곡선을 나타낸 것이다.

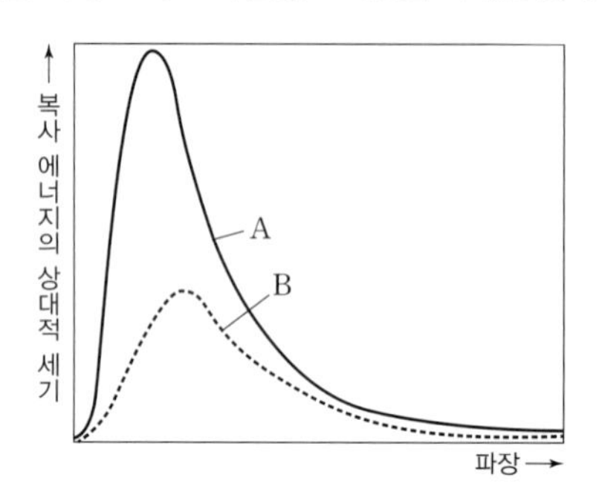

A가 B보다 큰 값을 가지는 물리량만을 <보기>에서 있는 대로 고른 것은?

< 보기 >

ㄱ. 복사 에너지를 최대로 방출하는 파장
ㄴ. 표면 온도
ㄷ. 표면에서 단위 시간에 단위 면적당 방출하는 복사 에너지의 양

① ㄱ ② ㄴ ③ ㄱ, ㄷ
④ ㄴ, ㄷ ⑤ ㄱ, ㄴ, ㄷ

[25026-0208]

02 표는 별 A와 B의 표면 온도와 복사 에너지를 최대로 방출하는 파장(λ_{max})을 나타낸 것이다.

별	표면 온도(K)	λ_{max}(nm)
A	5000	580
B	( )	290

이에 대한 설명으로 옳은 것만을 <보기>에서 있는 대로 고른 것은?

< 보기 >

ㄱ. 파란색 파장의 빛은 A가 B보다 많이 방출한다.
ㄴ. 스펙트럼에서 중성 수소(HⅠ) 흡수선의 세기는 A가 B보다 약하다.
ㄷ. 별의 표면에서 단위 시간에 단위 면적당 방출되는 580 nm 파장의 빛의 세기는 A가 B보다 강하다.

① ㄱ ② ㄴ ③ ㄱ, ㄷ
④ ㄴ, ㄷ ⑤ ㄱ, ㄴ, ㄷ

[25026-0209]

03 그림은 별의 표면 온도와 별이 복사 에너지를 최대로 방출하는 파장과의 관계를 나타낸 것이다.

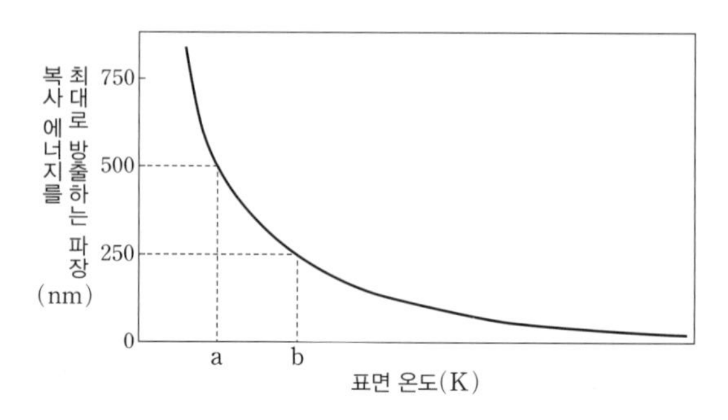

이에 대한 설명으로 옳은 것만을 <보기>에서 있는 대로 고른 것은?

< 보기 >

ㄱ. a는 b보다 작은 값을 가진다.
ㄴ. 광도가 같을 때, 별의 반지름은 표면 온도가 a인 별이 b인 별의 4배이다.
ㄷ. 반지름이 같을 때, 별의 광도는 표면 온도가 a인 별이 b인 별의 16배이다.

① ㄱ ② ㄷ ③ ㄱ, ㄴ
④ ㄴ, ㄷ ⑤ ㄱ, ㄴ, ㄷ

[25026-0210]

04 표는 태양, 별 A, B의 반지름과 복사 에너지를 최대로 방출하는 파장(λ_{max})을 나타낸 것이다.

별	반지름	λ_{max}(nm)
태양	1	500
A	0.1	250
B	10	750

태양, A, B에 대한 설명으로 옳은 것만을 <보기>에서 있는 대로 고른 것은?

< 보기 >

ㄱ. 표면 온도는 A가 가장 높다.
ㄴ. 절대 등급은 A가 B보다 크다.
ㄷ. A와 B의 광도 계급은 Ⅴ이다.

① ㄱ ② ㄷ ③ ㄱ, ㄴ
④ ㄴ, ㄷ ⑤ ㄱ, ㄴ, ㄷ

[25026-0211]
05 그림은 별 (가)와 (나)의 표면 온도에 해당하는 플랑크 곡선과 B 필터의 파장 영역을 나타낸 것이다. (가)와 (나)는 표면 온도가 각각 3000 K과 6000 K 중 하나이고, a와 b는 각각 (가)와 (나)가 복사 에너지를 최대로 방출하는 파장이다.

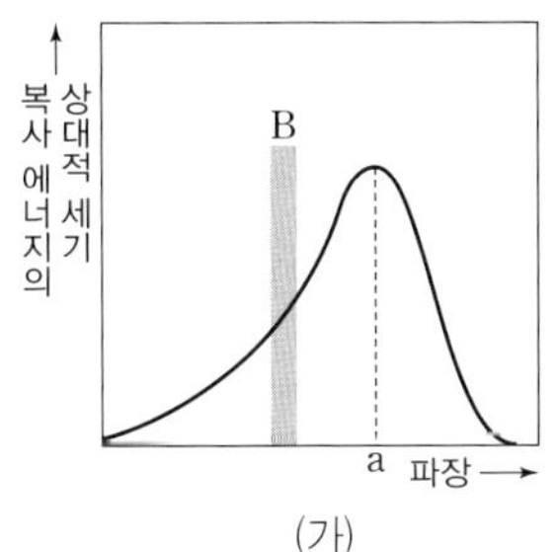

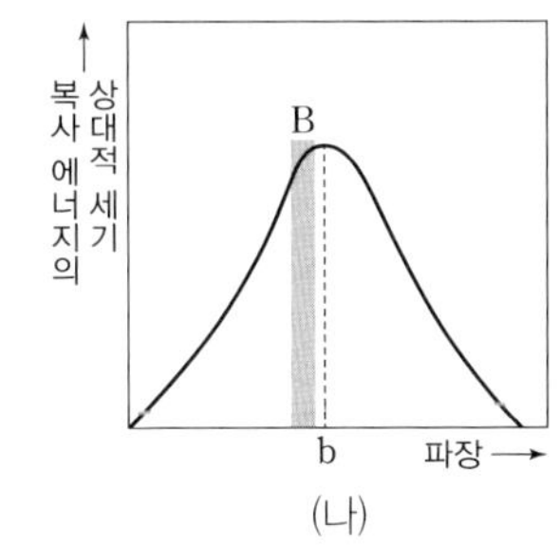

이에 대한 설명으로 옳은 것만을 <보기>에서 있는 대로 고른 것은?

보기
ㄱ. (가)의 분광형은 G형이다.
ㄴ. a는 b의 2배이다.
ㄷ. B 필터로 측정한 별의 등급은 (가)가 (나)보다 크다.

① ㄱ ② ㄴ ③ ㄱ, ㄷ
④ ㄴ, ㄷ ⑤ ㄱ, ㄴ, ㄷ

[25026-0212]
06 표는 별 A와 B의 분광형, 절대 등급, 광도 계급을 나타낸 것이다.

별	분광형	절대 등급	광도 계급
A	M	( )	I
B	( )	+10.8	VII

이에 대한 설명으로 옳은 것만을 <보기>에서 있는 대로 고른 것은?

보기
ㄱ. 별이 복사 에너지를 최대로 방출하는 파장은 A가 B보다 길다.
ㄴ. A의 절대 등급은 +10.8보다 크다.
ㄷ. 별의 평균 밀도는 A가 B보다 크다.

① ㄱ ② ㄴ ③ ㄱ, ㄷ
④ ㄴ, ㄷ ⑤ ㄱ, ㄴ, ㄷ

[25026-0213]
07 그림은 별의 분광형과 스펙트럼에 나타난 흡수선의 상대적 세기를 나타낸 것이다.

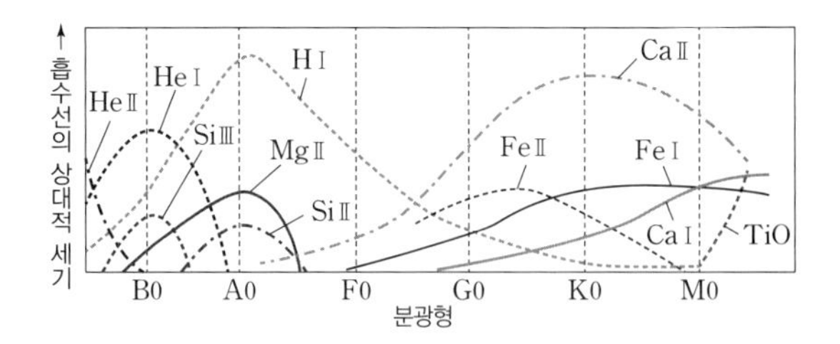

이에 대한 설명으로 옳은 것만을 <보기>에서 있는 대로 고른 것은?

보기
ㄱ. H I 흡수선은 흰색 별의 스펙트럼에서 가장 강하게 나타난다.
ㄴ. Ca II 흡수선은 분광형이 F0형인 별보다 태양의 스펙트럼에서 강하게 나타난다.
ㄷ. 분광형이 K0형인 별의 대기에는 철(Fe)이 이온 상태보다 중성 원자 상태로 많이 존재한다.

① ㄱ ② ㄷ ③ ㄱ, ㄴ
④ ㄴ, ㄷ ⑤ ㄱ, ㄴ, ㄷ

[25026-0214]
08 그림은 별 A와 B에서 단위 시간당 방출되는 복사 에너지의 세기를 파장에 따라 나타낸 것이다. A와 B의 광도는 같다.

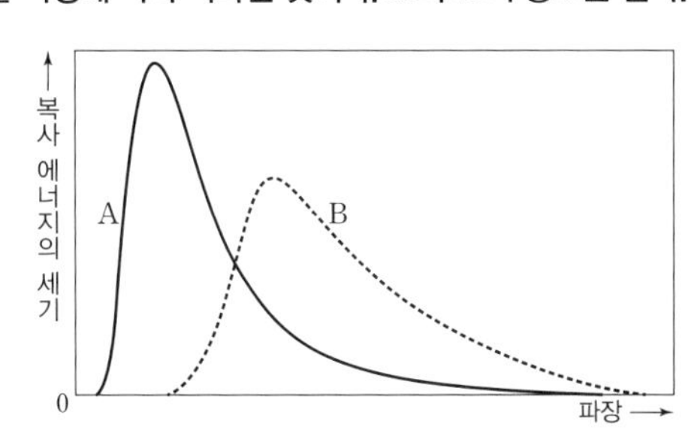

이에 대한 설명으로 옳은 것만을 <보기>에서 있는 대로 고른 것은?

보기
ㄱ. 복사 에너지 세기 곡선과 파장 축이 이루는 면적은 A와 B가 같다.
ㄴ. 반지름은 A가 B보다 크다.
ㄷ. A와 B의 광도 계급은 모두 V이다.

① ㄱ ② ㄷ ③ ㄱ, ㄴ
④ ㄴ, ㄷ ⑤ ㄱ, ㄴ, ㄷ

[25026-0215]

09 그림은 별의 광도 계급을 H−R도에 나타낸 것이다.

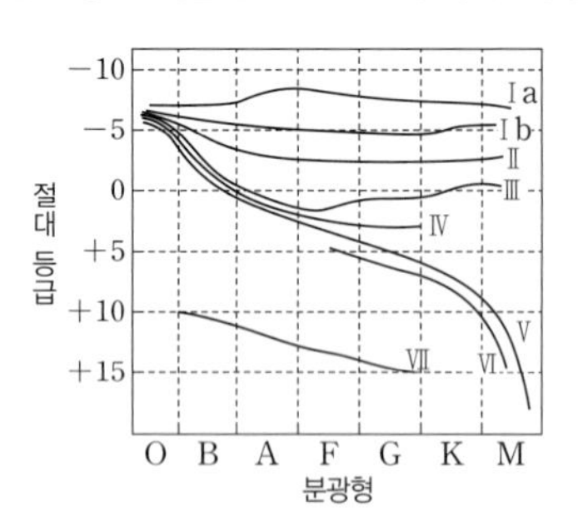

이에 대한 설명으로 옳은 것만을 〈보기〉에서 있는 대로 고른 것은?

〈보기〉

ㄱ. 분광형이 같을 때, 광도 계급이 Ⅲ인 별은 Ⅴ인 별보다 반지름이 크다.

ㄴ. 광도 계급이 Ⅶ인 별은 주로 광도 계급이 Ⅰ인 별이 진화하여 생성된 것이다.

ㄷ. 태양의 광도 계급은 Ⅴ이다.

① ㄱ ② ㄴ ③ ㄱ, ㄷ ④ ㄴ, ㄷ ⑤ ㄱ, ㄴ, ㄷ

[25026-0216]

10 표는 별 A~D의 분광형과 광도 계급을 나타낸 것이다.

별	분광형	광도 계급
A	M2	Ⅰ
B	B1	Ⅴ
C	G2	Ⅴ
D	B1	Ⅶ

별 A~D에 대한 설명으로 옳은 것만을 〈보기〉에서 있는 대로 고른 것은?

〈보기〉

ㄱ. 별이 단위 시간에 단위 면적당 방출하는 복사 에너지는 A가 가장 많다.

ㄴ. 반지름은 B가 D보다 크다.

ㄷ. 절대 등급은 B와 C가 같다.

① ㄱ ② ㄴ ③ ㄱ, ㄷ ④ ㄴ, ㄷ ⑤ ㄱ, ㄴ, ㄷ

[25026-0217]

11 그림은 서로 다른 별의 집단 (가)~(라)와 별 A를 H−R도에 나타낸 것이다. (가)~(라)는 각각 주계열성, 거성, 초거성, 백색 왜성 중 하나이다.

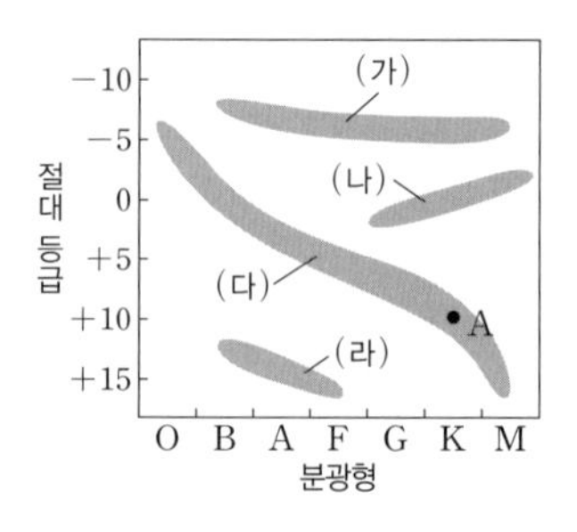

(가)~(라)에 대한 설명으로 옳지 않은 것은?

① 별의 표면 온도가 같을 때, 평균 광도는 (가)가 가장 크다.

② 광도 계급이 Ⅲ인 것은 (나)이다.

③ 중심핵에서 수소 핵융합 반응이 일어나는 것은 (다)이다.

④ A의 최종 진화 단계는 (라)이다.

⑤ 평균 밀도는 (가)가 (라)보다 크다.

[25026-0218]

12 그림은 수소 핵융합 반응의 상대적 에너지 생성률을 온도에 따라 나타낸 것이다. A와 B는 각각 p−p 반응과 CNO 순환 반응 중 하나이다.

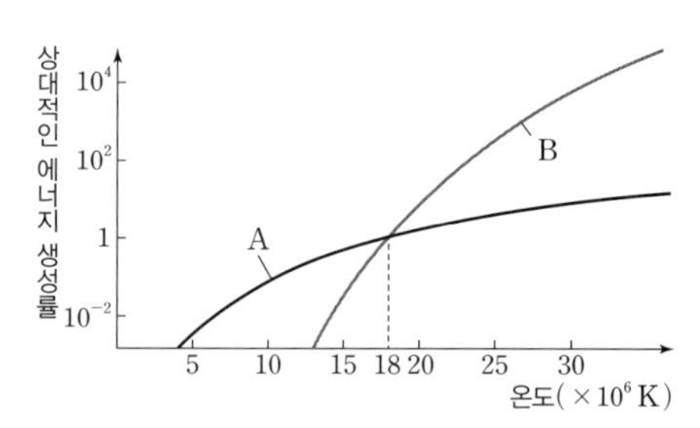

이에 대한 설명으로 옳은 것만을 〈보기〉에서 있는 대로 고른 것은?

〈보기〉

ㄱ. A와 B에 의한 에너지 생성률은 질량이 큰 주계열성일수록 크다.

ㄴ. p−p 반응에 해당하는 것은 A이다.

ㄷ. 태양의 내부에서는 A가 B보다 우세하게 일어난다.

① ㄱ ② ㄷ ③ ㄱ, ㄴ ④ ㄴ, ㄷ ⑤ ㄱ, ㄴ, ㄷ

[25026-0219]

13 그림은 어느 핵융합 반응을 나타낸 것이다.

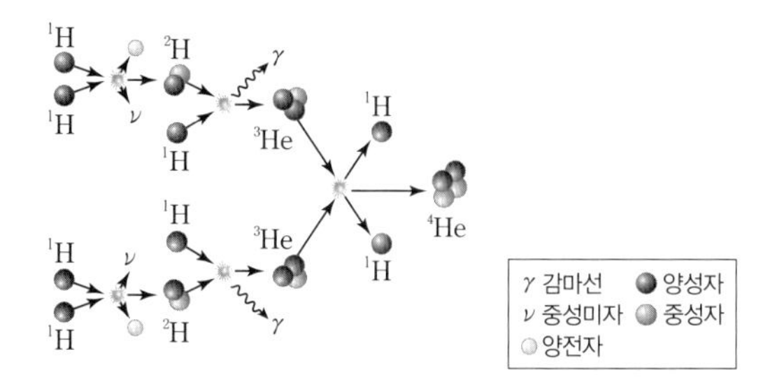

이에 대한 설명으로 옳은 것만을 〈보기〉에서 있는 대로 고른 것은?

〈보기〉
ㄱ. p-p 반응에 해당한다.
ㄴ. 반응물과 생성물의 질량은 같다.
ㄷ. 적색 거성의 중심핵에서 우세하게 일어나는 반응이다.

① ㄱ ② ㄴ ③ ㄱ, ㄷ
④ ㄴ, ㄷ ⑤ ㄱ, ㄴ, ㄷ

[25026-0220]

14 그림 (가)와 (나)는 어느 별이 진화하는 동안 서로 다른 시기에 중심핵에서 가장 우세하게 일어나는 핵융합 반응을 나타낸 것이다.

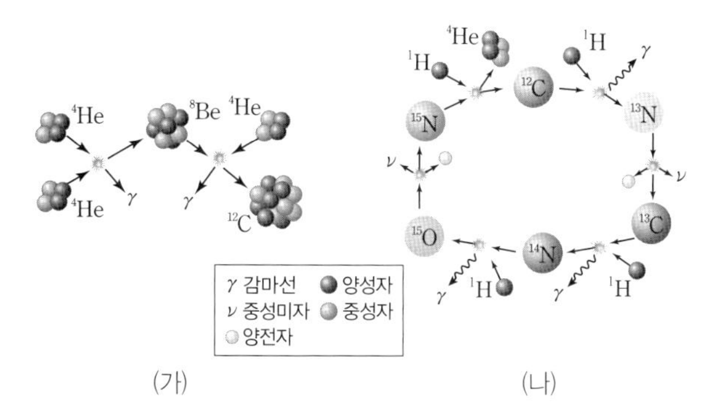

(가) (나)

이에 대한 설명으로 옳은 것만을 〈보기〉에서 있는 대로 고른 것은?

〈보기〉
ㄱ. 반응이 일어나는 온도는 (가)가 (나)보다 높다.
ㄴ. 이 별의 진화 과정에서 (가)는 (나)보다 나중에 일어난다.
ㄷ. 주계열 단계일 때, 이 별이 단위 시간당 방출하는 에너지양은 태양보다 많다.

① ㄱ ② ㄴ ③ ㄱ, ㄷ
④ ㄴ, ㄷ ⑤ ㄱ, ㄴ, ㄷ

[25026-0221]

15 그림은 별 A의 진화 단계를 나타낸 것이다.

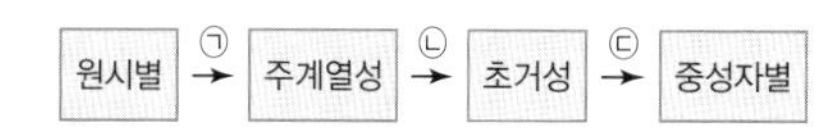

이에 대한 설명으로 옳은 것만을 〈보기〉에서 있는 대로 고른 것은?

〈보기〉
ㄱ. ㉠ 과정에서 A의 반지름은 감소한다.
ㄴ. ㉡ 과정에서 A의 절대 등급 변화는 표면 온도의 변화보다 크게 나타난다.
ㄷ. A의 내부에서 철보다 무거운 원소의 합성은 ㉢ 과정에서 일어난다.

① ㄱ ② ㄴ ③ ㄱ, ㄷ
④ ㄴ, ㄷ ⑤ ㄱ, ㄴ, ㄷ

[25026-0222]

16 그림은 원시별 A와 B의 진화 경로를 H-R도에 나타낸 것이다. A와 B의 질량은 각각 태양 질량의 0.5배와 10배 중 하나이다.

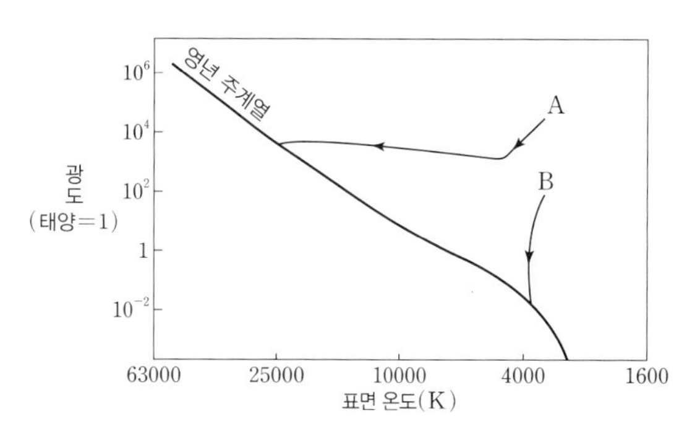

원시별이 영년 주계열에 도달하는 동안, A가 B보다 큰 값을 가지는 물리량만을 〈보기〉에서 있는 대로 고른 것은?

〈보기〉
ㄱ. 반지름 변화량
ㄴ. 절대 등급 변화량
ㄷ. 주계열에 도달할 때까지 걸리는 시간

① ㄱ ② ㄷ ③ ㄱ, ㄴ
④ ㄴ, ㄷ ⑤ ㄱ, ㄴ, ㄷ

[25026-0223]

17 그림 (가)는 주계열성의 질량-광도 관계에 태양과 주계열성 A를 나타낸 것이고, (나)는 H-R도에 주계열과 태양의 위치를 나타낸 것이다.

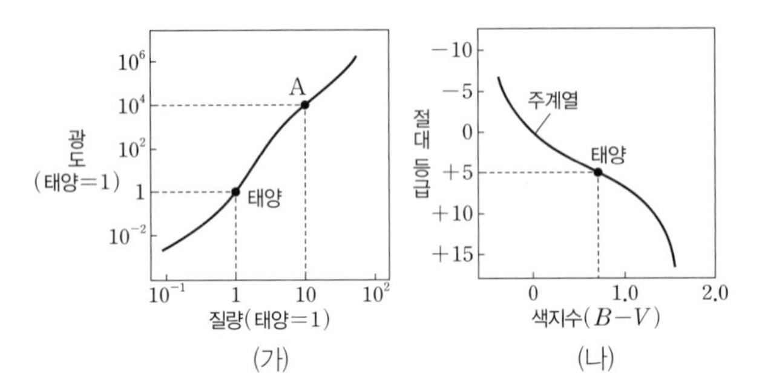

(가) (나)

이에 대한 설명으로 옳은 것만을 〈보기〉에서 있는 대로 고른 것은?

〈보기〉
ㄱ. $\frac{\text{대류층의 평균 깊이}}{\text{별의 반지름}}$는 A가 태양보다 크다.
ㄴ. 반지름은 A가 태양보다 크다.
ㄷ. A의 분광형은 A0형이다.

① ㄱ ② ㄴ ③ ㄷ ④ ㄱ, ㄴ ⑤ ㄴ, ㄷ

[25026-0224]

18 그림은 질량이 다른 주계열성 A와 B의 진화 과정을 단계별로 나타낸 것이다. A와 B의 질량은 각각 태양 질량의 1배와 10배 중 하나이다.

이에 대한 설명으로 옳은 것만을 〈보기〉에서 있는 대로 고른 것은?

〈보기〉
ㄱ. 별의 내부에서 대류가 일어나는 영역의 평균 온도는 A가 B보다 높다.
ㄴ. 별이 최종 진화 단계까지 진화하는 데 걸리는 시간은 A가 B보다 길다.
ㄷ. 중심핵에서 $\frac{\text{CNO 순환 반응에 의한 에너지 생성량}}{\text{수소 핵융합 반응에 의한 총 에너지 생성량}}$은 A가 B보다 크다.

① ㄱ ② ㄴ ③ ㄱ, ㄷ ④ ㄴ, ㄷ ⑤ ㄱ, ㄴ, ㄷ

[25026-0225]

19 그림은 질량이 태양과 비슷한 별의 진화 경로를 나타낸 것이다.

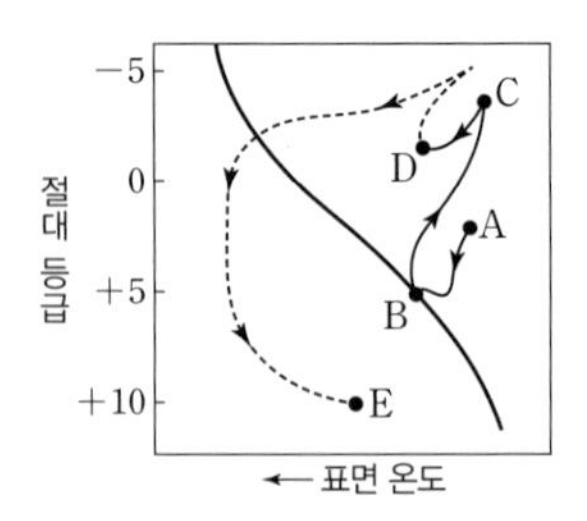

이 별에 대한 설명으로 옳은 것을 〈보기〉에서 고른 것은?

〈보기〉
ㄱ. A → B 과정에서 별에 작용하는 중력의 크기는 기체 압력 차에 의한 힘의 크기보다 크다.
ㄴ. B → C 과정에서 중심부 온도는 상승한다.
ㄷ. C → D 과정에서 중심핵에서는 탄소 핵융합 반응이 일어난다.
ㄹ. D → E 과정에서 중심부에서는 철보다 무거운 원소가 생성된다.

① ㄱ, ㄴ ② ㄱ, ㄷ ③ ㄴ, ㄷ
④ ㄴ, ㄹ ⑤ ㄷ, ㄹ

[25026-0226]

20 표는 주계열성 A, B, C의 분광형, 색지수, 주계열 단계에 머무르는 시간을 나타낸 것이다.

별	분광형	색지수	주계열 단계에 머무르는 시간(년)
A	B0	−0.3	(　　)
B	K0	(　　)	1.7×10^{10}
C	(　　)	0.3	3.0×10^{9}

A, B, C에 대한 설명으로 옳은 것만을 〈보기〉에서 있는 대로 고른 것은?

〈보기〉
ㄱ. 질량은 A가 가장 크다.
ㄴ. B의 색지수는 0.3보다 크다.
ㄷ. 별이 단위 시간당 방출하는 복사 에너지의 양은 B가 C보다 많다.

① ㄱ ② ㄷ ③ ㄱ, ㄴ
④ ㄴ, ㄷ ⑤ ㄱ, ㄴ, ㄷ

[25026-0227]

21 그림은 어느 별의 진화 과정에서 나타난 성운 A와 중심핵 B를 나타낸 것이다.

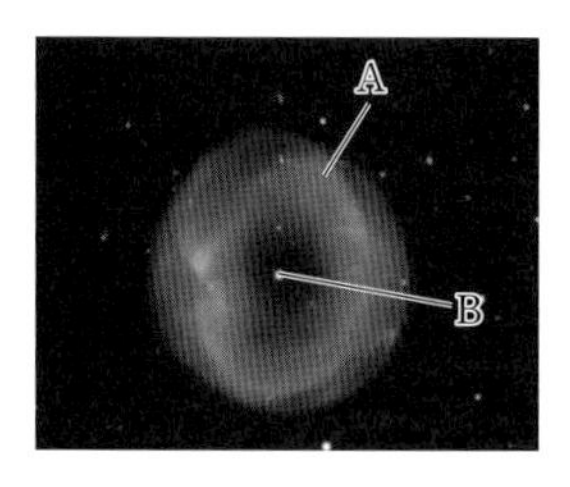

이에 대한 설명으로 옳은 것만을 〈보기〉에서 있는 대로 고른 것은?

〈 보기 〉
ㄱ. A는 초신성 폭발 과정에서 생성된다.
ㄴ. A는 대부분 탄소와 산소로 구성되어 있다.
ㄷ. B의 평균 밀도는 초거성의 평균 밀도보다 크다.

① ㄱ ② ㄷ ③ ㄱ, ㄴ
④ ㄴ, ㄷ ⑤ ㄱ, ㄴ, ㄷ

[25026-0228]

22 그림은 질량에 따른 별의 진화 경로를 나타낸 것이다. M은 별의 질량, $M_{핵}$은 별의 중심핵의 질량, $M_{\odot}$은 태양의 질량이다.

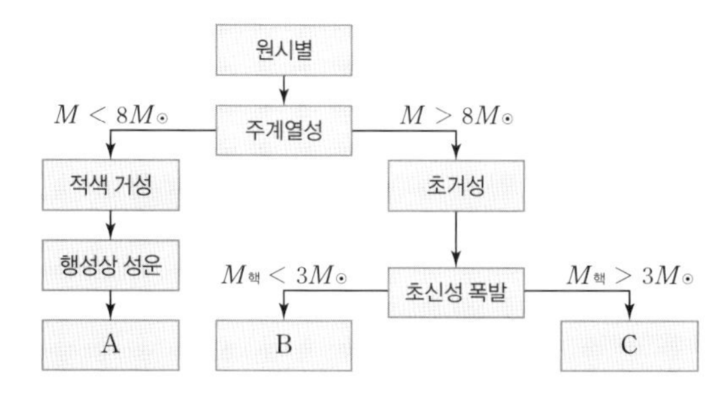

A, B, C에 해당하는 별의 최종 진화 단계로 옳은 것은?

	A	B	C
①	백색 왜성	블랙홀	중성자별
②	백색 왜성	중성자별	블랙홀
③	중성자별	백색 왜성	블랙홀
④	중성자별	블랙홀	백색 왜성
⑤	블랙홀	중성자별	백색 왜성

[25026-0229]

23 그림은 어느 별이 진화하는 과정에서 나타나는 별의 내부 구조를 나타낸 것이다. B에서는 수소 핵융합 반응이 일어난다.

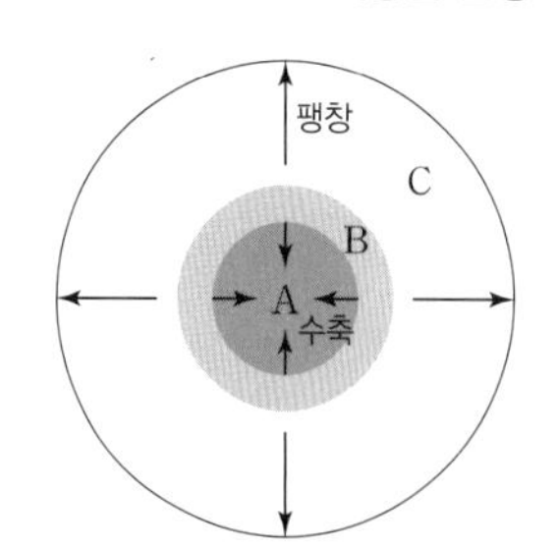

이 단계의 별에 대한 설명으로 옳은 것만을 〈보기〉에서 있는 대로 고른 것은?

〈 보기 〉
ㄱ. A 영역에서는 헬륨 핵융합 반응이 일어난다.
ㄴ. 시간이 흐를수록 A와 C의 온도 차는 커진다.
ㄷ. A, B, C 영역에서 수소의 질량비는 A<B<C이다.

① ㄱ ② ㄴ ③ ㄱ, ㄷ
④ ㄴ, ㄷ ⑤ ㄱ, ㄴ, ㄷ

[25026-0230]

24 그림 (가)와 (나)는 질량이 서로 다른 별의 중심부에서 핵융합 반응이 끝난 직후의 내부 구조를 나타낸 것이다.

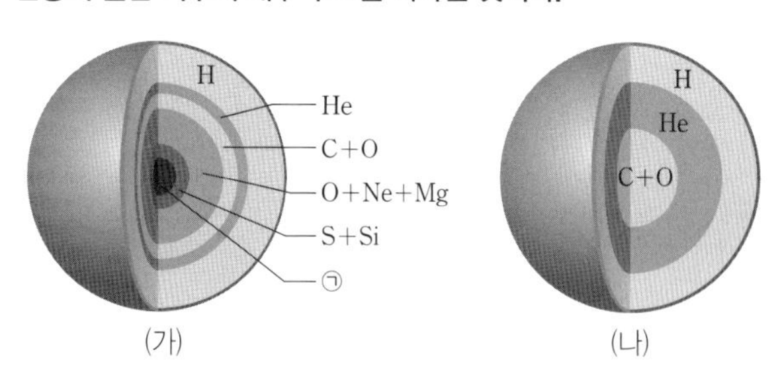

이 자료에 대한 설명으로 옳은 것만을 〈보기〉에서 있는 대로 고른 것은?

〈 보기 〉
ㄱ. '철(Fe)'은 ㉠에 해당한다.
ㄴ. 반지름은 (가)의 별이 (나)의 별보다 크다.
ㄷ. 이후 초신성 폭발이 일어나는 것은 (가)의 별이다.

① ㄱ ② ㄷ ③ ㄱ, ㄴ
④ ㄴ, ㄷ ⑤ ㄱ, ㄴ, ㄷ

수능 3점 테스트

스펙트럼은 연속 스펙트럼, 흡수 스펙트럼, 방출 스펙트럼으로 구분되며, 별의 흡수 스펙트럼에 나타난 흡수선의 종류와 세기에 따라 별을 O, B, A, F, G, K, M형으로 분류한다.

[25026-0231]

01 **다음은 분광 관측의 역사를 학습한 후 학생들이 나눈 대화이다.**

〈분광 관측의 역사〉

- 뉴턴: 프리즘을 통과한 햇빛이 무지개와 같은 색의 띠로 나타나는 것을 발견하고, 이를 스펙트럼이라고 불렀다.
- 프라운호퍼: 태양의 스펙트럼에서 570개 이상의 검은 흡수선을 발견하였다.
- 피커링과 캐넌: 별의 스펙트럼에 나타나는 수소 흡수선의 종류와 세기에 따라 별을 A, B, C, …, P형의 16가지로 분류하였다.

뉴턴이 관측한 무지개와 같은 색의 띠는 연속 스펙트럼에 해당해.
프라운호퍼가 관측한 검은 흡수선은 주로 태양의 대기를 구성하는 기체 성분에 의해 나타나.
피커링과 캐넌의 분광 분류법에 따르면 스펙트럼에서 수소 흡수선의 세기가 강할수록 별의 표면 온도가 높아.
학생 A
학생 B
학생 C

제시한 내용이 옳은 학생만을 있는 대로 고른 것은?

① A ② B ③ A, B ④ B, C ⑤ A, B, C

별의 대기에 존재하는 기체가 별이 방출하는 빛 중에서 특정 파장의 빛을 흡수할 때, 흡수 스펙트럼이 나타난다.

[25026-0232]

02 **그림 (가)는 서로 다른 종류의 스펙트럼 A, B, C가 만들어지는 과정을 나타낸 것이고, (나)는 (가)의 A, B, C 중 하나의 스펙트럼에 해당한다. A, B, C는 각각 연속 스펙트럼, 흡수 스펙트럼, 방출 스펙트럼 중 하나이다.**

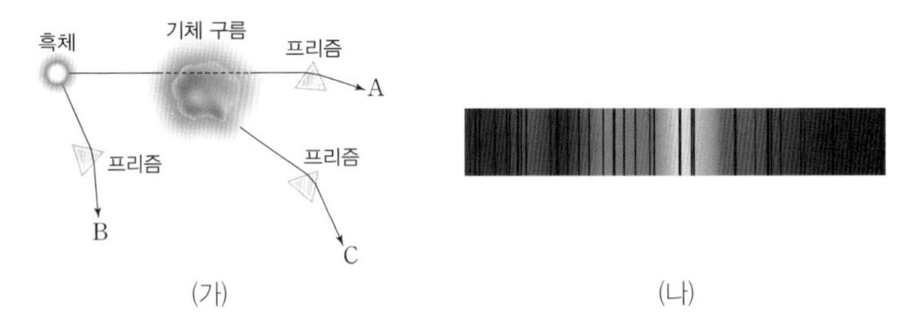

(가) (나)

이 자료에 대한 설명으로 옳은 것만을 〈보기〉에서 있는 대로 고른 것은?

〈보기〉

ㄱ. (나)는 A에 해당한다.
ㄴ. B에는 가시광선 파장 영역에 해당하는 빛이 모두 나타난다.
ㄷ. A와 C에 나타나는 선의 상대적인 위치와 개수는 같다.

① ㄱ ② ㄷ ③ ㄱ, ㄴ ④ ㄴ, ㄷ ⑤ ㄱ, ㄴ, ㄷ

[25026-0233]

03 그림은 별 A와 B가 단위 시간에 방출하는 복사 에너지의 세기를 파장에 따라 나타낸 것이고, 표는 별 ㉠과 ㉡의 색이다. ㉠과 ㉡은 각각 A와 B 중 하나이다.

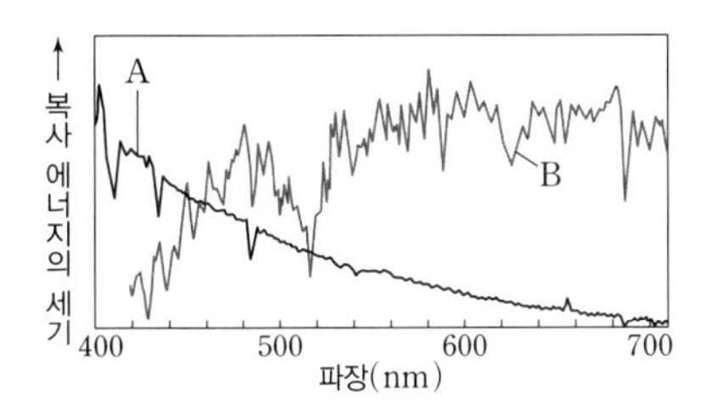

별	색
㉠	노란색
㉡	파란색

별이 복사 에너지를 최대로 방출하는 파장(λ_{max})은 표면 온도에 반비례한다.

이에 대한 설명으로 옳은 것만을 〈보기〉에서 있는 대로 고른 것은?

〈 보기 〉

ㄱ. 표면 온도는 A가 B보다 높다.
ㄴ. A는 ㉡에 해당한다.
ㄷ. 태양의 스펙트럼은 A보다 B와 유사하게 나타난다.

① ㄱ ② ㄷ ③ ㄱ, ㄴ ④ ㄴ, ㄷ ⑤ ㄱ, ㄴ, ㄷ

[25026-0234]

04 그림 (가)와 (나)는 별 A를 서로 다른 필터로 관측한 결과를 나타낸 것이다. (가)와 (나)를 관측한 필터는 각각 445 nm, 658 nm 부근 파장의 빛을 통과시킨다.

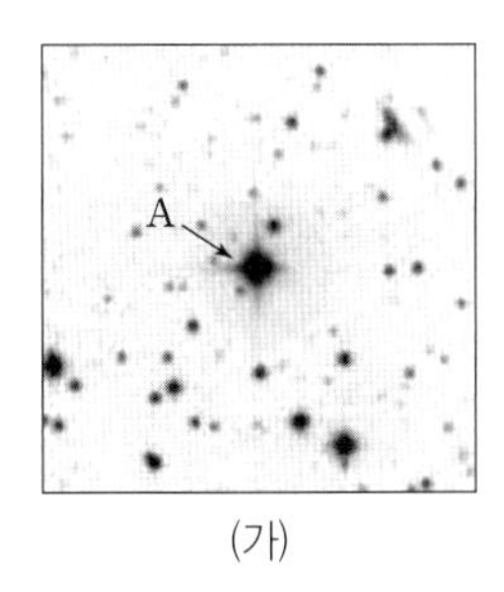

(가)

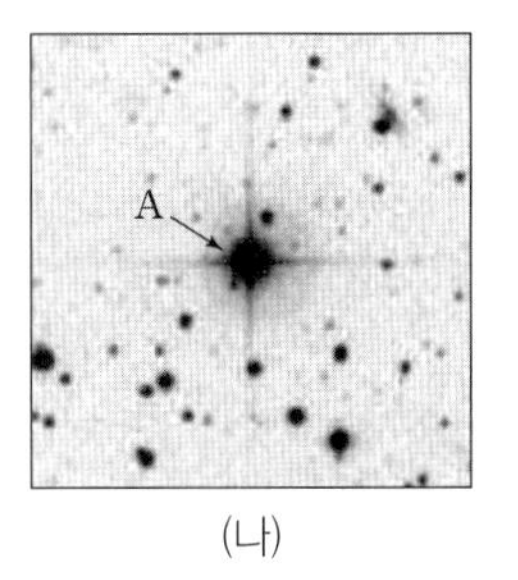

(나)

별에서 방출되는 복사 에너지 중 각 필터를 통과하는 파장 영역의 빛이 많을수록 각 필터로 측정한 별의 겉보기 등급은 작게 나타난다.

이에 대한 설명으로 옳은 것만을 〈보기〉에서 있는 대로 고른 것은?

〈 보기 〉

ㄱ. A의 겉보기 등급은 (가)보다 (나)에서 크게 나타난다.
ㄴ. A의 색지수는 (+) 값이다.
ㄷ. A가 복사 에너지를 최대로 방출하는 파장은 분광형이 O5형인 별보다 짧다.

① ㄱ ② ㄴ ③ ㄱ, ㄷ ④ ㄴ, ㄷ ⑤ ㄱ, ㄴ, ㄷ

별의 광도는 반지름의 제곱과 표면 온도의 네제곱의 곱에 비례한다.

[25026-0235]

05 표는 별 A, B, C의 반지름, 복사 에너지를 최대로 방출하는 파장(λ_{max}), 광도를 나타낸 것이다. 태양의 λ_{max}는 500 nm이다.

별	반지름(태양=1)	λ_{max}(nm)	광도(태양=1)
A	0.01	250	( )
B	( )	250	100
C	10	( )	100

이에 대한 설명으로 옳은 것만을 <보기>에서 있는 대로 고른 것은?

〈 보기 〉

ㄱ. A와 B의 절대 등급 차는 15등급보다 작다.
ㄴ. C의 λ_{max}는 500 nm이다.
ㄷ. C의 광도 계급은 Ⅴ이다.

① ㄱ ② ㄷ ③ ㄱ, ㄴ ④ ㄴ, ㄷ ⑤ ㄱ, ㄴ, ㄷ

분광형이 같을 때, 광도 계급의 숫자가 작을수록 반지름과 광도가 크다.

[25026-0236]

06 그림은 분광형이 모두 A3형인 별 (가)와 (나)의 스펙트럼을 나타낸 것이다. (가)와 (나)의 광도 계급은 각각 Ⅰ과 Ⅴ이다.

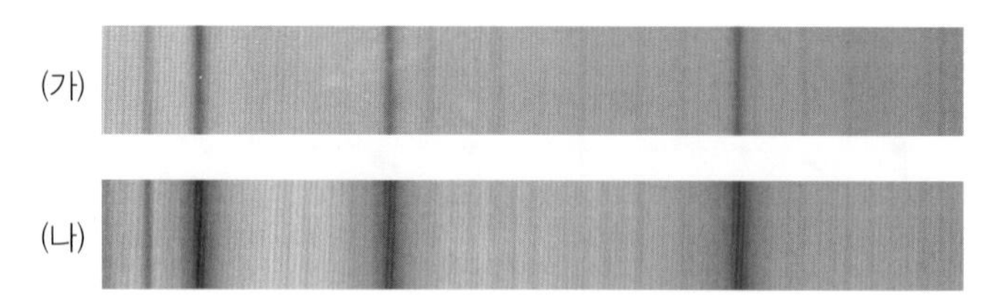

이 자료에 대한 설명으로 옳은 것만을 <보기>에서 있는 대로 고른 것은?

〈 보기 〉

ㄱ. 반지름은 (가)가 (나)보다 크다.
ㄴ. 별이 단위 시간에 방출하는 에너지의 양은 (가)가 (나)보다 많다.
ㄷ. 별의 평균 밀도가 클수록 동일한 흡수선의 폭이 넓게 나타난다.

① ㄱ ② ㄴ ③ ㄱ, ㄷ ④ ㄴ, ㄷ ⑤ ㄱ, ㄴ, ㄷ

[25026-0237]

07 **다음은 별 (가)와 (나)의 특성에 대한 설명이고, 그림은 별의 분광형에 따른 HⅠ과 CaⅡ 흡수선의 상대적 세기를 나타낸 것이다.**

- (가)의 스펙트럼에는 HⅠ과 CaⅡ 흡수선이 같은 세기로 나타난다.
- 별이 복사 에너지를 최대로 방출하는 파장은 (가)가 (나)의 0.5배이다.
- 반지름은 (나)가 (가)의 100배이다.

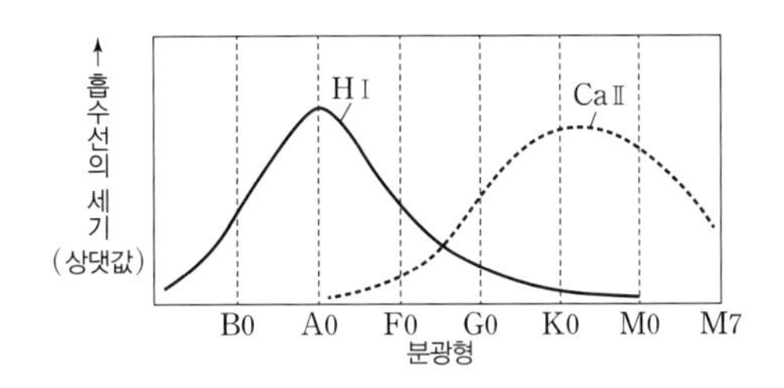

이에 대한 설명으로 옳은 것만을 〈보기〉에서 있는 대로 고른 것은?

〈보기〉

ㄱ. (가)의 분광형은 F형이다.
ㄴ. (나)의 스펙트럼에는 HⅠ 흡수선보다 CaⅡ 흡수선이 강하게 나타난다.
ㄷ. 광도는 (나)가 (가)의 500배보다 크다.

① ㄱ ② ㄴ ③ ㄱ, ㄷ ④ ㄴ, ㄷ ⑤ ㄱ, ㄴ, ㄷ

별의 표면 온도에 따라 원자 내 전자의 들뜸 상태나 이온화 상태가 다르므로 각각 다른 흡수선을 형성하게 된다. 별의 표면 온도에 따라 스펙트럼에서 강하게 나타나는 흡수선의 종류가 다르다. HⅠ(중성 수소) 흡수선은 분광형이 A형인 별에서, CaⅡ(칼슘 이온) 흡수선은 분광형이 K형인 별에서 가장 강하게 나타난다.

[25026-0238]

08 **표는 별 A ~ D의 표면 온도와 광도를, 그림은 서로 다른 별의 집단을 H-R도에 나타낸 것이다.**

별	표면 온도(K)	광도 (태양=1)
A	4000	0.1
B	4000	100
C	11000	0.01
D	11000	10

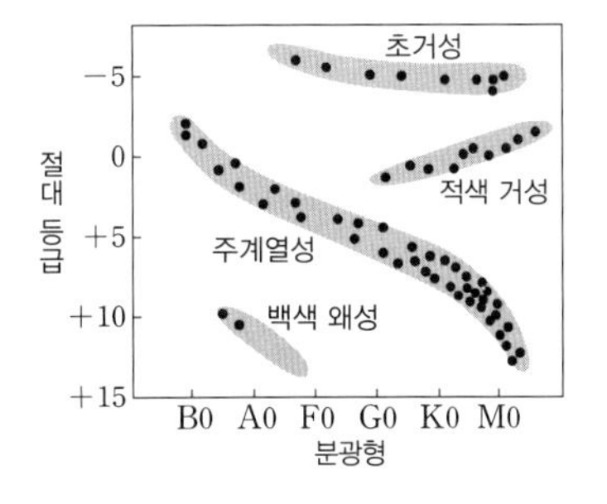

A ~ D에 대한 설명으로 옳은 것은?

① 반지름은 A가 B보다 크다.
② 질량은 A가 D보다 크다.
③ 평균 밀도는 B가 C보다 크다.
④ 스펙트럼에서 중성 수소(HⅠ) 흡수선의 세기는 C가 A보다 강하다.
⑤ 단위 시간에 단위 면적당 방출하는 복사 에너지의 양은 D가 C보다 많다.

H-R도에서 가로축의 왼쪽으로 갈수록 별의 표면 온도가 높고, 세로축의 위로 갈수록 별의 광도가 크다. 또한 오른쪽 위로 갈수록 별의 반지름이 크다.

질량이 태양 질량의 약 2배보다 큰 주계열성의 중심부에는 대류핵이 있고, 핵의 바깥쪽에 복사층이 있다.

[25026-0239]

09 그림 (가)는 질량이 다른 주계열성 A와 B의 내부 구조를, (나)는 어느 별의 중심핵에서 핵융합 반응이 끝난 직후의 내부 구조를 나타낸 것이다. (나)는 A와 B 중 하나의 별이 진화한 것이다.

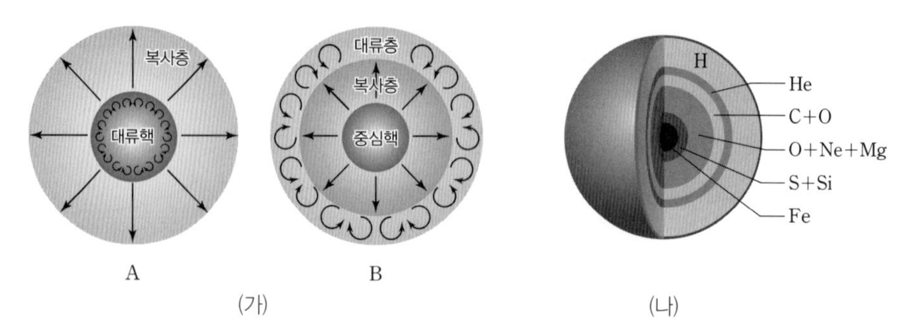

이에 대한 설명으로 옳은 것만을 <보기>에서 있는 대로 고른 것은?

보기

ㄱ. 중심핵에서 깊이에 따른 온도 차는 A가 B보다 크다.

ㄴ. $\frac{\text{p-p 반응에 의한 에너지 생성률}}{\text{CNO 순환 반응에 의한 에너지 생성률}}$은 A가 B보다 크다.

ㄷ. (나)는 B가 진화한 것이다.

① ㄱ ② ㄴ ③ ㄱ, ㄷ ④ ㄴ, ㄷ ⑤ ㄱ, ㄴ, ㄷ

중성 수소(HⅠ) 흡수선은 표면 온도가 약 10000 K이고 분광형이 A형인 흰색 별에서 가장 강하게 나타난다.

[25026-0240]

10 그림은 주계열성 (가)와 (나)에서 방출되는 복사 에너지의 상대적 세기를 파장에 따라 나타낸 것이다. (가)와 (나) 중 하나의 별의 분광형은 A0형이고, a~d는 모두 중성 수소(HⅠ)에 의해 만들어진 흡수선이다.

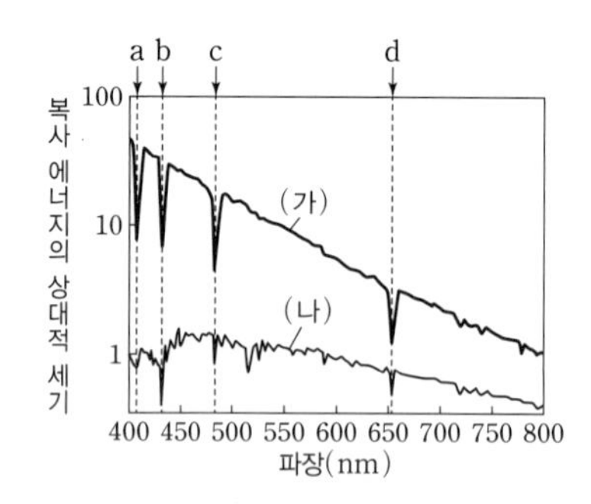

이에 대한 설명으로 옳은 것만을 <보기>에서 있는 대로 고른 것은?

보기

ㄱ. 분광형이 A0형인 별은 (가)이다.

ㄴ. CNO 순환 반응에 의한 에너지 생성률은 (가)가 (나)보다 크다.

ㄷ. 주계열 단계에 머무르는 시간은 (가)가 (나)보다 길다.

① ㄱ ② ㄷ ③ ㄱ, ㄴ ④ ㄴ, ㄷ ⑤ ㄱ, ㄴ, ㄷ

[25026-0241]

11 그림은 별 a~d를 물리량 A와 B에 따라 나타낸 것이다. 광도 계급은 a가 Ⅶ, b와 c가 Ⅴ, d가 Ⅲ 이다.

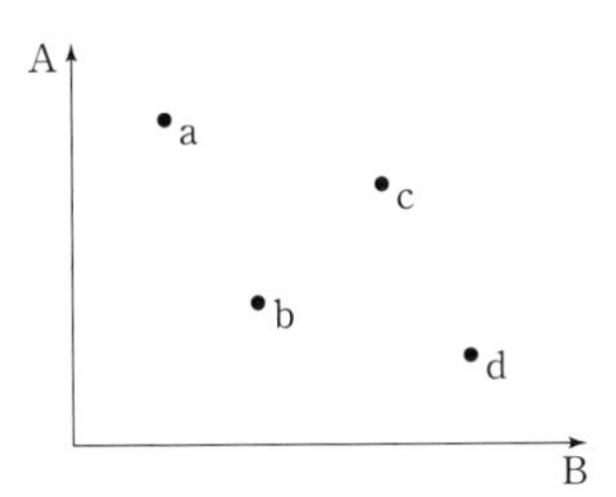

이에 대한 설명으로 옳은 것만을 〈보기〉에서 있는 대로 고른 것은?

〈 보기 〉
ㄱ. '반지름'은 A에 해당한다.
ㄴ. '평균 밀도'는 B에 해당한다.
ㄷ. A가 절대 등급, B가 색지수라면 질량은 b가 c보다 크다.

① ㄱ ② ㄷ ③ ㄱ, ㄴ ④ ㄴ, ㄷ ⑤ ㄱ, ㄴ, ㄷ

광도 계급이 Ⅲ인 별은 거성, Ⅴ인 별은 주계열성, Ⅶ인 별은 백색 왜성이다.

[25026-0242]

12 그림은 별의 표면 온도(T)와 별이 단위 시간에 단위 면적당 방출하는 복사 에너지양(E)의 관계를 나타낸 것이다.

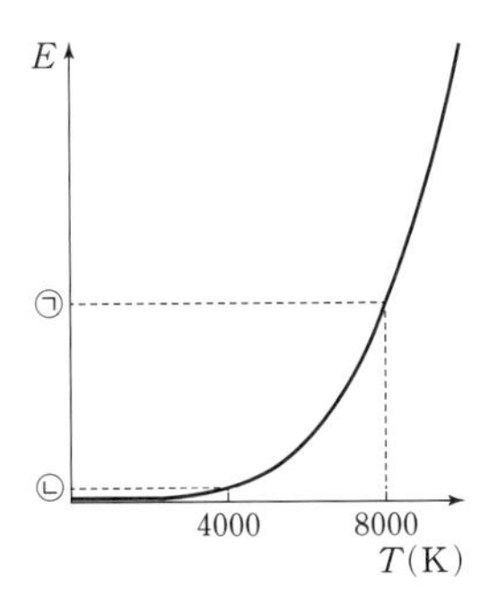

이에 대한 설명으로 옳은 것만을 〈보기〉에서 있는 대로 고른 것은?

〈 보기 〉
ㄱ. T가 높을수록 E가 많다.
ㄴ. ㉠은 ㉡의 16배이다.
ㄷ. 광도가 같은 별 (가)와 (나)의 E가 각각 ㉠과 ㉡이라면, 반지름은 (가)가 (나)의 $\frac{1}{4}$배이다.

① ㄱ ② ㄴ ③ ㄱ, ㄷ ④ ㄴ, ㄷ ⑤ ㄱ, ㄴ, ㄷ

흑체가 단위 시간에 단위 면적당 방출하는 에너지양(E)은 표면 온도(T)의 네제곱에 비례한다.

$E=\sigma T^4$

(슈테판·볼츠만 상수 $\sigma=5.67\times10^{-8}\ \mathrm{W\cdot m^{-2}\cdot K^{-4}}$)

대류는 깊이에 따른 온도 차가 클 때 에너지를 효과적으로 전달하는 방법이다.

[25026-0243]

13 다음은 에너지 전달 방식 ㉠에 대한 설명을, 그림은 주계열성 A와 B의 내부에서 ㉠의 방법으로 에너지가 전달되는 부분(▒)을 나타낸 것이다. A와 B의 질량은 각각 태양 질량의 1배와 5배 중 하나이다.

(㉠): 유체의 움직임에 의해 에너지가 전달되는 방식으로, 따뜻해진 액체나 기체의 흐름에 의해 고온에서 저온으로 열이 이동한다.

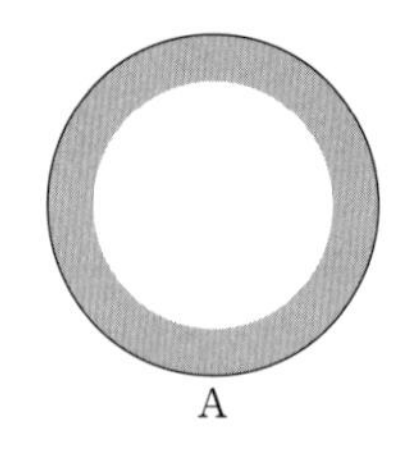

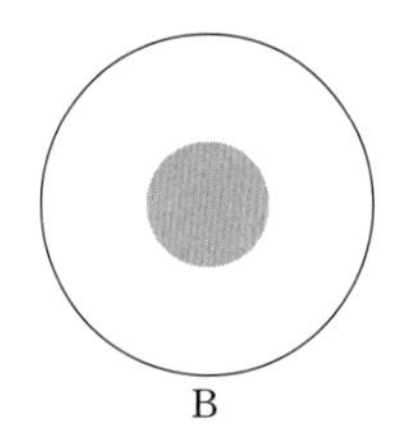

이에 대한 설명으로 옳은 것만을 〈보기〉에서 있는 대로 고른 것은?

〈 보기 〉

ㄱ. 중심핵에서 CNO 순환 반응이 p−p 반응보다 우세하게 일어나는 별은 A이다.
ㄴ. 주계열 단계에 머무르는 시간은 A가 B보다 길다.
ㄷ. 중심핵에서 깊이에 따른 온도 차는 A가 B보다 크다.

① ㄱ ② ㄴ ③ ㄱ, ㄷ ④ ㄴ, ㄷ ⑤ ㄱ, ㄴ, ㄷ

질량이 태양과 비슷한 별은 원시별 → 주계열성 → 적색거성 → 맥동 변광성 → 행성상 성운과 백색 왜성으로 진화한다.

[25026-0244]

14 그림은 질량이 태양과 비슷한 어느 별이 진화 단계 ㉠, ㉡, ㉢에 있을 때 복사 에너지를 최대로 방출하는 파장(λ_{max})과 물리량 X의 관계를 나타낸 것이다. ㉠, ㉡, ㉢은 각각 주계열 단계, 적색 거성 단계, 백색 왜성 단계 중 하나이다.

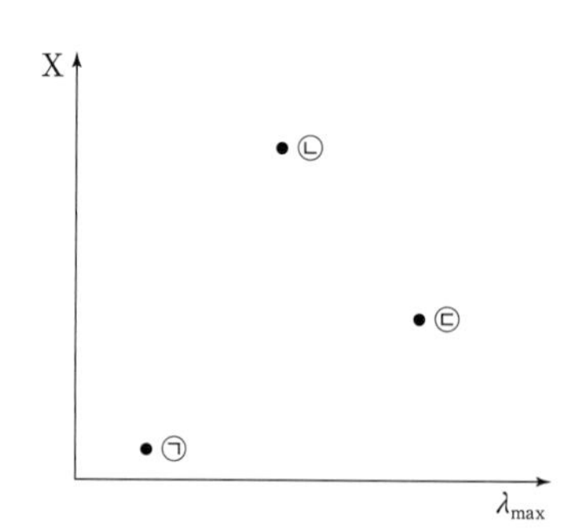

이에 대한 설명으로 옳은 것만을 〈보기〉에서 있는 대로 고른 것은?

〈 보기 〉

ㄱ. 평균 밀도는 ㉠이 ㉢보다 크다.
ㄴ. 각 진화 단계에 머무르는 시간은 ㉡이 ㉢보다 길다.
ㄷ. '별 전체에서 별의 구성 원소에 대한 수소 함량비(%)'는 X에 해당한다.

① ㄱ ② ㄷ ③ ㄱ, ㄴ ④ ㄴ, ㄷ ⑤ ㄱ, ㄴ, ㄷ

[25026-0245]

15 그림은 태양의 나이에 따른 표면 온도와 반지름 변화를 현재 태양의 표면 온도와 반지름에 대한 상댓값으로 나타낸 것이다. A와 B는 각각 표면 온도와 반지름 중 하나이다.

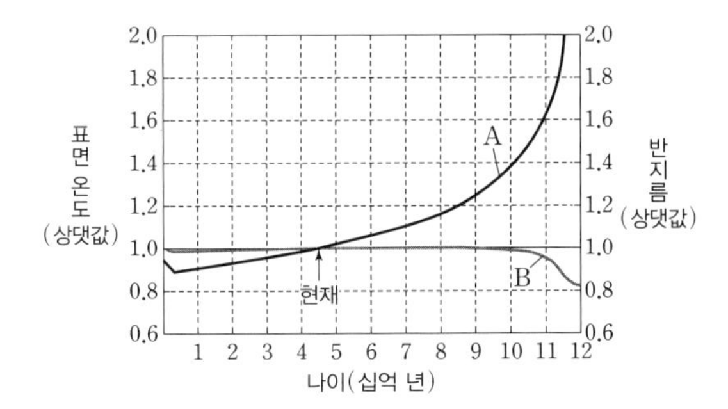

태양에 대한 설명으로 옳은 것만을 <보기>에서 있는 대로 고른 것은?

< 보기 >

ㄱ. 표면 온도에 해당하는 것은 A이다.
ㄴ. 현재 광도는 점점 커지고 있다.
ㄷ. 나이가 약 110억 년일 때 A의 증가로 인해 B가 감소한다.

① ㄱ ② ㄷ ③ ㄱ, ㄴ ④ ㄴ, ㄷ ⑤ ㄱ, ㄴ, ㄷ

별의 광도는 반지름의 제곱과 표면 온도의 네제곱의 곱에 비례한다.

[25026-0246]

16 그림은 주계열성의 내부에서 대류와 복사에 의해 에너지가 전달되는 영역의 분포를 별의 질량에 따라 나타낸 것이다. 별 A와 B의 질량은 각각 태양 질량의 1배와 12배 중 하나이다.

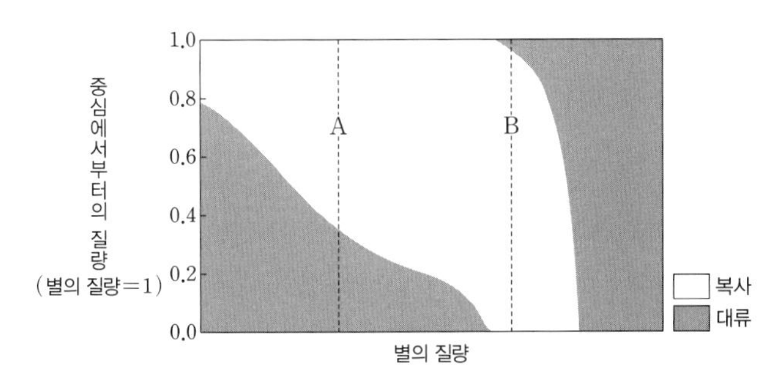

이에 대한 설명으로 옳은 것만을 <보기>에서 있는 대로 고른 것은?

< 보기 >

ㄱ. 별의 광도는 A가 B보다 크다.
ㄴ. A에서 중심핵의 질량은 전체 질량의 $\frac{1}{2}$배보다 작다.
ㄷ. 중심핵에서 CNO 순환 반응이 p−p 반응보다 우세하게 일어나는 별은 B이다.

① ㄱ ② ㄷ ③ ㄱ, ㄴ ④ ㄴ, ㄷ ⑤ ㄱ, ㄴ, ㄷ

질량이 태양 정도인 주계열성은 수소 핵융합 반응이 일어나는 중심핵을 복사층과 대류층이 차례로 둘러싸고 있다.

주계열성의 중심부에서 핵융합 반응에 사용되는 수소가 소진되면 별은 주계열 단계를 벗어난다.

[25026-0247]

17 그림은 태양의 진화 과정 중 어느 시기에 태양 중심으로부터의 거리에 따른 수소와 헬륨의 질량비(%)를 나타낸 것이다. A와 B는 수소와 헬륨 중 하나이고, 이 시기는 태양이 주계열 단계에 도달했을 때와 주계열 단계가 끝났을 때 중 하나에 해당한다.

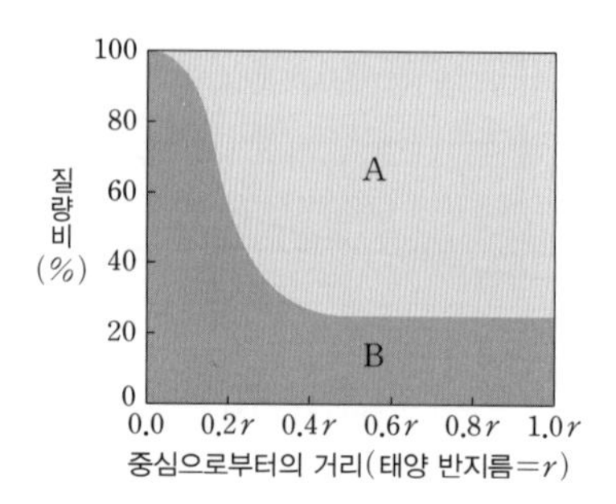

이에 대한 설명으로 옳은 것만을 〈보기〉에서 있는 대로 고른 것은?

〈보기〉

ㄱ. A는 수소, B는 헬륨이다.
ㄴ. 이 시기는 태양이 주계열 단계에 도달했을 때에 해당한다.
ㄷ. 중심으로부터의 거리가 $0.8r$인 곳에 작용하는 (기체 압력 차에 의한 힘－중력)의 값은 이 시기의 직전이 직후보다 크다.

① ㄱ ② ㄴ ③ ㄱ, ㄷ ④ ㄴ, ㄷ ⑤ ㄱ, ㄴ, ㄷ

주계열 단계일 때 별의 질량이 클수록 반지름이 크고, 중심부 온도가 높아 수소 핵융합 반응이 빠르게 일어나므로 진화 속도가 빨라 주계열 단계에 머무르는 시간이 짧다.

[25026-0248]

18 그림은 별 A와 B의 나이에 따른 반지름 변화를 나타낸 것이다.

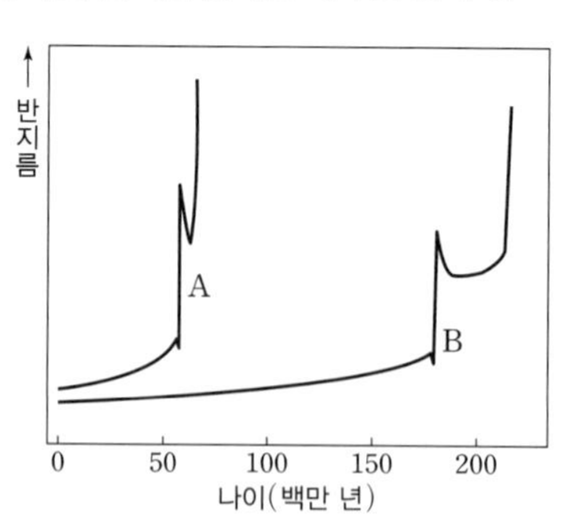

이에 대한 설명으로 옳은 것만을 〈보기〉에서 있는 대로 고른 것은?

〈보기〉

ㄱ. 주계열 단계에 머무르는 시간은 A가 B보다 길다.
ㄴ. 질량은 A가 B보다 크다.
ㄷ. 별의 나이가 5천만 년일 때, 중심핵의 수소 함량비(%)는 A가 B보다 높다.

① ㄱ ② ㄴ ③ ㄱ, ㄷ ④ ㄴ, ㄷ ⑤ ㄱ, ㄴ, ㄷ

[25026-0249]

19 그림 (가)와 (나)는 어느 별이 주계열 단계에 도달한 시점부터 나이에 따른 중심핵의 반지름 변화와 별의 반지름 변화를 순서 없이 나타낸 것이다.

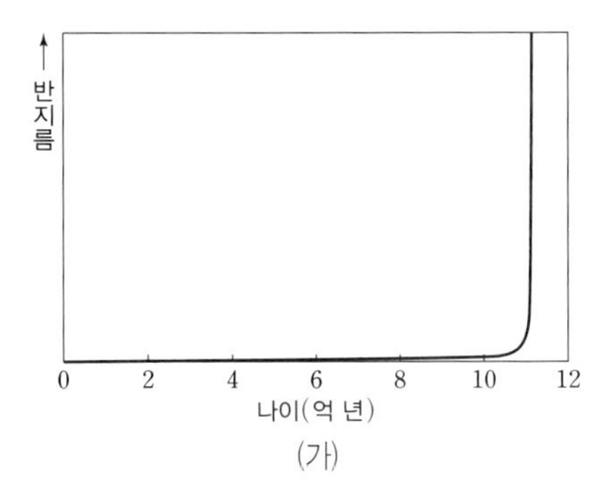

(가)

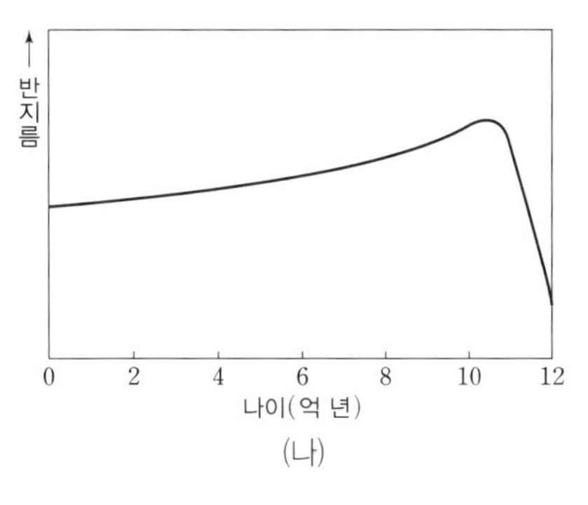

(나)

이에 대한 설명으로 옳은 것만을 〈보기〉에서 있는 대로 고른 것은?

〈 보기 〉
ㄱ. 중심핵의 반지름 변화에 해당하는 것은 (나)이다.
ㄴ. 별의 표면 온도는 별의 나이가 약 5억 년일 때보다 약 11억 년일 때가 높다.
ㄷ. 별의 나이가 약 11억 년일 때, 중심부에서는 헬륨 핵융합 반응이 일어난다.

① ㄱ ② ㄷ ③ ㄱ, ㄴ ④ ㄴ, ㄷ ⑤ ㄱ, ㄴ, ㄷ

별이 주계열 단계를 벗어나면 별의 중심핵은 수축하고, 별의 바깥층은 팽창한다.

[25026-0250]

20 그림 (가), (나), (다)는 어느 별이 진화하는 과정에서 핵융합 반응 A, B, C가 일어나는 영역을 시간 순서대로 나타낸 것이다. A, B, C는 각각 수소 핵융합 반응, 탄소 핵융합 반응, 헬륨 핵융합 반응 중 하나이다.

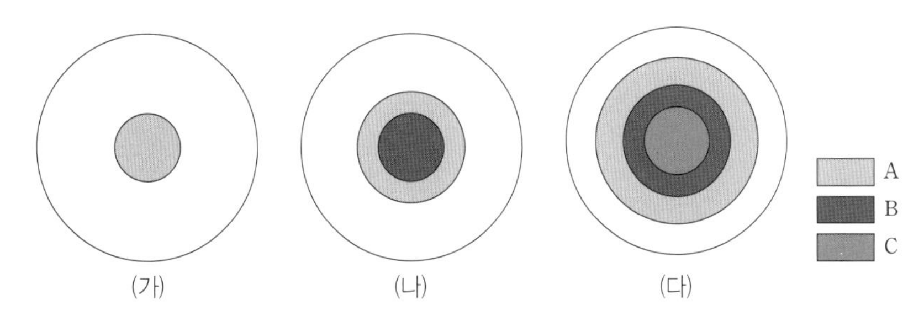

(가) (나) (다)

이 자료에 대한 설명으로 옳은 것만을 〈보기〉에서 있는 대로 고른 것은?

〈 보기 〉
ㄱ. 핵융합 반응이 일어나는 온도는 A<B<C이다.
ㄴ. 별이 (가)와 같은 상태일 때, 별의 반지름은 태양보다 크다.
ㄷ. 이 별의 진화 최종 단계는 백색 왜성이다.

① ㄱ ② ㄷ ③ ㄱ, ㄴ ④ ㄴ, ㄷ ⑤ ㄱ, ㄴ, ㄷ

원시별이 중력 수축하여 중심부의 온도가 약 1000만 K에 도달하면 중심핵에서 수소 핵융합 반응이 일어나는 주계열성이 되고, 주계열 단계가 끝나면 수소 핵융합 반응이 일어나는 영역이 중심핵의 외곽(수소 껍질 영역)으로 이동한다.

질량이 매우 큰 별은 중심부의 온도가 매우 높기 때문에 더 높은 단계의 핵융합 반응이 일어나며, 최종적으로 철로 이루어진 중심핵이 만들어진다.

[25026-0251]

21 그림 (가)는 주계열성 A와 B가 진화하는 경로를 H-R도에 나타낸 것이고, (나)는 A와 B 중 어느 한 별의 진화 과정 중 중심부에서 핵융합 반응이 끝난 직후의 내부 구조를 나타낸 것이다.

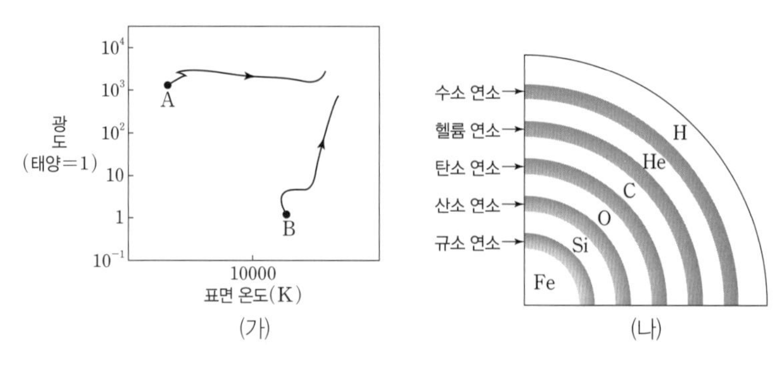

(가) (나)

이에 대한 설명으로 옳은 것만을 <보기>에서 있는 대로 고른 것은?

〈보기〉

ㄱ. 진화 속도는 A가 B보다 빠르다.

ㄴ. 별의 내부에서 $\frac{\text{복사층의 평균 온도}}{\text{대류층의 평균 온도}}$는 A가 B보다 크다.

ㄷ. (나)는 A의 진화 과정에서 나타나는 내부 구조이다.

① ㄱ ② ㄴ ③ ㄱ, ㄷ ④ ㄴ, ㄷ ⑤ ㄱ, ㄴ, ㄷ

기체 압력 차에 의한 힘과 중력이 평형을 이루면 별의 크기가 일정하게 유지되지만, 두 힘이 평형을 이루지 못하면 별은 팽창하거나 수축한다.

[25026-0252]

22 그림 (가)는 질량이 태양과 같은 별의 진화 경로를, (나)의 ㉠, ㉡, ㉢은 각각 별에 작용하는 기체 압력 차에 의한 힘과 중력의 크기 및 작용 방향을 나타낸 것이다.

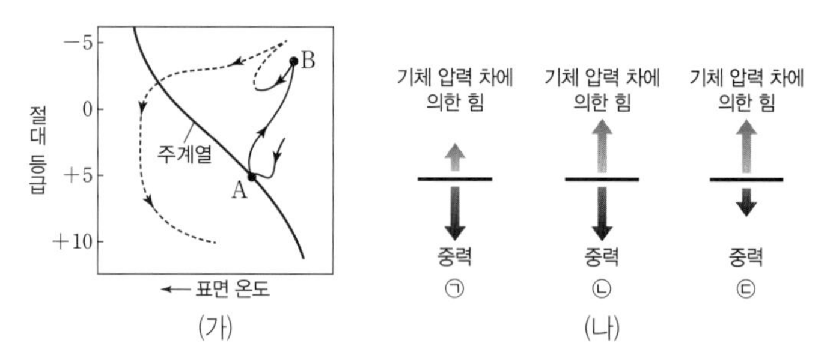

(가) (나)

이에 대한 설명으로 옳은 것만을 <보기>에서 있는 대로 고른 것은? (단, (나)에서 화살표의 길이는 힘의 크기를 나타낸다.)

〈보기〉

ㄱ. (나)에서 정역학 평형 상태에 해당하는 것은 ㉡이다.

ㄴ. 별이 (나)의 ㉠과 같은 상태일 때, 별의 내부 온도는 상승한다.

ㄷ. 별이 A → B로 진화할 때, 별의 중심핵은 (나)의 ㉢과 같은 상태에 있다.

① ㄱ ② ㄷ ③ ㄱ, ㄴ ④ ㄴ, ㄷ ⑤ ㄱ, ㄴ, ㄷ

[25026-0253]

23 그림은 태양이 진화하는 동안 태양의 나이에 따른 반지름 변화를 나타낸 것이다.

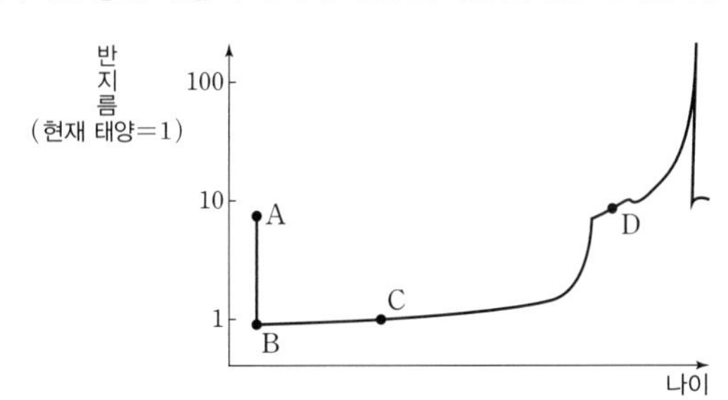

진화 단계 A~D에 대한 설명으로 옳은 것만을 <보기>에서 있는 대로 고른 것은?

〈 보기 〉

ㄱ. A에서 B로 진화하는 동안 광도 변화율은 표면 온도 변화율보다 크다.

ㄴ. 중심핵에서 $\frac{\text{수소의 질량비(\%)}}{\text{헬륨의 질량비(\%)}}$는 B가 C보다 크다.

ㄷ. 중심부와 표면의 온도 차는 D가 C보다 크다.

① ㄱ ② ㄷ ③ ㄱ, ㄴ ④ ㄴ, ㄷ ⑤ ㄱ, ㄴ, ㄷ

원시별이 진화하여 주계열성이 될 때, 질량이 비교적 큰 별은 대체로 H-R도의 오른쪽에서 왼쪽으로 수평 방향으로 진화하고, 질량이 비교적 작은 별은 대체로 H-R도의 위에서 아래로 수직 방향으로 진화한다.

[25026-0254]

24 그림은 별 (가)와 (나)의 내부에서 중심으로부터의 거리에 따른 수소의 질량비(%)를 나타낸 것이다. (가)와 (나)의 질량은 각각 태양 질량의 1배와 5배 중 하나이고, T_1, T_2, T_3은 각각 별이 주계열 단계에 도달했을 때, 주계열 단계, 주계열 단계가 끝났을 때에 해당한다.

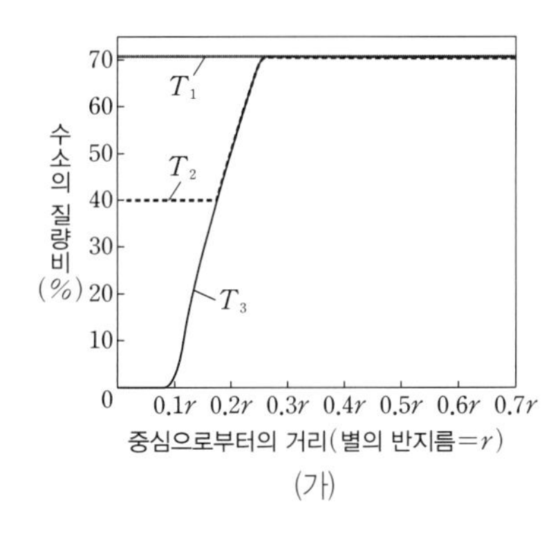

(가)

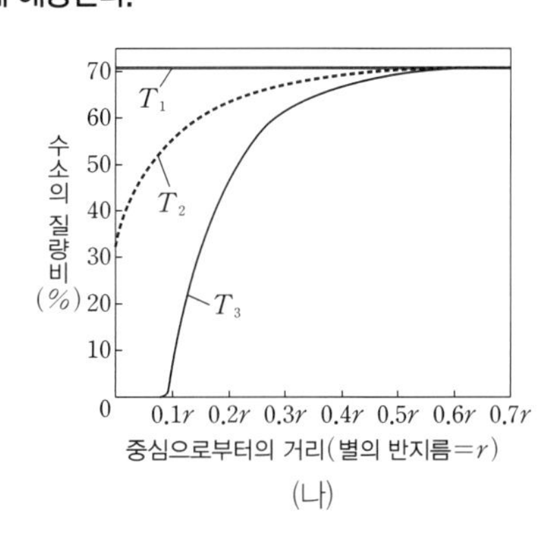

(나)

이에 대한 설명으로 옳은 것만을 <보기>에서 있는 대로 고른 것은?

〈 보기 〉

ㄱ. (나)의 중심핵에서는 CNO 순환 반응이 p-p 반응보다 우세하게 일어난다.

ㄴ. T_1에서 T_3까지의 시간은 (가)가 (나)보다 길다.

ㄷ. 중심으로부터의 거리가 약 0~0.2r인 영역에서 깊이에 따른 온도 차는 (가)가 (나)보다 크다.

① ㄱ ② ㄷ ③ ㄱ, ㄴ ④ ㄴ, ㄷ ⑤ ㄱ, ㄴ, ㄷ

질량이 매우 큰 주계열성은 중심부의 온도가 매우 높기 때문에 중심부에 대류가 일어나는 대류핵이 나타나고, 바깥쪽에 복사층이 나타난다.

09 외계 행성계와 외계 생명체 탐사

1 외계 행성계 탐사

(1) 중심별의 시선 속도 변화를 이용하는 방법

① 별과 행성이 공통 질량 중심을 중심으로 공전함에 따라 별의 시선 속도가 변하면서 도플러 효과에 의한 별빛의 파장 변화가 생긴다. 따라서 별빛의 스펙트럼을 분석하면 행성의 존재를 확인할 수 있다.

② 행성의 질량이 클수록 별빛의 도플러 효과가 커서 행성의 존재를 확인하기 쉽다.

③ 행성의 공전 궤도면이 관측자의 시선 방향과 수직에 가까운 경우에는 중심별의 시선 속도 변화가 거의 나타나지 않으므로 행성의 존재를 확인하기 어렵다.

도플러 효과를 이용한 행성 탐사	중심별과 행성의 공전에 따른 중심별의 파장 변화	지구와의 거리 변화		중심별의 시선 속도	중심별의 스펙트럼 변화
		중심별	행성		
	파장이 짧아진다.	가까워짐	멀어짐	(−), 접근	청색 편이
	파장이 길어진다.	멀어짐	가까워짐	(+), 후퇴	적색 편이

(2) 식 현상을 이용하는 방법

① 중심별 주위를 공전하는 행성이 중심별의 앞면을 지날 때 중심별의 일부가 가려지는 식 현상이 나타난다. 식 현상에 의한 중심별의 밝기 변화를 관측하여 행성의 존재를 확인할 수 있다.

② 행성의 반지름이 클수록 중심별이 행성에 의해 가려지는 면적이 커서 중심별의 밝기 변화가 크므로 행성의 존재를 확인하기 쉽다.

식 현상을 이용한 행성 탐사

③ 행성의 공전 궤도면이 관측자의 시선 방향과 거의 나란할 때 식 현상이 일어날 수 있다.

(3) 미세 중력 렌즈 현상을 이용하는 방법

① 거리가 다른 두 개의 별이 같은 시선 방향에 있을 경우 뒤쪽 별의 별빛이 앞쪽 별의 중력에 의해 미세하게 굴절되어 휘어지면서 뒤쪽 별의 밝기가 변하는데, 이를 미세 중력 렌즈 현상이라고 한다. 이때 앞쪽 별이 행성을 가지고 있으면 행성에 의한 미세 중력 렌즈 현상으로 뒤쪽 별의 밝기가 추가적으로 변하는데, 이를 이용하여 앞쪽 별을 공전하는 행성의 존재를 확인할 수 있다.

② 행성의 공전 궤도면이 관측자의 시선 방향과 수직일 때에도 행성에 의한 미세 중력 렌즈 현상이 나타나므로 행성의 존재를 확인할 수 있으며, 지구와 같이 질량이 작은 행성을 찾는 데 상대적으로 유리하다. 미세 중력 렌즈 현상은 드물게 발생하며 주기적인 관측이 불가능하다.

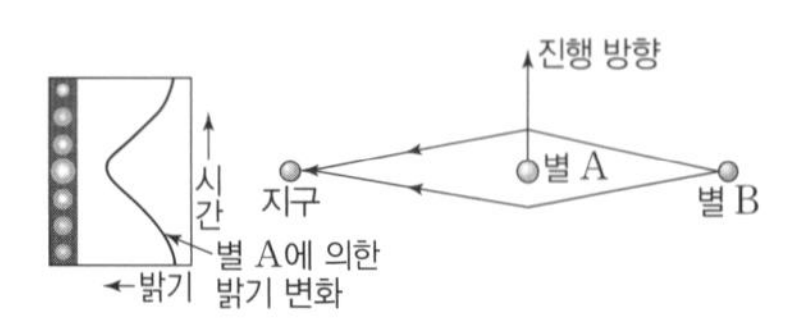

행성이 없는 별 A에 의한 별 B의 밝기 변화

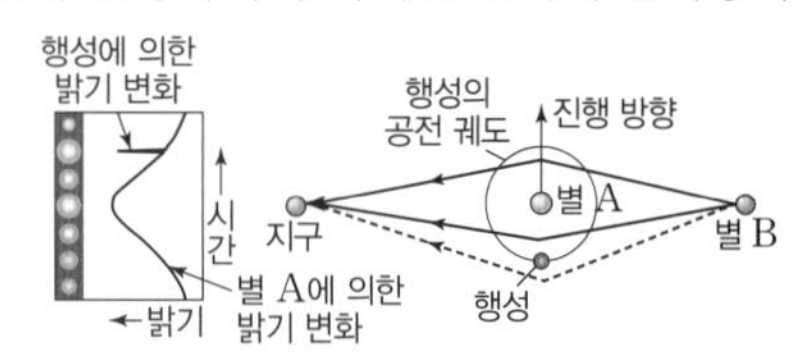

별 A와 행성에 의한 별 B의 밝기 변화

개념 체크

⊙ 외계 행성계 탐사
외계 행성은 직접 관측이 어렵기 때문에 주로 간접적인 방법을 통해 탐사한다. 지금까지 외계 행성을 발견하는 데 가장 많이 이용된 방법은 식 현상을 이용한 방법과 중심별의 시선 속도 변화를 이용한 방법이다.

⊙ 도플러 효과
관측자와 광원의 상대적인 운동에 따라 관측되는 빛의 파장이 달라지는 효과를 말한다. 관측자와 광원 사이의 거리가 상대적으로 가까워질 때 빛의 파장이 고유 파장보다 짧게 관측되고, 멀어질 때 빛의 파장이 고유 파장보다 길게 관측된다.

1. 태양계 밖의 별과 그 별 주위를 공전하는 행성들이 이루는 계를 (　　)라고 한다.

2. 외계 행성계에서 중심별이 행성과의 공통 질량 중심을 중심으로 공전할 때 나타나는 별빛의 파장 변화량 최댓값은 행성의 질량이 클수록 (　　)다.

3. 별 주위를 공전하는 행성에 의해 식 현상이 일어나면 별의 (　　)가 변하므로 이를 이용하여 외계 행성의 존재를 확인할 수 있다.

4. 거리가 다른 두 별이 같은 시선 방향에 있을 경우 뒤쪽 별의 별빛이 앞쪽 별의 중력에 의해 미세하게 굴절되어 뒤쪽 별의 밝기가 변하는데, 이를 (　　) 현상이라고 한다.

정답
1. 외계 행성계
2. 크
3. 밝기
4. 미세 중력 렌즈

탐구자료 살펴보기 **외계 행성계 탐사 방법**

탐구 자료

그림은 행성의 공전 궤도면이 관측자의 시선 방향과 나란한 별 B가 별 A의 앞쪽으로 지나가는 모습을 나타낸 것이다.

별 B
별 A
지구
행성 P

탐구 결과

1. 별 B가 행성 P와의 공통 질량 중심을 중심으로 공전할 때 나타나는 주기적인 별빛의 파장 변화를 관측하면 행성 P의 존재를 확인할 수 있다. ➡ 도플러 효과를 이용한 외계 행성 탐사 방법
2. 행성 P에 의한 식 현상으로 나타나는 별 B의 주기적인 밝기 변화를 관측하면 행성 P의 존재를 확인할 수 있다. ➡ 식 현상을 이용한 외계 행성 탐사 방법
3. 별 B에 의한 미세 중력 렌즈 현상으로 별 A의 밝기 변화가 나타날 때, 행성 P에 의한 별 A의 추가적인 밝기 변화가 나타나면 행성 P의 존재를 확인할 수 있다. ➡ 미세 중력 렌즈 현상을 이용한 외계 행성 탐사 방법

분석 point

행성의 공전 궤도면이 관측자의 시선 방향과 나란한 별 B가 별 A의 앞쪽을 지나갈 경우 도플러 효과, 식 현상, 미세 중력 렌즈 현상을 모두 이용하여 외계 행성의 존재를 확인할 수 있다.

(4) 직접 관측하는 방법

① 외계 행성계를 직접 관측할 때는 행성의 밝기가 중심별에 비해 매우 어두우므로 중심별을 가리고 행성을 직접 촬영하여 존재를 확인할 수 있다. ➡ 행성이 방출하는 에너지는 대부분 적외선 영역이므로 행성을 직접 관측할 때 주로 적외선 영역에서 촬영한다.

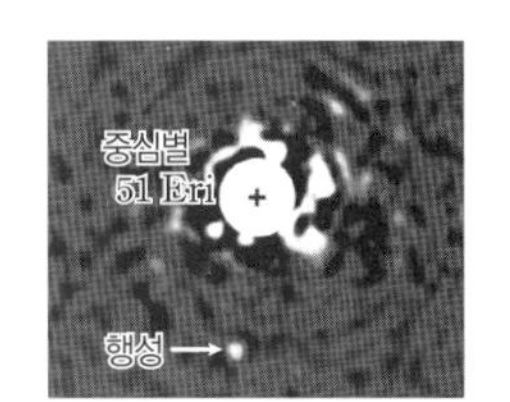

직접 촬영한 외계 행성

② 지구에서 외계 행성계까지의 거리가 가까울수록, 행성의 반지름이 클수록, 행성의 표면 온도가 높을수록 적외선의 세기가 강하므로 직접 촬영하여 행성의 존재를 확인하기 쉽다.

③ 행성 대기를 통과해 온 빛을 분석하여 행성의 대기 성분을 알아낼 수 있다.

(5) 여러 외계 행성계 탐사 방법으로 발견한 행성들의 특징

① 현재까지 수천 개의 외계 행성이 발견되었다.

② 중심별의 시선 속도 변화 이용: 대부분 질량이 크다.

③ 식 현상 이용: 대부분 공전 궤도 반지름이 작다.

④ 미세 중력 렌즈 현상 이용: 대부분 공전 궤도 반지름이 크다.

⑤ 지금까지 발견된 외계 행성은 대부분 목성과 같이 질량이 큰 기체형 행성이었지만 최근에는 외계 생명체가 존재할 가능성이 높은 지구형 행성을 중심으로 탐사하고 있다.

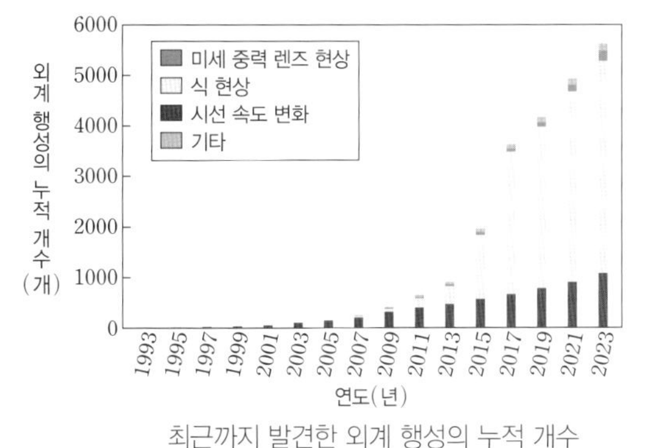

최근까지 발견한 외계 행성의 누적 개수

행성 질량 (목성=1)
공전 궤도 반지름(AU)
식 현상
시선 속도 변화
미세 중력 렌즈 현상
직접 관측

최근까지 발견한 외계 행성의 물리량

개념 체크

➲ **외계 행성 탐사 방법**
행성의 공전 궤도면이 관측자의 시선 방향과 나란한 경우에는 도플러 효과, 식 현상, 미세 중력 렌즈 현상 모두를 이용하여 외계 행성의 존재를 확인할 수 있다.

1. 행성을 직접 관측할 때는 주로 (   ) 영역에서 촬영한다.

2. 중심별의 시선 속도 변화를 이용하여 발견한 행성들은 대부분 지구보다 질량이 (   )다.

3. 최근까지 발견한 외계 행성 중 (   )을 이용하여 발견한 행성 수가 가장 많다.

정답
1. 적외선
2. 크
3. 식 현상

개념 체크

➲ 지구형 행성 탐사
외계 행성계에서 행성에 의한 식 현상이 일어날 때 중심별의 밝기 변화량을 측정하면 행성의 반지름을 추정할 수 있다. ➡ 지구형 행성을 찾는 데 이용할 수 있다.

1. 직접 관측하여 발견한 외계 행성들은 대부분 지구보다 질량과 공전 궤도 반지름이 ( )다.

2. 식 현상을 이용하여 발견한 외계 행성들은 대부분 지구보다 공전 궤도 반지름이 ( )다.

3. 목성형 행성은 지구형 행성보다 생명체가 존재할 가능성이 ( )다.

4. 행성의 밀도는 중심별의 시선 속도 변화를 이용하여 알아낸 행성의 ( )과 식 현상을 이용하여 알아낸 행성의 ( )으로 추론할 수 있다.

정답
1. 크
2. 작
3. 작
4. 질량, 반지름

탐구자료 살펴보기 **외계 행성계 탐사 결과**

탐구 자료

그림 (가), (나), (다)는 서로 다른 외계 행성 탐사 방법으로 발견한 외계 행성의 물리량을 나타낸 것이다.

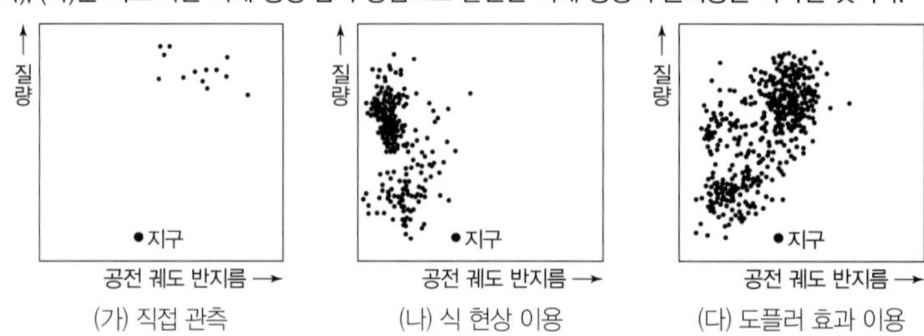

(가) 직접 관측 (나) 식 현상 이용 (다) 도플러 효과 이용

탐구 결과

1. (가)에서 직접 관측을 통해 발견한 행성들은 대부분 지구보다 질량과 공전 궤도 반지름이 크다.
2. (나)에서 식 현상을 이용하여 발견한 행성들은 대부분 지구보다 질량이 크고 공전 궤도 반지름이 작다.
3. (다)에서 도플러 효과를 이용하여 발견한 행성들은 대부분 지구보다 질량이 크다.

분석 point

- (가)에서 행성을 직접 관측할 때 행성에서 방출되는 적외선의 양이 많을수록 행성의 존재를 확인하기 쉽다. ➡ 행성의 질량과 반지름이 크고 표면 온도가 높을수록 행성에서 방출되는 적외선의 양이 대체로 많다.
- (나)에서 행성의 공전 궤도 반지름이 작을수록 행성이 중심별을 가리는 식 현상이 일어나는 주기가 짧아 행성의 존재를 확인하기 쉽다. ➡ 행성의 공전 궤도면과 관측자의 시선 방향이 정확하게 일치하는 경우가 드물기 때문에 행성의 공전 궤도 반지름이 작을수록 식 현상이 일어나기 쉽다.
- (다)에서 도플러 효과를 이용할 때 행성의 질량이 클수록 별의 시선 속도 변화가 커서 행성의 존재를 확인하기 쉽다.

2 외계 생명체 탐사

외계 생명체 탐사는 자연에 대한 이해는 물론 지구 생명체를 이해하는 데 큰 도움을 주며, 외계 생명체를 찾기 위해서는 생명 가능 지대에 위치하고 단단한 표면이 있는 지구형 행성을 찾아야 한다.

과학 돋보기 **지구형 행성 탐사**

- 최근에는 외계 생명체를 찾기 위해 지구와 질량이 비슷하고 표면이 암석으로 이루어진 행성을 주로 탐사하고 있다. ➡ 목성과 같은 기체형 행성에는 생명체가 존재할 가능성이 작다.
- 도플러 효과를 이용하면 행성의 질량을 알아낼 수 있다. ➡ 행성의 질량이 클수록 별의 시선 속도 변화가 커서 별빛의 도플러 효과가 커지는 원리를 이용하여 행성의 질량을 구할 수 있다.
- 식 현상을 이용하면 행성의 반지름을 알아낼 수 있다.

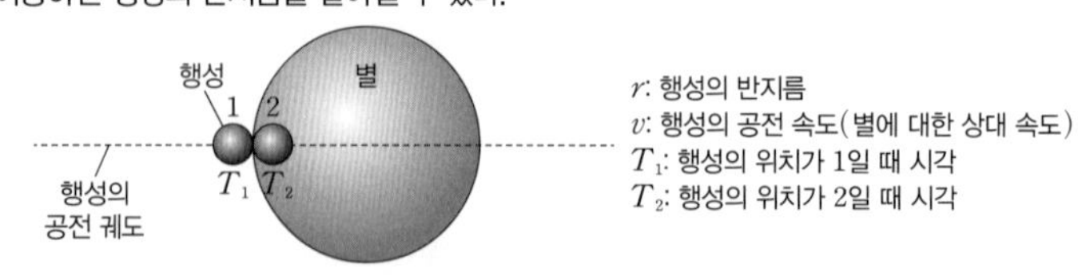

$$2r=v(T_2-T_1),\ r=\frac{v(T_2-T_1)}{2}$$

- 중심별의 시선 속도 변화를 이용하여 알아낸 행성의 질량과 식 현상을 이용하여 알아낸 행성의 반지름으로 행성의 밀도를 알아낼 수 있다.
- 행성의 밀도를 이용해 기체형(목성형) 행성과 암석형(지구형) 행성을 구분할 수 있다.

(1) **외계 생명체**: 지구가 아닌 공간에 사는 생명을 지닌 존재를 외계 생명체라고 한다. 외계 생명체는 지구의 생명체와 같이 주로 탄소를 기본으로 하는 물질로 이루어져 있을 것이라는 가정하에 탐색하고 있다. ➡ 탄소는 원자가 전자 수가 4개로, 탄소 원자 1개는 최대 4개의 다른 원자와 결합할 수 있다. 또한 탄소는 다른 원자들과 다양한 방식으로 결합하여 복잡하고 다양한 화합물을 만든다.

(2) **생명 가능 지대**: 별의 주위에서 물이 액체 상태로 존재할 수 있는 거리의 범위이다. 주계열성인 별의 광도는 별의 질량이 클수록 크므로, 생명 가능 지대는 중심별의 질량에 따라 다르게 나타난다. ➡ 태양계의 경우 생명 가능 지대는 금성과 화성 사이에 위치한다.

(3) **지구에 생명체가 존재할 수 있는 이유**

① **태양으로부터의 거리**: 지구는 태양에서 약 1억 5천만 km 떨어져 있고, 금성이나 화성과 달리 표면에 액체 상태의 물이 존재할 수 있었다. 이로 인해 대기 중의 이산화 탄소가 물에 녹아 감소함으로써 온실 효과가 적절하게 일어났으며, 생명체가 살기에 알맞은 온도가 되었다.

② **물의 특성과 생명체의 존재**: 액체 상태의 물은 열용량이 커서 많은 양의 열을 오랜 시간 보존할 수 있고, 다양한 물질을 녹일 수 있는 좋은 용매이므로 생명체가 탄생하고 진화할 수 있는 서식 환경으로 중요한 요건이 된다. 지구 표면에는 액체 상태의 물이 존재하므로 생명체가 출현할 수 있었고, 현재와 같이 진화할 수 있었다.

③ **대기의 역할**: 지구 대기는 구성 성분과 양이 적절하여 태양에서 오는 자외선 등을 차단하고 생명체를 보호하는 역할을 한다.

탐구자료 살펴보기 — 중심별의 질량과 생명 가능 지대

탐구 자료

그림은 주계열성인 중심별의 질량을 기준으로 한 이론적인 생명 가능 지대를 나타낸 것이다.

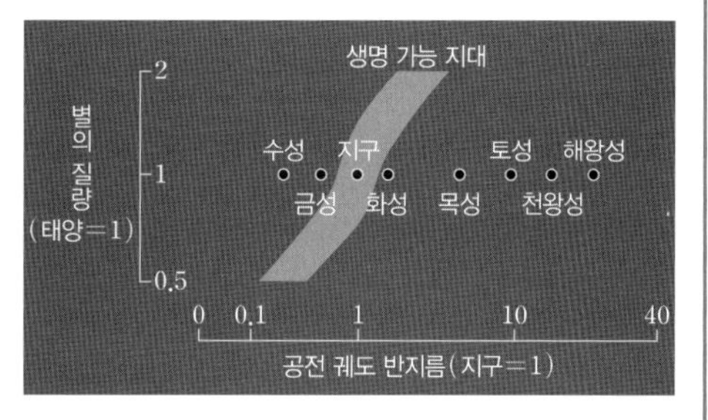

탐구 결과

1. 주계열성인 중심별의 질량이 클수록 생명 가능 지대는 중심별로부터 멀어진다.
2. 주계열성인 중심별의 질량이 클수록 생명 가능 지대의 폭은 넓어진다.

분석 point

주계열성인 중심별은 질량이 클수록 광도가 커지며, 생명 가능 지대는 중심별로부터 멀어지고 폭도 넓어진다.

과학 돋보기 — 태양의 진화에 따른 태양계 생명 가능 지대의 변화

- 태양이 진화함에 따라 태양의 광도가 점차 커진다.
- 시간이 흐름에 따라 태양으로부터 생명 가능 지대까지의 거리가 점차 멀어지고 생명 가능 지대의 폭도 넓어진다.
- 지구는 현재 생명 가능 지대에 위치하지만 미래에는 생명 가능 지대를 벗어나게 된다. ➡ 미래(약 10억 년 후 이후)에는 생명 가능 지대가 지구 공전 궤도보다 바깥쪽에 위치하게 되므로 지구는 현재보다 온도가 높아 지표면의 물이 대부분 기체 상태로 존재할 것이다.

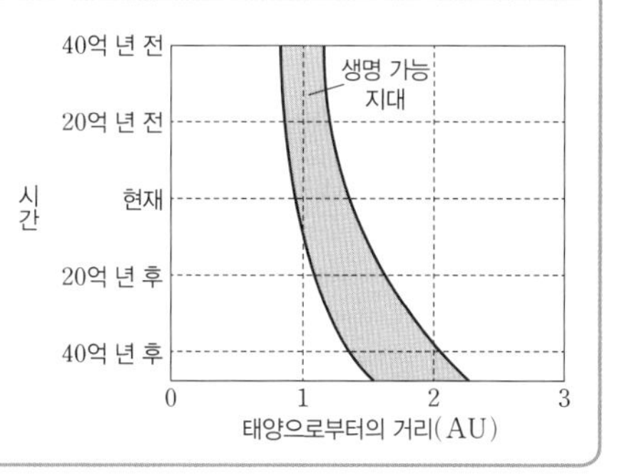

개념 체크

별의 질량과 광도

주계열성인 별의 질량이 클수록 중심핵에서 핵융합 반응이 활발하게 일어나며, 단위 시간당 방출하는 에너지가 많아 광도가 크다.

1. 별의 주위에서 물이 액체 상태로 존재할 수 있는 거리의 범위를 ( ) 지대라고 한다.
2. 주계열성인 중심별의 질량이 클수록 광도가 ( )다.
3. 주계열성인 중심별의 질량이 클수록 생명 가능 지대는 중심별로부터 ( )진다.
4. 태양이 진화함에 따라 광도가 커지면 생명 가능 지대의 폭이 ( )진다.

정답

1. 생명 가능
2. 크
3. 멀어
4. 넓어

개념 체크

◉ 별의 질량과 수명(진화 속도)
별(주계열성)의 질량이 클수록 중심부에서 핵융합 반응이 활발하게 일어나 연료가 빠르게 소모되므로 광도가 크고 수명이 짧다.

◉ 식 현상을 이용한 행성의 대기 성분 분석
행성이 항성 앞을 지날 때 행성의 대기를 통과한 별빛의 흡수 스펙트럼을 분석하면 행성의 대기 성분을 알아낼 수 있다.

1. 액체 상태의 ( )은 다양한 종류의 화학 물질을 녹일 수 있으므로 ( )에서 복잡한 유기물 분자가 생성될 수 있다.

2. 행성의 ( )은 우주에서 들어오는 우주선 등의 고에너지 입자를 차단한다.

3. 주계열성은 H-R도에서 왼쪽 위에 분포할수록 표면 온도가 ( )고, 질량과 광도가 ( )다.

4. 주계열성인 별의 질량이 클수록 수명이 ( )므로, 생명 가능 지대에 위치한 행성이 생명 가능 지대에 머무를 수 있는 시간은 ( )다.

5. 별의 질량이 ( )면 수명이 ( )기 때문에 별 주위를 공전하는 행성에서 생명체가 탄생하여 진화할 시간이 부족하다.

정답
1. 물, 물
2. 자기장
3. 높, 크
4. 짧으, 짧
5. 크, 짧

(4) 외계 생명체가 존재하기 위한 행성의 조건

① 물이 액체 상태로 존재할 수 있는 생명 가능 지대에 위치해야 한다. ➡ 액체 상태의 물은 다양한 종류의 화학 물질을 녹일 수 있으므로 물에서 복잡한 유기물 분자가 생성될 수 있다.

② 구성 성분과 양이 적절한 대기를 가지고 있어야 한다. ➡ 대기가 적절한 온실 효과를 일으킬 때 생명체가 살아가기에 적당한 온도를 유지할 수 있다. 행성의 대기 성분은 식 현상이 일어날 때 행성의 대기를 통과한 별빛을 분석하여 알아낼 수 있다.

③ 행성의 자기장이 우주에서 들어오는 고에너지 입자를 차단시켜 주어야 한다. ➡ 행성의 자기장이 중심별과 우주에서 들어오는 우주선 등의 고에너지 입자를 차단시켜 생명체가 존재하는 데 유리한 환경을 만든다.

④ 행성에서 생명체가 탄생하여 진화하기 위해서는 행성이 생명 가능 지대에 오랫동안 머물러 있어야 한다. ➡ 중심별의 질량이 클수록 수명이 짧아서 행성이 생명 가능 지대에 머무르는 시간이 짧다.

- 중심별이 질량이 큰 주계열성일 때: 별의 중심부에서 연료 소모율이 커서 광도가 크고 수명이 짧다. 별의 수명이 짧으면 별 주위를 공전하는 행성에서 생명체가 탄생하여 진화할 시간이 부족하다. 따라서 별의 질량이 매우 크면 생명체가 존재하기에 적합한 환경을 이루지 못한다.

탐구자료 살펴보기 주계열성의 질량에 따른 수명과 생명 가능 지대

탐구 자료

그림은 H-R도에 주계열성의 질량과 수명을 나타낸 것이다.

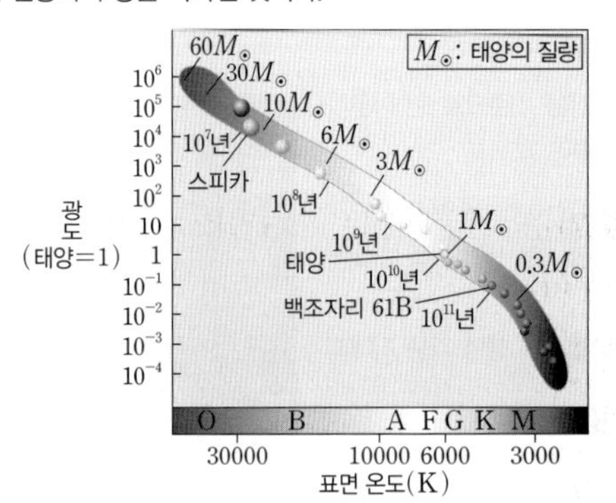

탐구 결과

주계열성	질량	표면 온도 (K)	분광형	수명 (년)	생명 가능 지대	
					중심별로부터의 거리	폭
스피카	약 $10M_{\odot}$	약 25000	B형	약 10^7	태양계보다 멀다.	태양계보다 넓다.
태양	$1M_{\odot}$	약 5800	G형	약 10^{10}	-	-
백조자리 61B	약 $0.6M_{\odot}$	약 4000	K형	약 10^{11}	태양계보다 가깝다.	태양계보다 좁다.

분석 point

- 주계열성은 H-R도에서 왼쪽 위에 분포할수록 표면 온도가 높고, 질량과 광도가 크다.
- 주계열성은 질량이 클수록 중심부에서 연료 소모율이 커서 광도가 크고 수명이 짧다.
- 주계열성은 질량이 클수록 광도가 커서 생명 가능 지대가 중심별로부터 멀어지고 폭도 넓어진다.

• 중심별이 질량이 작은 주계열성일 때: 별의 중심부에서 연료 소모율이 작아서 광도가 작고 수명이 길다. 별의 광도가 작으면 생명 가능 지대가 중심별에 가까워져 생명 가능 지대 안에 있는 행성의 자전 주기와 공전 주기가 같아질 가능성이 높아진다. 이 경우 행성은 항상 같은 면이 별 쪽을 향하게 되므로 낮과 밤의 변화가 없어 생명체가 살기 어렵다.(평균 온도는 액체 상태의 물이 존재할 수 있는 온도이지만, 낮인 지역은 온도가 너무 높고, 밤인 지역은 온도가 너무 낮으므로 대부분의 지역에서 액체 상태의 물이 존재할 수 없다.) 따라서 별의 질량이 매우 작으면 행성이 생명 가능 지대에 위치하더라도 행성의 환경이 생명체가 살기에 적합하지 않을 가능성이 높다.

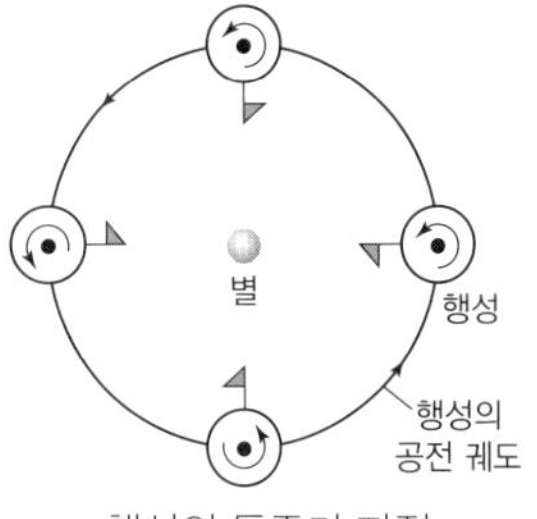

행성의 동주기 자전

(5) **외계 생명체 탐사**: 외계 행성계 탐사 결과 우리은하에는 별이 행성을 거느리고 있는 외계 행성계가 많이 존재한다는 것을 알게 되었으며, 외계 생명체 탐사가 지니는 여러 가지 의의 때문에 세계 여러 국가와 단체에서 외계 생명체 탐사를 활발하게 진행하고 있다.

① **외계 지적 생명체 탐사**(Search for Extra-Terrestrial Intelligence; SETI): 외계 지적 생명체를 찾기 위한 일련의 활동을 통틀어 부르는 말로, 전파 망원경을 이용하여 외계 행성으로부터 오는 전파를 찾거나 전파를 보내서 외계 지적 생명체를 찾고 있다.

전파 망원경(앨런 망원경 집합체, ATA)

② **우주 탐사선**: 태양계 천체를 중심으로 외계 생명체를 탐사하는 탐사선으로 로제타호, 탐사 로봇으로 퍼서비어런스 등이 있다.

• 로제타호: 혜성 67P를 탐사한 우주 탐사선으로, 물과 유기물의 기원에 대한 정보를 얻기 위한 탐사를 수행하였다.

• 퍼서비어런스: 무인 화성 탐사 로버로, 2021년 2월 18일 화성에 착륙하여 현재까지 화성의 생명체 존재 여부, 화성의 고대 환경 조사, 화성 지표면의 지질 역사 등에 대한 연구를 진행 중이다.

③ **우주 망원경**: 최근에는 우주 망원경으로 생명 가능 지대에 속한 외계 행성을 찾고, 행성의 대기 성분을 분석하여 생명체가 존재할 수 있는 환경인지 파악하는 연구도 진행하고 있다.

• 케플러 망원경: 2009년에 발사된 우주 망원경으로 2018년 11월 임무가 종료될 때까지 외계 행성을 2600개 이상 발견하였으며, 생명체가 존재할 가능성이 높은 지구형 행성도 10여 개 발견하였다. ➡ 식 현상을 이용하여 외계 행성을 탐사하였다.

• 테스 망원경: 2018년에 발사된 우주 망원경으로 케플러 우주 망원경보다 약 400배 더 넓은 영역을 탐사하면서 가동된 지 한 달 만에 행성을 가지고 있을 가능성이 높은 별 73개를 발견하였으며, 지구와 비슷한 규모의 행성 2개를 찾아냈다. ➡ 주로 식 현상을 이용하여 외계 행성을 탐사한다.

• 제임스 웹 망원경: 2021년에 발사한 우주 망원경으로 주된 임무는 적외선 영역에서 우주를 탐사하여 우주의 초기 상태에 대해 연구하는 것이다. 또한 적외선 영역에서 탐사하므로 코로나그래프를 이용하여 중심별의 별빛을 차단한 상태에서 외계 행성이나 행성의 고리 등을 찾는 임무를 수행 중이다. ➡ 외계 행성을 직접 촬영하여 그 존재를 확인할 수 있다.

개념 체크

➲ 외계 생명체 탐사
우주에서 오는 전파를 분석할 뿐만 아니라 최근에는 우주 망원경으로 생명 가능 지대에 속한 지구형 외계 행성을 찾고 행성의 대기 성분을 분석하여 생명체가 존재할 수 있는 환경인지 파악하는 연구도 진행하고 있다.

➲ 우주 망원경
주로 인공위성에 탑재하여 우주에 설치한 망원경으로, 대기에 의해 차단되어 지표에 거의 도달하지 못하는 전자기파 영역(감마선, 엑스선, 자외선, 적외선)에서 정밀하게 관측하기 위해 우주에 설치한다.

1. 행성이 중심별에 가까이 있으면 ( ) 주기와 자전 주기가 같아질 수 있는데, 이를 동주기 자전이라고 한다.

2. 퍼서비어런스는 ( )의 지표 환경 및 생명체 존재 여부에 대한 탐사를 진행 중이다.

3. 케플러 망원경은 주로 ( )을 이용하여 외계 행성을 탐사하였다.

4. 2021년에 발사된 제임스 웹 망원경은 ( ) 영역에서 외계 행성을 직접 촬영하는 임무를 수행 중이다.

정답
1. 공전
2. 화성
3. 식 현상
4. 적외선

[25026-0255]

01 그림은 서로 다른 외계 행성계 탐사 방법 (가)와 (나)로 발견한 외계 행성의 물리량을 나타낸 것이다. (가)와 (나)는 각각 식 현상 이용 또는 직접 관측 중 하나이다.

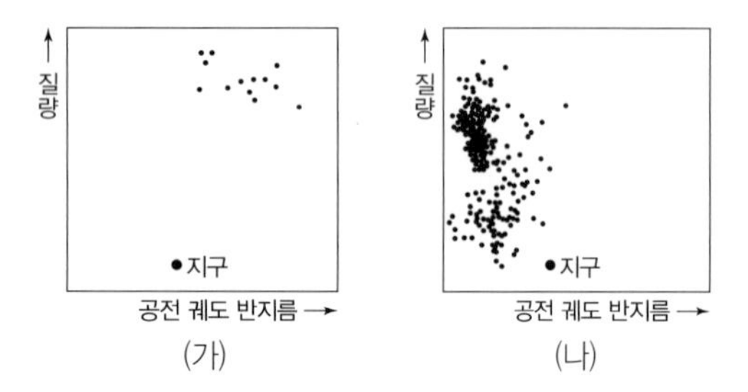

이에 대한 설명으로 옳은 것만을 〈보기〉에서 있는 대로 고른 것은?

〈보기〉

ㄱ. (가)의 탐사 방법은 주로 적외선 영역의 파장을 이용한다.

ㄴ. (나)는 별의 주기적인 밝기 변화를 이용한다.

ㄷ. (가)와 (나) 모두 행성의 반지름이 클수록 행성의 존재를 알아내는 데 유리하다.

① ㄱ ② ㄷ ③ ㄱ, ㄴ ④ ㄴ, ㄷ ⑤ ㄱ, ㄴ, ㄷ

[25026-0256]

02 그림은 중심별 X가 주계열성인 어느 외계 행성계에서 행성들의 공전 궤도 반지름과 생명 가능 지대를 나타낸 것이다.

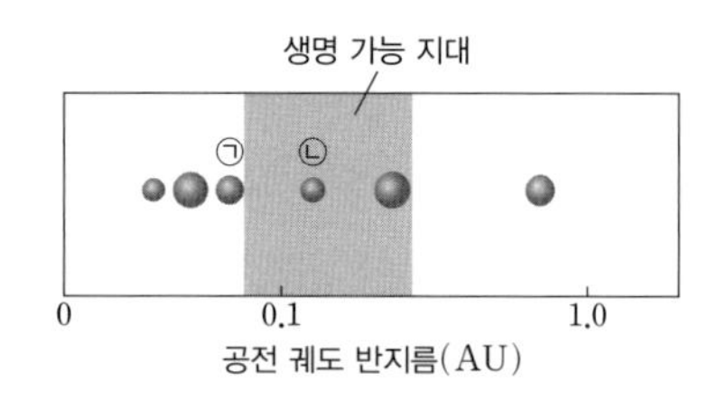

이에 대한 설명으로 옳은 것만을 〈보기〉에서 있는 대로 고른 것은?

〈보기〉

ㄱ. 질량은 X가 태양보다 작다.

ㄴ. ㉡의 표면에는 액체 상태의 물이 존재할 수 있다.

ㄷ. X가 적색 거성으로 진화하면 ㉠은 생명 가능 지대에 위치할 수 있다.

① ㄱ ② ㄷ ③ ㄱ, ㄴ ④ ㄴ, ㄷ ⑤ ㄱ, ㄴ, ㄷ

[25026-0257]

03 그림 (가)는 행성 a를 가진 별 A가 별 B의 앞을 지나가는 모습을, (나)는 (가)에서 A 또는 B의 밝기 변화를 관측하여 나타낸 것이다. 행성 a의 공전 궤도면은 관측자의 시선 방향에 수직이다.

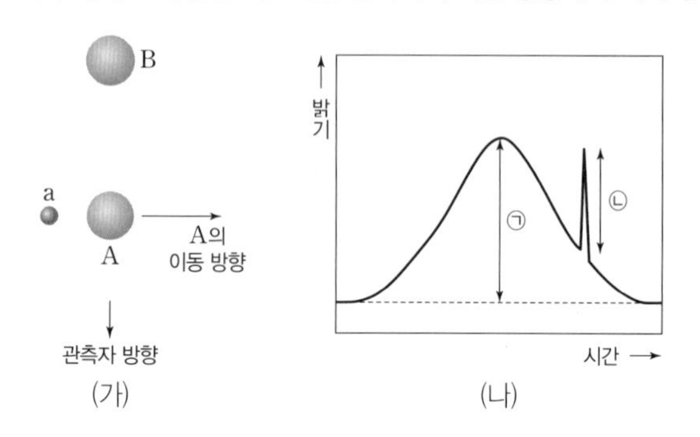

이에 대한 설명으로 옳은 것만을 〈보기〉에서 있는 대로 고른 것은?

〈보기〉

ㄱ. A의 시선 속도는 주기적으로 변한다.

ㄴ. (나)는 B의 밝기 변화를 관측한 것이다.

ㄷ. ㉠과 ㉡ 중 ㉠을 통해 a의 존재를 확인할 수 있다.

① ㄱ ② ㄴ ③ ㄷ ④ ㄱ, ㄴ ⑤ ㄴ, ㄷ

[25026-0258]

04 그림은 어느 외계 행성계에서 행성과의 공통 질량 중심을 중심으로 공전하는 중심별의 시선 속도 변화를 나타낸 것이다.

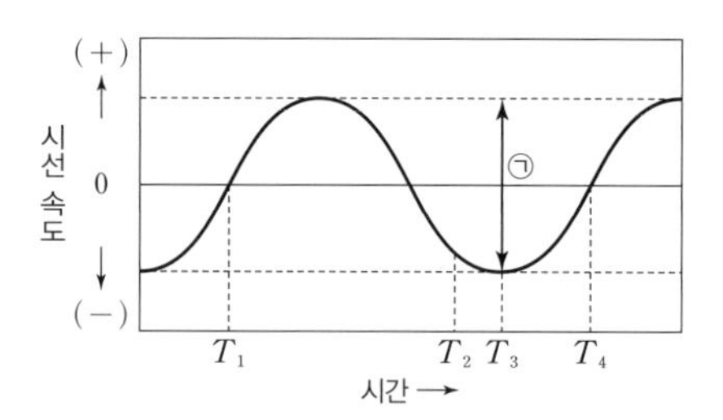

이에 대한 설명으로 옳은 것만을 〈보기〉에서 있는 대로 고른 것은? (단, 행성의 공전 주기는 일정하다.)

〈보기〉

ㄱ. (T_4-T_1)은 행성의 공전 주기에 해당한다.

ㄴ. 흡수선의 파장은 T_3일 때가 T_2일 때보다 짧다.

ㄷ. 행성의 질량이 클수록 ㉠이 증가한다.

① ㄱ ② ㄷ ③ ㄱ, ㄴ ④ ㄴ, ㄷ ⑤ ㄱ, ㄴ, ㄷ

[25026-0259]

05 다음은 어느 가상의 행성에 대한 학생 A, B, C의 대화이다.

〈어느 행성의 특징〉

- 공전 주기와 자전 주기가 같다.
- 공전 궤도 반지름은 0.5 AU이고, 단위 시간에 단위 면적당 받는 중심별의 복사 에너지양은 지구와 같다.
- 대기압이 지구의 $\frac{1}{100억}$배보다 낮고, 대기의 주성분은 아르곤, 헬륨, 네온이다.

이 행성은 동주기 자전을 하네.
중심별의 광도는 태양보다 크겠는걸.
산소를 이용해 호흡하는 생명체가 살기에 적합한 환경이야.
학생 A
학생 B
학생 C

이 행성에 대한 대화 내용이 옳은 학생만을 있는 대로 고른 것은?

① A ② B ③ A, C
④ B, C ⑤ A, B, C

[25026-0260]

06 다음은 어느 외계 행성계에서 관측된 내용을 나타낸 것이다.

- 행성에 의한 식 현상으로 ㉠ 중심별의 밝기가 주기적으로 변한다.
- ㉡ 중심별의 시선 속도가 주기적으로 변한다.
- 중심별의 공전 궤도면과 관측자의 시선 방향이 이루는 각은 (㉢)이다.

이에 대한 설명으로 옳은 것만을 〈보기〉에서 있는 대로 고른 것은?

〈보기〉
ㄱ. ㉠의 변화 주기는 행성의 공전 주기와 같다.
ㄴ. ㉠이 최소일 때 ㉡은 최대이다.
ㄷ. ㉢은 90°이다.

① ㄱ ② ㄴ ③ ㄱ, ㄷ
④ ㄴ, ㄷ ⑤ ㄱ, ㄴ, ㄷ

[25026-0261]

07 그림은 두 외계 행성계 A와 B에서 T_1과 T_2일 때 각각의 중심별과 행성의 위치 관계를 나타낸 것이다. A와 B에서 중심별의 광도와 반지름은 각각 같다.

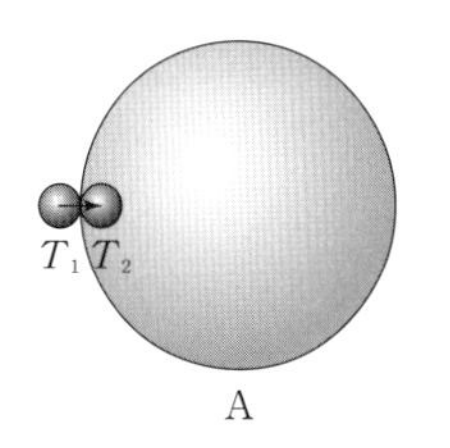

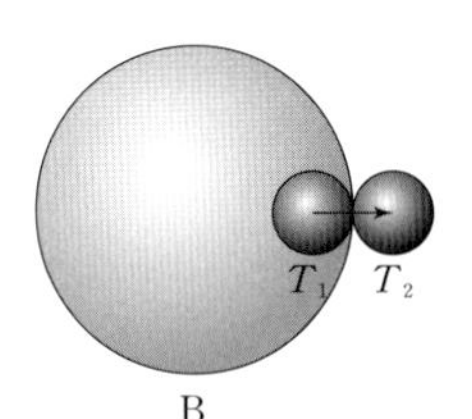

T_1~T_2 동안 관측되는 현상에 대한 설명으로 옳은 것만을 〈보기〉에서 있는 대로 고른 것은?

〈보기〉
ㄱ. 중심별의 밝기 변화율은 B가 A보다 크다.
ㄴ. 중심별의 스펙트럼에서 청색 편이가 나타나는 것은 B이다.
ㄷ. 행성의 공전 속도는 A가 B보다 빠르다.

① ㄱ ② ㄷ ③ ㄱ, ㄴ
④ ㄴ, ㄷ ⑤ ㄱ, ㄴ, ㄷ

[25026-0262]

08 그림은 어느 외계 행성계에서 중심별의 스펙트럼에 나타난 흡수선의 파장 변화를 나타낸 것이다.

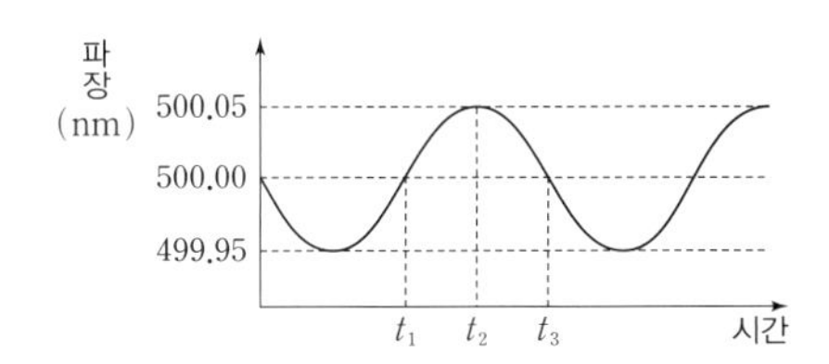

이에 대한 설명으로 옳은 것만을 〈보기〉에서 있는 대로 고른 것은? (단, 행성의 공전 궤도면은 시선 방향과 나란하고, 중심별의 흡수선 파장 변화는 행성과의 공통 질량 중심을 중심으로 공전하는 과정에서만 나타난다.)

〈보기〉
ㄱ. 중심별의 밝기는 t_1일 때가 t_3일 때보다 밝다.
ㄴ. t_1~t_2 동안 행성과 지구 사이의 거리는 가까워진다.
ㄷ. 행성의 공전 속도는 $\frac{빛의\ 속도}{10000}$보다 빠르다.

① ㄱ ② ㄷ ③ ㄱ, ㄴ
④ ㄴ, ㄷ ⑤ ㄱ, ㄴ, ㄷ

수능 3점 테스트

중심별의 광도가 클수록 중심별로부터 생명 가능 지대까지의 거리는 멀어지고 생명 가능 지대의 폭은 넓어진다.

[25026-0263]

01 그림은 중심별 X와 행성 ㉠, ㉡으로 이루어진 어느 외계 행성계에서 현재와 T 시기의 생명 가능 지대를 나타낸 것이다.

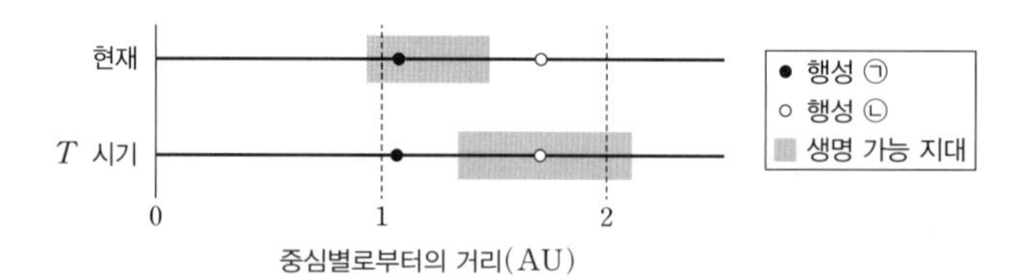

이에 대한 설명으로 옳은 것만을 〈보기〉에서 있는 대로 고른 것은?

〈 보기 〉

ㄱ. 광도는 T 시기의 X가 현재의 태양보다 크다.
ㄴ. ㉠의 표면에 액체 상태의 물이 존재할 가능성은 현재가 T 시기보다 크다.
ㄷ. ㉡에서 단위 시간에 단위 면적당 받는 중심별의 복사 에너지양은 T 시기가 현재보다 많다.

① ㄱ ② ㄷ ③ ㄱ, ㄴ ④ ㄴ, ㄷ ⑤ ㄱ, ㄴ, ㄷ

중심별의 시선 속도 변화를 이용하여 발견한 행성들은 대부분 질량이 크고, 식 현상을 이용하여 발견한 행성들은 대부분 공전 궤도 반지름이 작다.

[25026-0264]

02 그림은 여러 가지 탐사 방법으로 발견한 외계 행성들의 질량과 공전 궤도 반지름을 나타낸 것이다. A, B, C는 각각 도플러 효과, 미세 중력 렌즈 현상, 식 현상 중 하나이다.

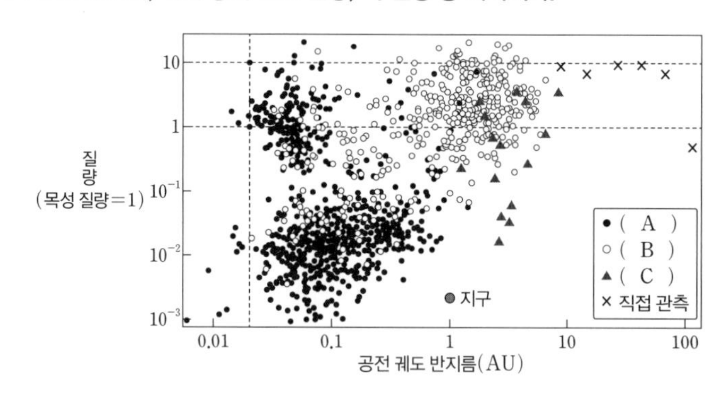

이에 대한 설명으로 옳은 것만을 〈보기〉에서 있는 대로 고른 것은?

〈 보기 〉

ㄱ. 케플러 망원경은 A를 이용하여 외계 행성을 탐사하였다.
ㄴ. B는 행성의 스펙트럼을 관측하는 방법이다.
ㄷ. 빛의 굴절 현상을 이용하여 발견한 행성들은 식 현상을 이용하여 발견한 행성들보다 평균 공전 궤도 반지름이 크다.

① ㄱ ② ㄴ ③ ㄱ, ㄷ ④ ㄴ, ㄷ ⑤ ㄱ, ㄴ, ㄷ

[25026-0265]

03 표는 어느 외계 행성계의 행성 ㉠~㉣의 공전 궤도 반지름과 행성 표면에서 중심별로부터 단위 시간에 단위 면적당 받는 복사 에너지양(S)을 나타낸 것이다.

행성	공전 궤도 반지름(AU)	S(지구=1)
㉠	0.22	1.12
㉡	0.48	0.37
㉢	( )	4.15
㉣	0.62	( )

이에 대한 설명으로 옳은 것만을 <보기>에서 있는 대로 고른 것은?

<보기>
ㄱ. 중심별의 광도는 태양보다 작다.
ㄴ. 공전 궤도 반지름은 ㉢이 ㉠보다 작다.
ㄷ. ㉣의 표면에는 액체 상태의 물이 존재할 가능성이 높다.

① ㄱ ② ㄷ ③ ㄱ, ㄴ ④ ㄴ, ㄷ ⑤ ㄱ, ㄴ, ㄷ

생명 가능 지대는 별 주위에서 물이 액체 상태로 존재할 수 있는 거리의 범위로, 중심별의 광도가 클수록 중심별에서 멀어진다.

[25026-0266]

04 그림 (가)는 가상의 외계 행성계에서 행성 A와 B가 중심별 앞을 지나가는 경로를, (나)는 A에 의한 식 현상으로 나타나는 중심별의 밝기 변화를 나타낸 것이다. 반지름은 B가 A의 2배이고, A와 B의 공전 주기와 공전 궤도 반지름은 각각 같다.

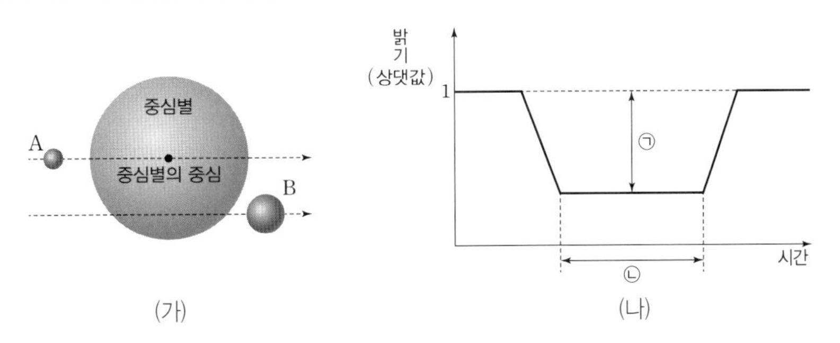

(가) (나)

B에 대한 설명으로 옳은 것만을 <보기>에서 있는 대로 고른 것은?

<보기>
ㄱ. 공전 궤도면은 A의 공전 궤도면과 나란하다.
ㄴ. 중심별을 가릴 때 중심별의 밝기 감소량 최댓값은 ㉠의 2배이다.
ㄷ. 중심별을 가리는 면적값이 최대인 시간은 ㉡보다 짧다.

① ㄱ ② ㄷ ③ ㄱ, ㄴ ④ ㄴ, ㄷ ⑤ ㄱ, ㄴ, ㄷ

행성이 중심별의 앞을 지나갈 때 중심별의 겉보기 밝기가 감소하며, 밝기 감소량은 행성의 단면적에 비례한다.

별과 행성이 공통 질량 중심을 중심으로 공전할 때, 별빛의 흡수선 파장이 변하는 도플러 효과가 나타나고, 이를 이용하여 행성의 존재를 확인할 수 있다.

[25026-0267]

05 그림 (가)는 어느 외계 행성과 중심별이 공통 질량 중심을 중심으로 공전하는 모습을, (나)는 행성이 한 번 공전하는 동안 위치가 ㉠ → ㉡ → ㉢으로 변할 때 관측된 중심별의 스펙트럼을 나타낸 것이다.

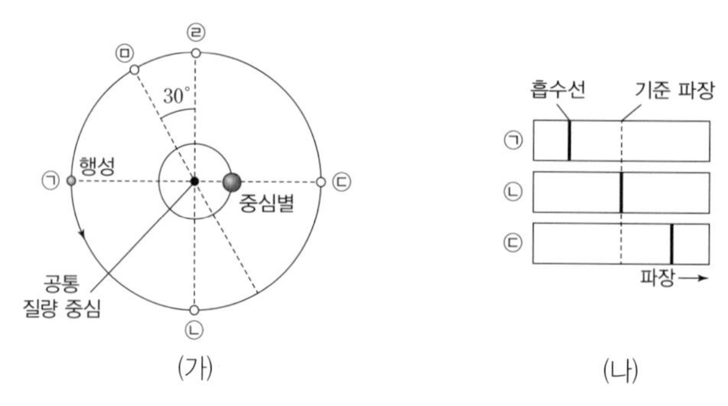

(가) (나)

이에 대한 설명으로 옳은 것만을 <보기>에서 있는 대로 고른 것은? (단, 행성의 공전 궤도면은 관측자의 시선 방향과 나란하다.)

<보기>

ㄱ. 중심별과 지구 사이의 거리는 행성이 ㉠에 위치할 때보다 ㉡에 위치할 때 가깝다.
ㄴ. 행성이 ㉣에 위치할 때 중심별의 겉보기 밝기는 최대이다.
ㄷ. 중심별의 시선 속도 절댓값은 행성이 ㉢에 위치할 때가 ㉤에 위치할 때의 $\frac{\sqrt{3}}{2}$배이다.

① ㄱ ② ㄴ ③ ㄱ, ㄷ ④ ㄴ, ㄷ ⑤ ㄱ, ㄴ, ㄷ

행성의 질량이 클수록 중심별의 시선 속도 변화량이 크고, 행성의 반지름이 클수록 식 현상에 의한 중심별의 밝기 감소량이 크다.

[25026-0268]

06 표는 주계열성 A, B를 각각 원 궤도로 공전하는 외계 행성 ㉠, ㉡의 공전 궤도 반지름, 질량, 반지름을, 그림은 ㉠에 의한 식 현상이 일어날 때 A의 겉보기 밝기 변화를 나타낸 것이다. A, B의 질량과 반지름은 각각 같다.

외계 행성	공전 궤도 반지름	질량	반지름
㉠	d	m	$2r$
㉡	d	$2m$	r

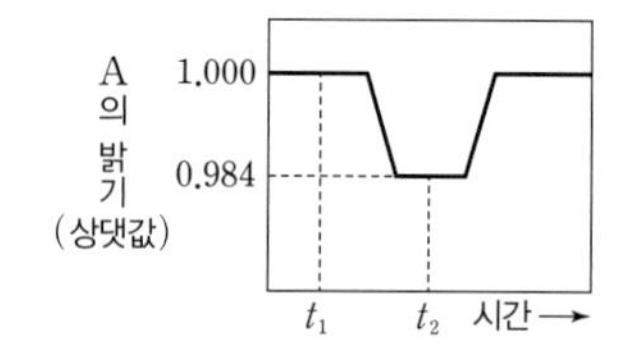

이에 대한 설명으로 옳은 것만을 <보기>에서 있는 대로 고른 것은? (단, A, B의 시선 속도 변화는 각각 ㉠, ㉡과의 공통 질량 중심을 중심으로 공전하는 과정에서만 나타나고, 행성의 공전 궤도면은 관측자의 시선 방향과 나란하다.)

<보기>

ㄱ. 시선 속도 변화량은 B가 A보다 크다.
ㄴ. 지구로부터 A까지의 거리는 t_2일 때가 t_1일 때보다 멀다.
ㄷ. ㉡에 의한 식 현상이 일어날 때, B의 겉보기 밝기 최솟값(상댓값)은 0.996이다.

① ㄱ ② ㄷ ③ ㄱ, ㄴ ④ ㄴ, ㄷ ⑤ ㄱ, ㄴ, ㄷ

[25026-0269]

07 그림 (가)는 어느 외계 행성이 중심별과의 공통 질량 중심을 중심으로 공전하는 모습을, (나)는 중심별의 시선 속도를 나타낸 것이다. t_A, t_B, t_C는 각각 행성이 A, B, C에 위치할 때의 시각이다.

별과 행성이 공통 질량 중심을 중심으로 공전할 때, 별과 행성은 공통 질량 중심을 동일한 주기와 방향으로 공전한다.

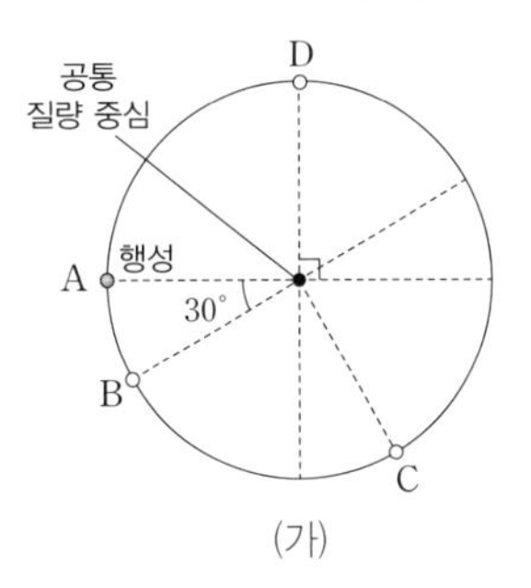

(가)

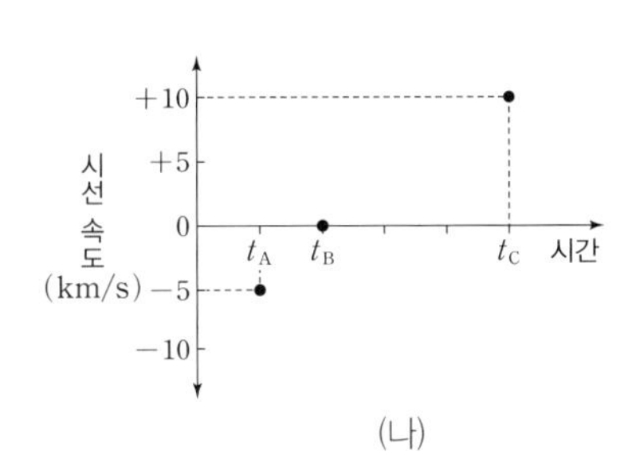

(나)

이에 대한 설명으로 옳은 것만을 〈보기〉에서 있는 대로 고른 것은? (단, 행성의 공전 궤도면은 관측자의 시선 방향과 나란하고, 중심별의 시선 속도 변화는 행성과의 공통 질량 중심을 중심으로 공전하는 과정에서만 나타난다.)

〈 보기 〉

ㄱ. 중심별의 공전 속도는 10 km/s이다.
ㄴ. 중심별의 밝기는 행성이 B에 위치할 때 가장 어둡다.
ㄷ. 중심별의 흡수선 파장 변화량은 행성이 D에 위치할 때가 행성이 A에 위치할 때의 $\sqrt{3}$배이다.

① ㄱ ② ㄴ ③ ㄱ, ㄷ ④ ㄴ, ㄷ ⑤ ㄱ, ㄴ, ㄷ

[25026-0270]

08 그림 (가)와 (나)는 별 A, B를 각각 원 궤도로 공전하는 외계 행성 ㉠, ㉡에 의해 식 현상이 일어날 때 A, B의 겉보기 밝기 변화를 나타낸 것이다. A와 B의 광도는 같고 A는 주계열성, B는 거성이다. ㉠과 ㉡의 공전 궤도 반지름과 질량은 각각 같다.

중심별의 밝기 변화를 이용하여 중심별과 행성의 위치 관계, 행성의 반지름을 추정할 수 있다.

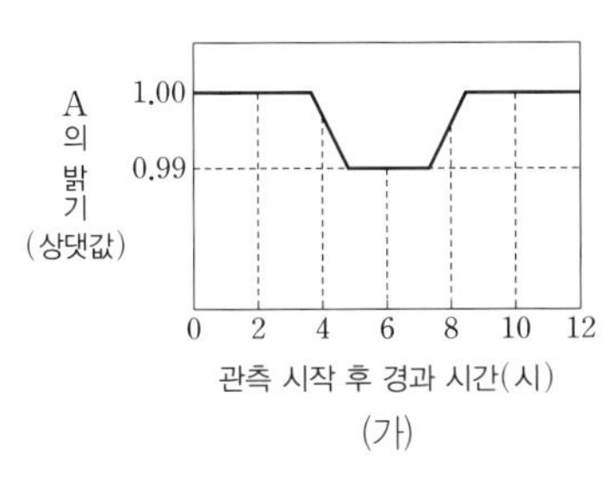

(가)

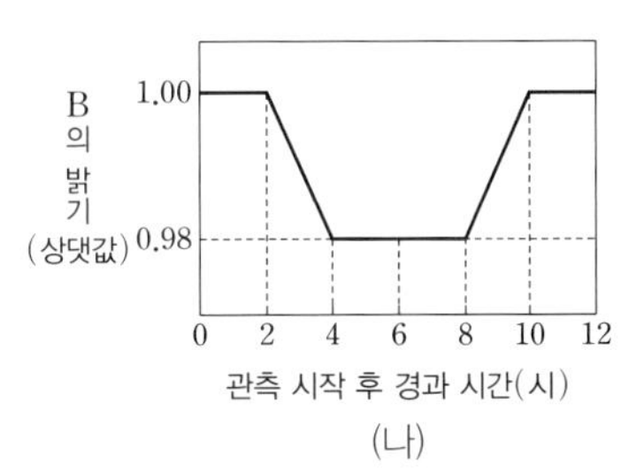

(나)

이에 대한 설명으로 옳은 것만을 〈보기〉에서 있는 대로 고른 것은? (단, 행성의 공전 궤도면은 관측자의 시선 방향과 나란하고, 중심별의 흡수선 파장 변화는 행성과의 공통 질량 중심을 중심으로 공전하는 과정에서만 나타난다.)

〈 보기 〉

ㄱ. A의 흡수선의 파장은 관측 시작 후 4시간이 경과했을 때가 8시간이 경과했을 때보다 길다.
ㄴ. 별과 공통 질량 중심 사이의 거리는 B가 A보다 멀다.
ㄷ. ㉡의 반지름은 ㉠의 반지름의 $\sqrt{2}$배보다 크다.

① ㄱ ② ㄷ ③ ㄱ, ㄴ ④ ㄴ, ㄷ ⑤ ㄱ, ㄴ, ㄷ

10 외부 은하와 우주 팽창

개념 체크

➲ 은하
항성, 성간 물질, 암흑 물질 등이 중력에 의해 묶여 있는 천체들의 집합체이다.

➲ 나선 은하의 구조(옆에서 본 모습)

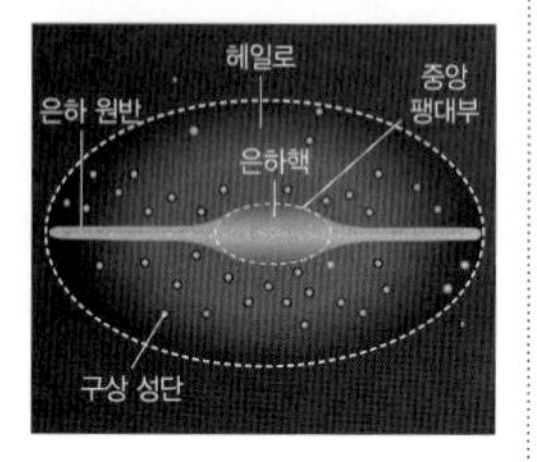

➲ 나선팔
나선 은하에서 중앙 팽대부를 휘감아 돌고 있는 팔 모양의 부분으로 젊고 온도가 높은 별들이 많이 있으며, 밀도가 큰 성간운이 모여 있는 곳에서 별이 탄생한다.

1. 허블은 외부 은하를 가시광선 영역에서 관측되는 (　　)에 따라 타원 은하, 나선 은하, 불규칙 은하로 분류하였다.

2. 타원 은하는 모양이 가장 원에 가깝게 보이는 (　　)부터 가장 납작한 타원형으로 보이는 (　　)까지 구분한다.

3. 나선 은하는 중심부의 (　　) 구조의 유무에 따라 (　　) 나선 은하와 (　　) 나선 은하로 구분한다.

4. 불규칙 은하는 타원 은하보다 표면 온도가 (　　)고, 나이가 (　　)은 별들이 많이 분포한다.

정답
1. 형태
2. E0, E7
3. 막대, 막대, 정상
4. 높, 적

1 외부 은하

(1) 은하의 분류

① **허블의 은하 분류**: 허블은 외부 은하를 가시광선 영역에서 관측되는 형태에 따라 타원 은하, 나선 은하, 불규칙 은하로 분류하였다. ➡ 타원 은하(Elliptical galaxy)는 E, 정상 나선 은하(Normal spiral galaxy)는 S, 막대 나선 은하(Barred spiral galaxy)는 SB, 불규칙 은하(Irregular galaxy)는 Irr로 표현한다.

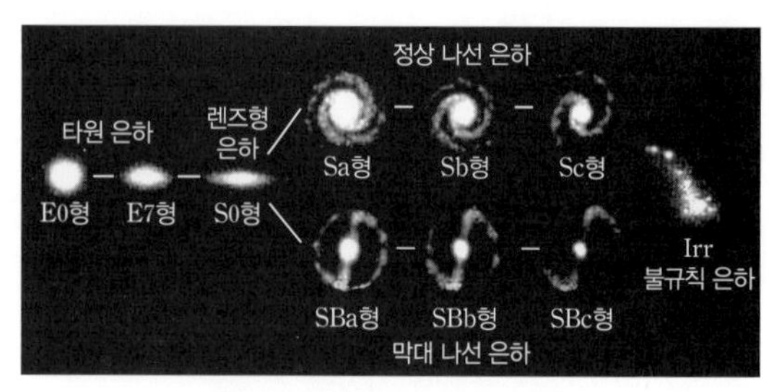

형태에 따른 외부 은하의 분류

② 은하의 종류

• 타원 은하: 성간 물질이 거의 없는 타원형 은하로, 비교적 늙고 온도가 낮은 별들로 이루어져 있다. 타원 은하는 타원의 납작한 정도에 따라 E0~E7로 세분하여 나타내는데, 모양이 가장 원에 가깝게 보이는 은하는 E0, 가장 납작한 타원형으로 보이는 은하는 E7에 해당한다.

• 나선 은하: 은하핵과 나선팔로 구성되어 있다. 나선팔에는 젊은 별들과 성간 물질이 모여 있고, 중심부에는 은하핵을 포함한 중앙 팽대부라고 하는 별의 분포 밀도가 큰 부분이 위치한다.
  – 나선 은하는 은하핵을 가로지르는 막대 모양 구조의 유무에 따라 막대 나선 은하와 정상 나선 은하로 구분한다. 나선팔에는 성간 물질과 젊은 별들이 많으며, 중앙 팽대부와 헤일로에는 늙은 별들과 구상 성단이 주로 분포한다.
  – 나선팔이 감긴 정도와 은하핵의 상대적인 크기에 따라 Sa, Sb, Sc 또는 SBa, SBb, SBc로 구분한다. ➡ 나선 은하의 경우 뒤에 붙은 소문자가 a → b → c 순으로 갈수록 중심핵의 크기가 상대적으로 작고 나선팔이 느슨하게 감겨 있다.

• 불규칙 은하: 규칙적인 모양을 보이지 않거나 비대칭적인 은하로, 성간 물질과 젊은 별들이 많이 분포한다.

탐구자료 살펴보기 은하의 종류

탐구 자료
그림은 허블의 은하 분류상 서로 다른 형태의 세 은하 A, B, C를 가시광선으로 관측한 것이다.

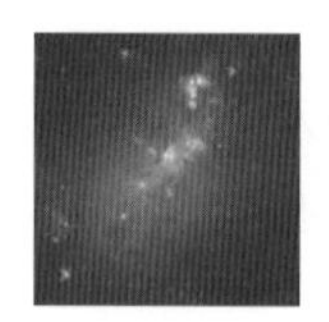
A

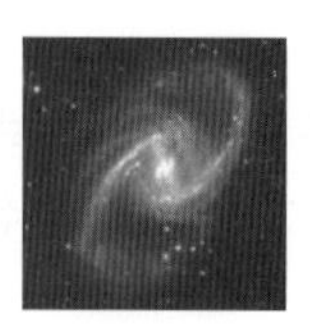
B

C

탐구 결과
A는 불규칙 은하, B는 막대 나선 은하, C는 타원 은하이다.

분석 point

구분		별	성간 물질의 함량(%)	예
타원 은하		주로 늙은 별	적다	M32
나선 은하	중앙 팽대부와 헤일로	주로 늙은 별	적다	우리은하, NGC1365
	나선팔	주로 젊은 별	많다	
불규칙 은하		주로 젊은 별	많다	NGC4214

(2) 특이 은하: 일반적인 은하에 비해 전파나 X선 영역에서 강한 에너지를 방출할 뿐만 아니라 그 밝기가 시간에 따라 변하는 등 일반 은하와는 다른 특성을 보이는 은하들로, 전파 은하, 퀘이사, 세이퍼트은하 등이 있다.

① **전파 은하**: 보통의 은하보다 수백 배 이상 강한 전파를 방출하는 은하로, 관측하는 방향에 따라 중심부가 뚜렷한 전파원으로 보이거나 제트(jet)로 연결된 로브(lobe)가 중심부의 양쪽에 대칭으로 나타나는 모습으로 관측된다. ➡ 전파 은하의 제트와 로브의 일부 영역에서는 강한 X선을 방출하는데, 이것은 전파 은하 중심부에 있는 질량이 매우 큰 블랙홀에 의해 고속으로 움직이는 전자와 강한 자기장 때문이라고 추정하고 있다.

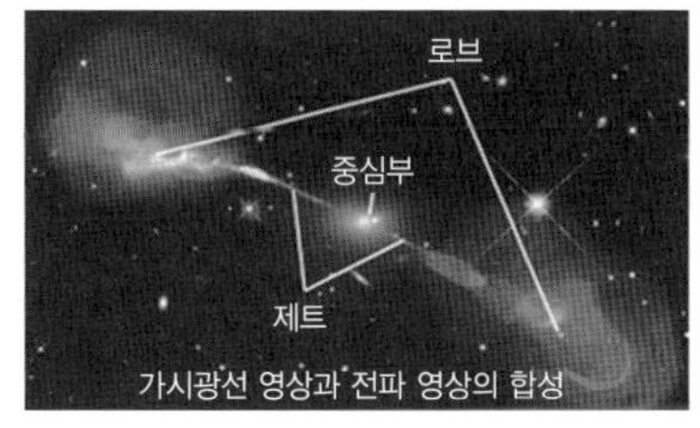

전파 은하(헤라클레스 A)

② **퀘이사**: 수많은 별들로 이루어진 은하이지만 너무 멀리 있어 별처럼 점으로 보인다.

- 퀘이사는 적색 편이가 매우 크게 나타난다. ➡ 적색 편이가 크다는 것은 퀘이사가 매우 먼 거리에 위치하여 빠른 속도로 멀어지고 있다는 뜻이다.
- 퀘이사는 광도가 매우 크기 때문에 먼 거리에 위치한 퀘이사도 관측할 수 있어 초기 우주를 연구하는 수단이 된다. 지금까지 발견된 가장 멀리 있는 퀘이사는 우주가 탄생한 후 약 7억 년이 되었을 때 생성된 것이다.

퀘이사(3C 273)

- 퀘이사에서 방출되는 에너지는 보통 은하의 수백 배나 되지만 에너지가 방출되는 영역의 크기는 태양계 정도이다. 이렇게 작은 공간에서 많은 양의 에너지를 방출하고 있는 것으로 보아 퀘이사의 중심에는 질량이 매우 큰 블랙홀이 있을 것으로 추정된다.

③ **세이퍼트은하**

- 일반적인 은하에 비해 핵이 다른 부분보다 상대적으로 밝고, 은하 내의 가스운이 매우 빠른 속도로 움직이고 있어 스펙트럼에서 넓은 방출선이 관측된다. 이것은 은하의 중심부에 질량이 매우 큰 천체가 있다는 것을 의미하기 때문에 세이퍼트은하의 중심부에는 질량이 매우 큰 블랙홀이 있을 것으로 추정된다.
- 세이퍼트은하는 대부분 나선 은하의 형태로 관측되며, 전체 나선 은하 중 약 2 %가 세이퍼트은하로 분류된다.

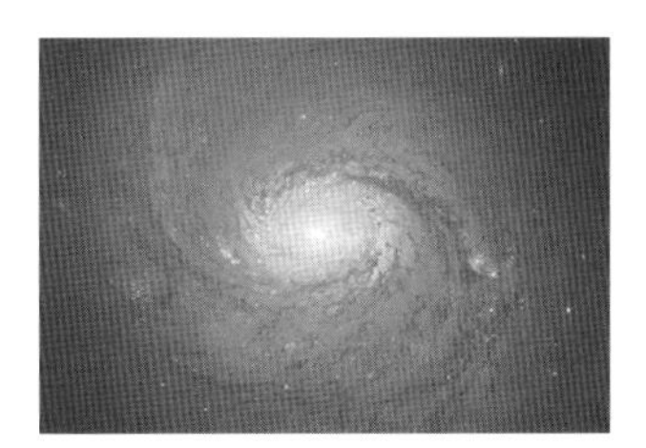

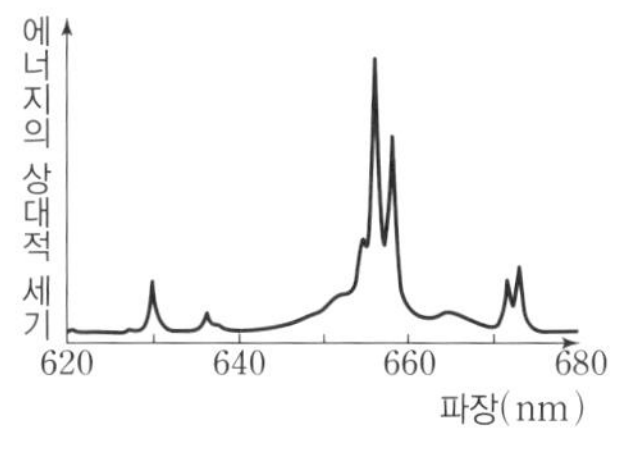

세이퍼트은하(M77)의 모습과 스펙트럼

개념 체크

➲ **퀘이사(Quasar)**
처음 발견 당시 별처럼 관측되었기 때문에 항성과 비슷하다는 뜻인 준항성체라는 이름을 붙였다.

➲ **제트와 로브**
제트는 은하핵에서 로브로 이어지는 강한 물질의 흐름이고, 로브는 은하핵 양쪽에 위치하는 거대한 돌출부이다. 로브에서는 강력한 전파가 방출된다.

1. 전파 은하의 중심부에서 강하게 뿜어져 나오는 물질의 흐름을 (　　)라고 한다.

2. 퀘이사는 수많은 별들로 이루어진 은하이지만 매우 (　　) 있어 별처럼 점으로 보인다.

3. (　　)은하는 일반적인 은하에 비해 매우 밝은 핵을 가지며, 스펙트럼에서 폭이 넓은 방출선을 보인다.

4. 세이퍼트은하는 대부분 (　　) 은하의 형태로 관측된다.

5. 전파 은하, 퀘이사, 세이퍼트은하와 같은 특이 은하는 대부분 중심부에 질량이 매우 큰 (　　)을 가지고 있는 것으로 추정된다.

정답
1. 제트
2. 멀리
3. 세이퍼트
4. 나선
5. 블랙홀

개념 체크

허블 법칙
2018년 국제천문연맹 총회에서 '허블 법칙'을 '허블-르메트르 법칙'으로 수정하여 부를 것을 권고하는 권고안이 통과되었다.

허블 상수(H)
은하까지의 거리와 후퇴 속도가 비례한다는 것을 나타내는 상수로 최근 연구에 의하면 약 68 km/s/Mpc이다.

1. 가까운 곳에 위치한 두 은하 사이에 강한 ( )이 작용하면 두 은하가 충돌할 수 있다.

2. 허블은 외부 은하를 관측하여 대부분 은하들의 스펙트럼에서 ( ) 편이가 나타남을 알아냈다.

3. 허블 법칙은 은하의 거리와 ( )가 비례한다는 것이다.

4. 외부 은하의 거리를 가로축 물리량으로, 후퇴 속도를 세로축 물리량으로 나타낸 그래프에서 기울기는 ( )이다.

정답
1. 중력
2. 적색
3. 후퇴 속도
4. 허블 상수

(3) 충돌 은하

① 우주에 무리를 지어 분포하는 은하들 중 서로 가까이 있는 은하들 사이에는 큰 중력이 작용하여 충돌하기도 한다. 하지만 은하들이 충돌할 때 별들끼리 충돌하는 경우는 거의 없다.

② 두 은하가 충돌할 때는 거대한 분자운들이 충돌하게 되고 격렬한 충격이 발생하면서 급격히 기체가 압축되어 많은 별들이 탄생할 수 있다.

③ 두 은하가 가까이 접근하면 은하의 형태가 변형되어 길게 휘어진 구조물처럼 특이하게 보이기도 한다.

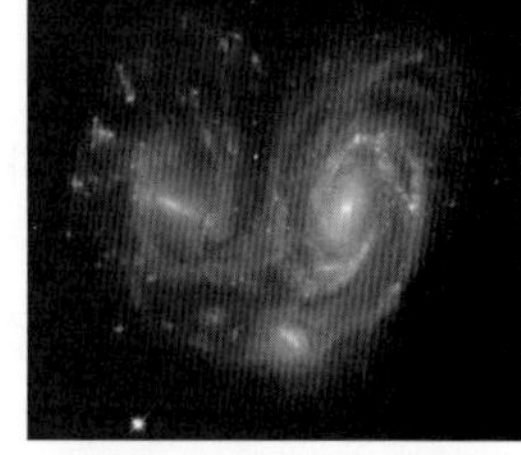
충돌 은하(NGC 6050)

④ 현재 약 250만 광년 떨어져 있는 안드로메다은하는 우리은하와 점점 가까워지고 있으며, 약 40억 년 후에 충돌할 것으로 추정하고 있다.

2 허블 법칙과 우주론

(1) 외부 은하의 관측

① **외부 은하의 스펙트럼 관측**: 멀리 있는 외부 은하들의 스펙트럼을 관측하면 대부분 흡수선들의 위치가 원래 위치보다 파장이 긴 적색 쪽으로 이동하는 적색 편이가 나타난다. ➡ 적색 편이는 외부 은하가 우리은하로부터 멀어질 때 나타난다.

② **외부 은하의 스펙트럼 관측과 후퇴 속도**: 외부 은하의 후퇴 속도(v)와 흡수선의 파장 변화량($\Delta\lambda$=관측 파장−고유 파장) 사이에는 다음과 같은 관계가 성립한다.

$$v = c \times \frac{\Delta\lambda}{\lambda_0}$$

(c: 빛의 속도, λ_0: 흡수선의 고유 파장, $\Delta\lambda$: 흡수선의 파장 변화량)

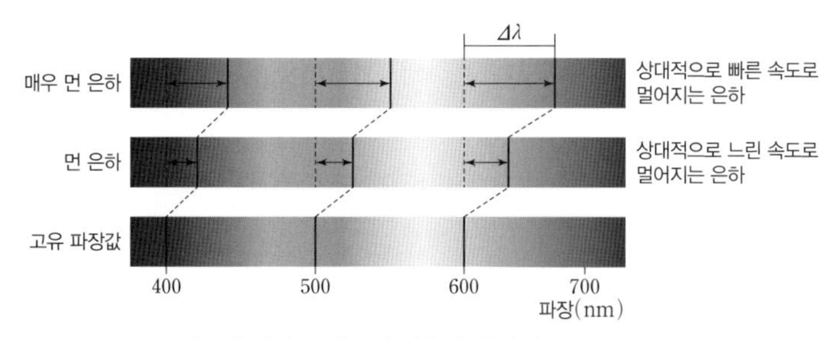

외부 은하의 스펙트럼 관측과 후퇴 속도

(2) 허블 법칙과 우주 팽창

허블 법칙과 우주 팽창: 허블은 거리가 알려진 외부 은하들의 적색 편이를 측정하여 은하들의 후퇴 속도와 거리와의 관계를 조사한 결과 은하들의 후퇴 속도(v)가 거리(r)에 비례한다는 사실을 알아냈으며, 이 관계를 허블 법칙이라고 한다. ➡ $v = H \cdot r$ (H: 허블 상수)

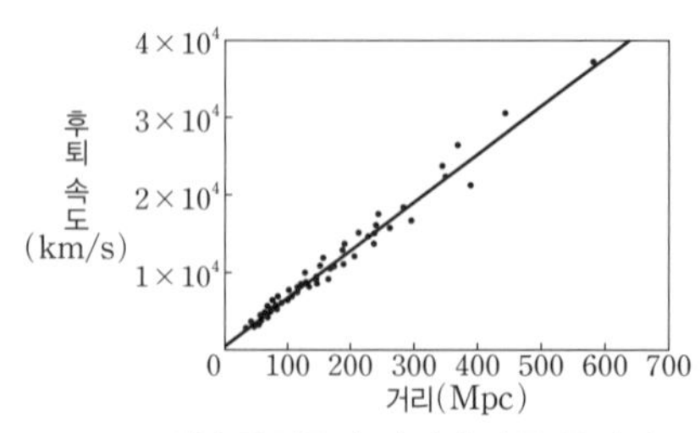

외부 은하들의 거리에 따른 후퇴 속도

① 멀리 있는 은하일수록 빠르게 멀어지는 현상은 우주가 팽창한다는 것을 의미한다.
② 외부 은하의 거리와 후퇴 속도의 관계식에서 허블 상수(H)는 1 Mpc당 우주가 팽창하는 속도(km/s)를 나타내는 값이다.
③ **우주의 나이(t)**: 우주가 일정한 속도로 팽창한 것으로 가정할 때 허블 법칙으로부터 우주의 나이는 $t=\frac{r}{v}=\frac{r}{H\cdot r}=\frac{1}{H}$로 구할 수 있다. 현재 우주의 나이는 약 138억 년으로 추정하고 있다.
④ **관측 가능한 우주의 크기**: 빛의 속도가 유한하기 때문에, 관측 가능한 우주의 크기는 우주의 나이$\left(\frac{1}{H}\right)$에 빛의 속도(c)를 곱한 값으로 나타낸다.

탐구자료 살펴보기 | 외부 은하의 스펙트럼 관측과 우주 팽창

탐구 자료

그림은 외부 은하들의 거리와 Ca Ⅱ 흡수선의 적색 편이를 이용하여 구한 후퇴 속도를 나타낸 것이다. 화살표는 Ca Ⅱ 흡수선의 파장 변화량을 나타낸다.

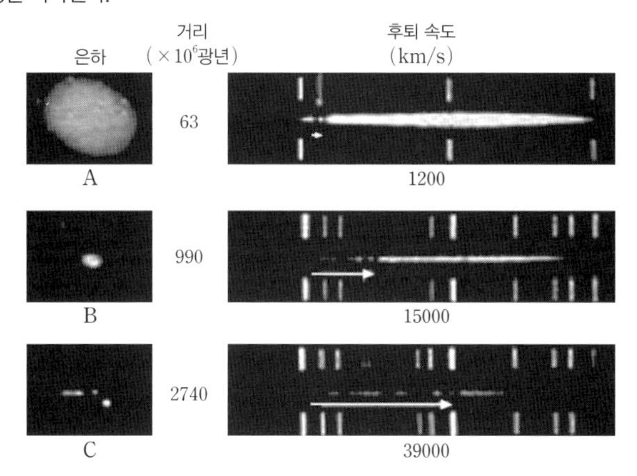

탐구 결과

1. 거리가 가장 먼 C의 후퇴 속도가 가장 빠르고, 거리가 가장 가까운 A의 후퇴 속도가 가장 느리다.
2. 거리가 먼 은하일수록 후퇴 속도가 빠르다.
3. 은하들의 거리와 후퇴 속도의 관계는 우주가 팽창한다는 증거이다.

분석 point

- 은하들의 스펙트럼에서 Ca Ⅱ 흡수선이 원래보다 파장이 길어지는 쪽으로 이동하였는데, 이는 은하들이 관측자로부터 멀어지고 있음을 의미한다.
- Ca Ⅱ 흡수선의 파장 변화량은 은하의 후퇴 속도에 비례하므로 C의 후퇴 속도가 가장 빠르다.

(3) 빅뱅 우주론(대폭발 우주론)

① **빅뱅 우주론**: 초기 우주는 밀도가 매우 크고 뜨거운 상태였는데 팽창하면서 냉각되어 현재와 같은 우주가 생성되었다는 이론이다.
② 빅뱅 우주론은 우주의 물질이 균일하고 등방적으로 분포하고 있다는 우주론의 원리와 중력의 원리를 설명하는 아인슈타인의 일반 상대성 이론에 기반하고 있다.

개념 체크

우주의 중심
은하들이 서로 멀어지는 우주에서는 어떤 은하에서 보더라도 은하들 사이의 거리가 멀어지는 것으로 나타나기 때문에 특정한 위치를 우주의 중심으로 정할 수 없다.

등방성
우주를 관측할 때 우주의 어느 방향을 보더라도 우주의 물리적 특성이 동등하게 나타난다는 것이다.

1. 멀리 있는 은하일수록 빠르게 멀어지는 현상은 우주가 (　　)한다는 것을 의미한다.
2. 우주의 팽창 속도가 일정할 때 우주의 (　　)는 $\frac{1}{H}$(H: 허블 상수)로 구할 수 있다.
3. 관측 가능한 우주의 크기는 우주의 (　　)에 (　　)의 속도를 곱한 값이다.
4. 외부 은하의 후퇴 속도는 외부 은하 흡수선의 (　　) 변화량에 비례한다.
5. (　　) 우주론은 우주가 매우 뜨거운 한 점에서 폭발하여 팽창하였다는 이론이다.

정답
1. 팽창
2. 나이
3. 나이, 빛
4. 파장
5. 빅뱅(대폭발)

개념 체크

중수소
수소의 동위 원소 중 하나로, 원자핵이 양성자 1개와 중성자 1개로 구성된 원소이다.

1. 정상 우주론에서는 우주가 팽창할 때 우주의 온도와 밀도가 (　　)하다고 주장한다.

2. 빅뱅 우주론에 의하면 초기 우주에서 생성된 수소와 헬륨의 질량비는 약 (　　)이다.

3. 빅뱅 후 약 3분이 지났을 때 양성자 2개와 중성자 2개로 이루어진 (　　) 원자핵이 생성되었다.

정답
1. 일정
2. 3 : 1
3. 헬륨

과학 돋보기 빅뱅 우주론과 정상 우주론

구분	빅뱅 우주론	정상 우주론
우주의 팽창 여부	팽창	팽창
우주의 질량	일정	증가
우주의 밀도	감소	일정
우주의 온도	감소	일정
특징	온도와 밀도가 매우 높은 한 점에서 점차 팽창한다.	우주 밀도가 일정하게 유지되어야 하므로 우주가 팽창하면서 생겨난 빈 공간에 새로운 물질이 계속 생성된다.
모형	시간의 경과	시간의 경과

(4) **빅뱅 우주론의 근거**: 우주가 팽창한다는 사실은 과거에는 우주의 크기가 매우 작고 뜨거웠다는 사실을 암시하기 때문에 빅뱅 우주론의 가정과 잘 들어맞는다.

① **가벼운 원소의 비율**: 빅뱅 우주론에 따르면 초기 우주는 매우 뜨거워 빅뱅으로부터 약 1초 후 우주의 온도는 약 100억 K에 달했으며 양성자, 전자, 중성자 등의 입자들이 모두 뒤엉켜 있었다. 이후 우주가 식으면서 중성자는 양성자와 결합해 중수소가 되었다. 이렇게 만들어진 중수소의 대부분은 빅뱅 이후 처음 약 3분 동안에 헬륨핵으로 합성되었고 소량의 리튬도 만들어졌다. ➡ 빅뱅 우주론에 따르면 수소와 헬륨의 질량비가 약 3 : 1이 되어야 하는데, 이 예측은 관측 결과와 잘 들어맞는다.

탐구자료 살펴보기 빅뱅 우주론에서 예측한 수소와 헬륨의 질량비

탐구 자료

그림 (가)는 우주 초기 헬륨 원자핵이 생성되기 전의 양성자와 중성자의 개수비를, (나)는 헬륨 원자핵이 생성된 후의 수소와 헬륨의 질량비를 나타낸 것이다.

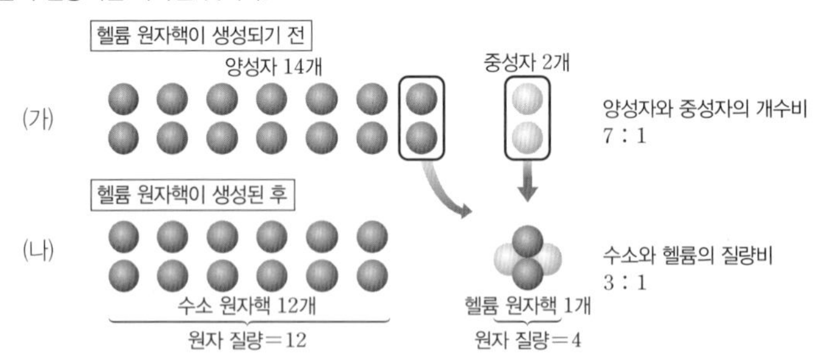

탐구 결과

1. 우주 초기에 생성된 양성자와 중성자의 개수비는 약 7 : 1이었다.
2. 양성자 2개와 중성자 2개가 결합하여 1개의 헬륨 원자핵이 생성되고 12개의 양성자(수소 원자핵)가 남는다.
3. 헬륨 원자핵이 생성된 후 수소 원자핵과 헬륨 원자핵의 질량비는 약 3 : 1이었다.

분석 point

빅뱅 우주론에서 예측한 수소와 헬륨의 질량비(약 3 : 1)는 관측 결과와 잘 들어맞는다.

② 우주 배경 복사

- 빅뱅 우주론에 따르면 우주는 초기에 매우 뜨거운 상태였기 때문에 원자핵과 전자가 결합하지 않은 상태로 뒤섞여 있어서 빛이 자유롭게 진행할 수 없었다. ➡ 불투명한 우주
- 빅뱅으로부터 약 38만 년 후 우주가 충분히 식게 되자 원자핵과 전자가 결합해 중성 원자가 만들어지면서 투명해졌다. 이와 함께 복사(빛)와 물질이 분리되기 시작했고, 복사(빛)가 우주를 자유롭게 진행하기 시작하였다. ➡ 투명한 우주

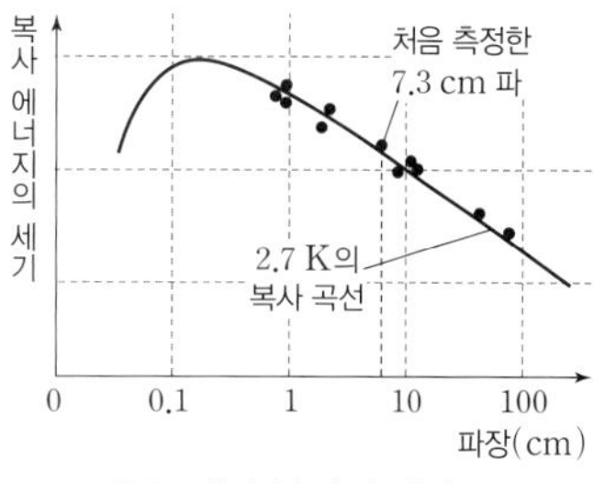

우주 배경 복사의 세기 분포

- 우주 배경 복사는 우주의 온도가 약 3000 K일 때 방출되었던 복사로, 우주가 팽창하는 동안 온도가 낮아지고 파장이 길어져 현재는 약 2.7 K 복사로 관측되고 있다.
- 1964년 미국의 펜지어스와 윌슨은 통신 위성용 전파 망원경으로 우연히 하늘의 모든 방향에서 같은 세기로 나타나는 약 7.3 cm 파장의 전파를 발견하였는데, 이것이 곧 빅뱅 우주론에서 예상하던 우주 배경 복사임이 밝혀졌다.

과학 돋보기 **우주 배경 복사 관측**

1965년 관측	1992년 관측	2003년 관측	2013년 관측
펜지어스와 윌슨의 지상 관측	코비(COBE) 망원경 관측	더블유맵(WMAP) 망원경 관측	플랑크 망원경 관측

1960년대에 펜지어스와 윌슨이 최초로 관측한 이후 우주 배경 복사는 다양한 우주 망원경으로 더욱 정밀하게 관측되었고, 초기 우주의 온도 분포를 더 정확하게 알 수 있게 되었다. 플랑크 망원경이 관측한 우주 배경 복사로 알아낸 우주 초기의 온도 분포는 거의 균일하다.

(5) 빅뱅 우주론의 한계와 급팽창 이론

① 빅뱅 우주론의 문제점

- 우주의 평탄성 문제: 초기 빅뱅 우주론에 따르면 물질의 양에 따라 우주 공간은 양수 혹은 음수의 곡률을 갖게 되고, 곡률이 0인 편평한 공간이 될 가능성은 거의 없다. 그러나 관측에 따르면 우주 공간은 완벽할 정도로 편평한데, 빅뱅 우주론에서는 그 이유를 설명하지 못한다.
- 우주의 지평선 문제: 현재 관측 결과 우주의 모든 영역에서 물질이나 우주 배경 복사가 거의 균일한데 이는 멀리 떨어진 두 지역이 과거에는 정보 교환이 있었다는 것을 의미한다. 그러나 빅뱅 우주론에서는 그 이유를 설명하지 못한다.
- 우주의 자기 홀극 문제: 현재 우주에는 초기 우주 때 생성된 자기 홀극이 많이 존재해야 하지만 아직까지 발견되지 않았다. 빅뱅 우주론에서는 그 이유를 설명하지 못한다.

개념 체크

➲ 우주 배경 복사
우주의 온도가 약 3000 K일 때 방출된 복사로, 우주가 팽창하는 동안 파장이 길어져 현재는 온도가 약 2.7 K인 복사로 관측된다.

➲ 자기 홀극
일반적인 자석에는 언제나 N극과 S극이 함께 존재하는데, 이와는 달리 N극 또는 S극만을 가지고 있는 입자(또는 물질)를 말한다.

1. 초기 우주에서 중성 원자가 생성되면서 모든 방향으로 퍼져 나간 빛이 현재 (　　)로 관측된다.

2. 우주 배경 복사는 우주의 온도가 약 (　　) K일 때 방출되었던 복사이다.

3. 현재 관측되는 우주 배경 복사는 약 (　　) K 흑체 복사와 같은 에너지 분포를 보인다.

4. 플랑크 망원경이 관측한 (　　) 복사로 알아낸 우주 초기의 온도 분포는 거의 (　　)하다.

5. 빅뱅 우주론으로 설명할 수 없는 문제점 중 현재 우주 공간이 거의 완벽할 정도로 편평한 것을 우주의 (　　) 문제라고 한다.

정답
1. 우주 배경 복사
2. 3000
3. 2.7
4. 우주 배경, 균일
5. 평탄성

② 급팽창 이론(인플레이션 이론): 우주 탄생 직후 10^{-36}~10^{-34}초 사이에 우주가 빛보다 빠른 속도로 팽창했다는 이론으로, 빅뱅 우주론으로 해결할 수 없는 세 가지 문제점을 해결하기 위해 제안된 수정된 빅뱅 우주론에 해당한다.

- 우주가 전체적으로는 곡률을 가지고 있더라도 우주 생성 초기에 급격히 팽창하여 공간의 크기가 매우 커지게 되면 관측되는 우주의 영역은 평탄하게 보이게 된다고 주장함으로써 우주의 평탄성 문제를 설명하였다.
- 우주 생성 초기에 우주가 급팽창하였기 때문에 팽창이 일어나기 이전에 가까이 있었던 두 지역은 서로 정보를 교환할 수 있었다고 주장함으로써 우주의 지평선 문제를 설명하였다.
- 우주가 생성 초기에 급격히 팽창하였기 때문에 자기 홀극의 밀도는 관측 가능량 미만으로 희박해졌다고 주장함으로써 우주의 자기 홀극 문제를 해결하였다.

시간에 따른 우주의 크기 변화

(6) 우주의 가속 팽창

① Ⅰa형 초신성을 외부 은하의 거리를 측정하는 도구로 활용하면서 우주의 거리를 이전보다 훨씬 멀리까지 측정할 수 있게 되었다.

② Ⅰa형 초신성은 백색 왜성이 주변의 별로부터 물질을 끌어들여 백색 왜성이 가질 수 있는 질량의 한계를 넘어설 때 중력을 이기지 못하고 붕괴하면서 폭발하는 초신성이다.

③ Ⅰa형 초신성은 매우 밝으며, 거의 일정한 질량에서 폭발하기 때문에 최대로 밝아졌을 때의 절대 등급이 일정해 멀리 있는 외부 은하의 거리 측정에 이용되며, 거리에 따른 겉보기 등급을 분석하여 과거 우주의 팽창 속도를 알아낼 수 있다.

④ 우주를 구성하는 물질의 인력 때문에 시간에 따라 우주의 팽창 속도가 감소할 것이라고 예상해 왔지만, 1998년 수십 개의 Ⅰa형 초신성 관측 자료를 분석한 결과 우주의 팽창 속도가 점점 증가하고 있다는 것을 알아냈다. 현재는 더 많은 초신성 표본을 이용해 우주의 팽창 속도 변화를 정확하게 알아내려는 노력이 진행되고 있다.

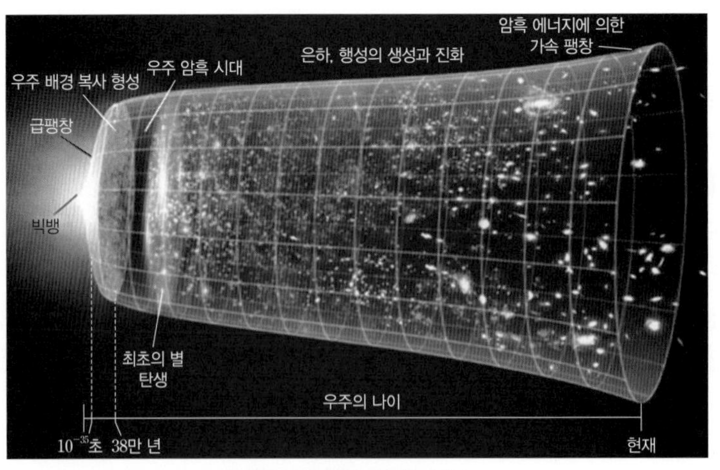

우주의 급팽창과 가속 팽창

개념 체크

백색 왜성
태양 정도의 질량을 가지는 별의 마지막 진화 단계로, 별의 외곽 물질은 방출되어 행성상 성운이 되고 남은 부분은 핵융합 반응 없이 서서히 식어가는 천체이다.

1. (　　) 이론으로 우주의 평탄성 문제와 지평선 문제를 해결할 수 있다.

2. 우주 전체가 곡률을 가지고 있더라도 우주 생성 초기에 급팽창하여 공간의 크기가 매우 커지게 되면 관측되는 우주의 영역은 (　　)하게 관측된다.

3. Ⅰa형 (　　)은 백색 왜성이 주변의 별로부터 물질을 끌어들여 폭발할 때 나타나며, 최대로 밝아졌을 때의 절대 등급이 (　　)하다.

4. 과거에는 우주를 구성하는 물질의 (　　) 때문에 시간에 따라 우주의 팽창 속도가 (　　)할 것이라고 예상하였다.

5. 최근의 관측 결과 현재의 우주는 팽창 속도가 (　　)하는 것으로 밝혀졌다.

정답
1. 급팽창
2. 평탄
3. 초신성, 일정
4. 인력, 감소
5. 증가

3 암흑 물질과 암흑 에너지

최근 정밀한 관측 결과 우주 배경 복사에 나타난 미세하게 불균일한 정도를 자세히 분석하면 급팽창 시기에 해당하는 우주의 불균일한 정도를 알아낼 수 있다. 또한 이 불균일한 정도로 시간에 따른 우주의 변화를 추정해 볼 수 있으며, 이를 통해 우주의 구성 물질, 우주의 팽창 속도, 우주 공간의 기하학적 모양 등을 밝혀낼 수 있다.

(1) **암흑 물질**: 전자기파로 관측되지 않아 우리 눈에 보이지 않기 때문에 중력을 이용한 방법으로 존재를 추정할 수 있는 물질이다.

과학 돋보기 중력 렌즈 현상을 이용한 암흑 물질의 확인

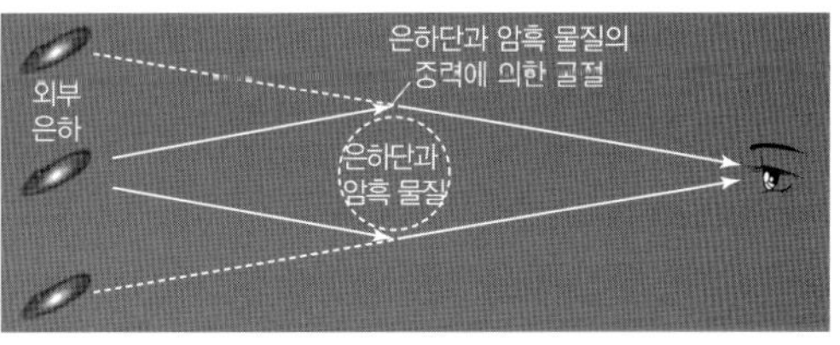

은하단과 암흑 물질에 의한 중력 렌즈 현상으로 외부 은하가 왜곡되어 보이는 모습

- 암흑 물질은 전자기파 관측을 통해 존재를 확인할 수 없는 물질로, 최근 중력 렌즈 현상을 관측하여 간접적으로 존재를 확인하고 있다.
- 은하단과 암흑 물질에 의한 중력 렌즈 현상으로 외부 은하가 여러 개의 왜곡된 영상으로 관측된다. ➡ 중력 렌즈 효과를 이용해 은하단에서의 암흑 물질 분포를 계산할 수 있다.

탐구자료 살펴보기 우리은하의 회전 속도를 이용한 암흑 물질의 존재 확인

탐구 자료

그림은 우리은하의 예측되는 회전 속도 곡선과 관측되는 회전 속도 곡선을 나타낸 것이다.

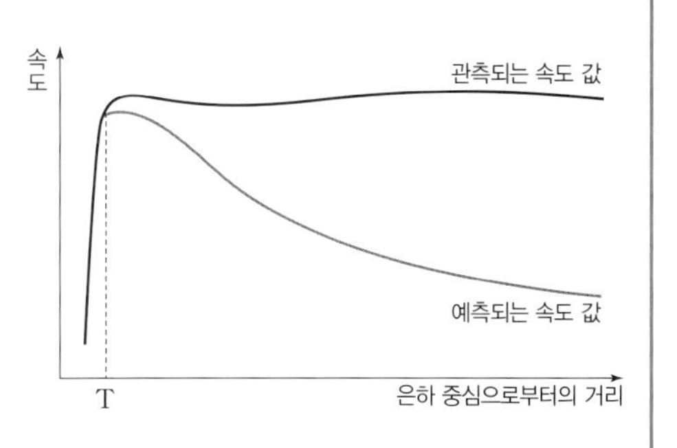

탐구 결과

1. 우리은하의 중심부(T보다 가까운 영역)는 중심으로부터 멀어질수록 회전 속도가 증가한다.
2. 우리은하에서 물질의 대부분이 중심부에 밀집되어 있다면 별들의 회전 속도는 은하 중심부에서 멀어질수록 감소할 것으로 예측된다.
3. T보다 먼 영역에서는 예측된 회전 속도보다 관측된 회전 속도가 빠르다.

분석 point

- 우리은하를 구성하는 물질은 예측한 것처럼 중심부에만 집중되어 있지 않고, 은하 외곽에도 많이 분포한다.
- T보다 먼 영역의 회전 속도 곡선으로부터 계산되는 우리은하의 질량은 관측된 물질의 총 질량보다 훨씬 크다. 이는 전자기파로는 관측되지 않는 암흑 물질이 은하 원반과 헤일로에 분포하고 있음을 나타낸다. ➡ 암흑 물질은 별들의 회전 속도, 중력 렌즈 현상 등을 통해 간접적으로 그 존재를 알아낼 수 있다.

(2) **암흑 에너지**

① 우주의 모든 물질들 사이에는 인력이 작용하므로 만약 우주를 팽창시키는 어떤 에너지가 없다면 우주는 물질들의 인력에 의해 수축하거나 팽창 속도가 감소할 것이다.

개념 체크

암흑 에너지
우주는 우주에 존재하는 물질들에 의해 인력이 작용함에도 불구하고 팽창 속도가 증가하고 있다. 이와 같이 우주의 팽창 속도를 증가시키는 에너지를 암흑 에너지라고 한다.

1. 전자기파로 관측되지 않아 우리 눈에 보이지 않기 때문에 중력을 이용한 방법으로 그 존재를 확인할 수 있는 물질을 ( )이라고 한다.
2. 최근 암흑 물질의 존재를 확인하는 데 ( ) 현상을 이용하기도 한다.
3. 우리은하의 회전 속도를 관측하여 ( )의 존재를 확인할 수 있다.
4. 우리은하에서 암흑 물질은 주로 ( )과 헤일로에 분포한다.

정답
1. 암흑 물질
2. 중력 렌즈
3. 암흑 물질
4. 은하 원반

개념 체크

➲ Ⅰa형 초신성
매우 밝으며, 일정한 질량에서 폭발하기 때문에 최대로 밝아졌을 때의 절대 등급이 일정하여 멀리 있는 외부 은하의 거리를 측정하는 데 이용된다.

1. 암흑 에너지는 ( )력으로 작용해 우주를 가속 팽창시키는 역할을 한다.

2. 우주는 급팽창 이후 팽창 속도가 ( )하다가 다시 ( )하였다.

3. Ⅰa형 초신성의 관측 자료는 ( ) 팽창 우주 모형과 가장 잘 일치한다.

4. 현재 우주를 구성하고 있는 요소 중에서 차지하는 비율이 가장 높은 것은 ( )이다.

② 최근의 관측 결과 현재 우주는 팽창 속도가 계속 증가하는 것으로 밝혀졌다. 이것은 우주 안에 있는 물질들의 인력을 합친 것보다 더 큰 어떤 힘이 우주를 팽창시키고 있음을 의미한다. 과학자들은 이 힘을 발생시키는 에너지를 암흑 에너지라고 하는데, 암흑 에너지는 우주에 널리 퍼져 있으며 척력으로 작용해 우주를 가속 팽창시키는 역할을 하는 것으로 추정하고 있다.

과학 돋보기 암흑 에너지와 우주의 가속 팽창

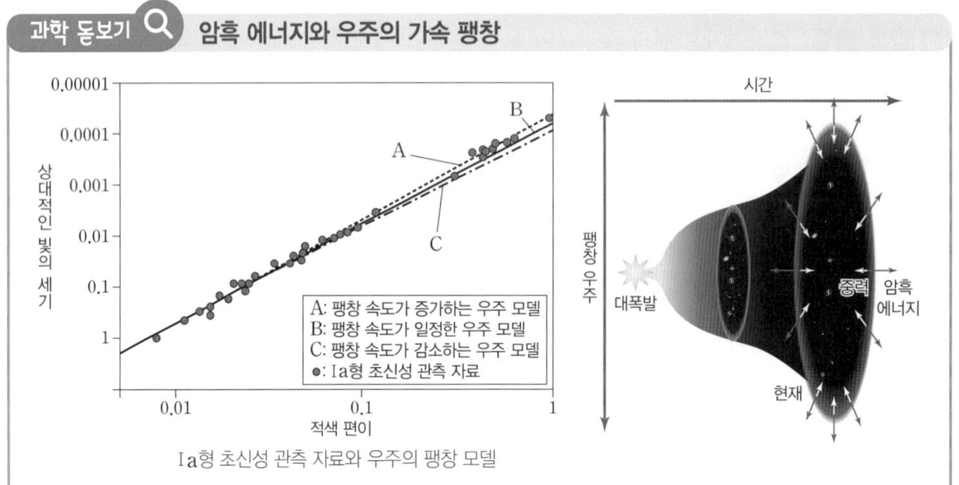

Ⅰa형 초신성 관측 자료와 우주의 팽창 모델

- A(가속 팽창 우주 모델)는 보통 물질, 암흑 물질, 암흑 에너지를 모두 고려한 모델이며, C(감속 팽창 우주 모델)는 보통 물질과 암흑 물질만 고려한 모델이다.
- 20세기 말에 Ⅰa형 초신성을 관측하여 얻은 자료는 A(가속 팽창하는 모델)와 거의 비슷하게 나타난다.
- 지금까지 알려진 이론과 관측 증거들을 종합하면, 우주는 약 138억 년 전에 빅뱅으로 탄생하여 짧은 순간 급격히 팽창하였으며, 이후에 팽창 속도가 조금씩 감소하다가 수십억 년 전부터 암흑 에너지에 의해 다시 증가하기 시작하였다. ➡ 현재 우주는 암흑 에너지에 의해 가속 팽창하고 있다.

(3) 우주의 구성

① 2013년에 과학자들은 플랑크 우주 망원경으로 관측한 결과를 바탕으로 우주가 약 4.9 %의 보통 물질, 약 26.8 %의 암흑 물질, 약 68.3 %의 암흑 에너지로 구성되어 있다고 주장하였다.

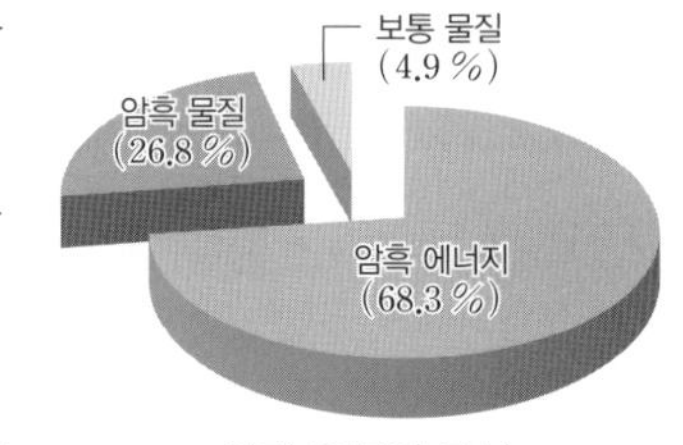

현재 우주의 구성

② 과학자들은 현재 우주는 평탄하지만 많은 양의 암흑 에너지가 우주를 가속 팽창시키기 때문에 우주는 영원히 팽창할 것이라고 예측하고 있다. 그러나 암흑 물질과 암흑 에너지에 대한 더 많은 이해가 가능해질 때 우주의 정확한 모습이 밝혀질 것이다.

과학 돋보기 암흑 물질과 암흑 에너지를 찾을 유클리드 망원경

유클리드 망원경은 우주에 분포하는 암흑 물질과 암흑 에너지를 찾기 위해 2023년에 발사된 우주 망원경으로, 약한 중력 렌즈 현상을 이용하여 우주의 넓은 영역에 대한 이미지를 구현함으로써 암흑 물질과 암흑 에너지를 찾고자 한다. 또한 은하들의 적색 편이 등을 측정하여 100억 광년 범위의 우주를 포함하는 입체 지도를 작성할 계획이다.

유클리드 망원경

정답
1. 척
2. 감소, 증가
3. 가속
4. 암흑 에너지

(4) **우주의 미래**: 우주가 영원히 팽창할지, 팽창을 멈추게 될지는 우주 내부에 있는 물질과 에너지양에 의해 결정된다.

① **임계 밀도**: 평탄 우주의 밀도이다.

② **우주 모형(암흑 에너지를 고려하지 않을 경우)**

열린 우주	우주의 평균 밀도가 임계 밀도보다 작고, 곡률이 음(−)인 우주이다.
닫힌 우주	우주의 평균 밀도가 임계 밀도보다 크고, 곡률이 양(+)인 우주이다.
평탄 우주	우주의 평균 밀도가 임계 밀도와 같고, 곡률이 0인 우주이다.

우주의 크기
열린 우주
평탄 우주
닫힌 우주
현재
시간

우주의 크기 변화

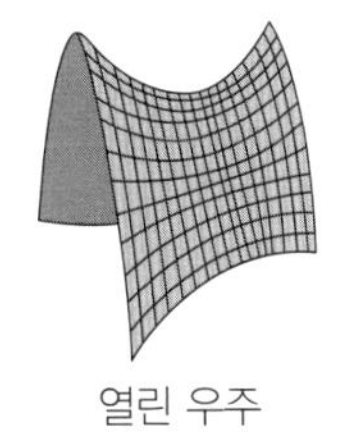
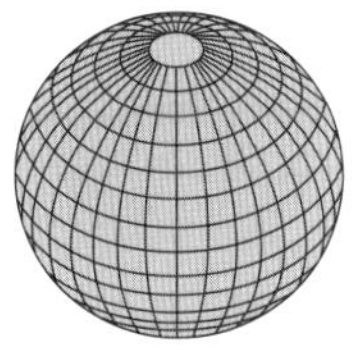
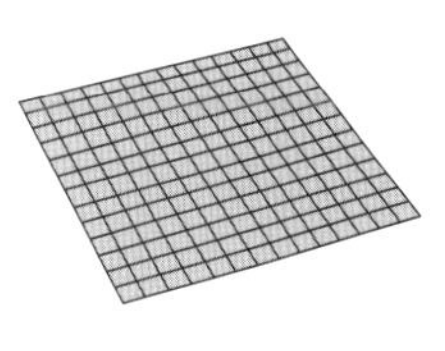

열린 우주 닫힌 우주 평탄 우주

열린 우주, 닫힌 우주, 평탄 우주의 기하학적 성질을 표현한 2차원 구조

③ **우주 모형에 따른 팽창 속도**

- 과학자들은 최근의 관측 자료를 근거로 현재의 우주는 평탄하지만 팽창 속도가 점점 증가하는 것으로 보고 있으며, 이처럼 우주의 팽창 속도가 증가하는 것은 척력으로 작용하는 암흑 에너지 때문인 것으로 설명하고 있다.

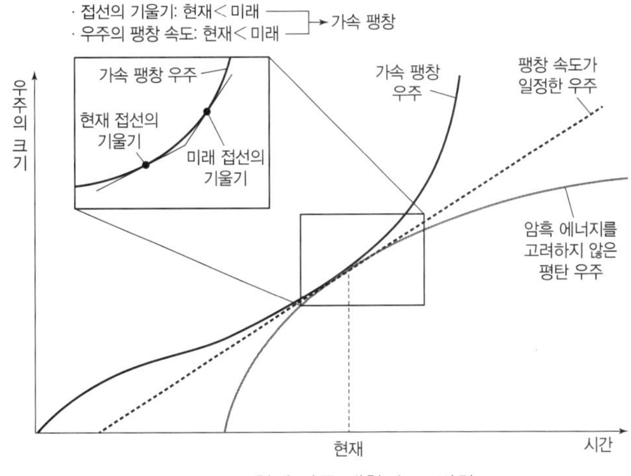

우주 모형에 따른 팽창 속도 변화

- 현재 우주는 최근에 관측한 결과를 분석하여 팽창 속도가 점점 증가하는 가속 팽창 우주임이 밝혀졌다. 또한 우주의 크기가 0이 되는 점이 대폭발이 일어난 시점이므로 현재부터 이 점까지의 시간으로 우주의 나이를 추정할 수 있다. 따라서 우주의 나이는 가속 팽창 우주 모형으로 추정한 값이 암흑 에너지를 고려하지 않은 평탄 우주 모형으로 추정한 값보다 많다.

개념 체크

우주의 미래(암흑 에너지를 고려하지 않을 경우)
- 평탄 우주: 우주의 평균 밀도가 임계 밀도와 같을 때 팽창 속도가 계속 감소하여 0으로 수렴하는 우주 모형이다.
- 열린 우주: 우주의 평균 밀도가 임계 밀도보다 작을 때 영원히 팽창하는 우주 모형이다.
- 닫힌 우주: 우주의 평균 밀도가 임계 밀도보다 클 때 팽창 속도가 계속 감소하다가 결국은 수축하여 크기가 다시 감소하는 우주 모형이다.

1. 평탄 우주에서는 우주의 평균 밀도와 ( ) 밀도가 같다.

2. 닫힌 우주는 곡률이 ( )인 우주이다.

3. 현재 우주는 ( )하지만 ( )에 의해 팽창 속도가 점점 증가한다고 추정하고 있다.

4. 우주의 나이는 가속 팽창 우주 모형으로 추정한 값이 팽창 속도가 일정한 우주 모형으로 추정한 값보다 ( )다.

정답
1. 임계
2. 양(+)
3. 평탄, 암흑 에너지
4. 많

[25026-0271]

01 그림은 허블의 은하 분류를 나타낸 것이다.

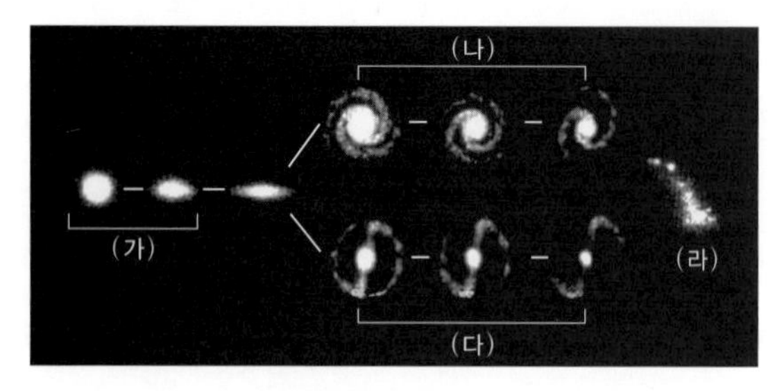

이에 대한 설명으로 옳은 것만을 〈보기〉에서 있는 대로 고른 것은?

〈보기〉
ㄱ. (가)는 타원의 납작한 정도에 따라 세분한다.
ㄴ. 은하핵을 가로지르는 막대 모양 구조의 유무에 따라 (나)와 (다)를 구분한다.
ㄷ. (라)는 (가)보다 은하를 구성하는 별들의 평균 나이가 많다.

① ㄱ ② ㄷ ③ ㄱ, ㄴ
④ ㄴ, ㄷ ⑤ ㄱ, ㄴ, ㄷ

[25026-0272]

02 그림은 은하 (가)와 (나)의 가시광선 영상을 나타낸 것이다.

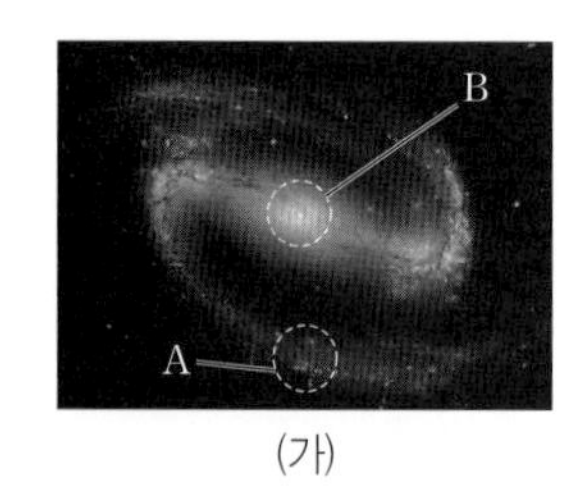

(가)

(나)

이에 대한 설명으로 옳은 것만을 〈보기〉에서 있는 대로 고른 것은?

〈보기〉
ㄱ. (가)에서 성간 물질의 함량비(%)는 A보다 B에서 높다.
ㄴ. 우리은하는 허블의 은하 분류상 (나)와 같은 종류에 해당한다.
ㄷ. 은하에서 $\frac{\text{붉은색 별의 개수}}{\text{파란색 별의 개수}}$는 (나)가 (가)보다 크다.

① ㄱ ② ㄷ ③ ㄱ, ㄴ
④ ㄴ, ㄷ ⑤ ㄱ, ㄴ, ㄷ

[25026-0273]

03 그림은 은하 A, B, C를 분류하는 과정을 나타낸 것이다. A, B, C는 각각 불규칙 은하, 정상 나선 은하, 타원 은하 중 하나이다.

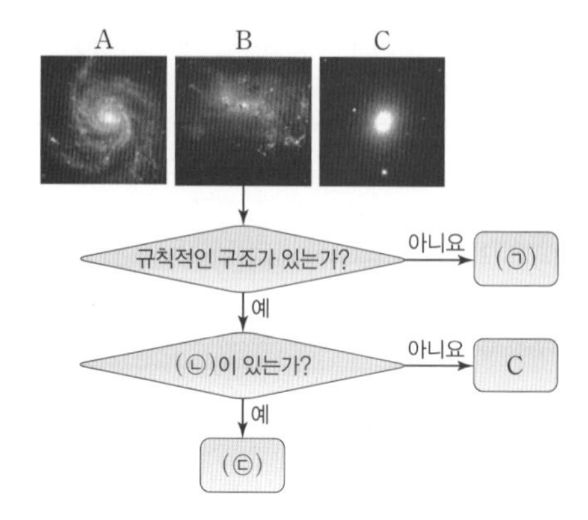

이에 대한 설명으로 옳은 것만을 〈보기〉에서 있는 대로 고른 것은?

〈보기〉
ㄱ. ㉠은 불규칙 은하이다.
ㄴ. '나선팔'은 ㉡에 해당한다.
ㄷ. 세이퍼트은하의 형태는 대부분 ㉢보다 ㉠에 가깝다.

① ㄱ ② ㄷ ③ ㄱ, ㄴ
④ ㄴ, ㄷ ⑤ ㄱ, ㄴ, ㄷ

[25026-0274]

04 그림 (가)와 (나)는 각각 세이퍼트은하와 전파 은하의 가시광선 영상을 나타낸 것이다.

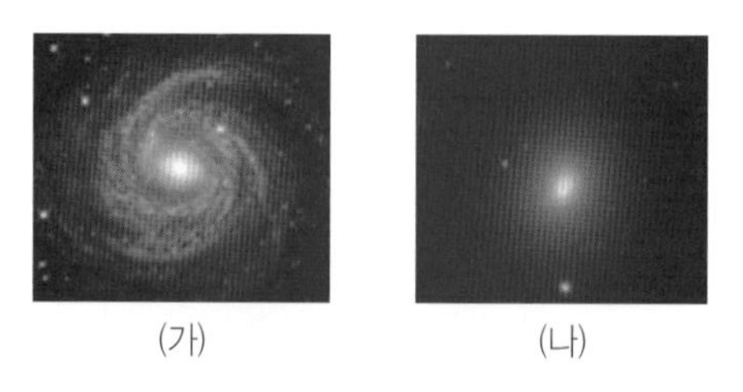
(가) (나)

이에 대한 설명으로 옳은 것만을 〈보기〉에서 있는 대로 고른 것은?

〈보기〉
ㄱ. (가)는 스펙트럼에 넓은 방출선이 나타난다.
ㄴ. 새로운 별의 탄생은 (가)보다 (나)에서 활발하다.
ㄷ. (가)와 (나)의 중심부에는 질량이 매우 큰 블랙홀이 존재한다고 추정한다.

① ㄱ ② ㄴ ③ ㄱ, ㄷ
④ ㄴ, ㄷ ⑤ ㄱ, ㄴ, ㄷ

[25026-0275]

05 그림 (가), (나), (다)는 어느 전파 은하의 가시광선 영상과 전파 영상을 나타낸 것이다.

(가) 가시광선 영상

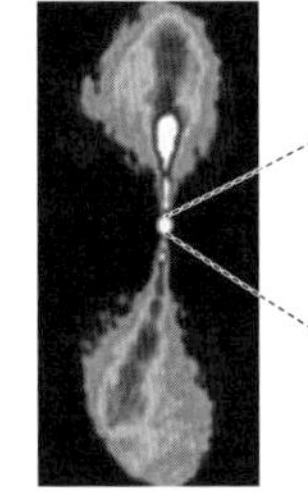

(나) 전파 영상

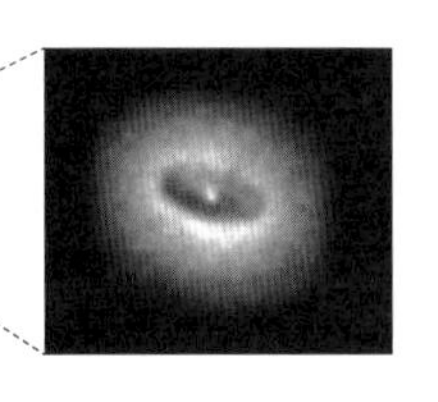

(다) 가시광선 영상

이에 대한 설명으로 옳은 것만을 <보기>에서 있는 대로 고른 것은?

<보기>

ㄱ. 은하를 구성하는 별들은 파란색 별이 붉은색 별보다 많다.
ㄴ. 은하 중심부의 회전축은 시선 방향에 나란하다.
ㄷ. 중심부에는 질량이 매우 큰 블랙홀이 있을 것이다.

① ㄱ ② ㄷ ③ ㄱ, ㄴ ④ ㄴ, ㄷ ⑤ ㄱ, ㄴ, ㄷ

[25026-0276]

06 그림 (가)는 우주 배경 복사가 형성될 당시의 빛의 진행 모습을, (나)는 이 시기에 우주 배경 복사의 파장에 따른 세기를 나타낸 것이다.

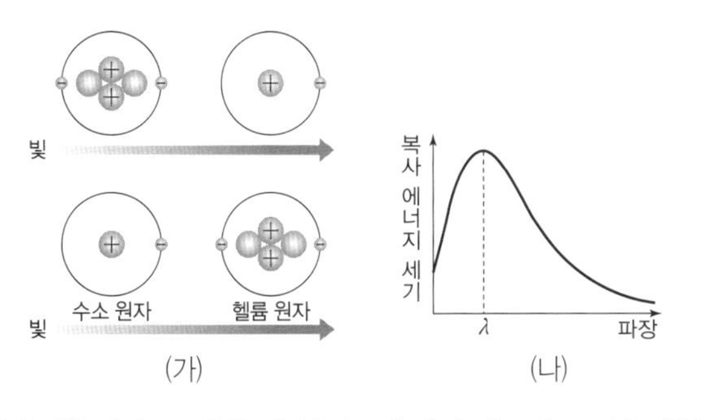

(가) (나)

이에 대한 설명으로 옳은 것만을 <보기>에서 있는 대로 고른 것은?

<보기>

ㄱ. (가)는 빅뱅 후 약 3분이 지났을 때의 모습이다.
ㄴ. (나)의 우주 배경 복사 온도는 약 3000 K이다.
ㄷ. 현재 관측되는 우주 배경 복사에서 에너지 세기가 최대인 파장은 λ보다 짧다.

① ㄱ ② ㄴ ③ ㄱ, ㄷ ④ ㄴ, ㄷ ⑤ ㄱ, ㄴ, ㄷ

[25026-0277]

07 다음은 충돌하고 있는 두 은하의 모습과 이에 대한 설명이다.

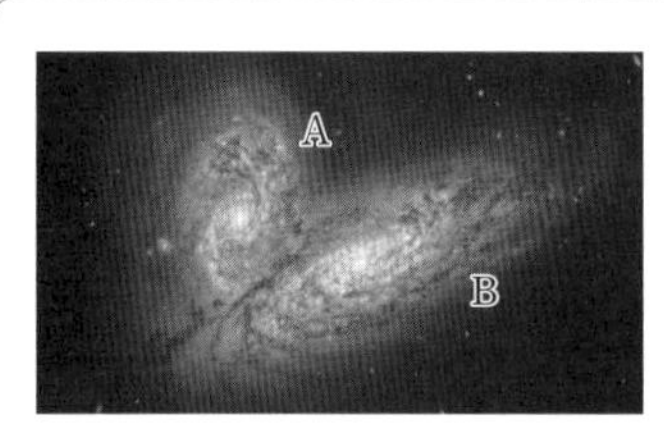

나비 은하로 불리는 이 은하는 은하 A와 B가 서로 접근하며 ㉠ 충돌하고 있다. A와 B는 약 5억 년 후 하나의 타원 은하로 재탄생할 것으로 예상된다.

이에 대한 설명으로 옳은 것만을 <보기>에서 있는 대로 고른 것은?

<보기>

ㄱ. 모든 충돌 은하는 타원 은하로 진화한다.
ㄴ. A에서 관측할 때 B의 스펙트럼에 청색 편이가 나타난다.
ㄷ. ㉠ 과정에서 은하 내의 성운이 압축되어 새로운 별이 탄생할 수 있다.

① ㄱ ② ㄷ ③ ㄱ, ㄴ
④ ㄴ, ㄷ ⑤ ㄱ, ㄴ, ㄷ

[25026-0278]

08 그림 (가)와 (나)는 어느 우주론에서 시간에 따른 온도와 물리량 A의 변화를 나타낸 것이다. 이 우주론은 빅뱅 우주론과 정상 우주론 중 하나이다.

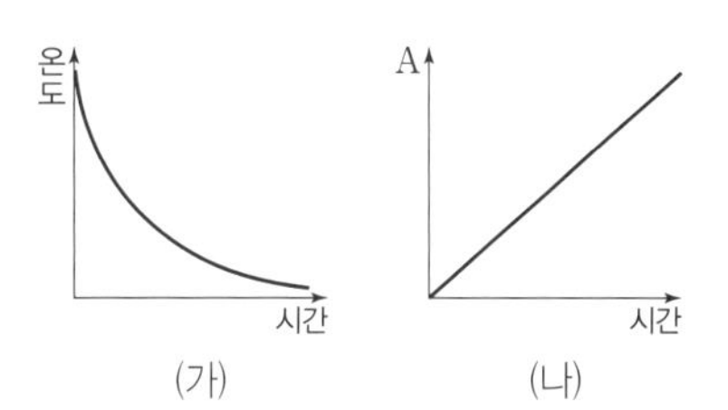

(가) (나)

이 우주론에 대한 설명으로 옳은 것만을 <보기>에서 있는 대로 고른 것은?

<보기>

ㄱ. 정상 우주론이다.
ㄴ. '우주의 밀도'는 A에 해당한다.
ㄷ. 우주에 존재하는 헬륨의 비율을 예측할 수 있다.

① ㄱ ② ㄷ ③ ㄱ, ㄴ
④ ㄴ, ㄷ ⑤ ㄱ, ㄴ, ㄷ

[25026-0279]

09 그림 (가)는 은하의 형태에 따라 은하를 구성하는 별들의 색지수 분포를, (나)는 ㉠과 ㉡ 중 하나의 예를 나타낸 것이다. ㉠과 ㉡은 각각 불규칙 은하와 타원 은하 중 하나이다.

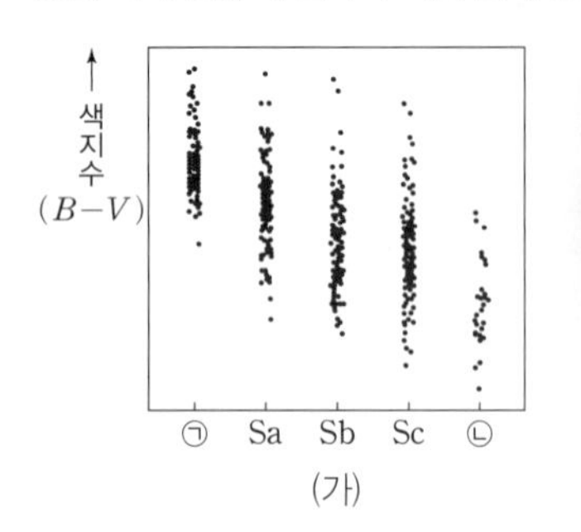

(가)

(나)

이에 대한 설명으로 옳은 것만을 <보기>에서 있는 대로 고른 것은?

〈 보기 〉

ㄱ. 은하에서 $\frac{\text{성간 물질의 질량}}{\text{은하의 전체 질량}}$은 ㉠이 ㉡보다 크다.

ㄴ. (나)는 ㉡의 예이다.

ㄷ. 나선 은하는 은하핵의 상대적 크기가 작고 나선팔이 느슨하게 감겨 있을수록 붉은색 별의 비율이 증가한다.

① ㄱ ② ㄴ ③ ㄱ, ㄷ ④ ㄴ, ㄷ ⑤ ㄱ, ㄴ, ㄷ

[25026-0280]

10 표는 은하 (가)와 (나)의 특징을 나타낸 것이다. (가)는 보통 은하, (나)는 세이퍼트은하이다.

은하	(가)	(나)
허블의 은하 분류	E	S
시선 속도(km/s)	−247	1563

이에 대한 설명으로 옳은 것만을 <보기>에서 있는 대로 고른 것은?

〈 보기 〉

ㄱ. 우리은하와 충돌할 가능성은 (가)가 (나)보다 높다.

ㄴ. 은하 전체 밝기에 대한 중심핵의 밝기비는 (나)가 (가)보다 크다.

ㄷ. 허블의 은하 분류가 (나)와 같은 은하들은 대부분 세이퍼트은하에 해당한다.

① ㄱ ② ㄷ ③ ㄱ, ㄴ ④ ㄴ, ㄷ ⑤ ㄱ, ㄴ, ㄷ

[25026-0281]

11 다음은 빅뱅 우주론에 따른 팽창 우주의 특성을 알아보기 위한 실험이다.

[실험 과정]

(가) 재질이 균일한 고무풍선을 작게 분 다음 표면에 스티커 A, B, C를 붙이고, 펜으로 파동 그림을 그린다.

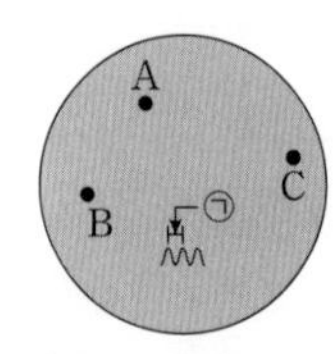

(나) 스티커 사이의 거리와 파동의 파장(㉠)을 측정한다.

(다) ㉡ 고무풍선에 바람을 더 불어넣어 팽창시킨 후 스티커 사이의 거리와 ㉠을 측정한다.

[실험 결과]

과정	스티커 사이의 거리(cm)			㉠ (cm)
	A−B	A−C	B−C	
(나)	2	3	4	0.3
(다)	6	(　　)	12	(　　)

이에 대한 설명으로 옳은 것만을 <보기>에서 있는 대로 고른 것은?

〈 보기 〉

ㄱ. (다)에서 ㉠은 0.3보다 크다.

ㄴ. ㉡ 과정에서 A로부터 멀어지는 속도는 B가 C보다 빠르다.

ㄷ. 이 실험을 통해 팽창하는 우주의 중심이 없음을 설명할 수 있다.

① ㄱ ② ㄴ ③ ㄱ, ㄷ ④ ㄴ, ㄷ ⑤ ㄱ, ㄴ, ㄷ

[25026-0282]

12 그림은 빅뱅 이후 현재까지 우주의 팽창 속도 변화를 나타낸 것이다.

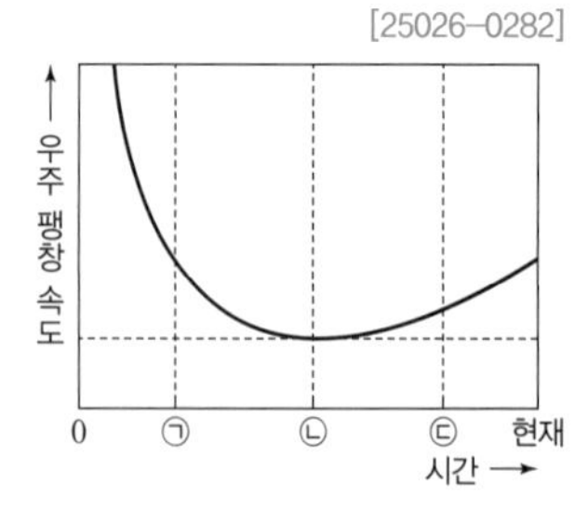

이에 대한 설명으로 옳은 것만을 <보기>에서 있는 대로 고른 것은?

〈 보기 〉

ㄱ. 급팽창은 ㉠ 시기 이전에 일어났다.

ㄴ. 우주 배경 복사의 파장은 ㉠ 시기가 ㉡ 시기보다 짧다.

ㄷ. 우주의 팽창 가속도는 ㉢ 시기가 ㉡ 시기보다 크다.

① ㄱ ② ㄴ ③ ㄱ, ㄷ ④ ㄴ, ㄷ ⑤ ㄱ, ㄴ, ㄷ

[25026-0283]

13 그림 (가)와 (나)는 각각 빅뱅 우주론과 정상 우주론에서 시간에 따른 우주의 물리량 A와 B의 변화를 나타낸 것이다. A와 B는 각각 우주의 질량, 밀도, 부피 중 하나이다.

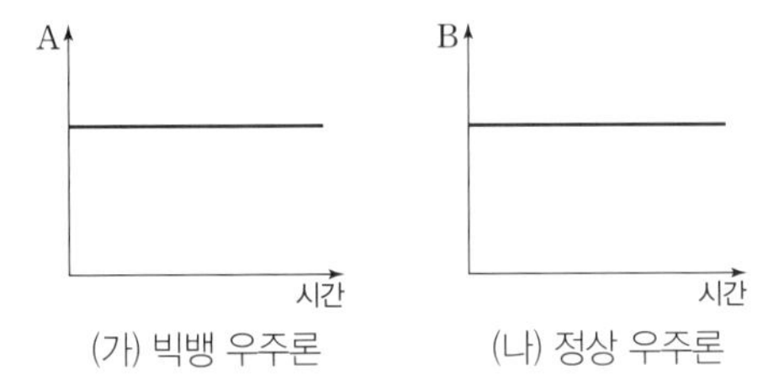

이에 대한 설명으로 옳은 것만을 〈보기〉에서 있는 대로 고른 것은?

〈보기〉

ㄱ. '우주의 질량'은 A에 해당한다.
ㄴ. '우주의 밀도'는 B에 해당한다.
ㄷ. 빅뱅 우주론에서 B는 현재가 우주 초기보다 작다.

① ㄱ ② ㄴ ③ ㄱ, ㄷ ④ ㄴ, ㄷ ⑤ ㄱ, ㄴ, ㄷ

[25026-0284]

14 다음은 우주 전역에서 관측되는 어떤 복사 에너지의 분포와 그에 대한 설명이다.

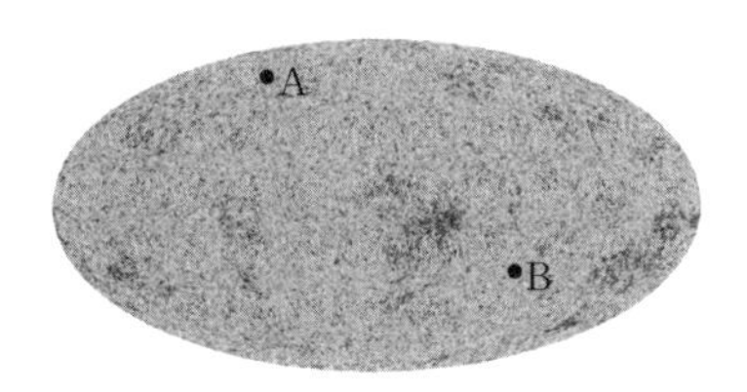

㉠ 이 복사 에너지는 하늘의 모든 방향에서 관측되고, ㉡ 미세한 온도 차는 있지만 ㉢ 지구에서 관측한 시선 방향이 서로 반대인 지점 A와 B에서도 거의 같게 나타난다.

이에 대한 설명으로 옳은 것만을 〈보기〉에서 있는 대로 고른 것은?

〈보기〉

ㄱ. 현재 ㉠은 가시광선 영역에서 관측된다.
ㄴ. ㉡은 우주 초기에 미세한 밀도의 불균일이 존재했다는 증거이다.
ㄷ. ㉢의 이유를 초기 빅뱅 우주론으로 설명할 수 있다.

① ㄱ ② ㄴ ③ ㄱ, ㄷ ④ ㄴ, ㄷ ⑤ ㄱ, ㄴ, ㄷ

[25026-0285]

15 그림은 외부 은하 A와 B의 스펙트럼을 비교 스펙트럼과 함께 나타낸 것이다. 우리은하에서 A까지의 거리는 300 Mpc이고, A와 B는 허블 법칙을 만족한다.

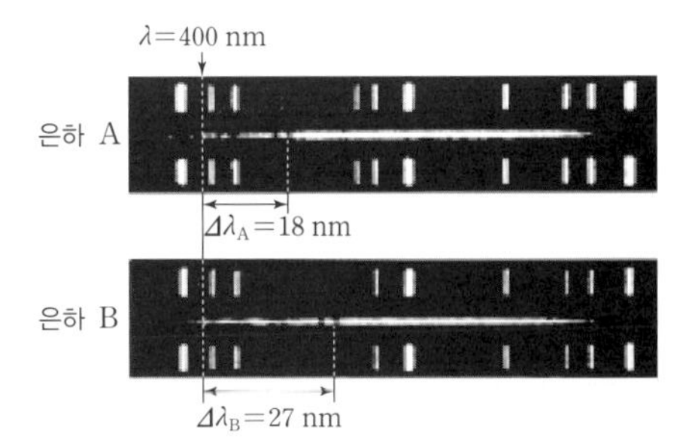

이에 대한 설명으로 옳은 것만을 〈보기〉에서 있는 대로 고른 것은? (단, 빛의 속도는 3×10^5 km/s이다.)

〈보기〉

ㄱ. A를 이용하여 구한 허블 상수는 70 km/s/Mpc이다.
ㄴ. 후퇴 속도는 B가 A의 1.5배이다.
ㄷ. B까지의 거리는 450 Mpc이다.

① ㄱ ② ㄴ ③ ㄱ, ㄷ
④ ㄴ, ㄷ ⑤ ㄱ, ㄴ, ㄷ

[25026-0286]

16 그림은 은하 A에서 관측한 은하 B, C, D의 후퇴 속도와 은하들 사이의 거리를 나타낸 것이다. A～D는 허블 법칙을 만족한다.

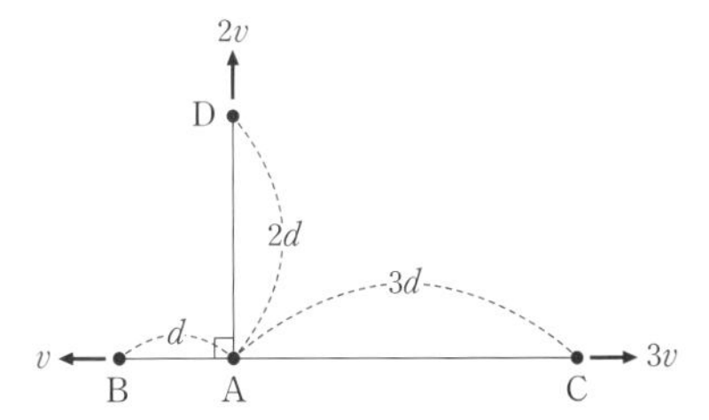

이에 대한 설명으로 옳은 것만을 〈보기〉에서 있는 대로 고른 것은?

〈보기〉

ㄱ. 우주는 A를 중심으로 팽창한다.
ㄴ. D에서 관측한 후퇴 속도는 C가 B보다 빠르다.
ㄷ. 단위 거리당 우주 공간이 팽창하는 속도는 A와 C 사이가 A와 B 사이의 3배이다.

① ㄱ ② ㄴ ③ ㄷ
④ ㄱ, ㄷ ⑤ ㄴ, ㄷ

[25026-0287]

17 그림 (가), (나), (다)는 닫힌 우주, 열린 우주, 평탄 우주의 모형에서 공간의 기하학적 성질을 표현한 2차원 구조를 순서 없이 나타낸 것이다.

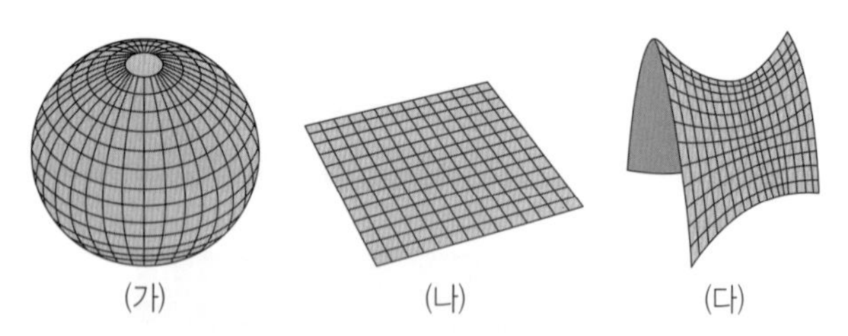

이에 대한 설명으로 옳은 것만을 〈보기〉에서 있는 대로 고른 것은?

〈보기〉
ㄱ. 열린 우주 모형은 (가)이다.
ㄴ. 현재 우주의 곡률은 (나)에 가깝다.
ㄷ. 우주의 평균 밀도가 임계 밀도보다 큰 우주는 (다)에 해당한다.

① ㄱ ② ㄴ ③ ㄷ
④ ㄱ, ㄴ ⑤ ㄴ, ㄷ

[25026-0288]

18 표는 초기 빅뱅 우주론으로 설명하기 어려운 문제 A와 B에 대한 설명이다.

A	현재 ㉠ 우주의 곡률은 0에 가까울 정도로 평탄하다.
B	현재 ㉡ 우주의 반대쪽 양 끝에 있는 두 지점으로부터 오는 우주 배경 복사가 거의 같게 나타난다.

이에 대한 설명으로 옳은 것만을 〈보기〉에서 있는 대로 고른 것은?

〈보기〉
ㄱ. A는 우주의 평탄성 문제이다.
ㄴ. ㉠의 우주에서 우주의 평균 밀도는 임계 밀도와 같다.
ㄷ. 급팽창 이론에서 ㉡의 두 지점은 급팽창 이전에 관측 가능한 우주 내에 있었다.

① ㄱ ② ㄷ ③ ㄱ, ㄴ
④ ㄴ, ㄷ ⑤ ㄱ, ㄴ, ㄷ

[25026-0289]

19 그림은 서로 다른 우주 모형 A와 B에서 거리에 따른 은하의 후퇴 속도를 나타낸 것이다. A와 B에서 각각 허블 법칙을 만족한다.

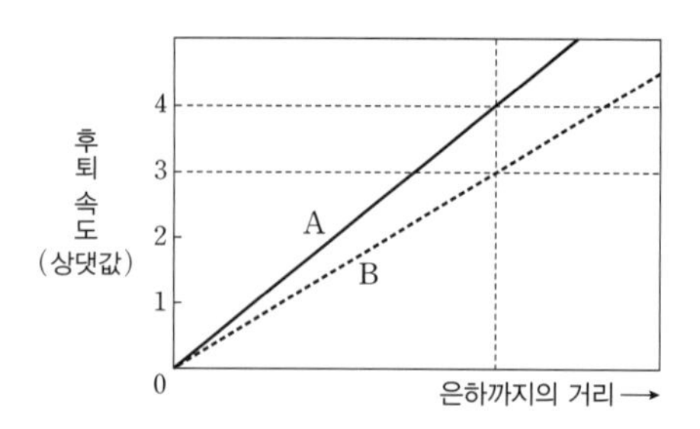

이에 대한 설명으로 옳은 것만을 〈보기〉에서 있는 대로 고른 것은?

〈보기〉
ㄱ. 관측 가능한 우주의 크기는 A가 B보다 크다.
ㄴ. 허블 상수로 구한 우주의 나이는 B가 A보다 많다.
ㄷ. 같은 거리에 있는 은하의 적색 편이는 A가 B의 $\frac{4}{3}$배이다.

① ㄱ ② ㄷ ③ ㄱ, ㄴ
④ ㄴ, ㄷ ⑤ ㄱ, ㄴ, ㄷ

[25026-0290]

20 그림은 A 시기와 B 시기의 우주 배경 복사의 상대적 세기를 파장에 따라 나타낸 것이다. A 시기와 B 시기는 각각 현재와 빅뱅 후 약 38만 년일 때 중 하나이다.

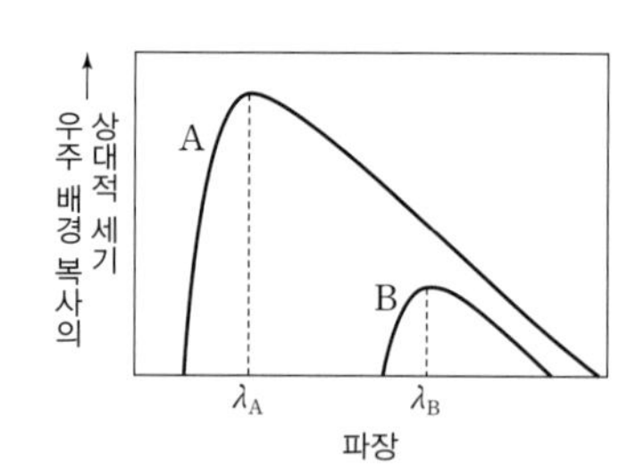

이에 대한 설명으로 옳은 것만을 〈보기〉에서 있는 대로 고른 것은?

〈보기〉
ㄱ. 현재의 우주 배경 복사에 해당하는 것은 A이다.
ㄴ. λ_B는 λ_A보다 길다.
ㄷ. $\frac{\text{암흑 에너지 밀도}}{\text{우주의 밀도}}$는 B 시기가 A 시기보다 크다.

① ㄱ ② ㄷ ③ ㄱ, ㄴ
④ ㄴ, ㄷ ⑤ ㄱ, ㄴ, ㄷ

정답과 해설 56쪽

[25026-0291]

01 그림 (가)는 은하 A와 B의 가시광선 영상을, (나)는 A와 B를 구성하는 별들의 특성을 나타낸 것이다.

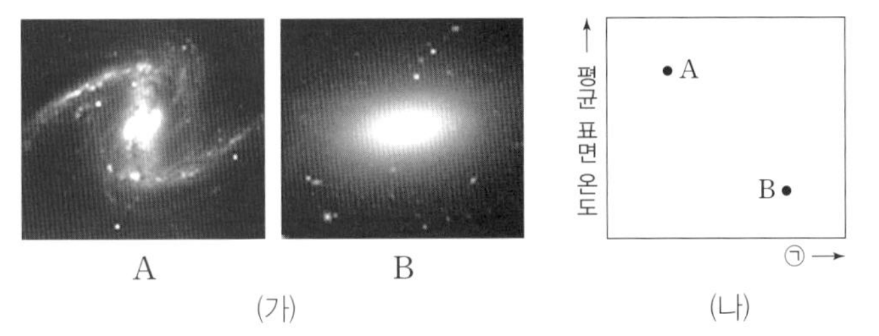

(가) (나)

이에 대한 설명으로 옳은 것만을 〈보기〉에서 있는 대로 고른 것은?

〈보기〉

ㄱ. 허블의 은하 분류에 따르면 A는 SB형에 해당한다.

ㄴ. '별의 평균 나이'는 ㉠에 해당한다.

ㄷ. 보통 물질 중 성간 물질이 차지하는 질량의 비율은 B가 A보다 높다.

① ㄱ ② ㄷ ③ ㄱ, ㄴ ④ ㄴ, ㄷ ⑤ ㄱ, ㄴ, ㄷ

타원 은하는 성간 물질의 함량이 적고, 나선 은하의 나선팔에는 성간 물질의 함량이 많다.

[25026-0292]

02 다음은 어느 은하 주변에서 관측된 퀘이사 A와 B에 대한 설명이다.

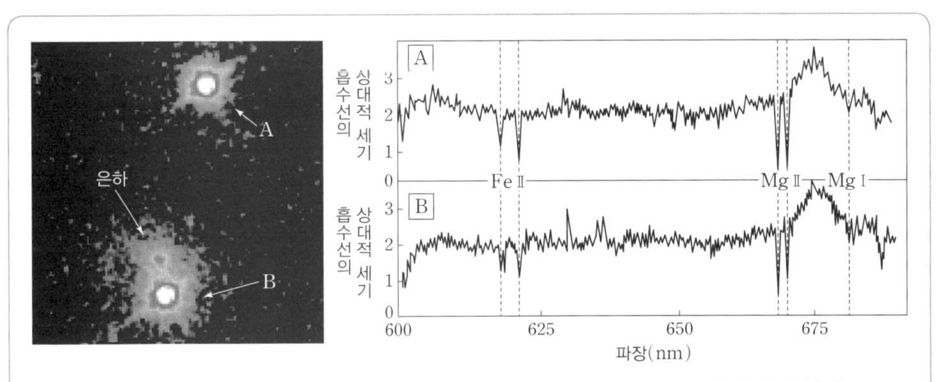

퀘이사 A와 B는 스펙트럼에 나타난 주요 흡수선의 파장이 일치하고 적색 편이(z)가 1.4로 같게 측정되었다. 이로부터 A와 B는 하나의 퀘이사가 ㉠ 은하의 (㉡) 효과로 인해 두 개의 상으로 나타난 것으로 판명되었다.

이에 대한 설명으로 옳은 것만을 〈보기〉에서 있는 대로 고른 것은?

〈보기〉

ㄱ. '중력 렌즈'는 ㉡에 해당한다.

ㄴ. ㉠의 적색 편이는 1.4보다 작다.

ㄷ. 스펙트럼에 나타난 흡수선의 $\frac{\text{파장 변화량}}{\text{고유 파장}}$ 값은 A와 B에서 같다.

① ㄱ ② ㄷ ③ ㄱ, ㄴ ④ ㄴ, ㄷ ⑤ ㄱ, ㄴ, ㄷ

은하의 질량에 의한 중력 렌즈 현상으로 은하보다 멀리 있는 퀘이사가 여러 개의 상으로 관측될 수 있다.

퀘이사는 매우 먼 거리에서 빠르게 멀어지고 있어 적색 편이가 매우 크다.

[25026-0293]

03 그림은 특이 은하 (가)와 (나)의 가시광선 영상과 스펙트럼을 나타낸 것이다. (가)와 (나)는 각각 퀘이사와 세이퍼트은하 중 하나이다.

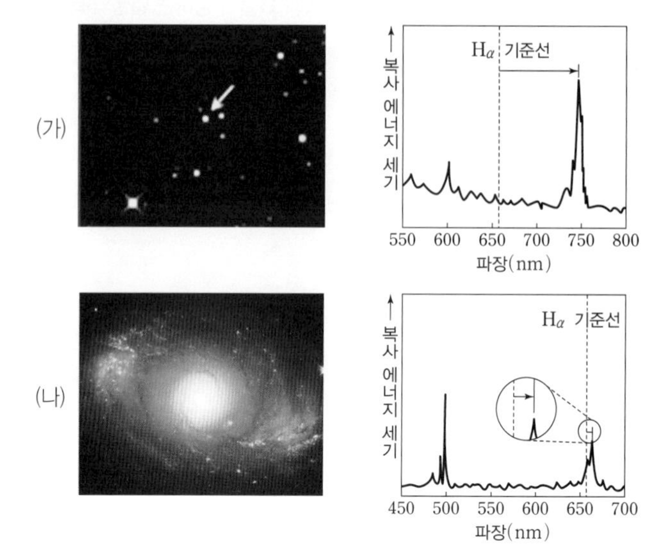

이에 대한 설명으로 옳은 것만을 〈보기〉에서 있는 대로 고른 것은?

〈보기〉

ㄱ. 퀘이사는 (가)이다.

ㄴ. (나)의 허블 은하 분류에 따른 기호는 E에 해당한다.

ㄷ. 우리은하로부터의 거리는 (가)가 (나)보다 멀다.

① ㄱ ② ㄴ ③ ㄱ, ㄷ ④ ㄴ, ㄷ ⑤ ㄱ, ㄴ, ㄷ

멀리 있는 외부 은하의 스펙트럼을 관측하면 대부분의 외부 은하가 우리은하로부터 멀어지며 적색 편이가 나타나고, 외부 은하의 후퇴 속도는 파장 변화량에 비례한다.

[25026-0294]

04 그림은 우리은하에서 관측한 은하 A와 B의 스펙트럼을 비교 스펙트럼과 함께 나타낸 것이다. B에서 관측할 때 후퇴 속도는 우리은하가 A의 1.25배이다.

480 λ 600 630 650 파장(nm)

비교 스펙트럼

은하 A

은하 B

이에 대한 설명으로 옳은 것만을 〈보기〉에서 있는 대로 고른 것은? (단, 빛의 속도는 3×10^5 km/s이고, 우리은하와 A, B는 허블 법칙을 만족한다.)

〈보기〉

ㄱ. A의 후퇴 속도는 15000 km/s이다.

ㄴ. λ는 510 nm보다 작다.

ㄷ. A에서 관측했을 때 우리은하와 B의 시선 방향이 이루는 각은 90°보다 작다.

① ㄱ ② ㄷ ③ ㄱ, ㄴ ④ ㄴ, ㄷ ⑤ ㄱ, ㄴ, ㄷ

[25026-0295]

05 그림 (가)는 퀘이사 3C 273의 모습을, (나)는 이 천체의 스펙트럼을 비교 스펙트럼과 함께 나타낸 것이다.

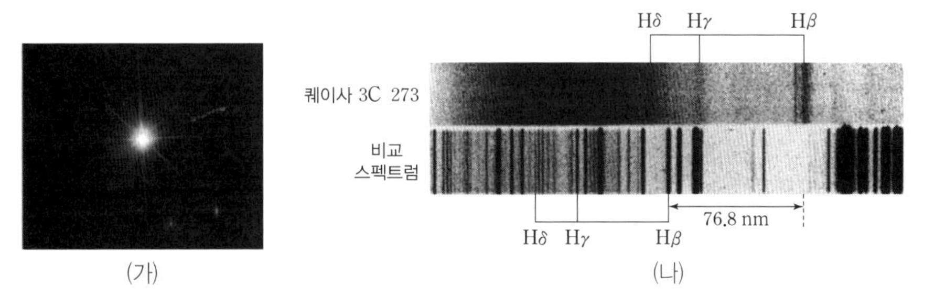

(가) (나)

이 퀘이사에 대한 설명으로 옳은 것만을 〈보기〉에서 있는 대로 고른 것은?

〈보기〉

ㄱ. 우리은하 내부에 위치한다.
ㄴ. Hδ 선의 파장 변화량은 76.8 nm보다 작다.
ㄷ. 중심부에 질량이 매우 큰 블랙홀이 존재할 것이다.

① ㄱ ② ㄴ ③ ㄱ, ㄷ ④ ㄴ, ㄷ ⑤ ㄱ, ㄴ, ㄷ

퀘이사는 매우 먼 거리에서 빠른 속도로 멀어지고 있는데, 이는 대부분의 퀘이사가 우주 생성 초기에 생성되었다는 것을 의미한다.

[25026-0296]

06 그림은 2000년 이후 초신성과 우주 배경 복사를 관측하여 구한 허블 상수를 각각 (가)와 (나)로 나타낸 것이다.

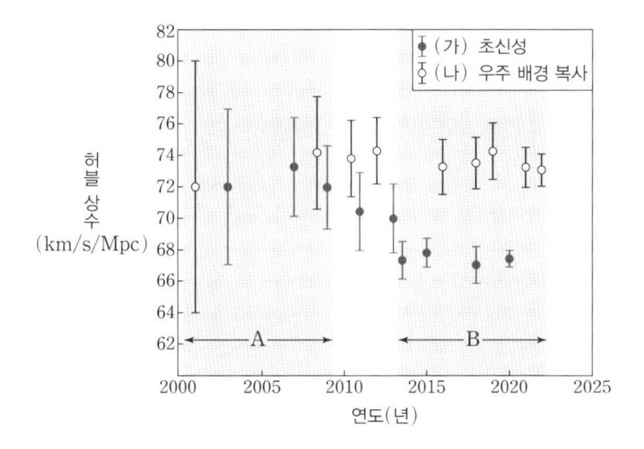

B 기간에 대한 설명으로 옳은 것만을 〈보기〉에서 있는 대로 고른 것은? (단, 우주의 팽창 속도는 일정하다고 가정한다.)

〈보기〉

ㄱ. (가)와 (나)의 허블 상수의 평균값의 차는 A 기간보다 크다.
ㄴ. 우주의 나이는 (나)로 구한 값이 (가)로 구한 값보다 많다.
ㄷ. 관측 가능한 우주의 크기는 (가)로 구한 값이 (나)로 구한 값보다 크다.

① ㄱ ② ㄴ ③ ㄷ ④ ㄱ, ㄴ ⑤ ㄱ, ㄷ

우주가 일정한 속도로 팽창한 것으로 가정할 때 우주의 나이는 허블 상수의 역수로 구할 수 있고, 관측 가능한 우주의 크기는 우주의 나이에 빛의 속도를 곱한 값으로 나타낸다.

질량이 매우 큰 은하(또는 은하단)는 중력 렌즈 현상을 일으켜 멀리 있는 은하를 왜곡된 영상으로 나타나게 할 수 있다.

[25026-0297]

07 그림은 멀리 있는 퀘이사 A에서 방출된 빛이 은하 B에 의해 굴절되는 모습을 모식적으로 나타낸 것이다.

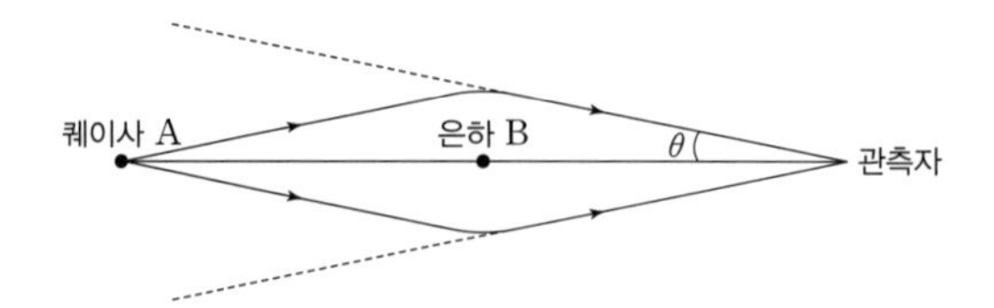

이에 대한 설명으로 옳은 것만을 <보기>에서 있는 대로 고른 것은?

< 보기 >

ㄱ. 스펙트럼에 나타난 흡수선의 $\frac{\text{파장 변화량}}{\text{고유 파장}}$은 A가 B보다 크다.
ㄴ. A는 B의 중력 렌즈 작용에 의해 여러 개의 상으로 관측될 수 있다.
ㄷ. B의 질량이 클수록 θ는 커진다.

① ㄱ ② ㄷ ③ ㄱ, ㄴ ④ ㄴ, ㄷ ⑤ ㄱ, ㄴ, ㄷ

빅뱅 우주론에 따르면 빅뱅 이후 약 38만 년이 지났을 때 중성 원자가 생성되었고 우주 배경 복사가 방출되었다.

[25026-0298]

08 그림은 빅뱅 이후 시간에 따른 우주의 온도를 나타낸 것이다.

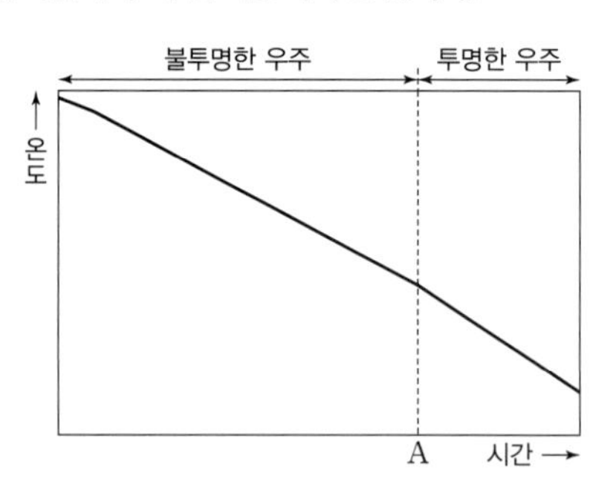

이에 대한 설명으로 옳은 것만을 <보기>에서 있는 대로 고른 것은?

< 보기 >

ㄱ. A는 약 38만 년이다.
ㄴ. 헬륨 원자핵은 A 시기 이후부터 생성되었다.
ㄷ. 우주 배경 복사의 파장은 현재가 A 시기보다 짧다.

① ㄱ ② ㄴ ③ ㄱ, ㄷ ④ ㄴ, ㄷ ⑤ ㄱ, ㄴ, ㄷ

[25026-0299]

09 **그림은 우주 구성 요소의 시간에 따른 밀도 변화를 나타낸 것이다. A, B, C는 각각 보통 물질, 암흑 물질, 암흑 에너지 중 하나이다.**

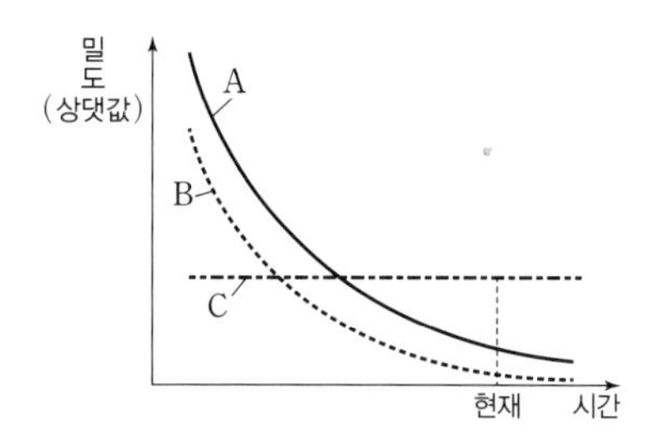

이에 대한 설명으로 옳은 것만을 〈보기〉에서 있는 대로 고른 것은?

〈보기〉

ㄱ. 우리은하에서 A는 은하 중심부에 집중되어 있다.
ㄴ. 전자기파를 이용하여 관측할 수 있는 것은 B이다.
ㄷ. 우주 구성 요소 중 C의 비율(%)은 시간에 관계없이 일정하다.

① ㄱ ② ㄴ ③ ㄷ ④ ㄱ, ㄷ ⑤ ㄴ, ㄷ

우주 구성 요소 중 물질(보통 물질+암흑 물질)의 비율은 시간에 따라 감소하고, 암흑 에너지의 비율은 시간에 따라 증가한다.

[25026-0300]

10 **그림은 은하 A에서 관측한 은하 B와 C의 거리와 후퇴 속도를, 표는 B에서 관측한 A와 C의 스펙트럼에서 흡수선 ㉠과 ㉡의 파장 변화량을 나타낸 것이다. ㉠과 ㉡의 고유 파장은 각각 480 nm, 600 nm이다. 세 은하는 일직선상에 위치하며, 허블 법칙을 만족한다.**

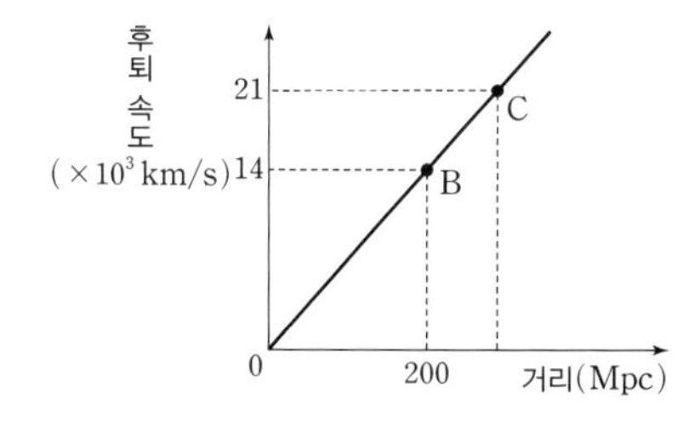

구분	A	C
㉠의 파장 변화량(nm)	ⓐ	
㉡의 파장 변화량(nm)	ⓑ	70

이에 대한 설명으로 옳은 것만을 〈보기〉에서 있는 대로 고른 것은? (단, 빛의 속도는 3×10^5 km/s이다.)

〈보기〉

ㄱ. $\frac{ⓐ}{ⓑ}=\frac{5}{4}$이다.
ㄴ. 허블 상수는 70 km/s/Mpc이다.
ㄷ. B에서 볼 때 A와 C는 같은 시선 방향에 위치한다.

① ㄱ ② ㄴ ③ ㄱ, ㄷ ④ ㄴ, ㄷ ⑤ ㄱ, ㄴ, ㄷ

외부 은하의 스펙트럼에서 흡수선의 고유 파장이 길수록 흡수선의 파장 변화량이 크다.

정상 우주론에서는 우주가 팽창하면서 생겨난 공간에 새로운 물질이 계속 생성되어 밀도가 일정하게 유지된다.

[25026-0301]

11 그림은 우주론 (가)와 (나)에서 시간에 따른 우주의 변화를 나타낸 것이다. (가)와 (나)는 각각 빅뱅 우주론과 정상 우주론 중 하나이고, 점(•)은 은하를 나타낸다.

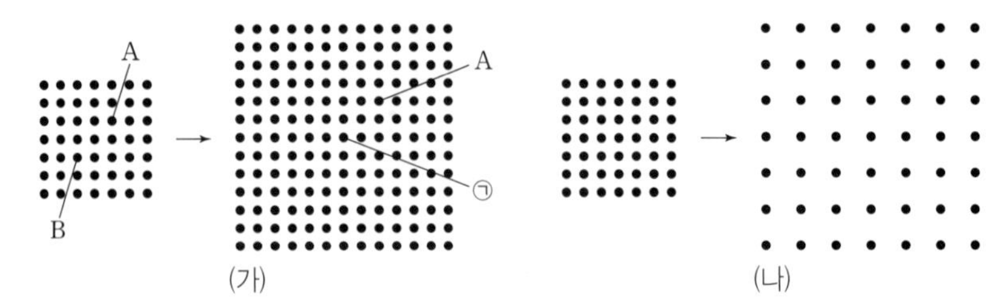

이에 대한 설명으로 옳은 것만을 〈보기〉에서 있는 대로 고른 것은?

〈 보기 〉
ㄱ. (가)에서 ㉠은 B에 해당한다.
ㄴ. 우주 배경 복사의 존재는 (나)에서만 설명이 가능하다.
ㄷ. (가)와 (나) 모두 은하들 사이에 허블 법칙이 성립한다.

① ㄱ ② ㄷ ③ ㄱ, ㄴ ④ ㄴ, ㄷ ⑤ ㄱ, ㄴ, ㄷ

급팽창 이론은 빅뱅 이후 우주가 급격히 팽창했다는 이론으로, 초기 빅뱅 우주론에서 설명하기 어려웠던 여러 문제들을 해결할 수 있었다.

[25026-0302]

12 그림은 팽창 우주 모형 A와 B의 시간에 따른 우주의 크기 변화를 나타낸 것이다.

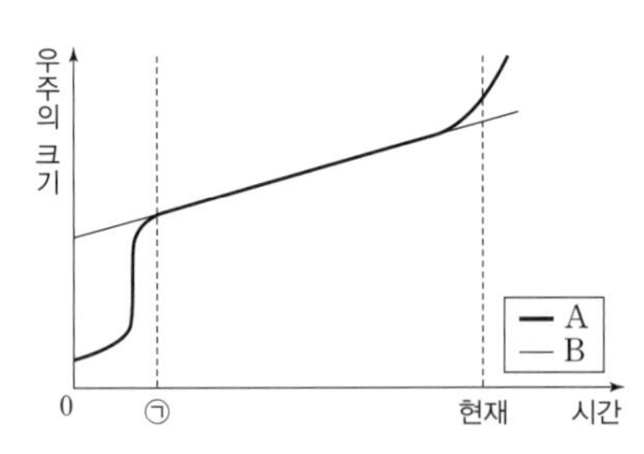

이에 대한 설명으로 옳은 것만을 〈보기〉에서 있는 대로 고른 것은? (단, A와 B에서 우주의 밀도는 시간에 따라 감소한다.)

〈 보기 〉
ㄱ. A에서 $\frac{\text{암흑 에너지의 밀도}}{\text{물질의 밀도}}$는 ㉠ 시기가 현재보다 크다.
ㄴ. B는 현재 우주가 거의 완벽하게 평탄하게 관측되는 현상을 설명할 수 있다.
ㄷ. A와 B는 수소와 헬륨의 질량비가 약 3 : 1로 관측되는 것을 설명할 수 있다.

① ㄱ ② ㄷ ③ ㄱ, ㄴ ④ ㄴ, ㄷ ⑤ ㄱ, ㄴ, ㄷ

[25026-0303]

13 그림은 서로 다른 우주 모형 (가)와 (나)에서 시간에 따른 우주의 상대적 크기를, 표는 (가)와 (나)에서 임계 밀도에 대한 물질 밀도비(Ω_m)와 임계 밀도에 대한 암흑 에너지 밀도비(Ω_Λ)를 A와 B로 순서 없이 나타낸 것이다.

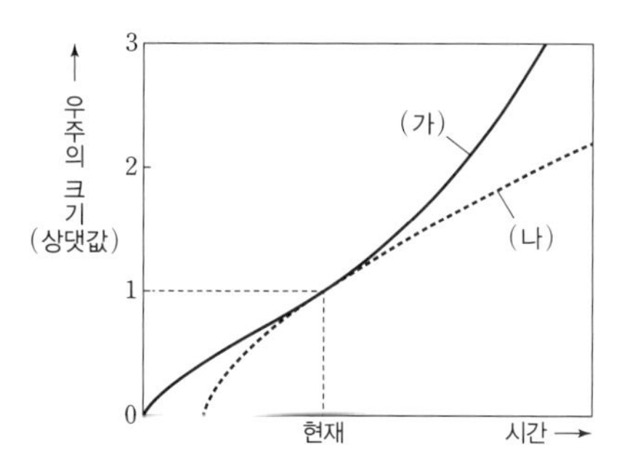

우주 모형	Ω_m	Ω_Λ
A	1	0
B	0.27	0.73

이에 대한 설명으로 옳은 것만을 <보기>에서 있는 대로 고른 것은?

보기
- ㄱ. (가)와 (나)는 모두 평탄 우주이다.
- ㄴ. (가)에 해당하는 우주 모형은 B이다.
- ㄷ. 현재 같은 거리에 있는 은하의 적색 편이는 (가)가 (나)보다 크다.

① ㄱ ② ㄷ ③ ㄱ, ㄴ ④ ㄴ, ㄷ ⑤ ㄱ, ㄴ, ㄷ

우주의 평균 밀도가 임계 밀도보다 큰 우주는 닫힌 우주, 임계 밀도와 같은 우주는 평탄 우주, 임계 밀도보다 작은 우주는 열린 우주이다.

[25026-0304]

14 그림 (가)는 암흑 에너지를 고려하지 않을 때 우주 모형 A, B, C에서 시간에 따른 우주의 크기 변화를, (나)는 A, B, C 중 한 우주 모형에서 공간의 기하학적 구조를 2차원으로 표현한 것이다. Ω는 임계 밀도에 대한 우주의 평균 밀도비이다.

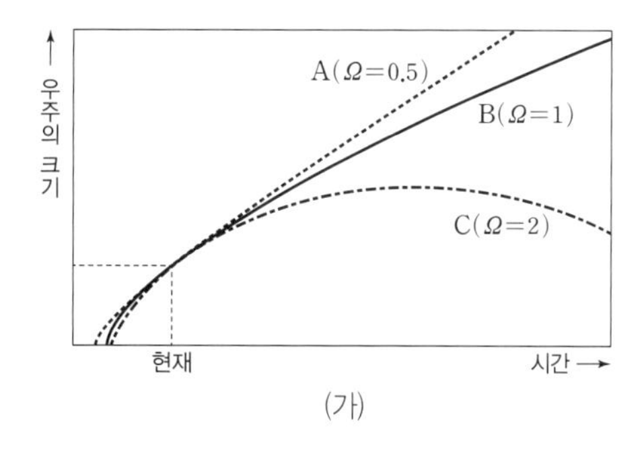

(가)

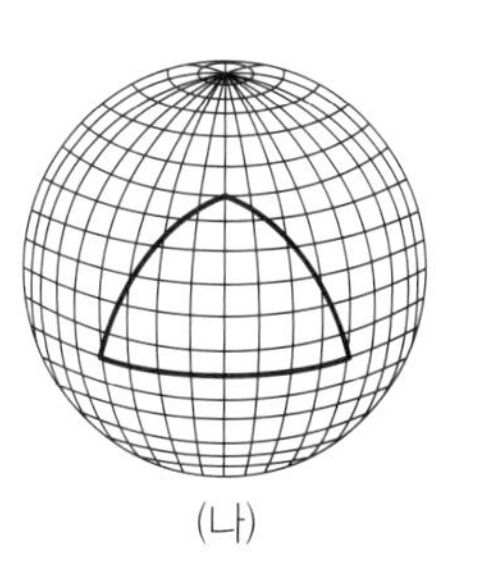

(나)

이에 대한 설명으로 옳은 것만을 <보기>에서 있는 대로 고른 것은?

보기
- ㄱ. 우주의 나이는 A가 가장 많다.
- ㄴ. 우주의 곡률이 현재 우주와 가장 비슷한 우주 모형은 B이다.
- ㄷ. (나)는 C의 기하학적 구조를 표현한 것이다.

① ㄱ ② ㄷ ③ ㄱ, ㄴ ④ ㄴ, ㄷ ⑤ ㄱ, ㄴ, ㄷ

임계 밀도에 대한 우주의 평균 밀도비가 1보다 크면 닫힌 우주, 1보다 작으면 열린 우주, 1이면 평탄 우주에 해당한다.

현재 우주는 약 4.9 %의 보통 물질, 약 26.8 %의 암흑 물질, 약 68.3 %의 암흑 에너지로 구성되어 있고, 암흑 에너지는 척력으로 작용하여 우주를 가속 팽창시키는 역할을 한다.

[25026-0305]

15 그림은 현재 우주를 구성하는 요소 ㉠, ㉡, ㉢의 상대적 비율을, 표는 우주 모형 A, B, C에서 임계 밀도(ρ_c)에 대한 (㉠+㉡)의 밀도비와 ㉢의 밀도비를 나타낸 것이다. ㉠, ㉡, ㉢은 각각 보통 물질, 암흑 물질, 암흑 에너지 중 하나이고, $\rho_㉠$, $\rho_㉡$, $\rho_㉢$은 각각 ㉠, ㉡, ㉢의 밀도이다.

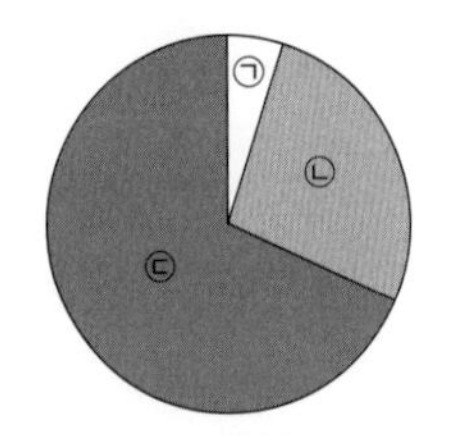

우주 모형	$\frac{\rho_㉠+\rho_㉡}{\rho_c}$	$\frac{\rho_㉢}{\rho_c}$
A	0.3	0
B	0.3	0.7
C	1.0	0

이에 대한 설명으로 옳은 것만을 <보기>에서 있는 대로 고른 것은?

보기

ㄱ. ㉠과 ㉡은 우주의 팽창 속도를 감소시키는 역할을 한다.
ㄴ. A는 열린 우주에 해당한다.
ㄷ. 우주의 곡률은 B가 C보다 작다.

① ㄱ ② ㄷ ③ ㄱ, ㄴ ④ ㄴ, ㄷ ⑤ ㄱ, ㄴ, ㄷ

임계 밀도(ρ_c)에 대한 물질 밀도(ρ_m)비와 임계 밀도에 대한 암흑 에너지 밀도(ρ_Λ) 비의 합이 1이면 평탄 우주이다. 현재 우주는 암흑 에너지가 척력으로 작용하여 가속 팽창하고 있다.

[25026-0306]

16 그림은 우주 모형 A와 B에서 임계 밀도(ρ_c)에 대한 물질 밀도(ρ_m)와 암흑 에너지 밀도(ρ_Λ)의 비를 나타낸 것이다.

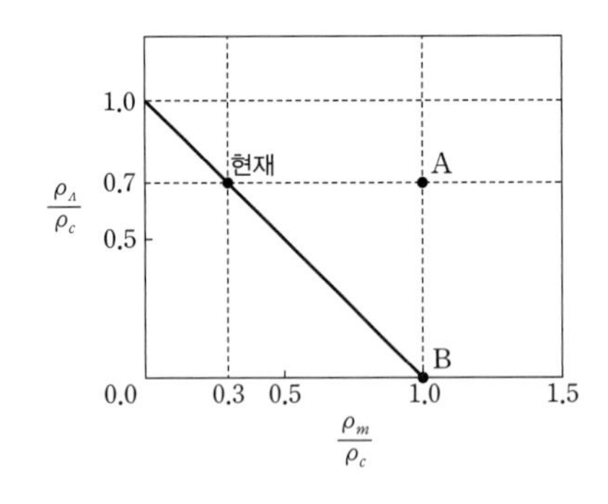

이에 대한 설명으로 옳은 것만을 <보기>에서 있는 대로 고른 것은?

보기

ㄱ. 우주의 곡률은 A가 현재 우주보다 크다.
ㄴ. B는 평탄 우주이다.
ㄷ. 우주의 팽창 가속도는 B가 현재 우주보다 크다.

① ㄱ ② ㄷ ③ ㄱ, ㄴ ④ ㄴ, ㄷ ⑤ ㄱ, ㄴ, ㄷ

[25026-0307]

17 그림은 빅뱅 이후 T_1 시기와 T_2 시기의 우주 구성 요소 비율을 나타낸 것이다. A, B, C는 각각 보통 물질, 암흑 물질, 암흑 에너지 중 하나이다.

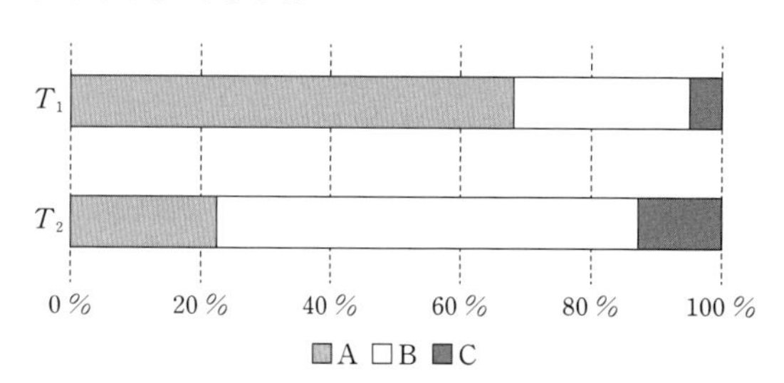

이에 대한 설명으로 옳은 것만을 〈보기〉에서 있는 대로 고른 것은?

〈보기〉

ㄱ. 우주 배경 복사의 파장은 T_1 시기가 T_2 시기보다 길다.
ㄴ. 우주가 팽창하는 동안 A의 총량은 일정하다.
ㄷ. 항성 질량의 대부분을 차지하는 것은 B이다.

① ㄱ ② ㄴ ③ ㄱ, ㄷ ④ ㄴ, ㄷ ⑤ ㄱ, ㄴ, ㄷ

우주에서 시간이 흐를수록 보통 물질과 암흑 물질의 비율은 점점 감소하고, 암흑 에너지의 비율은 점점 증가한다.

[25026-0308]

18 그림은 빅뱅 이후 발생한 주요 사건을 순서대로 나타낸 것이다.

빅뱅 헬륨 원자핵 생성 수소 원자 생성 최초의 별 탄생
A B C

이에 대한 설명으로 옳은 것만을 〈보기〉에서 있는 대로 고른 것은?

〈보기〉

ㄱ. 물질과 빛은 A 기간에 분리되었다.
ㄴ. B 기간에 우주에서 수소 원자핵과 헬륨 원자핵의 질량비는 약 3 : 1이다.
ㄷ. 헬륨보다 무거운 원소들은 대부분 C 기간에 생성되었다.

① ㄱ ② ㄴ ③ ㄷ ④ ㄱ, ㄴ ⑤ ㄴ, ㄷ

빅뱅 우주론에 따르면 우주가 팽창함에 따라 우주의 평균 온도는 점차 낮아졌다.

빛이 이동하는 동안 우주 팽창에 의해 적색 편이가 나타나고, 빛의 적색 편이는 빛이 이동하는 동안 우주가 팽창한 정도에 비례한다.

[25026-0309]

19 그림 (가)는 100억 년 전부터 현재까지 시간에 따른 우주의 팽창 속도 변화를, (나)는 T_2 시기에 은하 A에서 방출된 빛이 현재 지구에 파장 λ인 빛으로 도달하는 모습을 나타낸 것이다. 우주의 크기는 현재가 T_2 시기의 2배이다.

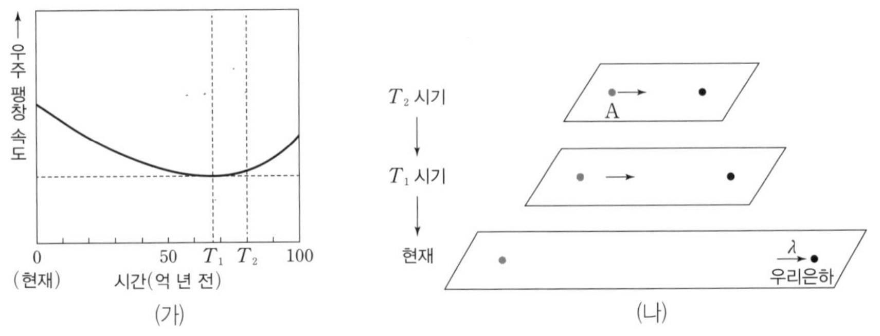

(가) (나)

T_2 시기에 A에서 출발한 빛에 대한 설명으로 옳은 것만을 <보기>에서 있는 대로 고른 것은? (단, 우주 공간을 진행하는 빛의 파장은 우주의 크기에 비례하여 길어진다.)

보기

ㄱ. 파장은 $\frac{\lambda}{2}$이다.

ㄴ. 이동한 거리는 현재 A와 우리은하 사이의 거리보다 짧다.

ㄷ. T_1~현재 사이의 파장 변화량은 T_2~T_1 사이의 파장 변화량보다 크다.

① ㄱ ② ㄴ ③ ㄱ, ㄷ ④ ㄴ, ㄷ ⑤ ㄱ, ㄴ, ㄷ

암흑 에너지는 현재 우주 구성 요소의 약 68.3 %를 차지하며, 척력으로 작용해 우주를 가속 팽창시키는 역할을 한다.

[25026-0310]

20 그림 (가)는 어느 우주 모형에서 임계 밀도에 대한 우주 구성 요소 ㉠과 ㉡의 밀도비를 우주의 크기에 따라 나타낸 것이고, (나)는 ㉠과 ㉡의 밀도비에 따른 우주의 팽창 속도 변화를 나타낸 것이다. ㉠과 ㉡은 각각 물질과 암흑 에너지 중 하나이다.

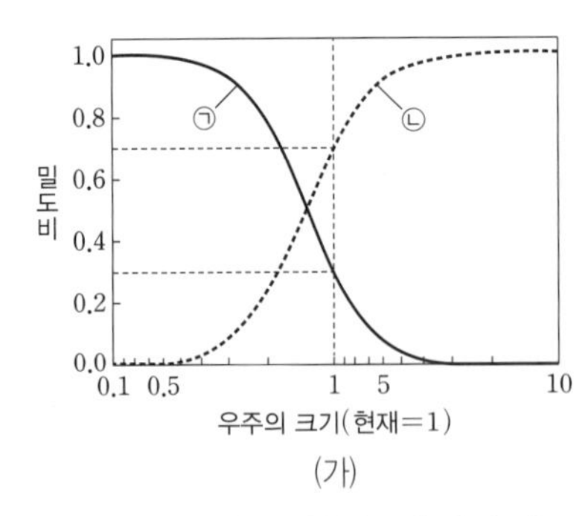

(가)

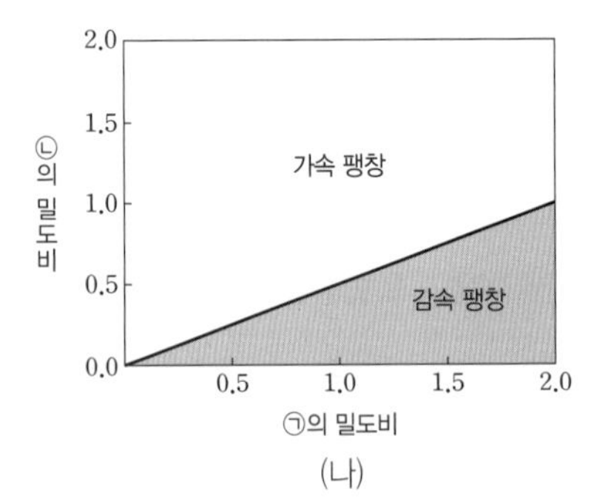

(나)

이에 대한 설명으로 옳은 것만을 <보기>에서 있는 대로 고른 것은?

보기

ㄱ. 이 우주 모형은 평탄 우주에 해당한다.

ㄴ. 암흑 에너지 밀도비와 물질 밀도비가 같으면 우주는 가속 팽창한다.

ㄷ. 우주의 크기가 현재의 $\frac{1}{2}$배였을 때 우주는 감속 팽창했다.

① ㄱ ② ㄴ ③ ㄱ, ㄷ ④ ㄴ, ㄷ ⑤ ㄱ, ㄴ, ㄷ

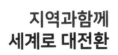

문제를 사진 찍고
해설 강의 보기
Google Play | App Store

EBSi 사이트
무료 강의 제공

수능특강

정답과 해설

2026학년도
수능 연계교재

본 교재는 대학수학능력시험을 준비하는 데 도움을 드리고자 과학과 교육과정을 토대로 제작된 교재입니다.
학교에서 선생님과 함께 교과서의 기본 개념을 충분히 익힌 후 활용하시면 더 큰 학습 효과를 얻을 수 있습니다.

수능특강

과학탐구영역 | **지구과학Ⅰ**

정답과 해설

01 판 구조론과 대륙 분포의 변화

수능 2점 테스트 본문 13~15쪽

01 ③	02 ①	03 ②	04 ④	05 ②	06 ④
07 ①	08 ⑤	09 ①	10 ④	11 ④	12 ②

01 대륙 이동설

판 구조론은 베게너의 대륙 이동설, 홈스의 맨틀 대류설, 헤스와 디츠의 해양저 확장설을 거쳐 정립되었다.

ㄱ. 베게너는 대서양 양쪽의 해안선 굴곡의 유사성, 화석 분포, 고생대 말 빙하 퇴적층의 분포, 지질 구조의 연속성 등을 근거로 대륙 이동설을 제시하였다. 따라서 A는 베게너이다.

ㄴ. 베게너는 대서양을 사이에 둔 두 대륙에서 같은 종의 화석이 산출되는 이유는 과거에 두 대륙이 서로 붙어 있었기 때문이라고 설명하였다.

ㄷ(X). ㉢은 베게너가 제시한 대륙 이동설이다.

02 맨틀 대류설

홈스는 맨틀 대류의 상승부에서는 대륙 지각이 분리되어 새로운 해양이 생성되고, 맨틀 대류의 하강부에서는 산맥과 해구가 생성된다고 주장하였다.

ㄱ. 이 모형은 1920년대 홈스가 주장한 맨틀 대류설 모형이다.

ㄴ(X). 홈스의 주장에 따르면, ㉠은 대륙 지괴가 갈라지는 과정에서 생성된 새로운 섬으로, 대륙 지각으로 이루어져 있다. 해령은 발산형 경계에서 발달하는 해저 산맥이다.

ㄷ(X). 해저 지각에 기록된 고지자기 줄무늬가 해령의 중심축에 대해 대칭으로 분포하는 이유는 해양저 확장설로 설명할 수 있다.

03 음향 측심으로 알아낸 해저 지형

해수면에서 해저면을 향해 발사한 초음파가 해저면에서 반사되어 되돌아오는 데 걸리는 시간을 이용하여 해저 지형을 알 수 있다.

ㄱ(X). ㉠ 구간은 수심이 4000 m보다 깊고 지형이 대체로 평탄하므로 심해저 평원에 해당한다. 대륙붕은 수심이 얕은 대륙 연안에 나타난다.

ㄴ. ㉡ 구간에는 주변보다 수심이 얕은 해령이 분포한다. 따라서 이 구간에 발산형 경계가 존재한다.

ㄷ(X). 해수에서 초음파의 속력을 v, 해수면에서 발사한 초음파가 해저면에서 반사되어 되돌아오는 데 걸리는 시간을 t라고 하면 관측 지점의 수심$(d)=\frac{1}{2}vt$이다. 탐사 해역에서 수심이 가장 깊은 곳은 약 5000 m이고, 초음파의 속력은 1500 m/s이므로 초음파 왕복 시간의 최댓값은 $\frac{10000\text{ m}}{1500\text{ m/s}}$≒6.7초이다.

04 고생대 말 빙하 분포 흔적

남아메리카, 아프리카, 인도, 오스트레일리아, 남극 대륙에서 고생대 말 빙하 퇴적층과 빙하의 이동 흔적이 발견된다.

ㄱ(X). 이 시기는 초대륙 판게아가 존재했던 고생대 말에 해당한다.

ㄴ. 판게아가 분리되어 대륙이 이동함에 따라 이 시기에 형성된 빙하 흔적 일부가 현재 적도 부근에서도 발견된다.

ㄷ. 이 시기에 살았던 양치식물의 화석이 현재 인도와 오스트레일리아 등의 여러 대륙에서 모두 산출된다.

05 해령 부근의 고지자기 줄무늬 분포

해양 지각에서 해저 고지자기 줄무늬는 해령과 거의 나란하게 해령을 축으로 대칭을 이룬다. 이는 해령에서 새로운 해양 지각이 생성되면서 확장될 때 지구 자기의 역전 현상이 반복되기 때문이다.

ㄱ(X). 해령에서 새로운 해양 지각이 생성되어 해령의 중심축을 중심으로 확장되므로 고지자기 줄무늬는 해령의 중심축과 나란하게 나타난다.

ㄴ. 고지자기 줄무늬의 대칭축은 해양저 확장의 중심축에 해당하며 ㉡ 부근에 위치한다. 따라서 심해 퇴적물의 두께는 ㉡에서 ㉠으로 갈수록 대체로 두껍게 나타난다.

ㄷ(X). ㉠과 ㉢의 해양 지각은 해령의 중심부(열곡)에서 같은 시기에 생성되어 해령의 중심축에 수직한 방향으로 이동하여 현재 지점에 위치해 있다. 따라서 ㉠이 생성된 지점은 ㉢이 생성된 지점보다 저위도이며 고지자기 복각은 ㉠이 ㉢보다 작다.

06 해양 지각의 고지자기 줄무늬 분포

지구 자기장의 방향이 현재와 같은 시기를 정자극기, 반대인 시기를 역자극기라고 한다. 해령 부근의 해양 지각의 고지자기 분포를 조사하면, 지구 자기의 역전 현상이 반복됨에 따라 정자극기와 역자극기가 반복되어 나타난다.

ㄱ. 정자극기와 역자극기의 줄무늬 간격은 (가)가 (나)보다 넓다. 따라서 판의 이동 속도는 (가)가 (나)보다 빠르다.

ㄴ(X). (가)에서 판의 이동 방향은 북쪽이다. A와 B의 해양 지각은 모두 같은 위치에서 생성되었고, 생성 이후 B가 A보다 북쪽으로 더 많이 이동하였으므로 고지자기극의 위도는 B가 A보다 낮다.

ㄷ. B와 C의 고지자기 줄무늬를 비교하면 C가 B보다 먼저 생성되었다. 따라서 해양 지각의 나이는 B가 C보다 적다.

07 변환 단층과 호상 열도

해양 지각의 이동 방향이 같은 단열대 구간에서는 지진이 발생하지 않지만 열곡과 열곡이 어긋난 단열대 구간에서는 천발 지진이 활발하게 발생한다. 윌슨은 이 구간을 변환 단층이라고 하였다.

ㄱ. 이 해역에는 수렴형 경계, 발산형 경계, 보존형 경계가 모두 나타나며, 판의 경계를 기준으로 세 개의 판이 존재한다.

ㄴ. 단열대 구간은 두 판의 경계에 해당하는 영역과 판 내부의 균열이 존재하는 영역을 모두 포함한다. 따라서 단열대 구간 중 판의 경계에 해당하는 변환 단층 구간에서만 지진이 활발하게 일어난다.

ㄷ. 화산군은 판의 수렴형 경계 부근에서 생성된 호상 열도이다. 이 화산군에서는 모두 화산 활동이 활발하게 일어나기 때문에 특정 방향으로 갈수록 화산의 연령이 많아지지는 않는다.

08 지구 자기장

지구가 가지고 있는 고유한 자기장을 지구 자기장이라고 한다. 나침반의 자침은 지구 자기장 방향으로 배열되며 정자극기일 때와 역자극기일 때 서로 반대 방향을 가리킨다. 자료에서 지리상극과 지자기극이 일치하므로 A는 자기 적도에 위치한 지점이라고 할 수 있다.

ㄱ. 지구 자기장에 의한 자기력선의 방향이 지리상 북극에서 지리상 남극을 향하고 있다. 따라서 이 시기는 역자극기에 해당한다.

ㄴ. 역자극기이므로 지리상 남극에서 자침은 연직 아래 방향을 가리킨다.

ㄷ. 역자극기일 때 자기 적도에 위치한 A에서 생성된 자성 광물의 자화 방향은 지리상 남극 방향을 가리킨다.

09 지구 자기장과 복각

나침반의 자침(지구 자기장의 방향)이 수평면과 이루는 각을 복각이라고 한다. 복각이 0°인 지역을 자기 적도, +90°인 지점을 자북극, −90°인 지점을 자남극이라고 한다.

ㄱ. (가)에서 자기력선의 방향이 수평면의 위쪽을 향하고 있으므로 2억 년 전에 이 지괴는 남반구에 위치하였다.

ㄴ. (나)에서 지구 자기장의 방향을 나타내는 자기력선과 수평면이 이루는 각은 40°이며 자기력선의 방향이 수평면 아래쪽을 향하고 있다. 따라서 복각은 +40°이다.

ㄷ. 2억 년 전에 복각의 크기는 45°이고, 3천만 년 전에 복각의 크기는 40°이다. 지자기극에 가까울수록 복각의 크기가 크므로, 복각의 크기가 클수록 자기 적도로부터 먼 곳에 위치한다. 따라서 자기 적도로부터의 거리는 (가)일 때가 (나)일 때보다 멀다.

10 미래의 수륙 분포 변화

현재 주요 판의 이동 속도를 이용하여 미래의 수륙 분포를 예측할 수 있다.

ㄱ. 현재~2억 년 후 사이에 ㉠의 위치는 중위도에서 적도 부근으로 이동한다. 따라서 ㉠에서 복각의 크기는 중위도에 위치한 현재가 적도 부근에 위치한 2억 년 후보다 클 것이다.

ㄴ. 현재보다 1억 년 후에 대서양의 면적은 넓어지고 태평양의 면적은 좁아질 것이다.

ㄷ. 1억 년 후~2억 년 후 사이에 대서양의 면적이 좁아진다. 따라서 대서양 연안에는 해양판이 섭입하는 수렴형 경계가 발달할 것이다.

11 인도 대륙의 이동

7000만 년 전부터 현재까지 인도 대륙의 위치는 대체로 남쪽에서 북쪽으로 이동하였다.

ㄱ. 7000만 년 전~현재까지 인도 대륙은 남반구에서 북반구로 이동하였다. 따라서 복각의 크기는 남반구에서 적도를 통과하기 전까지 감소하다가 적도를 통과한 이후부터 현재까지 증가하였다.

ㄴ. 5000만 년 전에 인도 대륙과 유라시아 대륙 사이에 해양이 존재하였다. 이후 두 대륙 사이에 있었던 해양 지각이 수렴형 경계(해구)에서 섭입하여 소멸하면서 두 대륙이 충돌하게 되었다.

ㄷ. 인도 대륙의 위도 변화는 7000만 년 전~5000만 년 전과 5000만 년 전~현재가 거의 비슷하다. 따라서 인도 대륙의 평균 이동 속력은 7000만 년 전~5000만 년 전이 5000만 년 전~현재보다 빨랐다.

12 지질 시대의 초대륙 분포

(가)는 약 2억 7천만 년 전에 여러 대륙이 합쳐져 형성된 초대륙 판게아이고, (나)는 약 12억 년 전에 형성된 초대륙 로디니아이다. 로디니아는 약 8억 년 전부터 분리되기 시작한 것으로 추정하고 있다.

ㄱ. 초대륙의 형성 시기는 (가)의 판게아가 (나)의 로디니아보다 나중이다.

ㄴ. (가)의 판게아가 형성되는 과정에서 북아메리카 대륙이 아프리카 대륙 및 유럽 대륙과 충돌하면서 애팔래치아산맥이 형성되었다.

ㄷ. (나)의 초대륙이 분리될 당시는 선캄브리아 시대에 해당한다. 이 시기에 번성했던 고생물의 흔적은 현재 거의 남아 있지 않으며, 특히 육상 생물이 존재하지 않았기 때문에 고생물 화석을 이용하여 대륙을 복원할 수 없다.

수능 3점 테스트 본문 16~21쪽

01 ③	02 ④	03 ④	04 ②	05 ①	06 ⑤
07 ⑤	08 ②	09 ②	10 ③	11 ①	12 ②

01 판 구조론의 정립 과정

베게너는 여러 대륙들이 모여 만들어진 초대륙 판게아가 존재했다고 주장하였고, 홈스는 방사성 원소의 붕괴열 등에 의해 맨틀이 대류한다고 주장하였다. 헤스와 디츠는 해령과 해구 등의 해저 지형을 설명하기 위해 해양저 확장설을 주장하였다.

㉠. 판 구조론이 정립되는 과정에서 이론이 제시된 순서는 (가) 대륙 이동설 → (다) 맨틀 대류설 → (나) 해양저 확장설이다.

㉡. 해양저 확장설의 주요 내용은 해령에서 새로운 해양 지각이 생성되고, 해령을 중심으로 확장된다는 것이다.

ⓧ. ㉡은 맨틀 대류설이다. 변환 단층은 해양저 확장설을 거쳐 판 구조론이 정립되는 과정에서 윌슨이 주장하였다.

02 음향 측심법

해수면에서 해저면을 향하여 초음파를 발사하면 초음파는 해저면에 반사되어 되돌아온다. 이때 반사되어 되돌아오는 데 걸리는 시간을 이용하여 해저 지형을 알 수 있다.

ⓧ. A에는 해구가 존재하고, B에는 동태평양 해령이 존재한다. 따라서 평균 수심이 얕은 ㉠은 해령이 존재하는 B이다.

㉡. 탐구 결과에서 A2 지점의 수심은 약 7000 m이다. 따라서 초음파의 왕복 시간은 약 $\frac{14000\ \text{m}}{1500\ \text{m/s}}$≒9.3초이다.

㉢. 해양 지각의 평균 연령은 해구 부근이 해령 부근보다 많으므로 A가 B보다 많다.

03 해양저 확장과 고지자기 분포

해령을 축으로 고지자기 줄무늬는 대칭적인 분포가 나타나며, 고지자기 줄무늬의 폭은 판의 확장 속도에 따라 달라진다.

ⓧ. 정자극기는 지구 자기장의 방향이 현재와 같은 시기이다. 따라서 해령 중심축에 표시된 ㉠이 정자극기에 해당한다. A에서 해령 중심축으로부터의 거리가 D1인 지점의 암석은 역자극기일 때 생성되었다.

㉡. 해령 중심축에서 멀어짐에 따라 수심은 대체로 증가한다. 따라서 B에서 평균 수심은 D1~D2 구간이 D2~D3 구간보다 얕다.

㉢. 해양저 확장 속도가 빠를수록 고지자기 줄무늬 간격의 폭이 넓게 나타난다. 따라서 해령의 중심축 부근에서 해양저 확장 속도는 C가 A보다 빠르다.

04 태평양과 대서양의 해양저 확장 속도

해령에서 새로운 해양 지각이 생성되면서 확장되고, 해구에서 오래된 해양 지각이 맨틀 속으로 섭입하여 소멸된다. 따라서 해양 지각은 대륙 지각과 달리 연령이 2억 년 이상인 암석이 거의 존재하지 않는다.

ⓧ. 태평양에는 연안에 해구가 발달하여 판의 섭입이 활발하고 판의 이동 속력이 빠르지만, 대서양에는 해구가 거의 존재하지 않기 때문에 상대적으로 판의 이동 속력이 느리다. 따라서 A는 판의 확장 속도가 더 빠른 태평양 남동부이다.

㉡. 중생대 기간은 약 2억 5천 2백만 년 전~약 6천 6백만 년 전이고, 백악기 말은 신생대가 시작되기 직전에 해당한다. 주어진 자료에서 이 시기에 B(대서양 중앙부)의 해양저 확장 속도는 현재보다 빠르다.

ⓧ. 해양 지각은 해령에서 생성되어 해구에서 소멸하기 때문에 현재 지구에 남아 있는 가장 오래된 해양 지각의 나이는 2억 년 정도이다. 따라서 가장 오래된 해양 지각을 이용하더라도 고생대 기간(약 5억 4천 백만 년 전~2억 5천 2백만 년 전)의 해양저 확장 속도를 알아낼 수 없다.

05 해양저 확장

해양판은 해령에서 멀어짐에 따라 점점 침강한다. 이때 해양판의 침강 속도는 판의 확장 속도와 관계없이 어느 대양에서나 거의 일정하게 나타난다.

㉠. 해령 정상의 수심이 2 km인 경우, 수심이 4 km인 해역은 해령 정상으로부터의 깊이가 2 km이다. 따라서 A와 B 모두 해양 지각의 연령은 2천만 년~4천만 년 사이임을 알 수 있다.

ⓧ. 시간에 따른 해령 정상으로부터의 깊이 변화는 판의 확장 속도와 관계없이 문제에서 제시된 그림과 같이 나타난다. 따라서 해양판의 확장 속도가 빠를수록 해저면의 평균 경사각은 완만해진다. 판의 평균 확장 속도는 B가 A보다 빠르므로 해령 부근에서 해저면의 평균 경사각은 B가 A보다 작다.

ⓧ. B에서 해령 중심으로부터의 수평 거리가 약 2000 km인 지점은 해양 지각의 나이가 약 2천만 년이다. 따라서 해령 정상으로부터의 깊이는 2 km보다 얕다.

06 대륙 이동과 복각 변화

지질 시대 동안 지리상 북극의 위치가 변하지 않았다고 가정하면, 지괴에서 측정한 고지자기 복각의 크기는 당시 지괴가 위치한 위도가 높을수록 크다.

㉠. A와 B에서 측정한 고지자기 복각이 각각 $-49°$, $-21°$이므로 7100만 년 전과 5500만 년 전에 지괴의 위도는 약 30°S, 약 10°S이다. 따라서 7100만 년 전~5500만 년 전 사이에 지괴의 위도 변화량은 30°보다 작다.

ㄴ. 신생대 초에 해당하는 5500만 년 전에 생성된 화성암에서 측정한 고지자기 복각이 −21°이므로 이 시기에 남반구에 위치하였다. 따라서 적도 부근에 위치했던 지질 시대는 이 시기 이후이다.
ⓒ. B에서 측정한 고지자기 복각이 −21°이고, D에서 측정한 고지자기 복각이 +38°이므로 5500만 년 전과 현재 이 지괴의 위도는 각각 약 10°S, 약 20°N이다. 이 지괴는 5500만 년 전부터 현재까지 북쪽으로 약 30°만큼 위도가 변하였다. 따라서 B로 추정한 고지자기극의 위도는 약 60°N이다.

07 해양 지각의 연령 분포

해령에서 멀어질수록 해양 지각의 연령이 증가하며, 심해 퇴적물의 두께가 증가한다. 이는 해양저 확장설의 근거가 된다.
ⓐ. 해령 A와 B로부터의 거리에 따른 해양 지각의 등연령선 분포를 비교하면, 나스카판보다 남아메리카판에서 등연령선의 간격이 조밀하다. 따라서 해양저 확장 속도는 A가 B보다 빠르다.
ⓑ. ㉠과 ㉡에서 해양 지각의 등연령선 분포를 보면, 해양 지각이 생성된 위치는 ㉠이 ㉡보다 저위도이다. 따라서 해양 지각에 기록된 고지자기 복각의 크기는 ㉠이 ㉡보다 작다.
ⓒ. 남아메리카 대륙의 서쪽 해안에는 수렴형 경계가 존재하지만 동쪽 해안에는 판의 경계가 없다. 따라서 화산 활동은 남아메리카 대륙의 서쪽 해안이 동쪽 해안보다 활발하다.

08 판 경계 부근의 지각 변동

판 구조론은 지구의 표면이 크고 작은 여러 개의 판으로 구성되어 있으며, 이들의 상대적인 운동에 의해 화산 활동, 지진, 마그마의 생성, 습곡 산맥의 형성 등 여러 가지 지질 현상이 일어난다는 이론이다.
ㄱ. 두 해양판이 수렴할 때, 화산 활동은 섭입하지 않는 판에서 일어난다. 판 A와 판 C가 만나는 경계 부근에서 화산 활동은 판 A에서 일어나므로 판 C가 판 A 아래로 섭입하고 있다는 것을 알 수 있다.
ⓑ. 해양 지각의 나이는 해령에서 멀어질수록 증가한다. 판 A와 판 B의 상대적인 이동 방향과 속력을 비교하면 두 판의 경계는 발산형 경계이다. 따라서 발산형 경계 부근에 위치한 ㉡이 ㉠보다 해양 지각의 나이가 적다.
ㄷ. ㉡은 판이 생성되는 발산형 경계, ㉢은 판이 섭입하는 수렴형 경계에 위치한다. 따라서 지진이 일어나는 평균 깊이는 ㉡이 ㉢보다 얕다.

09 잔류 자기와 고지자기 복각

마그마가 식어서 굳어질 때 자성 광물이 당시의 지구 자기장 방향으로 자화된다. 이후 지구 자기장의 방향이 변해도 자화 방향은 그대로 보존되는데, 이를 이용하여 지괴의 과거 위치를 추정할 수 있다.
ㄱ. ㉠의 잔류 자기는 정자극기에 형성되었고, 이때 복각이 음(−)의 값을 가지므로 이 화산체는 남반구에 위치한다.
ㄴ. 화산암 ㉠, ㉡, ㉢은 같은 시기에 생성된 암석이 아니다. 서로 다른 시기에 화산 활동에 의해 마그마가 지표로 분출되어 생성된 화산암이다. 따라서 화산암 ㉠, ㉡, ㉢의 조직은 모두 유리질(또는 세립질) 조직일 것으로 추정되며, 광물의 평균 크기가 ㉠ → ㉡ → ㉢으로 갈수록 커진다고 할 수 없다.
ⓒ. 이 화산체는 남반구에 위치하고 있으며 복각의 크기는 ㉢ → ㉡ → ㉠으로 갈수록 점점 작아진다. 따라서 이 화산체는 북쪽으로 이동하였다.

10 고지자기 복각을 이용한 대륙 이동 복원

지구가 가지고 있는 고유한 자기장을 지구 자기장이라고 하는데, 지구는 내부에 막대자석이 있는 것과 유사한 자기적 성질을 갖는다. 나침반의 자침은 지구 자기장 방향으로 배열되며 정자극기일 때 나침반의 N극은 북쪽을 향한다.
ⓐ. 고지자기극의 위치는 2억 년 전부터 현재까지 계속 북쪽으로 멀어졌다. 따라서 이 기간 동안 지괴는 남쪽으로 이동하였다.
ⓑ. (나)에서 θ는 고지자기 복각에 해당한다. 고지자기 복각은 수평면과 나침반 자침의 N극이 이루는 각이며, 지괴가 북반구에 위치하고 있으므로 N극은 수평면 아래를 가리킨다. 따라서 ㉠은 N극이다.
ㄷ. 이 지괴는 1억 년 전보다 2억 년 전에 고위도에 위치했다. θ는 고지자기 복각을 나타내므로 이 지괴에서 측정되는 θ의 크기는 2억 년 전이 1억 년 전보다 크다.

11 초대륙의 분리

판의 운동과 함께 대륙들이 이동하면 분리되었던 대륙들이 합쳐져서 초대륙이 형성되기도 하고, 초대륙이 분리되었다가 다시 합쳐지면서 새로운 초대륙이 형성되기도 한다.
ⓐ. ㉠은 두께가 얇은 해양 지각이고, ㉡은 두께가 두꺼운 대륙 지각이다. 지각의 평균 밀도는 해양 지각(㉠)이 대륙 지각(㉡)보다 크다.
ㄴ. A 구간에서 대륙 지각의 중앙부에는 초대륙이 분리되면서 열곡대가 발달한다. 열곡대에서는 장력에 의해 주로 정단층이 발달한다.
ㄷ. B 구간에는 해양저가 확장되면서 새로운 해양이 발달하고 있다. 새로운 해양의 중앙부에는 새로운 해양 지각이 생성되는 발산형 경계가 존재하고, 해양 지각의 연령은 발산형 경계에서 가장 적다.

12 두 대륙판의 충돌

두 대륙판이 서로 충돌하면 습곡 산맥이 형성되며, 두 대륙 사이의 해양 지각은 지구 내부로 섭입하여 소멸한다.
ㄱ. (가)의 판 A에서는 섭입대에서 물 공급에 의해 생성된 마그마가 상승하는 과정에서 마그마 혼합 과정을 거쳐 지표로 분출한다.

압력 감소 과정을 거쳐 생성된 마그마는 해령이나 열점에서 분출한다.

ㄱ. (다)에서 판 A와 판 B의 경계부에서는 충돌에 의해 거대한 습곡 산맥이 형성된다. 열곡대는 대륙판이 분리되는 곳에서 나타난다.

ㄷ. (나)에서는 판을 이동시키는 주요 원동력인 섭입대에서 판을 잡아당기는 힘이 작용한다. 한편 (다)에서는 섭입대가 발달하지 않으며, 두 대륙의 충돌에 의한 영향으로 판의 이동 속력이 느려진다. 따라서 판 A에 대한 판 B의 평균 이동 속력은 (나)가 (다)보다 빠를 것이다.

02 판 이동의 원동력과 마그마 활동

수능 2점 테스트

본문 29~31쪽

01 ⑤	02 ①	03 ③	04 ②	05 ③	06 ②
07 ①	08 ①	09 ②	10 ⑤	11 ③	12 ②

01 지구 내부의 층상 구조

지구 내부는 물리적 상태에 따라 암석권, 연약권, 하부 맨틀, 외핵, 내핵으로 구분된다. 지각 하부에서부터 약 400 km 깊이까지의 맨틀을 상부 맨틀, 상부 맨틀 하부에서부터 약 2900 km 깊이까지의 맨틀을 하부 맨틀이라고 한다.

ㄱ. ㉠은 지각, ㉡은 맨틀이다. 구성 물질의 평균 SiO_2 함량(%)은 지각이 맨틀보다 많다.

ㄴ. ㉢은 암석권이다. 암석권은 여러 조각으로 나누어져 있는데, 이를 판이라고 한다. 판의 두께는 해양보다 대륙에서 두껍다.

ㄷ. ㉣은 깊이 약 100 km~400 km 사이에 존재하는 연약권이다. 연약권은 부분 용융 상태로 유동성이 있다.

02 판을 이동시키는 힘

판을 이동시키는 힘에는 섭입하는 판이 잡아당기는 힘과 해령에서 중력에 의해 판이 미끄러지면서 판을 밀어내는 힘, 맨틀 대류에 의한 힘 등이 있다.

ㄱ. A는 해령에서 중력에 의해 판이 미끄러지면서 판을 밀어내는 힘이다.

ㄴ. B는 섭입하는 판의 끝부분이 가라앉으며 나머지 부분을 섭입대 쪽으로 잡아당기는 힘이다. 두 대륙판이 충돌할 경우 섭입대가 발달하지 않으므로 B의 영향을 거의 받지 않는다.

ㄷ. 최근 연구에 따르면 판을 이동시키는 주된 힘은 섭입대에서 잡아당기는 힘이며, 해령에서 판이 미끄러지면서 판을 밀어내는 힘은 상대적으로 판의 이동에 미치는 영향이 작은 것으로 알려져 있다.

03 플룸 구조론

플룸은 맨틀에서 주위보다 온도가 낮거나 높은 영역이며, 플룸 구조론은 맨틀 물질의 상승이나 하강으로 형성된 플룸에 의한 지구의 변동을 주로 다루는 이론이다.

ㄱ. 차가운 플룸은 주위보다 온도가 낮고, 밀도가 큰 맨틀 물질이 하강하면서 형성되는데, 주로 섭입하는 판이 상부 맨틀과 하부 맨틀의 경계에 머물다가 일정량 이상이 되면 맨틀과 외핵의 경계 쪽으로 가라앉으면서 만들어진다.

ㄴ. 뜨거운 플룸은 주위보다 온도가 높고, 밀도가 작은 맨틀 물질

이 기둥 형태로 상승하면서 형성된다. 뜨거운 플룸은 맨틀과 외핵의 경계 부근에서 상승하기 시작한다.
ⓒ. ㉠의 하부에는 상승하는 뜨거운 플룸의 영향으로 열점이 생성될 수 있다. 열점은 지구 내부에 고정되어 있으며 많은 양의 마그마를 지표로 분출시키는 화산 활동을 일으킨다.

04 열점과 판의 경계

열점에서는 뜨거운 플룸이 상승하여 지구 내부의 고정된 위치에서 생성된 마그마가 지각을 뚫고 분출하여 화산 활동이 일어난다. 열점에서 분출되는 마그마는 암석권보다 아래쪽에서 생성되므로 판이 이동하면서 새로운 화산체가 연속해서 만들어져 일렬로 줄을 지어 분포하는 경우도 있다.
ㄱ. 열점의 분포는 뜨거운 플룸과 관련 있다. 따라서 열점은 판의 경계와 판의 내부에서 모두 나타날 수 있다.
ⓛ. 열점은 뜨거운 플룸에 의해 형성되므로 열점 하부에는 맨틀 물질의 상승으로 형성된 뜨거운 플룸이 나타난다.
ㄷ. 열점은 지구 내부의 고정된 위치에 존재하므로 판이 이동하더라도 위치가 달라지지 않는다. 따라서 열점 ㉠과 ㉡ 사이의 거리는 변하지 않는다.

05 지진의 진앙 분포

해구 부근에서는 주로 천발 지진이 발생하고, 해구에서 판이 섭입함에 따라 지진이 일어나는 진원의 평균 깊이가 대체로 깊어진다.
ⓖ. 이 지역에서는 천발 지진~심발 지진이 모두 일어나며, 대체로 북쪽으로 갈수록 진원의 깊이가 깊어진다. 따라서 판의 경계인 해구는 심발 지진이 일어나는 ㉠보다 천발 지진이 일어나는 ㉡에 가깝다.
ⓛ. B 판이 A 판 아래로 섭입하므로 B 판은 섭입하는 판이 잡아당기는 힘을 받고 있다.
ㄷ. 섭입이 일어나는 판의 경계 부근에서 화산 활동은 섭입하지 않는 판에서 일어난다. 따라서 화산 활동은 B 판보다 A 판에서 활발하다.

06 뜨거운 플룸의 상승

차가운 플룸이 맨틀과 외핵의 경계 쪽으로 가라앉으면 그 영향으로 맨틀과 외핵의 경계 부근에서 고온의 맨틀 물질이 기둥 모양으로 상승하면서 뜨거운 플룸이 생성된다.
ㄱ. 맨틀 물질의 상승이 시작되는 곳은 맨틀과 외핵의 경계 부근이다.
ⓛ. ㉠은 같은 깊이의 주변 물질보다 온도가 높고, 밀도가 작기 때문에 플룸 상승류를 형성한다.
ㄷ. 열점은 지구 내부에 고정되어 있으나, 용암 대지는 판이 이동할 때 함께 이동한다.

07 하와이 열도

열점은 암석권보다 깊은 맨틀 내부에 고정되어 있지만 열점에서 마그마가 분출하여 형성된 화산섬은 판에 실려 이동한다.
ⓖ. 하와이 열도를 이루는 화산섬들은 북서쪽으로 갈수록 절대 연령이 대체로 증가한다. 따라서 하와이 열도가 포함된 판은 북서쪽으로 이동한다.
ㄴ. 열점에 의한 화산 활동이 일어날 때 현무암질 마그마가 분출한다. 따라서 하와이 열도의 화산섬을 이루는 주요 구성 암석은 현무암이다.
ㄷ. 열점은 지구 내부에 고정되어 있기 때문에 이 화산섬들은 모두 거의 동일한 위치에서 만들어졌다. 따라서 화산섬의 암석에서 측정한 고지자기 복각의 크기는 절대 연령에 관계없이 거의 같다.

08 지진파 단층 촬영 영상

지진파 단층 촬영 영상에서 지진파의 속도 편차가 음(−)의 값인 곳에는 주위보다 온도가 높고 밀도가 작은 물질이 분포하고, 지진파의 속도 편차가 양(+)의 값인 곳에는 주위보다 온도가 낮고 밀도가 큰 물질이 분포한다.
ⓖ. ㉠에서는 지진파의 속도 편차가 음(−)의 값이므로 뜨거운 플룸이 나타난다.
ㄴ. 같은 깊이에서 맨틀 물질의 밀도는 지진파의 속도 편차가 양(+)의 값인 ㉡이 음(−)의 값인 ㉠보다 크다.
ㄷ. 화산 A에서 분출하는 마그마는 주로 뜨거운 플룸의 상승류에 의해 생성되었다. 따라서 화산 A에서 분출하는 마그마는 주로 압력 감소 과정을 거쳐 생성되었다.

09 해구 부근에서 안산암의 분포

해령과 열점에서는 주로 현무암질 마그마가 분출하고, 안산암질 마그마는 해구 부근의 화산에서 분출한다. 따라서 안산암은 태평양 주변부의 해구와 대체로 나란하게 분포한다.
ㄱ. 이 지역의 판 경계는 해양판이 섭입하는 수렴형 경계이다. 따라서 판 경계에는 해령에 비해 상대적으로 나이가 많은 해양 지각이 분포한다.
ⓛ. 해구에서 판이 섭입하는 과정에서 생성된 현무암질 마그마가 상승하면서 유문암질 마그마와 혼합 과정을 거쳐 섭입하지 않는 판에서 안산암질 마그마가 분출한다. 따라서 안산암이 분포하는 판은 안산암이 분포하지 않는 판보다 밀도가 작다.
ㄷ. 이 지역의 안산암을 생성한 마그마는 물 공급에 의한 용융 온도 하강, 온도 상승에 의한 부분 용융으로 생성된 두 마그마의 혼합으로 생성되었다. 압력 감소에 의한 마그마 생성은 주로 해령이나 열점에서 일어난다.

10 맨틀 물질의 용융

지구 내부에서 맨틀의 온도는 맨틀을 구성하는 암석의 용융 온도보다 낮기 때문에 용융이 일어나지 않는다. 하지만 연약권의 온도는 부분 용융이 시작되는 온도와 거의 비슷하므로 구성 물질 중 일부 성분이 부분 용융되어 유동성이 커진다.

ㄱ. ㉠의 암석은 해당 깊이에서 부분 용융이 시작되는 온도가 T ℃보다 낮다. 따라서 이 암석이 온도가 T ℃인 마그마와 접촉하면 부분 용융이 일어날 수 있다.

ㄴ. ㉡에서는 지구 내부의 온도가 부분 용융이 시작되는 온도보다 약간 높다. 따라서 ㉡의 암석은 일부가 부분 용융되어 유동성이 있는 상태가 될 수 있는 연약권에 위치한다.

ㄷ. ㉢의 맨틀 물질이 상승하면 압력이 감소하면서 부분 용융이 일어나 마그마가 생성될 수 있다.

11 화성암의 산출 상태

마그마가 어느 깊이에서 어떤 형태로 굳어지는가에 따라서 화성암의 조직이 달라진다. ㉠은 암주, ㉡은 암상, ㉢은 저반이라고 한다.

ㄱ. ㉠에는 기존의 퇴적암을 뚫고 마그마가 상승하는 통로에서 생성된 화성암이 분포한다. 따라서 이 화성암에서는 퇴적암 조각이 포획암으로 산출될 수 있다.

ㄴ. ㉡은 마그마가 퇴적층의 층리를 따라 관입하여 넓은 판 모양으로 굳어져 생성된 화성암이다.

ㄷ. 마그마가 지하 깊은 곳에서 서서히 냉각될수록 광물 결정의 평균 크기는 크다. 따라서 ㉠, ㉡, ㉢ 중 광물 결정의 평균 크기는 ㉢이 가장 크다.

12 화성암의 분류

화성암은 SiO_2 함량(화학 조성과 광물의 조성)에 따라 염기성암, 중성암, 산성암으로 분류하고, 냉각 속도(암석의 조직)에 따라 화산암과 심성암으로 분류한다.

ㄱ. A는 결정 크기가 크고, SiO_2 함량이 52 % 미만이므로 반려암이다. 반려암은 심성암이므로 조립질 조직이 나타난다.

ㄴ. B는 결정 크기가 작고, SiO_2 함량이 63 % 이상이므로 유문암이다.

ㄷ. 화강암은 SiO_2 함량이 63 % 이상인 산성암에 속한다. 따라서 A와 B 중 화강암과 화학 조성이 유사한 암석은 B(유문암)이다.

수능 3점 테스트

본문 32~37쪽

01 ①	02 ②	03 ③	04 ⑤	05 ③	06 ④
07 ②	08 ③	09 ②	10 ④	11 ③	12 ③

01 지진대와 열점의 분포

플룸 구조론은 판과 맨틀 전체의 상호 관계가 중심이며, 열점에서의 화산 활동과 같이 판의 내부에서 일어나는 화산 활동을 설명하기 위해 대두되었다.

ㄱ. (가)의 지진은 대부분 판의 경계를 따라 발생한다. 천발 지진은 모든 종류의 판의 경계에서 일어날 수 있지만 심발 지진은 섭입대가 발달한 수렴형 경계에서만 일어날 수 있다. 따라서 (가)의 지진은 심발 지진보다 천발 지진이 많다.

ㄴ. (나)의 열점에서는 현무암질 마그마가 분출한다. 안산암질 마그마는 주로 수렴형 경계인 해구 부근에 위치한 호상 열도나 화산에서 분출한다.

ㄷ. 판의 경계와 지진대는 잘 일치하지만, 열점은 판의 경계뿐만 아니라 판의 내부에도 존재한다. 따라서 판의 경계를 파악하려면 (나)보다 (가)의 자료가 유용하다.

02 섭입대와 판의 이동 속력

판을 움직이는 원동력에는 섭입하는 판이 잡아당기는 힘, 해령에서 판을 밀어내는 힘, 맨틀 대류에 의한 힘 등이 있다. 과학자들은 섭입하는 판이 잡아당기는 힘을 가장 주요한 요인으로 생각하고 있다.

ㄱ. 판의 이동 속력은 ㉢(태평양판)과 ㉣(코코스판)이 매우 빠르지만, 판의 크기를 비교하면 ㉢은 매우 크고, ㉣은 매우 작다. 따라서 판의 크기와 판의 이동 속력은 직접적인 관련성이 없다는 것을 추론할 수 있다.

ㄴ. 자료에서 해구가 차지하는 비율이 높을수록 판의 평균 이동 속력이 빠른 경향이 나타난다. 따라서 판의 평균 이동 속력은 ㉥이 ㉤보다 느리다는 것을 추론할 수 있다.

ㄷ. ㉠(유라시아판)은 ㉢(태평양판)과 달리 섭입대가 거의 존재하지 않는다. 따라서 섭입하는 판이 판 전체를 잡아당기는 힘은 ㉠이 ㉢보다 훨씬 작다.

03 열점 활동과 해저 화산의 분포

열점은 암석권보다 깊은 곳에 고정되어 있으며, 열점의 마그마가 분출하여 화산 활동이 일어나고 화산체가 만들어진다. 이때 화산체는 판의 이동 방향을 따라 배열된다.

ㄱ. 화산군 A와 B에서 해저 화산체들의 연령은 판의 경계 ㉠에서 멀어질수록 많아진다. 따라서 판의 경계 ㉠은 발산형 경계이다.

ㄴ. 화산군 B에서 가장 먼저 형성된 화산체의 연령은 8천만 년보

다 적다. 따라서 화산군 B를 형성한 열점의 활동이 시작된 시점은 8천만 년 전 이후이다.
ⓒ. 화산군 C에는 최근 형성된 화산체가 존재하지 않으며, 과거에 형성된 화산체가 북동쪽으로 배열되어 있다. 한편 같은 판에 속한 화산군 A에는 최근에 형성된 화산체들이 동쪽 방향으로 배열되어 있다. 따라서 화산군 C가 포함된 판은 현재 동쪽으로 이동하고 있다.

04 섭입하는 판의 경사

판이 지구 내부로 섭입함에 따라 지진이 일어나는 깊이가 점점 깊어진다. 따라서 지진이 일어나는 깊이 분포를 이용하여 섭입하는 판의 경사를 추정할 수 있다.
ⓞ. 판이 섭입할 때 베니오프대 부근에서 지진이 일어나므로 진원의 평균 깊이는 섭입하는 판의 깊이가 얕은 ㉠이 ㉡보다 얕다.
ⓞ. 해구 부근의 두 판 중 밀도가 큰 판이 밀도가 작은 판 아래로 섭입한다. 따라서 (나)에서 판의 밀도는 해구의 동쪽에 위치한 판이 해구의 서쪽에 위치한 판보다 크다.
ⓒ. 판의 깊이를 나타낸 등치선의 간격은 (가)가 (나)보다 넓다. 따라서 섭입하는 판의 평균 기울기는 (가)가 (나)보다 작다.

05 열점 활동으로 형성된 화산섬의 연령

고정된 열점에서 분출된 마그마에 의해 형성된 화산섬은 판의 이동 방향을 따라 배열된다. 따라서 화산섬의 형성 시기는 열점에서 멀수록 오래되었다.
X. 화산섬에서 측정된 X의 함량은 동쪽으로 갈수록 감소하므로 열점 활동으로 형성된 화산섬의 연령은 동쪽으로 갈수록 많아진다. 따라서 현재 판의 이동 방향은 동쪽이며, 열점은 맨틀 내부에 고정되어 있어 이동하지 않는다.
X. A, B, C를 이루는 화성암은 모두 열점에서 분출한 현무암질 마그마가 굳어져 생성되었다. 따라서 A, B, C를 이루는 화성암의 SiO_2 함량은 52 % 미만이다.
ⓒ. 방사성 동위 원소는 같은 시간 동안 같은 비율만큼 붕괴한다. 즉, X의 함량이 80 %에서 40 %로 감소하는 데 걸리는 시간은 40 %에서 20 %로 감소하는 데 걸리는 시간과 같다. 따라서 A와 B의 연령 차는 B와 C의 연령 차보다 크다. 한편 판의 이동 속도는 일정하다고 했으므로 A와 B 사이의 거리는 B와 C 사이의 거리보다 멀다.

06 화산 활동

섭입대 부근에는 판의 경계와 나란하게 화산이 분포하고, 열점 부근에는 판의 이동 방향과 나란하게 화산체가 분포한다.
X. 이 지역에는 판 경계와 나란하게 육지 쪽에 화산이 분포한다. 따라서 판 경계에는 해양판이 섭입하는 해구가 존재한다. 새로운 해양 지각은 해령에서 생성된다.
ⓞ. 화산과 용암 대지가 포함된 판의 이동 방향은 열점 활동으로 형성된 용암 대지의 배열 방향으로부터 알 수 있다. 이 판은 현재 남서쪽으로 이동하고 있다.
ⓒ. ㉠에서는 주로 안산암질 마그마가 분출하고, ㉡에서는 현무암질 마그마가 분출한다. 따라서 화산에서 분출하는 마그마의 평균 SiO_2 함량(%)은 ㉠이 ㉡보다 많다.

07 맨틀에서 지진파의 속도 편차

지진파 단층 촬영 영상에서 지진파의 속도가 빠른 곳은 주위보다 온도가 낮고 밀도가 크다.
X. A에서는 주변보다 온도가 높은 맨틀 물질이 상승하는 뜨거운 플룸이 나타난다.
ⓞ. 같은 깊이에서 맨틀 물질의 평균 밀도는 지진파의 속도 편차가 (−)인 곳이 (+)인 곳보다 작으므로 A가 B보다 작다.
X. A와 B에서 나타나는 맨틀 물질의 연직 운동은 판의 운동에 영향을 미칠 수 있지만 판을 이동시키는 직접적인 힘이라고 할 수 없다. 판의 이동은 수평 방향으로 나타나며, 판을 이동시키는 주요 힘은 섭입대에서 판을 잡아당기는 힘과 해령에서 판을 밀어내는 힘, 맨틀 대류에 의한 힘 등으로 알려져 있다.

08 섭입대 부근에서 마그마의 생성

수렴형 경계에서는 섭입하는 지각에서 빠져나온 물의 영향으로 연약권을 구성하는 광물의 용융 온도가 낮아져 현무암질 마그마가 생성된다. 이 현무암질 마그마가 상승하여 대륙 지각 하부에 도달하면 대륙 지각을 이루고 있는 암석이 부분 용융되어 유문암질 마그마가 생성된다. 이후 현무암질 마그마와 유문암질 마그마가 혼합되면 안산암질 마그마가 생성된다.
ⓞ. a → a′ 과정에서는 유문암질 마그마가 생성되고, b → b′ 과정에서는 현무암질 마그마가 생성된다. 따라서 (나)에서 생성된 마그마의 SiO_2 함량(%)은 a → a′ 과정이 b → b′ 과정보다 많다.
X. (나)에서 물은 섭입하는 해양판에서 공급되며, 물 공급에 의해 연약권 물질의 용융 온도는 낮아진다.
ⓒ. 마그마 ㉠은 a → a′ 과정으로 생성된 유문암질 마그마와 b → b′ 과정으로 생성된 현무암질 마그마가 혼합되어 생성될 수 있다.

09 마그마가 생성되는 장소

마그마는 주로 맨틀 물질이 상승하는 발산형 경계인 해령과 뜨거운 플룸이 상승하여 형성된 열점, 해양판이 비스듬히 들어가는 섭입대 부근에서 잘 생성된다.
X. A의 마그마는 섭입하는 해양 지각에서 빠져나온 물이 연약권으로 공급되면서 연약권 물질이 용융되어 생성된다.
ⓞ. B는 열점이고, C는 해령 하부이다. 열점과 해령 하부에서는 모두 맨틀 물질이 상승하면서 압력 감소 과정을 거쳐 마그마가 생성된다.

ㄴ̸. (가)에서는 주로 마그마 혼합 과정을 거쳐 생성된 안산암질 마그마가 분출하고, (나)에서는 주로 압력 감소 과정을 거쳐 생성된 현무암질 마그마가 분출한다. 따라서 지표로 분출하는 마그마의 SiO_2 함량(%)은 대체로 (가)가 (나)보다 많다.

10 심해저 단면

심해저에서 시추를 통해 심해저 퇴적물, 해저 현무암질 용암층, 암맥 형태의 관입암층, 반려암층까지 확인되었다. 반려암층 하부에는 감람암으로 구성된 상부 맨틀 암석이 존재할 것으로 추정된다.
ㄱ̸. 심해저 퇴적물은 점토 성분의 퇴적물과 탄산염 광물, 처트 등으로 이루어져 있다. 육지 기원의 모래와 자갈 등은 수심이 얕은 연안에 퇴적된다.
ⓛ. 화성암이 생성된 깊이는 (나)가 (다)보다 얕다. 따라서 암맥 형태의 (나)는 마그마의 냉각 속도가 빠른 현무암이고, 광물의 크기가 비교적 큰 화성암 (다)는 마그마의 냉각 속도가 느린 반려암이다.
ⓒ. (나)와 (다)는 모두 해령의 열곡에서 생성되었으며, SiO_2 함량이 52 % 미만인 염기성암이다.

11 화성암의 분류

유리질 조직은 마그마가 지표 부근에서 빠르게 냉각될 때, 조립질 조직은 마그마가 지하 깊은 곳에서 서서히 냉각될 때 생성된다.
ⓖ. A는 SiO_2 함량이 63 %보다 많고, 비교적 크기가 작은 광물 결정과 유리질 조직이 함께 관찰된다. 따라서 A는 마그마가 지표 부근에서 빠르게 냉각되어 만들어진 유문암이다.
ㄴ̸. B는 SiO_2 함량이 63 %보다 많고, 비교적 큰 광물 결정으로 이루어진 화강암이다. 화강암은 심성암이므로 마그마가 지하 깊은 곳에서 서서히 냉각되어 생성된다.
ⓒ. C는 SiO_2 함량이 52 %보다 적고, 광물 결정의 크기가 작은 현무암이다. 암석의 밀도는 현무암이 유문암이나 화강암보다 크다.

12 우리나라의 주요 화성암 지대

마그마가 급속히 냉각될 때 주상 절리가 형성될 수 있고, 심성암이 융기하여 지표에 노출될 때 판상 절리가 형성될 수 있다.
ⓖ. (가)에는 지표로 분출한 마그마가 급속히 식으면서 형성된 기둥 모양의 주상 절리가 잘 나타난다.
ㄴ̸. (가)는 화산암이고, (나)는 심성암이므로 암석이 생성된 깊이는 (가)가 (나)보다 얕다.
ⓒ. 주요 구성 암석은 (가)가 현무암, (나)가 화강암이다. 따라서 암석에 포함된 SiO_2 함량(%)은 (가)가 (나)보다 적다.

03 퇴적암과 지질 구조

수능 2점 테스트 본문 45~47쪽

01 ④	02 ②	03 ③	04 ④	05 ④	06 ③
07 ①	08 ④	09 ②	10 ⑤	11 ①	12 ⑤

01 속성 작용

(가)와 (나)의 길이 척도를 고려하여 퇴적 입자의 크기를 비교하면 (가)는 대부분 1 mm보다 작고 (나)는 대부분 2 mm 이상이다.
ㄱ̸. 역암은 주요 퇴적물의 입자 크기가 2 mm 이상이다.
ⓛ. 다짐 작용을 받으면 퇴적 입자 사이의 거리가 가까워져 공극의 부피가 작아진다.
ⓒ. (가)는 (나)보다 퇴적 입자의 크기가 작고 퇴적 입자 사이의 거리가 가깝기 때문에 단위 부피당 퇴적 입자의 개수는 (가)가 (나)보다 많다.

02 쇄설성 퇴적암

주요 퇴적물 입자가 자갈이면 역암, 모래이면 사암, 실트 또는 점토이면 이암이나 셰일이다.
ㄱ̸. 실트와 점토의 구성 비율에 대한 모래 또는 자갈의 구성 비율이 작은 암석이 셰일이므로 A는 셰일이다.
ㄴ̸. B는 자갈의 구성 비율이 크므로 역암이며, 연흔은 사암과 셰일에 비해 역암에 나타나기 어렵다.
ⓒ. 역암, 사암, 셰일은 모두 쇄설성 퇴적물이 퇴적된 쇄설성 퇴적암이다.

03 유기적 퇴적암

규질 생물체가 퇴적되어 처트나 규조토가 생성되고, 석회질 생물체가 퇴적되어 석회암이 생성된다.
ⓖ. 규질 생물체가 퇴적되면 처트가 만들어질 수 있다.
ⓛ. 석회암 중 유기적 퇴적암에서는 석회질 생물체의 유해나 골격이 발견될 수 있다.
ㄷ̸. 석회암은 화학적 퇴적암 또는 유기적 퇴적암이다.

04 퇴적 구조

B 구간에서 위로 갈수록 입자의 크기가 점점 커지는 것을 통해 점이 층리의 위아래가 뒤집어진 것을 알 수 있으며, 이 지층은 역전되었다.
ㄱ̸. 사암은 쇄설물 입자의 크기가 $\frac{1}{16}$ mm~2 mm이다. A를 구성하는 주요 입자들의 크기가 2 mm보다 크므로 A는 사암층

이 아니다.
ㄴ. 이 지역의 지층에는 부정합이 없으므로 A, B, C 구간은 연속적으로 퇴적되었다. B를 통해 지층의 역전을 확인할 수 있으므로 A, B, C는 함께 역전되었으며 A는 C보다 먼저 생성되었다.
ㄷ. B의 점이 층리의 위아래가 뒤집어져 있으므로 B의 지층은 역전되었다.

05 절리와 퇴적 구조

(가)는 건열이고, (나)는 주상 절리이다.
ㄱ. (가)는 건열이므로 퇴적암에서 관찰된다.
ㄴ. ㉠ 방향으로 다각형의 긴 기둥 모양의 절리가 형성되었으므로, ㉠ 방향의 수직으로 자른 단면 모양은 다각형이다.
ㄷ. (가)는 퇴적층의 수분이 증발되어 퇴적층의 부피가 수축하여 형성되고, (나)는 마그마가 냉각되어 마그마의 부피가 수축하여 형성된다.

06 연흔

퇴적물이 물결의 영향을 받아 퇴적되었으므로 수심이 얕은 물밑에서 연흔이 형성되는 과정을 나타낸 것이다.
ㄱ. 연흔은 수심이 얕은 환경에서 물결의 영향을 받아 형성된다.
ㄴ. 퇴적 환경 중 육상 환경의 호수나 하천에서도 연흔이 만들어질 수 있다.
ㄷ. 연흔이 형성된 지층의 층리면을 내려다보면 수면의 모습과 유사한 물결 모양의 자국이 관찰된다.

07 단층

대륙 지각이 갈라지는 판의 발산형 경계에 해당한다.
ㄱ. 판의 발산형 경계에 해당하므로 주로 장력이 작용한다.
ㄴ. 장력이 작용하여 정단층이 발달하므로 단층의 상반이 하반에 대해 중력 방향으로 이동한다.
ㄷ. 습곡은 횡압력이 작용하는 곳에서 형성되므로 장력이 작용하는 판의 발산형 경계에서는 습곡이 발달하기 어렵다.

08 단층

(가)는 역단층, (나)는 정단층이다.
ㄱ. ㉠과 ㉡은 모두 단층면의 아래에 있으므로 하반이다.
ㄴ. ㉠은 단층면을 향하는 방향으로, ㉡은 단층면에서 멀어지는 방향으로 힘이 작용한다.
ㄷ. 습곡과 역단층은 횡압력에 의해 형성된다.

09 절리

(가)에는 주상 절리, (나)에는 판상 절리가 나타난다.
ㄱ. (나)에는 판상 절리가 나타나며 (나)는 화성암 지형이다.
ㄴ. 주상 절리가 발달한 암석은 마그마가 지표 부근에서 빠르게 냉각되어 생성된 화산암이고, 판상 절리가 발달한 암석은 마그마가 지하 깊은 곳에서 서서히 냉각되어 생성된 심성암이다.
ㄷ. 판상 절리는 지하 깊은 곳에서 생성된 암석이 지표로 융기하는 과정에서 만들어지므로 주로 마그마가 급격히 냉각되는 과정에서 형성되는 주상 절리에 비해 암석과 절리의 생성 시기 차이가 크다.

10 부정합

부정합은 부정합면을 경계로 상하 지층이 나란한 평행 부정합, 상하 지층의 경사가 서로 다른 경사 부정합, 부정합면의 하부에 심성암이나 변성암이 분포하는 난정합으로 구분한다.
ㄱ. A를 경계로 상하 지층의 경사가 서로 다르므로, A를 경계로 상하 지층은 경사 부정합 관계이다.
ㄴ. 가장 하부에 있는 첫 번째 부정합이 관입 당했으므로, 첫 번째 부정합이 형성된 이후에 관입이 일어났다.
ㄷ. 부정합이 세 번 형성되었고, 현재 지표면이 수면 위로 드러나 있으므로, 이 지역은 최소 4회 융기했다.

11 습곡과 단층

습곡이 형성된 이후 정단층(오른쪽)이 형성되었다. 이후 지층이 융기하여 침식되었으며, 침강 및 퇴적으로 부정합이 형성되었다. 이후 정단층(왼쪽)이 형성되었다.
ㄱ. 습곡 구조 중 위로 볼록한 부분은 배사이다.
ㄴ. 지질 단면에서 관찰되는 두 단층은 모두 정단층이다.
ㄷ. 습곡 → 단층 → 부정합 → 단층 순으로 형성되었다.

12 관입과 포획

마그마는 B의 약한 부분을 뚫고 관입하여 냉각되어 A를 형성하였다.
ㄱ. 마그마의 열로 인해 A와 B의 경계 부근에서는 B가 변성 작용을 받을 수 있다.
ㄴ. 관입한 A는 관입 당한 B보다 나중에 형성되었으므로 A에 B의 조각이 포획되었다.
ㄷ. A가 B를 관입하였으므로 A는 B보다 나이가 적다.

수능 3점 테스트 본문 48~53쪽

01 ③	02 ⑤	03 ⑤	04 ③	05 ①	06 ⑤
07 ④	08 ④	09 ⑤	10 ④	11 ③	12 ①

01 속성 작용

퇴적물이 속성 작용을 받아 퇴적암이 될 때 공극의 평균 크기가 작아지고 교결 물질이 증가한다.

ⓞ. ㉠은 ㉡보다 교결 물질의 비율이 크므로 교결 작용을 많이 받았다.

ⓞ. ㉡은 ㉢보다 공극의 비율이 작고 퇴적물의 비율이 크므로 다짐 작용을 더 많이 받은 것이며 퇴적 입자 사이의 평균 거리가 짧다.

✗. 퇴적물이 속성 작용을 받아 ㉢ → ㉡ → ㉠ 순으로 변하였다.

02 퇴적암의 종류

A 과정을 거쳐 쇄설성 퇴적암이, B 과정을 거쳐 유기적 퇴적암이, C 과정을 거쳐 쇄설성 퇴적암 중 응회암 등이 생성될 수 있다.

ⓞ. 지표의 암석이 쇄설물이 되려면 풍화·침식 작용을 받아야 한다.

ⓞ. 석회질 생물체의 유해나 골격이 퇴적되면 석회암이 생성된다.

ⓞ. 화산 분출은 육상과 해양에서 모두 발생할 수 있으며, 화산 쇄설물은 육상 환경과 해양 환경에서 모두 퇴적될 수 있다.

03 퇴적 구조와 지질 구조

A 지층과 B 지층의 경계에는 연흔이, C 지층의 윗부분에는 건열이 나타난다.

ⓞ. 연흔을 통해 A 지층과 B 지층이 역전되지 않은 상태인 것을 알 수 있으므로 A 지층이 B 지층보다 먼저 생성되었다.

ⓞ. 연흔은 수심이 얕은 곳에서 형성된다.

ⓞ. C 지층은 퇴적물 표면이 건조한 환경에 노출되어 건열이 형성되었다.

04 퇴적암과 퇴적 구조

침전 작용으로 생성되는 암석은 화학적 퇴적암이며, 퇴적 구조는 층리면에서 관찰되는 모습과 지층 단면에서 관찰되는 모습이 다르다.

ⓞ. SiO_2가 침전되어 처트가 생성된다.

ⓞ. SiO_2가 침전되어 생성된 퇴적암이 두꺼워졌으며 다짐 작용까지 고려하면 수심이 얕아지는 동안 침전된 SiO_2의 양은 증가하였을 것으로 추정할 수 있다.

✗. (나)는 사층리를 층리면이 아닌 지층의 연직 단면에서 관찰한 모습이다.

05 퇴적 환경

㉠은 삼각주, ㉡은 해빈, ㉢은 선상지에 대한 설명이다.

ⓞ. 삼각주는 하천에서 바다 쪽으로 넓게 펼쳐진 삼각형 모양을 이룬다.

✗. 해빈은 연안 환경에 해당한다.

✗. 삼각주는 하천의 하류에 위치해 있어서 입자의 크기가 작은 퇴적물의 비율이 높고, 선상지는 자갈을 비롯하여 여러 종류의 쇄설물이 퇴적된 곳이다.

06 퇴적 환경

사구는 연안 환경에서 형성될 수 있는 모래 언덕으로, 주요 퇴적물은 모래이다.

ⓞ. 해빈은 연안 환경에 해당한다.

ⓞ. 이 지역의 사구는 해안에서 육지 쪽으로 부는 바람의 작용에 의해 형성되었으므로 사구에서 사층리가 관찰될 수 있다.

ⓞ. 해빈과 사구는 모래가 주요 퇴적물이므로 이 지역에서는 사암이 생성될 수 있다.

07 지질 구조

(다)는 지층 모형의 중심부가 위로 볼록하게 구부러지도록 하였으므로 습곡의 배사 구조에 해당하고, (라)는 상반에 해당하는 부분을 아래 방향으로 이동시켰으므로 정단층에 해당하며, (마)는 수평 방향으로의 침식과 새로운 지층을 퇴적시킨 것이므로 부정합의 형성 과정에 해당한다.

ⓞ. ㉠은 지층 모형을 수평 방향으로 절단하여 절단면의 위쪽 덩어리를 제거한 것이므로 지층의 침식 과정에 해당한다.

✗. (다) 과정에서는 횡압력이, (라) 과정에서는 장력이 작용한다.

ⓞ. (마)는 부정합의 형성 과정에 해당한다.

08 습곡과 단층

습곡축면이 거의 수평으로 누운 횡와 습곡에서는 먼저 생성된 지층이 나중에 생성된 지층보다 위쪽에 위치할 수 있다.

✗. 습곡 작용과 역단층으로 인해 일부 구간에서는 먼저 생성된 지층이 나중에 생성된 지층보다 위쪽에 위치하지만 A는 상반, 하반에서 모두 가장 위에 있는 지층이므로 가장 나중에 생성되었다.

ⓞ. 단층에 의해 습곡이 잘렸으므로 단층이 습곡보다 나중에 형성되었다.

ⓞ. 역단층과 습곡은 모두 횡압력을 받아 형성된다.

09 포획과 부정합

단층에 의해 ㉠과 ㉡이 잘렸으므로 단층이 두 부정합보다 나중에 형성되었다.

㉠. ㉡의 하부가 심성암이므로 ㉡은 난정합면이다.
㉡. 두 부정합이 형성된 이후에 역단층이 형성되었다.
㉢. 포획암은 기존에 존재하던 암석의 조각이 마그마가 관입할 때 마그마 속으로 유입된 것이므로 포획암이 가장 오래된 암석이다.

10 절리와 단층

A는 주상 절리가 관찰되는 화산암이다.
~~ㄱ~~. A는 단층에 의해 잘리지 않았으므로 단층이 형성된 후 A가 생성되었다.
㉡. 주상 절리는 주로 마그마가 급격히 냉각되는 과정에서 형성되므로, A는 마그마가 지표 부근에서 급격히 냉각되어 생성되었다.
㉢. 단층이 형성된 후 지층이 융기하였고 상반의 일부가 침식되었다.

11 주상 절리

마그마는 냉각핵을 중심으로 냉각되고, 서로 닿는 부분에서 선분을 만들면서 최종적으로 다각형 모양으로 만들어진다.
㉠. 다각형 모양으로 만들어지는 것을 통해 주상 절리가 형성되는 과정임을 알 수 있다.
㉡. 마그마는 냉각핵을 중심으로 냉각되기 때문에 다각형의 형태와 크기는 냉각핵의 분포에 따라 달라진다.
~~ㄷ~~. 주상 절리는 화산암이 생성될 때 만들어진다. 한편 판상 절리가 형성되려면 암석이 생성된 후 융기해야 한다.

12 부정합과 퇴적 구조

① 건열의 모습을 통해 부정합 하부의 지층들은 역전되지 않았음을 알 수 있다. 따라서 X에서 Y로 갈 때 부정합면까지는 지층의 연령이 적어진다. 부정합면에서 지층의 연령이 불연속적으로 변하며, 이후 Y까지 정합 관계의 지층이므로 지층의 연령이 계속 적어진다.

04 지구의 역사

수능 2점 테스트 본문 61~64쪽

01 ②	02 ⑤	03 ⑤	04 ⑤	05 ④	06 ⑤
07 ⑤	08 ③	09 ⑤	10 ⑤	11 ③	12 ⑤
13 ⑤	14 ②	15 ②	16 ②		

01 지사학의 법칙

이 지역의 지질학적 사건을 시간 순서대로 나열하면 D 퇴적 → 습곡 → B 관입 → 부정합 → A 퇴적 → C 관입 순이다.
~~ㄱ~~. 생성 순서는 D → B → A → C이다.
㉡. 관입한 암석 B는 관입 당한 암석 D보다 나중에 생성되었다.
~~ㄷ~~. A와 C는 관입의 법칙을 이용하여 생성 순서를 결정한다.

02 관입과 포획

A는 B가 관입할 때 주변 암석으로부터 떨어져 나온 조각인 포획암이다.
㉠. A의 가장자리 부분은 관입한 마그마에 의해 변성 작용을 받았다.
㉡. 관입한 암석 B는 관입 당한 암석 C보다 나중에 생성되었다.
㉢. B 내부에 주변의 암석인 C의 조각이 포획될 수 있다.

03 암상에 의한 지층 대비

인접한 세 지역이므로 암상에 의한 대비를 통해 Ⅲ 지역에서 응회암층은 셰일층과 석회암층 사이에 있다는 것을 추론할 수 있다.
㉠. 세 지역에 모두 응회암층이 있으므로 응회암층은 건층으로 이용할 수 있다.
㉡. 암상에 의한 대비를 통해 Ⅲ 지역에서 응회암층은 셰일층과 석회암층 사이에 있다는 것을 알 수 있다.
㉢. 세 지역의 지층 중 Ⅰ 지역의 가장 위에 있는 이암층이 가장 최근에 생성되었다.

04 화석에 의한 지층 대비

~~ㄱ~~ 생물의 흔적으로 생성된 화석이라도 특정 시기에 생존했던 생물이라는 것을 알아낼 수 있다면 표준 화석이므로 지층 대비에 이용할 수 있다.
~~ㄴ~~ 응회암층과 같은 건층을 이용하는 지층 대비는 암상에 의한 대비이다.
~~ㄷ~~ 시상 화석에 대한 설명으로, 시상 화석은 지층이 생성된 특정 시기를 알려주지 못하므로 화석에 의한 지층 대비에 이용하기에

적합하지 않다.

✗. 서로 멀리 떨어져 있는 지층이더라도 동일한 표준 화석이 산출되면 대비가 가능하므로, 화석을 이용하여 서로 다른 대륙에 있는 지층 대비가 가능하다.

⑤ 삼엽충 화석은 표준 화석으로 지층의 생성 시기가 고생대라는 것을 알려준다.

05 상대 연령

이 지역의 지질학적 사건을 시간 순서대로 나열하면 C 퇴적 → B 퇴적 → E 관입 → 부정합 → A 퇴적 → 단층 → D 관입 → 부정합 순이다.

✗. 이 지역에서는 상반이 하반에 대해 위로 이동한 역단층이 관찰된다. 단층이 형성된 후 관입(D)이 일어나 단층이 끊어져 보인다.

ⓛ. A의 하부에는 B와 E의 침식물이 포함될 수 있다.

ⓒ. C → B → E → A → D 순으로 생성되었다.

06 상대 연령

B를 제외한 모든 지층과 암석이 단층 $f-f'$에 의해 어긋난 것을 통해 B가 가장 마지막에 생성되었다는 것을 알 수 있다.

㉠. 단층 상반의 중간 부분에 A가 존재하지 않고 변성 영역만 존재하는 곳이 있는 것은 A가 침식되었기 때문이다.

ⓛ. 단층에 의해 끊어진 A가 단층에 의해 끊어지지 않은 B보다 먼저 생성되었다.

ⓒ. C에서 기저 역암이 분포하는 영역이 단층에 의해 끊어졌으므로 C의 기저 역암은 단층 $f-f'$보다 먼저 생성되었다.

07 절대 연령

방사성 동위 원소와 자원소를 이용하여 절대 연령을 구할 때 광물에 포함된 원소만 고려한다. 광물 주변의 원소는 고려하지 않는다.

㉠. 광물에 포함된 ㉠은 계속 증가하고 ㉡은 계속 감소하므로, ㉡은 방사성 붕괴하는 모원소 X이고 ㉠은 생성되는 자원소 Y이다.

ⓛ. 3억 년 후에 광물에 포함된 X가 처음 양의 50 %가 되었으므로 방사성 동위 원소 X의 반감기는 3억 년이다.

ⓒ. 방사성 동위 원소 X의 함량이 50 %에서 25 %로 되는 데 걸리는 시간이 3억 년인데, 50 %에서 37.5 %로 되는 데 걸리는 시간이 37.5 %에서 25 %로 되는 데 걸리는 시간보다 짧다. 따라서 n은 4.5보다 작다.

08 절대 연령

이 화성암의 생성 당시 Y의 함량이 0 %가 아니지만, Y의 함량(%)은 이 화성암의 생성 당시 X의 양을 100 %라고 할 때를 기준으로 하므로 X의 반감기는 X가 붕괴하여 생성된 Y의 함량 변화를 통해 구할 수 있다.

㉠. 이 화성암의 생성 당시 Y의 함량이 12.5 %이고, 이 화성암이 생성되고 1억 년이 지났을 때 Y의 함량이 62.5 %이므로 1억 년 동안 Y의 함량이 50 % 증가하였다. 따라서 X의 반감기는 1억 년이다.

✗. 이 화성암에 포함된 X가 두 번의 반감기를 거쳤다면 현재 이 화성암의 Y 함량은 87.5 %(12.5 %+75 %)가 되어야 한다. 현재 이 화성암의 Y 함량은 75 %이므로, 이 화성암에 포함된 X는 두 번의 반감기를 거치지 않았다.

ⓒ. Y의 함량(%)은 이 화성암의 생성 당시 X의 양을 100 %라고 할 때를 기준으로 하므로 X가 100 % 붕괴하면 Y의 함량도 100 % 증가한다. 이 화성암의 생성 당시 Y의 함량이 12.5 %이므로, X가 모두 붕괴하면 Y의 함량은 100 %가 넘는다.

09 절대 연령

Q는 2회 반감하여 절대 연령이 $2T$(T: 반감기)이고, P에 포함되어 있는 X의 양은 75 %이다. 암석에 포함되어 있는 방사성 동위원소의 양이 100 %에서 75 %로 되는 데 걸리는 시간은 75 %에서 50 %가 되는 데 걸리는 시간보다 짧으므로, P의 절대 연령은 $\frac{T}{2}$보다 적다.

㉠. P가 Q를 관입하였으므로 A → Q → P 순서로 생성되었다.

ⓛ. X의 양이 100 %에서 75 %가 되는 데 걸리는 시간은 $\frac{T}{2}$보다 짧고, 50 %에서 25 %가 되는 데 걸리는 시간은 T이다.

ⓒ. P의 절대 연령은 $\frac{T}{2}$보다 적으므로 P의 절대 연령을 3배 하더라도 Q의 절대 연령인 $2T$보다 적다.

10 지질 시대의 생물

남세균과 에디아카라 동물군 모두 선캄브리아 시대에 출현하였다. 남세균은 현재도 생존하는 생물이며 현재 스트로마톨라이트도 만들어지고 있다.

㉠. 스트로마톨라이트를 만드는 남세균은 대기 중에 산소가 거의 없던 시기에 출현하여 광합성을 통해 대기 중 산소 농도 증가에 기여하였다.

ⓛ. 에디아카라 동물군 화석은 선캄브리아 시대에 생존했던 생물의 화석이므로 표준 화석이다.

ⓒ. 남세균은 에디아카라 동물군보다 먼저 출현하였다.

11 지질 시대의 생물

속씨식물은 중생대 백악기에 출현하였고 신생대에 번성하였다. 삼엽충과 완족류는 고생대에 출현하였고 삼엽충은 고생대 말에 멸종하였다.

㉠. A는 속씨식물 화석을 포함하고 있으므로 중생대 백악기 이후

에 생성된 지층이고, B는 고생대 생물 화석을 포함하고 있으므로 A가 B보다 나중에 생성되었다.
ㄴ. 삼엽충은 고생대에만 생존한 생물이므로 삼엽충 화석은 표준 화석이다.
ㄷ. A는 육상 환경에서 생성되었고, B는 삼엽충과 완족류 화석이 발견되므로 바다에서 생성되었다.

12 지질 시대의 생물

㉠은 선캄브리아 시대 중 원생 누대, ㉡은 고생대, ㉢은 중생대와 신생대이다.
① 최초의 생물은 ㉠보다 앞선 시기인 시생 누대에 출현하였다.
② 공룡이 출현한 시기는 중생대이므로 ㉢에 해당한다.
③ 양치식물이 대규모로 퇴적되어 두꺼운 석탄층이 생성된 것은 고생대 석탄기(㉡ 기간 중)이다.
④ 고생대 기간 중에 빙하기가 있었다.
⑤ 속씨식물이 등장했을 때부터 양치식물, 겉씨식물, 속씨식물은 모두 공존하여 살고 있다.

13 지질 시대의 생물

화폐석 화석은 신생대, 삼엽충과 필석 화석은 고생대의 표준 화석이다.
ㄱ. 화폐석이 번성한 시기는 팔레오기, 네오기이며 이때 속씨식물이 번성하였다.
ㄴ. 삼엽충 화석과 필석 화석은 고생대의 표준 화석이다.
ㄷ. (가), (나), (다) 모두 표준 화석이므로 화석에 의한 지층 대비에 이용될 수 있다.

14 지질 시대의 환경

(가)는 현재 수륙 분포와 유사한 모습으로 신생대 팔레오기에 해당하고, (나)는 초대륙 판게아가 형성된 고생대 페름기에 해당한다.
ㄱ. 속씨식물은 중생대 백악기에 출현하였다.
ㄴ. 판게아가 갈라지면서 대서양이 형성되었다.
ㄷ. (가)는 (나)보다 현재와 가까운 시점이며, 현재의 수륙 분포와 유사하다.

15 지질 시대의 생물

산출되는 생물의 화석을 이용하여 해당 생물의 생존 기간을 결정하게 된다. 특정 시기에만 생존한 생물도 있고, 출현한 후 현재까지 생존하고 있는 생물도 있다.
ㄱ. A는 데본기 중기부터 백악기까지 생존했으므로 A의 화석은 고생대 지층에서도 발견될 수 있다.
ㄴ. B는 데본기 중기부터 현재까지 생존하고 있고, C는 캄브리아기부터 페름기까지 생존하였다. 따라서 B는 C보다 생존 기간이 길다.
ㄷ. D는 트라이아스기 초기에, E는 트라이아스기 후기에 출현하였다.

16 대멸종

㉠은 데본기 후기, ㉡은 페름기 말, ㉢은 백악기 말에 발생한 대멸종이다.
ㄱ. 속씨식물은 중생대에 출현하였다.
ㄴ. 삼엽충은 페름기 말 대멸종 시기에 멸종하였다.
ㄷ. 매머드는 신생대의 생물이다.

수능 3점 테스트 본문 65~71쪽

01 ⑤	02 ④	03 ①	04 ④	05 ③	06 ③
07 ③	08 ⑤	09 ④	10 ②	11 ③	12 ②
13 ④	14 ②				

01 지사학의 법칙

㉠에는 중생대의 표준 화석인 공룡 화석이, ㉡에는 고생대의 표준 화석인 삼엽충 화석이 포함되어 있다.

㉠. A에서는 ㉠이, B에서는 ㉡이 산출되었다.

㉡. B에서는 삼엽충 화석이 산출되었으므로 B는 고생대에 생성되었다.

㉢. 삼엽충 화석이 포함된 화석군이 아래에, 공룡 화석이 포함된 화석군이 위에 위치하므로 동물군 천이의 법칙을 이용하여 이 지역의 지층이 역전되지 않았음을 알 수 있다.

02 지층의 생성 순서

편마암이 침식된 후 그 위로 이암, 셰일, 사암이 퇴적되었다. 이후 정단층이 형성되었고 화강암이 관입하였다.

㉠. 단층 $f-f'$은 정단층이므로 장력을 받아 형성되었다.

㉡. 사암이 생성된 이후에 단층이 형성되었고 그 이후에 화강암이 생성되었다.

~~㉢~~. ㉠은 퇴적 시기가 연속적인 지층 경계이고, ㉡은 단층에 의해 퇴적 시기가 불연속적인 지층 경계(상반의 사암층과 하반의 셰일층의 불연속적인 경계)이므로 지층 경계에 접촉한 상부와 하부의 암석 연령 차는 ㉠ 지점이 ㉡ 지점보다 작다.

03 상대 연령

이 지역의 단층은 아래 그림과 같이 (B−B′)→(C−C′)→(A−A′) 순으로 형성되었다. 그림에서 점선은 단층이 형성된 위치를 나타낸 것이다.

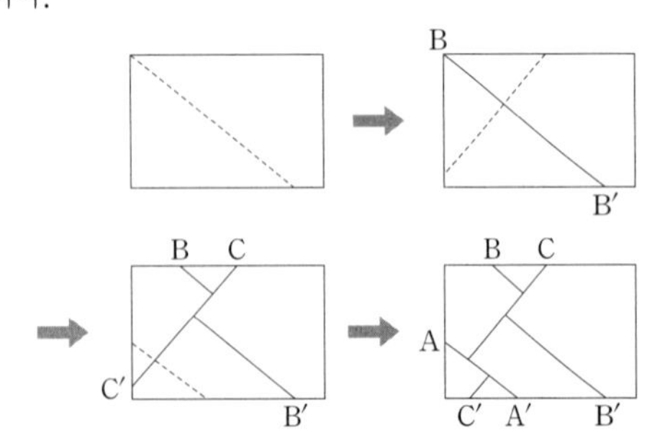

㉠. (B−B′)은 상반과 하반의 이동을 파악할 단서가 없으므로 어떤 종류의 단층인지 파악할 수 없다. (C−C′)은 (B−B′)의 단층면 이동을 통해 역단층임을 알 수 있다. (A−A′)은 (C−C′)의 단층면 이동을 통해 역단층임을 알 수 있다.

~~㉡~~. (B−B′)→(C−C′)→(A−A′) 순으로 단층이 형성되었다.

~~㉢~~. 상반과 하반의 이동에 의해 수평층이 기울어지지는 않았으며, 지표면의 ㉠에서 북쪽으로 갈 때 단층면을 지나지 않으므로 지표면에서의 지층의 퇴적 시기는 동일하다.

04 분출과 관입

B는 화강암이 침식된 후에 퇴적되었고, D는 화강암이 관입하기 전에 존재한 지층이다. 점이 층리는 수심이 깊은 환경에서 형성되고, 건열은 지층이 건조한 대기에 노출될 때 형성된다.

~~㉠~~. (가)의 B 하부에서 화강암의 침식물이 관찰되므로 B는 화강암이 생성된 이후에 생성되었다. (나)에서 D의 조각이 화강암에 포획되어 있으므로 D는 화강암보다 먼저 생성되었다. 따라서 B는 D보다 나중에 퇴적되었다.

㉡. A는 점이 층리가 관찰되므로 건열이 관찰되는 C보다 평균 수심이 깊은 곳에서 생성되었다.

㉢. 마그마가 관입하여 화강암이 생성될 때 주변의 지층이 변성 작용을 받을 수 있으므로 D에서 변성 작용을 받은 부분이 발견될 수 있다.

05 절대 연령

A의 $\frac{\text{Y의 양}}{\text{X의 처음 양}}=\frac{375}{1125+375}=\frac{375}{1500}=0.25$,

B의 $\frac{\text{Y의 양}}{\text{X의 처음 양}}=\frac{5.2}{1.3+5.2}=\frac{5.2}{6.5}=0.8$이다.

㉠. $\frac{\text{Y의 양}}{\text{X의 처음 양}}=0.5$일 때 감소한 X와 증가한 Y가 1 : 1이라는 의미이므로 X의 반감기는 4억 년이다.

㉡. 현재 A에 포함된 X의 양과 Y의 양의 합이 X의 처음 양이므로 A에 포함된 X의 처음 양은 1500 ppm이다.

~~㉢~~. B의 $\frac{\text{Y의 양}}{\text{X의 처음 양}}=0.8$이므로 현재 B에 포함된 X는 반감기를 3회까지 거치지 않았다.

06 절대 연령

Q는 R보다 남아 있는 X의 함량이 적으므로 Q가 R보다 오래된 암석이다. 따라서 암석의 생성 순서는 Q → R → P이다.

㉠. X의 함량이 75 %에서 37.5 %가 되는 데 걸리는 시간이 2억 년이므로 X의 반감기는 2억 년이다.

㉡. R에 남아 있는 X 함량이 처음 양의 75 %이므로 절대 연령은 반감기의 $\frac{1}{2}$보다 적다. P는 R보다 최근에 생성된 암석이므로 P의 절대 연령도 1억 년보다 적다.

~~㉢~~. Q는 R보다 절대 연령이 2억 년 많은데, R는 절대 연령이 1억 년 미만이므로, Q의 절대 연령은 3억 년 미만이다. 부정합은 Q 생성 이후에 형성되었으므로 부정합이 형성된 시기는 3억 년 전

보다 오래되지 않았다.

07 절대 연령

마그마 내부에 자원소가 포함되어 있으나 새로 생성된 광물 내부에는 자원소가 포함되어 있지 않다. 암석 생성 이후 시간이 지남에 따라 모원소가 붕괴하여 광물 내부에서 자원소의 비율이 커진다.

㉠. 광물에 포함된 X가 방사성 붕괴하여 Y가 생성되었으므로 Y는 X의 자원소이다.

㉡. (다)의 광물에 포함된 모원소와 자원소의 비가 1 : 1이므로 (다)의 광물에 포함된 X는 반감기가 1회 경과하였다.

X. 광물의 크기에 관계없이 X가 붕괴하여 Y가 생성되는 비율은 일정하므로 특정 시점에 각각의 광물에 포함된 $\frac{\text{Y의 수}}{\text{X의 수}}$는 동일하다.

08 지질 시대의 생물

삼엽충에는 다양한 종류가 있고 종류에 따라 생존 기간이 다르므로, 삼엽충 화석의 종류를 구별할 수 있다면 지층의 생성 시기를 알 수 있다.

㉠. 삼엽충 화석의 머리나 꼬리 조각으로 삼엽충을 A, B, C로 구분하였다.

㉡. B의 생존 기간은 A의 생존 기간보다 앞선 시기이므로, A는 B보다 나중에 출현하였다.

㉢. C의 화석은 캄브리아기의 화석이고, 어류는 오르도비스기에 최초로 출현하였으므로 C의 화석이 산출된 지층에서 어류 화석이 산출될 가능성은 없다.

09 지질 시대의 환경과 생물

생물 속의 수가 급격히 감소한 대멸종 시기와 지구 평균 기온을 비교해 보면, 지구 평균 기온이 낮아지지 않아도 대멸종이 일어난 경우가 있다.

X. 신생대 동안에도 속의 수가 감소했던 시기가 있다.

㉡. 온난한 시기였던 데본기 후기, 트라이아스기 말, 백악기 말에 속의 수가 급감하였다.

㉢. 고생대와 중생대 사이, 중생대와 신생대 사이에는 속의 수가 급격히 감소한 대멸종이 있었다.

10 지질 시대의 환경

지구 대기 중의 산소는 지질 시대 동안 급격히 증가한 시기가 2회 있었고, 일부 시기에는 감소하기도 했으므로 지속적으로 증가하지는 않았다.

X. 지질 시대 동안 산소는 감소한 시기도 있었으므로 지속적으로 증가하지는 않았다.

X. 산소 비율의 증가량은 ㉠일 때가 약 0.9999 %, ㉡일 때가 약 99 %이므로 ㉠일 때가 ㉡일 때보다 작다.

㉢. 남세균은 시생 누대에 출현하였으므로 '남세균의 광합성에 의한 대기 중 산소 증가'는 ㉠의 산소 비율 변화에 기여하였다.

11 지층 대비

화석의 분포를 통해 세 지역 모두 지층의 상부로 갈수록 최근에 생성된 지층이라는 것을 알 수 있다. h의 침식물이 g 하부에 포함된 것을 통해 h가 g보다 먼저 생성되었다는 것을 알 수 있다.

㉠. b와 d는 고생대에 생성되었으므로 그 사이에 퇴적된 c도 고생대에 생성되었다.

X. h는 삼엽충 화석이 산출되는 g보다 먼저 생성되었으므로, 고생대가 끝나는 약 2.52억 년 전보다 이전에 생성된 암석이다. 따라서 h에 포함된 X는 반감기를 최소 2회 거쳤음을 알 수 있다.

㉢. 세 지역에서 모두 최근에 생성된 지층일수록 더욱 진화된 생물의 화석이 산출되므로 동물군 천이의 법칙을 이용해 지층의 역전이 일어나지 않았음을 알 수 있다.

12 지질 시대의 생물

스트로마톨라이트는 현재도 생성되고 있어서 살아 있는 화석이라고도 한다.

X. 화석이나 지질 구조를 통해 지층의 역전을 의미하는 요소가 없으므로 이 지역의 지층은 역전되지 않았다.

㉡. A, B, C에서 해양 생물의 화석이 산출되므로 A, B, C는 해양에서 퇴적된 지층임을 알 수 있다.

X. D는 C가 생성된 후 관입하였고 그 이후에 B가 생성되었다. 따라서 D는 고생대에 관입하였다. 겉씨식물이 번성한 시기는 중생대이다.

13 지질 시대의 환경

초대륙은 형성과 분리가 반복된다. 현재의 수륙 분포는 판게아가 분리되어 형성되었다.

X. 판게아를 형성한 대륙들의 충돌은 고생대 말에 일어났다.

㉡. 대서양은 현재 주변에 섭입대가 없으며 확장 중인 상태이다.

㉢. 판게아 이전에 대륙이 흩어져 있었고, 그 이전에 다른 초대륙이 있었음을 추정할 수 있다.

14 지질 시대의 생물

고생대 캄브리아기에 생물 속의 수가 급증하였으며, 삼엽충이 출현하였다.

X. 캄브리아기 중 약 5.2억 년 전~5억 년 전 사이에 생물 속의 수가 감소한 시기가 있었다.

X. 척추동물은 캄브리아기 이후에 출현하였으므로 5억 년 전 생물 속에 포함될 수 없다.

㉢. 5.2억 년 전보다 더 오래 전에 외골격이 있는 삼엽충이 출현하였으므로 5.2억 년이 된 외골격 생물의 화석이 존재할 수 있다.

05 대기의 변화

수능 2점 테스트 본문 85~89쪽

01 ⑤	02 ④	03 ④	04 ⑤	05 ③	06 ⑤
07 ①	08 ⑤	09 ①	10 ①	11 ④	12 ④
13 ⑤	14 ③	15 ⑤	16 ②	17 ⑤	18 ④
19 ③	20 ⑤				

01 지상 일기도 해석

지상 일기도에서 고기압은 주변보다 기압이 높은 곳이고 저기압은 주변보다 기압이 낮은 곳이다. 북반구 고기압에서 바람은 시계 방향으로 불어 나가고 북반구 저기압에서 바람은 시계 반대 방향으로 불어 들어간다.

ㄱ. 북반구 고기압에서 바람은 시계 방향으로 불어 나간다. 따라서 A 지점에서는 남풍 계열의 바람이 우세하게 분다.

ㄴ. 지상 일기도에서 등압선 간격이 좁을수록 풍속이 빠르다. 등압선 간격은 B 지점 부근이 C 지점 부근보다 좁으므로 풍속은 B 지점이 C 지점보다 빠르다.

ㄷ. 지상 일기도에서 저기압은 주변보다 기압이 낮은 곳이며, 그림에서 등압선 간격이 4 hPa이다. 따라서 ㉠ 등압선의 기압값은 996이다.

02 고기압과 저기압

고기압은 주변보다 기압이 높은 곳이고 저기압은 주변보다 기압이 낮은 곳이다. 등압선은 기압이 같은 지점을 연결한 선으로 등압선의 모든 지점에서는 기압이 같고, 연직 기압 분포에서 높이가 높아질수록 기압이 낮아진다.

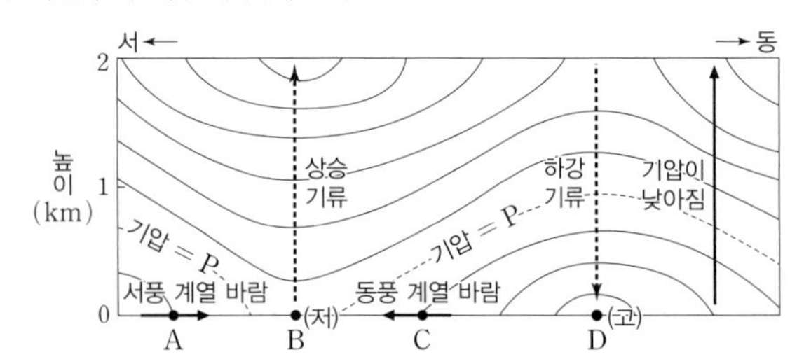

ㄱ. 바람은 고기압에서 불어 나와 저기압으로 불어 들어간다. 따라서 A 지점에는 서풍 계열의 바람이 우세하게 불고 C 지점에는 동풍 계열의 바람이 우세하게 분다.

ㄴ. 등압선의 모든 지점에서는 기압이 같고 연직 기압 분포에서 높이가 높아질수록 기압이 낮아진다. 위 그림을 보면, B 지점의 기압은 P보다 낮고 D 지점의 기압은 P보다 높다.

ㄷ. B 지점에는 저기압이 분포하고 D 지점에는 고기압이 분포한다. 따라서 B 지점에서는 상승 기류가 활발하고 D 지점에서는 하강 기류가 활발하다.

03 기단의 종류

우리나라에 영향을 주는 대표적인 기단의 특징은 아래 표와 같다.

구분		기단
한대 기단	대륙성	시베리아 기단
	해양성	오호츠크해 기단
열대 기단	대륙성	양쯔강 기단
	해양성	북태평양 기단

ㄱ. 기단의 평균 기온은 한대 기단이 열대 기단보다 낮으며, 우리나라에 영향을 주는 대표적인 기단 중에서 ㉠ 한대 기단(예 시베리아 기단, 오호츠크해 기단)이 분포하는 평균 위도는 ㉡ 열대 기단(예 양쯔강 기단, 북태평양 기단)이 분포하는 평균 위도보다 높다.

ㄴ. 우리나라에 영향을 주는 대표적인 기단인 시베리아 기단의 성질은 한랭 건조하며, 시베리아 기단은 ㉠ 한대 기단이면서 ㉣ 대륙성 기단이다.

ㄷ. 우리나라에 영향을 주는 대표적인 기단 중에서 ㉡ 열대 기단이면서 ㉢ 해양성 기단인 기단은 북태평양 기단이다. 북태평양 기단이 우리나라에 영향을 주는 계절은 주로 여름철이다.

04 온난 전선과 한랭 전선

전선에 대해 전선면이 서쪽에 나타나는 (가)의 전선은 한랭 전선이다. 전선에 대해 전선면이 동쪽에 나타나는 (나)의 전선은 온난 전선이다.

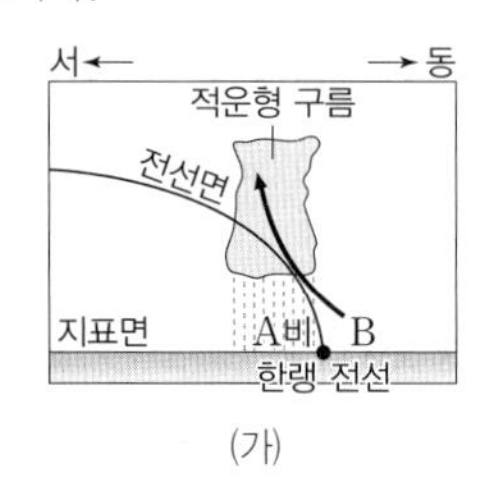

(가)

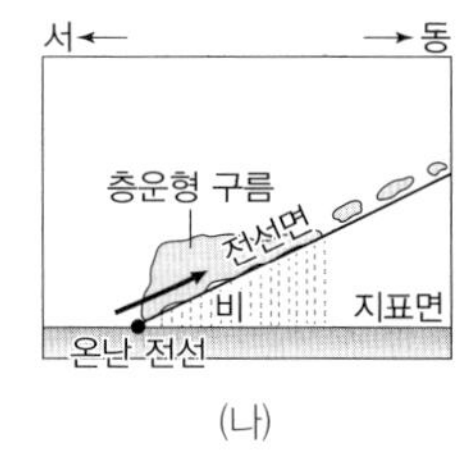

(나)

ㄱ. 한랭 전선에서는 B 기단(따뜻한 기단)이 A 기단(찬 기단)을 타고 상승하는 과정에서 구름이 주로 형성된다. 따라서 (가)에서 강수를 형성하는 수증기는 A 기단보다 B 기단에서 주로 공급된다.

ㄴ. 한랭 전선과 온난 전선 모두는 대체로 동쪽으로 이동하며, 평균 이동 속도는 (나) 온난 전선보다 (가) 한랭 전선이 빠르다.

ㄷ. (가) 한랭 전선 후면에는 주로 적운형 구름이 형성되고 (나) 온난 전선 전면에는 주로 층운형 구름이 형성된다. 따라서 전선 부근에서 형성되는 구름의 평균 두께는 (나)보다 (가)가 두껍다.

05 기상 레이더 영상 해석

그림에서 강수 구역이 북동-남서 방향으로 분포하고 강수 구역이 좁게 나타나는 것으로 보아, 이 전선은 한랭 전선이다.

㉠. 강수 구역이 A 지역과 B 지역의 북쪽에 분포하는 것으로 보아, A 지역과 B 지역은 모두 한랭 전선의 전면에 위치한다.

ㄴ. A 지역과 B 지역은 모두 한랭 전선의 전면에 위치하므로, A 지역과 B 지역 모두에서 남풍 계열의 바람이 우세하게 분다.

㉢. 그림에서 한랭 전선이 북동-남서 방향으로 분포하고 한랭 전선은 온대 저기압 중심에서 남서쪽으로 뻗어있다. 따라서 온대 저기압 중심까지의 거리는 A 지역이 B 지역보다 멀고 해면 기압은 A 지역이 B 지역보다 높다.

06 일기 기호

서울에서 이날 오전과 오후에 관측한 기상 요소는 아래 표와 같다.

구분	오전	오후
일기 기호	4, 20, 140	4, 16, 010
운량과 일기	맑음	흐리고 소나기
풍향	남서풍	북서풍
풍속(m/s)	5	10
기온(℃)	20	16
기압(hPa)	1014.0	1001.0

㉠. 오후의 풍향은 북서풍이다.

㉡. 오전의 풍속은 5 m/s이고 오후의 풍속은 10 m/s이므로, 풍속은 오전보다 오후가 빠르다.

㉢. 이날 오전의 기온은 20 ℃이고 오후의 기온은 16 ℃이므로, 이날 기온은 오전이 오후보다 높았다.

07 온대 저기압

우리나라 부근에서 온대 저기압과 이동성 고기압은 편서풍을 타고 대체로 동쪽으로 이동한다. 따라서 지상 일기도의 순서는 (나) → (가)이다.

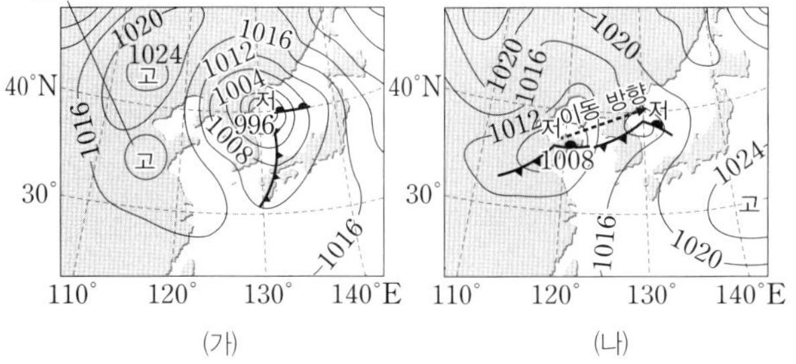

(가) (나)

㉠. 이동성 고기압은 고기압 중심의 위치가 정체하지 않고 이동하는 고기압이다. 이동성 고기압은 비교적 규모가 작은 고기압으로 우리나라 부근에서는 대체로 동쪽으로 이동한다. (가)에 우리나라의 서쪽에 이동성 고기압이 나타난다.

ㄴ. 지상 일기도의 순서는 (나) → (가)이다.

ㄷ. 지상 일기도의 순서는 (나) → (가)이다. (가)에서 온대 저기압의 중심 기압은 약 996 hPa이고 (나)에서 (가)의 온대 저기압의 중심 기압은 약 1008 hPa이다. 따라서 24시간 동안 동일한 온대 저기압의 중심 기압이 낮아졌다.

08 온대 저기압과 날씨

A 지역은 한랭 전선 후면에, B 지역은 온난 전선과 한랭 전선 사이에, C 지역은 온난 전선 전면에 위치한다. ㉠, ㉡, ㉢의 기상 요소는 아래 표와 같다.

구분	㉠	㉡	㉢
일기 기호	4	4	4
운량과 일기	흐리고 비	맑음	흐리고 소나기
풍향	남동풍	남서풍	북서풍
풍속(m/s)	5	7	2

⑤ A 지역은 한랭 전선 후면에 위치하며 북서풍이 불고 흐리고 소나기가 온다. 따라서 A 지역의 일기 기호는 ㉢이다. B 지역은 온난 전선과 한랭 전선 사이에 위치하며 남서풍이 불고 맑다. 따라서 B 지역의 일기 기호는 ㉡이다. C 지역은 온난 전선 전면에 위치하며 남동풍이 불고 흐리고 비가 온다. 따라서 C 지역의 일기 기호는 ㉠이다.

09 온대 저기압과 풍향

지상 일기도에서 고기압은 주변보다 기압이 높은 곳이고 저기압은 주변보다 기압이 낮은 곳이다. 남반구 고기압에서는 바람이 시계 반대 방향으로 불어 나가고 남반구 저기압에서는 바람이 시계 방향으로 불어 들어간다.

① 이 지역은 남반구에 위치하며 지상 일기도를 보면 이 지역에는 온난 전선과 한랭 전선이 동반된 온대 저기압이 분포한다. 따라서 이 지역에서는 바람이 시계 방향으로 불어 들어간다.

10 태풍의 발생

6월, 7월, 8월 중 북서 태평양에서 발생한 태풍의 월별 평균 개수는 8월>7월>6월 순이고 우리나라에 영향을 주는 태풍의 월별 평균 개수는 8월>7월>6월 순이다. 따라서 A는 6월, B는 7월, C는 8월이다.

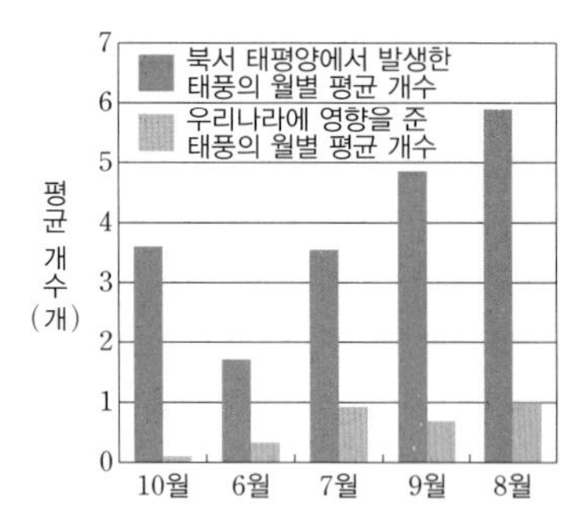

㉠. 북서 태평양에서 발생한 태풍의 월별 평균 개수가 가장 많고 우리나라에 영향을 준 태풍의 월별 평균 개수가 가장 많은 C는 8월이다.

X. 6월, 7월, 8월, 9월, 10월 중 북서 태평양에서 발생한 태풍의 월별 평균 개수는 8월>9월>7월≒10월>6월 순이고 우리나라에 영향을 준 태풍의 월별 평균 개수는 8월>7월>9월>6월>10월 순이다. 따라서 ㉠(북서 태평양에서 발생한 태풍의 월별 평균 개수)이 많을수록 ㉡(우리나라에 영향을 준 태풍의 월별 평균 개수)이 많은 것은 아니다.

X. A는 6월, B는 7월이다. 6월에 태풍은 일반적으로 발생 지점에서 북서진하다가 소멸한다. 7월에 태풍은 일반적으로 발생 지점에서 북서진한 후 북동진하다가 소멸한다. 따라서 태풍이 소멸하는 지점의 평균 위도는 A 시기(6월)가 B 시기(7월)보다 낮을 것이다.

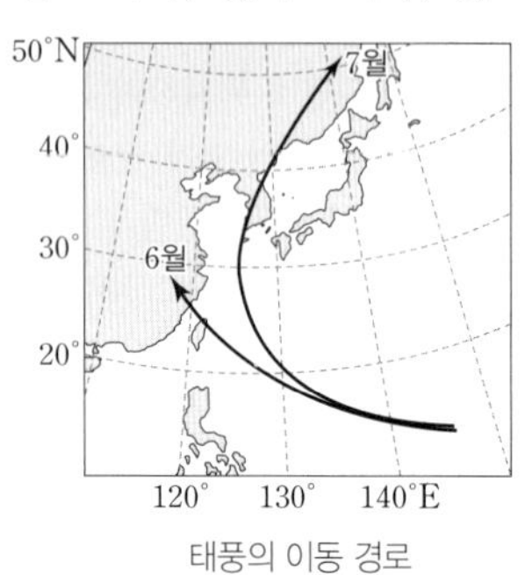

태풍의 이동 경로

11 태풍의 이동

우리나라 부근까지 북상하는 태풍의 일반적인 이동 경로는 북서진하다가 북동진하는 포물선 궤도를 그린다. 태풍은 북태평양 고기압의 가장자리를 따라 진행하는 경향이 있다. 전향점은 태풍이 북서진하다가 북동진하는 지점이다.

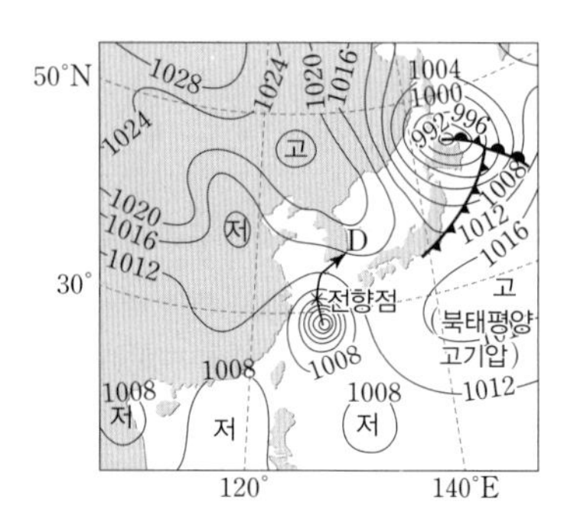

④ 이 태풍은 $(T+12)$시에 전향점을 통과하였으므로 이 태풍은 T시~$(T+12)$시 동안 북서진했고 $(T+12)$시~$(T+24)$시 동안 북동진했다. 또한 태풍은 북태평양 고기압의 가장자리를 따라 진행하는 경향이 있다. 따라서 T시~$(T+24)$시 동안 태풍의 이동 경로로 가장 적절한 것은 D이다.

12 태풍의 구조

태풍의 중심에 접근할수록 해면 기압은 지속적으로 낮아지는 경향을 보인다. 태풍의 중심부에 접근할수록 풍속은 지속적으로 빨라지는 경향을 보이다가 태풍의 눈에서는 매우 느리다. 따라서 해면 기압과 풍속은 아래 그림과 같다.

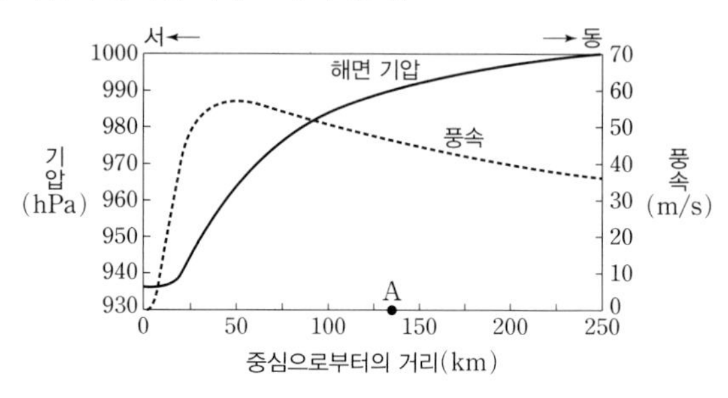

㉠. 태풍의 중심에 접근할수록 풍속이 빨라지다가 급격히 느려지는 것으로 보아, 이 태풍에는 눈이 존재한다.

X. 이 태풍은 북상하고 있다. 태풍 이동 경로의 오른쪽 반원은 위험 반원에 해당하고 왼쪽 반원은 안전 반원에 해당한다. 따라서 A 지점은 위험 반원에 위치한다.

㉢. 그림을 보면 태풍 중심으로부터의 거리 50 km에서 해면 기압은 약 964 hPa, 125 km에서 해면 기압은 약 988 hPa, 200 km에서 해면 기압은 약 997 hPa이다. 태풍 중심으로부터의 거리에 따른 해면 기압 변화는 50 km~125 km 구간이 125 km~200 km 구간보다 크다.

13 태풍과 날씨 변화

태풍은 북반구 열대 저기압이며, 태풍에서 바람은 시계 반대 방향으로 불어 들어간다.

⑤ 일반적으로 태풍이 접근하면 해면 기압이 낮아지는 경향을 보이고 태풍이 멀어지면 해면 기압이 높아지는 경향을 보인다. 따라서 해면 기압은 C이다. 태풍의 눈이 관측소를 통과하지 않는 경우 일반적으로 태풍이 접근하면 풍속은 빨라지는 경향을 보이고 멀어지면 풍속은 느려지는 경향을 보인다. 따라서 풍속은 B이다. 태풍이 통과하는 동안 이 지역은 안전 반원에 위치했으므로 풍향은 시계 반대 방향으로 변한다. 따라서 풍향은 A이다.

14 태풍과 기상 위성 영상 해석

태풍은 북반구의 열대 저기압이다. 태풍 이동 경로의 오른쪽 반원은 풍속이 상대적으로 빠른 위험 반원이고 태풍 이동 경로의 왼쪽 반원은 풍속이 상대적으로 느린 안전 반원이다. 적외 영상에서 구름의 최상부 높이가 높을수록 밝게 나타난다.
㉠. 서울은 태풍 이동 경로의 왼쪽에 위치하므로, 태풍의 영향을 받는 동안 서울은 안전 반원에 위치했다.
㉡. 태풍은 열대 저기압이므로 태풍의 세력이 약할수록 중심 기압이 높다. 따라서 태풍의 중심 기압은 이날 18시가 소멸할 때보다 낮았다.
ㄷ. 적외 영상에서 A 지역이 B 지역보다 밝은 것으로 보아, 구름 최상부의 높이는 A 지역이 B 지역보다 높고 구름 최상부의 온도는 A 지역이 B 지역보다 낮다.

15 태풍의 이동

우리나라 부근까지 북상하는 태풍의 일반적인 이동 경로는 북서진하다가 북동진하는 포물선 궤도를 그린다.
㉠. 전향점은 태풍이 북서진하다가 북동진하는 지점이다. 전향점의 위도는 태풍 A가 태풍 B보다 낮았다.
㉡. 북반구에서 태풍 이동 경로의 오른쪽 반원은 위험 반원에 해당하고 왼쪽 반원은 안전 반원에 해당한다. 따라서 각 태풍의 영향을 받는 동안 부산은 태풍 A와 B 모두의 위험 반원에 위치하였다.
㉢. 그림에서 태풍이 소멸하기 이전 12시간 동안 태풍의 이동 거리는 태풍 A가 태풍 B보다 긴 것으로 보아 평균 이동 속력은 태풍 A가 태풍 B보다 빨랐다.

16 열대 저기압의 소멸

열대 저기압은 중심 기압이 낮을수록 최대 풍속이 빠르다. 열대 저기압의 세력이 유지되거나 더 강하게 발달하려면 지속적인 에너지(수증기) 공급이 필요한데 육지에 상륙하면 수증기의 공급이 줄어들어 세력이 약해진다. 또한 열대 저기압이 육지에 상륙하면 지표면과의 마찰이 증가하여 세력이 약해진다.
ㄱ. 육지에 상륙할 때 최대 풍속은 열대 저기압 A가 열대 저기압 B보다 빠른 것으로 보아 육지에 상륙할 때 중심 기압은 열대 저기압 A가 열대 저기압 B보다 낮다.
㉡. 그림을 보면 육지에 상륙한 이후 48시간 동안 최대 풍속 변화는 열대 저기압 A가 열대 저기압 C보다 크다.
ㄷ. 열대 저기압 B가 육지에 상륙한 후 최대 풍속이 느려지는 경향을 보이는 것으로 보아, 육지에 상륙한 후 B에 공급되는 수증기량은 지속적으로 증가하지 않았을 것이다.

17 온대 저기압과 열대 저기압

기상 위성 사진의 구름 모습으로 보아 (가)의 저기압은 열대 저기압인 태풍이고 (나)의 저기압은 온대 저기압이다.
㉠. 태풍은 북서 태평양 열대 해상에서 발생하여 북상하는 과정에서 무역풍대에서는 무역풍의 영향으로 일반적으로 북서진하고 편서풍대에서는 편서풍의 영향으로 일반적으로 북동진한다. 온대 저기압은 중위도에서 발생하여 편서풍대에서 편서풍의 영향으로 일반적으로 동진한다. 따라서 이동 과정에서 (가)의 저기압은 (나)의 저기압보다 무역풍의 영향을 더 크게 받는다.
㉡. 태풍은 북서 태평양의 열대 해상에서 발생하고 온대 저기압은 중위도에서 발생한다. 따라서 발생하는 지점의 평균 위도는 (가)의 저기압이 (나)의 저기압보다 낮다.
㉢. (가)의 태풍은 전선을 동반하지 않고 (나)의 온대 저기압은 전선을 동반한다.

18 뇌우

(가)는 상승 기류와 하강 기류가 함께 나타나는 성숙 단계이고, (나)는 상승 기류에 의해 적운이 발달하는 적운 단계이며, (다)는 하강 기류가 우세하며 구름이 점차 소멸되는 소멸 단계이다.
ㄱ. (가) 성숙 단계에서 A 지역에는 상승 기류가 우세하고 B 지역에는 하강 기류가 우세하다. (가) 성숙 단계에서 단위 시간당 강수량은 하강 기류가 우세한 B 지역이 상승 기류가 우세한 A 지역보다 많을 것이다.
㉡. 빙정은 대기 중의 얼음 결정이다. 우박은 빙정 주위에 과냉각 물방울이 얼어붙어 땅 위로 떨어지는 얼음덩어리이다. (가)의 구름에 기온이 0 ℃ 이하인 부분이 존재하며 (가) 단계에서 우박이 내린 것으로 보아 (가)의 구름에는 빙정이 존재한다.
㉢. 뇌우의 생성과 소멸 과정에서 (나) 적운 단계 → (가) 성숙 단계 → (다) 소멸 단계 순으로 변한다.

19 호우

호우는 시간과 공간 규모에 제한 없이 많은 비가 연속적으로 내리는 현상이다. 그림을 보면 우리나라에서 호우는 6월~9월에 집중적으로 나타난다.
ㄱ. 그림에서 월평균 발생 일수가 상대적으로 큰 A는 일강수량 80 mm 이상 월평균 발생 일수이고 월평균 발생 일수가 상대적으로 작은 B는 일강수량 150 mm 이상 월평균 발생 일수이다.
ㄴ. 그림을 보면 우리나라에서 7월에 월평균 호우 발생 일수가 크고 7월에 우리나라는 해양성 기단의 영향을 주로 받는다. 따라서 7월에 호우를 발생시킨 기단은 주로 해양성 기단이다.
㉢. 우리나라에 영향을 주는 태풍의 월별 평균 개수는 8월>7월>6월 순이며, 태풍은 일반적으로 호우를 동반한다. 따라서 8월에 발생하는 호우는 태풍과 관련이 있다.

20 한파

한파는 기온이 갑자기 낮아지는 현상이고, 폭염은 비정상적인 무더위가 여러 날 동안 지속되는 현상이다. 지상 일기도를 보면 시베리아 기단이 우리나라까지 확장된 것으로 보아 이날 우리나라에 발령된 기상 특보는 한파 특보이다.

ㄱ. 이날 우리나라에 발령된 기상 특보는 한파 특보이다.

ㄴ. 지상 일기도를 보면 이날 대륙성 기단인 시베리아 기단이 우리나라까지 확장되었으며 우리나라는 대륙성 기단인 시베리아 기단의 가장자리에 위치한다.

ㄷ. 이날 시베리아 기단이 우리나라까지 확장된 것으로 보아 우리나라에는 북풍 계열의 바람이 남풍 계열의 바람보다 우세하게 분다.

수능 3점 테스트

본문 90~99쪽

01 ⑤	02 ②	03 ①	04 ④	05 ④	06 ③
07 ③	08 ③	09 ③	10 ④	11 ⑤	12 ③
13 ⑤	14 ⑤	15 ④	16 ④	17 ②	18 ⑤
19 ④	20 ③				

01 지상 일기도 해석

지상 일기도에서 고기압은 주변보다 기압이 높은 곳이고 저기압은 주변보다 기압이 낮은 곳이다. 등압선은 기압이 같은 지점을 연결한 선으로 등압선의 모든 지점에서는 기압이 같다. 탐구 과정과 같이 1020 hPa, 1016 hPa, 1012 hPa, 1008 hPa, 1004 hPa, 1000 hPa 등압선을 그리고 고기압 중심부에 '고', 저기압 중심부에 '저'를 표시하면 아래 그림과 같다. A와 C 지점은 저기압 중심부에 위치하고 E 지점은 고기압 중심부에 위치한다. B 지점은 저기압과 저기압 사이에 위치하고 D 지점은 저기압 가장자리에 위치한다.

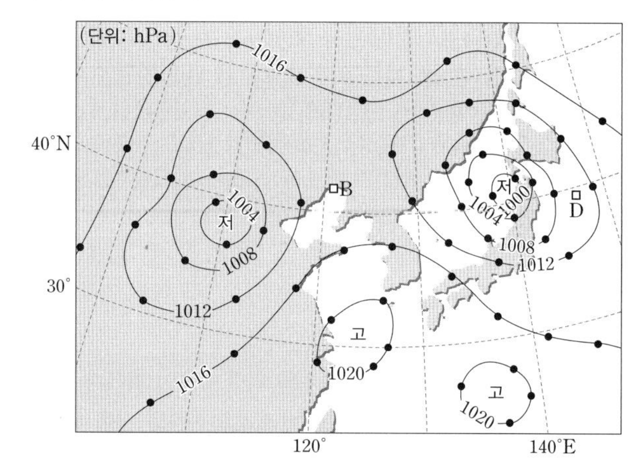

① A 지점은 저기압 중심부에 위치한다.

② 등압선의 간격이 넓을수록 풍속이 느리다. 등압선 간격은 B 지점 부근이 D 지점 부근보다 넓으므로 풍속은 B 지점이 D 지점보다 느리다.

③ C 지점은 저기압 중심부에 위치한다. 따라서 C 지점에서는 상승 기류가 발달한다.

④ 북반구 저기압에서 바람은 시계 반대 방향으로 불어 들어간다. 따라서 D 지점에서는 동풍 계열의 바람이 분다.

⑤ 정체성 고기압은 고기압의 중심부가 거의 이동하지 않고 한곳에 머무르는 고기압으로 비교적 규모가 크며, 시베리아 고기압과 북태평양 고기압이 대표적인 예이다. 이동성 고기압은 고기압 중심의 위치가 정체하지 않고 이동하는 고기압이다. 이동성 고기압은 비교적 규모가 작은 고기압이다. E 지점은 비교적 규모가 작은 이동성 고기압 중심부에 위치한다.

02 고기압과 저기압

지상 일기도에서 고기압은 주변보다 기압이 높은 곳이고 저기압은 주변보다 기압이 낮은 곳이다. 이동성 고기압은 고기압 중심의 위치가 정체하지 않고 이동하는 고기압이다. 이동성 고기압은 비교적 규모가 작은 고기압이다. A, B, C 주변에서 등압선의 기압 값은 아래 그림과 같다. A와 C는 이동성 고기압이고 B는 규모가 작은 저기압이다.

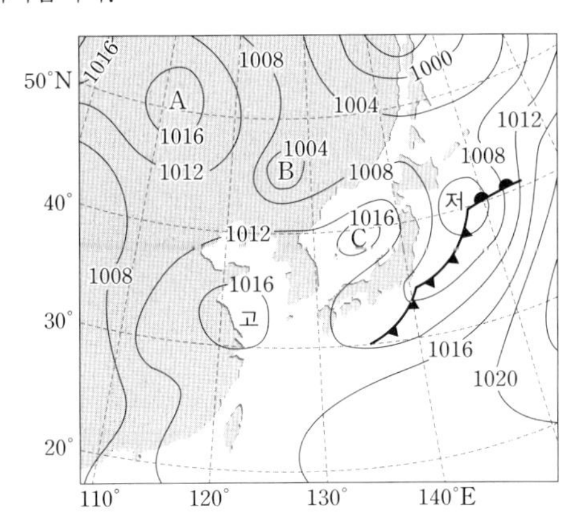

ㄱ(×). A와 C는 고기압이고 B는 저기압이다.

ㄴ(○). A와 C는 이동성 고기압이며 이동성 고기압은 우리나라 주변에서 편서풍의 영향으로 대체로 동쪽으로 이동한다. B는 규모가 작은 저기압이며 B도 우리나라 주변에서 편서풍의 영향으로 대체로 동쪽으로 이동한다.

ㄷ(×). A와 C는 고기압으로 중심부에서 하강 기류가 발달하고 B는 저기압으로 중심부에서 상승 기류가 발달한다.

03 기단의 변질

공기가 넓은 지역에 오랫동안 머물게 되면 지면의 영향으로 수평 방향으로 기온과 습도가 거의 균질해지는데, 이처럼 넓은 지역에서 수평 방향으로 거의 같은 성질을 가진 큰 공기 덩어리를 기단이라고 한다. 한랭한 대륙에서 형성된 시베리아 기단이 남동쪽으로 확장하여 황해를 통과하는 과정에서 기단 하층의 기온이 상승하고 단위 부피당 수증기량이 증가하는 경향을 보인다. 따라서 I 지점은 확장 경로의 북서쪽 끝에 위치하고 A 지점은 확장 경로의 남동쪽 끝에 위치한다.

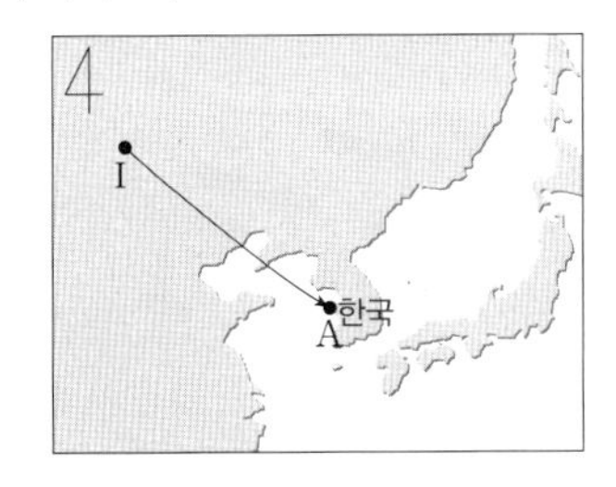

ㄱ(○). 시베리아 기단이 남동쪽으로 확장하는 과정에서 기단 하층의 기온이 상승하는 경향을 보이며 불안정해진다. 따라서 시베리아 기단 하층은 A 지점이 I 지점보다 불안정할 것이다.

ㄴ(×). I 지점에서 A 지점으로 시베리아 기단이 확장하는 과정에서 시베리아 기단 하층의 기온이 상승하는 경향을 보이며, 시베리아 기단이 대륙에서 황해로 접어들면 시베리아 기단 하층의 단위 부피당 수증기량이 급격히 증가한다. E 지점에서 시베리아 기단 하층의 기온이 0 ℃이고 단위 부피당 수증기량(상댓값)이 1.7이며, H 지점에서 시베리아 기단 하층의 기온이 −10 ℃이고 단위 부피당 수증기량(상댓값)이 1.3인 것으로 보아 황해와의 거리는 E 지점이 H 지점보다 가깝다.

ㄷ(×). 시베리아 기단이 남동쪽으로 확장하는 과정에서 기단 하층의 기온 변화는 상대적으로 크지만 기단 상층의 기온 변화는 상대적으로 작다. B 지점과 G 지점에서 시베리아 기단 하층의 기온 차가 8 ℃인 것으로 보아 B 지점과 G 지점에서 시베리아 기단 상층의 기온 차는 8 ℃보다 작을 것이다.

04 온난 전선과 한랭 전선

전선면 기울기가 상대적으로 크고 이동 속도가 상대적으로 빠른 A는 한랭 전선이고 전선면 기울기가 상대적으로 작고 이동 속도가 상대적으로 느린 B는 온난 전선이다. (나)에서 지상 기온이 급격히 변하는 곳에 전선이 위치하며 전선의 서쪽 지상 기온이 동쪽 지상 기온보다 높은 것으로 보아 (나)의 전선은 온난 전선이다.

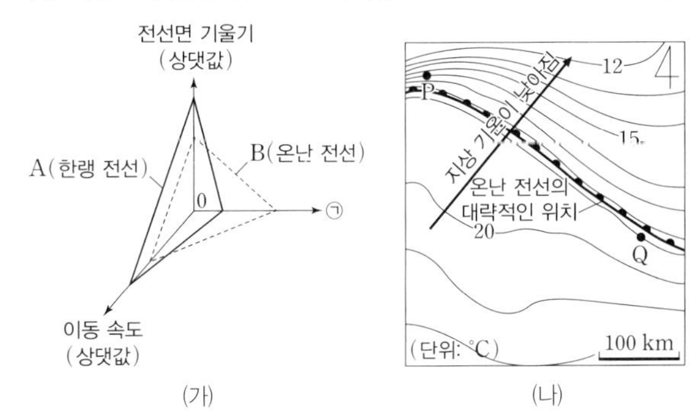

(가) (나)

ㄱ(×). 온난 전선의 전면에는 층운형 구름이 발달하고 한랭 전선의 후면에는 적운형 구름이 발달한다. 따라서 '전선 주변에서 형성된 구름의 평균 두께'는 ㉠에 해당하지 않는다.

ㄴ(○). (나)에서 온난 전선이 온대 저기압의 중심에서 남동쪽으로 뻗어있다. 따라서 온대 저기압 중심과의 거리는 P 지점이 Q 지점보다 가깝다.

ㄷ(○). A는 한랭 전선이고 B는 온난 전선이며, (나)의 전선은 온난 전선(B)이다.

05 온대 저기압의 일생

등압선 분포로 보아 (가)는 온대 저기압 발달 단계이고 (나)는 정체 전선 형성 단계이다. (가)와 (나)에서 전선의 분포는 다음 그림과 같다. (나)에서는 남쪽의 따뜻한 기단과 북쪽의 찬 기단 사이에 정체 전선이 형성된다.

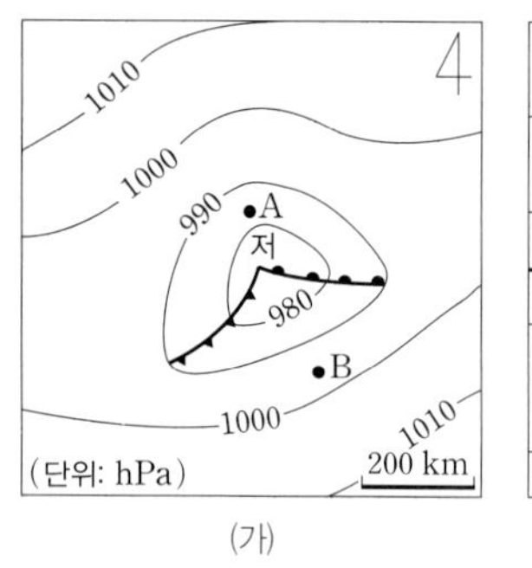

(가)

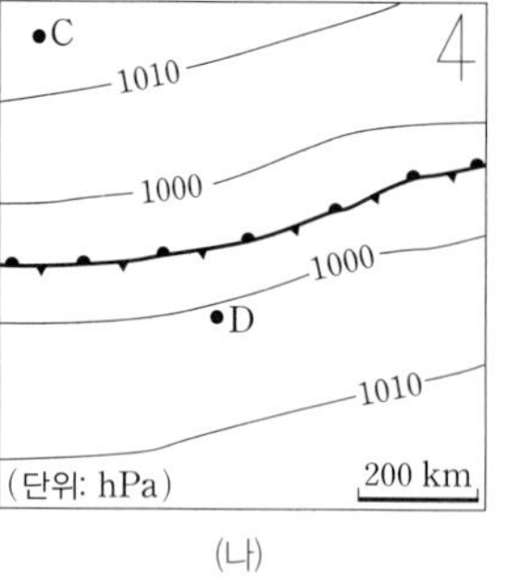

(나)

① 온대 저기압의 일생은 (나) 정체 전선 형성 → 파동 형성 → (가) 온대 저기압 발달 → 폐색 전선 형성 시작 → 폐색 전선 발달 → 온대 저기압 소멸 순으로 나타난다. 따라서 (가)는 (나)보다 나중에 나타난다.
② A 지점의 해면 기압은 990 hPa보다 낮고 B 지점의 해면 기압은 990 hPa보다 높다.
③ (나)의 정체 전선을 경계로 북쪽에는 찬 기단이 분포하고 남쪽에는 따뜻한 기단이 분포한다. 따라서 지상에서의 기온은 C 지역이 D 지역보다 낮다.
④̸ (나)에서 정체 전선은 1000 hPa 등압선과 1000 hPa 등압선 사이에 분포한다. 따라서 전선과의 거리는 C 지역이 D 지역보다 멀다.
⑤ (나)에서 정체 전선은 1000 hPa 등압선과 1000 hPa 등압선 사이에 분포한다. 정체 전선의 남쪽에 위치하는 D 지역에서는 남풍 계열의 바람이 우세하게 불고, 정체 전선의 북쪽에 위치하는 C 지역에서는 북풍 계열의 바람이 우세하게 분다.

06 전선과 날씨

온대 저기압에 동반되는 전선을 경계로 양쪽 공기의 기온이 크게 다르다. 이 전선의 서쪽 기온이 동쪽 기온보다 높은 것으로 보아, 이 전선은 온난 전선이다.

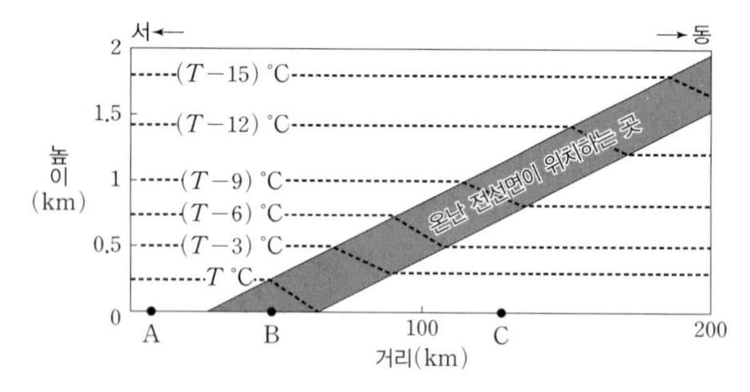

ㄱ. 높이 0.5 km에서 A 지역의 기온은 $(T-3)$ ℃이고 C 지역의 기온은 약 $(T-6)$ ℃이므로, 높이 0.5 km에서 기온은 A 지역이 C 지역보다 높다.
ㄴ̸. 전선을 경계로 동서 방향의 기온이 크게 다르다. 따라서 위 그림과 같이 전선은 B 지역 부근에 나타나며 전선과의 거리는 A 지역이 B 지역보다 멀다.
ㄷ. 이 전선은 온난 전선이며, 온난 전선이 통과하는 과정에서 C 지역의 풍향은 시계 방향으로 변할 것이다.

07 폐색 전선

(가)에서 형성된 전선은 온난형 폐색 전선으로 온난형 폐색 전선의 서쪽 공기 온도가 동쪽 공기 온도보다 높다. (나)에서 형성된 전선은 한랭형 폐색 전선으로 한랭형 폐색 전선의 서쪽 공기 온도가 동쪽 공기 온도보다 낮다.

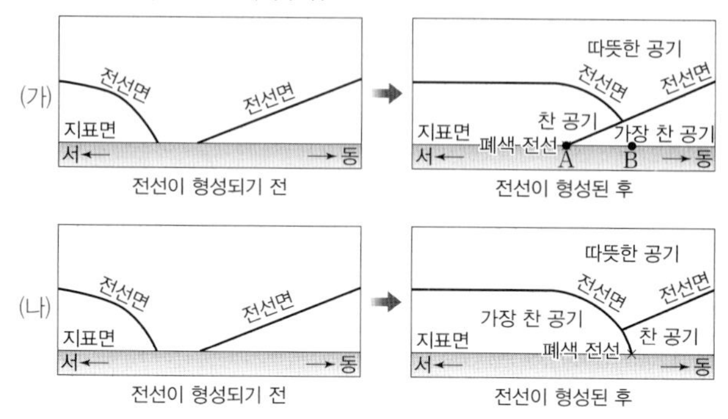

ㄱ. 전선면과 지표면이 만나는 선을 전선이라고 한다. 따라서 (가)에서 형성된 전선은 A 지점에 위치한다.
ㄴ. (가)에서 형성된 전선은 온난형 폐색 전선이고 (나)에서 형성된 전선은 한랭형 폐색 전선이다.
ㄷ̸. 북반구에서 일반적으로 온난 전선은 온대 저기압 중심에서 남동쪽으로 뻗어있고 한랭 전선은 온대 저기압 중심의 남서쪽으로 뻗어있다. 한랭 전선과 온난 전선이 겹쳐져 폐색 전선이 형성된다. (나)에서 형성된 한랭형 폐색 전선은 남북 방향으로 분포하고 폐색 전선의 북쪽 끝부분에 온대 저기압의 중심이 위치한다. 따라서 (나)에서 전선이 형성된 후 온대 저기압 중심은 연직 단면보다 북쪽에 위치할 것이다.

08 온대 저기압과 날씨 변화

㉠, ㉡, ㉢의 기상 요소로 보아 그림의 전선은 온난 전선이다. ㉠은 C 지점이고 ㉡은 A 지점이며 ㉢은 B 지점이다.

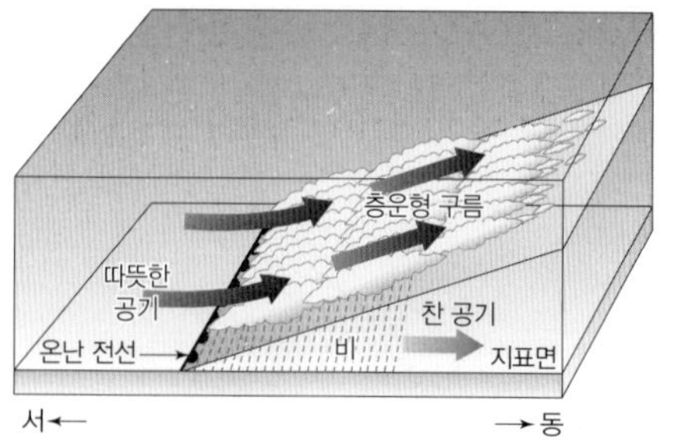

온난 전선과 구름

ㄱ. 온난 전선의 전면에는 층운형 구름이 발달하며 온난 전선에 가까울수록 구름 밑면의 높이는 낮아지는 경향을 보인다. 따라서

구름 밑면의 높이는 ㉠(C 지점)보다 ㉢(B 지점)이 낮다.

ㄴ. ㉠은 C 지점이고 ㉡은 A 지점이며 ㉢은 B 지점이다. B 지점의 구름은 주로 온난 전선 후면의 따뜻한 공기가 온난 전선 전면의 찬 공기 위로 올라가면서 형성된다. 따라서 ㉢의 강수를 형성하는 수증기는 C 지점이 위치하는 기단보다 A 지점이 위치하는 기단에서 주로 공급되었다.

ㄷ. B 지점은 온난 전선의 전면에 위치하며, B 지점의 상공에는 온난 전선면이 존재한다.

09 온대 저기압과 날씨 변화

기상 요소의 변화로 보아 온난 전선은 $T_1 \sim T_2$ 동안 통과하였고 한랭 전선은 $T_3 \sim T_4$ 동안 통과하였다.

ㄱ. $T_0 \sim T_5$ 동안 관측소에서 측정한 최고 기압은 T_0일 때의 1020.0 hPa이고 최저 기압은 T_3일 때의 998.0 hPa이다. 따라서 $T_0 \sim T_5$ 동안 관측소에서 측정한 (최고 기압−최저 기압)은 900 hPa보다 작다.

ㄴ. 온난 전선은 $T_1 \sim T_2$ 동안 통과하였고 한랭 전선은 $T_3 \sim T_4$ 동안 통과하였다. 따라서 $T_2 \sim T_3$ 동안 관측소의 상공에는 전선면이 나타나지 않는다.

ㄷ. 관측소에서 측정한 T_1일 때의 기온은 9 ℃이고 T_2일 때의 기온은 13 ℃이다. 따라서 온난 전선이 통과하기 직전과 직후에 관측소에서 측정한 기온 변화는 4 ℃이다. 관측소에서 측정한 T_3일 때의 기온은 18 ℃이고 T_4일 때의 기온은 8 ℃이다. 따라서 한랭 전선이 통과하기 직전과 직후에 관측소에서 측정한 기온 변화는 10 ℃이다.

10 온대 저기압과 전선

(가)의 A−A′ 구간에는 폐색 전선이, B−B′ 구간에는 한랭 전선이, C−C′ 구간에는 온난 전선이 분포한다. (나)의 전선은 찬 공기가 따뜻한 공기 쪽으로 이동하여 따뜻한 공기 밑으로 파고들 때 형성되는 한랭 전선이다. (나)는 B−B′ 구간의 연직 단면이다. 폐색 전선의 북쪽 끝부분에 온대 저기압 중심이 위치한다.

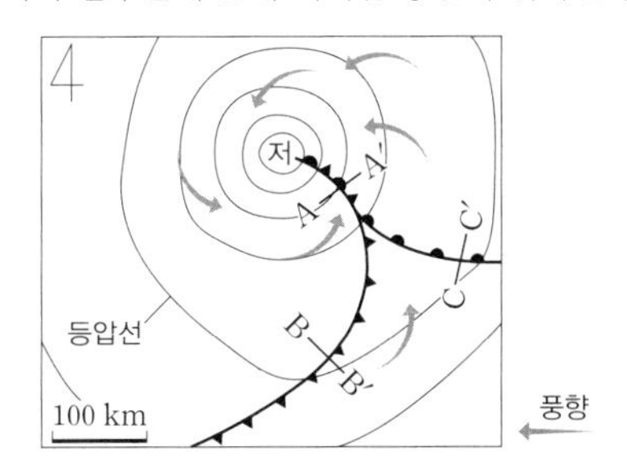

ㄱ. (나)의 ㉠ 지점은 B에 해당하고 ㉡ 지점은 B′에 해당한다. (가)의 일기도에서 폐색 전선의 북쪽 끝부분에 온대 저기압 중심이 위치하고 온대 저기압의 중심에 가까울수록 해면 기압이 낮아진다. 따라서 ㉠ 지점의 해면 기압이 ㉡ 지점의 해면 기압보다 낮다.

ㄴ. ㉡ 지점은 B′에 해당하며 B′은 한랭 전선 전면에 위치한다. 따라서 ㉡ 지점에서는 남풍 계열의 바람이 북풍 계열의 바람보다 우세하게 분다.

ㄷ. (가)에서 온대 저기압 중심은 폐색 전선의 북쪽 끝부분에 위치한다. 따라서 온대 저기압 중심과의 평균 거리는 A−A′ 구간이 C−C′ 구간보다 가깝다.

11 온대 저기압과 기상 위성 영상 해석

가시 영상은 구름과 지표면에서 반사된 태양 빛의 반사 강도를 나타내는 것으로 야간에는 태양 빛이 없으므로 가시 영상을 이용할 수 없다. 적외 영상은 물체가 온도에 따라 방출하는 적외선 에너지양의 차이를 이용하는 것으로 태양 빛이 없는 야간에도 적외 영상을 이용할 수 있다. 그림은 어느 날 21시 우리나라 주변의 기상 위성 영상인 것으로 보아 적외 영상이다.

ㄱ. 적외 영상에서는 구름 최상부의 높이가 높을수록 밝게 나타난다. 그림을 보면 전선 부근에 구름 최상부의 높이가 높은 구름이 분포하고 전선이 온대 저기압 중심에서 남서쪽으로 뻗어있는 것으로 보아 이 전선은 한랭 전선이다.

ㄴ. 태양 빛이 없는 야간에는 가시 영상은 이용할 수 없고 적외 영상을 이용할 수 있다. 그림의 기상 위성 영상이 어느 날 21시의 영상인 것으로 보아, 기상 위성 영상은 적외 영상이다.

ㄷ. 가시 영상에서는 구름이 두꺼울수록 밝게 나타나고 적외 영상에서는 구름 최상부의 높이가 높을수록 밝게 나타난다. 그림의 기상 위성 영상은 적외 영상이고 적외 영상에서 황해가 동해보다 전체적으로 밝게 보이는 것으로 보아, 황해 전체에서의 구름 최상부 평균 높이는 동해 전체보다 높다.

12 온대 저기압과 일기 기호

온대 저기압 중심에서 북동쪽으로 온난 전선이 뻗어있고 온대 저기압 중심에서 북서쪽으로 한랭 전선이 뻗어있는 것으로 보아, 이 지역은 남반구에 위치한다. 남반구 저기압에서 바람은 시계 방향으로 불어 들어간다. 따라서 A와 B 지점 모두에서 북서풍이 분다. 지상 일기도에서 등압선 간격이 좁을수록 풍속이 빠르므로 풍속은 A 지점이 B 지점보다 빠르다.

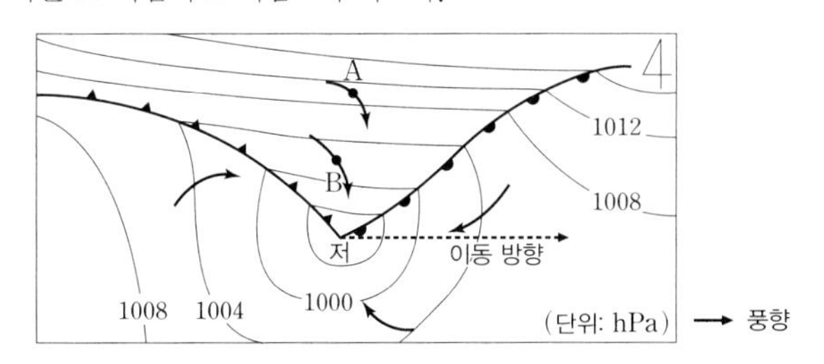

ㄱ. 이 지역은 남반구에 위치한다.

ㄴ. A와 B 지점 모두에서 북서풍이 불지만 풍속은 A 지점이 B 지점보다 빠르다. 따라서 A 지점의 기상 요소를 일기 기호로 나타낸 것은 ㉡이고 B 지점의 기상 요소를 일기 기호로 나타낸 것은 ㉠이다.

ㄷ. 북반구와 남반구 모두에서 온대 저기압은 편서풍의 영향으로 대체로 동쪽으로 이동한다. 그런데 제시된 조건에 온대 저기압이 동서 방향으로만 이동한다고 했으므로 이 온대 저기압은 동쪽 방향으로 이동하며 이날 T시 이후에 B 지점을 통과하는 전선은 한랭 전선이다. 남반구에서 한랭 전선 전면에서는 북풍 계열의 바람이 불고 한랭 전선 후면에서는 서풍 계열의 바람이 분다. 따라서 이날 T시 이후에 전선이 통과하는 과정에서 B 지점의 풍향은 시계 반대 방향으로 변할 것이다.

13 태풍의 발생 지역

북서 태평양의 평균 해수면 수온은 여름철에 높고 겨울철에 낮으므로 (가)는 여름철이고 (나)는 겨울철이다. 태풍은 북서 태평양의 열대 해상에서 발생하는 열대 저기압이다.

월	12	1	2	6	7	8
발생한 태풍의 수(개)	1	0.3	0.3	1.7	3.7	5.6
우리나라에 영향을 준 태풍의 수(개)	0	0	0	0.3	1	1.2

태풍 발생 현황(1991년~2020년 평균)

ㄱ. 태풍의 발생 수는 북서 태평양의 평균 해수면 수온이 상대적으로 높은 (가) 여름철이 평균 해수면 수온이 상대적으로 낮은 (나) 겨울철보다 많다.

ㄴ. 태풍은 해수면 수온이 약 27 ℃ 이상인 열대 해상에서 발생하고 해수면 수온이 약 27 ℃ 이상인 해역은 (가) 여름철이 (나) 겨울철보다 북쪽으로 확장되었다. 따라서 태풍이 발생하는 지점의 평균 위도는 (가) 여름철이 (나) 겨울철보다 높다.

ㄷ. 위에 제시된 표와 같이 발생한 태풍의 총 수는 (가) 여름철이 (나) 겨울철보다 많고, 우리나라에 영향을 준 태풍의 총 수는 (가) 여름철이 약 2.5개이고 (나) 겨울철은 0개이다. 따라서 $\frac{\text{우리나라에 영향을 준 태풍의 총 수}}{\text{발생한 태풍의 총 수}}$는 (가) 여름철이 (나) 겨울철보다 크다.

14 태풍의 구조

열대 저기압의 이동 방향을 기준으로 상대적으로 풍속이 빠른 오른쪽 반원을 위험 반원이라 하고 상대적으로 풍속이 느린 왼쪽 반원을 안전 반원이라고 한다.

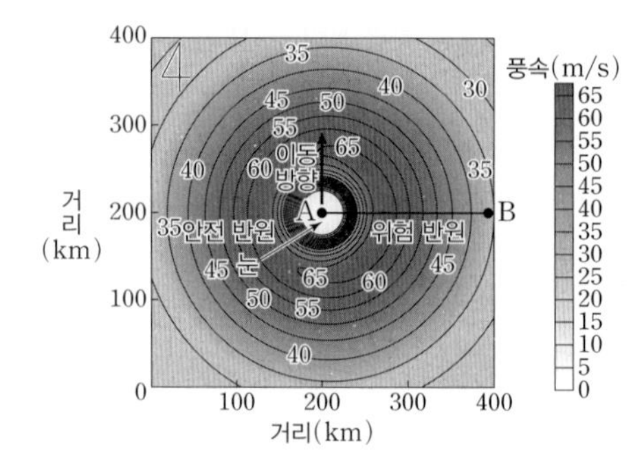

ㄱ. 열대 저기압의 눈은 열대 저기압 중심부에 하강 기류가 있고 바람이 매우 약한 구간이다. 그림을 보면 열대 저기압 중심부에 바람이 매우 약한 구간이 나타나는 것으로 보아, 이 열대 저기압에는 눈이 존재한다.

ㄴ. 이 열대 저기압은 북상하고 있으며, 이동 방향의 오른쪽에 위험 반원이 나타나고 왼쪽에 안전 반원이 나타나는 것으로 보아 이 지역은 북반구에 위치한다.

ㄷ. 열대 저기압은 중심으로 갈수록 해면 기압이 지속적으로 낮아지는 경향을 보인다. 따라서 B에서 A로 갈수록 해면 기압은 지속적으로 낮아지는 경향을 보인다.

15 태풍과 날씨 변화

태풍은 A 지점 → B 지점 → C 지점 순으로 이동하고 있으며 태풍이 통과하는 동안 어느 관측소에서 관측한 해면 기압은 일반적으로 낮아지다가 높아지는 경향을 보인다. 따라서 ㉢은 A 지점에서 관측한 해면 기압, ㉡은 B 지점에서 관측한 해면 기압, ㉠은 C 지점에서 관측한 해면 기압이다.

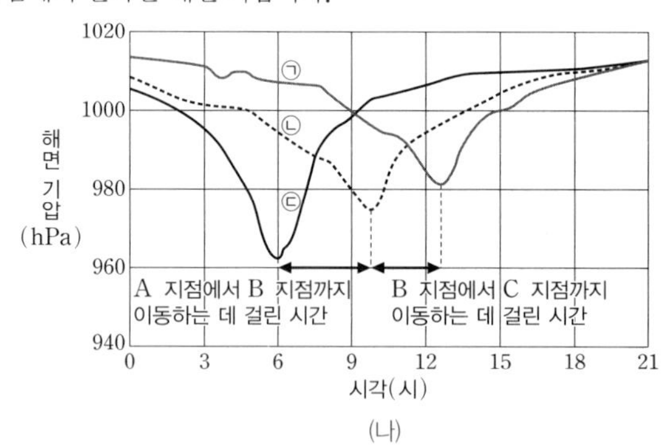

(나)

ㄱ. 태풍은 중심 기압이 낮을수록 최대 풍속이 빠르다. 태풍이 A 지점에 위치할 때 중심 기압은 태풍이 B 지점에 위치할 때 중심 기압보다 낮다. 따라서 태풍의 최대 풍속은 태풍이 A 지점에 위치할 때가 B 지점에 위치할 때보다 빠르다.

ㄴ. 태풍에서는 바람이 시계 반대 방향으로 회전하면서 불어 들어간다. 따라서 태풍이 B 지점에 위치할 때 C 지점에서는 동풍 계열의 바람이 서풍 계열의 바람보다 우세하게 분다.

ㄷ. 태풍이 이동한 거리는 A → B 구간과 B → C 구간이 같다. 태

풍이 이동하는 데 걸린 시간은 A → B 구간이 B → C 구간보다 길다. 따라서 태풍의 평균 이동 속력은 A → B 구간이 B → C 구간보다 느리다.

16 온대 저기압과 열대 저기압의 발생 지역과 이동

일반적으로 온대 저기압은 중위도에서 발생하여 대체로 동쪽으로 이동하고, 일반적으로 열대 저기압은 열대 해상에서 발생하여 고위도로 이동한다. 따라서 A는 온대 저기압이고 B는 열대 저기압이다.

㉠. 온대 저기압은 육지와 바다에서 모두 발생하지만 열대 저기압은 바다에서만 발생한다. 따라서 $\frac{\text{육지에서 발생한 저기압의 수}}{\text{바다에서 발생한 저기압의 수}}$는 A가 B보다 크다.

㉡. 온대 저기압은 따뜻한 기단과 찬 기단이 만나 형성되며 따뜻한 기단과 찬 기단이 만나는 과정에서 온대 저기압은 저위도의 과잉 에너지를 고위도로 수송한다. 열대 저기압은 고위도로 이동하는 과정에서 저위도의 과잉 에너지를 고위도로 수송한다.

ㄷ. 열대 저기압은 해수면 수온이 약 27 ℃ 이상인 열대 해상에서 주로 발생한다. ㉠ 해역에서는 열대 저기압이 발생하고 ㉡ 해역에서는 열대 저기압이 발생하지 않는 것으로 보아 해수면 연평균 수온은 ㉠ 해역이 ㉡ 해역보다 높다.

17 온대 저기압과 열대 저기압의 연직 기압 분포

열대 저기압의 하층에서는 공기가 주로 수렴하고 상층에서는 공기가 주로 발산한다. (나)의 하층에서는 공기가 주로 수렴하고 상층에서는 공기가 주로 발산하므로 (나)는 열대 저기압의 연직 기압 분포이며, (가)는 온대 저기압의 연직 기압 분포이다.

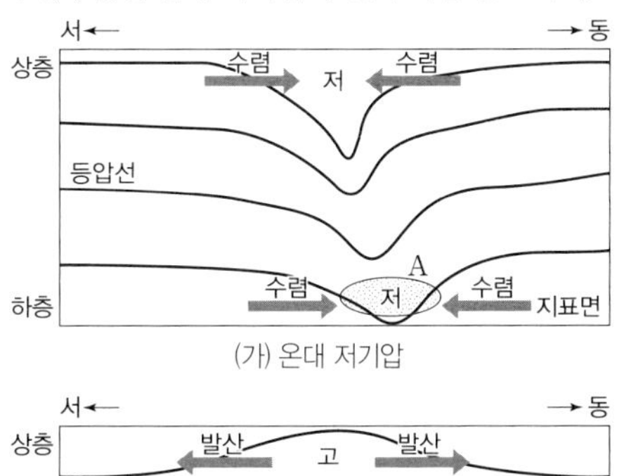

(가) 온대 저기압

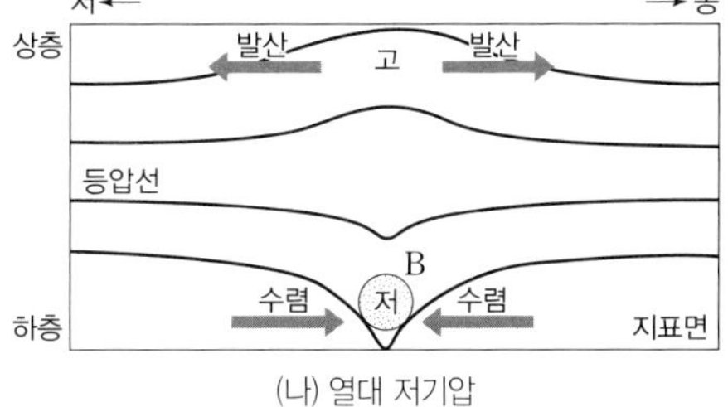

(나) 열대 저기압

ㄱ. 열대 저기압의 연직 기압 분포는 (나)이다.

ㄴ. A는 주변보다 기압이 낮다. 따라서 A에서 공기는 주로 수렴한다.

㉢. (나)는 열대 저기압의 연직 기압 분포이며, B에서 강한 상승 기류가 나타나는 것으로 보아 B에서 평균 기온은 주변보다 높다.

18 황사와 온대 저기압

우리나라에 영향을 주는 황사의 발원지는 대체로 우리나라의 서쪽 방향에 위치한다. 황사 발원지에서부터 동쪽으로 이동하는 온대 저기압은 우리나라에서의 황사 발생에 크게 기여한다. 따라서 (나)는 황사가 발생한 시기이고 (가)는 황사가 발생하지 않은 시기이다.

㉠. 황사가 발생한 시기는 (나)이다.

㉡. 서북서쪽에서 접근해 온 온대 저기압의 평균 강도는 (나) 황사가 발생한 시기가 (가) 황사가 발생하지 않은 시기보다 강하다.

㉢. 정서쪽에서 접근해 온 온대 저기압의 비율은 (나) 황사가 발생한 시기가 (가) 황사가 발생하지 않은 시기보다 높다.

19 우리나라의 계절풍

(가)와 (나)를 비교해 보면 북풍 계열 바람의 관측 횟수 비율은 (가)가 (나)보다 높다. 따라서 (가)는 북풍 계열의 계절풍이 부는 1월이며 (나)는 7월이다.

㉠. (가)를 보면 4개 관측소 모두에서 풍향별 관측 횟수의 비율은 북풍 계열 바람이 남풍 계열 바람보다 높다.

ㄴ. (가)는 북풍 계열의 계절풍이 부는 1월이며 (나)는 7월이다. 따라서 제주도의 월평균 기온은 (가) 시기가 (나) 시기보다 낮다.

㉢. (가)는 1월로 우리나라는 주로 대륙성 기단인 시베리아 기단의 영향을 받는다. (나)는 7월로 우리나라는 주로 해양성 기단인 북태평양 기단의 영향을 받는다. 따라서 우리나라는 (나) 시기가 (가) 시기보다 해양성 기단의 영향을 더 크게 받는다.

20 폭염과 한파

(가)의 연평균 기상 특보 발령 횟수는 수도권과 강원권이 전라권과 경상권보다 많고 (나)의 연평균 기상 특보 발령 횟수는 전라권과 경상권이 수도권과 강원권보다 많다. 따라서 (가)는 권역별 연평균 한파 특보 발령 횟수이고 (나)는 권역별 연평균 폭염 특보 발령 횟수이다.

㉠. (나)는 권역별 연평균 폭염 특보 발령 횟수이며, 권역별 연평균 폭염 특보 발령 횟수가 가장 많은 권역은 경상권이다.

㉡. (가)는 권역별 연평균 한파 특보 발령 횟수이다. 한파 특보가 발령될 때, 우리나라는 주로 한대 기단인 시베리아 기단의 영향을 받는다.

ㄷ. 한파 특보가 발령될 때 우리나라는 주로 건조한 시베리아 기단의 영향을 받고 폭염 특보가 발령될 때 우리나라는 주로 다습한 북태평양 기단의 영향을 받는다. 따라서 우리나라에서 대기 중 수증기량은 (가)의 시기가 (나)의 시기보다 적다.

아래 표는 우리나라의 기상 특보 발령 기준이다.

종류	주의보	경보
한파	10월~4월에 다음 중 하나에 해당하는 경우 ① 아침 최저 기온이 전날보다 10 ℃ 이상 하강하여 3 ℃ 이하이고 평년값보다 3 ℃ 이상 낮을 것으로 예상될 때 ② 아침 최저 기온이 −12 ℃ 이하가 2일 이상 지속될 것으로 예상될 때 ③ 급격한 저온 현상으로 중대한 피해가 예상될 때	10월~4월에 다음 중 하나에 해당하는 경우 ① 아침 최저 기온이 전날보다 15 ℃ 이상 하강하여 3 ℃ 이하이고 평년값보다 3 ℃ 이상 낮을 것으로 예상될 때 ② 아침 최저 기온이 −15 ℃ 이하가 2일 이상 지속될 것으로 예상될 때 ③ 급격한 저온 현상으로 광범위한 지역에서 중대한 피해가 예상될 때
폭염	일 최고 체감 온도가 33 ℃ 이상인 상태가 2일 이상 지속될 것으로 예상될 때	일 최고 체감 온도가 35 ℃ 이상인 상태가 2일 이상 지속될 것으로 예상될 때

06 해양의 변화

수능 2점 테스트

본문 108~111쪽

01 ② 02 ⑤ 03 ③ 04 ⑤ 05 ④ 06 ①
07 ⑤ 08 ③ 09 ④ 10 ② 11 ③ 12 ④
13 ② 14 ⑤ 15 ② 16 ⑤

01 표층 수온과 표층 염분

표층 수온에 영향을 주는 주된 요인은 태양 복사 에너지이고, 표층 염분에 영향을 주는 주된 요인은 증발량과 강수량이다.

ㄱ(✗). 표층 수온은 입사하는 태양 복사 에너지의 영향을 받는다. A 해역은 B 해역보다 표층 수온이 낮으므로, 단위 시간에 단위 면적당 입사하는 연평균 태양 복사 에너지양은 A 해역이 B 해역보다 적다.

ㄴ(○). 표층 염분은 대체로 (증발량−강수량) 값이 클수록 높다. B 해역은 C 해역보다 표층 염분이 낮으므로 (증발량−강수량) 값이 작다.

ㄷ(✗). C 해역은 증발량이 강수량보다 많은 중위도 고압대에 위치하므로 표층 염분이 높게 나타난다.

02 해수의 염분

염분은 해수 1 kg 속에 녹아 있는 염류의 총량을 g 수로 나타낸 값으로, 단위는 psu(실용염분단위)를 쓴다. 전 세계 해수의 평균 염분은 약 35 psu이다.

ㄱ(○). ㉠은 염류 중 가장 많은 양을 차지하는 염화 나트륨이다.

ㄴ(○). 표층 해수 1 kg 속에 녹아 있는 염류의 총량이 35 g이므로, 염분은 35 psu이다.

ㄷ(○). 담수는 녹아 있는 염류의 양이 매우 적으므로, 이 해역에 담수가 유입되면 표층 해수 1 kg 속에 녹아 있는 염류의 총량은 감소할 것이다.

03 위도에 따른 강수량과 증발량

적도 저압대와 한대 전선대에서는 강수량이 증발량보다 많고, 중위도 고압대에서는 강수량이 증발량보다 적다.

ㄱ(○). 적도 부근에서 B가 A보다 큰 값을 가지므로 A는 증발량, B는 강수량이다.

ㄴ(✗). 적도 지방은 저압대에 위치하므로 강수량이 증발량보다 많다.

ㄷ(○). 표층 염분은 증발량이 강수량보다 많은 해역에서 대체로 높게 나타난다.

04 해수의 깊이에 따른 밀도, 염분, 수온 분포

해수의 밀도는 수온이 낮을수록, 염분이 높을수록, 수압이 높을수록 커진다.

㉠. ㉠은 해수 표층에서 깊이에 따라 수온이 거의 일정하게 나타나는 구간이므로 혼합층에 해당한다.

㉡. 이 해역에서 A가 염분이라면 수심이 깊어질수록 수온이 낮아지고 염분이 높아지므로 밀도가 커져야 한다. 하지만 수심이 깊어질수록 B가 작아지므로, A는 밀도이고, B는 염분이다. 염분(B)은 깊이 0 m에서 약 37.2 psu, 깊이 100 m에서 약 36.9 psu이다.

㉢. ㉡ 구간에서 수심이 깊어질수록 수온은 낮아지고 염분은 거의 일정하므로, ㉡ 구간에서 해수의 밀도 변화에는 수온이 염분보다 크게 영향을 준다.

05 해수의 용존 기체

해수의 용존 기체량은 일차적으로 수온, 염분, 수압 등에 의해 결정되며, 해수 중에 존재하는 생물 활동의 영향을 크게 받는다.

ㄱ. 표층 해수에 녹아 있는 기체의 농도는 A가 약 6 mL/L, B가 약 43.5 mL/L이다.

㉡. A는 표층에서 농도가 높게 나타나고, B는 표층에서 농도가 낮지만 수심이 깊어질수록 높아지는 것으로 보아 A는 산소, B는 이산화 탄소이다.

㉢. 표층에서는 광합성에 의해 용존 이산화 탄소량이 대체로 적게 나타난다.

06 위도에 따른 열수지

위도에 따라 태양 복사 에너지의 흡수량과 지구 복사 에너지의 방출량이 차이가 난다.

㉠. 적도에서 A가 B보다 큰 값이 나타나는 것으로 보아 A는 태양 복사 에너지 흡수량, B는 지구 복사 에너지 방출량이다.

ㄴ. ㉠ 지역은 태양 복사 에너지 흡수량이 지구 복사 에너지 방출량보다 많으므로 에너지 과잉 상태이다.

ㄷ. ㉡은 태양 복사 에너지 흡수량과 지구 복사 에너지 방출량이 같은 지역으로, 대기와 해수의 순환에 의한 에너지 이동량이 가장 많다.

07 대기 대순환 모형

지표면이 균일하고 자전하지 않는 지구에서는 각 반구에 하나의 대기 순환 세포가 형성되고, 자전하는 지구에서는 각 반구에 세 개의 대기 순환 세포가 형성된다.

㉠. (가)는 각 반구에 세 개의 대기 순환 세포가 나타나므로 자전하는 지구의 대기 대순환 모형이다.

㉡. (나)는 자전하지 않는 지구의 대기 대순환 모형으로, 30°N의 지표 부근에는 북풍 계열의 바람이 분다.

㉢. (가)와 (나) 모두 적도 지방에는 상승 기류가 발달한다.

08 대기 대순환의 순환 세포

자전하는 지구의 대기 대순환 모형에서 위도 약 0°~30° 사이에는 해들리 순환, 위도 약 30°~60° 사이에는 페렐 순환, 위도 약 60°~90° 사이에는 극순환이 형성된다.

㉠. A는 지표 부근에 무역풍을 형성하는 해들리 순환이다.

㉡. B는 간접 순환인 페렐 순환으로, 지표 부근에 편서풍을 형성한다.

ㄷ. C는 극순환이다. 페렐 순환과 극순환이 경계를 이루는 위도 60° 부근에는 한대 전선대가 발달한다. 중위도 고압대는 해들리 순환과 페렐 순환이 경계를 이루는 위도 30° 부근에 발달한다.

09 북태평양의 아열대 순환

북태평양의 아열대 순환은 북적도 해류, 쿠로시오 해류, 북태평양 해류, 캘리포니아 해류로 이루어져 있으며, 시계 방향으로 순환한다.

ㄱ. A는 북태평양의 서안에 위치하여 쿠로시오 해류가 흐르는 해역으로, A에서는 저위도에서 고위도 방향으로 해류가 흐른다.

㉡. B는 30°N과 60°N 사이에 위치한 해역으로 편서풍의 영향을 받는다.

㉢. A에 흐르는 해류는 쿠로시오 해류, B에 흐르는 해류는 북태평양 해류, C에 흐르는 해류는 캘리포니아 해류이다.

10 남아메리카 대륙 주변의 주요 표층 해류

A는 페루 해류가 흐르는 해역, B는 브라질 해류가 흐르는 해역, C는 남극 순환 해류가 흐르는 해역이다.

ㄱ. A에는 고위도에서 저위도 방향으로 한류가 흐르고, B에는 저위도에서 고위도 방향으로 난류가 흐른다.

ㄴ. 동일 위도에 위치한 A와 B 중 표층 해수의 염분은 한류의 영향을 받는 A가 난류의 영향을 받는 B보다 낮다.

㉢. C에는 편서풍에 의해 형성되어 남극 대륙 주변을 순환하는 남극 순환 해류가 흐른다.

11 북태평양의 아열대 순환과 아한대 순환

표층 해류는 육지로 가로막힌 대양 안에서 몇 개의 거대한 순환을 이루고 있다. 북태평양의 아열대 순환과 아한대 순환의 방향은 반대이다.

㉠. 북태평양의 아열대 순환의 방향은 시계 방향이고, 아한대 순환의 방향은 시계 반대 방향이다.

ㄴ. A와 B는 아열대 순환과 아한대 순환의 사이에 위치하며 위도

는 약 40°N~50°N 사이이다.

ⓒ. A는 난류와 한류가 만나는 해역이고, B는 하나의 해류가 두 방향으로 갈라지는 해역이다. 따라서 남북 간의 표층 수온 차는 A가 B보다 크다.

12 동아시아 주변의 표층 해류

우리나라 주변 난류의 근원은 쿠로시오 해류이다. 쿠로시오 해류의 지류가 동중국해에서 갈라져 나와 북상하여 황해 난류, 대마 난류, 동한 난류를 형성한다.

ㄱ. A에는 북한 한류, B에는 대마 난류가 흐른다. 같은 위도에 위치한 두 해역 중 표층 수온은 난류가 흐르는 B가 한류가 흐르는 A보다 높다.

ⓛ. C에는 쿠로시오 해류가 흐른다. 쿠로시오 해류는 동해에 영향을 주는 난류의 근원이다.

ⓒ. D에는 북태평양 아열대 순환을 이루는 북적도 해류가 흐른다.

13 수온 염분도

수온 염분도는 해수의 특성을 나타내는 그래프로, 수온(Temperature)과 염분(Salinity)의 첫 글자를 따서 T-S도라고 한다.

ㄱ. ㉠은 수온이 유지되며 염분이 높아지는 과정이다. 담수가 유입되면 염분이 낮아진다.

ㄴ. 해수 표면에 입사하는 태양 복사 에너지양이 증가하면 표층 해수의 수온은 높아진다.

ⓒ. B와 C는 수온 염분도에서 같은 등밀도선에 위치하므로 해수의 밀도는 B일 때와 C일 때가 같다.

14 심층 순환의 발생 원리

얼음물은 수조의 물보다 밀도가 크므로 수조 바닥에 가라앉은 후 바닥을 따라 천천히 움직인다.

ⓖ. 밀도는 20 ℃의 물이 얼음물보다 작다.

ⓛ. 얼음물은 20 ℃의 물보다 밀도가 크므로 수조 바닥에 가라앉아 이동한다.

ⓒ. 심층 순환의 발생 원리 실험에서 얼음물은 극 해역에서 냉각되어 침강하는 해수를 의미한다.

15 표층 순환과 심층 순환

표층 순환과 심층 순환은 독립적으로 나타나는 것이 아니라 서로 컨베이어 벨트처럼 연결되어 있다.

ㄱ. A는 표층 순환이고, B는 심층 순환이다.

ⓛ. 유속은 표층 순환이 심층 순환보다 빠르다.

ㄷ. 침강 해역에 빙하가 녹은 물이 유입되면 해수의 밀도가 작아지게 되어 해수의 침강이 약해진다.

16 대서양의 심층 순환

대서양의 심층 순환은 남극 저층수, 북대서양 심층수, 남극 중층수 등으로 구성된다.

ⓖ. A는 남극 중층수, B는 북대서양 심층수, C는 남극 저층수이다.

ⓛ. 북대서양 심층수는 북반구 고위도 지역에서 침강하여 이동한 것이다.

ⓒ. 밀도는 대서양의 해저면 부근을 따라 이동하는 남극 저층수가 남극 중층수보다 크다.

수능 3점 테스트 본문 112~119쪽

01 ④	02 ③	03 ⑤	04 ③	05 ①	06 ②
07 ④	08 ②	09 ①	10 ①	11 ②	12 ④
13 ③	14 ③	15 ③	16 ⑤		

01 해수의 연직 수온 분포

해양에서 태양 복사 에너지는 대부분 표층에서 흡수되므로 수심이 깊어질수록 수온이 낮아진다. 해양은 깊이에 따른 수온 변화에 따라 혼합층, 수온 약층, 심해층으로 나뉜다.

ㄱ. 1년 동안 수온 변화에서 A 시기 부근은 표층 수온이 낮고 혼합층의 두께가 두꺼우므로, A 시기는 겨울철이다.

ㄴ. 수온 10 ℃가 나타나는 깊이는 A 시기에 150 m와 400 m 사이이고, B 시기에 50 m와 150 m 사이이다.

ㄷ. 혼합층은 바람의 혼합 작용으로 인해 깊이에 따라 수온이 거의 일정한 층이다. A 시기의 혼합층 두께는 150 m 이상이고 B 시기의 혼합층 두께는 50 m 미만이므로, 혼합층의 두께는 A 시기가 B 시기보다 3배 이상 두껍다.

02 위도에 따른 혼합층 두께

혼합층은 바람에 의한 혼합 작용으로 깊이에 따라 수온이 거의 일정한 층이다. 혼합층의 두께는 대체로 바람이 강한 지역에서 두껍다.

ㄱ. 60°N 해역의 혼합층 두께는 1월이 약 100 m, 7월이 약 20 m이고, 적도 해역의 혼합층 두께는 1월과 7월 모두 약 30 m이다. 따라서 1월과 7월의 혼합층 두께 차이는 60°N 해역이 적도 해역보다 크다.

ㄴ. 7월에 혼합층 두께는 60°S 해역이 약 130 m, 60°N 해역이 약 20 m이다. 혼합층은 깊이에 따라 수온이 거의 일정하므로, 7월에 해수면과 비슷한 수온이 나타나는 깊이 범위는 60°S 해역은 해수면에서 수심 약 130 m까지, 60°N 해역은 해수면에서 수심 약 20 m까지이다. 따라서 7월에 해수면과 수심 100 m의 수온 차는 60°S 해역이 60°N 해역보다 작다.

ㄷ. 혼합층의 두께는 대체로 바람이 강한 지역에서 두껍게 나타나므로, 60°S 해역에서 바람에 의한 해수의 혼합 작용은 7월이 1월보다 강하다.

03 해수의 연직 수온 분포

해양은 깊이에 따른 수온 변화에 따라 혼합층, 수온 약층, 심해층으로 나뉜다. 수온 약층은 깊이에 따른 수온의 변화가 가장 급격하게 나타나는 층이다.

ㄱ. 해수의 연직 혼합은 주로 표층에서 바람에 의해 활발하게 일어난다. 2월에 혼합층이 해수면에서 깊이 약 160 m까지 발달하므로, 2월에 해수의 연직 혼합은 깊이 0 m~100 m가 깊이 200 m~300 m보다 활발하게 일어난다.

ㄴ. 깊이 200 m~300 m 구간이 2월에는 수온 약층에 해당하고 8월에는 심해층에 해당하므로, 깊이 200 m와 300 m의 수온 차는 2월이 8월보다 크다.

ㄷ. 2월은 8월보다 혼합층이 두껍게 발달하므로 수온 약층이 나타나기 시작하는 깊이는 2월이 8월보다 깊다.

04 표층 염분 분포

증발량이 강수량보다 많은 중위도 고압대의 해양에서는 표층 염분이 높게 나타난다.

ㄱ. 표층 염분은 대체로 (증발량－강수량) 값이 클수록 높다. (증발량－강수량) 값은 A 지점이 B 지점보다 작으므로, 표층 염분은 A 지점이 B 지점보다 낮다.

ㄴ. B 지점은 표층 염분이 높게 나타나는 중위도 고압대에 위치한다. 중위도 고압대에는 대기 대순환의 하강 기류가 발달한다.

ㄷ. (증발량－강수량) 값의 분포로 보아, B 지점은 중위도 고압대에, C 지점은 적도 저압대에 위치한다. 연평균 강수량은 적도 저압대가 중위도 고압대보다 많다.

05 우리나라 주변의 표층 염분 분포

육지로부터 담수가 흘러들어오는 연안은 대양의 중심부보다 표층 염분이 낮다.

ㄱ. A 해역의 표층 염분은 (나)가 (다)보다 높다. 염분이 높으면 해수 1 kg에 녹아 있는 염류의 양이 많으므로, A 해역의 표층 해수 1 kg에 녹아 있는 염류의 양은 (나)가 (다)보다 많다.

ㄴ. 염분이 낮은 담수가 많이 유입될수록 표층 염분은 낮아진다. 양쯔강 하구에서 표층 염분은 (나)가 (다)보다 높으므로, (나)는 양쯔강의 담수가 바다에 유입되는 강도가 6월보다 작은 12월에 측정한 표층 염분 분포이다.

ㄷ. 해수의 밀도는 수온이 낮을수록, 염분이 높을수록 크다. 따라서 염분만을 고려할 때, A 해역에서 표층 해수의 밀도는 표층 염분이 높은 12월이 6월보다 크다.

06 우리나라 주변 해역의 수온 분포

수온 약층은 혼합층 아래에서 깊이에 따라 수온이 급격히 낮아지는 층이다.

ㄱ. A는 깊이에 따른 수온 변화가 거의 나타나지 않지만, B는 깊이 약 75 m~150 m에서 수온 변화가 급격하게 나타난다. 따라서 수온 약층은 B가 A보다 뚜렷하다.

ㄴ. B는 A보다 고위도에 위치하지만, 표층 수온이 높게 나타난다. 이는 난류의 영향을 강하게 받기 때문이다.

ㄷ. 표층 해수의 용존 산소량은 수온이 낮을수록 많다. 표층 해수의 수온은 ㉠ 지점이 ㉡ 지점보다 낮으므로, 수온만을 고려할 때, 표층 해수의 용존 산소량은 ㉠ 지점이 ㉡ 지점보다 많다.

07 수온 염분도

수온 염분도(T−S도)를 이용하면 해수의 밀도를 알아낼 수 있으며, 해수의 특성을 추정할 수 있다.

ㄱ. 1월과 7월의 표층 해수 밀도 차는 A가 등밀도선 약 4칸 차이이고, B가 등밀도선 약 6칸 차이이다. 등밀도선 사이의 밀도 차는 같으므로, 1월과 7월의 표층 해수 밀도 차는 A가 B보다 작다.

ㄴ. 4월에 A의 표층 염분은 약 35.4 psu이다. 해수 1 kg에 포함된 염류의 양이 33 g일 때의 염분은 33 psu이므로 4월에 A의 표층 해수 1 kg에 포함된 염류의 양은 33 g보다 많다.

ㄷ. 해수의 밀도는 수온이 낮을수록, 염분이 높을수록 커지므로, 수온 염분도에서 오른쪽 아래로 갈수록 밀도는 커진다. 11월에 B의 표층 해수(수온 약 18.5 ℃, 염분 31 psu)에 (수온 12 ℃, 염분 33 psu)인 해수가 유입되어 혼합되면 수온 염분도에서 오른쪽 아래로 이동하여 위치하게 되므로 밀도는 커진다.

08 해수의 용존 기체

제시된 자료에서 해수의 용존 산소량은 수온이 낮을수록, 수압이 높을수록 증가한다.

ㄱ. 수온이 높아질수록 해수의 용존 산소량은 감소한다.

ㄴ. 수온이 일정할 때, 수압에 따른 해수의 용존 산소량은 1×10^5 Pa, 2×10^5 Pa, 4×10^5 Pa일 때 순으로 많다. 수심이 깊어질수록 수압이 높아지므로, 수온이 일정할 때, 수심이 깊어질수록 해수의 용존 산소량은 증가한다.

ㄷ. 수압이 1×10^5 Pa인 해수에서 수온이 25 ℃보다 높을 때 용존 산소량은 5 mL/L보다 적다. 따라서 수압이 1×10^5 Pa인 해수에서 생존에 필요한 최소 용존 산소량이 5 mL/L인 물고기는 수온이 25 ℃보다 높을 경우 생존하기 어렵다.

09 대기 대순환 모형

대기 대순환은 위도에 따른 에너지 불균형으로 발생하고, 지구 자전의 영향을 받는다. (가)는 지구가 자전하는 경우의 대기 대순환 모형이고, (나)는 지구가 자전하지 않는 경우의 대기 대순환 모형이다.

ㄱ. 지구가 자전하지 않는 경우와 자전하는 경우 모두 적도 부근에서는 상승 기류가 발달하고, 북극 부근에서는 하강 기류가 발달하므로, A는 적도, D는 북극이다. 단위 시간에 단위 면적당 입사하는 태양 복사 에너지양은 적도가 북극보다 많다.

ㄴ. 지구가 자전하는 경우의 대기 대순환 모형인 (가)에서 B는 중위도 고압대, C는 한대 전선대에 해당한다. 평균 강수량은 한대 전선대가 중위도 고압대보다 많다.

ㄷ. 지구가 자전하지 않는 경우의 대기 대순환 모형인 (나)에서 B와 C의 지표 부근에는 북풍 계열의 바람이 분다.

10 대기 대순환과 표층 해류

표층 해류는 대기 대순환에 의해 지표 부근에 부는 바람의 영향을 받는다.

ㄱ. A에서는 동쪽을 향해 해류가 흐르고, C에서는 서쪽을 향해 해류가 흐른다. 아열대 순환은 편서풍대에서 동쪽으로 흐르는 해류와 무역풍대에서 서쪽으로 흐르는 해류를 포함하여 시계 방향으로 순환하는 흐름이 나타난다.

ㄴ. B는 위도 약 30°N으로 중위도 고압대에 해당한다. 중위도 고압대에는 대기 대순환의 하강 기류가 발달한다.

ㄷ. D는 동쪽으로 적도 반류가 흐르는 해역으로, 이 해역은 서쪽으로 부는 무역풍의 영향을 받는다. 따라서 D에서는 바람의 방향과 해류의 방향이 일치하지 않는다.

11 대기 대순환과 표층 해류

콜럼버스는 유럽에서 출발해 북대서양을 횡단하여 북아메리카를 발견하는 과정에서 바람과 해류를 이용하였다.

ㄱ. 경로 A는 주로 편서풍대에, 경로 B는 주로 무역풍대에 위치한다. 바람의 방향과 같은 방향으로 이동하는 것이 유리하므로, 유럽에서 북아메리카로 이동한 경로는 B이다.

ㄴ. ㉠은 편서풍대인 30°N~60°N 사이에 위치하며, 대기 대순환의 간접 순환인 페렐 순환에 의해 지표 부근에서는 편서풍이 분다.

ㄷ. ㉡에는 북대서양의 아열대 순환을 이루는 카나리아 해류가 흐른다. 카나리아 해류는 고위도에서 저위도 방향으로 흐르는 한류이다.

12 난류와 한류의 영향

해류는 저위도의 에너지를 고위도로 수송하는 역할을 하며, 전 세계의 기후와 해양 환경에 영향을 미친다.

ㄱ. A와 B는 한대 전선대인 60°N에 위치한다.

ㄴ. (나)에서 기온의 연교차는 A가 B보다 크다.

ㄷ. 같은 위도에 위치한 A와 B의 겨울철 기온이 크게 차이 나는 원인은 A는 한류의 영향을 받고, B는 난류의 영향을 받기 때문이다.

13 우리나라 주변의 표층 해류

우리나라 주변 난류의 근원은 쿠로시오 해류이고, 우리나라 주변 한류의 근원은 연해주를 따라 남하하는 연해주 한류이다.

ㄱ. 한류는 수온이 낮고 용존 산소량이 많으며, 난류는 수온이 높고 용존 산소량이 적다. (가)에서 A 해역에는 한류가 흐르고, B 해역에는 난류가 흐르므로, 표층 해수의 용존 산소량은 A 해역이 B 해역보다 많다.

ㄴ. 제시된 자료에서 화살표의 길이는 유속의 크기를 의미한다. C 해역에서 북쪽을 향하는 화살표의 길이가 (가)가 (나)보다 짧으므로, 난류의 흐름은 (가)가 (나)보다 약하다.

ㄷ. D 해역은 북태평양의 서안으로 길이가 긴 화살표가 이어진

것으로 보아 쿠로시오 해류가 흐르는 것으로 판단할 수 있다.

14 표층 순환과 심층 순환

표층 순환과 심층 순환은 독립적으로 나타나는 것이 아니라 서로 컨베이어 벨트처럼 연결되어 있다.

① A는 대서양, B는 태평양이다. 북대서양의 고위도 지역에서는 해수의 침강이 활발하게 일어나지만, 북태평양에서는 해수의 침강이 활발하지 않다.

② ㉠은 표층 순환에 해당하고, ㉡은 심층 순환에 해당한다. 해수의 흐름은 표층 순환이 심층 순환보다 빠르다.

~~③~~ ㉠에 흐르는 해류는 남극 순환 해류로, 남극 대륙 주위를 시계 방향으로 순환한다.

④ ㉡에서는 북대서양 고위도 해역에서 침강하여 이동하는 북대서양 심층수가 나타난다.

⑤ 표층 순환과 심층 순환은 열에너지를 수송하여 저위도와 고위도의 에너지 불균형을 줄이는 역할을 한다.

15 대서양의 심층 순환

해수의 밀도는 수온이 낮을수록, 염분이 높을수록 크므로, 수온 염분도에서 오른쪽 아래로 갈수록 밀도는 커진다.

㉠. 수괴의 밀도는 남극 저층수>북대서양 심층수>남극 중층수 순이므로, A는 남극 중층수, B는 북대서양 심층수, C는 남극 저층수이다.

㉡. 북대서양 심층수의 평균 염분은 약 34.9 psu이고, 남극 중층수의 평균 염분은 약 34.2 psu이다.

~~㉢~~. 수온 염분도에서 지중해 유출수가 위치한 등밀도선은 북대서양 심층수가 위치한 등밀도선보다 왼쪽 위에 위치하므로, 해수의 밀도는 지중해 유출수가 북대서양 심층수보다 작다. 따라서 지중해 유출수가 유입된다면 북대서양 심층수보다 얕은 곳에 위치할 것이다.

16 심층 순환의 역할

심층 순환은 거의 전체 수심에 걸쳐 일어나면서 해수를 순환시키는 역할을 하며, 표층 순환과 연결되어 열에너지를 수송하여 위도 간의 열수지 불균형을 해소시킨다.

㉠. ㉠은 표층수가 침강하여 심층수가 형성되는 해역이다.

㉡. 북대서양 심층 순환의 세기 편차는 A 시기가 B 시기보다 크다. 편차는 관측값(또는 예측값)에서 평균값을 뺀 값이므로, 북대서양 심층 순환의 세기는 A 시기가 B 시기보다 강하다.

㉢. 북대서양 심층 순환의 세기가 약해지면 열에너지 수송이 감소하여 위도 간의 열수지 불균형이 커진다. C 시기는 B 시기보다 북대서양 심층 순환의 세기가 약하므로, 북대서양에서 30°N 해역과 60°N 해역의 평균 표층 수온 차는 C 시기가 B 시기보다 클 것이다.

07 대기와 해양의 상호 작용

수능 2점 테스트

본문 128~131쪽

01 ②	02 ③	03 ①	04 ④	05 ③	06 ③
07 ⑤	08 ①	09 ②	10 ③	11 ③	12 ④
13 ①	14 ⑤	15 ④	16 ②		

01 연안 용승

바람이 한 방향으로 지속적으로 불면 표층 해수는 해수와 바람 사이의 마찰력과 전향력을 받아 이동하게 되는데, 북반구에서 표층 해수는 주로 바람 방향의 오른쪽 직각 방향으로 이동한다.

~~㉠~~. 북반구에 위치한 연안에서 표층 해수가 서쪽으로 이동하므로, 연안에 지속적으로 부는 바람은 북풍이다.

㉡. 표층 해수는 해안으로부터 멀어지며, 이를 채우기 위해 심층에서 찬 해수가 올라오고 있으므로, 한 방향으로 지속적으로 부는 바람에 의해 용승이 일어나고 있다.

~~㉢~~. 따뜻한 표층 해수가 먼 바다로 이동하고 차가운 심층 해수가 용승하고 있으므로, 표층 수온은 A 지점이 B 지점보다 높다.

02 저기압과 고기압에서의 용승과 침강

북반구에서는 시계 방향으로 지속적으로 부는 고기압성 바람에 의해 고기압 중심부의 표층 해수가 수렴하여 침강이 일어나고, 시계 반대 방향으로 지속적으로 부는 저기압성 바람에 의해 저기압 중심부의 표층 해수가 발산하여 용승이 일어난다.

㉠. A에서는 고기압성 바람에 의해 표층 해수가 수렴하여 침강이 일어난다.

~~㉡~~. B에서는 저기압성 바람에 의해 표층 해수가 발산하여 용승이 일어난다. 북반구의 저기압 주변에서 바람은 시계 반대 방향으로 분다.

㉢. A에서는 침강이, B에서는 용승이 일어나므로, 수온 약층이 나타나기 시작하는 깊이는 A가 B보다 깊다.

03 연안 용승

연안 용승은 대륙의 연안에서 한 방향으로 지속적으로 부는 바람 때문에 표층 해수가 먼 바다 쪽으로 이동하면 이를 채우기 위해 심층에서 찬 해수가 올라오는 현상이다.

㉠. A는 육지의 동쪽에 위치한 연안이므로, 연안 용승은 남풍에 의해 일어났다.

~~㉡~~. A에서 표층 해수는 먼 바다 쪽인 동쪽으로 이동한다.

~~㉢~~. 해수의 용존 산소량은 수온이 낮을수록 많다. 표층 수온은 6월

28일이 7월 4일보다 높으므로, 표층 해수의 용존 산소량은 6월 28일이 7월 4일보다 적다.

04 평상시 태평양 적도 부근 해역의 특징

평상시 동쪽에서 서쪽으로 부는 무역풍으로 인해 적도 부근 동태평양 해역에서는 연안 용승이 활발하며, 표층 수온은 적도 부근 서태평양보다 동태평양에서 낮게 나타난다.

ㄱ. 무역풍은 동쪽에서 서쪽으로 불므로 B 해역에서 A 해역을 향한 방향으로 분다.

ㄴ. 평상시 B 해역에서는 연안 용승이 일어나므로, 표층 수온은 A 해역이 B 해역보다 높다.

ㄷ. 평상시 A 해역은 상대적으로 표층 수온이 높고 강수량이 많으며, B 해역은 상대적으로 표층 수온이 낮고 강수량이 적다.

05 라니냐 시기의 표층 수온 편차

라니냐는 열대 태평양 중앙부에서 페루 연안에 이르는 해역에서 표층 수온이 평년보다 낮은 상태가 수개월 이상 지속되는 현상이다.

ㄱ. 동태평양 적도 부근 해역의 표층 수온 편차가 음(−)의 값이므로, 이 시기는 동태평양 적도 부근 해역의 표층 수온이 평상시보다 낮은 라니냐 시기이다.

ㄴ. 라니냐 시기에는 동태평양 적도 부근 해역에서의 용승이 평상시보다 강하다.

ㄷ. 라니냐 시기에는 무역풍이 강해져 따뜻한 해수가 서태평양 쪽으로 집중되므로 태평양 적도 부근의 동서 방향 해수면 경사가 평상시보다 크다.

06 엘니뇨 시기의 대기 순환

엘니뇨는 열대 태평양 중앙부에서 페루 연안에 이르는 해역에서 표층 수온이 평년보다 높은 상태가 수개월 이상 지속되는 현상이다.

ㄱ. 이 시기는 태평양 적도 부근 해역의 따뜻한 해수 영역이 서태평양에서 동쪽으로 이동하며 대기 순환의 상승 기류가 발달하는 영역도 서태평양에서 동쪽으로 이동하는 엘니뇨 시기이다.

ㄴ. 엘니뇨 시기에는 무역풍이 평상시보다 약하다.

ㄷ. 엘니뇨 시기에는 서태평양 적도 부근 해역에 하강 기류가 발달하며 해면 기압이 평상시보다 높다.

07 고기후 연구 방법

빙하 얼음을 구성하는 산소 안정 동위 원소 비율을 분석하면 과거 지구의 기온을 알 수 있고, 빙하 얼음 속에 포함된 공기 방울을 분석하면 과거 지구 대기에 포함된 온실 기체의 농도를 알 수 있다.

ㄱ. 빙하 시추물에서 아래에 위치한 부분이 더 과거에 형성되었으므로 A는 B보다 나중에 포함되었다.

ㄴ. A는 빙하 시추물에 포함된 공기 방울이다. 빙하 시추물에 포함된 공기 방울을 분석하면 공기 방울이 빙하에 포함될 당시의 대기 성분을 알 수 있다.

ㄷ. 빙하 시추물에 포함된 화산재(B)를 통하여 이 지역은 과거 화산 활동의 영향을 받았다는 사실을 알 수 있다.

08 기후 변화 요인

지구 기후 변화의 요인은 자연적 요인과 인위적 요인으로 구분할 수 있으며, 자연적 요인은 지구 외적 요인과 지구 내적 요인으로 구분할 수 있다.

ㄱ. 인위적 요인은 인간 활동에 기인한 것으로, 온실 기체의 증가, 에어로졸 배출, 사막화, 도시화 등이 있다.

ㄴ. 세차 운동에 의한 지구 자전축의 경사 방향 변화는 자연적 요인 중 지구 외적 요인에 해당한다.

ㄷ. 기후 협약을 통해서는 인위적 요인에 의한 기후 변화를 최소화할 수 있다.

09 기후 변화의 지구 외적 요인

지구 공전 궤도 이심률은 약 10만 년을 주기로 변한다. 지구 공전 궤도가 현재보다 원에 더 가까워지면 근일점 거리는 현재보다 길어지고, 원일점 거리는 현재보다 짧아진다.

ㄱ. 현재 지구가 근일점에 위치할 때 북반구는 겨울이고, 남반구는 여름이다.

ㄴ. 지구 공전 궤도 이심률이 클수록 원일점 거리와 근일점 거리의 차이가 커지므로, 지구 공전 궤도 이심률은 A 시기가 현재보다 크다.

ㄷ. 단위 시간당 지구 전체에 도달하는 태양 복사 에너지양은 태양으로부터의 거리가 가까울수록 많다. 근일점 거리는 B 시기가 현재보다 길고, 원일점 거리는 B 시기가 현재보다 짧으므로, 근일점과 원일점에서 단위 시간당 지구 전체에 도달하는 태양 복사 에너지양의 차이는 B 시기가 현재보다 작다.

10 기후 변화의 지구 외적 요인

지구 자전축은 약 26000년을 주기로 회전하므로, 약 13000년 후에는 자전축의 경사 방향이 현재와 반대가 된다.

ㄱ. 현재 지구가 근일점에 위치할 때 북반구는 겨울이다. (가)에서 지구가 근일점에 위치할 때 북반구는 겨울이므로, (가)는 현재 지구의 공전 궤도와 자전축 경사 방향이다.

ㄴ. (가)에서 30°N의 여름은 원일점 부근에서 나타나고, (나)에서 30°N의 여름은 근일점 부근에서 나타난다. 따라서 30°N에서 여름철 평균 기온은 (가)일 때가 (나)일 때보다 낮다.

ㄷ. (가)는 30°S가 원일점에서 겨울, 근일점에서 여름이고, (나)는 30°S가 원일점에서 여름, 근일점에서 겨울이다. 따라서 30°S에서 기온의 연교차는 (가)일 때가 (나)일 때보다 크다.

11 태양 활동 변화와 지구 기후 변화

태양 활동이 달라지면 지구에 도달하는 태양 복사 에너지의 양이 달라진다.

㉠. A 시기는 흑점이 거의 나타나지 않지만, B 시기는 약 11년을 주기로 흑점 수가 변한다. 따라서 평균 흑점 수는 A 시기가 B 시기보다 적다.

ㄴ. 지구의 평균 기온은 약 11년 주기로 흑점 수가 변하는 B 시기가 흑점이 거의 나타나지 않는 A 시기보다 높다.

㉢. 태양의 흑점 수 변화는 기후 변화의 자연적 요인 중 지구 외적 요인에 해당한다.

12 온실 효과

온실 기체가 지구 복사 에너지를 흡수하였다가 지표로 재복사하기 때문에 지구의 평균 기온이 높게 유지되는데, 이를 온실 효과라고 한다.

ㄱ. 태양 복사 에너지는 주로 가시광선의 형태로 전파되고, 지구 복사 에너지는 주로 적외선의 형태로 전파된다.

㉡. 태양 복사 에너지는 지구 대기를 잘 투과하지만, 지구 복사 에너지는 온실 기체에 의해 잘 흡수된다. 따라서 지구 대기를 투과하는 비율은 A가 B보다 높다.

㉢. 지구 대기에 포함된 온실 기체의 양이 많아지면 대기에서 지표로 재복사되는 에너지가 증가한다.

13 온실 기체 배출량 변화

산업 혁명 이후 인간 활동에 의한 온실 기체 배출량은 증가하는 경향을 보인다.

㉠. 메테인은 이산화 탄소를 제외한 온실 기체인 A에 포함된다.

ㄴ. 1850년부터 2019년까지 화석 연료 사용으로 인한 이산화 탄소 배출량은 증가하는 경향을 보이므로, 누적 배출량은 C가 B보다 많다.

ㄷ. 온실 기체의 양이 많아지면 온실 효과가 강화되어 지구의 평균 기온이 높아지므로, 지구의 평균 기온은 1850년이 2019년보다 낮다.

14 기후 변화 시나리오와 빙하 면적 변화

지구 온난화가 진행됨에 따라 북극 지방의 빙하 면적은 감소하는 경향을 보인다.

㉠. 9월 북극 지방의 빙하 면적은 A 시기에 약 6.8×10^6 km^2이고, B 시기에 약 4.3×10^6 km^2이다.

㉡. 빙하는 해수에 비해 태양 복사 에너지 반사율이 높다. 북극 지방의 빙하 면적은 B 시기가 C 시기보다 넓으므로, 태양 복사 에너지 반사율은 B 시기가 C 시기보다 높다.

㉢. 제시된 기후 변화 시나리오에 따르면 C 시기 이후로는 9월에 북극 지방에는 사실상 빙하가 없을 것으로 예상된다.

15 기후 변화 시나리오와 평균 기온 변화

서로 다른 이산화 탄소 배출량을 가정하여 전 지구 평균 기온 변화를 예상할 수 있다. 현재와 같은 이산화 탄소 배출이 계속될 경우 지구 평균 기온은 크게 상승할 것으로 예측된다.

ㄱ. 전 지구 평균 기온이 2000년에는 1995년~2014년 평균보다 낮지만, 2014년에는 1995년~2014년 평균보다 높다.

㉡. 전 지구 평균 기온이 A가 B보다 크게 상승하므로, 이산화 탄소 배출량은 A일 때가 B일 때보다 많다.

㉢. A에 따르면 앞으로 전 지구 평균 기온이 상승하므로, 남극 대륙의 빙하 면적은 감소할 것이다. 따라서 남극 대륙의 빙하 면적은 2025년이 2100년보다 넓을 것이다.

16 기후 변화 시나리오와 생태 환경 변화

우리나라의 봄철 기온이 상승하면 봄꽃의 개화일도 앞당겨질 것이다.

ㄱ. 2040년에 평균 개화일은 개나리가 3월 19일, 진달래가 3월 20일, 벚꽃이 3월 29일이다.

ㄴ. 봄꽃의 평균 개화일이 앞당겨지는 것으로 보아, 우리나라의 봄철 평균 기온은 2060년이 2040년보다 높을 것이다.

㉢. 2100년에 진달래의 평균 개화일은 2월 28일이고, 개나리의 평균 개화일은 3월 2일이므로, 2100년에는 진달래가 개나리보다 평균적으로 먼저 개화한다.

수능 3점 테스트 본문 132~139쪽

01 ③	02 ④	03 ②	04 ②	05 ④	06 ⑤
07 ②	08 ③	09 ③	10 ⑤	11 ③	12 ⑤
13 ④	14 ③	15 ⑤	16 ⑤		

01 우리나라의 연안 용승

북반구에서 육지의 동쪽에 위치한 연안에 지속적으로 남풍이 불게 되면 표층 해수는 동쪽으로 이동하고, 이를 채우기 위해 심층에서 찬 해수가 올라온다.

ㄱ. 용승 지수가 양(+)의 값인 경우 용승이 일어나고, 음(−)의 값인 경우 침강이 일어나므로, A에서 ㉠ 시기에는 침강이 일어나고, ㉡ 시기에는 용승이 일어난다. 북반구에서 육지의 동쪽에 위치한 연안은 북풍 계열의 바람이 지속적으로 불 때 침강이 일어나고, 남풍 계열의 바람이 지속적으로 불 때 용승이 일어나므로, ㉠ 시기는 1월이고, ㉡ 시기는 7월이다. 1월에 A에는 북서풍이 우세하게 분다.

ㄴ. A에서 ㉠ 시기에는 침강이 일어나고, ㉡ 시기에는 용승이 일어나므로, 동서 방향 표층 수온 차는 ㉠ 시기가 ㉡ 시기보다 작다.

ㄷ. 용승이 활발해지면 심층에서 표층으로 공급되는 영양염의 양이 많아진다. 용승은 ㉡ 시기에 활발하므로, 심층에서 표층으로 공급되는 영양염의 양은 ㉡ 시기가 ㉠ 시기보다 많다.

02 연안 용승과 엽록소 농도 분포

용승이 일어나는 해역에서는 영양염이 표층으로 운반되어 식물성 플랑크톤이 번식하고 좋은 어장이 형성될 수 있다.

ㄱ. 북반구에서 북서−남동 방향으로 육지와 바다가 경계를 이룰 때, 연안 용승이 활발하려면 북서풍 계열의 바람이 지속적으로 불어야 한다.

ㄴ. 연안 용승이 발생한 것으로 보아, 표층 해수는 육지에서 먼 바다 쪽인 A 지점에서 B 지점을 향한 방향으로 이동한다.

ㄷ. 엽록소는 식물성 플랑크톤에 포함된 광합성 색소로서 바다의 생산력을 나타내는 지표로 사용된다. 엽록소 농도는 A 지점이 B 지점보다 높으므로, 표층 해수의 단위 부피당 식물성 플랑크톤의 양은 A 지점이 B 지점보다 많다.

03 저기압에서의 용승

북반구에서는 지속적으로 부는 고기압성 바람에 의해 고기압 중심부의 표층 해수가 수렴하여 침강이 일어나고, 지속적으로 부는 저기압성 바람에 의해 저기압 중심부의 표층 해수가 발산하여 용승이 일어난다.

ㄱ. 용승이 일어나면 수온 약층이 나타나기 시작하는 깊이가 얕아지므로, A는 표층 해수가 발산하여 용승이 일어나는 지점이다. 따라서 A에서는 표층 해수의 발산이 일어난다.

ㄴ. 북반구에서 지속적으로 저기압성 바람이 불 때 용승이 일어나므로, A는 저기압의 중심이다. 따라서 ㉠은 1000보다 작다.

ㄷ. A는 용승이 일어나 심층의 찬 해수가 올라오므로 주변보다 표층 수온이 낮다.

04 엘니뇨와 라니냐

열대 태평양 중앙부에서 페루 연안에 이르는 해역의 표층 수온이 평년보다 높은 상태가 수개월 이상 지속되는 현상이 엘니뇨이고, 평년보다 낮은 상태가 수개월 이상 지속되는 현상이 라니냐이다.

ㄱ. 감시 해역의 3개월 이동 평균 표층 수온 편차가 +0.5 ℃ 이상으로 5개월 이상 지속되면 그 기간은 엘니뇨 시기, −0.5 ℃ 이하로 5개월 이상 지속되면 그 기간은 라니냐 시기로 판정하므로, 1월~5월은 엘니뇨 시기이고, 8월~12월은 라니냐 시기이다. 6월은 3개월 이동 평균 표층 수온 편차가 약 +0.1 ℃이므로 엘니뇨 시기에 해당하지 않는다.

ㄴ. 동태평양 적도 부근 해역의 표층 수온은 엘니뇨 시기인 3월이 라니냐 시기인 9월보다 높다.

ㄷ. 12월은 라니냐 시기이다. 라니냐 시기에 서태평양 적도 부근에는 평상시보다 강한 상승 기류가 발달한다.

05 엘니뇨와 라니냐의 특징

엘니뇨 시기에는 동태평양 적도 부근 해역의 표층 수온이 평상시보다 상승하고, 라니냐 시기에는 동태평양 적도 부근 해역의 표층 수온이 평상시보다 하강한다.

ㄱ. (가)는 동태평양 적도 부근 해역의 표층 수온이 평년보다 상승한 것으로 보아 엘니뇨 시기이고, (나)는 동태평양 적도 부근 해역의 표층 수온이 평년보다 하강한 것으로 보아 라니냐 시기이다. 엘니뇨 시기와 비교할 때, 라니냐 시기는 무역풍이 강하다.

ㄴ. 라니냐 시기는 엘니뇨 시기보다 동태평양 적도 부근 해역에서 용승이 강하다.

ㄷ. 태평양 적도 부근 해역의 동서 방향 해수면 경사는 라니냐 시기에는 평상시보다 급해지고 엘니뇨 시기에는 평상시보다 완만해진다. 따라서 엘니뇨 시기와 비교할 때, 라니냐 시기는 (서태평양 해수면 높이−동태평양 해수면 높이) 값이 크다.

06 엘니뇨와 라니냐의 특징

엘니뇨 시기에는 평상시보다 서태평양 적도 부근의 수증기량이 적고, 라니냐 시기에는 평상시보다 서태평양 적도 부근의 수증기량이 많다. A는 라니냐 시기이고, B는 엘니뇨 시기이다.

ㄱ. A 시기에 서태평양 적도 부근의 수증기량 편차가 양(+)의 값이므로, 서태평양 적도 부근의 수증기량은 A 시기가 평상시보다 많다.

ㄴ. 상승 기류가 발달하여 구름이 많이 발생하면 기상 위성으로 관측한 적외선 방출 복사 에너지가 감소한다. (나)에서 적도 부근 중앙 태평양에서 동태평양에 이르는 영역의 적외선 방출 복사 에너지 편차가 음(−)의 값인 것으로 보아, (나)는 엘니뇨 시기의 적외선 방출 복사 에너지 편차이다.
ㄷ. 엘니뇨 시기에는 동태평양 적도 부근 해역의 용승이 약해지므로, 동태평양 적도 부근 해역에서 수온 약층이 나타나기 시작하는 깊이가 깊어진다. 따라서 엘니뇨 시기에 동태평양 적도 부근 해역에서 수온 약층이 나타나기 시작하는 깊이 편차는 양(+)의 값이다.

07 워커 순환

평상시 무역풍으로 인해 서태평양 적도 부근은 따뜻한 해수로부터 열과 수증기를 공급받은 공기가 상승하여 강수대가 형성되고, 상대적으로 표층 수온이 낮은 동태평양 적도 부근은 공기가 하강한다.
ㄱ. 평상시 서태평양 적도 부근은 상승 기류가 발달하며 해면 기압이 낮다. 따라서 평상시 해면 기압은 서태평양에 위치한 다윈이 타히티보다 낮다.
ㄴ. A 시기에 다윈의 해면 기압 편차는 양(+)의 값이고, 타히티의 해면 기압 편차는 음(−)의 값으로, 다윈은 평상시보다 기압이 높고, 타히티는 평상시보다 기압이 낮다. 서태평양 적도 부근의 기압이 높아지는 시기는 엘니뇨 시기이므로, A 시기는 엘니뇨 시기이고, 반대 경향을 보이는 B 시기는 라니냐 시기이다. 서태평양 적도 부근 해역에서 구름의 양은 해면 기압이 높은 엘니뇨 시기가 평상시보다 적다.
ㄷ. 워커 순환은 라니냐 시기가 엘니뇨 시기보다 강하므로, B 시기가 A 시기보다 강하다.

08 지구의 열수지 평형

지구에 입사하는 태양 복사 에너지 100 단위 중 25 단위는 대기에 흡수, 45 단위는 지표면에 흡수, 30 단위는 우주 공간으로 반사된다. 지구에서 방출하는 지구 복사 에너지 70 단위 중 66 단위는 대기 복사, 4 단위는 지표면 복사이다.
ㄱ. 지구에 입사하는 태양 복사 에너지 100 단위에 대하여 ㉠은 45 단위(100−25−30)이고, ㉡은 133 단위(㉠+88)이다.
ㄴ. 지구 온난화 지수가 클수록 대기 중에 같은 양이 있을 때 지구 온난화에 미치는 영향이 크다. 지구 온난화 지수는 CO_2가 N_2O보다 작으므로, 대기 중에 같은 양이 있을 때 지구 온난화에 미치는 영향은 CO_2가 N_2O보다 작다.
ㄷ. 대기 중 온실 기체인 X의 양이 증가하면, 온실 효과를 일으키는 A 과정은 강해질 것이다.

09 기후 변화의 지구 외적 요인

지구 공전 궤도 이심률은 약 10만 년을 주기로 변하고, 지구 자전축 경사각은 약 41000년을 주기로 변한다.
ㄱ. 지구 공전 궤도 이심률이 클수록 근일점 거리는 짧아지고, 원일점 거리는 길어진다. A 시기는 현재보다 지구 공전 궤도 이심률이 크므로, 근일점 거리는 A 시기가 현재보다 짧다.
ㄴ. 지구 자전축 경사각이 현재보다 작아지면 북반구 중위도에서 여름철 낮의 길이가 짧아지므로, 30°N에서 여름철 낮의 길이는 B 시기가 현재보다 짧다.
ㄷ. 현재 북반구가 겨울철일 때 지구는 근일점 부근에 위치한다. 지구 공전 궤도 이심률이 현재보다 작아지면 근일점은 태양으로부터 더 멀어지고, 지구 자전축 경사각이 현재보다 커지면 중위도에서 겨울철 태양의 남중 고도는 낮아진다. C 시기는 현재보다 지구 공전 궤도 이심률이 작고 지구 자전축 경사각이 크므로, 30°N에서 겨울철 평균 기온은 C 시기가 현재보다 낮다.

10 기후 변화의 지구 외적 요인

현재 지구가 근일점에 위치할 때, 북반구는 겨울이다. 약 13000년 후에는 세차 운동에 의해 지구 자전축의 경사 방향이 현재와 반대가 되어 지구가 근일점에 위치할 때 북반구는 여름이 된다.
ㄱ. 지구가 P에 위치할 때 현재 북반구의 자전축은 태양 반대편으로 경사져 있으며, 이때 북반구의 계절은 겨울이다. 현재 지구가 근일점에 위치할 때 북반구가 겨울이므로, P는 근일점이다.
ㄴ. ㉡ 시기에 지구가 공전 궤도상의 P에 위치할 때 북반구의 자전축은 그림의 아래 방향을 향해 경사져 있다. 이로부터 약 3개월 후는 북반구의 자전축이 태양의 반대편으로 경사진 겨울이므로, ㉡ 시기에 지구가 공전 궤도상의 P에 위치하면 북반구는 가을이다.
ㄷ. ㉠ 시기에 지구는 남반구가 여름일 때 근일점에 위치하고, ㉢ 시기에 지구는 남반구가 겨울일 때 근일점에 위치하므로, 30°S에서 기온의 연교차는 ㉠ 시기가 ㉢ 시기보다 크다.

11 기후 변화 요인

지구의 기후 변화 요인은 자연적 요인과 인위적 요인으로 구분할 수 있다. 자연적 요인의 예로는 화산 활동이 있다.
ㄱ. ㉠과 ㉡을 모두 고려하여 추정한 기온은 ㉠만 고려하여 추정한 기온보다 관측 기온과 더 비슷한 경향을 보인다. ㉠은 자연적 요인이고, ㉡은 인위적 요인이다.
ㄴ. 자연적 요인만 고려하여 추정한 기온 편차와 관측 기온 편차의 차이는 B 시기가 A 시기보다 큰 것으로 보아, 인위적 요인에 의한 기온 변화는 B 시기가 A 시기보다 크다.
ㄷ. 화산이 폭발할 때 분출된 화산재 등이 성층권에 퍼지면 태양 빛의 산란이 많이 일어나 지구의 반사율이 커지므로 지구의 평균 기온이 낮아진다. 제시된 자료에서 대규모 화산 활동이 일어난 후 기온 편차가 작아지는 것을 확인할 수 있다.

12 기후 변화 요인에 따른 지표면 온도 변화

기후 변화의 인위적 요인 중 CO_2는 지표면 온도를 상승시키는 경향이 있다.

ㄱ. 인위적 요인의 세부 요인 중 양(+)의 값을 가지는 막대 길이의 합이 음(−)의 값을 가지는 막대 길이의 합보다 길므로, 인위적 요인에 의한 복사 강제력의 합은 양(+)의 값이다.

ㄴ. ㉠은 복사 강제력이 양(+)의 값으로 지표면 온도를 상승시키는 경향이 있는 CO_2이다. 인위적 요인에 해당하는 CO_2는 주로 화석 연료의 연소 과정에서 방출된다.

ㄷ. ㉡은 복사 강제력이 음(−)의 값으로 지표면 온도를 하강시키는 경향이 있는 에어로졸이다. 에어로졸은 대기 중에 떠 있는 0.001 μm~100 μm의 작은 액체나 고체 입자로, 지표면에 도달하는 태양 복사 에너지를 감소시킨다. 따라서 대기 중 에어로졸의 양이 증가하면 지표면 온도는 하강할 것이다.

13 지구 온난화와 해빙 면적 변화

지구 온난화가 진행되면 극지방의 빙하 면적이 감소하면서 지표 반사율이 낮아질 수 있다.

ㄱ. 3월의 북극해 주변 해빙 면적은 과거 10년과 최근 10년이 비슷하지만, 9월의 북극해 주변 해빙 면적은 과거 10년에 비해 최근 10년에 크게 감소하였다. 따라서 3월과 9월의 북극해 주변 해빙 면적의 차이는 과거 10년이 최근 10년보다 작다.

ㄴ. 3월보다 9월에 북극해 주변 해빙 면적이 좁은 것으로 보아, 북극해 주변의 월평균 기온은 3월이 9월보다 낮다.

ㄷ. 해빙은 해수에 비하여 반사율이 높으므로, 극지방의 해빙 면적이 감소하면 지표 반사율도 감소하게 된다. 과거 10년보다 최근 10년에 9월의 북극해 주변 해빙 면적이 좁으므로, 9월의 북극해 주변 지표 반사율은 과거 10년이 최근 10년보다 높다.

14 기후 변화 시나리오와 전 지구의 기온 변화량

기후 변화 시나리오는 온실 기체, 에어로졸, 토지 이용 변화 등의 인위적 요인으로 발생한 지표면 온도 변화로부터 미래 기후 변화를 예상하는 것이다.

ㄱ. 2014년부터 2100년까지 연간 이산화 탄소 배출량은 A가 B보다 많으므로, 누적 이산화 탄소 배출량도 A가 B보다 많다.

ㄴ. (나)에서 적도 지방의 기온 변화량보다 북극 지방의 기온 변화량이 크게 나타난다.

ㄷ. (나)보다 (다)에서 기온 변화량이 더 크게 나타나는 것으로 보아, (다)는 이산화 탄소 배출량이 상대적으로 많은 A에 따른 전 지구의 기온 변화량이다.

15 전 지구의 기후 변화

전 지구 해역의 표층 수온은 대체로 상승하는 경향을 보이며, 특히 우리나라 주변 해역은 전 지구 해역보다 표층 수온이 더 크게 상승하고 있다.

ㄱ. 1981년부터 2020년까지 우리나라 주변 해역 표층 수온의 평균 상승률은 전 지구 해역 표층 수온의 평균 상승률보다 높게 나타난다.

ㄴ. (나)에서 북반구는 남반구보다 표층 수온 변화량이 양(+)의 값인 해역이 많다. 따라서 (나)에서 표층 수온의 상승 경향은 북반구가 남반구보다 뚜렷하다.

ㄷ. 해수의 온도가 상승하여 열팽창하거나, 육지의 빙하가 녹아 바다로 흘러 들어가면 해수면이 상승하게 된다. 1981년부터 2020년까지 지구 온난화가 진행되었으므로, 전 지구 해수면의 평균 높이는 2020년이 1981년보다 높다.

16 우리나라의 기후 변화

전 지구와 우리나라의 연평균 기온은 대체로 상승하는 경향을 보인다. 우리나라는 기온 변화에 따라 계절 길이도 변하고 있다.

ㄱ. 1912년부터 2020년까지 우리나라의 연평균 기온 변화는 전 지구의 연평균 기온 변화보다 크게 나타나며, (B 기간 평균 기온−A 기간 평균 기온) 값도 우리나라가 전 지구 평균보다 크다.

ㄴ. 우리나라의 겨울 평균 일수는 A 기간이 109일, B 기간이 87일로, A 기간이 B 기간보다 길다.

ㄷ. (가)에서 우리나라의 연평균 기온은 대체로 상승하는 경향을 보이므로, (가)와 같은 변화가 지속된다면 우리나라의 여름 일수는 증가할 것이다.

08 별의 특성

수능 2점 테스트 본문 154~159쪽

01 ④	02 ②	03 ③	04 ③	05 ④	06 ①
07 ⑤	08 ①	09 ③	10 ②	11 ⑤	12 ⑤
13 ①	14 ⑤	15 ③	16 ①	17 ④	18 ②
19 ①	20 ③	21 ②	22 ②	23 ④	24 ⑤

01 플랑크 곡선

플랑크 곡선은 흑체가 복사하는 파장에 따른 복사 에너지의 세기를 나타낸 곡선이다.

ㄱ(×). 흑체가 복사 에너지를 최대로 방출하는 파장은 플랑크 곡선에서 복사 에너지의 상대적 세기가 최대인 부분의 파장을 의미한다. 복사 에너지를 최대로 방출하는 파장은 A가 B보다 짧다.

ㄴ(○). 흑체는 표면 온도가 높을수록 복사 에너지를 최대로 방출하는 파장이 짧으므로, 표면 온도는 A가 B보다 높다.

ㄷ(○). 흑체가 표면에서 단위 시간에 단위 면적당 방출하는 복사 에너지의 양은 표면 온도의 네제곱에 비례하므로 표면 온도가 높은 A가 B보다 표면에서 단위 시간에 단위 면적당 방출하는 복사 에너지의 양이 많다.

02 흑체 복사

별이 복사 에너지를 최대로 방출하는 파장(λ_{max})은 표면 온도에 반비례한다. B의 λ_{max}가 A의 $\frac{1}{2}$배이므로, B의 표면 온도는 A의 2배, 즉 10000 K이다.

ㄱ(×). 별의 표면 온도가 높을수록 파장이 짧은 빛, 즉 파란색 파장의 빛을 더 많이 방출하므로 파란색 파장의 빛은 B가 A보다 많이 방출한다.

ㄴ(○). 스펙트럼에서 중성 수소(HⅠ) 흡수선의 세기가 가장 강한 별은 분광형이 A형인 별(표면 온도 약 10000 K)이다. B의 표면 온도가 10000 K이므로 스펙트럼에서 중성 수소(HⅠ) 흡수선의 세기는 A가 B보다 약하다.

ㄷ(×). 별의 표면에서 단위 시간에 단위 면적당 방출되는 빛의 세기는 표면 온도가 높은 별이 낮은 별보다 모든 파장 영역에서 강하다. 별의 표면에서 단위 시간에 단위 면적당 방출되는 580 nm 파장의 빛의 세기는 표면 온도가 높은 B가 A보다 강하다.

03 빈의 변위 법칙

빈의 변위 법칙에 의하면 흑체가 복사 에너지를 최대로 방출하는 파장은 표면 온도가 높을수록 짧아진다.

ㄱ(○). 표면 온도가 a인 별이 b인 별보다 복사 에너지를 최대로 방출하는 파장이 길므로, 표면 온도 a는 b보다 작은 값을 가진다.

ㄴ(○). 별의 표면 온도가 a일 때 복사 에너지를 최대로 방출하는 파장이 b일 때의 2배인 것으로 보아, 표면 온도는 b가 a의 2배이다. 별의 광도(L)는 반지름(r)의 제곱과 표면 온도(T)의 네제곱의 곱에 비례한다($L \propto r^2 \cdot T^4$). 표면 온도가 a인 별과 b인 별의 표면 온도를 각각 T_a, T_b, 반지름을 각각 r_a, r_b라고 하면, 광도(L)가 같을 때

$(r_a)^2 \cdot (T_a)^4 = (r_b)^2 \cdot (T_b)^4$, $(r_a)^2 \cdot (T_a)^4 = (r_b)^2 \cdot (2T_a)^4$,

$r_a = 4r_b$이다. 즉, 별의 반지름은 표면 온도가 a인 별이 b인 별의 4배이다.

ㄷ(×). 별의 반지름(r)은 광도(L)의 제곱근에 비례하고 표면 온도(T)의 제곱에 반비례한다$\left(r \propto \frac{\sqrt{L}}{T^2}\right)$. 표면 온도가 a인 별과 b인 별의 광도를 각각 L_a, L_b라고 하면, 반지름이 같을 때

$\frac{\sqrt{L_a}}{T_a^{\ 2}} = \frac{\sqrt{L_b}}{T_b^{\ 2}}$, $\frac{\sqrt{L_a}}{T_a^{\ 2}} = \frac{\sqrt{L_b}}{(2T_a)^2}$, $L_a = \frac{1}{16}L_b$이다. 즉, 반지름이 같을 때 별의 광도는 표면 온도가 a인 별이 b인 별의 $\frac{1}{16}$배이다.

04 별의 물리량

복사 에너지를 최대로 방출하는 파장(λ_{max})은 표면 온도에 반비례한다. 태양, A, B의 λ_{max}의 비가 2 : 1 : 3이므로 표면 온도 비는 $\frac{1}{2}$: 1 : $\frac{1}{3}$이다.

ㄱ(○). 별이 복사 에너지를 최대로 방출하는 파장(λ_{max})은 표면 온도에 반비례한다. λ_{max}가 B > 태양 > A이므로 표면 온도는 A > 태양 > B이다. 따라서 표면 온도는 A가 가장 높다.

ㄴ(○). 절대 등급은 광도가 클수록 작다. 별의 광도(L)는 반지름(r)의 제곱과 표면 온도(T)의 네제곱의 곱에 비례한다($L \propto r^2 \cdot T^4$). A와 B의 반지름 비는 1 : 100이고 표면 온도 비는 3 : 1이므로 광도비는 81 : 10000이다. 즉, 절대 등급은 광도가 작은 A가 B보다 크다.

ㄷ(×). 광도 계급이 Ⅴ인 별의 집단은 주계열성이며, 태양은 대표적인 주계열성이다. 주계열성의 경우 표면 온도가 높은 별일수록 반지름이 크다. 그러나 세 별에서 반지름은 B > 태양 > A이고, 표면 온도는 A > 태양 > B이므로 A와 B는 둘 다 주계열성이 아니다. 따라서 A와 B의 광도 계급은 Ⅴ가 아니다.

05 별의 표면 온도와 색지수

B 필터는 0.44 μm 부근의 빛만을 통과시키는데, 이를 통과하는 복사 에너지의 양이 많을수록 B 필터로 측정한 등급(B 등급)이 작아진다.

ㄱ(×). 별이 복사 에너지를 최대로 방출하는 파장(λ_{max})이 짧은 (나)가 (가)보다 표면 온도가 높다. 따라서 (가)의 표면 온도는

3000 K, (나)의 표면 온도는 6000 K이다. 분광형이 G형인 별의 표면 온도는 약 5000 K~6000 K이며, 표면 온도가 3000 K인 별의 분광형은 M형이다.
ㄴ. 표면 온도와 λ_{max}는 반비례 관계이다. 표면 온도는 (가)가 (나)의 $\frac{1}{2}$배이므로, (가)의 λ_{max}인 a는 (나)의 λ_{max}인 b의 2배이다.
ㄷ. B 필터를 통과하는 파장 영역의 빛의 양이 (가)가 (나)보다 적으므로 B 필터로 측정한 별의 등급(B 등급)은 (가)가 (나)보다 크다.

06 별의 종류

광도 계급이 Ⅰ인 별의 집단은 초거성, Ⅶ인 별의 집단은 백색 왜성이다.
ㄱ. 백색 왜성(B)은 표면 온도가 높지만 반지름이 매우 작아서 광도가 작다. 반면 분광형이 M형인 A는 표면 온도가 3500 K 이하인 저온의 별이다. 별이 복사 에너지를 최대로 방출하는 파장은 표면 온도가 낮은 A가 표면 온도가 높은 B보다 길다.
ㄴ̸. 초거성인 A는 백색 왜성인 B보다 광도가 크다. 따라서 A의 절대 등급은 B의 절대 등급인 +10.8보다 작다.
ㄷ̸. 초거성인 A는 백색 왜성인 B보다 평균 밀도가 작다.

07 별의 분광형

별의 표면 온도에 따라 고온에서 저온 순으로 분광형을 O, B, A, F, G, K, M형으로 분류한다.
ㄱ. HⅠ 흡수선은 분광형이 A형인 별, 즉 흰색 별의 스펙트럼에서 가장 강하게 나타난다.
ㄴ. 태양의 표면 온도는 약 5800 K으로 분광형이 G2형에 해당한다. CaⅡ 흡수선은 분광형이 F0형인 별보다 G2형인 별의 스펙트럼에서 강하게 나타난다.
ㄷ. 분광형이 K0형인 별의 스펙트럼에는 중성 원자 상태의 철, 즉 FeⅠ 흡수선이 이온 상태의 철, 즉 FeⅡ 흡수선보다 강하게 나타난다. 이는 분광형이 K0형인 별의 대기에 철(Fe)이 이온 상태보다 중성 원자 상태로 많이 존재하기 때문이다.

08 별의 물리량

슈테판·볼츠만의 법칙에 의하면 흑체가 단위 시간에 단위 면적당 방출하는 복사 에너지의 양(E)은 $E=\sigma T^4$ (슈테판·볼츠만 상수 $\sigma=5.670\times10^{-8}\ \mathrm{W\cdot m^{-2}\cdot K^{-4}}$)이다.
ㄱ. 별에서 단위 시간당 방출되는 복사 에너지의 세기를 파장에 따라 나타낸 곡선에서, 곡선과 파장 축이 이루는 면적은 별의 광도와 같다. A와 B의 광도가 같으므로 복사 에너지 세기 곡선과 파장 축이 이루는 면적도 같다.
ㄴ̸. A와 B의 광도는 같고, 표면 온도는 복사 에너지를 최대로 방출하는 파장이 짧은 A가 B보다 높다. 별의 광도는 반지름의 제곱과 표면 온도의 네제곱의 곱에 비례하므로, 별의 광도가 같을 때 반지름은 표면 온도의 제곱에 반비례한다. 따라서 반지름은 표면 온도가 높은 A가 표면 온도가 낮은 B보다 작다.
ㄷ̸. 광도 계급이 Ⅴ인 별의 집단은 주계열성이다. 주계열성은 표면 온도가 높을수록 광도와 반지름이 크지만, A와 B는 이 관계를 만족시키지 못하므로 A와 B 중 최소 하나의 별은 주계열성이 아니다. 따라서 A와 B의 광도 계급이 모두 Ⅴ일 수는 없다.

09 광도 계급

광도 계급이 Ⅰa, Ⅰb, Ⅱ, Ⅲ, Ⅳ, Ⅴ, Ⅵ, Ⅶ인 별은 각각 밝은 초거성, 덜 밝은 초거성, 밝은 거성, 거성, 준거성, 주계열성, 준왜성, 백색 왜성에 해당한다.
ㄱ. H-R도에서 별의 반지름은 오른쪽 위로 갈수록 증가한다. 분광형이 같을 때, 광도 계급이 Ⅲ인 별은 Ⅴ인 별보다 반지름이 크다.
ㄴ̸. 광도 계급이 Ⅶ인 별, 즉 백색 왜성은 주로 광도 계급이 Ⅲ인 별, 즉 (적색) 거성이 진화하여 생성된 것이다. 광도 계급이 Ⅰ인 별, 즉 초거성은 진화하여 중성자별 또는 블랙홀이 된다.
ㄷ. 태양은 주계열성이므로 광도 계급이 Ⅴ이다.

10 별의 분광형과 광도 계급

별의 표면 온도에 따라 고온에서 저온 순으로 분광형을 O, B, A, F, G, K, M형으로 분류하므로 A~D의 표면 온도는 B=D>C>A 순이다. 광도 계급이 Ⅰ인 별은 초거성, Ⅴ인 별은 주계열성, Ⅶ인 별은 백색 왜성이다.
ㄱ̸. 별이 단위 시간에 단위 면적당 방출하는 복사 에너지는 표면 온도의 네제곱에 비례하므로, B=D>C>A 순이다.
ㄴ. 분광형이 같을 때, 반지름은 광도 계급의 숫자가 작을수록 크다. 따라서 반지름은 주계열성(광도 계급 Ⅴ)인 B가 백색 왜성(광도 계급 Ⅶ)인 D보다 크다.
ㄷ̸. 광도 계급이 Ⅴ인 B와 C는 주계열성이다. 주계열성은 표면 온도가 높을수록 절대 등급이 작으므로 표면 온도가 높은 B가 C보다 절대 등급이 작다.

11 H-R도와 별의 종류

(가)는 초거성, (나)는 거성, (다)는 주계열성, (라)는 백색 왜성이다.
① 별의 표면 온도, 즉 분광형이 같을 때, 평균 광도는 초거성인 (가)가 가장 크다.
② 거성, 즉 (나)의 광도 계급은 Ⅲ이다.
③ 중심핵에서 수소 핵융합 반응이 일어나는 것은 주계열성인 (다)이다.
④ A는 분광형이 K형인 주계열성으로 태양보다 질량이 작다. 이 별의 최종 진화 단계는 백색 왜성인 (라)이다.
⑤̸ 평균 밀도는 초거성인 (가)가 백색 왜성인 (라)보다 작다.

12 수소 핵융합 반응

주계열성의 중심핵에서는 수소 핵융합 반응에 의해 에너지가 생성되며, 수소 핵융합 반응에는 양성자·양성자 연쇄 반응(p−p 반응)과 탄소·질소·산소 순환 반응(CNO 순환 반응)이 있다.

ㄱ. 질량이 큰 주계열성일수록 중심부의 온도가 높다. A와 B 모두 온도가 높을수록 에너지 생성률이 크므로, A와 B에 의한 에너지 생성률은 질량이 큰 주계열성일수록 크다.

ㄴ. p−p 반응은 CNO 순환 반응에 비해 낮은 온도 조건에서 우세하게 일어난다. 따라서 A는 p−p 반응, B는 CNO 순환 반응이다.

ㄷ. 태양의 중심부 온도는 약 1500만 K으로 A가 B보다 우세하게 일어난다.

13 p−p 반응

p−p 반응은 비교적 질량이 작은 주계열성의 중심핵에서 우세하게 일어나는 수소 핵융합 반응이다.

ㄱ. 이 반응은 수소(H) 원자핵 6개가 여러 반응 단계를 거치는 동안 헬륨(He) 원자핵 1개와 수소 원자핵 2개가 만들어지는 과정에서 에너지를 생성하는 p−p 반응이다.

ㄴ. 수소 핵융합 반응에서는 반응물, 즉 4개의 수소 질량이 생성물, 즉 1개의 헬륨 질량보다 크고, 이 과정에서 발생한 질량 결손이 에너지로 전환된다. 즉, 반응물의 질량은 생성물의 질량보다 크다.

ㄷ. 수소 핵융합 반응이 별의 중심핵에서 일어나는 진화 단계는 주계열 단계이다. 적색 거성의 중심핵에서는 헬륨 핵융합 반응이 일어날 수 있다.

14 핵융합 반응

(가)는 헬륨 핵융합 반응, (나)는 CNO 순환 반응이다.

ㄱ. CNO 순환 반응인 (나)는 수소 핵융합 반응의 한 종류이며, 반응이 일어나는 온도는 헬륨 핵융합 반응인 (가)가 수소 핵융합 반응인 (나)보다 높다.

ㄴ. (가)는 적색 거성의 중심핵에서, (나)는 주계열성의 중심핵에서 일어난다. 따라서 이 별의 진화 과정에서 (가)는 (나)보다 나중에 일어난다.

ㄷ. 주계열 단계일 때 중심핵에서 (나)가 p−p 반응에 비해 우세하게 일어나는 별은 태양보다 질량이 큰 별이다. 태양보다 질량이 큰 주계열성은 광도, 즉 단위 시간당 방출하는 에너지양이 태양보다 많다.

15 별의 진화

태양과 질량이 비슷한 별의 최종 진화 단계는 백색 왜성이고, 태양보다 질량이 매우 큰 별의 최종 진화 단계는 중성자별 또는 블랙홀이다.

ㄱ. ㉠ 과정에서 A는 주로 중력 수축에 의해 에너지를 생성한다. 즉, ㉠ 과정에서 A의 반지름은 감소한다.

ㄴ. 주계열 단계 이후 질량이 태양과 비슷한 별은 대체로 H−R도의 아래쪽에서 위쪽으로 수직 방향으로 진화하지만, A와 같이 질량이 태양보다 매우 큰 별은 대체로 H−R도의 왼쪽에서 오른쪽으로 수평 방향으로 진화한다. ㉡ 과정에서 A의 절대 등급 변화는 표면 온도의 변화보다 작게 나타난다.

ㄷ. 초거성의 중심핵에서 핵융합 반응이 멈추면 별은 빠르게 중력 수축하다가 결국 초신성 폭발을 일으키고, 중심부는 더욱 수축하여 밀도가 매우 큰 중성자별이 된다. A의 내부에서 철보다 무거운 원소의 합성은 초신성 폭발, 즉 ㉢ 과정에서 일어난다.

16 원시별의 진화

H−R도에서 주계열성은 왼쪽 위에 위치하는 별일수록 질량이 크므로, 별의 질량은 A가 태양 질량의 10배, B가 태양 질량의 0.5배이다.

ㄱ. 별의 반지름은 H−R도에서 오른쪽 위로 갈수록 커지고 왼쪽 아래로 갈수록 작아진다. A와 B 모두 진화하는 동안 반지름이 작아지지만 진화 과정 동안 H−R도에서의 이동량이 더 큰 A의 반지름 변화량이 B보다 크다. 이를 정량적으로 풀어보면, 원시별이 탄생할 무렵 A와 B의 표면 온도가 거의 같고 광도가 약 400배 차이가 났으므로 반지름은 A가 B의 약 20배였다. A는 진화 과정 동안 광도는 거의 일정하고 표면 온도는 약 3000 K에서 약 25000 K으로 약 8.3배 높아졌으므로 반지름은 처음의 약 $\frac{1}{69}$배가 되었다. B는 진화 과정 동안 표면 온도는 거의 같고 광도가 태양 광도의 약 10^2배에서 약 10^{-2}배가 되었으므로 반지름은 처음의 약 $\frac{1}{100}$배가 되었다. 즉, A의 반지름은 B의 반지름의 약 20배에서 B의 반지름의 약 0.14배가 되었고, B의 반지름은 1배에서 약 0.01배가 되었기 때문에 반지름의 변화량은 A가 B보다 크다.

ㄴ. A는 대체로 H−R도의 오른쪽에서 왼쪽으로 수평 방향으로 진화하여 영년 주계열에 도달하지만, B는 대체로 H−R도의 위쪽에서 아래쪽으로 수직 방향으로 진화하여 영년 주계열에 도달한다. 따라서 영년 주계열에 도달하는 동안 별의 절대 등급 변화량은 A가 B보다 작다.

ㄷ. 질량이 큰 별일수록 중력 수축이 빠르게 일어나 진화 속도가 빠르고, 주계열에서 위쪽에 위치한다. 따라서 주계열에 도달할 때까지 걸리는 시간은 A가 B보다 짧다.

17 주계열성의 질량−광도 관계

A는 태양보다 질량과 광도가 크며, 색지수가 작다.

ㄱ. A는 태양 질량의 10배인 별이므로 A의 내부에서 대류층은

중심핵에 해당하고, 태양의 내부에서 대류층은 표면 부근에 위치한다. 따라서 $\frac{\text{대류층의 평균 깊이}}{\text{별의 반지름}}$는 A가 태양보다 크다.

ㄴ. 주계열성의 경우 질량이 클수록 반지름이 크므로 반지름은 A가 태양보다 크다.

ㄷ. A의 광도는 태양의 10^4배이므로, 절대 등급은 태양보다 10등급 작은 약 −5등급이고, 절대 등급이 약 −5등급일 때 색지수는 0보다 작은 값이다. 분광형이 A0형인 별의 색지수는 0이므로 A의 분광형은 A0형이 아니다.

18 별의 진화

주계열 단계 이후, 별은 질량에 따라 서로 다른 경로로 진화한다. 질량이 태양과 비슷한 별의 최종 진화 단계는 백색 왜성이며, 질량이 매우 큰 별의 최종 진화 단계는 중성자별이나 블랙홀이다. 따라서 A는 질량이 태양 질량의 1배인 별, B는 질량이 태양 질량의 10배인 별이다.

ㄱ. 별의 내부에서 대류가 일어나는 영역은 A는 별의 표면 부근 영역, B는 중심핵 영역이다. B는 A보다 중심부 온도가 높을 뿐 아니라, 별의 내부에서 온도는 중심에서 멀어질수록 낮아진다. 따라서 별의 내부에서 대류가 일어나는 영역의 평균 온도는 A가 B보다 낮다.

ㄴ. 별의 질량이 클수록 중심부 온도가 높아 핵융합 반응이 빠르게 일어나므로 진화 속도가 빠르다. 따라서 별이 최종 진화 단계까지 진화하는 데 걸리는 시간은 A가 B보다 길다.

ㄷ. 주계열성의 질량이 클수록 중심부 온도가 높아서 중심핵에서는 p−p 반응보다 CNO 순환 반응이 우세하게 일어난다. 따라서 중심핵에서 $\frac{\text{CNO 순환 반응에 의한 에너지 생성량}}{\text{수소 핵융합 반응에 의한 총 에너지 생성량}}$은 A가 B보다 작다.

19 별의 진화

질량이 태양과 비슷한 별은 원시별(A) → 주계열성(B) → 적색 거성(C, D) → 맥동 변광성 → 행성상 성운과 백색 왜성(E)의 과정으로 진화한다.

ㄱ. A → B 과정에서는 원시별이 중력 수축에 의해 크기가 작아지고 중심부 온도가 높아진다. 따라서 별에 작용하는 중력의 크기는 기체 압력 차에 의한 힘의 크기보다 크다.

ㄴ. B → C 과정에서는 헬륨핵이 수축하면서 중심부 온도가 상승한다.

ㄷ. C → D 과정에서 중심핵에서는 헬륨 핵융합 반응이 일어난다. 질량이 태양과 비슷한 별은 중심핵이 수축하더라도 탄소 핵융합 반응이 일어날 수 있는 온도에 도달하지 못하므로 진화 과정 전체에서 탄소 핵융합 반응은 일어나지 않는다.

ㄹ. D → E 과정은 적색 거성, 맥동 변광성 단계 이후 별의 바깥층 물질이 우주 공간으로 방출되어 행성상 성운이 생성되고, 중심부는 더욱 수축하여 백색 왜성이 만들어지는 과정으로, 이 과정에서는 중심부에서 철보다 무거운 원소가 생성될 수 없다. 철보다 무거운 원소는 질량이 매우 큰 별의 진화 과정 중 초신성 폭발이 일어날 때 생성된다.

20 주계열성의 특징

주계열성은 질량이 클수록 표면 온도가 높고 색지수가 작으며, 광도가 크고 주계열 단계에 머무르는 시간이 짧다.

ㄱ. 분광형이 B0형인 별은 K0형인 별보다 표면 온도가 높으므로, A는 B보다 표면 온도가 높고, 질량이 크다. A는 C보다 색지수가 작으므로 질량은 A가 C보다 크다. B는 C보다 주계열 단계에 머무르는 시간이 길므로, B는 C보다 질량이 작다. 따라서 별의 질량은 A>C>B 순이다.

ㄴ. B는 C보다 질량이 작으므로 표면 온도가 낮고, 색지수는 크다. 따라서 B의 색지수는 C의 색지수인 0.3보다 크다.

ㄷ. 별이 단위 시간당 방출하는 복사 에너지의 양은 별의 광도에 해당한다. 광도는 질량이 작은 B가 C보다 작으므로, 별이 단위 시간당 방출하는 복사 에너지의 양은 B가 C보다 적다.

21 질량이 태양과 비슷한 별의 진화

질량이 태양과 비슷한 별은 원시별 → 주계열성 → 적색 거성 → 맥동 변광성 → 행성상 성운(A)과 백색 왜성(B)의 순으로 진화한다.

ㄱ. A는 행성상 성운으로 맥동 변광성 단계 이후 별의 바깥층 물질이 우주 공간으로 방출되어 생성된 것이다. 초신성 폭발은 질량이 태양보다 매우 큰 별의 진화 최종 단계 무렵에 나타난다.

ㄴ. A는 질량이 태양과 비슷한 별의 바깥층 물질로 구성되어 있으므로 대부분 수소와 헬륨이다.

ㄷ. B는 질량이 태양과 비슷한 별의 진화 최종 단계 무렵 맥동 변광성의 중심부가 더욱 수축하여 만들어진 크기가 매우 작고 밀도가 매우 큰 백색 왜성이다. 백색 왜성의 평균 밀도는 초거성의 평균 밀도보다 크다.

22 별의 진화

별은 질량에 따라 서로 다른 경로로 진화한다.

② 주계열성의 질량이 태양 질량의 약 8배보다 작으면 적색 거성 단계를 거쳐 행성상 성운과 백색 왜성이 된다. 주계열성의 질량이 태양 질량의 약 8배보다 크면 초거성으로 진화하며 초신성 폭발 이후 중심핵의 질량이 태양 질량의 3배보다 작으면 중성자별, 3배보다 크면 블랙홀이 된다.

23 (초)거성의 내부 구조

별의 중심핵에서 수소가 소진되어 수소 핵융합 반응이 끝나면 별은 주계열 단계를 벗어나 적색 거성 단계로 들어간다. 주계열 단계가 끝난 직후, 수소가 소진된 중심핵은 수축하고, 중심핵의 외곽에서 수소 핵융합 반응으로 인해 발생한 열에 의해 별의 바깥층은 팽창한다.

ㄱ. 중심핵에서 수소가 소진되어 수소 핵융합 반응이 멈추면 중력과 평형을 이루던 기체 압력 차에 의한 힘이 감소하여 중심부가 수축한다. 중심부의 수축으로 인해 헬륨핵의 온도가 높아지고, 헬륨 핵융합 반응을 할 수 있는 온도에 도달하면 중심핵은 수축을 멈추게 된다. 현재 A 영역이 수축하고 있으므로 아직 A 영역에서는 헬륨 핵융합 반응이 일어나지 않는다.

㉡. A 영역은 중력 수축으로 인해 온도가 점점 상승하고, C 영역은 팽창으로 인해 온도가 점점 하강하므로, 시간이 흐를수록 A와 C의 온도 차는 커진다.

㉢. A는 헬륨으로 구성된 중심핵이고, B는 현재 수소 핵융합 반응이 일어나므로 수소의 함량이 점점 감소하고 있다. 따라서 A, B, C 영역에서 수소의 질량비는 A<B<C이다.

24 별의 내부 구조

(가)는 초거성의 중심부에서 핵융합 반응이 끝난 직후의 내부 구조를, (나)는 적색 거성의 중심부에서 핵융합 반응이 끝난 직후의 내부 구조를 나타낸 것이다.

㉠. 질량이 매우 큰 별은 중심부의 온도가 매우 높기 때문에 H → He → C → O → Ne → Mg → Si 등의 핵융합 반응이 순차적으로 일어날 수 있으며 다양한 핵융합 반응을 통해 최종적으로 철(Fe)이 만들어질 수 있다. '철(Fe)'은 ㉠에 해당한다.

㉡. (가)는 초거성, (나)는 적색 거성의 내부 구조에 해당하므로, 반지름은 (가)의 별이 (나)의 별보다 크다.

㉢. 초신성 폭발은 초거성의 중심부에서 핵융합 반응이 끝난 후 엄청난 에너지와 무거운 원소가 우주 공간으로 방출되는 현상이다. 즉, 이후 초신성 폭발이 일어나는 것은 (가)의 별이다.

수능 3점 테스트

본문 160~171쪽

01 ③	02 ⑤	03 ⑤	04 ②	05 ③	06 ⑤
07 ⑤	08 ④	09 ①	10 ③	11 ②	12 ⑤
13 ②	14 ⑤	15 ④	16 ③	17 ①	18 ②
19 ①	20 ③	21 ③	22 ③	23 ⑤	24 ②

01 분광 관측의 역사

분광기(프리즘)를 이용하여 전자기파를 파장별로 분산시켜서 나타난 스펙트럼을 관측하는 것을 분광 관측이라고 한다.

Ⓐ. 뉴턴이 햇빛을 프리즘에 통과시켜 관측한 무지개와 같은 연속적인 색의 띠는 연속 스펙트럼에 해당한다.

Ⓑ. 태양의 스펙트럼에 나타난 검은 흡수선은 주로 태양의 대기에 존재하는 저온의 기체가 태양이 방출하는 빛 중에서 특정 파장의 빛을 흡수하여 나타난다.

C. 스펙트럼에서 수소 흡수선의 세기가 가장 강한 별의 분광형은 A형이지만, 표면 온도는 분광형이 O형이나 B형인 별이 A형인 별보다 높다. 따라서 수소 흡수선의 세기가 강할수록 별의 표면 온도가 높은 것은 아니다.

02 스펙트럼의 종류

스펙트럼의 종류에는 연속 스펙트럼, 흡수 스펙트럼, 방출 스펙트럼이 있다. 흑체에서 방출된 빛이 프리즘을 통과하면 연속 스펙트럼(B)이, 흑체에서 방출된 빛이 기체 구름을 통과하면 상대적으로 저온인 기체 성분이 흑체가 방출하는 빛 중에서 특정 파장의 빛을 흡수하여 흡수 스펙트럼(A)이, 기체 구름에서 나오는 불연속적인 파장의 빛이 프리즘을 통과하면 방출 스펙트럼(C)이 나타난다.

㉠. (나)는 연속 스펙트럼 위에 검은색 선(흡수선)이 나타나는데, 이는 흡수 스펙트럼, 즉 A에 해당한다.

㉡. 연속 스펙트럼(B)에는 가시광선 파장 영역에 해당하는 연속적인 빛의 띠가 나타난다.

㉢. A에는 흑체에서 방출된 빛이 기체 구름 속의 기체 성분에 의해 특정 파장의 빛이 흡수되어 검은색의 흡수선이, C에는 기체 구름 속의 기체 성분에 의해 밝은색의 방출선이 나타난다. A와 C는 동일한 기체 구름의 기체 성분에 의해 나타나므로, 두 스펙트럼에 나타나는 선의 상대적인 위치와 개수는 같다.

03 별의 물리량

별의 표면 온도가 높을수록 복사 에너지를 최대로 방출하는 파장(λ_{max})이 짧다.

㉠. 별의 λ_{max}는 A가 B보다 짧다. 별의 표면 온도는 λ_{max}가 짧을

수록 높으므로 표면 온도는 A가 B보다 높다.

ㄴ. 노란색 별인 ㉠은 파란색 별인 ㉡보다 표면 온도가 낮다. A는 ㉡에, B는 ㉠에 해당한다.

ㄷ. 태양은 표면 온도가 약 5800 K이며, 분광형이 G2형인 노란색 별이다. 따라서 태양의 스펙트럼은 A보다 B와 유사하게 나타난다.

04 색지수

색지수는 서로 다른 파장대의 필터로 관측한 별의 겉보기 등급 차이로, 짧은 파장대의 등급에서 긴 파장대의 등급을 뺀 값으로 정의한다.

ㄱ. A는 (가)보다 (나)에서 더 밝게 보인다. 별의 등급은 밝은 별일수록 작게 나타나므로, A의 겉보기 등급은 (가)보다 (나)에서 작게 나타난다.

ㄴ. A의 색지수는 [(가)를 관측한 등급−(나)를 관측한 등급]으로 나타낼 수 있다. A는 (가)를 관측한 등급이 (나)를 관측한 등급보다 크므로 A의 색지수는 (+) 값이다.

ㄷ. 분광형이 O5형인 별의 색지수는 (−) 값이다. 색지수가 (+) 값인 A는 분광형이 O5형인 별보다 표면 온도가 낮고, 복사 에너지를 최대로 방출하는 파장이 길다.

05 별의 물리량

표면 온도가 T이고, 반지름이 R인 별의 광도(L)는 $L=4\pi R^2\cdot\sigma T^4$ (슈테판·볼츠만 상수 $\sigma=5.67\times10^{-8}\ \mathrm{W\cdot m^{-2}\cdot K^{-4}}$)이다. 별의 광도가 클수록 절대 등급이 작으며, 광도가 100배 차일 때 절대 등급은 5등급 차이다.

ㄱ. 태양의 λ_{max}는 500 nm이므로, λ_{max}가 250 nm인 A의 표면 온도는 태양의 2배이다. A의 표면 온도가 태양의 2배이고, 반지름이 태양의 $\frac{1}{100}$배이므로 광도는 태양의 $\left(\frac{1}{100}\right)^2\cdot2^4=\frac{16}{10000}$배이다. 따라서 A는 태양보다 절대 등급이 크며, 태양과의 절대 등급 차는 10등급보다 작다. B는 광도가 태양의 100배이므로 태양보다 절대 등급이 5등급 작다. 따라서 A와 B의 절대 등급 차는 15등급보다 작다.

ㄴ. B의 표면 온도가 태양의 2배, 광도가 태양의 100배이므로 반지름은 태양의 $\frac{\sqrt{100}}{2^2}=2.5$배이다. B와 C의 광도는 같고, 반지름은 C가 B의 4배이므로 B의 표면 온도는 C의 2배이다. 따라서 C의 λ_{max}는 500 nm이다.

ㄷ. C는 태양과 표면 온도가 같지만 태양보다 광도가 크다. 주계열성은 표면 온도가 같으면 광도가 거의 같아야 하므로 C는 주계열성이 아니다. 즉, C의 광도 계급은 Ⅴ가 아니다.

06 광도 계급

광도 계급이 Ⅰ인 별은 초거성, Ⅴ인 별은 주계열성에 해당한다.

ㄱ. 분광형이 같을 때, 광도 계급의 숫자가 작을수록 반지름이 크므로, 반지름은 (가)가 (나)보다 크다.

ㄴ. 분광형이 같을 때, 광도 계급의 숫자가 작을수록 광도가 크다. 따라서 광도, 즉 별이 단위 시간에 방출하는 에너지의 양은 (가)가 (나)보다 많다.

ㄷ. 그림에서 동일한 흡수선의 폭은 (나)가 (가)보다 넓게 나타난다. 평균 밀도는 주계열성인 (나)가 초거성인 (가)보다 크므로, 별의 평균 밀도가 클수록 동일한 흡수선의 폭이 넓게 나타난다고 할 수 있다.

07 별의 물리량

별의 광도는 반지름의 제곱과 표면 온도의 네제곱의 곱에 비례한다.

ㄱ. HⅠ과 CaⅡ 흡수선이 같은 세기로 나타나는 분광형은 그림에서 두 흡수선의 상대적 세기 곡선이 교차하는 부분에 해당하므로 대략 F5형이다. 따라서 (가)의 분광형은 F형이다.

ㄴ. 복사 에너지를 최대로 방출하는 파장이 (가)가 (나)의 0.5배이므로, (가)의 표면 온도는 (나)의 2배이다. (나)는 분광형이 F형인 (가)보다 표면 온도가 낮고, 분광형이 F형인 별보다 표면 온도가 낮은 별의 스펙트럼에는 HⅠ 흡수선보다 CaⅡ 흡수선이 강하게 나타난다.

ㄷ. 별의 표면 온도는 (나)가 (가)의 $\frac{1}{2}$배이고, 반지름은 (나)가 (가)의 100배이므로 광도는 (나)가 (가)의 $\frac{10000}{16}=625$배이다. 따라서 광도는 (나)가 (가)의 500배보다 크다.

08 H−R도

별 A∼D의 표면 온도와 광도 자료를 이용하여 H−R도에 표시하면 A는 주계열성, B는 적색 거성, C는 백색 왜성, D는 주계열성에 해당한다.

① 별의 반지름은 H−R도에서 오른쪽 위로 갈수록 크다. 즉, B가 A보다 크다.

② 주계열성의 경우 질량이 클수록 H−R도에서 왼쪽 위에 위치하며 광도가 크고 표면 온도가 높다. 따라서 질량은 A가 D보다 작다.

③ 평균 밀도는 적색 거성인 B가 백색 왜성인 C보다 작다.

④ 스펙트럼에서 중성 수소(HⅠ) 흡수선의 세기는 표면 온도가 약 10000 K인 별에서 가장 강하므로, 중성 수소(HⅠ) 흡수선의 세기는 C가 A보다 강하다.

⑤ 단위 시간에 단위 면적당 방출하는 복사 에너지의 양은 표면 온도의 네제곱에 비례하므로, 표면 온도가 같은 C와 D는 그 양이 같다.

09 별의 내부 구조

주계열성의 내부 구조는 질량에 따라 다르게 나타난다. 질량이 태양 질량의 약 2배보다 큰 별은 중심에 대류핵이 있고 이를 복사층이 둘러싸고 있으며, 태양과 질량이 비슷한 별은 중심에서부터 중심핵, 복사층, 대류층이 차례대로 나타난다.

㉠. 대류는 깊이에 따른 온도 차가 클 때 효과적으로 에너지를 전달하는 방법이다. 따라서 중심핵에서 깊이에 따른 온도 차는 대류핵이 있는 A가 B보다 크다.

ㄴ. 별의 질량은 A가 B보다 크고, 질량이 큰 별일수록 중심부의 온도가 높아 중심핵에서는 CNO 순환 반응이 p−p 반응보다 우세하게 일어난다. 따라서 $\frac{\text{p−p 반응에 의한 에너지 생성률}}{\text{CNO 순환 반응에 의한 에너지 생성률}}$은 A가 B보다 작다.

ㄷ. (나)에는 별의 중심으로 갈수록 더 무거운 원소로 이루어진 양파 껍질 같은 구조가 나타나며, 가장 중심에는 철(Fe) 핵이 존재한다. 이는 질량이 매우 큰 별의 중심핵에서 핵융합 반응이 끝난 직후의 모습이다. 즉, (나)는 A가 진화한 것이다.

10 별의 스펙트럼

별에서 방출되는 복사 에너지의 세기가 최대로 나타나는 파장이 짧을수록 표면 온도가 높으므로, 표면 온도는 (가)가 (나)보다 높다.

㉠. 중성 수소(HⅠ) 흡수선의 세기는 (가)가 (나)보다 강하게 나타난다. 중성 수소(HⅠ) 흡수선의 세기는 분광형이 A형인 별에서 가장 강하므로 분광형이 A0형인 별은 (가)이다.

㉡. CNO 순환 반응에 의한 에너지 생성률은 중심부의 온도가 높을수록 크다. 주계열성의 경우 표면 온도가 높은 별일수록 중심부의 온도도 높으므로, CNO 순환 반응에 의한 에너지 생성률은 (가)가 (나)보다 크다.

ㄷ. 주계열성의 경우 표면 온도가 높은 별이 질량, 반지름, 광도가 크고, 중심부에서 핵융합 반응이 빠르게 일어나 주계열 단계에 머무르는 시간이 짧다. 따라서 주계열 단계에 머무르는 시간은 (가)가 (나)보다 짧다.

11 별의 물리량

광도 계급이 Ⅲ인 별은 거성, Ⅴ인 별은 주계열성, Ⅶ인 별은 백색 왜성이다.

ㄱ. A는 백색 왜성인 a가 가장 큰 값을, 거성인 d가 가장 작은 값을 가질 수 있는 물리량이므로, 반지름은 A에 해당하지 않는다. A에 해당하는 물리량으로는 표면 온도, 절대 등급, 평균 밀도 등이 있다.

ㄴ. B는 백색 왜성인 a가 가장 작은 값을, 거성인 d가 가장 큰 값을 가질 수 있는 물리량이므로, 평균 밀도는 B에 해당하지 않는다. B에 해당하는 물리량으로는 반지름, 색지수, 광도 등이 있다.

㉢. A가 절대 등급, B가 색지수라면 b는 c보다 절대 등급이 작고(광도가 크고), 색지수가 작은(표면 온도가 높은) 주계열성이다. 주계열성은 질량이 클수록 광도가 크고 표면 온도가 높으므로 질량은 b가 c보다 크다.

12 슈테판·볼츠만 법칙

흑체가 단위 시간에 단위 면적당 방출하는 에너지양(E)은 표면 온도(T)의 네제곱에 비례한다.

㉠. 표면 온도(T)가 높을수록 단위 시간에 단위 면적당 방출하는 에너지양(E)은 많아진다.

㉡. E는 T^4에 비례한다. 어느 두 별의 T가 각각 4000 K, 8000 K으로 T의 비가 1 : 2일 때, E의 비(㉡ : ㉠)는 1 : 16이다. 따라서 ㉠은 ㉡의 16배이다.

㉢. 별의 광도는 반지름의 제곱과 표면 온도의 네제곱의 곱에 비례한다. (가)와 (나)의 E가 각각 ㉠과 ㉡이라면 (가)와 (나)의 표면 온도비 $T_{(가)} : T_{(나)}$는 2 : 1이고, (가)와 (나)의 반지름을 각각 $r_{(가)}$, $r_{(나)}$라고 했을 때, 두 별의 광도가 같다면 $r_{(가)}{}^2 \cdot (2T_{(나)})^4 = r_{(나)}{}^2 \cdot T_{(나)}{}^4$, $r_{(가)} = \frac{1}{4} r_{(나)}$이다. 즉, 반지름은 (가)가 (나)의 $\frac{1}{4}$배이다.

13 별의 내부 구조

질량이 태양 질량의 약 2배보다 큰 별은 중심에 대류핵이 있고 이를 복사층이 둘러싸고 있으며, 태양과 질량이 비슷한 별은 중심에서부터 중심핵, 복사층, 대류층이 차례대로 나타난다.

ㄱ. ㉠은 대류이다. A는 표면 부근에서 대류가 일어나고, B는 중심부에서 대류가 일어나므로 별의 질량은 A가 B보다 작다. 즉, A의 질량은 태양 질량의 1배, B의 질량은 태양 질량의 5배이다. 중심핵에서 CNO 순환 반응이 p−p 반응보다 우세하게 일어나는 별은 질량이 큰 B이다.

㉡. 주계열 단계에 머무르는 시간은 별의 질량이 작을수록 길므로 A가 B보다 길다.

ㄷ. 대류는 깊이에 따른 온도 차가 클 때 효과적인 에너지 전달 방식이다. B에서 대류는 중심부에서 일어나는데, 이는 중심부의 온도가 매우 높아 중심핵에서 깊이에 따른 온도 차가 매우 크기 때문이다.

14 별의 진화

질량이 태양과 비슷한 별은 원시별 → 주계열성 → 적색 거성 → 맥동 변광성 → 행성상 성운과 백색 왜성으로 진화한다.

㉠. 복사 에너지를 최대로 방출하는 파장(λ_{max})은 표면 온도에 반비례한다. 표면 온도는 백색 왜성 단계>주계열 단계>적색 거성 단계 순이므로 λ_{max}는 적색 거성 단계>주계열 단계>백색 왜성 단계 순이다. 따라서 ㉠, ㉡, ㉢은 각각 백색 왜성 단계, 주계열

단계, 적색 거성 단계에 해당한다. 평균 밀도는 백색 왜성 단계인 ㉠이 적색 거성 단계인 ㉢보다 크다.
ⓛ. 별은 일생의 약 90 %를 주계열 단계에서 머무른다. 따라서 각 진화 단계에 머무르는 시간은 주계열 단계인 ㉡이 적색 거성 단계인 ㉢보다 길다.
ⓒ. 물리량 X의 크기는 ㉡>㉢>㉠이다. 별이 진화하는 과정에서 수소 핵융합 반응이 지속적으로 일어나므로, 별 전체에서 별의 구성 원소에 대한 수소 함량비는 ㉠, ㉡, ㉢ 중 가장 초기 단계인 주계열 단계(㉡)에서 가장 크고, 진화 최종 단계인 백색 왜성 단계(㉠)에서 가장 작다. 따라서 '별 전체에서 별의 구성 원소에 대한 수소 함량비(%)'는 X에 해당한다.

15 태양의 진화

태양의 중심핵에서 수소가 소진되면 수소 핵융합 반응이 종료되고, 별은 주계열 단계를 벗어나 적색 거성 단계로 진화하게 된다.
ⓧ. 태양이 주계열 단계를 벗어나면 반지름은 커지고 표면 온도는 낮아진다. 나이가 약 100억 년 이후일 때 A는 급격히 증가하고 B는 감소하기 시작하는 것으로 보아, A는 반지름, B는 표면 온도에 해당한다. 이 무렵 태양은 주계열 단계를 벗어나 적색 거성 단계로 진화한다.
ⓛ. 현재 태양의 표면 온도(B)는 거의 일정하지만, 반지름(A)은 조금씩 커지고 있다. 광도는 반지름의 제곱과 표면 온도의 네제곱의 곱에 비례하므로 현재 태양의 광도는 점점 커지고 있다.
ⓒ. 나이가 약 110억 년일 때 표면 온도(B)가 낮아지는 직접적인 원인은 반지름(A)이 커지기 때문이다. 중심핵의 수축으로 발생한 열이 수소 껍질을 연소시키고, 이때 발생한 열에 의해 별의 바깥층이 팽창하는데, 이로 인해 별의 표면 온도는 낮아진다.

16 주계열성의 내부 구조

질량이 태양 질량의 약 2배보다 작은 별은 중심에서부터 중심핵, 복사층, 대류층이 차례대로 분포하고, 질량이 태양 질량의 약 2배보다 큰 별은 중심에서부터 대류핵, 복사층이 차례대로 분포한다.
ⓖ. A는 별의 중심부에서 대류, 외곽에서 복사의 형태로 에너지가 전달되고, B는 별의 중심부에서 복사, 외곽에서 대류의 형태로 에너지가 전달되는 것으로 보아 질량은 A가 B보다 크다. 즉, A의 질량은 태양 질량의 12배, B의 질량은 태양 질량의 1배이다. 주계열성은 질량이 클수록 광도가 크므로, 광도는 A가 B보다 크다.
ⓛ. A는 중심부에 대류핵을 가지고 있다. 즉, A는 중심에서 대류에 의해 에너지가 전달되는 영역까지가 중심핵에 해당하며, 이 부분의 질량은 별의 전체 질량의 약 35 %를 차지한다. 따라서 A에서 중심핵의 질량은 전체 질량의 $\frac{1}{2}$배보다 작다.
ⓧ. 별의 질량이 클수록 CNO 순환 반응이 p-p 반응보다 우세하게 일어난다. 따라서 중심핵에서 CNO 순환 반응이 p-p 반응보다 우세하게 일어나는 별은 질량이 태양 질량의 12배인 A이다.

17 태양의 진화

태양이 주계열 단계에 도달했을 때, 수소와 헬륨의 질량비는 약 3 : 1로 우주 공간에서 수소와 헬륨의 질량비와 거의 동일하게 나타난다.
ⓖ. 태양의 중심부에 A가 0 %, B가 100 %, 외곽부에 A와 B가 약 3 : 1로 나타나는 것으로 보아 A는 수소, B는 헬륨이다.
ⓧ. 태양의 중심부에 수소(A)가 0 %, 헬륨(B)이 100 %인 것은 수소 핵융합 반응에 의해 중심부의 수소가 모두 헬륨으로 바뀌었기 때문이다. 중심부의 수소가 모두 소진되면 태양은 주계열 단계가 끝나고 적색 거성 단계로 진화하게 된다. 즉, 이 시기는 태양이 주계열 단계가 끝났을 때에 해당한다.
ⓧ. 주계열 단계는 중력과 기체 압력 차에 의한 힘의 크기가 같아 반지름이 거의 일정하게 유지되는 정역학 평형 상태이다. 주계열 단계가 끝나면, 별이 팽창하면서 적색 거성 단계로 진화하게 되는데, 이때는 기체 압력 차에 의한 힘이 중력보다 크다. 따라서 이 시기의 직전인 주계열 단계에서 중심으로부터의 거리가 $0.8r$인 곳에 작용하는 (기체 압력 차에 의한 힘－중력)의 값은 0, 직후는 중심으로부터의 거리가 $0.8r$인 곳에 작용하는 (기체 압력 차에 의한 힘－중력)의 값이 양(+)의 값을 가진다. 따라서 중심으로부터의 거리가 $0.8r$인 곳에 작용하는 (기체 압력 차에 의한 힘－중력)의 값은 이 시기의 직전이 직후보다 작다.

18 별의 진화

주계열성의 중심핵에서 수소 핵융합 반응에 사용되는 수소가 소진되면 별은 주계열 단계가 끝나며, 이후 별의 크기가 커지면서 광도는 급격히 커지지만 표면 온도가 낮아져서 붉은색으로 보이는 적색 거성, 적색 초거성 단계로 진화한다.
ⓧ. 별의 반지름이 급격하게 커지기 시작하는 시기는 주계열 단계가 끝나고 (초)거성 단계로 진입하는 시기를 나타낸다. 이 시기는 A의 경우 나이가 약 6천만 년일 때, B의 경우 나이가 약 1억 8000만 년일 때 나타난다. 따라서 주계열 단계에 머무르는 시간은 A가 B보다 짧다.
ⓛ. 별의 질량이 클수록 진화 속도가 빨라 주계열 단계에 머무르는 시간이 짧으므로 별의 질량은 A가 B보다 크다.
ⓧ. 별의 나이가 5천만 년일 때, A는 주계열 단계가 거의 끝나가고 있으므로 수소 핵융합 반응에 의해 수소가 많이 소모되어 중심핵의 수소 함량비(%)가 매우 낮고, B는 주계열 단계의 초기에 해당하므로 A에 비해 중심핵의 수소 함량비(%)가 높다.

19 별의 진화

주계열성의 내부에서 수소 핵융합 반응이 끝나면 별의 중력과 평형을 이루던 기체 압력 차에 의한 힘이 감소하여 중심부는 수축하고, 중심부의 수축으로 발생한 열에너지에 의해 별의 바깥층이 팽창하면서 표면 온도는 낮아진다.

㉠. 별의 나이가 약 10억 년보다 많을 때 반지름이 커지는 (가)는 별의 반지름 변화, 반지름이 작아지는 (나)는 중심핵의 반지름 변화에 해당한다.

~~ㄴ~~. (가)에서 별의 나이가 11억 년일 때 별의 반지름이 커지고 있으므로, 이 무렵 별의 바깥층 팽창으로 인해 표면 온도가 낮아진다. 따라서 별의 표면 온도는 별의 나이가 약 5억 년일 때보다 약 11억 년일 때가 낮다.

~~ㄷ~~. 별의 나이가 약 11억 년일 때, 별의 반지름은 커지고, 중심핵의 반지름은 작아진다. 중심핵의 중력 수축으로 중심핵의 온도가 상승하여 약 1억 K에 도달하면 중심핵에서 헬륨 핵융합 반응이 일어난다. 즉, 중심핵의 반지름이 작아지고 있다는 것은 아직 중심핵의 온도가 헬륨 핵융합 반응이 일어날 수 있는 온도에 도달하지 못했다는 것을 의미한다.

20 별의 진화

질량이 태양보다 매우 큰 별은 중심부의 온도가 매우 높기 때문에 더 높은 단계의 핵융합 반응이 일어나며, 최종적으로 철로 이루어진 중심핵이 만들어진다.

㉠. 별의 중심핵에서 가장 먼저 일어나는 핵융합 반응은 수소 핵융합 반응이며 중심핵의 온도가 약 1000만 K 이상인 주계열성의 중심부에서 일어난다. 이후 중심부의 온도가 핵융합 반응 온도에 도달하는지의 여부에 따라 헬륨 핵융합 반응, 탄소 핵융합 반응 등이 순차적으로 일어난다. 따라서 A는 수소 핵융합 반응, B는 헬륨 핵융합 반응, C는 탄소 핵융합 반응이고, 핵융합 반응이 일어나는 온도는 A<B<C이다.

㉡. (다)의 중심부에서는 탄소 핵융합 반응이 일어나고 있다. 주계열 단계 이후 태양의 중심핵에서는 헬륨 핵융합 반응이 일어나지만, 이후 중심핵이 수축해도 탄소 핵융합 반응이 일어날 수 있는 온도까지는 도달하지 못하므로 탄소 핵융합 반응은 일어나지 않는다. 따라서 (다)로 보아 이 별은 태양보다 질량이 큰 별이며 이 별이 (가)와 같은 상태일 때, 즉 주계열 단계일 때 별의 반지름은 태양보다 크다.

~~ㄷ~~. 진화 최종 단계가 백색 왜성인 별은 진화 과정 중 중심핵에서 탄소 핵융합 반응이 일어나지 않는다. 따라서 이 별의 진화 최종 단계는 중성자별 또는 블랙홀이다.

21 별의 진화

H−R도에서 주계열성 A는 주계열성 B보다 왼쪽 위에 분포하므로, A는 B보다 질량이 크다.

㉠. 별의 질량이 클수록 중심부의 온도가 높아 핵융합 반응이 빠르게 일어나므로 진화 속도가 빠르다. 따라서 진화 속도는 A가 B보다 빠르다.

~~ㄴ~~. 별의 질량이 태양 질량의 약 2배보다 작은 별은 중심에서부터 중심핵, 복사층, 대류층이 차례대로 분포하고, 태양 질량의 약 2배보다 큰 별은 중심에서부터 대류핵, 복사층이 차례대로 분포한다. 별의 내부에서 온도는 중심에서 멀어질수록 낮아지므로 별의 내부에서 $\frac{\text{복사층의 평균 온도}}{\text{대류층의 평균 온도}}$는 B가 A보다 크다.

㉢. (나)에는 중심으로 갈수록 더 무거운 원소로 이루어진 양파 껍질 같은 구조가 나타나며 중심핵은 철(Fe)로 구성되어 있다. 이는 질량이 매우 큰 별, 즉 A의 진화 과정 중 중심부에서 핵융합 반응이 끝난 직후의 내부 구조에 해당한다.

22 정역학 평형 상태

별의 크기 변화는 별의 중력과 기체 압력 차에 의한 힘의 평형 관계에 의해 결정된다.

㉠. 정역학 평형 상태는 별의 중력과 기체 압력 차에 의한 힘이 평형을 이루어 수축이나 팽창을 하지 않고 크기가 거의 일정하게 유지되는 상태이다. (나)에서 정역학 평형 상태에 해당하는 것은 ㉡이다.

㉡. 별이 (나)의 ㉠과 같은 상태일 때는 별에 작용하는 중력이 기체 압력 차에 의한 힘보다 크므로 별은 중력 수축을 하게 되고, 이로 인해 별의 내부 온도는 상승한다.

~~ㄷ~~. A → B는 주계열 단계를 벗어난 별이 적색 거성 단계로 진화하는 과정으로 별의 표면 온도는 낮아지고 반지름은 커지지만, 중심핵은 수축하고 중심부 온도가 상승하는 단계이다. 따라서 별의 중심핵은 (나)의 ㉠과 같은 상태에 있다.

23 태양의 진화

A는 원시 태양이 탄생했을 때, B는 주계열 단계에 처음 도달했을 때, C는 주계열 단계 중, D는 적색 거성 단계에 해당한다.

㉠. A → B는 원시별 단계에 해당하며, 태양과 같이 질량이 비교적 작은 별은 원시별에서 주계열 단계로 진화하는 동안 대체로 H−R도의 위에서 아래로 수직 방향으로 진화한다. 즉, A에서 B로 진화하는 동안 광도 변화율은 표면 온도 변화율보다 크다.

㉡. 주계열성의 중심핵에서는 수소 핵융합 반응이 일어나며 반응이 진행될수록 별의 중심핵에서 수소의 질량비(%)는 감소하고, 헬륨의 질량비(%)는 증가한다. 중심핵에서 $\frac{\text{수소의 질량비(\%)}}{\text{헬륨의 질량비(\%)}}$는 주계열 단계에 처음 도달한 B가 주계열 단계에 있는 C보다 크다.

㉢. D는 적색 거성 단계로 반지름이 커지고 있다. 이 단계에서 별의 중심부는 수축하여 중심부 온도는 상승하고 별의 바깥층은 팽창하여 표면 온도는 하강한다. 따라서 D는 주계열 단계인 C에 비해 중심부와 표면의 온도 차가 크다.

24 주계열성의 진화

주계열성은 수소 핵융합 반응에 의해 중심부에서 수소의 질량비(%)가 시간에 따라 점점 감소하는 형태를 보이고, 온도가 가장 높은 중심에서 가장 많은 수소 핵융합 반응이 일어나므로 중심에서 수소의 질량비 감소가 가장 크게 나타난다. (가)의 T_2를 보면 중심에서 일정한 거리까지 수소의 양이 동일하게 나타나는데, 이는 중심부에 대류핵이 있어서 수소 핵융합 반응으로 생성된 헬륨과 남은 수소가 대류에 의해 골고루 분산되기 때문이다. 반면 (나)의 T_2를 보면 중심에서 수소의 질량비가 가장 작고, 중심에서 외곽으로 갈수록 수소의 질량비가 증가하는 형태를 나타내며, 이러한 양상은 주계열 단계가 끝났을 때(T_3)까지 비슷한 형태로 나타나는데 이는 중심부에 대류핵이 존재하지 않는다는 것을 의미한다.

ㄱ. (나)는 중심부에 대류핵이 존재하지 않으므로, 질량이 태양 질량의 1배인 별이다. 이러한 별의 중심핵에서는 p−p 반응이 CNO 순환 반응보다 우세하게 일어난다.

ㄴ. T_1에서 T_3까지의 시간은 별이 주계열 단계에 머무르는 시간에 해당하며, 별의 질량이 클수록 이 시간이 짧다. 따라서 T_1에서 T_3까지의 시간은 질량이 태양 질량의 5배인 (가)가 태양 질량의 1배인 (나)보다 짧다.

ㄷ. (가)에는 중심부에 대류핵이 존재한다. 대류는 깊이에 따른 온도 차가 클 때 효과적인 에너지 전달 방식이므로 중심으로부터의 거리가 약 0~0.2r인 영역에서 깊이에 따른 온도 차는 (가)가 (나)보다 크다.

09 외계 행성계와 외계 생명체 탐사

수능 2점 테스트 본문 178~179쪽

01 ⑤	02 ③	03 ②	04 ⑤	05 ①	06 ①
07 ③	08 ⑤				

01 외계 행성계 탐사 방법

(가)는 직접 관측하는 방법, (나)는 식 현상을 이용하는 방법이다.

ㄱ. 행성이 방출하는 에너지는 대부분 적외선 영역에 해당하므로 (가)에서 행성을 직접 관측할 때는 주로 적외선 영역의 파장을 이용하여 행성을 촬영한다.

ㄴ. (나)는 행성에 의해 중심별의 일부가 가려지면서 중심별의 밝기가 변하는 식 현상을 이용하는 방법이다. 행성이 중심별 앞을 지날 때 중심별의 일부가 가려지면서 중심별의 밝기가 감소하는 식 현상이 일어난다. 행성은 중심별 주위를 주기적으로 공전하므로 중심별의 밝기 변화도 주기적으로 나타난다.

ㄷ. 행성의 반지름이 클수록 직접 관측으로 행성의 존재를 알아내는 데 유리하다. 식 현상이 일어날 때 행성의 반지름이 클수록 중심별의 밝기 감소가 커지므로 행성의 존재를 알아내는 데 유리하다.

02 외계 행성계의 생명 가능 지대

중심별이 주계열성일 때 중심별의 질량이 클수록 광도가 크고, 생명 가능 지대는 중심별에서 멀어지고 폭도 넓어진다.

ㄱ. 중심별에서 생명 가능 지대까지의 거리는 이 외계 행성계가 태양계보다 가까우므로 질량은 X가 태양보다 작다.

ㄴ. ㉡은 생명 가능 지대에 위치하므로 ㉡의 표면에는 액체 상태의 물이 존재할 수 있다.

ㄷ. 중심별 X가 적색 거성으로 진화하면 광도가 커지므로 생명 가능 지대는 중심별에서 더 멀어진다. ㉠은 현재 생명 가능 지대 안쪽 경계 부근에 위치하는데, 생명 가능 지대가 중심별로부터 더 멀어지면 생명 가능 지대에서 더 멀어지게 된다.

03 미세 중력 렌즈 현상을 이용한 외계 행성계 탐사

거리가 다른 두 개의 별이 같은 시선 방향에 있을 경우 뒤쪽 별의 별빛이 앞쪽 별과 행성의 중력에 의해 미세하게 굴절되어 휘어지면서 뒤쪽 별의 밝기가 변하는데, 이를 미세 중력 렌즈 현상이라고 한다.

ㄱ. 행성 a의 공전 궤도면은 관측자의 시선 방향에 수직이므로 공통 질량 중심에 대한 중심별 A의 공전 궤도면도 관측자의 시선 방향에 수직이다. 중심별의 공전 궤도면이 관측자의 시선 방향에 수직일 때는 시선 속도 변화가 나타나지 않는다.

ㄴ. 미세 중력 렌즈 현상을 이용하여 외계 행성을 탐사할 때는 관측자의 시선 방향에 있는 두 별 중 뒤쪽에 있는 별의 밝기 변화를 관측한다. 따라서 (나)는 B의 밝기 변화를 관측한 것이다.

ㄷ. (나)에서 ㉠은 A에 의한 미세 중력 렌즈 현상으로 나타난 B의 밝기 변화이고, ㉡은 A의 행성 a에 의한 미세 중력 렌즈 현상으로 B의 밝기가 추가적으로 변한 것이다.

04 시선 속도 변화를 이용한 외계 행성계 탐사

외계 행성계에서 별과 행성은 공통 질량 중심을 중심으로 동일한 주기와 방향으로 공전하므로, 중심별의 시선 속도 변화 주기는 중심별과 행성의 공전 주기에 해당한다.

ㄱ. (T_4-T_1)은 중심별의 공전 주기에 해당하고, 이는 행성의 공전 주기와 같다.

ㄴ. T_3일 때 중심별의 시선 속도는 음(−)으로 최댓값이므로 이때 흡수선의 파장이 가장 짧다. 따라서 흡수선의 파장은 T_3일 때가 T_2일 때보다 짧다.

ㄷ. 행성의 질량이 클수록 행성과 중심별의 공통 질량 중심은 행성 쪽으로 이동하여 중심별의 공전 궤도 반지름이 커지고 중심별의 공전 속도가 빨라진다. 따라서 행성의 질량이 클수록 ㉠이 증가한다.

05 외계 생명체가 존재하기 위한 행성의 조건

행성이 생명 가능 지대에 위치하더라도 생명체가 진화하기 어려울 수 있다.

A. 행성이 중심별에 가까이 있으면 행성의 자전 주기와 공전 주기가 같아질 수 있다. 이를 동주기 자전이라고 한다.

B. 단위 시간에 단위 면적당 받는 중심별의 복사 에너지양이 지구와 같은 위치는 중심별의 광도가 클수록 중심별로부터 멀다. 이 행성이 단위 시간에 단위 면적당 받는 중심별의 복사 에너지양은 지구와 같고 행성의 공전 궤도 반지름은 0.5 AU이므로 중심별의 광도는 태양보다 작다.

C. 대기의 주성분이 아르곤, 헬륨, 네온이므로 산소를 이용해 호흡하는 생명체가 살기에 적합한 환경이 아니다. 또한 대기압이 매우 낮고 외부로부터 들어오는 유해한 우주선(cosmic ray)을 막아줄 수 있는 대기 성분이 없어 생명체가 살기에 적합한 환경이 아니다.

06 외계 행성계 탐사 방법

행성의 공전 궤도면과 관측자의 시선 방향이 나란할 때는 행성에 의한 식 현상, 중심별의 시선 속도 변화, 행성에 의한 미세 중력 렌즈 현상이 모두 나타날 수 있다.

ㄱ. 행성에 의한 식 현상은 행성이 중심별 앞을 지나면서 중심별의 일부를 가리는 현상이므로, 식 현상에 의한 중심별의 밝기 변화 주기는 행성의 공전 주기와 같다.

ㄴ. 중심별을 가리는 행성의 단면적이 최대일 때 중심별의 밝기(㉠)는 최소가 된다. 이때는 중심별의 시선 속도가 양(+)의 값에서 음(−)의 값으로 바뀔 때이므로 중심별의 시선 속도(㉡)는 최대가 아니다.

ㄷ. 중심별의 공전 궤도면과 관측자의 시선 방향이 수직인 경우에는 식 현상과 중심별의 시선 속도 변화가 나타날 수 없다.

07 식 현상을 이용한 외계 행성계 탐사

행성이 중심별의 앞쪽을 지날 때 중심별의 겉보기 밝기가 감소하며, 중심별의 밝기 감소량은 행성의 반지름이 클수록 크다.

ㄱ. 행성의 반지름은 B가 A보다 크므로 중심별을 가리는 면적의 최댓값은 B가 A보다 크다. 따라서 중심별의 밝기 변화율은 B가 A보다 크다.

ㄴ. $T_1 \sim T_2$ 동안 A에서는 중심별이 지구와의 거리가 가장 먼 지점으로 가고 있고, B에서는 중심별이 지구와의 거리가 가장 먼 지점을 지나 관측자 방향으로 다가오고 있다. 따라서 중심별의 스펙트럼에서 청색 편이가 나타나는 것은 B이다.

ㄷ. 같은 시간 동안 A와 B의 행성은 각자의 지름에 해당하는 거리만큼 이동했다. 행성의 반지름은 B가 A보다 크므로 행성의 공전 속도는 B가 A보다 빠르다.

08 도플러 효과를 이용한 외계 행성계 탐사

외계 행성계에서 중심별과 행성의 공통 질량 중심에 대한 중심별의 공전으로 인해 관측자와 중심별 사이의 거리가 변한다. 중심별이 관측자에게 가까워질 때는 중심별의 흡수선 파장이 고유 파장보다 짧아지는 청색 편이가 나타나고, 관측자로부터 멀어질 때는 중심별의 흡수선 파장이 고유 파장보다 길어지는 적색 편이가 나타난다.

ㄱ. 중심별의 흡수선 파장이 500 nm를 중심으로 증가와 감소가 반복되는 것으로 보아 흡수선의 고유 파장은 500 nm이다. t_1일 때 흡수선의 파장은 500 nm이고 t_1 이후 흡수선의 파장이 길어지는 것으로 보아 t_1일 때 중심별은 관측자의 시선 방향에 대해 90° 방향으로 이동하면서 지구로부터의 거리가 가장 가까운 곳을 지나고 있다. 이때는 행성에 의한 식 현상이 일어나지 않아 중심별의 밝기 감소가 없다. t_3일 때는 행성이 중심별을 가리는 면적이 최대가 되어 중심별의 밝기가 최소이다. 따라서 중심별의 밝기는 t_1일 때가 t_3일 때보다 밝다.

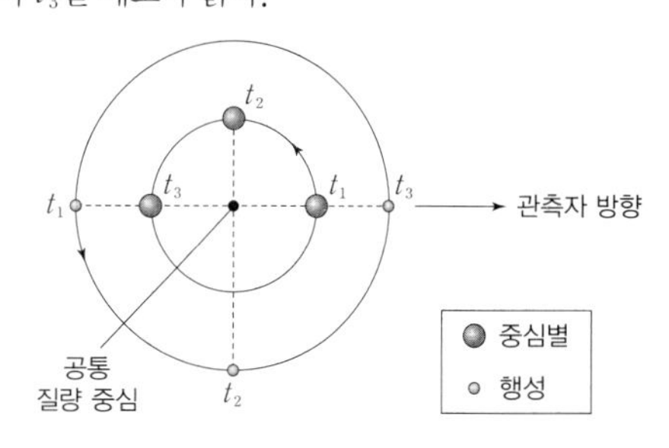

ㄴ. t_1일 때 행성은 지구로부터 가장 먼 곳을 지나고 있으므로, t_1~t_2 동안 행성과 지구 사이의 거리는 가까워지고 있다.
ㄷ. 중심별의 공전 궤도면이 관측자의 시선 방향과 나란하므로 중심별의 공전 속도는 흡수선의 파장 변화량이 최대일 때의 시선 속도와 같다. 흡수선의 고유 파장에 대한 파장 변화량 비는 $\frac{0.05}{500}$ $=\frac{1}{10000}$이므로 중심별의 공전 속도는 $\left(\frac{1}{10000}\times\text{빛의 속도}\right)$와 같다. 중심별과 행성은 공전 주기가 같은데 공전 궤도 반지름은 행성이 더 크므로 행성의 공전 속도는 $\left(\frac{1}{10000}\times\text{빛의 속도}\right)$보다 빠르다.

수능 3점 테스트

본문 180~183쪽

01 ⑤	02 ③	03 ③	04 ②	05 ①	06 ⑤
07 ③	08 ⑤				

01 중심별의 광도와 생명 가능 지대

중심별의 광도가 클수록 중심별로부터 생명 가능 지대까지의 거리는 멀어지고 생명 가능 지대의 폭은 넓어진다.
ㄱ. T 시기에 중심별로부터 생명 가능 지대가 시작되는 경계까지의 거리는 1 AU보다 멀다. 따라서 광도는 T 시기의 중심별 X가 현재의 태양보다 크다.
ㄴ. ㉠은 현재 생명 가능 지대에 위치하지만 T 시기에는 생명 가능 지대보다 중심별에 가까이 위치한다. 따라서 ㉠의 표면에 액체 상태의 물이 존재할 가능성은 현재가 T 시기보다 크다.
ㄷ. 중심별로부터 생명 가능 지대까지의 거리는 T 시기가 현재보다 멀다. 즉, 중심별 X의 광도는 T 시기가 현재보다 크다. 따라서 ㉡에서 단위 시간에 단위 면적당 받는 중심별의 복사 에너지양은 T 시기가 현재보다 많다.

02 탐사 방법에 따른 외계 행성의 탐사 결과

중심별의 시선 속도 변화를 이용하여 발견한 행성들은 대부분 질량이 크고, 식 현상을 이용하여 발견한 행성들은 대부분 공전 궤도 반지름이 작다. A는 식 현상, B는 도플러 효과, C는 미세 중력 렌즈 현상이다.
ㄱ. 케플러 망원경은 행성을 가진 중심별의 미세한 밝기 변화, 즉 행성에 의한 식 현상을 관측하여 외계 행성을 탐사하였다.
ㄴ. 별과 행성이 공통 질량 중심을 중심으로 공전할 때, 별빛의 흡수선 파장이 변하는 도플러 효과가 나타난다. 따라서 B를 확인하기 위해서는 별의 스펙트럼을 관측해야 한다.
ㄷ. 미세 중력 렌즈 현상(C)으로 발견한 행성들은 중력에 의한 빛의 굴절 현상을 이용하여 발견한 것이다. 이 방법으로 발견한 행성들은 식 현상(A)을 이용하여 발견한 행성들보다 평균 공전 궤도 반지름이 크다.

03 생명 가능 지대

지구는 태양으로부터 1 AU 거리에 있으며 생명 가능 지대에 위치한다. 중심별로부터 단위 시간에 단위 면적당 받는 복사 에너지양이 지구와 비슷한 행성은 생명 가능 지대에 위치한다고 볼 수 있다.
ㄱ. 단위 시간에 단위 면적당 받는 중심별의 복사 에너지양(S)이 지구와 같은 위치는 중심별로부터 0.22 AU~0.48 AU 사이에 있으므로 중심별로부터 생명 가능 지대까지의 거리는 이 행성계

가 태양계보다 가깝다. 따라서 중심별의 광도는 태양보다 작다.

ⓛ. 단위 시간에 단위 면적당 받는 중심별의 복사 에너지양은 중심별로부터 가까울수록 많다. ⓒ에서 단위 시간에 단위 면적당 받는 복사 에너지양은 지구의 4.15배로 ㉠보다 많으므로 공전 궤도 반지름은 ⓒ이 ㉠보다 작다.

X. 공전 궤도 반지름은 ㉣이 ㉡보다 크므로 ㉣에서 단위 시간에 단위 면적당 받는 중심별의 복사 에너지양은 지구의 0.37배보다 작다. 따라서 ㉣의 표면에는 액체 상태의 물이 존재할 가능성이 매우 낮다.

04 식 현상을 이용한 외계 행성계 탐사

행성이 중심별의 앞을 지나갈 때 중심별의 겉보기 밝기가 감소하며, 밝기 감소량은 행성의 반지름이 클수록 크다.

X. 행성이 중심별의 앞을 지나갈 때 A는 중심별의 중심을 지나가고 B는 중심별의 중심을 지나가지 않는다. 즉, A의 공전 궤도면은 관측자의 시선 방향과 나란하고 B의 공전 궤도면은 관측자의 시선 방향과 경사져 있다.

X. 행성의 반지름은 B가 A의 2배이므로 행성이 중심별을 가리는 면적의 최댓값은 B가 A의 4배이다. 따라서 행성이 중심별을 가릴 때 B에 의한 중심별의 밝기 감소량 최댓값은 A에 의한 중심별의 밝기 감소량 최댓값(㉠)의 4배이다.

ⓒ. ㉡은 A가 중심별을 가리는 면적값이 최대인 시간에 해당한다. B의 공전 궤도면은 관측자의 시선 방향과 경사져 있으므로 B가 중심별을 가리는 면적값이 최대인 시간은 공전 궤도면이 관측자의 시선 방향과 나란한 A의 시간(㉡)보다 짧다.

05 도플러 효과를 이용한 외계 행성계 탐사

중심별과 행성이 공통 질량 중심을 중심으로 공전할 때, 별과 행성의 공전 주기와 공전 방향은 같다.

㉠. 행성이 ㉠ → ㉡ → ㉢으로 이동하는 동안 중심별의 스펙트럼에서 나타나는 흡수선의 파장 변화로 보아 행성이 ㉠에 위치할 때 중심별은 지구에 가까워지고 있고, ㉢에 위치할 때 중심별은 지구로부터 멀어지고 있으므로 그림에서 관측자는 공통 질량 중심으로부터 ㉣ 방향에 있다. 따라서 중심별과 지구 사이의 거리는 행성이 ㉡에 위치할 때 가장 가깝다.

X. 행성의 공전 궤도면은 관측자의 시선 방향과 나란하므로 행성이 ㉣에 위치할 때 행성의 단면적 전체가 중심별을 가리는 식 현상이 일어난다. 따라서 행성이 ㉣에 위치할 때 중심별의 겉보기 밝기는 최소이다.

X. 행성이 ㉢에 위치할 때 중심별의 시선 속도는 최대이다. 행성이 ㉤에 위치할 때 중심별의 시선 속도는 −(시선 속도 최댓값× cos 60°)와 같다. 따라서 중심별의 시선 속도 절댓값은 행성이 ㉢에 위치할 때가 ㉤에 위치할 때의 2배이다.

06 식 현상을 이용한 외계 행성계 탐사

행성의 질량이 클수록 중심별의 시선 속도 변화량이 크고, 행성의 반지름이 클수록 식 현상에 의한 중심별의 밝기 감소량이 크다.

㉠. 별의 공전 속도가 빠를수록 별의 시선 속도 변화량은 크다. 외계 행성 ㉠과 ㉡의 공전 궤도 반지름은 같지만 질량은 ㉡이 ㉠의 2배이다. 중심별 A와 B의 질량은 같으므로 별과 행성의 공통 질량 중심에 대한 별의 공전 궤도 반지름은 B가 A보다 크고, 공전 속도도 B가 A보다 빠르다. 따라서 시선 속도 변화량은 B가 A보다 크다.

ⓛ. t_2일 때 ㉠은 지구로부터의 거리가 가장 가깝고, A는 지구로부터 가장 멀리 있다. 따라서 지구로부터 A까지의 거리는 t_2일 때가 t_1일 때보다 멀다.

ⓒ. 식 현상에 의한 중심별의 겉보기 밝기 감소량 최댓값은 중심별이 행성에 의해 가려지는 면적에 비례한다. 행성의 반지름은 ㉠이 ㉡의 2배이므로 중심별의 겉보기 밝기 감소량은 A가 B의 4배이다. ㉠에 의한 식 현상이 일어날 때 A의 겉보기 밝기 감소량(상댓값)이 0.016이므로 ㉡에 의한 식 현상이 일어날 때 B의 겉보기 밝기 감소량(상댓값)은 0.004이고, B의 겉보기 밝기 최솟값(상댓값)은 0.996이다.

07 시선 속도 변화를 이용한 외계 행성계 탐사

행성의 공전 궤도면이 관측자의 시선 방향과 나란한 경우 중심별의 시선 속도가 양(+)의 값에서 음(−)의 값으로 바뀌는 시기에 중심별과 행성은 같은 시선 방향에 위치하고 식 현상에 의한 중심별의 밝기 감소량이 최대가 된다.

㉠. 행성이 A → B → C로 이동하는 동안 중심별의 시선 속도 변화로 보아 행성이 A에 위치할 때 중심별은 지구에 가까워지고 있고, C에 위치할 때 중심별은 지구로부터 멀어지고 있으며, B에 위치할 때 시선 속도는 0이므로 관측자는 공통 질량 중심으로부터 B의 반대 방향에 있다. 행성의 공전 궤도면은 관측자의 시선 방향과 나란하므로 행성이 C에 위치할 때 중심별의 시선 속도는 최댓값을 가지고, 이는 중심별의 공전 속도와 같다.

X. 행성이 B에 위치할 때 중심별은 관측자와 행성 사이에 위치하므로 이때는 식 현상이 일어나지 않는다. 따라서 행성이 B에 위치할 때 중심별의 밝기는 감소하지 않고 원래 밝기로 보인다.

ⓒ. 별의 스펙트럼에서 파장 변화량은 시선 속도 절댓값에 비례한다. 중심별의 시선 속도 절댓값은 행성이 A에 위치할 때는 (중심별의 공전 속도×cos60°)와 같고, 행성이 D에 위치할 때는 (중심별의 공전 속도×cos30°)와 같다. 시선 속도 절댓값이 행성이 D에 위치할 때가 행성이 A에 위치할 때의 $\sqrt{3}$배이므로 중심별의 흡수선 파장 변화량은 행성이 D에 위치할 때가 행성이 A에 위치할 때의 $\sqrt{3}$배이다.

08 식 현상을 이용한 외계 행성계 탐사

식 현상이 일어날 때 중심별의 밝기 감소량은 $\left(\frac{\text{행성의 반지름}}{\text{중심별의 반지름}}\right)^2$에 비례한다.

㉠. 식 현상이 일어날 때 중심별의 밝기가 감소하는 동안 중심별은 지구로부터 멀어지고, 중심별의 밝기가 증가하는 동안 중심별은 지구에 가까워진다. 따라서 관측 시작 후 4시간이 경과했을 때 A는 지구로부터 멀어지고 있고, 흡수선의 파장은 고유 파장보다 길어진다. 관측 시작 후 8시간이 경과했을 때 A는 지구에 가까워지고 있고, 흡수선의 파장은 고유 파장보다 짧아진다.

㉡. A는 주계열성이고, B는 주계열성에서 진화하여 거성이 되었는데 A와 광도가 같으므로 질량은 A가 B보다 크다. 별의 질량은 A가 B보다 큰데 행성의 질량은 ㉠과 ㉡이 같으므로 별과 공통 질량 중심 사이의 거리는 B가 A보다 멀다.

㉢. A는 주계열성, B는 거성인데 광도가 같으므로 표면 온도는 A가 B보다 높고 반지름은 B가 A보다 크다. 식 현상이 일어날 때 중심별의 밝기 감소량은 $\left(\frac{\text{행성의 반지름}}{\text{중심별의 반지름}}\right)^2$에 비례하는데, B의 밝기 감소량은 A의 밝기 감소량의 2배이므로 ㉡의 반지름은 ㉠의 반지름의 $\sqrt{2}$배보다 크다.

$$\left(\frac{R_{㉡}}{R_B}\right)^2=2\times\left(\frac{R_{㉠}}{R_A}\right)^2 \rightarrow \frac{R_{㉡}}{R_{㉠}}=\sqrt{2}\times\left(\frac{R_B}{R_A}\right)>\sqrt{2}$$

10 외부 은하와 우주 팽창

수능 2점 테스트 본문 194~198쪽

01 ③	02 ②	03 ③	04 ③	05 ②	06 ②
07 ④	08 ②	09 ②	10 ③	11 ③	12 ⑤
13 ⑤	14 ②	15 ④	16 ②	17 ②	18 ⑤
19 ④	20 ④				

01 허블의 은하 분류

허블은 외부 은하를 가시광선 영역에서 관측되는 형태에 따라 분류하였다. (가)는 타원 은하, (나)는 정상 나선 은하, (다)는 막대 나선 은하, (라)는 불규칙 은하이다.

㉠. 타원 은하는 타원의 납작한 정도에 따라 E0~E7로 세분한다. 타원 은하 기호 E 뒤의 숫자는 은하의 모양이 원형에 가까울수록 작다.

㉡. 나선 은하는 은하핵을 가로지르는 막대 모양 구조의 유무에 따라 정상 나선 은하 (나)와 막대 나선 은하 (다)로 구분한다.

~~㉢~~. 타원 은하 (가)는 주로 늙은 별들로 구성되어 있고, 불규칙 은하 (라)는 주로 젊은 별들로 구성되어 있다.

02 막대 나선 은하와 타원 은하

(가)는 막대 나선 은하, (나)는 타원 은하이다.

~~㉠~~. 나선 은하에서 성간 물질은 주로 나선팔에 분포하며, 중앙 팽대부와 헤일로에는 성간 물질이 거의 없다. 따라서 성간 물질의 함량비(%)는 B보다 A에서 높다.

~~㉡~~. 우리은하는 허블의 은하 분류상 (가) 막대 나선 은하와 같은 종류에 해당한다.

㉢. 나선 은하에서 중앙 팽대부는 주로 늙고 붉은색 별들로, 원반부는 주로 젊고 파란색 별들로 이루어져 있고, 타원 은하는 주로 늙고 붉은색 별들로 이루어져 있다. 따라서 은하에서 $\frac{\text{붉은색 별의 개수}}{\text{파란색 별의 개수}}$는 (나)가 (가)보다 크다.

03 외부 은하의 분류

외부 은하는 규칙적인 구조의 유무에 따라 불규칙 은하와 규칙적인 구조를 가진 은하로 구분하고, 규칙적인 구조를 가진 은하는 나선팔의 유무에 따라 타원 은하와 나선 은하로 구분한다. 나선 은하는 막대 구조의 유무에 따라 정상 나선 은하와 막대 나선 은하로 구분한다.

㉠. A는 정상 나선 은하, B는 불규칙 은하, C는 타원 은하이다.

규칙적인 구조가 없는 은하(㉠)는 B(불규칙 은하)이다.
ⓛ. 규칙적인 구조가 있는 A와 C 중 나선팔(㉡)이 없는 은하는 타원 은하(C)이다.
ⓧ. 세이퍼트은하는 허블의 은하 분류상 대부분 나선 은하의 형태이므로 ㉠(B)보다 ㉢(A)에 가깝다.

04 세이퍼트은하와 전파 은하

전파 은하는 보통 은하보다 수백 배 이상 강한 전파를 방출하는 은하로, 관측 방향에 따라 제트로 연결된 로브가 관측되기도 한다. 세이퍼트은하는 스펙트럼에서 넓은 방출선이 나타나고, 대부분 나선 은하의 형태로 관측된다. (가)는 세이퍼트은하, (나)는 전파 은하이다.
ⓞ. 세이퍼트은하는 은하 내의 가스운이 매우 빠른 속도로 중심부를 회전하여 스펙트럼에서 폭이 넓은 방출선이 관측된다.
ⓧ. 허블의 은하 분류에 따르면 (가)는 나선 은하, (나)는 타원 은하이다. 타원 은하는 성간 물질이 거의 없어 새로운 별의 탄생이 적고, 나선 은하는 나선팔에 성간 물질이 모여 있어 새로운 별의 탄생이 많다. 따라서 새로운 별의 탄생은 (나)보다 (가)에서 활발하다.
ⓒ. 세이퍼트은하, 전파 은하와 같은 특이 은하의 중심부에는 질량이 매우 큰 블랙홀이 존재한다고 추정한다.

05 전파 은하

전파 은하는 보통 은하보다 수백 배 이상의 강한 전파를 방출하는 은하로, 관측 방향에 따라 제트로 연결된 로브가 관측되기도 한다.
ⓧ. (가)의 가시광선 영상으로 보아 이 은하는 타원 은하에 해당한다. 타원 은하는 성간 물질이 거의 없고, 주로 늙고 붉은색 별로 구성되어 있다.
ⓧ. 전파 은하의 제트는 은하 중심부의 회전축에 나란한 방향으로 방출되는데, (나)에서 제트 방향은 시선 방향에 거의 수직이다. 만약 제트가 방출되는 방향이 시선 방향에 나란하다면 (나)와 같이 로브 구조가 위아래 대칭으로 나타나지 않을 것이다.
ⓒ. 전파 은하와 같은 특이 은하의 중심부에는 질량이 매우 큰 블랙홀이 있을 것으로 추정한다.

06 우주 배경 복사

우주 배경 복사는 빅뱅 후 약 38만 년이 지났을 때 원자핵과 전자가 결합해 중성 원자가 만들어짐에 따라 투명해진 우주에서 우주 공간으로 방출된 빛이다.
ⓧ. 우주 배경 복사는 빅뱅 후 약 38만 년이 지났을 때 형성되었다. 빅뱅 후 약 3분이 지났을 때는 양성자 2개와 중성자 2개가 결합해 헬륨 원자핵이 생성되었다.
ⓛ. 우주 배경 복사는 우주의 온도가 약 3000 K일 때 방출되었던 복사이다. 이후 우주가 팽창하는 동안 온도가 낮아지고 파장이 길어져 현재는 약 2.7 K 복사로 관측되고 있다.
ⓧ. 우주 배경 복사는 방출된 이후 파장이 길어져 현재 관측되는 우주 배경 복사에서 에너지 세기가 최대인 파장은 λ보다 길다.

07 충돌 은하

서로 가까이 있는 은하들 사이에는 중력이 작용하여 충돌하기도 한다.
ⓧ. 은하들이 충돌하는 과정에서 대부분 두 은하가 병합되는데, 이 과정에서 은하의 형태는 다양하게 나타난다.
ⓛ. 충돌하는 은하들은 서로의 중력이 인력으로 작용하여 가까워지며 충돌하게 된다. 따라서 서로 접근하는 은하들 중 한 은하에서 다른 은하의 스펙트럼을 관측하면 청색 편이가 나타나게 된다.
ⓒ. 은하들이 충돌할 때 은하 내의 성운들이 충돌하고 압축되는 과정에서 많은 별이 탄생한다.

08 빅뱅 우주론

빅뱅 우주론은 초고온 초고밀도의 한 점에서 대폭발에 의해 팽창하면서 현재와 같은 우주가 생성되었다는 이론이며, 정상 우주론은 시간과 공간에 관계없이 우주가 항상 일정한 상태를 유지한다는 이론이다.
ⓧ. 빅뱅 우주론에서는 우주가 팽창하더라도 질량이 일정하므로 우주의 밀도가 작아지고 온도가 낮아진다. 정상 우주론에서는 우주가 팽창함에 따라 빈 공간에 새로운 물질이 생성되어 질량은 증가하고 온도는 일정하게 유지된다. 그림에서 시간에 따라 온도가 낮아지는 것으로 보아 이 우주론은 빅뱅 우주론에 해당한다.
ⓧ. A는 시간에 따라 증가하는 물리량이다. 빅뱅 우주론에서는 우주가 팽창하면서 밀도는 감소하고 부피는 증가한다. 따라서 우주의 밀도는 A에 해당하지 않는다.
ⓒ. 빅뱅 우주론에 따르면 우주를 구성하는 물질의 약 24 %가 헬륨으로 이루어져야 한다고 예측되는데 이는 실제 관측 결과와 일치한다.

09 은하를 구성하는 별들의 특징

나선 은하와 불규칙 은하는 타원 은하에 비해 성간 물질의 양이 많고, 젊고 파란색 별들이 많다.
ⓧ. 은하를 구성하는 별들의 색지수는 ㉠이 ㉡보다 크다. 즉, 은하를 구성하는 별들 중 붉은색 별의 비율은 ㉠이 ㉡보다 높다. 따라서 ㉠은 타원 은하, ㉡은 불규칙 은하이고, 은하에서 $\frac{\text{성간 물질의 질량}}{\text{은하의 전체 질량}}$은 ㉠이 ㉡보다 작다.
ⓛ. (나)는 규칙적인 구조가 없는 불규칙 은하이다. 따라서 (나)는 ㉡의 예이다.
ⓧ. 정상 나선 은하는 은하핵의 상대적인 크기와 나선팔이 감긴 정도에 따라 Sa, Sb, Sc로 구분하는데, 소문자가 a → b → c로

갈수록 중심핵의 크기가 상대적으로 작고 나선팔이 느슨하게 감겨 있다. (가)에서 Sa → Sb → Sc로 갈수록 색지수($B-V$)가 작아지므로 중심핵의 크기가 상대적으로 작고 나선팔이 느슨하게 감겨 있을수록 나선 은하에서 붉은색 별의 비율이 감소한다.

10 외부 은하

외부 은하의 대부분은 우리은하로부터 멀어지지만 일부는 우리은하에 접근하고 있다.

ㄱ. 외부 은하의 시선 속도를 이용해 우리은하에 접근하는지 우리은하로부터 멀어지는지를 판단할 수 있다. (가)는 시선 속도가 음(−)의 값이므로 우리은하에 접근하고 있고, (나)는 시선 속도가 양(+)의 값이므로 우리은하로부터 멀어지고 있다. 따라서 우리은하와 충돌할 가능성은 (가)가 (나)보다 높다.

ㄴ. 세이퍼트은하는 일반적인 은하에 비해 중심핵이 다른 부분보다 상대적으로 밝다. 따라서 은하 전체의 밝기에 대한 중심핵의 밝기비는 세이퍼트은하인 (나)가 (가)보다 크다.

ㄷ. 세이퍼트은하는 가시광선 영역에서 관측하면 대부분 나선 은하의 형태를 보이지만, 실제 나선 은하 중 약 2 %만 세이퍼트은하로 분류된다.

11 우주의 팽창과 풍선 모형

은하들이 서로 멀어지는 우주에서는 어떤 은하에서 보더라도 은하들 사이의 거리가 멀어지는 것으로 나타나기 때문에 특정한 위치를 우주의 중심으로 정할 수 없다. 부풀어 오르는 풍선 모형을 통해 특정한 팽창의 중심이 없다는 것을 확인할 수 있다.

ㄱ. 풍선에 그린 파동의 파장(㉠)은 풍선이 팽창함에 따라 길어져 (다)에서 측정한 길이는 0.3 cm보다 길어진다. 이는 빅뱅 우주론에서 초기 우주에서 방출된 우주 배경 복사는 우주가 팽창하는 동안 온도가 낮아지고 파장이 길어지는 것에 해당한다.

ㄴ. 은하에 해당하는 A, B, C가 멀어지는 속도는 서로 떨어져 있는 거리에 비례한다. 즉, 두 은하 사이의 거리가 멀수록 더 빨리 멀어진다.

ㄷ. 풍선 모형에서 풍선 표면은 우주 공간에 해당하며, 팽창하는 풍선의 표면에서 팽창의 중심은 존재하지 않는다.

12 우주의 팽창 속도

우주의 팽창 속도는 시기에 따라 달랐다. 우주는 약 138억 년 전에 빅뱅으로 탄생하여 짧은 순간 급격히 팽창하였으며, 이후에 팽창 속도가 조금씩 감소하다가 수십억 년 전부터 암흑 에너지에 의해 팽창 속도가 증가하였다.

ㄱ. 우주의 팽창 속도는 급팽창이 일어난 시기에 빛의 속도보다 빨랐고, 이후 팽창 속도가 감소하다가 수십억 년 전부터 증가하였다. ㉠ 시기에는 우주의 팽창 속도가 감소하고 있으므로 급팽창은 ㉠ 시기 이전에 일어났다.

ㄴ. 우주의 팽창 속도는 시기마다 다르지만 빅뱅 이후 우주는 지속적으로 팽창하고 있다. 우주 배경 복사의 파장은 우주가 팽창할수록 길어지므로 ㉠ 시기가 ㉡ 시기보다 짧다.

ㄷ. 그림에서 곡선의 기울기는 우주의 팽창 가속도에 해당한다. ㉡ 시기에는 우주의 팽창 가속도가 0으로 일정한 속도로 팽창하였고, ㉢ 시기에는 우주의 팽창 가속도가 (+) 값으로 팽창 속도가 증가하였다. 따라서 우주의 팽창 가속도는 ㉢ 시기가 ㉡ 시기보다 크다.

13 빅뱅 우주론과 정상 우주론

빅뱅 우주론은 온도가 높고 밀도가 큰 한 점에서 대폭발에 의해 팽창하면서 현재와 같은 우주가 생성되었다는 우주론이고, 정상 우주론은 우주 팽창에 의해 생긴 빈 공간에 새로운 물질이 계속 생성되어 우주가 항상 일정한 상태를 유지한다는 이론이다.

ㄱ. 빅뱅 우주론에서는 우주가 팽창하더라도 우주의 질량이 일정하게 유지되고 밀도는 감소한다. 따라서 우주의 질량, 밀도, 부피 중 빅뱅 우주론에서 일정하게 유지되는 물리량은 우주의 질량이다.

ㄴ. 정상 우주론에서는 우주 공간이 팽창함에 따라 새로운 물질이 생겨나 빈 공간을 채우므로 우주의 질량은 증가하고 밀도는 일정하다. 따라서 우주의 질량, 밀도, 부피 중 정상 우주론에서 일정하게 유지되는 물리량은 우주의 밀도이다.

ㄷ. 빅뱅 우주론에서 우주의 밀도는 시간에 따라 감소하므로 현재가 우주 초기보다 작다.

14 우주 배경 복사

우주 배경 복사는 빅뱅 후 약 38만 년이 지났을 때 원자핵과 전자가 결합해 중성 원자가 만들어짐에 따라 투명해진 우주에서 사방으로 퍼져 나간 빛이다.

ㄱ. 우주 배경 복사는 우주의 온도가 약 3000 K일 때 방출되었던 복사로, 우주가 팽창하는 동안 온도가 낮아지고 파장이 길어져 현재는 전파 영역에서 약 2.7 K 복사로 관측되고 있다.

ㄴ. 우주 배경 복사의 온도가 상대적으로 높은 영역은 낮은 영역보다 물질의 밀도가 미세하게 큰 곳이다. 따라서 우주 배경 복사의 온도 차는 우주 초기에 미세한 밀도의 불균일이 존재했다는 증거이다.

ㄷ. ㉢은 우주의 지평선 문제이다. 현재 관측 결과 우주의 모든 영역에서 물질이나 우주 배경 복사가 거의 균일한데, 이는 멀리 떨어진 두 지역이 과거에는 정보 교환이 있었다는 것을 의미한다. 초기 빅뱅 우주론에서는 빛이 이동할 수 있는 거리보다 우주의 크기가 크기 때문에 이를 설명하지 못한다.

15 외부 은하의 적색 편이

외부 은하의 후퇴 속도(v)와 흡수선의 파장 변화량($\Delta\lambda$=관측 파장(λ)−고유 파장(λ_0)) 사이에는 다음과 같은 관계가 성립한다.

$$v=\frac{\Delta\lambda}{\lambda_0}\times c \ (c\text{: 빛의 속도})$$

ㄱ. A는 허블 법칙을 만족하므로 은하의 후퇴 속도는 허블 상수(H)와 은하까지의 거리(r)의 곱과 같고, 허블 상수는 다음과 같이 구할 수 있다.

$$v=H\times r=\frac{\Delta\lambda}{\lambda_0}\times c \qquad H=\frac{\Delta\lambda}{\lambda_0}\times\frac{c}{r}$$

고유 파장이 400 nm인 흡수선의 파장이 18 nm 길어졌으므로 A를 이용하여 구한 허블 상수는 45 km/s/Mpc이다.

ㄴ. 은하의 후퇴 속도는 흡수선의 고유 파장에 대한 파장 변화량$\left(\frac{\Delta\lambda}{\lambda_0}\right)$에 비례한다. 고유 파장($\lambda_0$)이 400 nm인 흡수선의 파장 변화량이 A에서는 18 nm, B에서는 27 nm이므로 은하의 후퇴 속도는 B가 A의 1.5배이다.

ㄷ. B는 허블 법칙을 만족하므로 은하까지의 거리는 후퇴 속도에 비례하고, B의 후퇴 속도는 A의 1.5배이므로 은하까지의 거리는 B가 A의 1.5배이다. 따라서 B까지의 거리는 450 Mpc이다.

16 허블 법칙

허블 법칙을 만족하면 은하의 후퇴 속도(v)는 은하의 거리(r)에 비례한다.

$$v=H\times r \ (H\text{: 허블 상수})$$

ㄱ. 허블 법칙은 우주의 어느 곳에서 관측하더라도 성립한다. 따라서 우주는 특정한 은하를 중심으로 팽창한다고 할 수 없다.

ㄴ. 은하의 후퇴 속도(v)는 은하의 거리(r)에 비례한다. D와 B 사이의 거리는 $\sqrt{5}d$, D와 C 사이의 거리는 $\sqrt{13}d$이므로 D에서 관측한 후퇴 속도는 C가 B보다 빠르다.

ㄷ. 허블 상수(H)는 $\frac{\text{후퇴 속도}(v)}{\text{거리}(r)}$로 나타내며, 단위 거리당 우주 공간이 팽창하는 속도를 의미한다. A와 B로부터 구한 허블 상수와 A와 C로부터 구한 허블 상수는 같으므로 단위 거리당 우주 공간이 팽창하는 속도는 A와 B 사이와 A와 C 사이가 같다.

17 우주의 미래

(가)는 곡률이 양(+)인 닫힌 우주, (나)는 곡률이 0인 평탄 우주, (다)는 곡률이 음(−)인 열린 우주에 해당한다.

ㄱ. (가)는 우주의 곡률이 양(+)인 닫힌 우주 모형이다.

ㄴ. 현재 우주는 곡률이 거의 0에 가까우므로 (나)에 가깝다.

ㄷ. (다)는 열린 우주 모형으로 우주의 평균 밀도가 임계 밀도보다 작다.

18 초기 빅뱅 우주론으로 설명하기 어려운 문제

초기 빅뱅 우주론으로 설명하기 어려운 문제는 우주의 평탄성 문제, 지평선 문제, 자기 홀극 문제이다. A는 우주의 평탄성 문제, B는 우주의 지평선 문제이다.

ㄱ. 관측 결과 현재 우주는 곡률이 0에 가까울 정도로 평탄하지만 초기 빅뱅 우주론에서는 그 이유를 설명하지 못한다. 이를 우주의 평탄성 문제라고 한다.

ㄴ. 우주의 곡률이 0인 우주는 평탄 우주에 해당하고, 우주의 평균 밀도가 임계 밀도와 같다.

ㄷ. B는 우주의 지평선 문제이다. 현재 우주의 반대쪽 양 끝에 있는 두 지점으로부터 오는 우주 배경 복사가 거의 같게 나타나는 것은 과거에 두 지점 사이에 정보 교환이 있었다는 의미인데, 초기 빅뱅 우주론에서는 이를 설명하지 못한다. 급팽창 이론은 급팽창 이전에 우주의 상대적 크기가 우주의 지평선 크기보다 작았기 때문에 현재 우주의 반대쪽 양 끝에 있는 두 지점도 급팽창 이전에는 정보 교환이 가능했다고 설명한다.

19 우주 팽창과 허블 상수

허블 상수는 외부 은하의 후퇴 속도와 거리 사이의 관계를 나타내는 비례 상수로, 우주의 팽창 속도에 비례한다.

ㄱ. 그림에서 허블 상수는 그래프의 기울기에 해당하고, 관측 가능한 우주의 크기는 우주의 나이(허블 상수의 역수)에 빛의 속도를 곱한 값으로 나타낸다. 허블 상수는 A가 B보다 크므로 관측 가능한 우주의 크기는 A가 B보다 작다.

ㄴ. 우주의 팽창 속도가 일정할 때 우주의 나이는 허블 상수의 역수로 구할 수 있다. 따라서 허블 상수로 구한 우주의 나이는 B가 A보다 많다.

ㄷ. 은하의 적색 편이는 후퇴 속도에 비례하며, 거리가 같을 때 후퇴 속도는 허블 상수가 클수록 빠르다. 따라서 같은 거리에 있는 은하의 적색 편이는 A가 B의 $\frac{4}{3}$배이다.

20 우주 배경 복사

우주 배경 복사는 빅뱅 후 약 38만 년일 때 온도가 약 3000 K인 우주에서 방출된 복사로 우주가 팽창하는 동안 온도가 낮아지고 파장이 길어져 현재는 온도가 약 2.7 K인 복사로 관측된다.

ㄱ. 흑체는 표면 온도가 높을수록 각각의 파장에서 방출되는 복사 에너지의 양이 많다. 각각의 파장에서 방출되는 복사 에너지의 양은 A가 B보다 많으므로 우주 배경 복사의 온도는 A가 B보다 높다. 우주는 빅뱅 이후 팽창하면서 온도가 낮아지므로 우주 배경 복사의 온도가 낮은 B가 현재의 우주 배경 복사에 해당한다.

ㄴ. 흑체에서 에너지를 최대로 방출하는 파장은 표면 온도가 높을수록 짧다. 온도는 A가 B보다 높으므로 λ_B는 λ_A보다 길다.

ㄷ. 우주가 팽창함에 따라 우주의 밀도에서 암흑 에너지 밀도가

차지하는 비율은 계속 증가하였다. A는 B보다 먼저 방출된 우주 배경 복사이므로 $\frac{\text{암흑 에너지 밀도}}{\text{우주의 밀도}}$는 B 시기가 A 시기보다 크다.

수능 3점 테스트 본문 199~208쪽

01 ③	02 ⑤	03 ③	04 ③	05 ④	06 ⑤
07 ⑤	08 ①	09 ②	10 ④	11 ④	12 ②
13 ③	14 ⑤	15 ③	16 ③	17 ①	18 ②
19 ⑤	20 ⑤				

01 은하의 종류에 따른 특징

허블의 은하 분류에 따르면 A는 막대 나선 은하이고, B는 타원 은하이다. 나선 은하는 타원 은하에 비해 성간 물질이 많고 비교적 젊은 별들로 이루어져 있다.

ㄱ. A는 막대 구조와 나선팔 구조가 있으므로 허블의 은하 분류에 따라 SB형으로 분류할 수 있다.

ㄴ. 타원 은하는 주로 늙고 붉은색 별들로 이루어져 있다. 나선 은하의 중앙 팽대부와 헤일로는 주로 늙고 붉은색 별들로, 나선팔은 주로 젊고 파란색 별들로 이루어져 있다. 따라서 '별의 평균 나이'는 ㉠에 해당한다.

ㄷ. 타원 은하는 성간 물질이 거의 없고, 나선 은하는 나선팔에 성간 물질이 많이 분포한다. 따라서 보통 물질 중 성간 물질이 차지하는 질량의 비율은 A가 B보다 높다.

02 중력 렌즈 현상

질량이 매우 큰 은하(또는 은하단)는 중력 렌즈 현상을 일으켜 멀리 있는 은하를 여러 개의 왜곡된 상으로 나타나게 할 수 있다.

ㄱ. 그림은 퀘이사에서 방출된 빛이 퀘이사 앞쪽에 위치한 은하의 중력에 의해 굴절되어 상이 두 개로 나타난 것이다. 따라서 '중력 렌즈'는 ㉡에 해당한다.

ㄴ. 퀘이사(A와 B)에서 방출된 빛이 은하(㉠)에 의해 굴절되었으므로 지구로부터의 거리는 ㉠이 퀘이사보다 가깝다. 따라서 ㉠의 적색 편이는 퀘이사의 적색 편이 1.4보다 작다.

ㄷ. A와 B는 하나의 퀘이사이므로 스펙트럼에 나타난 흡수선의 $\frac{\text{파장 변화량}}{\text{고유 파장}}$ 값은 A와 B에서 같다.

03 특이 은하

퀘이사는 매우 먼 거리에 있어 적색 편이가 크게 나타나고, 세이퍼트은하는 은하 내의 가스운이 매우 빠른 속도로 움직이고 있어 스펙트럼에서 폭이 넓은 방출선이 나타난다. (가)는 퀘이사, (나)는 세이퍼트은하이다.

ㄱ. 퀘이사는 매우 먼 거리에 있어 적색 편이가 매우 큰 천체이다. $H\alpha$ 방출선의 파장 변화량이 (나)보다 (가)에서 훨씬 크게 나타나는 것으로 보아 퀘이사는 (가)이다.

ㄴ(X). (나) 세이퍼트은하는 가시광선 영상에서 나선팔 구조가 나타나므로 나선 은하에 해당한다. 허블 은하 분류에 따른 기호가 E인 은하는 타원 은하이다.

ⓒ. 외부 은하까지의 거리는 은하의 후퇴 속도에 비례하고, 은하의 후퇴 속도는 방출선의 고유 파장에 대한 파장 변화량에 비례한다. Hα 방출선의 파장 변화량이 (나)보다 (가)에서 크게 나타나므로 우리은하로부터의 거리는 (가)가 (나)보다 멀다.

04 허블 법칙

외부 은하에서 흡수선의 파장 변화량($\Delta\lambda$=관측 파장(λ)−고유 파장(λ_0))을 알면 은하의 후퇴 속도(v)를 구할 수 있다.

ⓐ. A의 스펙트럼에서 고유 파장이 600 nm인 흡수선이 630 nm로 나타나므로 A의 후퇴 속도(v_A)는 나음과 같이 구할 수 있다.

$$v_A=\frac{\Delta\lambda}{\lambda_0}\times c=\frac{30\text{ nm}}{600\text{ nm}}\times 3\times10^5\text{ km/s}\ (c\text{: 빛의 속도})$$

따라서 A의 후퇴 속도는 15000 km/s이다.

ⓑ. 은하의 적색 편이는 흡수선의 고유 파장에 대한 파장 변화량$\left(\frac{\Delta\lambda}{\lambda_0}\right)$으로 나타내고, 한 은하의 스펙트럼에 나타나는 모든 흡수선에 대해 동일한 값을 갖는다. 따라서 고유 파장이 480 nm인 흡수선과 600 nm인 흡수선의 적색 편이는 같다.

$$\text{A의 적색 편이}=\frac{\Delta\lambda}{\lambda_0}=\frac{\Delta\lambda}{480\text{ nm}}=\frac{30\text{ nm}}{600\text{ nm}}$$

따라서 고유 파장이 480 nm인 흡수선의 파장 변화량($\Delta\lambda$)은 24 nm이고, λ는 504 nm이다.

ㄷ(X). 우리은하, A, B는 허블 법칙을 만족하므로 한 은하에서 다른 은하를 관측할 때 후퇴 속도는 은하 사이의 거리에 비례한다. 우리은하에서 관측할 때 B의 후퇴 속도는

$\frac{50\text{ nm}}{600\text{ nm}}\times3\times10^5\text{ km/s}=25000\text{ km/s}$이므로 B에서 관측할 때 우리은하의 후퇴 속도는 25000 km/s이다. B에서 관측한 후퇴 속도는 우리은하가 A의 1.25배이므로 B에서 관측한 A의 후퇴 속도는 $25000\text{ km/s}\times\frac{4}{5}=20000\text{ km/s}$이다. 우리은하에서 관측한 A, B의 후퇴 속도와 B에서 관측한 A의 후퇴 속도를 볼 때 우리은하, A, B는 다음과 같은 위치 관계를 갖는다.

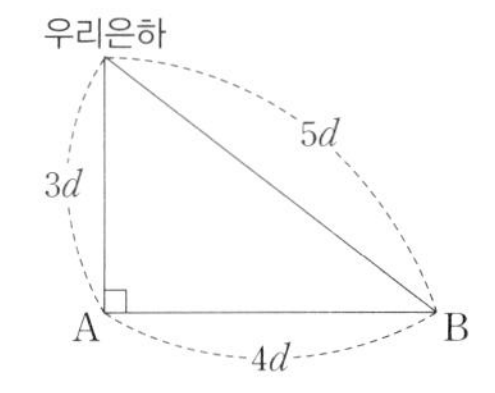

따라서 A에서 관측했을 때 우리은하와 B의 시선 방향이 이루는 각은 90°이다.

05 퀘이사

퀘이사는 처음 발견 당시 별처럼 관측되었기 때문에 항성과 비슷하다는 의미를 가진 준항성체라고 불렸다.

ㄱ(X). 퀘이사는 하나의 별처럼 보이지만 매우 먼 거리에 있는 외부 은하이다.

ⓑ. 적색 편이는 방출선의 고유 파장(λ_0)에 대한 파장 변화량($\Delta\lambda$)으로 나타낸다. (나)에서 Hδ 선의 적색 편이와 Hβ 선의 적색 편이는 같고, 고유 파장은 Hδ 선이 Hβ 선보다 짧으므로 Hδ 선의 파장 변화량은 76.8 nm보다 작다.

ⓒ. 퀘이사에서 방출되는 에너지는 보통 은하의 수백 배나 되지만 에너지가 방출되는 영역의 크기는 태양계 정도로 작다. 이것으로 보아 퀘이사의 중심부에는 질량이 매우 큰 블랙홀이 있을 것으로 추정된다.

06 허블 상수

허블 상수를 정확하게 결정하기 위해서는 은하까지의 거리가 정확하게 측정되어야 한다. 허블 상수는 은하까지의 거리 결정 방법에 따라 약간의 차이가 있고, 관측 기술의 발달 정도에 따라서 값이 변해왔다.

ⓐ. A 기간에는 초신성 관측으로 얻은 허블 상수 (가)의 평균값과 우주 배경 복사 관측으로 얻은 허블 상수 (나)의 평균값이 비슷하다. B 기간에는 초신성 관측으로 얻은 허블 상수 (가)의 평균값과 우주 배경 복사 관측으로 얻은 허블 상수 (나)의 평균값의 차가 A 기간보다 크다.

ㄴ(X). 우주의 나이는 $\frac{1}{H}$(H: 허블 상수)로 구할 수 있으므로, 허블 상수가 작을수록 우주의 나이는 많게 계산된다. B 기간에 구한 허블 상수는 (나)가 (가)보다 크므로 우주의 나이는 (나)로 구한 값이 (가)로 구한 값보다 적다.

ⓒ. 관측 가능한 우주의 크기는 $\frac{c}{H}$(c: 빛의 속도, H: 허블 상수)로 나타내므로, 허블 상수가 작을수록 관측 가능한 우주의 크기는 크게 계산된다. 따라서 관측 가능한 우주의 크기는 (가)로 구한 값이 (나)로 구한 값보다 크다.

07 중력 렌즈 현상

퀘이사와 은하가 같은 시선 방향에 있을 경우 퀘이사에서 방출된 빛이 은하의 질량에 의해 굴절되는 중력 렌즈 현상이 일어나고, 이때 은하보다 멀리 있는 퀘이사가 여러 개의 상으로 관측될 수 있다.

ⓐ. 천체까지의 거리는 A가 B보다 멀다. 거리가 멀수록 적색 편이가 크므로 스펙트럼에 나타난 흡수선의 $\frac{\text{파장 변화량}}{\text{고유 파장}}$은 A가 B보다 크다.

ⓑ. B의 중력 렌즈 작용에 의해 A에서 방출된 빛이 휘어져 A가 관측자에게 여러 개의 상으로 관측될 수 있다.

ㄷ. 중력 렌즈 현상은 B에 의해 나타나므로 B의 질량이 클수록 A에서 방출된 빛의 굴절이 크게 일어나 θ가 커진다.

08 우주의 투명도와 우주 배경 복사

우주 배경 복사는 우주의 나이가 약 38만 년일 때 방출되어 현재 모든 방향에서 거의 같은 세기로 관측된다.

ㄱ. 빅뱅 우주론에 따르면 초기 우주는 매우 뜨거운 상태였기 때문에 원자핵과 전자가 분리된 상태로 뒤섞여 있어 빛이 자유롭게 진행할 수 없었다. 빅뱅 후 약 38만 년이 지났을 때 우주가 충분히 식게 되자 원자핵과 전자가 결합해 중성 원자가 만들어지면서 우주는 투명해졌다.

ㄴ. 빅뱅 후 약 3분이 지났을 때 양성자와 중성자가 결합하여 헬륨 원자핵이 생성되었다. 따라서 헬륨 원자핵은 A 시기 이전부터 생성되었다.

ㄷ. 우주의 나이가 약 38만 년일 때(A 시기) 우주가 투명해지면서 우주 배경 복사가 방출되었고, 이후 우주가 팽창하면서 온도가 낮아졌다. A 시기에 우주의 온도는 약 3000 K으로 현재 우주의 온도 약 2.7 K보다 높았으므로 우주 배경 복사의 파장은 현재가 A 시기보다 길다.

09 우주의 구성 요소

플랑크 우주 망원경의 관측 자료에 따르면 현재 우주의 구성 요소는 보통 물질이 약 4.9 %, 암흑 물질이 약 26.8 %, 암흑 에너지가 약 68.3 %이다. A는 암흑 물질, B는 보통 물질, C는 암흑 에너지이다.

ㄱ. 우리은하에서 암흑 물질(A)의 분포는 은하 회전 속도 곡선으로부터 알 수 있다. 관측 가능한 보통 물질만을 고려한 은하 회전 속도와 실제 관측한 은하 회전 속도를 비교하면 은하 중심부에서는 예상값과 관측값이 거의 같게 나타나지만 은하 외곽에서는 은하 중심으로부터의 거리가 멀어질수록 회전 속도가 감소할 것이라는 예상과 달리 회전 속도가 거의 일정하게 유지되는 것으로 관측된다. 이는 전자기파로 관측되지 않는 암흑 물질이 은하 원반과 헤일로에 분포하고 있음을 의미한다.

ㄴ. B는 별과 은하 등을 이루는 보통 물질로 전자기파를 이용하여 관측 가능하다.

ㄷ. 암흑 에너지(C)의 밀도는 시간에 관계없이 일정하다. 우주가 팽창함에도 불구하고 암흑 에너지의 밀도가 일정하다는 것은 암흑 에너지의 총량이 점점 증가하고 있다는 것을 의미한다. 따라서 우주 구성 요소에서 암흑 에너지가 차지하는 비율은 점점 증가한다.

10 허블 법칙

외부 은하의 후퇴 속도(v)와 흡수선의 파장 변화량($\Delta\lambda$) 사이에는 $\frac{\Delta\lambda}{\lambda_0}=\frac{v}{c}$ (λ_0: 고유 파장, c: 빛의 속도)의 관계가 성립하며, 허블 법칙을 만족하면 거리(r)가 멀수록 후퇴 속도(v)가 빠르다.

$$v=H\times r\ (H\text{: 허블 상수})$$

ㄱ. B에서 관측한 A의 스펙트럼에서 ㉠과 ㉡의 파장 변화량 ⓐ, ⓑ는 다음의 관계를 만족한다.

$$\frac{\Delta\lambda}{\lambda_0}=\frac{ⓐ}{480\text{ nm}}=\frac{ⓑ}{600\text{ nm}}$$

따라서 $\frac{ⓐ}{ⓑ}=\frac{4}{5}$이다.

ㄴ. A에서 200 Mpc 떨어져 있는 B의 후퇴 속도가 14000 km/s이므로 허블 상수는 다음과 같다.

$$H=\frac{v}{r}=\frac{14000\text{ km/s}}{200\text{ Mpc}}=70\text{ km/s/Mpc}$$

ㄷ. B에서 관측한 C의 후퇴 속도는 다음과 같다.

$$\frac{\Delta\lambda}{\lambda_0}\times c=\frac{70\text{ nm}}{600\text{ nm}}\times 3\times 10^5\text{ km/s}=35000\text{ km/s}$$

은하까지의 거리(r)는 후퇴 속도(v)에 비례하므로, B와 C 사이의 거리는 500 Mpc이다. A와 B 사이의 거리가 200 Mpc, A와 C 사이의 거리가 300 Mpc이므로 은하들은 B－A－C의 순서로 일직선상에 위치한다. 따라서 B에서 볼 때 A와 C는 같은 시선 방향에 위치한다.

11 빅뱅 우주론과 정상 우주론

빅뱅 우주론에서는 우주가 팽창하면서 밀도가 작아지고, 정상 우주론에서는 우주가 팽창하면서 생겨난 공간에 새로운 물질이 계속 생성되어 밀도가 일정하게 유지된다. (가)는 정상 우주론, (나)는 빅뱅 우주론에 해당한다.

ㄱ. 빅뱅 우주론과 마찬가지로 정상 우주론에서도 공간의 팽창에 의해 어느 두 은하 사이의 거리는 점점 멀어진다. (가)에서 A와의 거리는 팽창 이전의 B와 ㉠이 같으므로 ㉠은 B에 해당하지 않는다.

ㄴ. 빅뱅 우주론에서는 우주 배경 복사가 방출된 후 우주가 팽창하는 동안 온도가 낮아져 현재 약 2.7 K인 복사로 관측된다고 설명한다. 정상 우주론에서는 우주가 팽창하는 동안 우주의 온도는 일정해야 하는데 우주 배경 복사는 과거 우주의 온도가 현재보다 높았다는 것을 의미하므로 모순이 발생한다. 따라서 우주 배경 복사의 존재는 (나)에서만 설명이 가능하다.

ㄷ. 빅뱅 우주론과 정상 우주론 모두 어느 두 은하 사이의 거리는 점점 멀어지므로 빅뱅 우주론과 정상 우주론 모두 은하들 사이에 허블 법칙이 성립한다.

12 팽창 우주 모형

우주는 약 138억 년 전에 빅뱅으로 탄생하였고, 빅뱅 후 약 10^{-36} ~ 10^{-34}초에 급팽창하였다. 이후에 팽창 속도가 감소하다가 수십억 년 전부터 암흑 에너지에 의해 팽창 속도가 증가하였다. A는 빅뱅 직후의 급팽창과 현재의 가속 팽창이 모두 포함된 팽창 우주 모형이고, B는 초기 우주부터 현재까지 팽창 속도가 일정한 초기 빅뱅 우주 모형이다.

ㄴ. 우주의 구성 요소 중 중력으로 작용하는 물질의 밀도는 시간이 지날수록 감소하고, 척력으로 작용하는 암흑 에너지의 밀도는 시간에 관계없이 일정하다. 따라서 A에서 $\frac{\text{암흑 에너지의 밀도}}{\text{물질의 밀도}}$는 ㉠ 시기가 현재보다 작다.

ㄷ. 현재 우주는 곡률이 0에 가까워 거의 완벽하게 평탄한데, 이는 우주의 팽창 속도가 일정한 초기 빅뱅 우주 모형으로는 설명할 수 없고, 빅뱅 직후 우주가 급팽창했다는 이론으로 설명할 수 있다.

ⓒ. 초기 빅뱅 우주 모형(B)에서는 빅뱅 후 약 3분이 지났을 때 양성자와 중성자가 결합하여 헬륨 원자핵이 생성되었고 이때 수소 원자핵과 헬륨 원자핵의 질량비가 약 3 : 1이라고 설명한다. A는 초기 빅뱅 우주 모형이 설명하지 못하는 우주의 평탄성 문제, 지평선 문제, 자기 홀극 문제를 설명하기 위해 수정된 빅뱅 우주 모형으로 A와 B는 현재 우주에서 수소와 헬륨의 질량비가 약 3 : 1로 관측되는 것을 설명할 수 있다.

13 평탄 우주

(가)는 현재 우주의 팽창 속도가 증가하고 있는 가속 팽창 우주이고, (나)는 현재 우주의 팽창 속도가 감소하고 있는 우주이다.

ⓐ. A와 B는 모두 임계 밀도에 대한 물질 밀도비(Ω_m)와 임계 밀도에 대한 암흑 에너지 밀도비(Ω_Λ)의 합이 1이므로 평탄 우주이다. 따라서 (가)와 (나)는 모두 평탄 우주이다.

ⓑ. 그림에서 곡선의 기울기는 우주의 팽창 속도에 해당하는데, (가)는 현재 곡선의 기울기가 증가하고 있으므로 우주의 팽창 속도가 증가하고 있는 가속 팽창 우주이다. 우주에서 암흑 에너지는 척력으로 작용하여 공간을 가속 팽창시키는 역할을 하므로 암흑 에너지가 있는 우주 모형인 B가 (가)에 해당한다.

ㄷ. 같은 거리에 있는 은하의 적색 편이는 후퇴 속도에 비례하고, 거리가 같을 때 후퇴 속도는 허블 상수가 클수록 빠르다. 허블 상수는 우주의 팽창 속도에 해당하므로 현재 우주의 허블 상수는 (가)와 (나)에서 같다. 따라서 현재 같은 거리에 있는 은하의 적색 편이는 (가)와 (나)에서 같다.

14 암흑 에너지를 고려하지 않은 우주 모형

우주의 미래 모형은 임계 밀도와 우주의 평균 밀도를 비교하여 열린 우주, 평탄 우주, 닫힌 우주로 구분한다. A는 열린 우주, B는 평탄 우주, C는 닫힌 우주에 해당한다.

ⓐ. 각 우주 모형에서 우주의 나이는 우주의 크기가 0인 시점부터 현재까지의 시간에 해당한다. 따라서 우주의 나이는 A가 가장 많고 C가 가장 적다.

ⓑ. 현재 우주는 곡률이 0에 가깝다. B는 우주의 평균 밀도가 임계 밀도와 같은 평탄 우주로, 우주의 곡률은 0이다.

ⓒ. (나)는 삼각형의 내각의 합이 180°보다 크고 곡률이 양(+)인 닫힌 우주, 즉 C의 기하학적 구조를 표현한 것이다.

15 우주 구성 요소와 우주의 미래 모형

현재 우주는 약 4.9 %의 보통 물질, 약 26.8 %의 암흑 물질, 약 68.3 %의 암흑 에너지로 구성되어 있다. ㉠은 보통 물질, ㉡은 암흑 물질, ㉢은 암흑 에너지이다.

ⓐ. 우주 구성 요소 중 물질(㉠+㉡)은 인력으로 작용하여 우주의 팽창 속도를 감소시키는 역할을 한다.

ⓑ. 우주의 밀도는 물질 밀도($\rho_㉠+\rho_㉡$)와 암흑 에너지 밀도($\rho_㉢$)의 합이다. A는 암흑 에너지 밀도가 0이고, 물질 밀도가 임계 밀도보다 작으므로 열린 우주에 해당한다.

ㄷ. 물질 밀도와 암흑 에너지 밀도의 합이 임계 밀도와 같으면 평탄 우주이다. B와 C에서 $\frac{\rho_㉠+\rho_㉡}{\rho_c}$과 $\frac{\rho_㉢}{\rho_c}$의 합은 1이다. 즉, 물질 밀도($\rho_㉠+\rho_㉡$)와 암흑 에너지 밀도($\rho_㉢$)의 합이 임계 밀도(ρ_c)와 같으므로 B와 C는 모두 평탄 우주에 해당하며, 우주의 곡률은 0으로 같다.

16 우주의 미래

$\frac{\rho_m}{\rho_c}$와 $\frac{\rho_\Lambda}{\rho_c}$의 합이 1보다 크면 닫힌 우주, 1보다 작으면 열린 우주, 1이면 평탄 우주이다.

ⓐ. A는 $\frac{\rho_m}{\rho_c}$와 $\frac{\rho_\Lambda}{\rho_c}$의 합이 1.7이므로 닫힌 우주이고, 양(+)의 곡률을 가진다. 현재 우주는 $\frac{\rho_m}{\rho_c}$와 $\frac{\rho_\Lambda}{\rho_c}$의 합이 1이므로 평탄 우주이고, 우주의 곡률은 0이다. 따라서 우주의 곡률은 A가 현재 우주보다 크다.

ⓑ. B는 $\frac{\rho_m}{\rho_c}$와 $\frac{\rho_\Lambda}{\rho_c}$의 합이 1이므로 평탄 우주이다.

ㄷ. 현재 우주와 B는 모두 우주의 평균 밀도($\rho_m+\rho_\Lambda$)와 임계 밀도(ρ_c)가 같은 평탄 우주이지만 현재 우주는 암흑 에너지가 척력으로 작용하여 가속 팽창하는 우주이고, B는 암흑 에너지가 없고 물질만 있으므로 감속 팽창하는 우주이다. 따라서 우주의 팽창 가속도는 현재 우주가 B보다 크다.

17 우주의 구성 요소

우주에서 시간이 흐를수록 보통 물질과 암흑 물질의 비율은 감소하고 암흑 에너지의 비율은 증가하며, 물질 중에서 암흑 물질의 비율은 보통 물질의 비율보다 항상 크다.

ⓐ. T_1 시기가 T_2 시기보다 먼저인 경우 시간의 흐름에 따라 A의 비율은 감소하고 B와 C의 비율은 증가한다. 이는 우주 구성 요소의 비율 변화 경향과 맞지 않으므로 T_1 시기가 T_2 시기보다 나중이다. 우주 배경 복사의 파장은 우주가 팽창함에 따라 길어지므로

T_1 시기가 T_2 시기보다 길다.

ㄴ. T_2 시기에 비해 T_1 시기에 비율이 증가하는 A가 암흑 에너지이고, 비율이 감소하는 B와 C 중 비율이 더 큰 B가 암흑 물질이며, C는 보통 물질이다. 암흑 에너지(A)는 우주가 팽창하는 동안 비율이 증가하므로 총량은 증가한다.

ㄷ. 항성 질량의 대부분을 차지하는 것은 보통 물질인 C이다.

18 우주의 역사

우주의 물질과 에너지가 매우 작고 뜨거운 한 점에 모여 있다가 빅뱅(대폭발)이 일어나면서 우주가 팽창하고 냉각되어 현재와 같은 우주가 형성되었다.

ㄱ. 빅뱅 후 우주의 온도가 약 3000 K이었을 때 중성 원자가 생성되면서 빛이 물질로부터 분리되어 사방으로 퍼져 나간 것이 우주 배경 복사이다. 따라서 물질과 빛은 수소 원자가 생성된 이후에 분리되었다.

ㄴ. A 기간의 우주에서 양성자와 중성자의 개수비는 약 7 : 1이고, 이 중 양성자 2개와 중성자 2개가 결합하여 1개의 헬륨 원자핵이 생성되고 나머지는 양성자(수소 원자핵)로 남았다. 따라서 B 기간에 수소 원자핵과 헬륨 원자핵의 질량비는 약 3 : 1이며, 이는 현재 우주에서 수소와 헬륨의 질량비가 약 3 : 1이라는 관측 결과와 잘 맞는다.

ㄷ. 헬륨보다 무거운 원소들은 대부분 별의 진화 과정에서 생성되었으므로 C 기간보다 나중에 생성되었다.

19 우주의 팽창과 적색 편이

빛이 어떤 천체에서 출발하여 다른 천체에 도달할 때까지 우주는 계속 팽창하므로 두 천체 사이의 거리는 계속 달라진다.

ㄱ. T_2 시기에 빛이 A에서 출발하여 우리은하에 도달하기까지 우주의 크기는 2배 커졌으므로 이 기간 동안 우주 공간을 이동하는 빛의 파장도 2배로 길어졌다. 빛이 우리은하에 도달할 때 파장이 λ이므로 T_2 시기에 A에서 출발한 빛의 파장은 $\frac{\lambda}{2}$이다.

ㄴ. T_2 시기에 A에서 출발한 빛이 우주 공간을 이동하는 동안 A와 우리은하 사이에는 새로운 공간이 계속 생성되며 A와 우리은하 사이의 거리는 멀어진다. 이때 빛이 A에서 우리은하까지 이동하는 동안 이미 지나온 공간에서 새로 생성되는 공간은 빛의 이동 거리에 포함되지 않는다. 따라서 T_2 시기에 A에서 출발한 빛이 우리은하에 도달하기까지 이동한 거리는 현재 A와 우리은하 사이의 거리보다 짧다.

ㄷ. T_2 시기 이후 현재까지 우주는 계속 팽창하고 있으나 T_2~T_1 사이에는 감속 팽창, T_1~현재 사이에는 가속 팽창하였고, 시간은 T_1~현재 사이가 T_2~T_1 사이보다 길다. 따라서 우주에서 공간이 늘어난 길이는 T_1~현재 사이가 T_2~T_1 사이보다 길고, 빛의 파장 변화량은 T_1~현재 사이가 T_2~T_1 사이보다 크다.

20 평탄한 가속 팽창 우주

최근의 관측에서 현재 우주는 평탄하지만 팽창 속도가 점점 증가하는 것으로 밝혀졌다. 이것은 암흑 에너지가 척력으로 작용해 우주를 가속 팽창시키기 때문이며, 임계 밀도에 대한 암흑 에너지의 밀도비는 우주가 팽창함에 따라 증가한다.

ㄱ. 시간에 따라 우주 구성 요소 중 임계 밀도에 대한 암흑 에너지의 밀도비는 점점 증가하고, 물질의 밀도비는 점점 감소한다. 따라서 ㉠은 물질, ㉡은 암흑 에너지이다. 현재 우주는 임계 밀도에 대한 물질과 암흑 에너지의 밀도비가 각각 약 0.3과 약 0.7이므로 우주의 평균 밀도는 임계 밀도와 같다. 따라서 이 우주 모형은 평탄 우주에 해당한다.

ㄴ. (나)에서 암흑 에너지(㉡)의 밀도비와 물질(㉠)의 밀도비가 같으면 우주는 가속 팽창하는 것을 알 수 있다.

ㄷ. 우주의 크기가 현재의 $\frac{1}{2}$배였을 때 임계 밀도에 대한 물질 밀도비는 0.9보다 크고, 암흑 에너지 밀도비는 0.1보다 작다. (나)에서 물질과 암흑 에너지의 밀도비가 이와 같을 때 우주는 감속 팽창 영역에 해당한다. 즉, 우주의 크기가 현재의 $\frac{1}{2}$배였을 때 우주는 감속 팽창했다.

[인용 사진 출처]

37p_조립질 조직: ©Scenics & Science / Alamy Stock Photo
37p_세립질 조직: ©José María Barres Manuel / Alamy Stock Photo
39p_응회암: ©Susan E. Degginger / Alamy Stock Photo
39p_처트: ©Valery Voennyy / Alamy Stock Photo
40p_사층리: ©Gabbro / Alamy Stock Photo
43p_판상 절리: ©Sergio Boccardo / Alamy Stock Photo
44p_관입암: ©parker1992 / Alamy Stock Photo
44p_포획암: ©Karl W. Wegmann / Alamy Stock Photo
59p_스트로마톨라이트: ©Corbin17 / Alamy Stock Photo
59p_필석: ©Nature Picture Library / Alamy Stock Photo
60p_화폐석: ©Natural Visions / Alamy Stock Photo
60p_매머드: ©Martin Shields / Alamy Stock Photo
63p_에디아카라 동물군 화석: ©Zeytun Travel Images / Alamy Stock Photo
123p_빙하 시추물: ©Daniel J. Cox / Alamy Stock Photo
124p_피나투보 화산: ©David Hodges / Alamy Stock Photo

01 판 구조론과 대륙 분포의 변화

수능 2점 테스트 본문 13~15쪽

01 ③	02 ①	03 ②	04 ④	05 ②	06 ④
07 ①	08 ⑤	09 ①	10 ④	11 ④	12 ②

수능 3점 테스트 본문 16~21쪽

01 ③	02 ④	03 ④	04 ②	05 ①	06 ⑤
07 ⑤	08 ②	09 ②	10 ③	11 ①	12 ②

02 판 이동의 원동력과 마그마 활동

수능 2점 테스트 본문 29~31쪽

01 ⑤	02 ①	03 ③	04 ②	05 ③	06 ②
07 ①	08 ①	09 ②	10 ⑤	11 ③	12 ②

수능 3점 테스트 본문 32~37쪽

01 ①	02 ②	03 ③	04 ⑤	05 ③	06 ④
07 ②	08 ③	09 ②	10 ④	11 ③	12 ③

03 퇴적암과 지질 구조

수능 2점 테스트 본문 45~47쪽

01 ④	02 ②	03 ③	04 ④	05 ④	06 ③
07 ①	08 ④	09 ②	10 ⑤	11 ①	12 ⑤

수능 3점 테스트 본문 48~53쪽

01 ③	02 ⑤	03 ⑤	04 ③	05 ①	06 ⑤
07 ④	08 ④	09 ⑤	10 ④	11 ③	12 ①

04 지구의 역사

수능 2점 테스트 본문 61~64쪽

01 ②	02 ⑤	03 ⑤	04 ⑤	05 ④	06 ⑤
07 ⑤	08 ③	09 ⑤	10 ⑤	11 ③	12 ⑤
13 ⑤	14 ②	15 ②	16 ②		

수능 3점 테스트 본문 65~71쪽

01 ⑤	02 ④	03 ①	04 ④	05 ③	06 ③
07 ③	08 ⑤	09 ④	10 ②	11 ③	12 ②
13 ④	14 ②				

05 대기의 변화

수능 2점 테스트 본문 85~89쪽

01 ⑤	02 ④	03 ④	04 ⑤	05 ③	06 ⑤
07 ①	08 ⑤	09 ①	10 ①	11 ④	12 ④
13 ⑤	14 ③	15 ⑤	16 ②	17 ⑤	18 ④
19 ③	20 ⑤				

수능 3점 테스트 본문 90~99쪽

01 ⑤	02 ②	03 ①	04 ④	05 ④	06 ③
07 ③	08 ③	09 ③	10 ④	11 ⑤	12 ③
13 ⑤	14 ⑤	15 ④	16 ④	17 ②	18 ⑤
19 ④	20 ③				

06 해양의 변화

수능 2점 테스트 본문 108~111쪽

01 ②	02 ⑤	03 ③	04 ⑤	05 ④	06 ①
07 ⑤	08 ③	09 ④	10 ②	11 ③	12 ④
13 ②	14 ⑤	15 ②	16 ⑤		

수능 3점 테스트 본문 112~119쪽

01 ④	02 ③	03 ⑤	04 ③	05 ①	06 ②
07 ④	08 ②	09 ①	10 ①	11 ②	12 ④
13 ③	14 ③	15 ③	16 ⑤		

07 대기와 해양의 상호 작용

수능 2점 테스트 본문 128~131쪽

01 ②	02 ③	03 ①	04 ④	05 ③	06 ③
07 ⑤	08 ①	09 ②	10 ③	11 ③	12 ④
13 ①	14 ⑤	15 ④	16 ②		

수능 3점 테스트 본문 132~139쪽

01 ③	02 ④	03 ②	04 ②	05 ④	06 ⑤
07 ②	08 ③	09 ③	10 ⑤	11 ③	12 ⑤
13 ④	14 ③	15 ⑤	16 ⑤		

08 별의 특성

수능 2점 테스트 본문 154~159쪽

01 ④	02 ②	03 ③	04 ③	05 ④	06 ①
07 ⑤	08 ①	09 ③	10 ②	11 ⑤	12 ⑤
13 ①	14 ⑤	15 ③	16 ①	17 ④	18 ②
19 ①	20 ③	21 ②	22 ②	23 ④	24 ⑤

수능 3점 테스트 본문 160~171쪽

01 ③	02 ⑤	03 ⑤	04 ②	05 ③	06 ⑤
07 ⑤	08 ④	09 ①	10 ③	11 ②	12 ⑤
13 ②	14 ⑤	15 ④	16 ③	17 ①	18 ②
19 ①	20 ③	21 ③	22 ③	23 ⑤	24 ②

09 외계 행성계와 외계 생명체 탐사

수능 2점 테스트 본문 178~179쪽

01 ⑤ 02 ③ 03 ② 04 ⑤ 05 ① 06 ①
07 ③ 08 ⑤

수능 3점 테스트 본문 180~183쪽

01 ⑤ 02 ③ 03 ③ 04 ② 05 ① 06 ⑤
07 ③ 08 ⑤

10 외부 은하와 우주 팽창

수능 2점 테스트 본문 194~198쪽

01 ③ 02 ② 03 ③ 04 ③ 05 ② 06 ②
07 ④ 08 ② 09 ② 10 ③ 11 ③ 12 ⑤
13 ⑤ 14 ② 15 ④ 16 ② 17 ② 18 ⑤
19 ④ 20 ④

수능 3점 테스트 본문 199~208쪽

01 ③ 02 ⑤ 03 ③ 04 ③ 05 ④ 06 ⑤
07 ⑤ 08 ① 09 ② 10 ④ 11 ④ 12 ②
13 ③ 14 ⑤ 15 ③ 16 ③ 17 ① 18 ②
19 ⑤ 20 ⑤

고2 ~ N수, 수능 집중

구분	수능 입문		> 기출/연습 >	연계 + 연계 보완		> 고난도 >	모의고사
국어	윤혜정의 개념/패턴의 나비효과	강의노트 수능 개념	윤혜정의 기출의 나비효과	수능특강 문학 연계 기출	수능특강 사용설명서 / 수능완성 사용설명서	하루 3개 1등급 국어독서	FINAL 실전모의고사
영어	기본서 수능 빌드업 / 수능특강 Light		수능 기출의 미래	수능연계교재의 VOCA 1800 / 수능연계 기출 Vaccine VOCA 2200	수능 영어 간접연계 서치라이트	하루 6개 1등급 영어독해	만점마무리 봉투모의고사 시즌1 / 만점마무리 봉투모의고사 시즌2
수학	수능 감(感)잡기		수능 기출의 미래 미니모의고사	수능 연계교재: 수능특강	수능완성	수능연계완성 3주 특강	만점마무리 봉투모의고사 고난도 Hyper
한국사 사회	수능 스타트		수능특강Q 미니모의고사	eBook 전용: 수능완성R 모의고사	수능 등급을 올리는 변별 문항 공략	박봄의 사회·문화 표 분석의 패턴	수능 직전보강 클리어 봉투모의고사
과학	수능 스타트						

구분	시리즈명	특징	난이도	영역
수능 입문	윤혜정의 개념/패턴의 나비효과	윤혜정 선생님과 함께하는 수능 국어 개념/패턴 학습		국어
	수능 빌드업	개념부터 문항까지 한 권으로 시작하는 수능 특화 기본서		국/수/영
	수능 스타트	2028학년도 수능 예시 문항 분석과 문항 연습		사/과
	수능 감(感) 잡기	동일 소재·유형의 내신과 수능 문항 비교로 수능 입문		국/수/영
	수능특강 Light	수능 연계교재 학습 전 가볍게 시작하는 수능 도전		영어
	수능개념	EBS*i* 대표 강사들과 함께하는 수능 개념 다지기		전 영역
기출/연습	윤혜정의 기출의 나비효과	윤혜정 선생님과 함께하는 까다로운 국어 기출 완전 정복		국어
	수능 기출의 미래	올해 수능에 딱 필요한 문제만 선별한 기출문제집		전 영역
	수능 기출의 미래 미니모의고사	부담 없는 실전 훈련을 위한 기출 미니모의고사		국/수/영
	수능특강Q 미니모의고사	매일 15분 연계교재 우수문항 풀이 미니모의고사		국/수/영/사/과
	수능완성R 모의고사	과년도 수능 연계교재 수능완성 실전편 수록		수학
연계 + 연계 보완	수능특강	최신 수능 경향과 기출 유형을 반영한 종합 개념 학습		전 영역
	수능특강 사용설명서	수능 연계교재 수능특강의 국어·영어 지문 분석		국/영
	수능특강 문학 연계 기출	수능특강 수록 작품과 연관된 기출문제 학습		국어
	수능완성	유형·테마 학습 후 실전 모의고사로 문항 연습		전 영역
	수능완성 사용설명서	수능 연계교재 수능완성의 국어·영어 지문 분석		국/영
	수능 영어 간접연계 서치라이트	출제 가능성이 높은 핵심 간접연계 대비		영어
	수능연계교재의 VOCA 1800	수능특강과 수능완성의 필수 중요 어휘 1800개 수록		영어
	수능연계 기출 Vaccine VOCA 2200	수능 - EBS 연계와 평가원 최다 빈출 어휘 선별 수록		영어
고난도	하루 N개 1등급 국어독서/영어독해	매일 꾸준한 기출문제 학습으로 완성하는 1등급 실력		국/영
	수능연계완성 3주 특강	단기간에 끝내는 수능 1등급 변별 문항 대비		국/수/영
	박봄의 사회·문화 표 분석의 패턴	박봄 선생님과 사회·문화 표 분석 문항의 패턴 연습		사회탐구
	수능 등급을 올리는 변별 문항 공략	EBS*i* 선생님이 직접 선별한 고변별 문항 연습		수/영
모의고사	FINAL 실전모의고사	EBS 모의고사 중 최다 분량 최다 과목 모의고사		전 영역
	만점마무리 봉투모의고사 시즌1/시즌2	실제 시험지 형태와 OMR 카드로 실전 연습 모의고사		전 영역
	만점마무리 봉투모의고사 고난도 Hyper	고난도 문항까지 국·수·영 논스톱 훈련 모의고사		국·수·영
	수능 직전보강 클리어 봉투모의고사	수능 직전 성적을 끌어올리는 마지막 모의고사		국/수/영/사/과